JIANSHE
GONGCHENG
SHIGONG
ANQUAN
JISHU

# 建设工程施工
## 安全技术

姜晨光　编

中国电力出版社
CHINA ELECTRIC POWER PRESS

## 内 容 提 要

本书以最新的国家规范和标准为依据,从实用的角度出发,系统地阐述了常见建设工程活动中关于施工安全的基本方法和要求。全书共分 10 章,具体内容包括施工企业安全管理体系的构建、施工现场安全技术要求、施工机械安全技术、脚手架工程安全技术、起重吊装工程安全技术、市政工程安全技术、城市轨道交通工程安全技术、特种施工工艺安全技术、特种行业施工安全技术、建设工程安全监理与监督。

本书可作为工作在工程建设施工第一线的工程技术人员、管理人员的参考用书,也可作为各级政府与施工安全有关的行政主管部门工作人员的工具书,还可作为高等学校土木工程类专业学生的教材和参考书。

**图书在版编目(CIP)数据**

建设工程施工安全技术/姜晨光编.—北京:中国电力出版社,2015.1
ISBN 978-7-5123-5991-8

Ⅰ.①建… Ⅱ.①姜… Ⅲ.①建筑工程-工程施工-安全管理
Ⅳ.①TU714

中国版本图书馆 CIP 数据核字(2014)第 118942 号

中国电力出版社出版发行

北京市东城区北京站西街 19 号 100005 http://www.cepp.sgcc.com.cn
责任编辑:未翠霞 联系电话:010—63412611
责任印制:郭华清 责任校对:王开云
北京市同江印刷厂印刷·各地新华书店经售
2015 年 1 月第 1 版·第 1 次印刷
787mm×1092mm 1/16·21.25 印张·514 千字
定价:48.00 元

# 前　　言

　　工程建设行业是高危险性行业，施工安全也一直是我国各级政府及各个施工企业时刻关注的重点问题，要确保建设工程的施工安全就必须有一套切实可行的、科学的安全保障措施，建设工程的工作环境极其复杂，其中的不安全因素也有很多，具体工程项目应根据项目特点制订详细的、有针对性的安全防范措施。

　　建设工程涵盖的工程领域非常广泛，涉及土建工程、市政工程、城市轨道交通工程、公路工程、石油工程、铁路工程、水利工程、岩土工程等。建设工程风险高、不安全因素多、工作环境复杂多变，因此，建设工程事故种类繁多、层出不穷，如何最大限度地降低建设工程事故的发生率是建设行业一直在孜孜探索的课题，也是一个与工程建设活动形影不离的永恒研究主题。本书是在总结大量工程实践和调研成果的基础上重点且较全面地介绍了建设工程领域比较共性的安全技术问题（涉及施工企业安全管理体系的构建、施工现场安全要求、施工机械安全要求、脚手架工程安全要求、起重吊装工程安全要求等诸多方面）和一些特殊建设工程应采取的安全技术措施（如市政工程、城市轨道交通工程等），对一些特种施工工艺和特种行业施工中的核心安全技术做了概括性的介绍，指出了建设工程安全监理与监督中应重点关注的一些核心问题，为建设工程施工企业和从业人员全面了解自己工作中的安全风险、避免安全事故发生提供了一个较为详尽的参考资料。

　　本书是作者在江南大学从事教学、科研和工程实践活动的经验积累之一，在编写中借鉴了当今国内外的最新研究成果、理论、技术和方法，吸收了许多前人及当代人的宝贵经验，希望本书的出版能对我国工程建设行业的安全生产有所帮助、有所贡献。

　　全书由江南大学姜晨光编写完成，莱阳市房产管理处王辉，烟台市规划信息中心李宝林、庞平、刘洪春、陈振玉、张胜国、李建光、于波，无锡市建设局顾持真、钱保国、朱烨昕、夏正兴、何跃平、成美捷、宋艳萍、黄伟祥、祝付玲、胡闻、陈江渝、华崇乐、闵向林，无锡市规划局翁林敏、姜科，青岛市规划局叶根深等同志对本书提供了支持和帮助；书稿完成后，苏文馨、徐至善、李锦铭、王浩闻、黄建文等五位教授级高工提出了不少改进意见，为本书的最终定稿做出了重大的贡献，在此一并表示感谢！

　　限于作者水平、学识和时间关系，书中内容难免有错误与欠妥之处，敬请读者多多提出批评及宝贵意见。

姜晨光

2014 年 12 月于江南大学

# 目　　录

# 第 1 章

# 施工企业安全管理体系的构建

## §1.1　建设工程施工人员安全教育基本要求

建设工程施工工人安全教育的目的是提高工人的安全意识和安全防护能力，预防和控制施工中安全事故的发生。建设工程施工工人安全教育应遵守《中华人民共和国建筑法》、《中华人民共和国安全生产法》、《建设工程安全生产管理条例》等法律、法规。从事新建、改建、扩建等活动的施工工人均应接受相应的安全教育。建设工程施工企业必须组织施工工人进行安全教育并应始终不渝地坚持"先教育、后上岗"原则。应强化新入场工人（即初次进入某一施工现场从事建设工程施工活动的作业人员）的安全教育工作，应遵守平安卡教育规定（即县级建设行政主管部门对建设工程施工工人进行的从业前安全生产教育），建设工程施工工人参加平安卡（IC卡）教育后经县级建设行政主管部门考核合格的应发放在全国建设工程施工领域适用的平安卡。应遵守三级安全教育工作，建设工程施工企业对新入场工人进行的安全生产基本教育应包括公司级安全教育、项目级安全教育和班组级安全教育等三个层次。应重视特定情况下的适时安全教育工作，建设工程施工企业在特定情况下对建设工程施工工人适时进行的有针对性的安全教育主要应包括节假日前后安全教育、季节性施工安全教育、转岗复岗安全教育、违章违纪教育、发生事故后的安全教育等。应重视班前安全准备工作（即施工班组在每天上岗前进行的安全活动），应认真查找各种危险源。

### 1.1.1　施工企业安全教育制度构建的基本要求

（1）建设工程施工企业必须建立安全教育制度和安全教育责任制，并设立相应的安全教育机构，应认真组织建设工程施工工人进行平安卡教育、三级安全教育、特定情况下的适时安全教育、安全生产继续教育、经常性安全教育以及班前安全活动，建设工程施工工人从业前必须接受平安卡教育并取得平安卡，建设工程施工新入场工人必须进行三级安全教育并经考核合格后方可上岗作业，建设工程施工企业必须如实记录建设工程施工工人安全教育和上岗作业后的违章违纪情况，必须定期检查本企业建设工程施工工人的安全教育情况。建设工程实行施工总承包的，其总承包单位应对施工现场工人的安全教育工作负总责，分包单位应服从总承包单位的监督管理，总承包单位应对分包单位的现场施工工人安全教育情况进行定期检查。监理单位必须对所监理工程项目的建设工程施工工人的安全教育情况进行监督检查，对检查发现的问题应要求施工单位落实整改，整改不力或拒不整改的应及时向相关建设行政主管部门报告。建设行政主管部门应对建设工程施工工人安全教育工作实施监督检查（检查不合格的应责令限期整改，并应作为建设工程施工企业、项目负责人的不良行为进行记录，逾期未改正的应责令其停工整改），对监理单位在安全教育工作中未履行监理职责的应作为监理单位、项目总监理工程师的不良行为进行记录。

（2）建设工程施工企业的安全教育机构应认真组织与开展本企业的安全教育工作。安全教育机构的主要职责主要有以下六个方面，即应根据自身企业的生产特点制定企业年度安全教育计划并组织实施；审查工程项目安全教育计划并对项目安全教育工作进行指导和监督；对安全教育师资进行科学组织与管理；编制与配给三级安全教育教材；建设工程施工工人安全教育信息化管理；企业安全教育档案管理。建设工程施工企业必须在每年的年初制定企业年度安全教育计划，企业年度安全教育计划应由安全教育机构负责人组织编制并报企业负责人批准。建设工程施工企业工程项目部必须在开工前制定项目安全教育计划，项目安全教育计划应由项目负责人组织编制，安全教育机构负责人审核，企业负责人批准。安全教育计划应包括教育对象、教育目标、教育时间及地点、教育内容、组织形式、师资安排、教材配备、设备设施等内容。建设工程施工企业安全教育授课人员应由具有5年以上施工现场管理经验并取得相应证书（包括安全生产考核合格证、注册安全工程师执业资格证、当地建设行政主管部门颁发的安全教育师资证书等）的人员。

（3）建设工程施工企业必须组织本企业建设工程施工工人参加属地县级建设行政主管部门举办的平安卡教育活动。三级安全教育应按公司级、项目级、班组级依次进行。新入场工人三级安全教育总学时应不少于24学时，其中公司级安全教育应不少于8学时，项目级安全教育应不少于12学时，班组级安全教育应不少于4学时。三级安全教育授课人员应符合相关要求，公司级授课人员应了解国家有关安全生产方面的法律法规，且应熟悉企业规章制度以及建设工程施工特点；项目级授课人员应熟悉施工安全技术标准以及本项目规章制度和施工特点，且应对工程项目的危险源、重大危险源具有辨识能力及安全事故防范知识；班组级授课人员应掌握相应工种安全技术操作规程和劳动保护用品使用方法，且应对危险性较大的部位和环节具有辨识能力及安全事故防范知识。公司级安全教育应由安全教育机构组织实施，零星新入场工人（5人及以下）的公司级安全教育可由安全教育机构委托工程项目部组织实施。公司级安全教育应主要包括以下五方面内容，即国家和地方有关安全生产、环境保护方面的方针、政策及法律法规；建设行业施工特点及施工安全生产的目的和重要意义；施工安全、职业健康和劳动保护的基本知识；建设工程施工工人安全生产方面的权利和义务；本企业的施工生产特点及安全生产管理规章制度、劳动纪律。建设工程施工工人已接受过本企业三级安全教育的，进入新的施工现场时可不再进行公司级安全教育。项目级安全教育应由工程项目部负责组织实施。建设工程实行施工总承包的，其分包单位在进行项目级安全教育时必须提前书面通知总承包单位，总承包单位必须派人参加以共同开展项目级安全教育。项目级安全教育应主要包括以下九方面内容，即施工现场安全生产和文明施工规章制度；工程概况、施工现场作业环境和施工安全特点；机械设备、电气安全及高处作业安全的基本知识；防火、防毒、防尘、防爆基本知识；常用劳动防护用品佩戴、使用基本知识；危险源、重大危险源的辨识及安全防范措施；生产安全事故发生时自救、排险、抢救伤员、保护现场和及时报告等应急措施；紧急情况和重大事故应急预案；典型安全事故案例。班组级安全教育应由班组负责组织实施（工程项目部对其进行指导和监督）。班组级安全教育应主要包括以下八方面内容，即本班组劳动纪律和安全生产、文明施工要求；本班组作业环境、作业特点和危险源；本工种安全技术操作规程及基本安全知识；本工种涉及的机械设备、电气设备及施工机具的正确使用和安全防护要求；采用新技术、新工艺、新设备、新材料施工的安全生产知识；本工种职业健康要求及劳动防护用品的主要功能、正确佩戴和使用方法；本班组施工过程中易发事故的自救、排险、抢救伤员、保护现场和及时报告等应急措施；本工种典型安全事故案例。班组级安全教育完成后应由项目部组织三级安全教育考核并保存相关的考核记录。三级安全教育考核应以笔试为主，可根据实际情况辅之以其他考核形式。

（4）特定情况下的适时安全教育应遵守相关规定。在法定假期为 3d 以上的重大节日前后，建设工程施工企业应根据实际情况组织工人进行施工、消防、生活用电、交通、社会治安等方面的安全教育。在高温、严寒、台风、雨雪等特殊气候条件下施工时，建设工程施工企业应结合实际情况组织工人进行有针对性的季节性安全教育。建设工程施工工人在同一施工现场内变换工种或离岗三个月以上复岗的应进行转岗复岗安全教育，其教育内容和学时应与三级安全教育中的班组级安全教育相同。建设工程施工工人违章违纪行为达 3 次（或因违章、违纪造成生产安全事故的）时，建设工程施工企业必须对其进行违章违纪教育。工程项目发生生产安全事故后，建设工程施工企业应组织现场工人进行事故教育以吸取事故教训。

（5）安全生产继续教育应遵守相关规定。建设工程施工工人每年必须接受专门的安全生产继续教育。建设工程施工企业特种作业人员在通过专业技术培训并取得《特种作业人员操作证》后仍应每年接受安全生产继续教育，且时间不得少于 12 学时。建设工程施工企业普通工种工人每年接受安全生产继续教育的时间不得少于 8 学时。

（6）经常性安全教育应遵守相关规定。建设工程施工企业应坚持开展经常性安全教育。经常性安全教育宜采用安全生产讲座、安全生产知识竞赛、安全知识展览、广播、播放音像制品、文艺演出、简报、通报、黑板报等形式。建设工程施工企业必须在施工现场入口处设置安全纪律牌，在施工现场设置安全教育宣传栏、张挂安全生产宣传标语。

（7）班前安全活动应遵守相关规定。建设工程施工企业必须建立班前安全活动制度。施工班组应每天进行班前安全活动并填写班前安全活动记录表。班前安全活动应由班组长组织实施，项目部负责指导、监督。班前安全活动应主要包括以下四方面内容，即前一天安全生产工作小结（包括施工作业中存在的安全问题和应吸取的教训）；当天工作任务及安全生产要求（应针对当天的作业内容和环节、危险部位和危险因素、作业环境和气候情况提出安全生产要求）；班前的安全教育（包括项目和班组的安全生产动态、国家和地方的安全生产形势、近期安全生产事件及事故案例教育）；岗前安全隐患检查及整改（应检查机械、电气设备、防护设施、劳动防护用品、作业人员的安全状态）。

（8）应重视安全教育的信息化管理工作。省级建设行政主管部门应组建建设工程施工工人安全教育信息管理系统。县级建设行政主管部门应在安全教育信息管理系统中为参加平安卡教育的建设工程施工工人建立个人的安全教育信息档案（档案中应录入个人身份资料及平安卡教育信息）。建设工程施工企业应及时将建设工程施工工人的相关信息录入其个人的安全教育信息档案中，这些信息应主要包括进场时间及三级安全教育信息；日常安全生产工作中的突出表现和不良行为；其他安全教育信息；离场时间及安全生产评语。

## 1.1.2　施工企业安全教育档案管理的基本要求

（1）建设工程施工企业应重视安全教育档案的管理工作。建设工程施工企业工程项目部应建立施工工人的安全教育档案资料（资料必须真实、齐全、准确且应易于检索、查询）。安全教育档案资料应主要包括以下十一个方面内容，即安全教育制度；安全教育责任制；安全教育计划；安全教育授课人员资格证明；三级安全教育教材；平安卡复印件；新入场工人三级安全教育记录表；新入场工人三级安全教育汇总表；班前安全活动记录；其他安全教育记录；安全教育检查记录。安全教育档案应由专人管理且应及时收集、整理和归档。

（2）建设工程施工企业应重视安全教育检查与评价工作。对建设工程施工工人安全教育的完成情况进行检查评价时应采用检查评分表的形式，检查评分表中应设立保证项目和一般项目，保证项目应是检查的重点和关键。检查评分表的主要内容应包括安全教育制度和责任制、安全教育机构及计划、监督管理、教育效果现场抽查、三级安全教育、平安卡教育、班前安全活动、其他安全教育、安全教育档案及信息化管理等9项检查项目。安全教育检查应采用资料检查和教育效果现场抽查相结合的方式，教育效果现场抽查应在现场作业人员中随机抽取5～8人以考查其安全教育内容的掌握情况。检查评分表满分为100分，总得分应为表中各检查项目实得分数之和。各检查项目评分不得为负值，所扣分数总和不得超过该项应得分数。在检查评分中，当保证项目中有一项不得分或保证项目小计不足40分时其检查评分表应计为零分。多人进行检查评分时应按加权评分方法确定分值，权数的分配原则是专职安全管理人员为0.6，其他人员为0.4。建设工程施工工人安全教育检查评分应作为工程项目安全教育情况的评价依据（评价结果可分优良、合格、不合格等三级。检查评分表总得分在80分及以上为优良，70分及以上为合格，不足70分为不合格）。在建设工程施工安全检查时，建设工程施工工人安全教育检查评分不足70分的，其《施工安全检查标准》（JGJ 59—2011）安全管理检查评分表中的"安全教育"检查项目应扣10分。

新入场工人三级安全教育记录表可参考表1-1（进行公司级、项目级、班组级各级教育后应由教育人和受教育人分别签名。实行工程总承包的，总包单位与分包单位的教育人应分别在项目级安全教育一栏上签名）。新入场工人三级安全教育汇总表可参考表1-2（可分工种或班组进行汇总）。班前安全活动记录表可参考表1-3，班前安全活动记录表应记录完整且应单独组卷并由班组长每月交安全员或资料员存档。建设工程施工工人安全教育检查评分表可参考表1-4。

表 1-1　　　　　　　　　　　**新入场工人三级安全教育记录表**

工程名称：　　　　施工单位：　　　　平安卡号：　　　　编号：

| 姓名 | | 性别 | | 年龄 | | 文化程度 | | 粘贴照片 |
|---|---|---|---|---|---|---|---|---|
| 身份证号 | | 入场日期 | 年　月　日 | | 施工作业工龄 | 年 | | |
| 班组（工种） | | 工作卡号 | | 个人联系电话 | | | | |
| 家庭地址及电话 | | | | | | | | |
| 三级安全教育主要内容 | | | | | 学时 | 教育人 | 受教育人 | |
| 公司级 | | | | | | 签名：<br>年 月 日 | 签名：<br>年 月 日 | |
| 项目级 | | | | | | 签名：<br>年 月 日 | 签名：<br>年 月 日 | |
| 班组级 | | | | | | 签名：<br>年 月 日 | 签名：<br>年 月 日 | |
| 考核意见： | | | | | | | 年　月　日 | |
| 违章违纪情况记录 | | | | 突出表现及奖励记录 | | | | |

表 1-2　　　　　　　　　　　**新入场工人三级安全教育汇总表**

工程名称：　　　　施工单位：　　　　班组：

| 序号 | 姓名 | 性别 | 年龄 | 工种 | 施工作业工龄 | 平安卡号 | 进场时间 | 考核时间 | 考核成绩 | 备注 |
|---|---|---|---|---|---|---|---|---|---|---|
| | | | | | | | | | | |
| | | | | | | | | | | |
| | | | | | | | | | | |

填表人：　　　　　　日期：　　　　　　　　　　　　年 月 日

表 1-3　　　　　　　　　　　**班前安全活动记录表**

工程名称：　　　　施工单位：　　　　班组：　　　年 月 日

| 今天作业部位 | 作业人数 | 防护设施及环境 | | | 个人防护用品配备 | | |
|---|---|---|---|---|---|---|---|
| | | 作业环境 | 防护设施 | 作业面 | 安全帽 | 安全带 | 其他 |
| | | | | | | | |
| | | 注：符合规范打√，不符合规范打× | | | | | |
| 前一天的安全生产工作小结 | | | | | | | |
| 今天作业内容及安全生产要求 | | | | | | | |
| 班前的安全教育 | | | | | | | |
| 岗前安全隐患检查及整改 | | | | | | | |
| 班组长签名 | | | | 记录人 | | 缺勤人员 | |
| 参加活动作业人员签名 | | | | | | | |

表1-4　　　　　　　　　建设工程施工工人安全教育检查评分表

工程名称：　　　　　　　　　施工单位：　　　　　　　　　　　　年　月　日

| 序号 | 检查项目 | | 扣 分 标 准 | 应得分 | 扣减分 | 实得分 |
|---|---|---|---|---|---|---|
| 1 | 保证项目 | 安全教育制度和责任制 | 无安全教育制度的扣10分 | 10 | | |
| | | | 未建立安全教育责任制的扣10分 | | | |
| | | | 安全教育制度或责任制不完善、不健全的扣3~6分 | | | |
| | | | 各级、各部门未执行安全教育责任制的扣5分 | | | |
| 2 | | 安全教育机构及计划 | 企业未设立安全教育机构的扣10分 | 10 | | |
| | | | 企业未制订年度安全教育计划的扣6分 | | | |
| | | | 项目未制订安全教育计划的扣6分 | | | |
| | | | 安全教育培训计划未按要求审批的扣5分 | | | |
| | | | 安全教育计划内容不完整、针对性不强的扣3~5分 | | | |
| | | | 安全教育授课人员资格不符合规定要求的扣2~5分 | | | |
| | | | 未配备三级安全教育教材的扣5分 | | | |
| 3 | 保证项目 | 监督管理 | 企业未定期进行安全教育情况检查的扣6~10分 | 10 | | |
| | | | 项目部未定期进行安全教育情况检查的扣3~6分 | | | |
| | | | 施工总承包单位未定期对分包单位三级安全教育情况进行检查的扣3~5分 | | | |
| | | | 对检查发现的问题未落实整改的扣3分 | | | |
| 4 | | 教育效果现场抽查 | 每有一人不懂安全生产常识或本工种安全技术操作规程的扣2分 | 15 | | |
| | | | 每有一人违章作业的扣3分 | | | |
| 5 | | 三 级 安 全 教育 | 未组织新入场工人进行三级安全教育的扣15分 | 15 | | |
| | | | 三级安全教育未达到规定学时的扣2~6分 | | | |
| | | | 三级安全教育内容不全面或针对性不强的扣3~6分 | | | |
| | | | 施工总承包单位未参加分包单位的项目级安全教育的扣5分 | | | |
| | | | 每有一人未经三级安全教育或未考核合格进入现场作业的扣2分 | | | |
| | 小计 | | | 60 | | |
| 6 | | 平安卡教育 | 未组织工人参加平安卡教育的扣10分 | 10 | | |
| | | | 每有一人未取得"平安卡"的扣3分 | | | |
| 7 | | 班前安全活动 | 无班前安全活动制度扣10分 | 10 | | |
| | | | 班前安全活动内容不全面或针对性不强的扣3分 | | | |
| | | | 无班前安全活动记录或记录不全、不真实的扣3分 | | | |
| 8 | | 其他安全教育 | 未进行节假日前后安全教育、季节性安全教育、转岗复岗安全教育、违章违纪教育、事故后未进行安全教育的，每有一项扣3分 | 10 | | |
| | | | 未对工人进行安全生产继续教育的扣5分 | | | |
| | | | 安全生产继续教育未达到规定学时的扣3分 | | | |
| | | | 未坚持开展经常性安全教育的扣3分 | | | |

| 工程名称： | | 施工单位： | | 年　月　日 | | |
|---|---|---|---|---|---|---|
| 序号 | 检查项目 | 扣　分　标　准 | | 应得分 | 扣减分 | 实得分 |
| 9 | 安全教育档案及会计息化管理 | 未建立安全教育档案的扣 10 分 | | 10 | | |
| | | 档案资料不齐全或记录不真实的扣 3～5 分 | | | | |
| | | 档案无专人管理的扣 3 分 | | | | |
| | | 未及时将工人相关信息录入其安全教育档案的扣 3～5 分 | | | | |
| 小计 | | | | 40 | | |
| 检查项目合计 | | | | 100 | | |
| 评语 | | | | | | |
| 检查单位 | | | | | | |
| 检查人员 | | 受检查项目负责人 | | | | |

## §1.2　施工企业安全生产管理的基本要求

施工企业应做好安全生产管理工作，应提高施工企业安全管理的水平，应控制和减少施工生产安全事故。施工企业安全生产管理应贯彻"安全第一，预防为主，综合治理"方针且应根据施工生产规模、性质、特点予以实施。施工企业安全生产管理活动应符合国家现行有关法律法规、标准规范的规定。

（1）施工企业，是指从事土木工程、建筑工程、线路管道和设备安装工程及装饰装修工程的新建、扩建、改建和拆除等有关活动的企业。

（2）施工企业主要负责人，是指对施工企业日常生产经营活动和安全生产工作全面负责、具有生产经营决策权的人员（包括施工企业法定代表人、经理、施工企业分管安全生产的副经理等）。

（3）各管理层，是指施工企业组织架构中包括总部、分支机构、工程项目部等在内的具有不同管理职责与权限的管理层次。

（4）工作环境，是指施工作业场所内人员、作业、设施和设备安全生产的场地、道路、工况、水文、地质、气候等客观条件。

（5）危险源，是指施工生产过程中可能导致职业伤害或疾病、财产损失、工作环境破坏或环境污染的根源或状态。

（6）隐患，是指未被事先识别或未采取必要的风险控制措施，可能直接或间接导致事故的根源。

（7）风险，是指某种特定危险情况和环境污染现象发生的可能性和后果的结合。

（8）危险性较大的分部分项工程，是指在施工过程中存在的、可能导致作业人员群死群伤或造成重大不良社会影响的分部分项工程。

## ■ 1.2.1　施工企业安全生产管理应遵循的原则

（1）施工企业必须依法取得安全生产许可证且应在资质等级许可的范围内承揽工程。施工企业主要负责人应依法对本单位的安全生产工作全面负责，企业法定代表人是企业安全生产第一责任人。施工企业应根据施工生产特点和规模实施安全生产体系管理。施工企业应按有关规定设立独立的安全生产管理机构并应足额配备专职安全生产管理人员。施工企业应依法确保安全生产条件所需资金的投入并有效使用。施工企业各管理层应适时开展有针对性的安全生产教育培训以对从业人员进行安全教育和训练。施工企业必须建立、健全符合国家现行安全生产法律法规、标准规范要求且满足安全生产需要的各类规章制度和操作规程。施工企业应依法为从业人员提供合格劳动保护用品并办理相关保险。施工企业严禁使用国家明令淘汰的安全技术、工艺、设备、设施和材料。施工企业应定期对安全生产管理状况组织分析评估以及实施改进活动。

（2）施工企业应依据企业的总体发展目标制定企业安全生产年度及中长期管理目标。安全管理目标应包括生产安全事故控制指标、安全生产隐患治理目标，以及安全生产、文明施工管理目标等，安全管理目标应量化。安全管理目标应分解到各管理层及相关职能部门并定期进行考核，企业各管理层和相关职能部门应根据企业安全管理目标的要求制定自身管理目标和措施以共同保证目标的实现。

（3）施工企业必须建立和健全安全生产组织体系，应明确各管理层、职能部门、岗位的安全生产责任。施工企业安全生产管理组织体系应包括各管理层的主要负责人、专职安全生产管理机构及各相关职能部门、专职安全管理及相关岗位人员。

（4）施工企业安全生产责任体系应符合相关要求。施工企业应设立由企业主要负责人及各部门负责人组成的安全生产决策机构，该机构负责领导企业安全管理工作，组织制定企业安全生产中长期管理目标，审议、决策重大安全事项。各管理层主要负责人中应明确安全生产的第一责任人以对本管理层的安全生产工作全面负责。各管理层主要负责人应明确并组织落实本管理层各职能部门和岗位的安全生产职责以实现本管理层的安全管理目标。各管理层的职能部门在岗位负责职能范围内落实与安全生产相关的职责，以实现相关安全管理目标。各管理层专职安全生产管理机构承担的安全职责应包括以下五方面内容，即宣传和贯彻国家安全生产法律法规和标准规范；编制及适时更新安全生产管理制度并监督实施；组织或参与企业生产安全相关活动；协调配备工程项目专职安全生产管理人员；制订企业安全生产考核计划，查处安全生产问题，建立管理档案。施工企业各管理层、职能部门、岗位的安全生产责任应形成责任书并获得责任部门或责任人的确认，责任书的内容应包括安全生产职责、目标、考核奖惩规定等。

（5）施工企业应以安全生产责任制为核心建立、健全安全生产管理制度。施工企业应建立安全生产教育培训，安全生产资金保障，安全生产技术管理，施工设施，设备及临时建（构）筑物的安全管理，分包（供）安全生产管理，施工现场安全管理，事故应急救援，生产安全事故管理，安全检查和改进，安全考核和奖惩等制度。施工企业的各项安全管理制度应具体和明确，即应有工作内容、责任人（部门）的职责与权限、基本工作程序及标准。施工企业安全生产管理制度在企业生产经营状况、管理体制及有关法律法规发生变化时，应适时更新、修订与完善。

（6）施工企业安全生产教育培训应贯穿生产经营的全过程，教育培训应包括计划编制、组织实施和人员资格审定等工作内容。施工企业安全生产教育培训计划应依据类型、对象、内容、时间安排、形式等需求进行编制。安全教育和培训的类型应包括岗前教育、日常教育、年度继续教育以及各类证书的初审、复审培训。施工企业新上岗操作工人必须进行岗前教育培训，教育培训应包括以下五方面内容，即安全生产法律法规和规章制度；安全操作规程；有针对性的安全防范措施；违章指挥、违章作业、违反劳动纪律产生的后果；预防、减少安全风险以及紧急情况下应急救援的基本措施等。施工企业应结合季节性施工要求及安全生产形势对从业人员进行日常安全生产教育培训。施工企业应每年按规定对所有相关人员进行安全生产继续教育，教育培训应包括以两方面内容，即培训新颁布的安全生产法律法规，安全技术标准、规范，安全生产规范性文件；先进的安全生产管理经验和典型生产事故案例分析。企业的相关人员上岗前还应遵守相关规定，企业主要负责人、项目负责人和专职安全生产管理人员必须经安全生产知识和管理能力考核合格，且应依法取得安全生产考核合格证书；企业的技术和相关管理人员必须具备与岗位相适应的安全管理知识和能力，且应依法取得必要的岗位资格证书；特种作业人员必须经安全技术理论和操作技能考核合格，且应依法取得施工特种作业人员操作资格证书。施工企业应及时统计、汇总从业人员的安全教育培训和资格认定等相关记录，并定期对从业人员持证上岗情况进行审核、检查。

## ▌ 1.2.2　施工企业安全生产管理的基本工作内容

（1）施工企业安全生产费用管理应包括资金的储备、申请、审核审批、支付、使用、统计、分析、审计检查等工作内容。施工企业应按规定储备安全生产所需的费用（安全生产资金应包括安全技术措施、安全教育培训、劳动保护、应急救援等以及必要的安全评价、监测、检测、论证所需费用）。施工企业各管理层均应根据安全生产管理需要编制相应的安全生产费用使用计划并经审核批准后执行，计划中应明确费用使用的项目、类别、额度、实施单位及责任者、完成期限等内容。施工企业各管理层相关负责人必须在其管辖范围内按"专款专用、及时足额"的要求组织实施安全生产费用使用计划。施工企业各管理层应定期对安全生产费用使用计划的实施情况进行监督审查。施工企业各管理层应建立安全生产费用分类使用台账，并应定期统计上报。施工企业各管理层应对安全生产费用的使用情况进行年度汇总分析，且应及时调整安全生产费用的使用比例。

（2）施工企业应做好施工设施、设备和劳动防护用品安全管理工作。施工企业施工设施、设备和劳动防护用品的安全管理应包括购置、租赁、装拆、验收、检测、使用、保养、维修、改造和报废等内容。施工企业应根据生产经营特点和规模配备符合安全要求的施工设施、设备、劳动防护用品及相关的安全检测器具。施工企业各管理层应配备机械设备安全管理专业的专职管理人员。施工企业应建立并保存施工设施、设备、劳动防护用品及相关的安全检测器具安全管理档案，并按规定记录相关内容（如来源、类型、数量、技术性能、使用年限等静态管理信息以及目前使用地点、使用状态、使用责任人、检测、日常维修保养等动态管理信息；采购、租赁、改造、报废计划及实施情况等）。施工企业应依据企业安全技术管理制度对施工设施、设备、劳动防护用品及相关的安全检测器具实施技术管理（应定期分析安全状态，确定指导、检查的重点，并采取必要的改进措施）。安全防护设施应做到"标准化、定型化、工具化"。

（3）施工企业应重视安全技术管理工作。施工企业安全技术管理应包括危险源识别以及安全技术措施和专项方案的编制、审核、交底、过程监督、验收、检查、改进等工作内容。施工企业各管理层的技术负责人应对管理范围内的安全技术工作负责。施工企业应在施工组织设计中编制安全技术措施和施工现场临时用电方案；应对危险性较大的分部分项工程编制专项安全施工方案，对其中超过一定规模的应按规定组织专家论证。施工企业应明确各管理层施工组织设计、专项施工方案、安全技术方案（措施）的编制、修改、审核和审批的权限、程序及时限，根据权限，按方案涉及内容由企业的技术负责人组织相关职能部门审核，技术负责人审批。审核、审批应有明确意见并签名盖章。编制、审批应在施工前完成。施工企业应明确安全技术交底分级的原则、内容、方法及确认手续。施工企业应根据施工组织设计和专项安全施工方案（措施）设置审批权限，应组织相关编制人员参与安全技术交底、验收和检查，并应明确其他参与交底、验收和检查的技术人员。施工企业可结合实际制定内部安全技术标准和图集，并定期进行技术分析和改造以完善安全生产作业条件、改善作业环境。

（4）分包（供）安全生产管理应包括分包（供）单位选择及施工过程管理、评价等工作内容。施工企业应依据安全生产管理责任和目标明确对分包（供）单位和人员的选择和清退标准、合同条款约定和履约过程控制的管理要求。企业对分包单位的安全管理应遵守相关规定，即应选择合法的分包（供）单位；应与分包（供）单位签订安全协议；应对分包（供）单位施工过程的安全生产实施检查和考核；应及时清退不符合安全生产要求的分包（供）单位；分包工程竣工后应对分包（供）单位安全生产能力进行评价。施工企业应按规定对分包（供）单位进行安全检查和考核，内容应包括分包（供）单位人员配置及履职情况；分包（供）单位违约、违章记录；分包（供）单位安全生产绩效。施工企业应建立合格分包（供）方名录并定期审核、更新。

（5）施工企业应重视施工现场安全管理工作。施工企业各管理层级职能部门和岗位应按职责分工对工程项目实施安全管理。企业的工程项目部应根据企业安全管理制度实施施工现场安全生产管理，其内容应包括制定项目安全管理目标、建立安全生产责任体系、实施责任考核；配置满足要求的安全生产和文明施工措施资金、从业人员和劳动防护用品；选用符合要求的安全技术措施、应急预案、设施与设备；有效落实施工过程的安全生产及隐患整改工作；使施工现场场容场貌、作业环境和生活设施安全文明达标；组织事故应急救援抢险；对施工安全生产管理活动进行必要的记录并保存应有的资料和记录。

（6）施工现场安全生产责任体系应符合相关规定。项目经理是工程项目施工现场安全生产第一责任人，其负责组织落实安全生产责任、实施考核，以实现项目安全管理目标。工程项目施工实行总承包的应成立由总承包单位、专业承包和劳务分包单位的项目经理、技术负责人和专职安全生产管理人员组成的安全管理领导小组。应按规定配备项目专职安全生产管理人员，负责施工现场安全生产日常监督管理。工程项目部其他管理人员应承担本岗位管理范围内与安全生产相关的职责。分包单位应服从总包单位管理，应落实总包企业的安全生产要求。施工作业班组应在作业过程中遵守安全生产要求。作业人员应严格遵守安全操作规程（做到不伤害自己、不伤害他人和不被他人所伤害）。

项目专职安全生产管理人员应由企业委派，并主要承担以下四方面的安全生产职责，即监督项目安全生产管理要求的实施、建立项目安全生产管理档案；对危险性较大分部分项工程实施现场监护并做好记录；阻止和处理违章指挥、违章作业和违反劳动纪律等；定期向企业安全生产管理机构报告项目安全生产管理情况。

工程项目部应在项目开工前根据施工特征组织编制项目安全技术措施和专项施工方案（包括应急预案），并按规定进行审批、论证、交底、验收、检查，方案内容应包括工程概况、编制依据、施工计划、施工工艺、施工安全技术措施、检查验收内容及标准、计算书及附图等。工程项目部应接受企业上级各管理层、建设行政主管部门及其他相关部门的业务指导与监督检查，对发现的问题应按要求组织整改。施工企业应与工程项目及时交流与沟通安全生产信息以治理安全隐患和回应相关方诉求。

（7）施工企业应重视应急救援管理工作。施工企业的应急救援管理包括建立组织机构；预案编制、审批、演练、评价、完善和应急救援响应工作程序及记录等内容。施工企业应建立应急救援组织机构并明确领导小组，应设立专家库、组建救援队伍并做好日常管理工作。施工企业应建立应急物资保障体系，应明确应急设备和器材储存、配备的场所、数量，并定期对应急设备和器材进行检查、维护、保养。施工企业应根据施工管理和环境特征组织各管理层制订应急救援预案，其内容应包括紧急情况、事故类型及特征分析；应急救援组织机构与人员职责分工；应急救援设备和器材的调用程序；与企业内部相关职能部门和外部政府、消防、救险、医疗等相关单位与部门的信息报告、联系方法；抢险急救的组织、现场保护、人员撤离及疏散等活动的具体安排。施工企业各管理层应针对应急救援预案开展工作，包括对全体从业人员进行针对性的培训和交底；定期组织组织专项应急演练；接到相关报告后及时起动预案等。施工企业应根据应急救援预案演练、实战的结果对事故应急预案的适宜性和可操作性进行评价，必要时应进行修改和完善。

（8）施工企业应建立生产安全事故报告和处理制度。施工企业生产安全事故管理应包括记录、统计、报告、调查、处理、分析、改进等工作内容。生产安全事故发生后，施工企业应按照有关规定及时、如实上报，实行施工总承包的应由总承包企业负责上报。生产安全事故报告的内容应包括事故的时间、地点和工程项目有关单位名称；事故的简要经过；事故已经造成或者可能造成的伤亡人数（包括下落不明的人数）和初步估计的直接经济损失；事故的初步原因；事故发生后采取的措施及事故控制情况；事故报告单位或报告人员等。生产安全事故报告后出现新情况的应及时补报。施工企业应建立生产安全事故档案，事故档案应包括以下内容，即企业职工伤亡事故月报表；企业职工伤亡事故年统计表；生产安全事故快报表；事故调查情况报告，对事故责任者的处理决定，伤残鉴定，政府的事故处理批复资料及相关影像资料；其他有关的资料。生产安全事故的调查和处理应做到"事故原因不查清楚不放过；事故责任者和从业人员未受到教育不放过；事故责任者未受到处理不放过；没有采取防范事故再发生的措施不放过"。

（9）施工企业应重视安全检查和改进工作。施工企业安全检查和改进管理应包括规定安全检查的内容、形式、类型、标准、方法、频次，检查、整改、复查，安全生产管理评估与持续改进等工作内容。施工企业安全检查的内容应包括安全目标的实现程度；安全生产职责的落实情况；各项安全管理制度的执行情况；施工现场安全隐患排查和安全防护情况；生产安全事故、未遂事故和其他违规违法事件的调查、处理情况；安全生产法律法规、标准规范和其他要求的执行情况。施工企业安全检查的形式应包括各管理层的自查、互查以及对下级管理层的抽查等，安全检查的类型应包括日常巡查、专项检查、季节性检查、定期检查、不定期抽查等。工程项目部每天应结合施工动态实行安全巡查；总承包工程项目部应组织各分包单位每周进行安全检查，每月应对照《施工安全检查标准》（JGJ 59—2011）至少进行一次定量检查。企业每月应对工程项目施工现场安全职责落实情况至少进行一次检查，并针对检查中发现的倾向性问题、安全生产状况较差的工程项目组织专项检查。企业应针对承建工程所在地区的气候与环境特点组织季节性的安全检查。施工企业应根据安全检查的类型确定检查内容和具体标准，应编制相应的安全检查评分表，应配备必要的检查、测试器具。施工企业对安全检查中发现的问题和隐患应定人、定时间、定措施组织整改并跟踪复查。施工企业对安全检查中发现的问题应定期统计、分析，应确定多发和重大隐患，并制定实施治理措施。施工企业应定期对安全生产管理的适宜性、符合性和有效性进行评估，应确定安全生产管理需改进的方面，应制定并实施改进措施，并对其有效性进行跟踪验证和评价。发生以下4方面情况时企业应及时进行安全生产管理评估，包括适用法律法规发生变化；企业组织机构和体制发生重大变化；发生生产安全事故；发生其他影响安全生产管理的重大变化。施工企业应建立并保存安全检查和改进活动的资料与记录。

（10）施工企业应建立、健全安全考核和奖惩制度。企业安全考核和奖惩管理应包括确定考核和奖惩的对象；制订考核内容及奖罚的标准；定期组织实施考核；落实奖罚等内容。安全考核的对象应包括各管理层的主要负责人、相关职能部门及岗位和工程项目的管理人员。施工企业各管理层、职能部门、岗位的安全生产责任应形成责任书，并经责任部门或责任人确认，责任书的内容应包括安全生产职责、目标、考核奖惩标准等。企业各管理层的主要负责人应组织对本管理层各职能部门、下级管理层的安全生产责任进行考核和奖惩。安全考核的内容应包括安全目标实现程度、安全职责落实情况、安全行为、安全业绩等。施工企业应针对生产经营规模和管理状况明确安全考核的周期并严格实施。施工企业奖励或惩罚的标准应与考核内容对应，并应根据考核结果及时进行奖励或惩罚处理，应实行安全生产一票否决制。

# §1.3　施工企业安全生产评价体系

施工企业应建立安全生产评价体系，以科学评价施工企业安全生产条件及相应的安全生产能力，实现对施工企业安全生产的标准化管理，实现施工企业安全生产评价工作的规范化和制度化。通过安全生产评价体系可对从事建设工程施工企业的安全生产条件和能力进行科学评价。安全生产评价体系应依据《中华人民共和国建筑法》、《建设工程安全生产管理条例》、《安全生产许可证条例》等有关法律法规的要求制定，应符合国家现行有关强制性标准的规定。所谓"安全生产条件"是指保证安全生产所需要的各种因素及其组合。所谓"安全生产能力"是指实现安全生产所具备的条件及其组合。

## ▌1.3.1　施工企业安全生产评价体系的构成

　　施工企业安全生产评价的内容应包括安全生产管理（表 1-5）、安全技术管理（表 1-6）、设备和设施管理（表 1-7）、企业市场行为（表 1-8）、施工项目安全管理（表 1-9）、施工企业安全生产评价（表 1-10）等 6 个部分，涉及对施工企业的市场准入、发生事故、不良业绩、资质升级、日常管理、年度评价等的检验和评价等内容。

表 1-5　　　　　　　　　　　安全生产管理评分表

| 序号 | 项目 | 评　分　标　准 | 评　分　方　法 | 应得分 | 扣减分 | 实得分 |
|---|---|---|---|---|---|---|
| 1 | 安全生产责任制度 | （1）企业未建立、健全各部门、层次（岗位）安全生产责任制度或制度不健全的扣 10～25 分；<br>（2）企业未建立安全生产责任制考核制度的扣 10 分（各部门、各层次未对各自安全生产责任制进行确认每起扣 2 分）；<br>（3）企业未按考核制度组织检查并考核的扣 10 分（考核不全面的扣 5～10 分）；<br>（4）企业未建立、完善安全生产管理目标扣 10 分（未对管理目标实施考核的扣 5～10 分）；<br>（5）企业未建立安全生产考核、奖惩制度的扣 10 分（未实施考核和奖惩的扣 5～10 分） | 查企业有关制度文本；抽查企业各部门、所属单位有关责任人对安全生产责任制的知晓情况，查企业考核记录。<br>查企业文件，查企业对下属单位各级管理目标设置及考核情况记录；查企业安全生产奖惩制度文本和考核、奖惩记录 | 25 |  |  |
| 2 | 安全文明资金保障制度 | （1）企业未建立安全生产、文明施工资金保障制度的扣 20 分（制度无针对性和无具体措施的扣 10～20 分）；<br>（2）未按规定落实安全生产、文明施工措施费的扣 10～20 分 | 查企业制度文本、财务资金预算及使用记录 | 20 |  |  |
| 3 | 安全教育培训制度 | （1）企业未按规定建立安全教育、培训制度的扣 20 分（制度不全面、不完善的扣 5～10 分）；<br>（2）企业未编制年度安全教育、培训计划的扣 5～10 分（企业未按年度计划实施的扣 5～10 分）；<br>（3）企业未按规定要求对管理人员进行安全继续教育或教育、培训时间不足的扣 10～20 分 | 查企业制度文本、企业培训计划文本和教育的实施记录、企业年度教育培训记录，以及管理人员的相关证书 | 20 |  |  |
| 4 | 安全检查制度 | （1）企业未建立安全检查制度的扣 20 分（制度不全面、不完善的扣 5～10 分）；<br>（2）未按规定组织检查的扣 20 分（检查不全面、不及时的扣 5～10 分）；<br>（3）对检查出的隐患未采取定人、定时、定措施进行整改的每起扣 3 分（整改结束无复查记录的每起扣 3 分） | 查企业制度文本、企业检查记录、企业对隐患整改记录、处置情况记录 | 20 |  |  |

续表

| 序号 | 项目 | 评分标准 | 评分方法 | 应得分 | 扣减分 | 实得分 |
|---|---|---|---|---|---|---|
| 5 | 生产安全事故报告处理制度 | （1）企业未建立生产安全事故报告处理制度的扣15分；未按规定及时上报事故的每起扣15分；未建立事故档案的扣5分；<br>（2）未按规定实施对事故的处理及落实"四不放过"原则的扣10~15分；<br>（3）未制定事故应急救援预案及演练制度的扣10分；<br>（4）未按预案建立应急救援组织或落实救援人员和救援物资的扣10分 | 查企业制度文本；查企业事故上报及结案情况记录；查企业应急预案的编制及应急队伍建立情况以及相关演练记录、物资配备情况 | 15 | | |
| 分项评分 | | | | 100 | | |

表 1-6                                            **安全技术管理评分表**

| 序号 | 项目 | 评分标准 | 评分方法 | 应得分 | 扣减分 | 实得分 |
|---|---|---|---|---|---|---|
| 1 | 法规、标准和操作规程配置 | （1）企业未配备与生产经营内容相适应的、现行的有关安全生产方面的法律、法规、标准、规范和规程的扣5~10分；<br>（2）企业未配备各工种安全技术操作规程或配备不齐全的扣5~10分；<br>（3）企业未组织编制安全法律、法规实施细则的扣2~5分（未组织学习和贯彻实施的扣10分） | 查企业现有的法律法规、标准、操作规程的文本及贯彻实施记录 | 15 | | |
| 2 | 施工组织设计 | （1）企业无施工组织设计编制、审核、批准制度的扣20分；<br>（2）未按程序进行审核、批准的每起扣3分 | 查企业技术管理制度，抽查企业备份的施工组织设计 | 20 | | |
| 3 | 专项施工方案（措施） | （1）未建立对危险性较大的分部分项工程编写、审核、批准专项施工方案制度的扣25分；<br>（2）未实施或按程序审核、批准的每起扣3分；<br>（3）未按规定明确本单位需进行专家论证的危险性较大的分部分项工程名录（清单）的扣5~10分 | 查企业相关规定，实施记录和专项施工方案备份资料 | 25 | | |
| 4 | 安全技术交底、检查 | （1）企业未制定安全技术交底制度的扣25分；<br>（2）未定期检查交底制度贯彻实施情况的扣5~10分；<br>（3）企业未建立班组安全活动制度的扣25分；<br>（4）未按制度规定检查班组活动情况的扣5~10分 | 查企业相关规定、企业实施记录 | 25 | | |

续表

| 序号 | 项目 | 评 分 标 准 | 评 分 方 法 | 应得分 | 扣减分 | 实得分 |
|---|---|---|---|---|---|---|
| 5 | 危险源控制 | (1) 企业未建立危险源监管制度的扣15分；制度不齐全、不完善的扣5～10分；<br>(2) 未根据生产经营特点明确危险源名录的扣5～10分；<br>(3) 企业未建立危险源公示、告知制度的扣8～10分 | 查企业规定及相关记录 | 15 | | |
| 分项评分 | | | | 100 | | |

表1-7　　　　　　　　　设备和设施管理评分表

| 序号 | 项目 | 评 分 标 准 | 评 分 方 法 | 应得分 | 扣减分 | 实得分 |
|---|---|---|---|---|---|---|
| 1 | 设备安全管理 | (1) 企业未制定设备（包括应急救援器材）采购、租赁、安装（拆除）、验收、检测、使用、检查、保养、维修、改造和报废制度的扣30分；<br>(2) 制度不齐全、不完善的扣10～15分；<br>(3) 企业购置的设备无生产厂家的合格证书或相关证书不齐全的每起扣3～5分；<br>(4) 企业未按设备分类建立档案的每类扣2分；<br>(5) 企业未配备设备管理的专（兼）职人员的扣10分 | 查企业设备安全管理制度，查企业设备清单和管理档案 | 3 | | |
| 2 | 设施和防护用品供应单位 | (1) 企业未制定对安全物资的供应单位管理制度的扣30分；<br>(2) 未按制度执行的每起扣2分；<br>(3) 企业未建立施工现场临时设施、[包括临时建（构）筑物、活动板房] 的采购、租赁、搭拆、验收、检查、使用的相关管理规定的扣30分；<br>(4) 未按管理规定实施或实施有缺陷的每项扣2分；<br>(5) 企业未制定施工人员个人安全防护用品管理制度的扣20分 | 查企业相关规定及实施记录 | 30 | | |
| 3 | 安全标志 | (1) 企业未制定施工现场安全警示、警告标识和标志使用管理制度的扣20分；<br>(2) 企业未定期检查实施情况的每项扣5分 | 查企业相关规定及实施记录 | 20 | | |
| 4 | 安全检查测试工具 | (1) 企业未制定施工场所安全检查、检验仪器、工具配备制度的扣20分；<br>(2) 企业未建立安全检查、检验仪器、工具配备清单的扣5～15分 | 查企业相关记录 | 20 | | |
| 分项评分 | | | 评分员：　　年　月　日 | 100 | | |

表 1-8　　　　　　　　　　　企业市场行为评分表

| 序号 | 项目 | 评 分 标 准 | 评 分 方 法 | 应得分 | 扣减分 | 实得分 |
|---|---|---|---|---|---|---|
| 1 | 安全生产许可证 | (1) 企业未取得安全生产许可证而承接施工任务的扣30分；<br>(2) 企业在安全生产许可证暂扣期间继续承接施工任务的扣30分；<br>(3) 企业资质与承发包生产经营行为不相符的扣30分；<br>(4) 企业主要负责人、项目负责人、专职安全管理人员持有的安全生产合格证书不符合规定要求的每起扣10分 | 查安全生产许可证及各类人员相关证书 | 30 | | |
| 2 | 安全文明施工业绩 | (1) 企业资质受到降级处罚的扣20分；<br>(2) 企业受到暂扣安全生产许可证的处罚的每起扣5～20分；<br>(3) 企业受当地建设行政主管部门通报处分的每起扣5分；<br>(4) 企业受当地建设行政主管部门经济处罚的每起扣5～10分；<br>(5) 企业受到省级及以上通报批评的每次扣10分（受到地市级通报批评的每次扣5分）；<br>(6) 企业获得安全、文明创优表彰的加分〔国家级每项加15分；省级每项加8分；地市级每项加5分；县（区）级加2分〕 | 查各级行政主管部门管理信息资料，各类有效证明材料 | 20 | | |
| 3 | 安全质量标准化达标 | (1) 安全质量标准化达标优良率低于规定的每5%扣10分；<br>(2) 安全质量标准化年度达标合格率低于规定要求的扣20分；<br>(3) 安全质量标准化达标优良率大于规定要求的每10%加10分 | 查企业相应管理资料 | 20 | | |
| 4 | 资质、机构与人员管理制度 | (1) 企业未建立安全生产管理体系（包括机构和人员等）、人员资格管理制度的扣30分；<br>(2) 企业未按规定设置专职安全管理机构的扣30分（未按规定配足安全生产专管人员的扣30分）；<br>(3) 实行总包、分包的企业未制定对分包单位资质和人员资格管理制度的扣30分（未按制度执行的扣30分） | 查企业制度文本和机构、人员配备证明文件，对人员资格管理的记录及相关证件。<br>查总、分包单位的管理资料 | 30 | | |
| 分项评分 | 评分员： | | 年　月　日 | 100 | | |

表 1 - 9  施工项目安全管理评分表

| 序号 | 项目 | 评 分 标 准 | 评 分 方 法 | 应得分 | 扣减分 | 实得分 |
|---|---|---|---|---|---|---|
| 1 | 施工现场安全达标 | 企业所属施工现场按《施工安全检查标准》（JGJ 59—2011）检查不合格的每个扣 20 分 | 查现场及相关记录 | 40 | | |
| 2 | 生产安全事故控制 | (1) 发生较大事故的扣 20 分；<br>(2) 发生一般事故的每起扣 10 分；年重伤事故频率大于 0.6% 的扣 5 分；<br>(3) 月工负伤频率大于 0.3% 的扣 3 分；<br>(4) 瞒报事故的每发现一起扣 20 分 | 查事故报表和事故档案 | 20 | | |
| 3 | 设备、设施、工艺选用 | (1) 现场使用国家明令淘汰设备或工艺的扣 20 分；<br>(2) 现场使用不符合标准且存在安全隐患的脚手架的扣 20 分；<br>(3) 现场使用不符合标准的且存在安全隐患的塔式起重机的扣 20 分；<br>(4) 现场使用 SC 型系列的施工升降机（人货两用）超过 8 年的或 SS 型系列的施工升降机（人货两用）超过 5 年的扣 20 分；<br>(5) 现场使用不符合标准的且存在安全隐患的施工升降机和龙门架、井字架的扣 20 分；<br>(6) 现场使用不合格钢管、扣件的每项扣 10 分 | 查现场及相关记录 | 20 | | |
| 4 | 安全防护用品使用 | (1) 现场使用不合格密目式安全网的扣 1～10 分；<br>(2) 现场使用不合格安全帽的扣 1～10 分；<br>(3) 现场使用不合格安全带的扣 5～10 分；<br>(4) 现场使用不合格、大网眼安全平网的扣 3～10 分 | 查现场及相关记录 | 10 | | |
| 5 | 保险 | (1) 未按规定办理意外伤害保险的扣 10 分；<br>(2) 意外伤害保险办理率不足 100% 的每低 2% 扣 1 分 | 查现场及相关记录 | 10 | | |
| 分项评分 | | | | 100 | | |

**表 1-10**　　　　　　　　　　　**施工企业安全生产评价汇总表**

评价类型：□市场准入 □发生事故 □不良业绩 □资质评价 □日常管理 □年终评价

企业名称：　　　　　　　　　　　经济类型：

资质等级：　　　　　　　　　　　上年度施工产值：　　　　　　　　在册人数：

| 评价内容 | | 评价结果 | | | |
|---|---|---|---|---|---|
| | | 零分项/个 | 应得分数/分 | 实得分数/分 | 加权分数 |
| 无施工项目 | 表1-3-1　安全生产管理 | | | | ×0.3= |
| | 表1-3-2　安全技术管理 | | | | ×0.2= |
| | 表1-3-3　设备和设施管理 | | | | ×0.2= |
| | 表1-3-4　企业市场行为 | | | | ×0.3= |
| | 汇总分数1=表1-1~表1-4　加权值 | | | | |
| 有施工项目 | 表1-3-5　施工项目安全管理 | | | | ×0.4= |
| | 汇总分数2<br>=汇总分数1×0.6+(表1-3)-5×0.4 | | | | |
| 评价意见 | | | | | |
| 评价负责人（签名） | | 评价人员（签名） | | | |
| 企业负责人（签名） | | 企业签章 | | 年　月　日 | |

## ■1.3.2　施工企业安全生产评价的基本原则

　　检验和评价方法应符合相关原则。施工企业市场准入检验和评价可采用安全生产管理、安全技术管理、设备和设施管理、企业市场行为和施工项目安全管理5张表，其中施工项目抽查、检验数量应不小于企业在建施工项目的50%（新建企业无工程施工项目的其施工项目安全管理表可作缺项处理）。对发生事故的施工企业的检验和评价除应按安全生产管理、安全技术管理、设备和设施管理和企业市场行为4张表检验、评价外，还应按事故等级抽查企业30%~100%的在建工程项目（不少于两个），采用施工项目安全管理表进行检验和评价。对具有不良业绩的施工企业除应按安全生产管理、安全技术管理、设备和设施管理和企业市场行为4张表检验及评价外，还应抽查企业不少于20%的在建工程项目（不少于两个）采用施工项目安全管理表检验和评价。资质升级施工企业可采用安全生产管理、安全技术管理、设备和设施管理、施工项目安全管理和企业市场行为5张表，其中施工项目抽查、检验数量应不小于企业在建施工项目的50%。日常管理检验和评价除应按安全生产管理、安全技术管理、设备和设施管理和企业市场行为4张表检验、评价外，还应随时采用施工项目安全管理表进行检验、评价。年度检验和评价应根据日常检验、评价结果进行综合评价。以对5张评分表的检查、评分为基础，采用施工企业安全生产评价汇总表可确定施工企业安全生产条件和能力的评价等级。

　　安全生产条件和能力评分应符合相关原则。表1-5~表1-9每张表评分分值满分为100分（评分的实得分应为各项目实得分数之和），评分表中的各项目采用扣减分数的方法（扣减分数总和不得超过该项目的应得分数，实得分不得出现负值。加分总和也不得超过该项目的满分应得分值），同一项目遇到重复奖励或处罚事项时其加、扣分数应以重复事项的最高分计算（不得重复加分或扣分）。评分项目遇有缺项的其评分的实得分应按相关公式计算，即缺项的分项评分实得分＝（可评项目的实得分之和/可评分项目的应得分值之和）×100。表 1-5～表 1-9 汇总时其分值为 4 张表实得分的加权值（即表 1-5～表 1-8　相应分项的权数分别为 0.3、0.2、0.2、0.3）。表 1-9 与表 1-5～表 1-8 汇总时所对应的权数为表 1-9为 0.4、表 1-5～表 1-8 的加权值为 0.6。对发生事故的施工企业进行检验、评价时表 1-9中的"生产安全事故控制"一项可作为缺项处理。

施工企业安全生产评价分合格、基本合格、不合格 3 个等级，等级划分应按表 1-11 核定。施工企业无施工现场时可采用安全生产管理、安全技术管理、设备和设施管理和企业市场行为 4 张表进行检验、评价，其汇总分别为表 1-5～表 1-9 的加权值。施工企业有施工现场时可采用安全生产管理、安全技术管理、设备和设施管理、企业市场行为和施工项目安全管理 5 张表进行评价，其汇总分＝（表 1-5～表 1-9 的加权值）×0.6＋（表 1-10）×0.4。

表 1-11　　　　　　　　　　　施工企业安全生产评价等级划分

| 评价等级 | 评　价　项 | | |
|---|---|---|---|
| | 各表中的实得分为零的评分项目数/个 | 各表实得分 | 汇总分 |
| 合格 | 0 | ≥70 | ≥75 |
| 基本合格 | 0 | ≥65 | ≥70 |
| 不合格 | 出现不满足基本合格条件的任意一项时 | | |

# §1.4　建设工程文明施工的基本要求

建设工程文明施工管理对维护所在城市和社会良好环境具有重要作用，建设工程施工应"文明、环保、便民"。在所在城市行政区域内对建（构）筑物实施新建、改建、扩建、修缮、涂刷、清洗和拆除施工活动，以及对道路交通、园林绿化、管线、水利和港口码头等实施新建、改建、维修和养护等施工活动均应贯彻文明施工原则。文明施工中涉及的卫生防疫、食堂卫生等许可应符合国家和所在城市的相关规定，涉及安全的防护性构架、电气设施、机械设备和脚手架等设施的搭设、安装及其用材应符合国家和所在城市相关规定、标准和规范。文明施工可实施重点区域和一般区域的差别化管理，重点区域范围一般应由所在城市相关建设管理部门报市政府批准后公布。城市建设管理部门应定期公布目录，淘汰不符合文明施工标准的设备设施、技术和工艺。企业应根据文明施工要求对设备设施、技术和工艺实施改造和创新，不断提高文明施工水平。施工现场内外文字书写均应符合现行的国家语言文字规范。因故中止施工的工地也应遵守文明施工管理规定。

## ■ 1.4.1　围挡设置施工现场边界的文明措施

凡施工工期大于 30d 的建设工程其施工现场边界应设置围挡并实行封闭。

（1）围挡应采用金属板材、砖墙等耐火性硬质材料，一般区域施工现场围挡设置高度应不小于2m，重点区域施工现场围挡设置高度应不小于2.5m。采用金属板材作围挡的应设置可移动式或固定式基础，基础基座底宽应不小于0.6m，上宽不小于0.3m，高不小于0.5m；采用砖墙作围挡的墙体厚度应不小于0.24m，严禁使用黏土砖砌筑，旧砖利用除外；其墙柱和基础砌筑应符合相关技术规范和标准；砌筑砖墙或砖砌裙基以及表面抹平粉刷应使用商品预拌砂浆。

（2）围挡设置应挺直、整齐划一、清洁美观和无破损，外观应与周围环境协调，围挡的稳固度应满足抗12级以上大风的要求。重点区域临街围挡应结合环境设置且宜选用仿古、园林造型、灯光、墙面绘画等点缀措施。

（3）占用道路施工的围挡应在道路交叉路口视距5m范围内设置具有足够挺直刚度的金属网板围挡，并应做到不遮挡车辆驾驶员和行人的视线、满足交通通行安全要求，5m视距的围挡范围内禁止堆放各类物品。

（4）围挡距离住宅不超过5m或施工作业点距离住宅、医院、学校等敏感建筑物不超过15m的应采取增高围挡或设置声屏障等降音措施，声屏障设置应符合相关规范和标准规定。

（5）围挡外侧5m范围内应保持清洁，围挡内侧1m范围内禁止堆放料具、土石方等物料，禁止将围挡用作挡土墙或其他设施设备的支撑。

（6）围挡外立面需设置广告的应得到有关部门的批准，公益性广告设置面积应不超过围挡外立面总面积的20%；商业性广告设置面积应不超过围挡外立面总面积20%。

（7）需在围挡外实施项目配套市政工程施工的应在施工边界增加使用优质施工路栏作连续封闭围护。

（8）施工中确需扩大施工边界的，经批准后可在扩大施工的边界事先搭设围挡封闭，再撤除原围挡封闭，工程未完工前严禁撤除围挡封闭。

（9）重点区域内的水利工程、管线工程、半封闭城市道路工程的施工现场边界应设置围挡并实行封闭。

## 1.4.2　施工路栏设置施工现场边界的文明措施

（1）公路工程，非重点区域的水利工程、管线工程和半封闭城市道路工程以及其他施工工期不超过30d的占用道路工程，其施工边界应采用优质施工路栏设置，禁止使用红白旗安全隔离绳或其他材料替代施工路栏。

（2）优质施工路栏应连续封闭围护，施工路栏之间应紧扣牢固、整齐划一并应保持清洁、无破损。

（3）在保持交通通行的城市道路上需开启或提升窨井盖进行作业的其作业区边界应采用优质折叠式施工路栏设置。

（4）优质施工路栏设置应将底座槽钢的长边段面向施工作业区，施工路栏与施工区需要设置施工通道的其通道宽度应不小于0.6m。

（5）优质施工路栏应横向印制施工单位名称，禁止在施工现场使用与本单位名称不相符的施工路栏。

（6）对建（构）筑物外表实施涂装刷新或清洗施工作业的，其作业区域边界应使用优质施工路栏作全封闭围护，各类机械设备、工具、材料均应放置在围护范围之内。

（7）在道路施工未采用临时通行措施或工程未完工前严禁撤除施工路栏。

（8）重点区域内道路管线施工应实行"开挖一段、敷设一段、修复一段"的施工方法，严禁全线同时开挖作业。

### 1.4.3　脚手架设置的文明措施

（1）凡作业面不小于 2m 高度的应搭设和使用施工脚手架。

（2）城市脚手架的立杆、顶撑、横楞、斜撑等各类杆件、扣件应选用金属管材、金属扣件结合搭设，严禁使用毛竹搭设、或毛竹和金属杆件混合搭设。

（3）金属脚手架杆件应采取防锈措施、表面应涂刷警示漆，符合国家标准的钛镍合金类脚手架金属杆件除外。

（4）落地脚手架首排底笆应选用不漏尘的板材铺设，禁止以脚手架立杆替作围挡支撑。

（5）重点区域内脚手架面向道路、街道的一侧，其横楞凸出外立面的长度应不超过0.2m，并应确保外立面各横楞凸出长度相一致。

（6）脚手架立杆搭设应避开人、车（含非机动车）通行的弄口、路口，在人行道上搭设的应确保行人安全通行。

（7）作业层外挑型、提升式锚固型、悬挂型脚手架的最底层应选用不漏尘的板材铺设，禁止铺设漏尘板材。

（8）框架式结构高层建筑各层面外露性临边安全防护栏以及高架交通、桥梁工程桥板面施工的临边防护栏应使用金属杆件搭设，禁止使用竹、木等其他材料搭设。

（9）施工单位应对脚手架表面油漆进行检查、维护和涂刷，重点区域应每季度一次、一般区域应每半年一次。

### 1.4.4　防尘围网与网布设置的文明措施

（1）凡按规定应搭设的各类脚手架或外露性临边安全防护构架的，其外立面应使用绿色密目式安全网或浅绿色不透尘网布，密目式安全网或不透尘网布的质量应符合安全和环保要求。

（2）使用绿色密目式安全网或浅绿色不透尘网布作封闭的应做到"严密、牢固、平整、美观"，其封闭高度应高出作业面不小于 1.5m。

（3）使用不透尘网布的施工单位应结合脚手架的支撑体系对立面抗拉强度、风载等进行论证验算，通过专家论证后方可使用。

（4）框架式结构高层建筑各层面外露性临边安全围护构架的外侧应使用绿色安全密目网或浅绿色不透尘网布实施包裹。

（5）高架交通、桥梁工程的盖梁及桥板作业面临边的脚手架和安全防护架外侧应使用绿色密目式安全网或浅绿色不透尘网布实施包裹。

（6）重点区域内应搭设脚手架的其脚手架离地高度小于 30m 的外围应使用浅绿色不透尘网布，其脚手架的搭设方案应经专家论证。

（7）施工单位负责对绿色密目式安全网或浅绿色不透尘网布进行检查、清洗和维修，重点区域应每月一次、一般区域应每季度一次，应保持其整洁、无破损、无掉角。

（8）严禁使用彩条布作为施工工程外立面围网。

## ▌1.4.5　出入门及其内侧设置的文明措施

（1）使用围挡的施工工地或异地安置的办公（生活）区应设置出入门并应采用平移或向内开启式方式，施工工地应设置不小于 2 个出入门。

（2）出入门应采用金属板材和金属型材制作并符合强度要求。

（3）出入门与围挡结合处应砌筑不小于 0.4m×0.4m 的门墩，其高度应高出围挡不小于 0.2m 并与围挡紧密连接，门墩应使用商品预拌砂浆进行砌筑和粉刷。

（4）出入门总宽度应不小于 5m（房屋修缮工程出入门总宽度宜不小于 2.5m）、总高度应小于围挡高度 0.2m（其上边沿应和围挡顶部保持平齐）。

（5）出入门内侧应设置门卫室并应满足"防雨、保温、照明、通信和人均 4m² 等"要求。

（6）重点区域出入门内侧门卫室房顶上部应增设视频监视设备。

（7）出入门前或内侧需要设置旗杆的应设置不小于 3 根且为奇数的防锈蚀性金属旗杆，居中的旗杆为中华人民共和国国旗专用旗杆并应高于其他旗杆 0.5m，旗杆基础设置应"结实、坚固"并应设置旗杆防护设施。

（8）出入门内侧应规范设置"五牌一图"，各图牌内径尺寸为高 1.2m、宽 0.8m、外径下沿离地高度 0.8m。

（9）图牌框架及其支撑立柱均应采用防锈蚀性强的金属材料制作并应确保图牌安置的稳定性和牢固性，图牌应连续性排列。

（10）出入门应保持清洁、无锈痕、无破损和开启无障碍，其外侧应当书写施工单位名称并可同时绘画企业标识或标志。

## ▌1.4.6　施工铭牌设置的文明措施

（1）应设置围挡的工地，在其出入门一侧的围挡外横向距离门墩 1m、离地 0.5m 处应设置外径高 1.2m×宽 1.8m 的施工铭牌，其边宽均为 0.03m。

（2）施工铭牌底色应为白色，边框颜色和字体应使用深红色，字体横向书写。

（3）铭牌的内容应包括工程名称、工程类别、开工日期、竣工日期、建设单位名称、设计单位名称、监理单位名称、施工总承包单位名称、项目经理及联系电话、文明施工负责人及联系电话、工程监督单位名称、监督单位投诉电话等。

（4）设置优质施工路栏的工地应在各施工路段的两端设置可移动式施工铭牌，其底部搁置高度为离地 0.5m，版面搁置斜角均为 60°，铭牌搁置架应使用金属杆件制作并确保稳固，应满足施工铭牌搁置时整体抗风力达到 7 级以上水平。

（5）道路管线综合工程施工铭牌外径尺寸宽 1.8m、高 1m，管线单项及抢修工程施工铭牌外径尺寸宽 1.1m、高 0.7m，其边宽均为 0.03m，施工铭牌底色应为白色，边框颜色和字体应使用深红色，字体横向书写。

（6）设置优质施工路栏的工地，其铭牌的内容应包括工程名称、掘路计划编号、掘路执照编号、施工路名及路段、开竣工日期、作业时间、建设单位名称、设计单位名称、监理单位名称、施工单位名称、工程项目负责人及联系电话、文明施工负责人及联系电话、监督投诉电话等。

（7）抢修工程铭牌的内容应包括抢修工程名称、施工路名及路段、抢修日期、施工单位名称、工程项目负责人及联系电话、监督投诉电话等。

## ▌1.4.7　防护性棚架设置的文明措施

（1）施工立面紧邻街坊、人行通道或车行通道以及脚手架需要占用人行或车行通道的应当设置防护棚架，其搭设选用材料应按前述脚手架搭设要求执行，防护棚架的立杆选址严禁妨碍人、车通行。

（2）防护棚架的棚顶离地高度应不小于 3m，棚顶应设置二层，棚顶间隔高度不小于 0.8m，首层棚顶上部应选用不漏尘、符合抗冲击强度的板材予以全覆盖以确保无坠落粉尘和杂物。

（3）因施工场地因素，施工塔机平衡臂旋转半径直接悬于工地邻近街坊、人行道路上空的应设置棚顶为三层的防护棚架，棚顶间隔高度不小于 1m，首层棚顶上部应选用不漏尘、符合抗冲击强度的板材予以全覆盖以确保无坠落粉尘和杂物。

（4）防护棚架的两端口及沿边口应选用耐腐蚀的板材予以全封闭，板材高度应超过顶层防护棚架平面不小于 0.7m，板材封闭应安置牢固并涂刷保护材料（其外露板面宜涂刷警示漆）。工地建筑物接近高压线安全距离（或施工塔机起重臂旋转半径距离超越高压线）的应按规定搭设高压线防护架，防护架严禁使用金属杆件。

（5）确因施工场地面积因素塔机起重臂无法避开超越围挡（或者现场两台及以上各塔机起重臂在旋转半径内会形成相互碰撞）的施工单位除应实施机械限位控制外宜对该塔机安装具有远程监控功能的智能化防碰撞自控装置。

（6）防护架的搭设需要局部占用人行道、车行道的，应在防护架离地 2m 及以下立杆部分用板材作全封闭，其外露板面应确保挺直、平整、光滑并涂刷警示漆。距离各类施工脚手架不小于 1m 的人行通道上方，或在塔机平衡臂、起重臂旋转半径范围以内的人行通道上方，应设置防护棚架。

（7）重点区域内，在人行通道上搭设防护棚架的其棚架内的顶部及两侧立杆间应选用板材作全封闭，应确保板面挺直、平整、光滑，同时应在板材上涂刷警示漆。

## ▌1.4.8　临时通行道路设置的文明措施

（1）占用城市道路施工的应遵守公安交通部门和路政管理部门的相关规定并办妥相关审批手续，应按规范设置临时通行道路，施工工期应严格遵守许可规定（严禁擅自占路、超越许可规定工期施工）。

（2）占用城市道路施工并对车辆和行人出入通行有影响的应按规定设置临时通行道路。

（3）占用人行道施工的应在邻近商业、企业、办公楼或居民住宅等出入门的一侧搭设有临边安全围护的坚固、平整、连续的人行便道，并应保障行人安全通行。

（4）在城市道路上开挖沟坑或管线沟槽当日不能完工且需要作为通行道路的，施工单位应当实施钢板覆平法施工。

（5）沟槽（坑）开挖宽度不小于 0.8m 以上的其覆盖钢板下端应采用金属型材作支撑加固，支撑加固方案应经过安全性论证并应报建设单位认可。

（6）覆盖道路的钢板厚度应不小于 0.03m，钢板及选用的金属坡架的各沿边应实施打磨处理（应确保无锐角和毛刺，应确保人员和车辆通行安全）。

（7）需提升道路上各类管线窨井盖（或铲刨路面形成窨井盖凸出路面不小于 0.02m 的）施工单位应即时在突出的窨井盖周边铺设宽度不小于 0.5m 的沥青砼斜坡，并确保路面通行基本平稳。

（8）禁止在人行道上堆放施工用设备、工具或材料。

## ▌1.4.9　占路施工警示标志设置的文明措施

（1）占路施工工程应按规定在施工路段的两端点或路段的交叉路口设置车辆禁行或限速标志、车辆导流标志、行人导流标志，警示标志应在不妨碍行人和车辆通行的醒目处设置。

（2）在每个占路施工路段两端的围挡或施工路栏端点上，施工单位应安置夜间通行警示灯和具有夜间反光功能的警示设施，使用优质施工路栏的应在通行道路一侧增设警示灯以确保行人和车辆通行安全。

（3）占路搭设防护棚架、防护架或脚手架的施工单位应在其搭设物的两端以及行人和车辆通道醒目处安置或敷贴通行、防火警示标志。

（4）施工使用的各类交通标志及其设置应符合公安交通部门相关法规或规定并保持稳固，确保抗风力达到 7 级以上水平。施工单位应每天对各类标志和设施进行检查、清洁和维护。

（5）重点区域占用道路施工的施工单位应昼夜连续进行现场值班巡逻，在交通繁忙路口施工的施工单位应派人或委托交通协管人员协助交通指挥以引导行人或车辆安全通行、确保路口通行畅通。

（6）占路施工工程的施工单位间实施上下道工序施工更替的，上道工序完工的施工单位禁止在下道工序施工单位接替更换前提前撤除围挡（施工路栏）、警示标志。

（7）占路施工工程在施工现场未实施交付验收、投入使用前禁止撤除围挡或施工路栏，也禁止撤除施工铭牌和各类标志。

## ▌1.4.10  办公（生活）区设置的文明措施

（1）搭建办公（生活）区临时用房的应使用砖墙房或定型轻钢材质活动房，临时用房应满足"牢固、美观、保温、防火、通风、疏散、等"要求，屋顶材料禁止使用石棉瓦，搭设单层临时用房的檐口高度应不小于 2.8m，搭设三层及以上活动房应按规定报审。

（2）安置办公（生活）区的应设置办公室、会议室、医务室、居民投诉接待室、食堂（饭厅）、淋浴间、厕所等房室，并应设置饮水点、盥洗池、密闭式垃圾容器等生活用设施，办公（生活）区应保持清洁卫生。

（3）工地内设置办公（生活）区的应用围挡与施工作业区作明显分隔。办公区应明确项目经理、项目副经理、建设单位、监理单位、安全质量员、文明施工员等房室，在房室门框上应挂置名称标牌，标牌外径尺寸长 0.3m、宽 0.1m、厚 0.015m，白底红字。

（4）设置员工宿舍的宿舍室内净高度应不小于 2.7m，人均居住面积应不小于 4m²。宿舍内应安装电扇，并配置每人一张标准单人床、一个储物柜和其他生活需用设施。宿舍内严禁设置通铺和使用各类电加热器，严禁在建筑物内地下室安排人员住宿、办公，严禁非本工地工作人员在施工工地内的宿舍住宿。

（5）施工单位开设食堂的应依法申办"餐饮服务许可证"，食堂工作人员应持有有效健康证明并严格遵守食品卫生管理的有关规定，严禁采购或供应过期、变质食品，施工单位采用外卖供餐的应经与持有"餐饮服务许可证"并注明外送资格的单位签订合同后实施餐饮服务。食堂应设置隔油池（隔油池内径应不小于长 2m×宽 0.6m×深 0.8m），隔油池内应分隔成三仓（分隔壁厚度应不小于 0.1m。第一仓、第二仓的分隔壁底部向上 0.3m 处安装直径为 0.1m 的管道，第三仓外侧面底部向上 0.3m 处安装 0.1m 的管道并与市政污水管道连接），隔油池盖板宜用钢板制作。

（6）医务室应配备药箱、担架等急救器材并应配备止血药、绷带、防感冒药等常用药品，应配备有医师资质的医务人员或经考核合格的急救人员负责医疗服务和经常性开展卫生防疫、健康宣传教育。

（7）淋浴室面积应至少满足 4 人同时淋浴和更衣的需求，地面应作防滑处理，淋浴间与更衣间应隔离，淋浴间应满足冷、热水供应要求，排水、照明、通风应良好，更衣间应设置挂衣架、橱柜等并应使用防水电器。

（8）厕所应安装节能型冲水设备并保证水量供应，蹲位之间应设置高度不小于 1.2m 隔墙，便池应采用面砖等材料饰面，饰面高度不小于 1.5m，厕所应设专人管理并应及时冲刷、清理，应定期喷洒药物消毒、防止蚊蝇孳生。办公（生活）区设置厕所的应同步设置符合专项标准的化粪池，厕所排污管道应连接化粪池并按规定委托相关环卫单位定时清理化粪池，严禁将厕所冲洗物直接排入市政污水管道、河道或土坑内。

（9）重点区域内搭设生活区的除应执行上述生活设施标准外，员工宿舍应满足每人居住面积不小于 5m² 并应配装空调设备，应安排专职勤杂人员负责对宿舍实施清扫保洁和后勤服务。

## 1.4.11　施工区域设置的文明措施

（1）施工现场应按照平面布置图设置各类区域。

（2）各类建材应按规定设置标牌，实施分类堆放。建材堆放应整齐有序，稳定牢固，堆放高度应符合规定。

（3）施工现场、加工区和生活区的道路及场地应作硬化处理，用作车辆通行的道路应采用混凝土铺设并满足车辆行驶和抗压要求，车辆通行道路以外的其他场地可采用混凝土或铺砖等其他硬化方式，场内硬地坪应保持基本平整，凡各类场地未按规定实施硬化处理的禁止进行施工。

（4）重点区域内应使用围挡的施工工地其所有出入门内侧均应设置车辆全自动冲洗设备和车辆冲洗排水槽，一般区域主要出入门内侧应设置车辆全自动冲洗设备和车辆冲洗排水槽，其他出入门可实施人工冲洗。

（5）建筑垃圾应集中、分类堆放并及时清运，道路管线工程实施一体化施工的每日应做到"工完场清"，各类工程的生活垃圾应装入封闭式容器"日产日清"，垃圾清运应委托有资质的运输单位，禁止乱装乱倒。

（6）应使用围挡的施工工地其车辆和人员通行道路两侧、深基坑工程作业面沿边应采用金属型材设置防护围栏并涂刷警示漆。

（7）施工现场应设置吸烟点，吸烟点应配备相应的灭火设施，严禁在非吸烟点吸烟。

（8）施工现场应设置饮水棚室并配置密封式保温桶（保温桶应加盖加锁），饮水棚室和保温桶应落实专人管理并应保持日常清洁卫生。

（9）高层作业区应设置封盖式便桶，其他道路交通的施工现场可选用封盖式便桶或移动厕所，设置封盖式便桶的应搭设相应棚室，应做好封盖式便桶或移动厕所的保洁工作。

（10）施工单位项目完工后、撤出工程现场前应清运所有机械设备和各类物品，应清除各类建筑（生活）垃圾和杂物，应拆除办公（生活）用房和设施（租赁房屋除外），应完成撤除围挡或施工路栏等工作并确保撤离场地的平整和清洁。

## 1.4.12　排水系统设置的文明措施

（1）办公（生活）区及施工现场应设置良好的排水系统并保持"疏通便利、排水畅通"以确保场地无积水。

（2）设置围挡的工地（修缮工程除外）应在出入门口内侧离门口沿线不小于0.3m处设置横向型通长排水槽一条（长不小于8m）和平行间距不小于4m的纵向型排水槽两条，排水槽应与工地内排水系统连接（车辆冲洗排水槽设置应符合宽不小于0.3m、深不小于0.3m的要求。其表面应当用商品预拌砂浆抹平压光，槽口应加盖强承载力金属网板）。

（3）设置围挡的工地（修缮工程、水利工程、公路工程、管线工程、拆除工程除外）应设置具有三级沉淀功能的沉淀池，沉淀池底板应使用商品混凝土，沉淀池的外径尺寸应长不小于5.5m、宽不小于3m、深不小于2.5m（上沿口应离地面高度不超过0.5m，池壁和三级沉淀隔离壁厚度不小于0.2m，底板厚度应不小于0.2m），设置围挡的占路工地其沉淀池设置的外径尺寸可适当减小（但应满足排水量需要）。沉淀池中第一级污水进入池的容量应占总容量的 30%，第二级沉淀过滤池的容量应占总容量的 20%，第三级清水循环利用（或清水排放）池的容量应占总容量的 50%，隔离壁上溢水口和第三级清水排放口的溢水线高度应取排水管槽中心线的相等高度（第二级或第三级使用水泵的除外），清水排放口设置排水管应与市政污水管相连接。

（4）从事修缮工程、拆除工程的施工单位应妥善保护作业面原建筑物排水系统和地下所有的排水系统管线，应确保施工现场无积水。

（5）重点区域内应设置沉淀池的工地应安装循环利用动力装置，凡冲洗车辆、路面的用水应循环使用沉淀池清水，一般区域工地可参照执行。

（6）重点区域拆除工程施工单位应在作业区域的低洼处开挖集水井并配置能满足排水量需要的排水泵，在拆除施工方案中应制定汛期及强降雨天气时工地内排水预案并向所在区（县）拆房管理部门备案。

（7）重点区域工程围挡内占地面积不小于 20 000m²、一般区域工程围挡内占地面积不小于 30 000m² 的房屋建筑工地、非占路其他工地应设置不小于 2 个沉淀池。施工单位应落实人员对管槽、窨井和沉淀池内的存积物进行清理（重点区域每 10d 一次、一般区域每月一次），严禁将泥浆或泥浆水直接排入所在城市管网和河道。

### 1.4.13　地下管线保护的文明措施

（1）施工单位应按建设单位提供的各类管线资料采取科学有效的手段调查施工范围内及其周边地下管线分布状况、核准管位，应根据管线对工程的影响程度制定相应有效的管线保护技术措施和应急预案。

（2）施工单位在原有地下管线 1m 范围内实施施工作业的禁止使用机械开挖，在重要管线或管线复杂地段施工的应开挖样沟、样洞并派专人监护且应通知相关管线管理单位到现场确认（严禁未经勘察施工，严禁野蛮施工）。

（3）施工单位施工中遇有特殊情况或发生损坏管线事故时施工单位不得擅自处理，应及时报告有关部门并做好配合抢修工作。

（4）施工单位在施工中需要封堵、断截原地下管线的应事先提请建设单位按规定办妥相关报批手续，禁止擅自封堵、断截原地下管线。

### 1.4.14　噪声控制的文明措施

（1）未经审批或备案的各施工工地禁止夜间施工，重点区域内除抢修抢险施工、关系安全质量的深基坑开挖施工、不能中断的混凝土浇捣等特殊工序施工、避免白天交通影响而实施的管线施工的特殊工地外严禁夜间施工，特殊工地夜间施工应同步向建设行政主管部门备案。

（2）高考、中考期间除抢修抢险外，距离居民住宅和考场不超过 100m 的施工工地，施工单位应合理安排施工工序，主动避免在此期间实施桩基、基坑开挖和连续浇捣混凝土施工，并应遵守停止施工规定。

（3）实施拆除作业和建材、设备、工具、模具传运堆放作业的应使用机械吊运或人工传运方式，禁止高空掷抛，禁止重摔重放。

（4）获准夜间施工的施工单位应在施工铭牌中的告示栏内张贴告示并书面告知施工所在地居委会，夜间施工严禁进行捶打、敲击和锯割等易产生高噪声的作业（对确需使用易产生噪声的机具应采取有效降噪措施），装卸材料应轻卸轻放。

（5）重点区域实施工程桩施工的禁止使用汽锤、油锤、等打入桩工艺，应采用低音性压桩或钻孔灌注桩的工艺施工。

（6）重点区域拆除建（构）筑物的在破损混凝土构件、基坑混凝土支撑中禁止使用夯锤、气压镐头机械，禁止采用爆破拆除，应采用低低音机械设备和工艺实施拆除或切割等作业。

（7）重点区域内的施工现场或加工作业区禁止进行钢筋扳直、切割、成形钢筋构件加工作业，禁止进行钢（木、竹）模板加工和整修作业，应采用后方基地预制成形钢筋构件和预制成形模板实施现场直接装配。

（8）重点区域内禁止使用高噪声机械或设备，获准夜间施工的其施工过程中应对机械或设备增设有效的降噪措施。

（9）重点区域实施道路养护或道路管线施工的，在破损、挖掘硬质路面作业时应使用JZFC覆罩法施工。

（10）各类路面破损装置应置于移动作业室内操作，路面破损动力机械应采取降噪措施以有效控制噪声。

## ▌1.4.15 扬尘控制的文明措施

（1）对易产生扬尘污染的建材或物料实施堆放、装卸、运输的应采取遮盖、封闭等防扬尘措施，现场使用的水泥筒仓、砂浆干粉筒仓在材料进、出环节应采取有效扬尘控制措施。

（2）实施拆除建（构）筑物施工或者清除拆除物作业、在养护道路刨铲破旧路面作业的应对作业面采用电力气高压喷射水雾方式实施喷雾（或者用人工洒水方式实施洒水），风力不小于5级时应停止室外建（构）筑物拆除和清除作业。

（3）工地内留用的渣土、场地内的裸土应采取播撒草籽简易绿化、覆罩防尘纱网或新型固封工艺等措施，开挖管线的出土应做到"日出日清"，工地内留用的渣土堆放高度禁止超过围挡或施工路栏高度。

（4）工地实施建筑垃圾装运时其运输车辆装载高度禁止超过车辆箱体上沿口（装载后应闭平箱盖外运），禁止运输车辆未经冲洗、车辆带泥、挂泥驶出工地。

（5）清扫门前责任区或工地内场地时应在实施机械喷洒或人工洒水后进行清扫。

（6）施工工地对易扬尘性建材实施加工作业时应在有防泄尘性的房室内实施，禁止露天敞开堆放易扬尘性建材，对道路施工现场配装切割加工的应采取有效防扬尘措施。

（7）房屋修缮工程应配置封闭的建筑垃圾输送管筒，筒管口应连接防泄尘的垃圾储存箱，各楼层建筑垃圾应通过管筒或集中装入箱筒封闭清运，禁止各类工地高空抛撒建筑垃圾和高空抖尘。

（8）施工单位清理各类脚手架底笆面上垃圾时应实施洒水后清理。

（9）施工工程实施砖混凝土类建（构）筑物建造、装饰作业、铺设混凝土、水泥道路等作业应使用商品混凝土和商品预拌砂浆，房屋修缮、城市道路及管线作业的现场混凝土和砂浆需用总量不超过 $3m^3$ 的应在房室内搅拌。

（10）因道路因素无法输送商品混凝土和商品预拌砂浆而确需现场搅拌的应向工程安全质量受监部门申请备案并应在房室内搅拌。

（11）施工工地禁止使用无控尘措施的中小型粉碎、切割、锯刨等机械设备。

（12）重点区域内建（构）筑物拆除作业、建筑垃圾清除作业、道路养护刨铲作业过程中应不间断实施喷雾或洒水以确保有效控制扬尘。

（13）重点区域内施工工地建筑垃圾应集中定点存放，当日内不能清运的应采取遮盖、洒水、围挡和纱网覆盖等防尘措施。

（14）重点区域内禁止对基坑混凝土支撑实施爆破拆除，禁止对高度低于 10m 以下的建（构）筑物实施爆破拆除。

（15）对建（构）筑物实施爆破拆除的应详细制定扬尘控制方案、明确控制扬尘措施并报消防和相关主管部门批准，未经批准的禁止实施爆破拆除施工。

## 1.4.16　光照影响控制的文明措施

（1）施工现场地面夜间照明其灯光照射的水平面应下斜，下斜角度应不小于 20°；各楼层施工作业面照明灯光照射的水平面应下斜，下斜角度应不小于 30°。

（2）强光照明灯应配有防眩光罩（照明光束应俯射施工作业面），进行电焊作业的应采取有效的弧光遮蔽措施，禁止施工工地夜间照明灯光、电焊弧光直射敏感建筑物。

（3）禁止工地内灯光或焊光直射所在城市行人和车辆通行道路。

（4）因施工设施设备遮挡路灯照明的应在受影响的一侧增设照明灯以确保通行道路照明。

## 1.4.17　其他污染物控制的文明措施

（1）对建（构）筑物外表面实施涂刷作业时若在作业区域下方有绿化、或市民健身器材及其它公共设施则应采取有效遮盖措施，应及时清除飞溅或坠落的涂刷材料并确保其不遭到污损。

（2）对建（构）筑物外表面实施清洗作业的禁止使用导致损害绿化、公共设施及建筑物外表板材和构件的强腐蚀性清洗液体。

（3）施工现场不得熔融沥青和焚烧易产生有毒有害气体的杂物，禁止食堂燃用散煤、型煤、焦炭、木料以及其他非清洁能源。

（4）施工现场机械设备维修、保养形成的废油、油污废弃物应按规定清理、收集、处置。

（5）施工现场产生的危险废弃物应按规定清理、收集、处置。

# 第 2 章
# 施工现场安全技术

## §2.1 施工安全管理方法与基本要求

施工安全技术分安全分析技术、安全控制技术、监测预警技术、应急救援技术及其他安全技术五类，施工应根据工程施工特点和所处环境综合采用相应的安全技术，安全技术措施应做到"技术先进、经济适用"。根据发生生产事故可能产生的后果（如危及人的生命、造成经济损失、产生社会影响）的严重性（即可能的事故后果）可将施工危险等级划分为Ⅰ级（很严重）、Ⅱ级（严重）、Ⅲ级（不严重）等3个等级，应根据施工危险等级采取相应的安全技术分析、控制、监测预警和应急救援措施，施工安全技术量化分析中应针对不同的危险等级分别采用1.2（Ⅰ级）、1.1（Ⅱ级）、1.0（Ⅲ级）的危险等级调整系数。

施工企业应建立、健全施工安全技术保证体系，并有相应的施工安全技术标准。工程建设开工前应结合工程特点编制施工安全技术规划、确定施工安全目标，规划内容应覆盖施工生产的全过程。施工安全技术规划编制的依据主要有六方面内容，即与建设工程有关的法律、法规、规定；现行有关标准、规范、规程；建设工程设计文件；施工合同；工程场地条件和周边环境；施工技术、施工工艺、材料设备等。施工安全技术规划编制应包含八方面内容，即工程概况、编制依据、安全目标、组织网络和人力资源、安全技术分析、安全技术控制、监测预警和应急救援、安全技术管理，本节主要介绍后四个方面。

### 2.1.1 施工安全技术分析

施工安全技术分析应包括施工危险源辨识、施工安全风险评价和施工安全技术方案分析。危险源辨识应包含所有和施工相关的场所、环境、设备、人员及活动中存在的危险源（应列出危险源详细清单）。施工安全风险评价应确定危险源可能产生的生产安全事故的严重性及影响规律，并确定危险等级。应根据危险等级制定明确的安全技术方案，分析安全技术方案的可靠性，给出安全技术方案实施过程中的控制指标和控制要求。

施工安全技术分析应结合工程特点和以往生产安全事故资料进行，应全面、完整并覆盖施工全过程。施工安全技术分析宜按分部分项工程为基本单元进行。危险源辨识应根据工程特点采用有可靠依据的方法，应明确给出危险源存在的部位、特征，并应包含以下四方面的内容，即施工作业中存在的危险源；施工现场的设施设备中存在的危险源；采购、使用、储存、报废的材料、物资中存在的危险源；施工环境因素带来的影响。

施工安全技术方案应满足相关要求，应有针对危险源及其特征和危险等级的具体安全技术应对措施；应按照消除、隔离、减弱危险源的顺序选择安全技术措施；应采用有可靠依据的方法分析确定安全技术方案的可靠性和有效性；应根据施工特点提出安全技术方案实施过程中的控制原则，并明确重点监控部位和最低监控要求。施工安全技术分析应根据施工活动具体情况采用相应的定性分析和定量分析方法。采用新结构和新工艺的施工应组织专家协助开展安全技术分析，并形成专项施工安全技术分析报告以作为制定和实施施工方案的技术依据。

施工机械（或机具）安全技术分析应根据施工机械（或机具）特点、施工环境、施工活动中机械（或机具）使用情况、机械（或机具）装拆过程和方法等采用具有明确依据的分析方法。施工现场临时用电安全技术分析应采用有可靠依据的方法对临时用电所采用系统、设备、防护措施的可靠性和安全度进行全面分析。

## 2.1.2　施工安全技术控制

施工企业应对安全技术措施的实施进行检查、分析和评价，应审核过程作业的指导文件，应使人员、机械、材料、方法、环境等因素均处于受控状态，应保证实施过程的正确性和有效性。施工安全技术控制措施的实施应符合相关要求，应根据危险等级、安全规划制定安全技术控制措施；安全技术控制措施应符合安全技术分析要求；安全技术控制措施实施程序的更改应处于控制之中；安全技术控制措施应按施工流程及工序、施工工艺进行实施（提高安全技术控制措施的有效性）；应以数据分析、信息分析以及过程监测反馈为基础控制安全技术措施实施的过程以及这些过程之间的相互作用。

施工安全技术应按危险等级分级控制并应符合相关要求。Ⅰ级危险等级必须编制分部分项工程专项施工方案和应急救援预案，应组织专家论证，应履行审核、审批手续，应对安全技术方案内容进行技术交底并组织验收，应采取监测预警技术进行全过程监控。Ⅱ级危险等级应编制分部分项工程专项施工方案和应急救援措施，应履行审核、审批手续，应进行技术交底、组织验收，应采取监测预警技术进行全过程监控。Ⅲ级危险等级应制定安全技术措施，进行技术交底，应通过安全教育、培训、个体防护措施等手段予以控制。

施工过程中各工序应按相应专业技术标准进行安全控制并对关键环节、特殊环节及采用新技术、新工艺的环节进行重点安全技术控制。施工安全技术措施应在实施前进行预控、实施中进行过程控制，安全技术措施预控应包括材料质量及检验复验、设备或设施的检验检测、作业人员应具备的资格及技术能力、作业人员的安全教育、安全技术交底等内容，安全技术措施过程控制应包括施工工艺和流程、安全操作规程、施工荷载、设备及设施、监测预警、阶段验收等内容。

应切实做好材料及设备的安全技术控制工作。主要材料、设备、构配件及防护用品应有质量证明文件、技术性能文件、使用说明文件，其物理、化学等方面的技术性能应符合进行技术分析时的要求并应满足环保及节能减排要求。对进入施工现场涉及施工安全的主要材料、设备、构配件及防护用品应进行现场验收，并按各专业安全技术标准规定进行复验。施工机械和施工机具安全技术控制应符合规定，施工机械设备和施工机具及配件应具有生产（制造）许可证、产品合格证（应按规定对施工机械和施工机具及配件的安全性能进行检测，使用时应具有检测或检验合格证明）；施工机械和机具的防护要求、绝缘保护或接地接零要求应符合相关技术规定。施工机械设备和施工机具及配件安全技术控制中的性能检测应包括金属结构、工作机构、电器装置、液压系统、安全保护装置等内容。机械设备和施工机具使用前应进行交接验收。

## ▌2.1.3　施工安全技术监测、预警与应急救援

　　施工安全技术应分级监测和预警并应符合相关要求，Ⅰ级危险等级应采取监测预警技术进行全过程监控；Ⅱ级危险等级应采取监测预警技术进行局部或分段过程监控。应综合考虑工程设计、地质条件、周边环境、施工方案等因素，制定施工安全技术监测方案并满足相关要求，应能为施工的开展和过程控制及时提供监测信息；应检验安全技术措施的正确性和有效性，并能监控安全技术措施的实施；应为保护周围环境提供依据；应为改进安全技术措施提供依据。监测方案应包括工程概况、监测依据和项目、监测人员配备、监测方法及精度、主要仪器设备、测点布置与保护、监测频率和监测报警值、异常情况下的处理措施、数据处理和信息反馈等内容。施工安全技术监测可采用仪器监测与巡视检查相结合的方法。施工安全技术监测所使用的各类仪器设备应满足观测精度和量程的要求，必须符合《中华人民共和国计量法》的有关规定。

　　施工安全技术监测现场测点布置应符合要求，应能最大程度地反应监测对象的实际状态及其变化趋势，并满足监控要求；应不妨碍监测对象的正常工作，并尽量减少对施工作业的不利影响；应避开障碍物且便于观测，标志应稳固、明显、结构合理；在监测对象内力和变形变化大的代表性部位及周边重点监护部位应适当加密监测点；应加强对监测点的保护，必要时应设置监测点的保护装置或保护设施。施工安全技术监测预警应根据事前设置的限值确定，监测报警值应通过监测项目的累计变化量和变化速率值两个值控制。应对施工中涉及安全生产的材料进行适应性和状态变化监测，现场抽检有疑问的材料应送法定专业检测机构进行检测。施工中使用的设备和机具应有检验和验收报告（对重要部位应进行监测）。施工安全技术监测资料应按规定及时归档。

　　应根据施工现场安全管理、工程特点、环境特征和危险等级制定施工安全专项应急预案。施工安全专项应急预案应包括以下九方面内容，即潜在的安全生产事故、紧急情况、事故类型及特征分析；应急救援组织机构与人员职责分工、权限；应急救援技术措施的选择和采用；应急救援设备、器材、物资的配置、选择、使用方法和调用程序；应急救援设备、物资、器材的维护和定期检测的要求，应保持其持续的适用性；与企业内部相关职能部门的信息报告、联系方法；与外部政府、消防、救险、医疗等相关单位与部门的信息报告、联系方法；组织抢险急救、现场保护、人员撤离或疏散等活动的具体安排；重要安全技术记录文件和相应设备的保护。应针对施工安全专项应急预案组织相关活动，包括对全体从业人员进行针对性的培训和交底，以及定期组织专项应急救援演练。应根据施工安全专项应急预案演练和实战的结果对施工安全专项应急预案的适宜性和可操作性进行评价，并进行修改和完善。

## 2.1.4　施工安全技术管理

工程建设各责任主体技术负责人应对管理范围内的安全技术工作负责。应依据国家和行业有关法律、法规、规范、标准要求制定施工安全技术管理制度，应明确安全技术管理的权限、程序和时限。施工现场应组织开展安全技术交底和验收活动并明确参与交底和验收的技术人员。工程建设相关单位应建立安全技术文件资料并归档。

施工安全技术交底的依据应包括以下五方面内容，即国家有关法律、法规、标准、规范；工程设计文件；施工组织设计和安全技术规划；分部分项工程专项施工方案和安全技术措施；安全技术管理文件。安全技术交底应遵守相关规定，安全技术交底的内容应针对分部分项工程施工给作业人员带来的潜在危险因素和存在的问题明确安全技术措施内容和作业程序要求；危险性较大的分部分项工程以及施工工艺复杂、施工难度大或作业条件危险的施工作业应单独进行分部分项工程以及各工种的安全技术交底；安全技术交底时应对交底内容表达清楚、完整，图纸、图表和数据等应标注清晰。

安全技术交底应包括以下五方面的内容，即工程项目和分部分项工程的概况；工程项目和分部分项工程的危险部位及可能导致的生产安全事故；针对危险部位采取的具体预防措施；作业中应遵守的安全操作规程（规范）以及应注意的安全事项；作业人员发现事故隐患应采取的措施和发生事故后应及时采取的躲避和急救措施。安全技术交底应符合程序要求，应贯彻三级交底制（即由总承包单位向分包单位、分包单位工程项目的技术人员向施工作业班组长、施工作业班组长向作业人员分别进行安全技术交底），安全技术交底应有书面记录（交底双方应履行签名手续），书面记录应在技术（交底人）、施工（被交底人）、安全三方留存备案。

施工安全技术验收应按规定进行，一般安全技术验收应由施工单位项目技术负责人会同现场监理工程师组织相关专业技术人员进行验收；危险性较大的分部分项工程的安全技术验收应由施工单位技术负责人、工程项目总监理工程师及专业监理工程师、建设单位项目负责人和现场技术负责人、勘察设计单位工程项目技术负责人参加；单位工程实行施工总承包的应由总承包单位组织安全技术验收，相关专业承包单位技术负责人应参加相关专业工程的安全技术的验收。

施工现场安全技术验收程序应符合规定要求，安全技术验收均应在施工单位自行检查评定的基础上进行；安全技术验收应有明确的验收结果（合格、不合格），且参加验收人员应履行签字手续（以对验收结果负责）；当安全技术验收不符合要求时施工单位应进行返工重做、加固处理或检测鉴定和设计复核后重新组织验收。对进入施工现场的涉及施工安全的材料、构配件、设备等及其他涉及施工安全的设施、分部分项工程应按相关标准规定要求进行检验（应对合格与否做出确认），应重点对以下七个方面内容进行验收，即与安全技术有关的材料、构配件；施工机具和大型机械设备；施工现场安全防护设施；施工现场临时设施；施工现场临时用电；危险性较大分部分项工程；其他需要进行安全技术验收的。应按要求进行施工安全技术验收，施工安全技术应符合本标准和相关专业标准、规范的规定；应符合工程勘察设计文件、专项施工方案、安全技术措施的要求；安全技术措施验收时应明确主控项目和一般项目。机械设备和施工机具使用前应进行交接验收，并应包括设备基础、电气装置、安全装置、金属结构及连接件、防护装置、传动机构、动力设备、液压系统、吊具、索具等的验收。

（1）应做好建筑工程安全技术文件管理工作。安全技术文件应按下列要求分类，并应符合表 2-1 中的要求，建设单位安全技术文件为 A 类；监理单位安全技术文件为 B 类；施工单位安全技术文件为 C 类；其他单位安全技术文件为 D 类。

表 2-1　　　　　　　　　　安全技术文件归档范围及内容

| 类别编号 | 归档文件名称及内容 | 文件来源 | 保存单位 | | |
|---|---|---|---|---|---|
| | | | 建设单位 | 监理单位 | 施工单位 |
| A 类 | 建设单位安全技术文件 | | | | |
| 建设单位安全技术文件 | 施工现场及毗邻区域内供水、排水、供电、供气、供热、通信、广播电视、地下管线、气象和水文观测资料、相邻建筑物和构筑物、地下工程的资料 | 建设单位 | √ | √ | √ |
| | 报送建设主管部门备案的保证施工安全措施的全部资料 | 建设单位 | √ | √ | √ |
| | 施工中制定的安全施工的文件 | 建设单位 | √ | √ | √ |
| | 安全备案手续 | 建设单位 | √ | √ | √ |
| | 建设行政主管部门颁发的安全备案手续 | 建设单位 | √ | √ | |
| | 保证各类管线设施和周边建筑物及构筑物安全的资料或文件、图纸 | 勘察单位 | √ | √ | √ |
| | 有关重点部位、重点环节涉及的安全施工的设计文件或预防生产安全事故提出的指导意见书 | 设计单位 | √ | √ | √ |
| | 采用新结构、新工艺和特殊结构的工程施工提出保证安全施工的建议书 | 设计单位 | √ | √ | √ |
| | 与安全施工设计变更有关的文件 | 设计单位 | √ | √ | √ |
| | 与人防、建设、环保、安监、消防、市政、通信有关安全施工的批准文件或取得实施有关安全技术措施的有关协议书 | 行政主管部门 | √ | √ | √ |
| B 类 | 监理单位安全技术文件 | | | | |
| 监理单位安全技术文件 | 安全监理方案 | 监理单位 | √ | √ | |
| | 安全监理专题会议纪要 | 监理单位 | | √ | |
| | 事故隐患整改通知单 | 监理单位 | | √ | √ |
| | 临时用电组织设计审批、验收意见 | 监理单位 | | √ | √ |
| | 起重设备拆装方案审批、验收意见 | 监理单位 | | √ | √ |
| | 安全防护方案审批、验收意见 | 监理单位 | | √ | √ |
| | 危险性较大分部分项工程专项方案审批、验收意见 | 监理单位 | | √ | √ |
| | 新结构、新工艺、新设备、新材料的应用审批、验收意见 | 监理单位 | | √ | √ |
| | 超过一定规模危险性分部分项工程专项施工方案，专家论证意见书 | 施工单位 | | √ | √ |

| 类别编号 | 归档文件名称及内容 | 文件来源 | 保存单位 | | |
|---|---|---|---|---|---|
| | | | 建设单位 | 监理单位 | 施工单位 |
| C 类 | 施工单位安全技术文件 | | | | |
| C1：临时用电安全技术文件 | 用电组织设计或方案 | 施工单位 | | √ | √ |
| | 修改用电组织设计的意见或文件 | 施工单位 | | √ | √ |
| | 用电技术交底单 | 施工单位 | | | √ |
| | 用电工程检查验收表 | 施工单位 | | | √ |
| | 电气设备的试、检验凭单和调试记录 | 施工单位 | | | √ |
| | 接地电阻、绝缘电阻和漏电保护器漏电参数测定记录表 | 施工单位 | | | √ |
| | 定期检（复）查表 | 施工单位 | | | √ |
| | 临时用电器材、配件、生产许可证、产品合格证 | 产品生产单位 | | | √ |
| C2：建筑起重机械安全技术文件 | 安装、拆卸专项施工方案 | 施工单位 | | √ | √ |
| | 安装、拆卸安全技术交底单 | 施工单位 | | | √ |
| | 基础混凝土强度试验报告 | 检测单位 | | | √ |
| | 安装检查记录 | 施工单位 | | | √ |
| | 安装验收表 | 施工单位 | | | √ |
| | 制造许可证、产品合格证、制造监督检验证明 | 产品生产单位 | | | √ |
| | 备案证明 | 行政主管部门 | | | √ |
| | 检验检测报告 | 检测单位 | | | √ |
| | 维护和技术改造记录 | 施工单位 | | | √ |
| | 生产安全事故资料 | 施工单位 | | √ | √ |
| C3：安全防护技术文件 | 安全防护方案 | 施工单位 | | √ | √ |
| | 修改、变更防护方案意见或文件 | 施工单位 | | | √ |
| | 安全防护技术交底记录 | 施工单位 | | | √ |
| | 安全防护设施验收表 | 施工单位 | | | √ |
| | 安全防护用品验收记录 | 施工单位 | | | √ |
| | 安全防护用品、安全装置、生产许可证、产品合格证、检验检测报告 | 产品生产单位 | | | √ |
| | 生产安全事故资料 | 施工单位 | | | √ |
| C4：消防安全技术文件 | 消防安全方案及防火平面布置图 | 施工单位 | | √ | √ |
| | 消防安全技术交底单 | 施工单位 | | | √ |
| | 消防设备、器材质量证明 | 产品生产单位 | | | √ |
| | 动火审批证 | 施工单位 | | | √ |
| | 现场动火监控技术措施 | 施工单位 | | | √ |
| | 消防安全事故资料 | 施工单位 | | √ | √ |

| 类别编号 | 归档文件名称及内容 | 文件来源 | 保存单位 | | |
|---|---|---|---|---|---|
| | | | 建设单位 | 监理单位 | 施工单位 |
| C5：危险性较大分部分项工程专项方案安全技术文件 | 专项施工方案、监测方案、图纸 | 施工单位 | | √ | |
| | 重大危险源清单 | 施工单位 | | √ | |
| | 超过一定规模危险性较大分部分项工程专项施工方案专家审查意见书 | 施工单位 | | √ | |
| | 专项施工方案修改、变更意见或文件 | 施工单位 | | √ | |
| | 安全技术交底单 | 施工单位 | | | |
| | 安全技术措施验收表 | 施工单位 | | | |
| | 阶段性安全技术监测、监控报告 | 监测单位 | | √ | |
| | 监测、监控结果报告书 | 监测单位 | | √ | |
| | 材质质量证明、检验检测报告 | 检测单位 | | | |
| | 生产安全事故资料 | 施工单位 | | √ | |
| D类 | 其他单位安全技术文件 | | | | |
| 其他单位安全技术文件 | 与施工安全有关的勘察设计全部文件 | 勘察单位 | √ | | √ |
| | 与施工安全有关的设计文件、指导意见书、建议书 | 设计单位 | √ | | √ |
| | 专项施工方案 | 施工单位 | | | √ |
| | 技术交底单、验收记录表 | 施工单位 | | | |
| | 涉及安全物资、材料、产品的设计文件、图纸 | 产品生产单位 | | √ | √ |
| | 产品生产许可证、制造监督检验证明、产品合格证、使用说明书 | 产品生产单位 | | √ | |
| | 材料、设备、设施的检验检测报告 | 检测单位 | | | √ |

（2）安全技术文件建档管理应符合相关规定。安全技术文件建档起至时限应从工程施工准备阶段开始到工程竣工验收合格为止。建设单位在工程施工准备阶段和工程施工阶段应将收到的勘察、设计、建设等行政主管部门和本单位有关安全技术文件建档并及时向监理单位、施工单位和其他单位传递。监理单位应根据工程施工进度、工程特点将收到的有关安全技术外来文件、进行审核审批的安全技术文件和本单位编制的安全技术文件建档并及时向施工单位和其他单位传递。建设工程实行总承包的，总承包单位应将收到的有关安全技术外来文件、收集到的分包单位安全技术文件和本单位编制的安全技术文件负责统一建档并及时向相关单位传递。其他单位应根据工程施工进度、活动将收到的有关安全技术外来文件和本单位编制的安全技术文件建档并及时向相关单位传递。归档的文件内容必须真实、准确、完整，并与建设工程主要的安全技术管理活动实际相符，各项签字应手续齐全。

（3）安全技术归档文件应符合规定要求。归档文件应按表2-1的范围内容收集齐全，并在分类整理、规范装订后归档。归档文件的立卷应规整，卷内文件排列、案卷的编目、案卷装订宜符合《建设工程文件归档整理规范》（GB/T 50328—2001）中的相关要求。归档文件应是原件（因各种原因不能使用原件的，应在复印件上加盖原件存放单位的印章并应有经办人签字及时间）。归档文件采用电子文件载体形式的宜符合《电子文件归档与管理规范》

(GB/T 18894—2002) 中的相关要求。建设单位、监理单位、施工单位和其他单位在工程竣工或有关安全技术活动结束后 30 天内应将安全技术文件向本单位档案室归档。处理生产安全事故旳归档文件应在事故处理结束后 20 天内将事故处理的文件单独立卷向本单位档案室归档（保存期为长期）。一般安全技术归档文件保存期应不少于 3 年。

## §2.2　施工现场安全防护基本要求

建设工程施工现场应保证职工在生产过程中的安全和健康，促进生产。建设工程涉及内容广泛，包括土木工程、建筑工程、线路管道工程、设备安装工程及装修装饰工程等。

### ■ 2.2.1　基槽、坑、沟、大孔径桩、扩底桩及模板工程防护基本要求

建设单位必须在基础施工前及开挖槽、坑、沟土方前以书面形式向施工企业提供详细的与施工现场相关的地下管线资料，施工企业应据以采取措施保护地下各类管线。基础施工前应具备完整的岩土工程勘察报告及设计文件。土方开挖必须制定保证周边建筑物、构筑物安全的措施，并经技术部门审批后方可施工，雨期施工期间基坑周边应有良好的排水系统和设施，危险处、通道处及行人过路处开挖的槽、坑、沟必须采取有效的防护措施以防止人员坠落，且夜间应设红色标志灯。开挖槽、坑、沟深度超过 1.5m 时应根据土质和深度情况按规定放坡或加设可靠支撑，并应设置人员上下坡道（或爬梯，爬梯两侧应用密目网封闭）；开挖深度超过 2m 时必须在边沿处设立两道防护栏杆并用密目网封闭；基坑深度超过 5m 的必须编制专项施工安全技术方案并经企业技术部门负责人审批后由企业安全部门监督实施。槽、坑、沟边 1m 以内不得堆土、堆料、停置机具。

大孔径桩及扩底桩施工必须严格执行相关规范规定，人工挖大孔径桩的施工企业必须具备总承包一级以上资质或地基与基础工程专业承包一级资质，编制人工挖大孔径桩及扩底桩施工方案必须经企业负责人、技术负责人签字批准。挖大孔径桩及扩底桩必须制定防坠人、落物、坍塌、人员窒息等的安全措施。挖大孔径桩必须采用混凝土护壁，混凝土强度达到规定的强度和养护时间后方可进行下层土方开挖。挖大孔径桩下孔作业前应进行有毒、有害气体检测，确认安全后方可下孔作业，孔下作业人员连续作业不得超过 2h 并应设专人监护，施工作业时应保证作业区域通风良好。基础施工时的降排水（井点）工程的井口必须设牢固防护盖板或围栏和警示标志，完工后必须将井回填埋实。深井或地下管道施工及防水作业区应采取有效的通风措施并进行有毒、有害气体检测，特殊情况必须采取特殊防护措施以防止中毒事故发生。

模板工程施工前应编制施工方案（包括模板及支撑的设计、制作、安装和拆除的施工工序以及运输、存放的要求）并经技术部门负责人审批后方可实施。模板及其支撑系统的安装、拆卸过程中必须有临时固定措施并应严防倾覆，大模板施工中操作平台、上下梯道、防护栏杆、支撑等作业系统必须配置完整、齐全、有效。模板拆除应按区域逐块进行，并应设警戒区，应严禁非操作人员进入作业区。

## 2.2.2　脚手架作业防护基本要求

脚手架支搭及所用构件必须符合现行国家规范规定。钢管脚手架应采用外径 48～51mm、壁厚 3～3.5mm 且无严重锈蚀、弯曲、压扁或裂纹的钢管。木脚手架应采用小头有效直径不小于 8cm 且无腐朽、折裂、枯节的杉篙，脚手杆件不得钢木混搭。结构脚手架立杆间距不得大于 1.5m，纵向水平杆（大横杆）间距不得大于 1.2m，横向水平杆（小横杆）间距不得大于 1m。装修脚手架立杆间距不得大于 1.5m，纵向水平杆（大横杆）间距不得大于 1.8m、横向水平杆（小横杆）间距不得大于 1.5m。

施工现场严禁使用杉篙支搭承重脚手架。脚手架基础必须平整坚实且有排水措施，应满足架体支搭要求并确保不沉陷、不积水，其架体必须支搭在底座（托）或通长脚手板上。脚手架施工操作面必须满铺脚手板（其离墙面不得大于 20cm，且不得有空隙和探头板、飞跳板），操作面外侧应设一道护身栏杆和一道 18cm 高的挡脚板，脚手架施工层操作面下方净空距离超过 3m 时必须设置一道水平安全网（双排架里口与结构外墙间水平网无法防护时可铺设脚手板），架体必须用密目安全网沿外架内侧进行封闭（安全网之间必须连接牢固，封闭严密并与架体固定）。

脚手架必须按楼层与结构拉接牢固，拉接点竖向距离不得超过 4m，水平距离不得超过 6m，拉接必须使用钢性材料，20m 以上高大架子应有卸荷措施。脚手架必须设置连续剪刀撑（十字盖），应保证整体结构不变形，其宽度不得超过 7 根立杆，且斜杆与水平面夹角应为 45°～60°。

特殊脚手架和高度在 20m 以上的高大脚手架必须有设计方案并履行验收手续。结构用的里、外承重脚手架使用时的荷载不得超过 2646N/m²（即 270kg/m²），装修用的里、外脚手架使用荷载不得超过 1960N/m²（200kg/m²）。

在建工程（含脚手架具）的外侧边缘与外电架空线的边线之间应按规范保持足够的安全操作距离，特殊情况必须采取有效可靠的防护措施，护线架的支撑应采用非导电材质且其基础立杆的埋地深度宜为 30～50cm，整体护线架应有可靠的支顶拉接措施以保证架体的稳固。人行马道宽度应不小于 1m、斜道坡度应不大于 1∶3，运料马道宽度应不小于 1.5m、斜道坡度应不大于 1∶6，拐弯处应设平台，并应按临边防护要求设置防护栏杆及挡脚板，防滑条间距应不大于 30cm。

## 2.2.3　工具式脚手架作业防护基本要求

使用工具式脚手架必须经过设计并应编制施工方案，且应经技术部门负责人审批后实施。从事附着升降脚手架施工的企业必须取得"附着升降脚手架专业承包"资质。附着升降脚手架必须符合相关规范规定。附着升降脚手架（含挂架、吊篮架）的施工作业面必须用脚手板铺设坚实严密，并应设一道 18cm 高的挡脚板，架体沿外排内侧应采用密目安全网进行封闭，吊篮架里侧应加设两道 1.2m 高的护身栏杆，作业面外侧应设一道护身栏杆，紧贴底层脚手板下方应兜设安全网。

吊篮外侧及两侧面应采用密目安全网封挡严密，附着升降脚手架、挂架、吊篮架等在使用过程中其下方必须按高处作业标准设置首层水平安全网（吊篮应与建筑物拉牢）。吊篮升降时必须使用独立的保险绳（绳直径应不小于 12.5mm），操作人员应佩戴好安全带。悬挑梁挑出的长度必须能使吊篮的钢丝绳垂向地面，应采取有效措施保证挑梁的强度、钢度、稳定性以满足施工安全需要，钢丝绳应有防止脱离挑梁的措施，吊篮的后铆固预留钢筋环应有足够强度，且其后铆固点建筑物强度必须满足施工需要。吊篮架长度不得大于 6m。外挂架悬挂点采用穿墙螺栓的，其穿墙螺栓必须有足够的强度以满足施工需要，穿墙螺栓应加设垫板并用双螺母紧固，且悬挂点处的建筑物结构强度必须满足施工需要。钢丝绳与棱角物体的接触部位应采取相应的措施以防止对钢丝绳产生剪切作用。

电梯井承重平台、物料周转平台必须制定专项方案并应履行验收手续。物料周转平台上的脚手板应铺严绑牢，平台周围须设置不低于 1.5m 高的防护围栏，围栏里侧应采用密目安全网封严，且其下口应设置 18cm 高的挡脚板，护栏上严禁搭设物品，平台应在明显处设置标志牌，应规定使用要求和限定荷载。

## 2.2.4　物料提升机（井字架、龙门架）使用防护基本要求

井字架（龙门架）的使用应符合我国现行《龙门架及井架物料提升机安全技术规范》（JGJ 88—2010）中的相关规定，并应制定施工方案、操作规程及检修制度及履行验收手续。拆除、安装物料提升机要进行安全交底，应划定防护区域并设专人监护。

物料提升机吊笼必须使用定型的停靠装置并应设置超高限位装置，应使吊笼动滑轮上升最高位置与天梁最低处的距离不小于 3m，天梁应使用型钢并应经设计计算后确定。

卷扬机应安装在平整坚实位置上并设置防雨、防砸操作棚，操作人员应有良好的操作视线和联系方法（因条件限制影响视线的必须设置专门的信号指挥人员或安装通信装置）。卷扬机安装必须牢固可靠，钢丝绳不得拖地使用，凡经通道处的钢丝绳均应予以遮护。提升钢丝绳不得接长使用，端头与卷筒应采用压紧装置卡牢，钢丝绳端部固定绳卡应与绳径匹配且数量不得少于 4 个（其间距应不小于绳径的 6 倍，绳卡滑鞍应放在受力绳的一侧）。

物料提升机应设置附墙架（附墙架材质应与架体材质相符），附墙架与架体及建筑物之间应采用钢性件连接且不得连接在脚手架上，附墙架设置应符合设计要求且间隔应不大于 9m（在建筑物顶层必须设置附墙架）。当物料提升机受条件限制无法设置附墙架时可采用缆风绳稳固架体，缆风绳应选用钢丝绳且绳径应不小于 9.3mm（20m 以下的可设一组缆风绳，每增加 10m 应加设一组，每组 4 根），缆风绳与地面的夹角应在 45°～60°且其下端应与地锚相连（地锚应按规定设置），必须使用花篮螺栓调节拉紧钢丝绳。

井字架（龙门架）、外用电梯首层进料口一侧应搭设长度 3～6m、宽于架体（梯笼）两侧各 1m、高度不低于 3m 的防护棚，防护棚两侧必须用密目安全网进行封闭，楼层卸料平台应平整坚实并应便于施工人员施工和行走，应设置可靠的工具式防护门，其两侧应绑两道护身栏并用密目网封闭。

## ■ 2.2.5 "三宝"、"四口"和临边防护基本要求

"三宝"是建筑工人安全防护的三件宝，即安全帽、安全带、安全网。"四口"防护是指在建工程的预留洞口、电梯井口、通道口、楼梯口的防护。临边防护是指在建工程的楼面临边、屋面临边、阳台临边、升降口临边、基坑临边。

进入施工现场的人员必须正确佩戴安全帽，安全帽必须符合《安全帽》（GB 2811—2007）的规定。凡在坠落高度基准面 2m 以上（含 2m）且无法采取可靠防护措施的高处作业人员必须正确使用安全带，安全带必须符合《安全带》（GB 6095—2009）的规定。施工现场使用的安全网、密目式安全网必须符合《安全网》（GB 5275—2009）的规定。

企业安全部门应对安全防护用品进行严格管理。1.5m×1.5m 以下的孔洞应采用坚实盖板盖住，并应设有防止挪动、位移的措施，1.5m×1.5m 以上的孔洞的四周应设两道防护栏杆且中间应支挂水平安全网，结构施工中的伸缩缝和后浇带处应加设固定盖板进行防护。

电梯井口必须设高度不低于 1.2m 的金属防护门。电梯井内首层和首层以上每隔四层应设一道水平安全网，安全网应封闭严密。管道井和烟道必须采取有效防护措施以防止人员、物体坠落，墙面等处的竖向洞口必须设置固定式防护门（或设置两道防护栏杆）。

结构施工中电梯井和管道竖井不得作为竖向运输通道和垃圾通道。楼梯踏步及休息平台处必须设两道牢固防护栏杆（或立挂安全网），回转式楼梯间应支设首层水平安全网并应每隔 4 层设一道水平安全网。

阳台栏板应随层安装，不能随层安装时必须在阳台临边处设两道防护栏杆并用密目网封闭。建筑物楼层邻边四周未砌筑、安装维护结构的必须设两道防护栏杆并立挂安全网。建筑物出入口必须搭设宽于出入通道两侧的防护棚，棚顶应满铺不小于 5cm 厚的脚手板，通道两侧应采用密目安全网封闭，多层建筑防护棚长度应不小于 3m、高层应不小于 6m，防护棚高度应不低于 3m。因施工需要临时拆除洞口、临边防护时必须设专人监护，监护人员撤离前必须将原防护设施复位。

## ■ 2.2.6 高处作业防护基本要求

高处作业施工要遵守《建筑施工高处作业安全技术规范》（JGJ 80—1991）的规定。使用落地式脚手架必须使用密目安全网并沿架体内侧进行封闭（网之间应连接牢固并与架体固定，安全网应整洁美观）。

凡高度在 4m 以上的建筑物不使用落地式脚手架的其首层四周必须支设或固定 3m 宽的水平安全网（高层建筑应支设 6m 宽双层网），网底距接触面应不小于 3m（高层应不小于 5m），高层建筑还应每隔 4 层固定一道 3m 宽的水平安全网，网接口处必须连接严密，支搭的水平安全网应直至无高处作业时方可拆除。在 2m 以上高度从事支模、绑钢筋等施工作业时必须有可靠防护的施工作业面，并应设置安全稳固的爬梯。

物料必须堆放平稳，不得放置在临边和洞口附近，也不得妨碍作业、通行。施工对施工现场以外人或物可能造成危害的应采取可靠的安全防护措施。施工交叉作业时应制定相应的安全措施并指定专职人员进行检查与协调。

## ▋ 2.2.7 料具存放安全防护基本要求

设置的模板存放区必须设 1.2m 高围栏进行围挡,模板存放场地应平整夯实,模板必须对面码放整齐并应保证 70°~80°的自稳角,长期存放的大模板必须用拉杆连接绑牢等设置可靠的防倾倒措施,没有支撑的大模板应存放在专门设计的插放架内。

清理模板和刷隔离剂时必须将模板支撑牢固以防止倾覆,且应保证两模板间距不小于 60cm。砌块、小钢模应保证码放稳固、规范,且其高度应不超过 1.5m。存放水泥等袋装材料或砂石料等散装材料时严禁靠墙码垛、存放。砌筑 1.5m 以上高度的基础挡土墙、现场围挡墙、砂石料围挡墙必须有专项措施且应确保施工时的围墙稳定,基础挡土墙一次性砌筑高度不得超过 2m 且应分步进行回填。各类悬挂物以及各类架体必须采取牢固稳定措施,临时建筑物应按规定要求搭建并应保证建筑物的自身安全。

## ▋ 2.2.8 临时用电安全防护基本要求

施工现场临时用电必须遵守《施工现场临时用电安全技术规范》(JGJ 46—2005)的规定,应编制临时用电施工组织设计,应建立相关的管理文件和档案资料。总包单位与分包单位必须订立临时用电管理协议并应明确各方的相关责任,分包单位必须遵守现场管理文件的约定,总包单位必须按规定落实对分包单位的用电设施和日常施工的监督管理。

施工现场临时用电工程必须由电气工程技术人员负责管理并明确职责,应建立电工值班室和配电室,应确定电气维修和值班人员,现场各类配电箱和开关箱必须确定检修和维护责任人。临时用电配电线路必须按规范架设整齐,架空线路必须采用绝缘导线(不得采用塑胶软线),电缆线路必须按规定沿附着物敷设(或采用埋地方式敷设,不得沿地面明敷)。

各类施工活动应与内、外电线路保持安全距离,达不到规范规定的最小安全距离时必须采用可靠的防护和监护措施。配电系统必须实行分级配电,各级配电箱、开关箱的箱体安装和内部设置必须符合相关规定,箱内电器必须可靠完好且其选型、定值应符合要求,开关电器应标明用途且应在电箱正面门内绘有接线图。各类配电箱、开关箱外观应完整、牢固、防雨、防尘,箱体应外涂安全色标并统一编号,箱内应无杂物,停止使用的配电箱应切断电源、箱门上锁,固定式配电箱应设围栏并应有防雨、防砸措施。

独立的配电系统必须按规范采用三相五线制的接零保护系统,非独立系统可根据现场情况采取相应的接零或接地保护方式,各种电气设备和电力施工机械的金属外壳、金属支架和底座必须按规定采取可靠的接零或接地保护。在采用接零或接地保护方式的同时还必须逐级设置漏电保护装置以实行分级保护并形成完整的保护系统,漏电保护装置的选择应符合相关规定。

现场金属架构物(如照明灯架、竖向提升装置、超高脚手架等)和各种高大设施必须按规定装设避雷装置。应依据国家标准的有关规定采用Ⅱ类、Ⅲ类绝缘型的手持电动工具,工具的绝缘状态、电源线、插头和插座应完好无损,其电源线不得任意接长或调换,其维修和检查应由专业人员负责。一般场所采用的 220V 电源照明必须按规定布线和装设灯具,且应在电源一侧加装漏电保护器(特殊场所必须按国家规范规定使用安全电压照明器)。

　　施工现场的办公区和生活区应根据用途按规定安装照明灯具和用电器具，食堂的照明和炊事机具必须安装漏电保护器，现场凡有人员经过和施工活动的场所必须提供足够的照明。使用行灯和低压照明灯具时其电源电压应不超过 36V，行灯灯体与手柄应坚固、绝缘良好，电源线应使用橡套电缆线（不得使用塑胶线），行灯和低压照明灯具的变压器应装设在电箱内且应符合户外电气安装要求。现场使用移动式碘钨灯照明必须采用密闭式防雨灯具，碘钨灯的金属灯具和金属支架应有良好的接零保护，金属架杆手持部位应采取绝缘措施，电源线应使用护套电缆线，电源侧应装设漏电保护器。使用电焊机应单独设开关，电焊机外壳应做接零或接地保护，其一次线长度应小于 5m、二次线长度应小于 30m，电焊机两侧接线应压接牢固并安装可靠防护罩，电焊把线应双线到位（不得借用金属管道、金属脚手架、轨道及结构钢筋作为回路地线），电焊把线应使用专用橡套多股软铜电缆线且线路应绝缘良好并应无破损、裸露，电焊机装设应采取防埋、防浸、防雨、防砸措施，交流电焊机应装设专用防触电保护装置。

　　施工现场临时用电设施和器材必须使用正规厂家的合格产品（严禁使用假冒伪劣等不合格产品），安全电气产品必须获得国家级专业检测机构的认证。检修各类配电箱、开关箱、电气设备和电力施工机具时必须切断电源，应拆除电气连接并悬挂警示标牌，试车和调试时应确定操作程序并设专人监护。

## 2.2.9 施工机械安全防护基本要求

　　施工现场使用的机械设备（包括自有设备和租赁设备）必须实行安装、使用全过程管理。施工现场应为机械作业提供道路、水电、临时机棚或停机场地等必需的条件并应确保使用安全。机械设备操作应保证专机专人、持证上岗，应严格落实岗位责任制并严格执行"清洁、润滑、紧固、调整、防腐"的"十字作业法"。施工现场的起重吊装必须由专业队伍进行，其信号指挥人员必须持证上岗，起重吊装作业前应根据施工组织设计要求划定施工作业区域，并应设置醒目的警示标志和专职的监护人员，起重回转半径与高压电线必须保持足够的安全距离。

　　现场构件应有专人负责、合理存放，应在施工组织设计中明确吊装方法，起重机械司机及信号人员应熟知和遵守设备性能及施工组织设计中吊装方法的全部内容，多机抬吊时单机负载不得超过该机额定起重量的 80%。对因场地环境导致塔式起重机易装难拆的现场，其安装、拆除方案必须同步制定。塔式起重机路基和轨道的铺设及起重机的安装必须符合国家标准及原厂使用规定，并应办理验收手续且应经检验合格后方可使用，使用中应定期进行检测。塔式起重机的安全装置（即"四限位、两保险"等）必须齐全、灵敏、可靠。群塔作业方案中应保证处于低位的塔式起重机臂架端部与相邻塔式起重机塔身之间至少保持 2m 的距离，应配备固定的信号指挥和相对固定的挂钩人员。塔式起重机吊装作业时必须严格遵守施工组织设计和安全技术交底中的要求，其吊物严禁超出施工现场的范围，六级以上强风必须停止吊装作业。外用电梯的基础做法、安装和使用必须符合规定，其安装和拆除必须由具有相应资质的企业进行，应认真执行安全技术交底及安装工艺要求，遇特殊情况（如附墙距离需做调整等）时应由机务、技术部门制订方案并经总工程师审批后实施。

外用电梯的制动装置、上下极限限位、门联锁装置必须齐全、灵敏、有效，其限速器应符合规范要求，其安装完成后应进行吊笼的防坠落试验。外用电梯司机必须持证上岗并应熟悉设备的结构、原理、操作规程等，应坚持班前例行保养制度，设备接通电源后司机不得离开操作岗位，监督运载物料时应做到均衡分布以防止倾翻和外漏坠落。施工现场塔式起重机以及外用电梯、电动吊篮等机械设备必须有相关部门颁发的统一编号，安装单位必须具备相应的资质，作业人员必须持有特种作业操作证，同一台设备的安装和顶升、锚固必须由同一单位完成，其安装完毕后应填写验收表（各种数据必须量化，验收合格后方可使用）。

施工现场机械设备安全防护装置必须保证齐全、灵敏、可靠。施工现场的木工、钢筋、混凝土、卷扬机械、空气压缩机必须搭设防砸、防雨的操作棚。各种机械设备要有安装验收手续，应在明显部位悬挂安全操作规程及设备负责人的标牌。应认真执行机械设备的交接班制度并做好交接班记录。施工现场机械严禁超载和带病运行，运行中严禁维护保养，操作人员离机或作业中停电时必须切断电源。蛙式打夯机必须使用单向开关且其操作扶手应采取绝缘措施。蛙式打夯机必须两人操作，操作人员必须戴绝缘手套和穿绝缘鞋，严禁在夯机运转时清除积土，夯机用后应切断电源、遮盖防雨布并将机座垫高停放。

固定卷扬机机身必须设牢固地锚且其传动部分必须安装防护罩，其导向滑轮不得使用开口拉板式滑轮。操作人员离开卷扬机或作业中停电时应切断电源并将吊笼降至地面。搅拌机使用前必须支撑牢固（不得用轮胎代替支撑），移动时应先切断电源，其起动装置、离合器、制动器、保险链、防护罩应齐全完好且应使用安全、可靠，搅拌机停止使用时应将料斗升起（必须挂好上料斗的保险链），料斗的钢丝绳达到报废标准时必须及时更换，搅拌机维修、保养、清理时必须切断电源并设专人监护。

圆锯的锯盘及传动部位应安装防护罩并设置保险挡、分料器，长度小于 50cm、厚度大于锯盘半径的木料严禁使用圆锯，破料锯与横截锯不得混用。砂轮机应使用单向开关，砂轮必须装设不小于 180°的防护罩和牢固可调整的工作托架，严禁使用不圆、有裂纹和磨损剩余部分不足 25mm 的砂轮。平面刨、手压刨安全防护装置必须齐全有效。吊索具必须使用合格产品。钢丝绳应根据用途保证足够的安全系数，表面磨损、腐蚀、断丝超过标准的（或打死弯、断股、油芯外露的）不得使用。吊钩除正确使用外还应有防止脱钩的保险装置。卡环使用时应保证销轴和环底受力，吊运大模板、大灰斗、混凝土斗和预制墙板等大件时必须使用卡环。进入施工现场的车辆必须有专人指挥。应严格执行"十不吊"原则。

## 2.2.10　工程安全管理基本要求

工程安全管理必须坚持"安全第一、预防为主"的方针，应建立健全安全生产责任制度和群防群治制度。对施工人员必须进行安全生产教育。进入现场人员必须使用符合国家、行业标准的劳动保护用品。从事电气焊、剔凿、磨削等作业人员应使用面罩和护目镜。特种作业人员必须持证上岗并应配备相应的安全防护用品。

## 2.2.11　工程安全资料管理基本要求

工程安全资料应包括总包与分包的安全管理协议书；项目部安全生产管理体系及责任制；基础、结构、装修阶段的各种安全措施及安全交底；模板工程施工组织设计及审批；高大、异型脚手架设计方案、审批及验收；各类脚手架的验收手续；施工单位保护地下管线的措施；各类安全防护设施的验收记录；防护用品合格证及检测资料；临时用电施工组织设计、变更资料及审批手续；电气安全技术交底；临时用电验收记录；电气设备测试、调试记录；接地电阻摇测记录；电工值班、维修记录；临时用电器材产品认证、出厂合格证；机械设备布置平面图；机械租赁合同（包括资质证明复印件）及安全管理协议书；机械安（拆）装合同（包括资质证明复印件）；总包单位与机械出租单位共同对塔机组人员和吊装人员的安全技术交底；塔式起重机安装（包括路基轨道铺装）、顶升、锚固等交底和验收记录表；外用电梯安装、验收记录表（包括基础交底验收）；电动吊篮安装、验收记录表；起重吊装工程的方案、合同；施工人员安全教育记录；特种作业人员名册及岗位证书；机械操作人员、起重吊装人员名册及操作证书；各类安全检查记录（月检、日检）、隐患通知、整改措施，以及违章登记、罚款记录等。

# §2.3　施工现场安全管理体系

应科学构建施工现场安全管理体系。

## 2.3.1　管理的组织体系

（1）现场应建立由项目经理负责的安全生产管理小组，小组成员应包括企业派驻到项目的专职安全生产管理人员。项目负责人、专职安全管理人员必须取得安全生产考核合格证书后方可上岗并应按规定参加继续教育。施工现场必须按规定配置专、兼职安全生产管理人员建筑工程、装修工程按照建筑面积确定，即 10 000m² 及以下的工程至少 1 人；10 000～50 000m² 的工程至少 2 人；50 000m² 以上的工程至少 3 人且应设置安全主管，并按土建、机电设备等专业设置专职安全生产管理人员。土木工程、线路管道、设备按安装总造价确定，即 5000 万元以下工程至少 1 人；5000 万～1 亿元工程至少 2 人；1 亿元以上的工程至少 3 人并应设置安全主管，且应按土建、机电设备等专业设置专职安全生产管理人员。劳务分包企业建设工程项目施工人员应每 50 人设 1 名专职安全员，50 人以下的应设置 1 名专职安全生产管理人员，各班组长必须承担兼职安全员职责且每个作业班组必须设 1 名以上的群众监督员（人数较多的班组可每 10 人配备 1 名群众监督员）。

（2）管理的组织体系应职责明确。项目经理是项目安全生产的第一责任人，对项目的安全生产负全面领导责任，其应认真贯彻落实安全生产方针、政策、法规和各项规章制度，应结合项目工程特点及施工全过程的情况制定本项目工程各项安全生产管理办法并监督实施，应建立、健全项目部组织结构并确保必要的资源配备（包括人力、基础设施、环境等），应根据项目的实际情况确定项目的安全生产目标、指标，应将管理目标分解、落实，责任到人，应制定各级职能人员的管理职责以确保目标的实现，应对工程项目进行施工组织策划以确保安全生产投入，应组织对现场职工进行安全技术和安全知识教育，应组织落实施工组织设计中安全技术措施，应组织并监督项目工程施工中安全技术交底制度和设备、设施验收制度的实施，应定期组织安全生产检查以消除事故隐患，应不违章指挥并制止违章作业，应对监督部门提出的安全生产方面的问题及时采取措施予以解决，应对劳动保护用品的正确使用和"三违"现象进行监督，应组织编制项目级应急救援预案（确保不测事故的应急反应能力，事故发生后事故现场有关人员应立即向本单位负责人报告；情况紧急时事故现场有关人员可直接向事故发生地县级以上人民政府安全生产监督管理部门和负有安全生产监督管理职责的有关部门报告）。

项目安全负责人具体负责本项目施工管理过程中对安全生产的组织、管理、指挥、协调等工作，是本项目安全生产的直接责任人，其应认真贯彻落实安全生产方针、政策、法规和各项规章制度，树立"安全第一"思想（当进度与质量、安全生产发生矛盾时应首先保证安全），应监督各项技术、安全措施的落实情况，应抓好安全生产、搞好文明施工，应每周组织安全生产检查、安全工作会议或安全专项检查，应对职工进行安全教育并有会议记录或纪要，应每月组织两次（含）以上各专业联合检查（检查要有记录或纪要等文件），应参加事故事件的调查、分析、处理并向上级主管部门和领导及时反馈信息。项目技术负责人对本项目安全技术负直接责任，其应认真贯彻落实安全生产方针、政策，并严格执行安全技术规程、规范、标准，应结合项目工程特点编制本项目分部分项安全技术方案和专项方案，应负责向专业技术负责人进行特殊或关键部位的安全技术交底并监督实施，应在主持制定技术措施计划和季节性施工方案的同时制定相应的安全技术措施并监督执行，应及时解决施工中出现的安全技术问题，应组织职工学习安全技术操作规程，应对从事特殊过程施工的人员组织培训，应主持安全防护设施和设备的验收以严格控制不符合标准要求的防护设备、设施的投入使用，应参加安全生产检查以对施工中存在的不安全因素从技术方面提出整改意见和办法予以消除，应参加、配合因工伤亡及重大未遂事故的调查并从技术上分析事故原因，提出防范措施及意见。

专职安全员应认真贯彻执行国家有关安全生产的方针、政策、法律、法规及行业主管部门和企业有关安全生产的规章制度，应协助项目经理做好职工的安全教育、培训工作，应负责日常安全检查工作并有权制止违章指挥和违章作业，应每周召开安全例会并做好检查记录，应对上级检查提出的问题负责复查，应监督施工现场各种人员正确佩戴和使用安全防护用品，应负责安全生产管理资料的收集、分类、归档，专职安全员上岗期间应佩戴统一的红底黄字"专职安全监督员"袖标。

群众监督员负责监督施工现场落实建筑安全生产法规、安全生产管理制度和劳动保护制度的情况，对企业违反安全生产法律法规和标准、阻挠或打击报复群众监督员履行安全职责的行为有权向上级工会或政府有关部门举报和投诉，有权对班组农民工进行安全管理及对施工现场安全生产情况和工人劳动保护情况提出改进意见，应对事故隐患提出整改意见，应及时发现并劝止施工现场各种违章指挥、违规作业、违反劳动纪律等不安全行为（劝止无效应及时向现场专职安全员反映），发现施工场所内有不符合安全标准或主要生产安全设施及环境异常应及时向现场管理人员汇报，发现重大事故隐患并可能危及工人生命安全时有权命令所有人员停止作业、撤离现场并应协助做好疏导工作,群众监督员上岗期间应佩戴统一的黄底红字"安全群众监督员"袖标,并实行班组安全生产台账制度,应认真做好班组安全情况记录。

(3)应重视分包队伍的安全管理问题。劳务分包队伍和专业分包队伍应在企业评价确定的合格分包方中选用,进入施工现场后应查验该分包队伍的营业执照、资质证书、安全生产许可证、负责人的安全生产考核合格证、特种作业人员操作证的原件并留存复印件,应签定分包合同和安全生产管理协议以明确双方的安全责任。

应重视设备租赁、使用的安全管理问题。施工现场施工机械、起重机械应按有关规定进行租赁、使用、安装、拆卸、检测等活动。

## ▌2.3.2 现场安全生产投入管理体系

项目部应根据企业安全生产管理规章制度保障安全生产资金投入,应贯彻"安全第一、预防为主、综合治理"的方针,应落实"加强劳动保护,改善劳动条件"政策。安全生产投入主要包括安全防护投入、安全教育投入、临时设施投入、文明施工投入、劳动防护用品投入、落实安全技术措施资金投入、事故处理等相关费用,应根据有关文件规定,结合具体工程项目提取专项安全资金,并做到"专户储存、专款专用",项目开工前应根据工程的具体情况编制安全生产投入计划,应确保安全生产资金的到位和合理使用并使其发挥最大作用。

## ▌2.3.3 施工现场目标指标管理

施工现场应根据项目的实际情况依据企业制定的年度目标、指标和主管部门的相关要求制定本项目部职工伤亡事故控制指标、现场达标、文明施工的目标和指标,并将目标管理内容按月进行分解、责任到人,确定申报文明安全工地的要制定文明安全施工的具体创优方案和具体落实措施,现场达标应按分部分项工程确定具体目标,并根据相关文件进行检查以确定达标的合格率和优良率,应制定目标的考核办法和安全生产奖惩措施以对目标、指标的完成情况分级考核(考核应与实际情况相符并与经济收入挂钩)。

## ▌2.3.4 安全生产教育培训体系

应建立安全生产教育培训体系。各施工总承包单位要在施工现场挂牌设立"农民工夜校"(夜校面积原则上为 $50\sim100\text{m}^2$,夜校内应有电视、录像等必需的教学设备),每月应定期组织开展建筑专业分包单位、劳务分包单位农民工培训教育工作,对每一位农民工培训的时间为每月每人不少于两次(4 个学时),培训内容应全面具体〔主要包括国家、省(市)及有关部门制定的安全生产方针、政策、法律、法规;建设工程施工现场安全管理相关标准规范、施工安全管理标准化相关文件;安全生产管理、安全生产技术、职业卫生等知识;典型事故和应急救援案例分析;施工现场作业人员安全知识、消防安全知识等〕。

　　项目部应根据施工现场的实际情况及公司年度职工教育计划编制项目部的职工培训计划（包括现场所有人员的继续教育培训计划和需要取得相应资格证书人员的培训需求和计划）。现场安全生产管理人员安全培训内容应全面具体（主要包括国家安全生产方针、政策和有关安全生产的法律、法规、规章及标准；安全生产管理、安全生产技术、职业卫生等知识；伤亡事故统计、报告及职业危害的调查处理方法；应急管理、应急预案编制以及应急处置的内容和要求；国内外先进的安全生产管理经验；典型事故和应急救援案例分析以及其他需要培训的内容等）。

　　应对新入场的从业人员进行三级教育。所谓"新入场从业人员"是指新入场的学徒工、实习生、委托培训人员、合同工、新分配的院校学生、参加劳动的学生、临时借调人员、相关方人员、劳务分包人员等。三级教育是指公司（分公司）级、项目级、班组级的安全教育。公司级岗前安全教育内容应包括国家、省（市）及有关部门制定的安全生产方针、政策、法规、标准、规程；安全生产基本知识；本单位安全生产情况及安全生产规章制度和劳动纪律；从业人员安全生产权利和义务；有关事故案例等（培训时间应不少于 15h）。

　　项目级安全教育的主要内容应包括本项目的安全生产状况；本项目工作环境、工程特点及危险因素；所从事工种可能遭受的职业伤害和伤亡事故；所从事工种的安全职责、操作技能及强制性标准；自救、互救、急救方法，现场紧急情况的处理，发生安全生产事故的应急处理措施；安全设备和设施、个人防护用品的使用和维护；预防事故和职业危害的措施及应注意的安全事项；有关事故案例；施工现场作业人员安全知识以及其他需要培训的内容（培训时间应不少于 15h）。班组级安全教育的内容应包括岗位安全操作规程；岗位之间工作衔接配合的安全与职业卫生事项；本工种的安全技术操作规程、劳动纪律、岗位责任、主要工作内容、本工种发生过的案例分析；施工作业人员安全生产知识以及其他需要培训的内容（培训时间应不少于 20h）。

　　三级教育结束后，施工单位（项目部）应选好考试地点并向所属地区、县建委提出考试申请举行安全考试（考试时间为 90min，得分 60 分及以上的为合格），各区、县建委应在考试结束后将考试合格人员有关情况（姓名、身份证号、考试得分）整理汇总并将电子版和文本资料（加盖安全科、站的公章）报至上级建委施工安全管理处，由其审核后转建筑业管理服务中心（由其将培训考试信息记入平安卡）。

　　应严格遵守特种作业人员持证上岗规定。所谓"特种作业"是指容易发生伤亡事故以及对操作者本人、他人及周围设施的安全有重大危害的作业。建筑行业（包括分包企业）特种作业人员主要包括电工、电焊工、架子工、起重操作工等，特种作业人员必须取得有关主管部门颁发的资格证才能上岗操作（未按规定复审的证件无效）。施工现场应建立、健全特种作业人员名单并实行动态管理（调出人员应及时标明，其特种作业操作证应及时撤出）以确保与现场的实际操作人员相符合。

　　安全教育工作应与时俱进。采用新工艺、新技术、新设备、新材料施工时应对操作人员进行有针对性的安全教育。对安全生产管理有重大影响的重要、关键岗位人员（包括重要操作岗位人员、技术人员、管理人员等）应进行具有针对性的专业技能和岗位教育。

　　安全技术交底等班前安全活动应严格遵守。施工单位技术人员应每天对作业人员进行安全交底并保存交底记录和操作人员的签字记录。班组长应认真执行班前活动制度，生产班组必须认真执行班组安全活动制度。在班前要对所有机具、设备、防护用品及作业环境进行安全检查，并针对专业特点、当天施工任务和生产条件提出注意事项和防范措施。班组安全活动应每天进行并有记录（尤其在变换工作内容或工作地点的时候更要组织所有人员进行安全教育），应由班组兼职安全员填写并保存相关记录，不得以布置生产工作替代安全活动内容。

### ▌2.3.5　施工组织设计及专项方案管理

总体施工组织设计中必须包括保证安全生产的安全技术措施和预防职业病的技术措施、施工现场安全标志平面图和现场排水平面图，安全生产技术措施必须根据工程特点、施工方法、劳动组织和作业环境等具体情况制定，要求内容全面，有针对性、可行性和可操作性。施工组织设计应由技术人员编制并经企业技术负责人和项目总监理工程师审批，遇特殊情况需修改时应由编制人出具变更通知单并报经审批人签发后方可实施。

对达到一定规模的危险性较大的分部分项工程应编制专项施工方案并附安全验算结果，专项施工方案应经企业技术负责人和总监理工程师签字后实施，并由专职安全生产管理人员进行现场监督。危险性较大的工程主要包括基坑支护与降水工程、土方开挖工程、模板工程、起重吊装工程、脚手架工程、拆除和爆破工程、国务院建设行政主管部门或者其他有关部门规定的其他危险性较大的工程。专项施工方案编制主要内容应包括编制依据、工程概况、作业条件、人员组成及职责、具体施工方法、受力计算和要求、安全技术措施、环境保护措施等。施工单位应根据建设单位提供的施工现场及毗邻区域内的供水、排水、供电、供气、供热、通信、广播电视等地上、地下管线资料，气象和水文观测资料，毗邻建筑物和构筑物、地下工程的有关资料制定现场周边管线设施保护方案并按方案组织施工。对涉及深基坑、地下暗挖工程、高大模板工程的专项施工方案，企业应按《危险性较大工程安全专项施工方案编制及专家论证审查办法》的规定组织专家进行论证、审查后才能组织施工。

### ▌2.3.6　施工现场重大危险源管理

所谓"施工现场危险源"是指由于施工活动而可能导致施工现场及周围社区人员伤亡、财产损失、环境破坏等意外的潜在不安全因素。项目部应成立由项目经理任组长的危险源辨识评价小组，在工程开工前由危险源辨识评价小组对施工现场的主要和关键工序中的危险因素进行辨识。施工企业的危险源大概可分为高处坠落、物体打击、触电、坍塌、机械伤害、起重伤害、中毒和窒息、火灾和爆炸、车辆伤害、粉尘、噪声、灼烫等。施工现场内的危险源主要与施工部位、分部分项（工序）工程、施工装置（设施、机械）及物质有关，如脚手架（包括落地架、悬挑架、爬架等）、模板支撑体系、起重吊装、物料提升机、施工电梯安装与运行、基坑（槽）施工以及局部结构工程或临时建筑（工棚、围墙等）失稳而造成的坍塌、倒塌意外；高度大于2m的作业面（包括高空、洞口、临边作业）因安全防护设施不符合要求（或无防护设施）以及人员未配备劳动保护用品而造成的人员踏空、滑倒、失稳等意外；焊接、金属切割、冲击钻孔（凿岩）等施工及各种施工电气设备的安全保护（如漏电、绝缘、接地保护等）不符合要求而造成人员触电、局部火灾等意外；工程材料、构件及设备的堆放与搬（吊）运等发生高空坠落、堆放散落、撞击人员等意外；人工挖孔桩（井）、室内涂料（油漆）及粘贴等因通风排气不畅造成人员窒息或气体中毒；施工用易燃易爆化学物品临时存放或使用不符合要求或防护不到位而造成火灾或人员中毒意外；工地饮食因卫生不符合要求而造成集体中毒或疾病等。

在对危险源进行识别时应充分考虑正常、异常、紧急三种状态，以及过去、现在、将来三种时态。主要应从以下作业活动进行辨识，如施工准备、施工阶段、关键工序、工地地址、工地内平面布局、建筑物构造、所使用的机械设备装置、有害作业部位（粉尘、毒物、噪声、振动、高低温）、各项制度（女工劳动保护、体力劳动强度等）、生活设施和应急、外出工作人员和外来工作人员。识别重点应放在工程施工的基础、主体、装饰、装修阶段及危险品的控制及影响上，并应考虑国家法律、法规要求，包括特种作业人员、危险设施、经常接触有毒、有害物质的作业活动和情况；具有易燃易爆特性的作业活动和情况；具有职业性健康伤害、损害的作业活动和情况；曾经发生或行业内经常发生事故的作业活动和情况等。

风险评价是评估危险源所带来的风险大小及确定风险是否可容许的全过程，根据评价的结果可对风险进行分级，应按不同级别的风险有针对性地采取风险控制措施。安全风险的大小可采用事故后果的严重程度与事故发生的可能性的乘积来衡量。风险控制应以"极高"作为重点控制对象并制订方案实施控制；当风险级别为"高"时应待风险降低后才能开始工作（为降低风险有时必须配备大量资源。当风险涉及正在进行中的工作时应采取应急措施，在方案和规章制度中应制订控制办法并对其实施控制）；当风险级别为"中"时应努力降低风险（应仔细测定并限定预防成本，在规章制度内进行预防和控制）；当风险级别为"低"时则表明风险减低到合理是可行的（最低水平不需要另外的控制措施，故应考虑投资效果更佳的解决方案或不增加额外成本的改进措施，或需要监测来确保控制措施得以维持）。

## 2.3.7　安全检查制度体系

安全检查分为公司级的安全检查、分公司级的安全检查、项目部的安全检查，应按企业制定的检查制度进行检查，内容包括查思想、查制度、查管理、查领导、查违章、查隐患、查记录等。安全检查的形式大致有定期安全检查、季节性安全检查、临时性安全检查、节假日安全检查、专项安全检查、群众性安全检查等。检查记录的内容应包括对现场安全生产情况的评价、发现的问题、存在的事故隐患等，对检查中发现的事故隐患能立即整改应立即整改，不能立即整改应及时签发隐患整改通知书，应建立登记、整改、复查记录台账，制定整改计划和方案，按照定人、定时间、定措施、定经费的原则进行整改，落实整改责任人和监督人，在隐患没有排除前必须采取可靠的防护措施以确保施工人员的人身安全和国家财产不受损失。

## 2.3.8 现场文明施工管理体系

施工现场文明施工工作应按《绿色施工管理规程》（DB 117513—2008）、《建设工程施工现场安全资料管理规程》（CECS 266—2009）等相关规程、标准开展，施工前应由施工单位工程技术人员、安全管理人员编制文明施工专项方案并由施工单位技术负责人审批后报项目总监理工程师和建设单位项目负责人审核、签字确认，文明施工专项方案应包括围墙（挡）、临时设施、场容场貌、食品卫生、环境保护及消防保卫等内容。

（1）工地围墙（挡）、大门及标志牌应符合要求。施工现场必须实行封闭式管理（围挡的高度不得低于1.8m。为解决行车视距问题，距路口20m内的围挡、快车道上转弯处的围挡其距地面0.8m以上部分必须采用半通透式材料）。施工现场围挡必须坚固、美观，可使用专用金属定型材料或砌块，围挡颜色应为浅蓝色且无污染和油漆脱落，围挡上可用白色油漆喷涂施工企业标识和项目名称。施工企业标识和项目名称设置标准为"××公司承建××工程"，字体为仿宋，字体大小为0.6m×0.8m（宽×高），字体下沿距地面0.6～0.8m，字体必须正确规范、工整美观。在围挡上方设置标语、宣传品的应按市政管理行政部门批准的范围、地点、数量、规格、内容和期限设置。禁止利用施工现场围挡设置户外广告。

除施工现场主要出入口外，其围挡必须沿工地四周连续设置（使用砌块砌筑的围挡应按设计要求设置加强垛并确保围挡无破损；使用金属定型材料的围挡应确保支撑牢固且其挡板应保持不变形、无破损、无锈蚀。施工现场围挡不得用于挡土、承重；不得倚靠围挡堆物、堆料；不得利用围挡作墙面设置临时工棚、食堂和厕所等）。施工总承包单位统一负责施工现场围挡的设置和管理（尚未施工的由建设单位负责），围挡管理单位应做好围挡的维护、保洁工作，并保持围挡清洁且无乱张贴、乱涂写、乱刻画现象。施工现场主要出入口大门和门柱应牢固美观，大门上应标有企业标识，施工单位应在出入口明显处设置公示牌〔公示牌应为白底黑字，应写明工程名称，建设单位，设计单位，施工单位，监理单位，项目经理及联系电话，开、竣工日期等内容。标牌面积不得小于0.7m×0.5m（长×高），字体为仿宋体，标牌底边距地面不得低于1.2m。公示牌字体应正确规范、工整美观并保持整洁完好〕。

施工现场大门内应有施工现场总平面布置图和安全生产、消防保卫、环境保护、文明施工制度板，施工区域、办公区域和生活区域应有明确划分并设标志牌、明确负责人，在进入工地的主要通道及施工区域上应悬挂红、黄、蓝、绿等各种安全警示标牌，多个标志牌在一起设置时应按警告、禁止、指令、提示类型的顺序先左后右、先上后下的排列。有触电危险场所的标识应使用绝缘材料制作。城管执法部门有权对施工现场不按要求设置围挡的进行处罚，建设管理部门应责令其限期改正或停工整改，逾期不改的移送城管执法部门处理。

（2）应切实落实"平安卡"制度。施工现场推行农民工实名制管理制度，施工人员必须持卡进入施工现场。施工企业在完成劳动合同签订等用工手续后应通过互联网与农民工实名制备案系统连接进行农民工实名制的备案工作、提交农民工个人信息，实名制卡可用于门禁、考勤、工资支付、技能培训等。企业领到实名制卡后可按金融机构（如邮政储蓄）的规定直接用于农民工的工资发放，金融机构也可同时为农民工提供各方面的金融服务，农民工可利用其IC管理功能为自己的正当维权行为提供证据。住房和城乡建设部、人力资源社会保障部、公安等应利用农民工的数据库进行相应的管理服务工作，建设主管部门监督人员或协管员在检查中发现施工人员违章作业时可暂扣其平安卡并责成施工单位对其进行培训（经考试合格后返还其平安卡）。

（3）临时设施安全管理应到位。宿舍所用建筑材料必须符合环保、消防要求（宜采用整体盒子房、复合材料板房类轻体结构活动房；宜具备防火、隔热、保温功能。禁止使用水泥板活动房。宿舍内必须保证必要的生活空间，室内高度不低于2.5m、通道宽度不小于0.9m，每间宿舍居住人员不得超过15人），宿舍内必须设置单人铺，床铺应高于地面0.3m，面积不小于1.9m×0.9m，床铺间距不得小于0.6m，床铺的搭设不得超过两层。床头应设有姓名卡，宿舍内应设置生活用品专柜，生活用品应摆放整齐。宿舍必须设置可开启式窗户以保持室内通风，夏季应有防暑降温和灭蚊蝇措施，冬季应有取暖措施，宿舍内严禁使用煤炉等明火设备和电褥子取暖。

施工现场食堂必须具备食堂卫生许可证、炊事人员身体健康证、卫生知识培训证，食堂炊事员上岗必须穿戴洁净的工作服帽，装修食堂所用建筑材料必须符合环保、消防要求，不得使用石棉制品的建筑材料装修食堂；食堂必须设置独立的制作间、库房和燃气罐存放间；必须设置隔油池并应配备必要的排风设施和消毒设施；必须设置密闭式泔水桶，制作间灶台及其周边应贴瓷砖，地面应硬化，并应保持墙面和地面的干净，下水管线应与污水管线连接并保证排水通畅，制作间必须有生熟分开的刀、盆、案板等炊具及存放橱柜，食堂操作间和仓库不得兼作宿舍使用，严禁购买无证、无照商贩食品，严禁食用变质食物，库房内应有存放各种佐料和副食的密闭器皿，应有距墙、距地面大于20cm的粮食存放台。

生活区内必须设置水冲式厕所或移动式厕所，厕所墙壁应屋顶严密、门窗齐全并采用水泥地面，要有灭蝇措施并设专人负责定期保洁，厕所大小应根据生活区人员数量要求设置（可根据实际情况每30～50人设一个蹲位，施工现场严禁随地大小便）。必须设置满足施工人员使用的水池和水龙头（盥洗设施的下水管线应与污水管线连接，其必须保证排水通畅），施工现场应保证供应卫生饮水，应有固定的盛水容器和专人管理且应定期清洗消毒。淋浴间必须设置冷热水管和淋浴喷头（原则上每20人设一个喷头以保证施工人员定期洗热水澡），淋浴间内必须设置储衣柜或挂衣架，其用电设施必须满足用电安全，照明灯必须安装防爆灯具和防水开关，淋浴间内的下水管线应与污水管线连接且必须保证排水通畅。施工现场应有卫生急救措施并配备保健药箱、一般常用药品及绷带、止血带等急救器材，以及为有毒有害作业人员配备有效的防护用品，生活区内应为施工人员设置必要的通信设施，有条件的施工现场可设置医疗站，办公区、生活区应保持整洁、卫生，垃圾应存放在密闭式容器内并定期灭蝇、及时清运，生活垃圾与施工垃圾不得混放。

（4）现场内各种材料应按施工平面图统一布置并分类码放整齐，各种材料标识应清晰准确，材料的存放场地应平整夯实并应有排水措施。施工现场的材料保管应根据材料特点采取相应的保护措施，易燃易爆物品应分类妥善存放，施工垃圾应集中分拣、回收利用并及时清运。施工现场应杜绝长流水和长明灯。

（5）应遵守卫生防疫工作。施工现场发生法定传染病和食物中毒、急性职业中毒时立即向上级主管部门和卫生防疫部门报告，同时应积极配合卫生防疫部门进行调查处理。生熟食品必须分开加工和保管，存放成品、半成品食物必须有遮盖。应加强食品、原料的进货管理并做好进货登记工作，严禁购买无照、无证商贩的食品和原料。严禁食用变质食物，剩余饭菜应倒入密闭泔水桶中并及时清运。库房应有通风、防潮、防虫、防鼠等措施，库房不得兼作他用。

（6）应遵守环境保护原则。应做好工地沙土覆盖、路面硬化、出工地车辆冲洗车轮、拆除房屋洒水压尘、暂不开发空地绿化工作。施工现场大门口应设置冲洗车辆设施，施工现场主要道路应根据用途进行硬化处理，土方应集中堆放，裸露的场地和集中堆放的土方应采取覆盖、固化或绿化等措施，办公区和生活区的裸露场地应进行绿化、美化，材料存放区、加工区及大模板存放场地应平整坚实。

遇有四级以上大风天气时不得进行土方回填、转运以及其他可能产生扬尘污染的施工。建筑拆除工程施工时应采取有效的降尘措施。施工现场易飞扬、细颗粒散体材料应密闭存放，施工现场应建立封闭式垃圾站，建筑物内施工垃圾的清运必须采用相应容器或管道运输（严禁凌空抛掷）。规划市区范围内的施工现场其混凝土浇筑量超过 100m³ 以上的工程应使用预拌混凝土且施工现场应采用预拌砂浆。施工现场进行机械剔凿作业时其作业面局部应遮挡、掩盖或采取水淋等降尘措施。市政道路施工铣刨作业时应采用冲洗等措施控制扬尘污染，无机料拌和应采用预拌进场，碾压过程中要洒水降尘。施工现场应根据《施工场界环境噪声排放标准》（GB 12523—2011）的要求制定降噪措施并对施工现场场界噪声进行检测和记录，噪声排放不得超过国家标准。施工场地的强噪声设备宜设置在远离居民区的一侧，可采取对强噪声设备进行封闭等降低噪声措施，运输材料的车辆进入施工现场严禁鸣笛（装卸材料应做到轻拿轻放），未经批准不得进行夜间施工。

（7）应重视消防保卫工作。施工现场应建立门卫和进门刷卡制度，现场门卫要佩戴值勤标志，进出人员要佩戴平安卡并刷卡，门卫要认真对平安卡、安全帽等进行检查，重点工程、重要工程要实行区域划分的平安卡刷卡制度。施工现场治安保卫工作要建立预警制度，对有可能发生的事件要定期进行分析以化解矛盾，事件发生时必须及时报各上级主管部门并做好工作以防事态扩大。

应加强对财务、库房、宿舍、食堂等易发案件区域的管理，要明确治安保卫工作责任人并制定防范措施以防止发生各类治安案件，严禁赌博、酗酒、传播淫秽物品和打架斗殴。应加强重点建设项目的治安保卫工作，加强对要害部门及要害部位的管理，并制定要害部位的保卫方案，且应指定专人负责重点管理。应做好成品保卫工作并制定具体措施严防被盗、破坏和治安灾害事故的发生。施工现场要有明显的防火宣传标志并设置临时消防车道（其宽度应不小于 3.5m）且应保证临时消防车道的畅通，禁止在临时消防车道上堆物、堆料或挤占临时消防车道。施工现场必须配备消防器材并做到布局合理，要害部位应配备不少于 4 具的灭火器，且要有明显的防火标志并应经常检查、维护、保养，应保证灭火器材灵敏有效，施工现场消火栓应布局合理，消防干管直径应不小于 100mm，消火栓处应昼夜设置明显标志并配备足够的水龙带（周围 3m 内不准存放物品），地下消火栓必须符合防火规范要求，高度超过 24m 的建筑工程应安装临时消防竖管（管径不得小于 75mm）且应每层设消火栓口并配备足够的水龙带，消防供水要保证足够的水源和水压，消防干管严禁作为施工用水管线。

电焊工、气焊工从事电气设备安装和电、气焊切割作业要有操作证和用火证，用火前必须对易燃、可燃物进行清除并采取隔离等措施，应配备看火人员和灭火器具，作业后必须确认无火源隐患后方可离去，用火证当日有效，用火地点变换要重新办理用火证手续。氧气瓶、乙炔瓶工作间距应不小于 5m，两瓶与明火作业距离应不小于 10m，建筑工程内禁止氧气瓶、乙炔瓶存放且禁止使用液化石油气"钢瓶"。施工现场使用的电气设备必须符合防火要求，临时用电必须安装过载保护装置（电闸箱内不准使用易燃、可燃材料），严禁超负荷使用电气设备，施工现场存放易燃、可燃材料的库房、木工加工场所、油漆配料房及防水作业场所不得使用明露高热强光源灯具。易燃易爆物品必须有严格的防火措施并指定防火负责人，应配备灭火器材以确保施工安全，不准在工程内、库房内调配油漆、稀料，工程内不准作为仓库使用，也不准存放易燃、可燃材料。因施工需要进入工程内的可燃材料应根据工程计划限量进入并采取可靠的防火措施。废弃材料应及时清除。

施工现场使用的安全网、密目式安全网、密目式防尘网、保温材料必须符合消防安全规定（不得使用易燃、可燃材料），使用时施工企业保卫部门必须严格审核（凡是不符合规定的材料不得进入施工现场使用）。施工现场严禁吸烟（不得在建设工程内设置宿舍），施工现场和生活区经保卫部门批准后可使用电热器具，严禁工程中明火施工及宿舍内明火取暖。生活区的设置必须符合消防管理规定（严禁使用可燃材料搭设，宿舍内不得卧床吸烟）。

## ▌ 2.3.9　现场安全防护体系

（1）脚手架支搭、拆除及所用构件必须符合《建筑施工扣件式钢管脚手架安全技术规范》（JGJ 130—2011）等的规定，施工单位必须编制落地式与悬挑式脚手架及模板支架专项施工方案（包括搭设要求、基础处理、杆件间距、连墙杆设置、拆除程序等内容并应附有设计计算书、施工详图及大样图），其方案应经监理单位确认后由施工单位组织实施。使用工具式脚手架必须经过设计和编制施工方案且经技术部门负责人审批，附着升降脚手架的供应单位必须提供设计、制造该脚手架的法定资质证书及出厂合格证，以及所用各种材料、工具和设备的质量合格证、材质单等质量文件，附着升降脚手架的安装单位必须提供法定的安装资质证书，作业人员必须经过专业培训并取得上岗证书。严禁使用木、竹脚手架和钢木、钢竹混搭脚手架，整体高度超过 24m 时严禁使用单排脚手架。

（2）施工现场基坑及模板工程应严格按《建筑基坑支护技术规程》（JGJ 120—2012）等规范要求施工。在基础施工前及开挖槽、坑、沟土方前建设单位必须以书面形式向施工企业提供详细的与施工现场相关的供水、排水、供电、供气、供热、通信、广播电视等地上、地下管线资料，气象和水文观测资料，并保证资料的真实、准确、完整；施工企业应编制地上、地下管线保护措施。危险处、通道处及行人过路处开挖的槽、坑、沟必须采取有效的防护措施，防止人员坠落，夜间应设红色标志灯；雨季施工期间基坑周边必须要有良好的排水系统和设施；槽、坑、沟边 1m 以内不得堆土、堆料、停置机具。基础施工时的降排水（井点）工程的井口，必须设牢固防护盖板或围栏和警示标志，完工后，必须将井回填实。

（3）模板工程施工前应编制施工方案，包括模板及支撑的设计、制作、安装和拆除的施工工序以及运输、存放的要求，并严格按照方案执行。吊运大模板必须采用卡环，大模板在每次吊运前必须逐一检查吊索具及每块模板上的吊环是否完整有效，吊运墙体大模板时应一板一吊（严禁同时吊运两块以上的大模板），大模板单位重量不得大于起重机的荷载，吊运两块柱模、角模时其吊点必须在同一水平面上，大模板吊运时应加导引绳（即在吊环或模板上加两条大绳，通过拉大绳调节模板位置），并严禁施工人员直接推拉大模板。吊运大模板时应设专人指挥，模板起吊应平稳，不得偏斜和大幅度摆动，操作人员必须站在安全可靠处，严禁人员和物料随同大模板一同起吊。穿墙螺栓等其他零星部件的竖向运输应采用有边框的吊盘进行（禁止用编织袋直接吊运），当风力超过 6 级或大雨、大雪、大雾时不得进行吊装作业。

大模板安装前应按配模设计平面图规定位置将斜撑、挑架、跳板、护栏及爬梯等安装齐全并连接牢固，大模板安装时应按模板编号顺序遵循"先内侧、后外侧，先横墙、后纵墙"的原则安装就位且其根部和顶部要有固定措施，大模板支撑必须牢固、稳定（支撑点应设在坚固可靠处，不得与脚手架拉结），大模板就位且紧固好穿墙螺栓后方可解除吊车吊环（对空间狭窄、无法安装支腿的模板和就位后的模板不能及时安装穿墙螺栓时，应用索具将同一墙体正反两块模板相互拉接，严禁使用铅丝临时固定），组装平模时应及时用卡具或花篮螺钉将相邻模板连接好，防止倾倒。大模板的拆除顺序应遵循"先支后拆、后支先拆，先非承重部位、后承重部位，以及自上而下顺序"的原则，拆除有支撑架的大模板时应先拆除模板与混凝土结构之间的穿墙螺栓及其他连接件（松动地脚螺栓，使模板后倾与墙体脱离开），拆除无固定支撑架的大模板时应用索具与墙体主筋拉接牢固（严禁使用铅丝临时固定），任何情况下均严禁操作人员站在模板上口采用晃动、撬动或用大锤砸模板的方法拆除模板，拆除的穿墙螺栓、连接件及拆模用工具必须妥善保管和放置（不得随意散放在操作平台上），起吊大模板前应先检查模板与混凝土结构之间所有穿墙螺栓、连接件是否全部拆除（必须在确认模板和混凝土结构之间无任何连接后方可起吊大模板，移动模板时不得碰撞墙体），吊运时应铅直起吊。

施工现场应确定模板存放区域，大模板现场堆放区应在起重机的有效工作范围之内（严禁将模板放置在存放区以外），存放区应设围栏且地面必须平整夯实并有排水措施（不得堆放在松土、冻土或凹凸不平的场地上）。大模板堆放时对有支撑架的大模板必须满足自稳角为 70°～80°的要求，没有支撑架的大模板应存放在专用的插放支架内（不得倚靠在其他物体上），大模板存放应采取两块大模板板面对板面相对放置的方法且应在模板中间留置不小于600mm 的操作间距，遇有大风等恶劣天气应对存放的模板采取临时连接的固定措施（同时应暂停清理模板和涂刷脱模剂等作业）。

（4）应做好"三宝"、"四口"防护及临边防护工作，详见本章第 2.2.5 小节。

（5）施工用电安全工作。施工单位应按《施工现场临时用电安全技术规范》（JGJ 46—2005）的规定编写施工现场临时用电组织设计。施工现场临时用电中对涉及外电线路及电气设备防护、电动施工机具和手持电动工具的用电安全应做专项方案并制定相应的防护措施、操作规程。施工现场临时用电必须采用 TN-S 系统并符合"三级配电逐级保护"且满足"一机、一箱、一闸、一漏"的要求，电箱设置、线路敷设、接零保护、接地装置、电气连接、漏电保护等各种配电装置应符合《施工现场临时用电安全技术规范》（JGJ 46—2005）的要求。配电箱、开关箱及其电器配件必须使用合格产品，完好可靠。

架空线路敷设必须采用绝缘导线，敷设应符合要求。室内配线必须采用绝缘导线或电缆，敷设应符合要求。架空线路和室内配线必须有短路保护和过载保护。对电工、电动机具的操作工和焊工应按规定配置防护用品，对操作工人应进行用电安全教育。使用电焊机应单独设开关，电焊机外壳应做接零或接地保护，电焊机装设应采取防埋、防浸、防雨、防砸措施。应制定电气线路及设备用电的安装、巡检、维修、定期测试的制度，落实责任人。检修各类配电箱、开关箱、电气设备和电力施工机具时必须切断电源、拆除电气连接并悬挂警示标牌，试车和调试时应确定操作程序和设立专人监护。

（6）应强化机械设备及起重吊装安全工作。起重机械租赁、使用、安装、拆卸、检测和人员培训考核等应严格按《建筑起重机械安全监督管理规定》进行。机械设备操作应保证专机专人，持证上岗；施工现场的起重吊装必须由专业队伍进行，信号指挥人员必须持证上岗；起重吊装作业前应划定施工作业区域，设置醒目的警示标志和专职的监护人员；起重回转半径与高压电线必须保持安全距离。

塔式起重机吊装作业时应严格执行"十不吊"的原则，即被吊物重量超过力学性能允许范围不准吊；信号不清不准吊；吊物下方有人站立不准吊；吊物上站人不准吊；埋在地下物不准吊；斜拉斜牵物不准吊；散物捆扎不牢不准吊；零散物（特别是小钢横板）不装容器不准吊；吊物重量不明，吊、索具不符合规定，立式构件、大模板不用卡环不准吊；六级以上强风、大雾天影响视力和大雨时不准吊。

外用电梯的安装与拆除必须由具有相应资质的企业进行；外用电梯的制动装置、上下极限限位、门联锁装置必须齐全、灵敏、有效，安装完成后进行吊笼的防坠落试验；外用电梯司机必须持证上岗；设备接通电源后，司机不得离开操作岗位。施工现场的木工、钢筋、混凝土、卷扬机械、空气压缩机必须搭设防砸、防雨的操作棚；各种机械设备要有安装验收手续，并在明显部位悬挂安全操作规程及设备负责人的标牌。

（7）使用施工机具应遵守《施工机械使用安全技术规程》（JGJ 33—2012）的规定。施工单位必须采购、使用具有生产许可证、产品合格证的施工机具，并建立机械设备的采购、使用、检查、维修、保养的责任制。施工机具使用前应进行维修保养，在配件齐全、性能良好、安全装置牢固可靠、接线端子绝缘密封良好、牢固的前提下，依据《施工现场临时用电安全技术规范》（JGJ 46—2005）的规定，编制安全使用方案，制定具体的用电保护实施办法和配置适宜的防护用品后方可使用。施工机具安装的地基应平整夯实，基座牢实可靠，排水良好。安装完毕后，应由设备管理员组织验收。施工机具的操作人员应相对固定，上岗前应进行操作培训和安全技术交底。实行持证操作管理的设备，操作人员必须持证上岗。操作人员上班前应先检查、试机。设备发生故障时，必须立即排除，不得带病运行。氧气瓶应与其他易燃气瓶、油脂等易燃易爆物品分别存放且不得同车运输。氧气瓶、乙炔瓶应有防振圈和安全帽，不得倒置，不得在强烈日光下曝晒。不得用吊车吊运氧气瓶。乙炔瓶不得平放。施焊点 10m 范围内或施焊点的下方不得堆放油类、木材、氧气瓶、乙炔瓶等易燃易爆物品。

## ▍2.3.10　现场应急救援系统

项目部应成立应急领导小组，小组应由安全、保卫、工程技术、材料设备、后勤等部门组成（有调整时应及时修订）。应有应急计划（预案）并适时演练，工程项目应制定应急准备和响应计划，其内容应包括潜在事态发生的物质、场所、原因及预防措施；应急对策、应急设施和装备以及职责和信息传递，应急准备和响应计划（预案）应及时让所有相关岗位、人员掌握并对应急计划（预案）的有效性适时进行演练并做好记录。工程开工或阶段性施工开始前，项目经理部应根据活动、项目特点、管理水平、资源配置、技术装备能力、外部条件等识别潜在事故和应急情况，应能控制潜在事故和可能引起人员、材料、装备、设施破坏的紧急情况（如火灾、坍塌、高处坠落、物体打击、起重伤害、机械伤害以及自然灾害等）。

发生事故或紧急情况时现场负责人应立即按应急计划（预案）处理，应保护现场，迅速逐级上报企业有关部门，企业有关部门报同级应急领导小组。应急小组和企业有关部门接到事态信息后须马上了解情况判断后果并决定处理方法，必要时应采取避让、疏散、报警、救护、封闭、洗消、切断和隔离危险源等措施以防止损害扩大。发生事故后应在最短时间内寻求第三方（如消防队、抢险队、120急救）援助和救护并按法定程序报政府主管部门进行事故处理。应急小组负责在紧急情况发生时协调处理紧急事态以及组织事故善后工作。小组负责人负责召集应急和事故处理工作会议、确定对策、统一对外联络、调配所须各项资源以确保应急工作有序高效。企业有关部门对应急准备和响应计划（预案）每年应至少进行一次有效性评价并提出修改意见，当活动、产品、服务或外部条件变化时应及时修订应急计划（预案）。应急领导小组应安排专人会同相关部门负责组织事故的善后处置工作（包括人员安置、补偿，征用物资补偿等事项）、尽快消除事故影响、妥善安置和慰问受害及受影响人员、维护社会稳定、尽快恢复正常施工。应急领导小组应做好保障工作，如通信与信息保障、现场救援和工程抢险设备保障、后勤保障、资金保障等。

## ▌2.3.11　劳动保护及职业病预防体系

施工现场应根据具体情况编制职业病预防的措施（如电气焊、油漆、水泥操作工等），严格按劳动保护用品的发放标准和范围为相关人员配备符合国家或行业标准要求的口罩、防护镜、绝缘手套、绝缘鞋等劳动保护用品（尤其是一线工人的特殊劳动保护用品和必要的劳动保护用品）。应加强施工现场的劳动保护用品的采购、保管、发放和报废管理，严格遵守标准和质量要求。所采购的劳动保护用品必须有相关证件和资料，必要时应对其安全性能进行抽样检测和试验，严禁不合格的劳动保护用品进入施工现场。对二次使用的劳动保护用品应按其相关标准进行检测试验，破损严重、失去防护功能、不能有效保证安全的劳动防护用品必须及时更换。

## ▌2.3.12　施工现场必备的安全资料管理体系

施工现场应保存施工企业的安全生产许可证，项目部专职安全员等安全管理人员的考核合格证，建设工程施工许可证等复印件，以及施工现场安全监督备案登记表，地上、地下管线及建（构）筑物资料移交单，安全防护、文明施工措施费用支付统计，工程概况表，项目重大危险源控制措施，项目重大危险源识别汇总表，危险性较大的分部分项工程专家论证表和危险性较大的分部分项工程汇总表，当地施工现场检查表，安全技术交底汇总表，作业人员安全教育记录表，安全资金投入记录，特种作业人员登记表，生产安全事故应急预案，违章处理记录等相关资料。建设、施工、监理等单位应将施工现场安全资料的形成和积累纳入工程建设管理的各个环节，逐级建立、健全工程施工现场安全资料岗位责任制，对施工现场安全资料的真实性、完整性和有效性负责。施工现场安全资料应随工程进度同步收集、整理并保存到工程竣工。施工现场安全工作的负责人应负责本单位施工现场安全资料的全过程管理工作。施工过程中施工现场安全资料的收集、整理工作应有专人负责。

# §2.4　施工现场安全资料管理规定

现代化施工中的"安全生产、文明施工"是一个非常重要的环节。施工现场安全管理的规范化、科学化是施工现场安全生产、文明施工的基础，要获得最好的经济效益就必须提升施工现场安全生产管理资料水平，这也是施工项目管理的重要内容之一。施工现场安全生产管理资料是指导施工现场的重要依据，既是施工现场安全文明施工和优化管理的体现和鉴证记录，也是政府管理部门、行业监督部门与施工企业自我检查工作的主要内容。施工企业应促进施工现场的安全生产达标、提升安全管理水平以适应当前建设事业的迅速发展并与国际安全施工领先水平接轨。应加强建设工程施工现场安全资料的规范化管理，提高工程施工现场安全管理水平，防止和减少生产安全事故，保障人民群众生命和财产安全。所谓"施工现场安全资料"是指建设工程各参建单位在工程建设过程中形成的有关施工安全的各种形式的信息记录（包括施工现场生产安全和文明施工等资料）。

## ▋ 2.4.1　施工现场安全资料管理的基本原则

建设单位应向施工单位提供施工现场及毗邻区域内的供水、排水、供电、供气、供热、通信、广播电视等地上、地下管线资料，气象和水文观测资料以及毗邻建筑物和构筑物、地下工程的有关资料，在编制工程概算时应确定建设工程安全作业环境及文明安全施工措施所需费用并负责统计费用支付的情况，在申请领取施工许可证时应负责提供建设工程有关安全施工措施的资料，应监督、检查各参建单位工程施工现场安全资料的建立和积累。

监理单位应全面负责监理单位施工现场安全资料的管理工作，应对工程施工现场安全资料的形成、积累、组卷进行监督、检查，应对施工单位报送的施工现场安全资料进行审核并予以签认。

施工单位应全面负责施工单位施工现场安全资料的管理工作，总包单位应督促检查各分包单位编制施工现场安全资料，分包单位应全面负责其分包范围内施工现场安全资料的编制、收集和整理工作并向总包单位提供备案。工程施工现场安全资料的分类、编号应以国家或属地建设主管部门的规定为准。

建设单位施工现场安全资料应包括建设工程施工许可证；施工现场安全监督备案登记表；地上、地下管线及建（构）筑物资料移交单（在槽、坑、沟土方开挖前，建设单位应根据相关要求向施工单位提供施工现场及毗邻区域内地上、地下管线资料，毗邻建筑物和构筑物的有关资料。移交资料内容应经建设单位、施工单位、监理单位三方共同签字、盖章认可。如对上述资料有疑义时，建设单位应委托相关单位根据资料情况组织探查并有探查记录。如探查有差异时建设单位应报请相关管理部门予以确认。确认后，经建设单位签字、盖章认可后方可施工）；安全防护、文明施工措施费用支付统计表（建设单位应对支付给施工单位工程款中安全防护、文明施工措施费用进行统计）；夜间施工审批手续等。

## ▌2.4.2　施工现场安全资料的基本内容与要求

监理单位施工现场安全资料应包括：监理合同（含安全监理工作内容）；监理规划（含安全监理方案）、安全监理实施细则；施工单位基本情况（包括施工单位安全管理体系；安全生产人员的岗位证书、安全生产考核合格证书、特种作业人员岗位证书及审核资料；施工单位的安全生产责任制、安全管理规章制度及审核资料；施工单位的专项安全施工方案及工程项目应急救援预案的审核资料）；安全监理专题会议纪要；关于安全事故隐患、安全生产问题的报告、处理意见等有关文件（具体要求按《建设工程安全监理规程》执行）；安全监理工作记录（包括工程技术文件报审表；施工现场起重机械拆装报审表；安全防护、文明施工措施费用支付申请资料，安全隐患报告书；工作联系单；监理通知；工程暂停令；监理通知回复单；工程复工报审表等）。

施工单位施工现场安全资料应包括：工程项目施工现场安全管理资料〔包括工程概况表；项目重大危险源控制措施；项目重大危险源识别汇总表；危险性较大的分部分项工程专家论证表；施工现场检查表；项目经理部安全生产责任制；项目经理部安全管理机构设置；项目经理部安全生产管理制度；总分包安全管理协议书；施工组织设计、各类专项安全技术方案和冬（雨）季施工方案；安全技术交底汇总表；作业人员安全教育记录表；安全资金投入记录；施工现场安全事故登记表；特种作业人员登记表；地上、地下管线保护措施验收记录表；安全防护用品合格证及检测资料；生产安全事故应急预案；安全标识；违章处理记录等〕；工程项目生活区资料（包括现场、生活区卫生设施布置图；办公室、生活区、食堂等各项卫生管理制度；应急药品、器材的登记及使用记录；项目急性职业中毒应急预案；食堂及炊事人员的证件等）；工程项目现场、料具资料（包括居民来访记录；各阶段现场存放材料堆放平面图及责任划分；材料保存、保管制度；成品保护措施；现场各种垃圾存放等）；工程项目环境保护资料（包括项目环境管理方案；环境保护管理机构及职责划分；施工噪声监测记录等）；工程项目脚手架资料〔包括脚手架、卸料平台和支撑体系设计及施工方案；钢管扣件式支撑体系验收表；落地式（或悬挑）脚手架搭设验收表；工具式脚手架安装验收表等〕；工程项目安全防护资料（包括基坑、土方及护坡方案、模板施工方案；基坑支护验收表；基坑支护沉降观测记录表；人工挖孔桩防护检查表；特殊部位气体检测记录等）；工程项目施工用电资料（包括临时用电施工组织设计及变更资料；施工现场临时用电验收表；总、分包临电安全管理协议；电气设备测试、调试记录；电气线路绝缘强度测试记录；临时用电接地电阻测试记录表；电工巡检维修记录等）；工程项目塔式起重机、起重吊装资料（包括塔式起重机租赁、使用、拆装的管理资料；塔式起重机拆装统一检查验收表格；起重机械拆装方案及群塔作业方案、起重吊装作业的专项施工方案；对塔机组和信号工安全技术交底；施工起重机械运行记录等）；工程项目机械安全资料〔包括机械租赁合同，出租、承租双方安全管理协议书；物料提升机、施工升降机、电动吊篮拆装方案；施工升降机拆装统一检查验收表格；施工机械检查验收表（电动吊篮）；施工机械检查验收表；施工起重机械运行记录；机械设备检查维修保养记录等]；工程项目保卫消防资料（包括施工现场消防重点部位登记表；保卫消防设备平面图；现场保卫消防制度、方案、预案；现场保卫消防协议；现场保卫消防组织机构及活动记录；施工项目消防审批手续；施工用保温材料产品检测及验收资料；消防设施、器材验收、维修记录；防水施工现场安全措施及交底；警卫人员值班、巡查工作记录；用火作业审批表等）；其他资料（如安全技术交底表；考核表登记及试卷；施工现场安全日志；班组班前讲话记录；工程项目安全检查隐患整改记录等）。

施工现场安全资料的编制与组卷应符合规定，施工现场安全资料应真实反映工程的实际状况（施工现场安全资料应使用原件，因各种原因不能使用原件的应在复印件上加盖原件存放单位公章、注明原件存放处并应有经办人签字及时间），施工现场安全资料应保证字迹清晰且签字、盖章手续齐全（计算机形成的工程资料应采用内容打印、手工签名方式）。组卷应遵守相关原则，施工现场安全资料应按《施工现场安全资料分类表》的分类进行组卷，卷内资料排列顺序应依据卷内资料构成确定（一般顺序为封面、目录、资料部分和封底，组成的案卷应美观、整齐），案卷页号的编写应以独立卷为单位（案卷内资料材料排列顺序确定后均应以有书写内容的页面编写页号。每卷从阿拉伯数字 1 开始用打号机或钢笔依次逐张连续标注页号），案卷封面应包括名称、案卷题名、编制单位、安全主管、编制日期、共××册第××册等，卷内资料、封面、目录、备考表应统一采用 A4 幅面（297mm×210mm）尺寸 [小于 A4 幅面的资料要用 A4 白纸（297mm×210mm）衬托]。

## §2.5　施工现场供用电安全管理

在建设工程施工现场供用电中应贯彻执行"安全第一、预防为主、综合治理"方针，应确保在施工现场供用电工作中的人身安全和设备安全并使施工现场供用电设施的设计、施工、运行、维护及拆除做到"安全可靠、确保质量、经济合理"。在电压 10kV 及以下的施工现场，一般工业与民用建设工程供用电设施的设计、施工、运行、维护及拆除应遵守本节中的相关规定（水下、井下和矿井等工程还应遵守一些特殊规定），施工现场供用电应采用符合国家标准的合格产品（不得使用已被国家淘汰的产品），建设工程施工现场供用电的设计、施工、运行、维护及拆除应符合国家现行有关标准、规范的规定。

供用电设计应按工程规模、负荷性质、用电容量、地区供用电条件合理确定设计方案，供用电装置应采用节能、环保、安全产品，供用电设计应由电气专业人员进行设计并应经安全、技术部门审核和施工现场技术负责人批准及建设单位审批后实施。供用电设计内容应包括施工现场用电容量统计、负荷计算、变压器选择、配电线路、配电装置、接地装置及防雷装置、供用电平面布置图和系统图等。供用电施工方案或施工组织设计应由电气专业技术人员编制并应经审核、批准后实施，供用电设施的施工应由具备相应资质的单位按已批准的供用电施工方案进行施工并应遵守当地供电部门的有关规定。供用电施工方案或施工组织设计内容应包括工程概况，供用电管理组织机构，配电装置安装、防雷接地、线路敷设技术要求，安全用电及防火措施等。供用电工程施工完毕应按《电气装置安装工程 电气设备交接试验标准》（GB 50150—2006）的相关规定试验合格。供用电工程施工完毕后应有完整的平面布置图、系统图、隐蔽检查记录、试验记录等资料，其投入使用前必须经方案编制、审核、批准部门和使用单位共同验收（合格后方可使用）。

## 2.5.1　施工现场发电设施安全管理基本要求

当施工现场电源不能满足要求时应设置发电设施。发电站的选址应根据负荷位置、交通运输、线路布置、污染源频率风向、周边环境等因素综合考虑。发电机组的布置应满足设备搬运、就地操作、维护检修和辅助设备布置的要求。户内布置的发电机组应满足相关要求，户内地面排水坡度应不小于 0.5%；每台发电机组的排烟管应单独引出室外（宜架空安装，排烟管弯头不宜超过 3 个，水平安装的排烟管道宜设 0.3%～0.5%的坡度并坡向室外，应在管道最低点装排污阀，排烟管出口端应加防雨帽）；排烟管过墙应加保护管。户外布置的发电机组应设防雨、防风沙等设施。移动式发电机停放的地点应平坦且发电机底部距地面应不小于 0.3m，发电机拖车应固定牢固并有可靠接地。发电机组应采用电源中性点直接接地的 TN-S 接地型式或 TT 接地型式的供电系统。发电机组周围 4m 内不得有明火（也不得存放易燃易爆物），发电场所应设置可在带电场所使用的消防设施并应标识清晰、醒目，且应设在便于取用的地方。发电机的总容量应满足施工现场最大保安负荷的需要和该保安负荷中大容量电动机起动时的要求（起动时母线电压不应低于额定电压的 80%）。发电机组电源必须与外电线路电源联锁（严禁并列运行）。多台发电机组并列运行应采用同期装置并车。发电机供电系统应设置短路保护、过负荷保护及低电压保护等装置。

## 2.5.2　施工现场变电设施安全管理基本要求

变电所位置的选择应根据实际情况进行技术、经济比较后确定，其基本要求包括 10 个方面，即应接近负荷中心；应方便日常巡检和维护；进出线应方便且进出线走廊与所址应同时选定；应接近电源侧；设备运输应方便；不应设在有剧烈振动或高温的场所；不应设在受施工干扰或破坏可能性较大的场所；油浸变压器不宜布置在较长隧洞内；不宜设在多尘或有腐蚀性气体的场所，当无法远离时应设在污染源最小频率风向的下风侧；不应设在地势低洼和可能积水的场所。变压器室的门应向外开启，其高度和宽度应方便设备运输。应对变压器采取防风沙措施。变压器室宜采用自然通风且应通风良好，当自然通风不能保证变压器正常运行时应采取强制通风。油浸变压器室的耐火等级应为一级；干式电力变压器室的耐火等级应不低于二级。露天或半露天布置的变压器四周应设不低于 1.7m 高的固定围栏（墙），变压器外廓与围栏（墙）的净距应不小于 1m；变压器底部距地面应不小于 0.5m；相邻变压器外廓之间的净距应不小于 1.5m。露天或半露天布置的相邻油浸变压器的防火净距应不小于 5m，小于 5m 时应设置防火墙，防火墙应高出相邻油浸变压器油枕顶部且墙两端应大于挡油设施各 0.5m。油浸变压器外廓与变压器室墙壁和门的最小净距应遵守表 2-2 中的规定。

容量为 400kVA 及以下的变压器可采用杆上安装并应在明显位置挂警示牌，变压器安装应平稳牢固，杆上变压器的底部距地面的高度应不小于 2.5m，腰栏距带电部分的距离应不小于 0.2m。容量在 400kVA 以上的变压器应采用地面安装方式并应在明显位置挂警示牌。室外变电台上安装的变压器的高、低压侧应分别装设高、低压熔断器，熔断器距地面的铅直距离对高压不宜小于 4.5m、低压不宜小于 3.5m，各相熔断器间的水平距离对高压应不小于 0.5m、低压应不小于 0.3m。位于人行道树木间的变压器台在最大风偏时其带电部位与树梢间的最小距离对高压应不小于 2m、低压应不小于 1m。变压器的进出线均不应与变压器外壳直接接触。变压器中性点及外壳接地连接点的导电接触面应接触良好且连接可靠（接地电阻不宜大于 4Ω）。

油浸电力变压器现场安装及验收应符合《电气装置安装工程 电力变压器、油浸电抗器、互感器施工及验收规范》（GB 50148—2010）的规定。变压器投运前应由系统供电侧对变压器进行 5 次冲击合闸试验，每次分合闸间隔时间不少于 5min。箱式变电站的安装及使用应符合规定，箱式变电站的选址应符合前述要求；箱式变电站的选用应符合《高压/低压预装箱式变电站选用导则》（DL/T 537—2002）以及《干式电力变压器选用、验收、运行及维护规程》（CECS：115—2000）的相关规定；在施工现场采用箱式变电站时其箱内宜选用干式电力变压器；户外安装的箱式变电站的底部距地面铅直高度应不小于 0.5m；箱式变电站外壳应有可靠的保护接地，装有成套仪表和继电器的屏柜、箱门必须与壳体进行可靠电气连接；箱式变电站安装完毕或检修后、投入运行前应对其内部的电气设备进行检查和电气试验，合格后方可投入运行；箱式变电站需要在现场进行组装时应在组装完成后按交接试验标准进行试验，试验合格后方可投入使用。

表 2 - 2　　　　　油浸变压器外廓与变压器室墙壁和门的最小净距　　　　　（单位：mm）

| 变压器容量/kVA | 100~1000 | 1250 及以上 |
|---|---|---|
| 变压器外廓与后壁、侧壁净距 | 600 | 800 |
| 变压器外廓与门净距 | 800 | 1000 |

## 2.5.3　施工现场配电设施安全管理基本要求

低压配电系统的设置应符合相关要求，低压配电系统宜采用三级配电并应设置总配电箱、分配电箱、开关箱；总配电箱以下可设若干分配电箱，分配电箱以下可设若干开关箱；总配电箱应设在靠近电源的区域，分配电箱应设在用电设备或负荷相对集中的区域，分配电箱与开关箱的距离不宜超过 30m；配电系统宜使三相负荷保持平衡，其最大相负荷不宜超过三相负荷平均值的 115%，最小相负荷不宜小于三相负荷平均值的 85%。用电设备端的电压偏差允许值应符合相关要求，一般照明为 +5%、-10% 额定电压；一般用途电动机为 ±5% 额定电压；无特殊规定时的其他用电设备为 ±5% 额定电压。

配电室的选址应符合本节前述规定。配电室建筑应符合相关要求，其防雨、防风沙、耐火等级应不低于三级；其门应向外开且高度与宽度应便于设备的出入；其面积与高度应满足配电装置的维护与操作所需的安全距离；其配电室内应配置适用于电气火灾的灭火器材；其配电室宜设置应急照明。

　　配电室配电装置的布置应符合相关规定，成排布置的配电柜其柜前、柜后的操作、维护通道净宽不宜小于表2-3的规定；成排布置的配电柜长度大于6m时其柜后通道应设两个出口；配电装置的上端距棚顶距离不宜小于0.5m；配电装置的正上方不应安装照明灯具。配电箱的安装应符合相关规定，配电柜应安装在高于地面的型钢或混凝土基础上，且应平正、牢固；配电柜柜体的金属框架及基础型钢应可靠接地。配电箱内配电回路应装设电源隔离、短路保护、过负荷保护和剩余电流动作保护器。开关箱应装设短路保护、过负荷保护和剩余电流动作保护装置。动力配电箱与照明配电箱宜分别设置（当合并设置为同一配电箱时其动力和照明应分路配电），动力开关箱与照明开关箱应分别设置。一个开关箱控制多台用电设备时，其每台用电设备的电源应引自开关箱内不同的配电回路，每一配电回路均应有各自独立的保护装置。户外安装的配电箱、开关箱的防护等级应不低于IP44。

表2-3　　　　　　　　　　　　　配电柜前后的通道净宽　　　　　　　　　　　　　（单位：m）

| 布置方式 | 单排布置 | | 双排对面布置 | | 双排背对背布置 | |
| --- | --- | --- | --- | --- | --- | --- |
| | 柜前 | 柜后 | 柜前 | 柜后 | 柜前 | 柜后 |
| 配电柜 | 1.5 | 1.0 | 2.0 | 1.0 | 1.5 | 1.5 |

　　固定式配电箱、开关箱的中心与地面的铅直距离宜为1.4～1.6m且安装应平正、牢固，户外落地安装的配电箱、柜的底部离地面应不小于0.5m。配电箱、开关箱内应分别设置中性线、保护线汇流排并应有标识，出线回路的中性线、保护线应由汇流排配出。配电箱内断路器相间绝缘隔板应配置齐全，防触电护板应阻燃且安装牢固。配电箱、开关箱内连接线绝缘层的标识色应符合规定，相线 $L_1$、$L_2$、$L_3$ 相序的绝缘颜色依次为黄色、绿色、红色；N线（中性导体）的绝缘颜色为淡蓝色；PE线的绝缘颜色为黄绿双色。以上颜色标记不应混用和互相代用。配电箱、开关箱内的导体与电气元件的连接线应采用铜排或铜芯绝缘导线且连接应牢固可靠、排列整齐，导线不应有接头且应不伤线芯及不断股。

　　配电箱、开关箱内的导线端子规格与芯线截面大小应适配，接线端子应完整且不应减小截面积，导线与端子的压接应可靠且应不伤线芯及不断股，端子排同一端子上导线连接应不多于两根且防松垫圈等零件应齐全。配电箱、开关箱的金属箱体、金属电器安装板以及电器正常不带电的金属底座、外壳等应通过保护线汇流排可靠接地，金属箱门与金属箱体的接地端子间应采用不小于2.5mm² 的裸编织铜线连接。

　　配电箱、开关箱电缆的进线口和出线口应设在箱体的下底面（当采用工业连接器时可在箱体侧面设置），工业连接器配套的插头插座、电缆耦合器、器具耦合器等应符合《工业用插头插座和耦合器 第1部分：通用要求》（GB/T 11918—2001）及《工业用插头插座和耦合器 第2部分：带插销和插套的电器》（GB/T 11919—2001/X61—2008）的规定。当分配电箱供电给开关箱时可采用分配电箱内设置插座方式供电且每个插座应有独立的保护装置。移动式配电箱、开关箱的进、出线应采用橡皮绝缘橡皮护套铜芯软电缆且不应有中间接头。配电箱、开关箱的进线和出线不应承受外力（若与金属尖锐断口接触应有保护措施）。配电箱、开关箱应按照规定顺序操作，即送电操作顺序为总配电箱→分配电箱→开关箱；

停电操作顺序为开关箱→分配电箱→总配电箱。配电箱、开关箱应附有名称、系统图及分路标记。

　　电气装置选择要遵守相关规定。配电箱、开关箱内电器应完好且不应使用破损及不合格的电器。配电箱内电器应具备电源隔离、正常接通与分断电路以及短路保护、过载保护、剩余电流动作保护等功能，电器设置应符合要求（即配电箱电源进线应设置断路器，各配电回路应设置具有短路、过负荷、剩余电流动作保护等功能的断路器；各类配电箱电源进线所设置电器的额定值应与配电回路电器的额定值相匹配）。总配电箱宜装设电压表、总电流表、电能表。开关箱进线应设置总断路器，各配电回路应设置具有短路、过负荷、剩余电流动作保护功能的断路器，开关箱中各种开关电器的额定值和动作整定值应与其控制用电设备的额定值和特性相适应。总配电箱、分配电箱和开关箱中所设置的电器的额定值和动作整定值应使其各级之间相互匹配。

　　剩余电流动作保护器的选择应符合《剩余电流动作保护电器的一般要求》（GB/Z 6829—2008）和《剩余电流动作保护装置安装和运行》（GB 13955—2005）的规定。开关箱中的剩余电流动作保护器的额定动作电流应不大于 30mA、分断时间应不大于 0.1s。当分配电箱中装设剩余电流动作保护器时其额定动作电流应大于 30mA（但不宜大于 300mA）、分断时间应不大于 0.3s。当总配电箱中装设剩余电流动作保护器时其额定动作电流应大于分配电箱中剩余电流动作保护器的额定动作电流（但不宜大于 500mA）、分断时间应不大于 0.5s。剩余电流动作保护器应每月检测其特性，发现问题应及时修理或更换。剩余电流动作保护器每天使用前应起动试验按钮试跳一次，试跳不正常时不应继续使用。

## ▋ 2.5.4　施工现场配电线路安全管理基本要求

　　架空线路路径的选择应合理，应避开易撞、易碰、低洼、易受雨水冲刷和气体腐蚀的地带，并应避开热力管道、河道和施工中交通频繁等场所以及影响线路安全运行的其他地段，还应避开储存易燃易爆物的仓库区域。架空线路宜采用钢筋混凝土杆或木杆，钢筋混凝土杆不得有露筋以及宽度大于 0.4mm 的裂纹和扭曲；木杆的材质必须坚实而不得有腐朽、劈裂及其他损伤，其梢径应不小于 140mm。电杆埋设深度宜为杆长的 1/10 加 0.6m，回填土应每 30cm 分层夯实，杆坑应设防沉层，遇有土质松软、流沙、地下水位较高等情况时应做特殊处理。拉线应根据电杆受力情况装设且应采用镀锌钢绞线，其截面应根据受力情况计算确定。拉线坑的深度应不小于 1.2m 且拉线坑应有斜坡。拉线与电杆的夹角不宜小于 45°，受到地形限制时不得小于 30°。

　　拉线从导线之间穿过时应装设拉线绝缘子，拉线绝缘子距地高度应不小于 2.5m。架空线应采用绝缘导线。绝缘导线不得成束架空敷设且严禁架设在树木、脚手架及其他设施上。架空导线的截面选择应符合规定，即导线中的负荷电流应不大于导线允许载流量；线路末端电压偏移应不大于其额定电压的 5%，在 TN-S 系统中 N 线和 PE 线截面应不小于相线截面的 50%，单相线路的中性线截面应与相线截面相同；按机械强度要求的铜线截面应不小于 10mm²、铝线截面应不小于 16mm²。

　　施工现场几种线路同杆架设中的高压线路必须位于低压线路上方、电力线路必须位于通

信线路上方。架空线路的档距不得大于 35m。架空线在一个档距内其每层导线的接头数不得超过该层导线数的 50％且一根导线的接头数不应超过一个，在跨越铁路、公路、河流、电力线路档距内的架空线不得有接头。架空线路的线间距不得小于 0.3m，靠近电杆的两导线的间距不得小于 0.5m。

架空线路相序排列应符合规定，动力、照明线在同一横担上架设时的导线相序排列方式是面向负荷从左侧起依次为 $L_1$、N、$L_2$、$L_3$、PE；动力、照明线在二层横担上分别架设时的导线相序排列方式是上层横担面向负荷从左侧起依次为 $L_1$、$L_2$、$L_3$，而下层横担面向负荷从左侧起依次为 $L_1$（$L_2$、$L_3$）、N、PE。架空线路与邻近线路或固定物的距离应符合表 2-4 中的规定。架空线路绝缘子应按规定选择，即直线杆采用针式绝缘子、耐张杆采用蝶式绝缘子。架空线路横担宜采用角钢或方木，低压铁横担角钢应按表 2-5 选用，方木横担截面应为 80mm×80mm，横担长度应按表 2-6 选用，横担间的最小竖向距离不得小于表 2-7 中所列数值。直线杆和 15°以下的转角杆可采用单横担单绝缘子，但跨越机动车道时应采用单横担双绝缘子；15°～45°的转角杆应采用双横担双绝缘子；45°以上的转角杆应采用十字横担。

**表 2-4　　　　　　　　　架空线路与邻近线路或固定物的距离**

| 项目 | 距　离　类　别 | | | | | | |
|---|---|---|---|---|---|---|---|
| 最小净空距离/m | 架空线路的过引线、接下线与邻线 | | 架空线与架空线电杆外缘 | | | 架空线与摆动最大时树梢 | |
| | 0.13 | | 0.05 | | | 0.50 | |
| 最小垂直距离/m | 架空线同杆架设下方的通信、广播线路 | 架空线最大弧垂与地面 | | | | 架空线最大弧垂与暂设工程顶端 | 架空线与邻近电力线路交叉 |
| | | 施工现场 | 机动车道 | 铁路轨道 | 电气化 | | 1kV 以下 / 1～10kV |
| | 1.0 | 4.0 | 6.0 | 7.5 | 不允许 | 2.5 | 1.2 / 2.5 |
| 最小水平距离/m | 架空线电杆与路基边缘 | 架空线路电杆与铁路轨道边缘 | | | | 架空线边线与建筑物凸出部分 | |
| | 1.0 | 杆高/m＋3.0 | | | | 1.0 | |

**表 2-5　　　　　　　　　低压铁横担角钢选用**

| 导线截面/mm² | | 16 | 25 | 35 | 50 | 70 | 95 | 120 |
|---|---|---|---|---|---|---|---|---|
| 直线杆/mm | | L 50×50×5 | | | | L 63×5 | | |
| 分支或转角杆 | 二线及三线 | 2×L 50×5 | | | | 2 L 63×5 | | |
| | 四线及以上 | 2×L 63×5 | | | | 2 L 70×6 | | |

**表 2-6　　　　　　　　横　担　长　度**　　　　　　（单位：m）

| 线数 | 二线 | 三线、四线 | 五线 |
|---|---|---|---|
| 横担长度 | 0.7 | 1.5 | 1.8 |

**表 2-7**　　　　　　　　　　横担间的最小竖向距离　　　　　　　　（单位：m）

| 排列方式 | 直线杆 | 分支或转角杆 |
|---|---|---|
| 高压与低压 | 1.2 | 1.0 |
| 低压与低压 | 0.6 | 0.3 |

架空线路应采取短路保护措施且应符合相关规定，采用熔断器做短路保护时其熔体额定电流不应大于明敷绝缘导线长期连续负荷允许载流量的 1.5 倍；采用断路器做短路保护时其瞬动过流脱扣电流整定值应小于线路末端单相短路电流。架空线路应采取过载保护措施且应符合相关规定，采用熔断器或断路器做过载保护时其绝缘导线长期连续负荷允许载流量应不小于熔断器熔体额定电流或断路器长延时过流脱扣器脱扣电流整定值的 1.25 倍。

单根电缆应包含全部工作芯线和用作中性导体或保护导体的芯线。供用电电缆可采用架空、悬挂、沿电缆沟道、直埋等方式进行敷设，在建筑物内或其他环境无法埋地或架空的情况下可选择沿地面方式敷设，供用电电缆的敷设应避免受到机械损伤或其他损伤。电缆类型应根据敷设方式、环境条件、负荷功率及距离等因素进行选择。电缆在任何敷设方式及其全部路径条件的上下、左右改变位置都应满足电缆允许弯曲半径要求，电缆沿敷设路径应留有一定的裕度。在电缆穿过竖井、墙壁、楼板或进入电气盘、柜的孔洞处应用防火堵料密实封堵。

直埋敷设的电缆线路应符合相关规定，直埋电缆应沿道路或建筑物边缘埋设并宜沿直线敷设（直线段每隔 20m 处和转弯处应设电缆走向标志桩）；在地下管网较多且有较频繁开挖的地段不宜直埋（在存在化学腐蚀或杂散电流引起腐蚀的土壤范围也不得采用直埋方式）；电缆直埋时应按要求进行，其表面到地面的距离不宜小于 0.7m。电缆上、下、左、右侧应铺以软土或砂土且其厚（宽）度不得小于 100mm，其上部应覆盖砖或混凝土板等硬质保护层。直埋敷设于冻土地区时的电缆宜埋入冻土层以下，当无法深埋时可在土壤排水性好的干燥冻土层或回填土中埋设；直埋电缆的中间接头宜采用热缩或冷缩工艺，且接头处应采取防水措施并绝缘良好；直埋电缆在穿越建筑物、构筑物、道路、易受机械损伤和具有腐蚀介质场所及引出地面 2.0m 高至地下 0.2m 处必须加设防护套管，防护套管应固定牢固，其端口应有防止电缆损伤的措施，其内径应不小于电缆外径的 1.5 倍；电缆之间以及电缆与其他管道、道路、建筑物之间平行和交叉时的最小距离应遵守表 2-8 中的规定，当距离不能满足表 2-8 要求时应采取穿管、隔离等防护措施；直埋电缆回填土前应经隐蔽工程验收合格且其回填土应分层夯实。

**表 2-8**　　电缆之间、电缆与管道、道路、建筑物之间平行和交叉时的最小距离

| 电缆直埋敷设时的配置情况 | | 平行/m | 交叉/m |
|---|---|---|---|
| 控制电缆之间 | | — | 0.5* |
| 电力电缆之间或与控制电缆之间 | 10kV 以下电力电缆 | 0.1 | 0.5* |
| | 10kV 及以上电力电缆 | 0.25** | 0.5* |
| 不同部门使用的电缆 | | 0.5** | 0.5* |

续表

| 电缆直埋敷设时的配置情况 | | 平行/m | 交叉/m |
|---|---|---|---|
| 电缆与地下管沟 | 热力管沟 | 2*** | 0.5* |
| | 油管或易(可)燃气管道 | 1 | 0.5* |
| | 其他管道 | 0.5 | 0.5* |
| 电缆与铁路 | 非直流电气化铁路路轨 | 3 | 1.0 |
| | 直流电气化铁路路轨 | 10 | 1.0 |
| 电缆与建筑物基础 | | (躲开散水宽度)*** | — |
| 电缆与公路边 | | 1.0*** | |
| 电缆与排水沟 | | 1.0*** | |
| 电缆与树木的主干 | | 0.7 | |
| 电缆与1kV以下架空线电杆 | | 1.0*** | |
| 电缆与1kV以上架空线杆塔基础 | | 4.0*** | |

注：＊表示用隔板分隔或电缆穿管时不得小于 0.25m；
　　＊＊表示用隔板分隔或电缆穿管时不得小于 0.1m；
　　＊＊＊表示特殊情况时减小值不得小于 50%。

电缆沟内敷设电缆线路应遵守相关规定，电缆沟内宜布置电缆支架用于电缆固定或底部铺细砂直接敷设电缆；电缆沟沟壁、盖板及其材质构成应满足承受荷载和适合耐久环境的要求；电缆沟应满足防止外部进水、渗水及主动排水要求，电缆沟的纵向排水坡度不得小于 0.5%。架空或悬挂方式敷设电缆线路应符合相关要求，架空或悬挂方式敷设的电缆线路应固定牢固，绑扎线应采用绝缘线，固定点间距应保证电缆能承受自重及风雪等带来的荷载，固定点应采取防止电缆机械损伤的措施；铅直引上敷设的电缆线路的固定点在每楼层不得少于一处；水平敷设线路的最大弧垂距地面不得小于 2.0m。

沿墙面或地面敷设的电缆线路应符合相关要求，特殊情况下可选择沿墙面或地面方式敷设，如供电线路进入建（构）筑物后若无电缆支架、桥架、井架等设施可以利用则可选择沿墙面敷设方式；频繁敷设、回收的临时电缆线路在无电缆沟、隧道等设施可以利用时可选择沿墙面或地面方式敷设；室内装饰、装修工程使用的临时电缆线路可选择沿墙面或地面方式敷设。沿墙面或地面方式敷设的电缆线路应满足相关要求，即电缆线路宜敷设在人不易触及的地方；电缆线路敷设路径应有醒目的警告标志；沿地面明敷电缆线路应沿建筑物墙体根部敷设，穿越道路或其他易受机械损伤的区域应采取防机械损伤措施；若在电缆敷设路径附近有产生明火的作业，则应采取防止火花损伤电缆的措施。供用电线路导体最小截面面积对铜导体不宜小于 2.5mm²、铝导体不宜小于 4mm²。

## 2.5.5　施工现场接地保护及防雷保护基本要求

（1）接地保护应遵守相关规定。当施工现场设有专供施工用的低压侧为 220/380V 中性点直接接地的变压器时，其低压配电系统的接地型式宜采用 TN-S 系统（即全系统将中性导体与保护导体分开，如图 2-1 所示，也可将装置的 PE 导体另外增设接地）或 TN-C-S 系统（即在装置的受电点将 PEN 分离成 PE 和 N 的三相四线制,如图 2-2 所示,也可对配电系统的 PEN 和装置的 PE 导体增设接地)、TT 系统(即全部装置都采用分开的中性导体和保护导体的 TT 系统,如图 2-3 所示,可对装置的 PE 提供附加的接地),相应的符号见表 2-9。

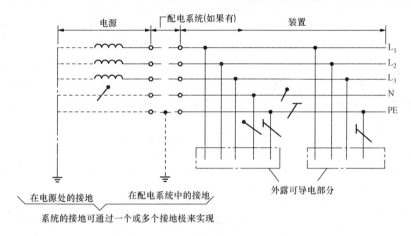

图 2-1　TN-S 系统

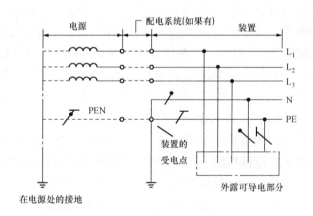

图 2-2　TN-C-S 系统

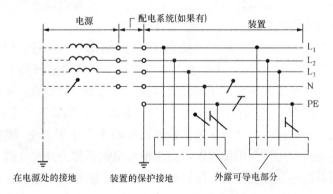

图 2-3　TT 系统

**表 2 - 9**                       **接 地 保 护 符 号 说 明**

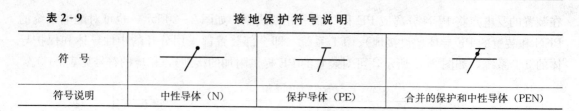

| 符 号 | | | |
|---|---|---|---|
| 符号说明 | 中性导体（N） | 保护导体（PE） | 合并的保护和中性导体（PEN） |

TN-S 系统应符合相关规定，其总配电箱、分配电箱及架空线路终端的 PE 线应做重复接地（接地电阻不宜大于 10Ω）；接至电气设备的中性线与保护线必须分开；保护线上严禁装设开关或熔断器；保护线和相线的材质应相同且保护线的最小截面面积应符合表 2 - 10 中的要求。

**表 2 - 10**                       **保护线的最小截面面积**

| 相线截面面积/mm² | $S \leqslant 16$ | $16 < S \leqslant 35$ | $S > 35$ |
|---|---|---|---|
| 保护线最小截面面积/mm² | $S$ | 16 | $S/2$ |

TN-C-S 系统应符合相关规定，在总配电箱处应将 PEN 线分离成 N 线和 PE 线；在总配电箱处保护线汇流排应与接地装置直接连接（PEN 线应先接至保护线汇流排，保护线汇流排和中性线汇流排应跨接；跨接线的截面积应不小于保护线汇流排的截面积）。

TT 系统应符合相关规定，其电气设备外露可导电部分应单独设置接地极且不应与变压器中性点的接地极相连接；每一回路应装设剩余电流动作保护装置；中性线不得做重复接地；接地电阻值应符合 $I_a R_A \leqslant 25V$ 的要求，其中，$R_A$ 为接地极和外露可导电部分的保护导体电阻值和（Ω）；$I_a$ 为使保护电器自动动作的电流（A）。

变压器中性点直接接地的接地电阻不宜大于 4Ω，用电设备的保护线或中性线不应串联连接，当施工现场不单独装设低压侧为 220/380V 中性点直接接地的变压器而利用原低压供电系统时，其接地型式应与原系统保持一致，保护线或中性线应采用焊接、压接、螺栓连接或其他可靠方法连接。一些特殊电气装置的外露可导电部分和装置外可导电部分均应接地，如电动机、变压器、电器、Ⅰ类灯具、Ⅰ类手持式电动工具的金属外壳；电气设备的金属外壳及与该电气设备连接的金属构架；电气设备的型钢基础及靠近带电部分的金属围栏等；电缆的金属外皮和电力线路的金属保护管、接线盒。

采用隔离变压器供电时其二次侧不得接地。接地装置的敷设应符合相关规定，人工接地体的顶面埋设深度不宜小于 0.6m；人工竖向接地体宜采用热浸镀锌圆钢、角钢、钢管（长度宜为 2.5m）；人工水平接地体宜采用热浸镀锌扁钢或圆钢，圆钢直径不应小于 10mm；扁钢、角钢截面面积不应小于 90mm²，其厚度不应小于 3mm；钢管壁厚不应小于 2mm。人工接地体不得采用螺纹钢筋；人工竖向接地体的埋设间距不宜小于 5m；接地装置的焊接应采用搭接焊接且其搭接长度应符合相关要求，即扁钢与扁钢搭接为其宽度的 2 倍且应不少于三面施焊；圆钢与圆钢搭接为其直径的 6 倍且应双面施焊；圆钢与扁钢搭接为圆钢直径的 6 倍且应双面施焊；扁钢与钢管、扁钢与角钢的焊接应紧贴 3/4 钢管表面或角钢外侧两面且应上下两侧施焊；焊接部位应做防腐处理（埋设在混凝土中的焊接接头除外）；利用自然接地体接地时应保证其有完好的电气通路；接地线宜直接接至配电箱 PE 汇流排，接地线的截面宜与水平接地体的截面相同。

接地装置的设置应考虑土壤受干燥、冻结等季节的影响且应使接地电阻在各季节均能保证达到所要求的值，非雷电保护接地的季节系数应取表 2-10 中的数值；雷电保护接地的季节系数应按表 2-11 取值。雷电保护接地的季节系数应按表 2-12 取值。严禁电气设备利用输送可燃液体、可燃气体或爆炸性气体的金属管道作为接地保护导体。移动式发电机中性点应直接接地且其接地电阻不宜大于 4Ω，发电机组的金属外壳及部件应可靠接地。

表 2-11　　　　　　　　　　　　　　非雷电保护接地的季节系数

| 土壤类别 | 黏土 | | 陶土 | 砂砾盖于陶土 | 园地 | 黄沙 | 混有黄沙的砂砾 | 泥炭 | 石灰石 |
|---|---|---|---|---|---|---|---|---|---|
| 深度/m | 0.5~0.8 | 0.8~3 | 0~2 | 0~2 | 0~3 | 0~2 | 0~2 | 0~2 | 0~2 |
| $\psi_1$ | 3 | 2 | 2.4 | 1.8 | — | 2.4 | 1.5 | 1.4 | 2.5 |
| $\psi_2$ | 2 | 1.5 | 1.4 | 1.2 | 1.3 | 1.6 | 1.3 | 1.1 | 1.5 |
| $\psi_3$ | 1.5 | 1.4 | 1.2 | 1.1 | 1.2 | 1.2 | 1.2 | 1.0 | 1.2 |

注：$\psi_1$ 用于测量前数天下过较长时间的雨、土壤很潮湿时；$\psi_2$ 用于测量土壤较潮湿，具有中等含水量时；$\psi_3$ 用于测量土壤干燥或测量前降雨量不大时。

表 2-12　　　　　　　　　　　　　　雷电保护接地的季节系数

| 埋深/m | 0.5 | 0.8~1.0 | 2.5~3.0 |
|---|---|---|---|
| 水平接地体 | 1.4~1.8 | 1.25~1.45 | 1.0~1.1 |
| 长 2~3m 的竖向接地体 | 1.2~1.4 | 1.15~1.3 | 1.0~1.1 |

注：土壤较干燥时可采用表中的较小值；比较潮湿时则应采用较大值。

（2）防雷保护应遵守相关规定。位于山区或多雷地区的变电所、箱式变电站、配电室应装设防雷装置，高压架空线路及变压器高压侧应装设避雷器，自室外引入室内的低压线路应装设浪涌保护器。施工现场和临时生活区的高度在 20m 及以上的钢脚手架、幕墙金属龙骨、正在施工的建筑物以及塔式起重机、井子架、施工升降机、机具、烟囱、水塔等设施时均应采取防雷保护措施，当以上设施在其他建筑物或设施的防雷保护范围之内时可不再设置。设有防雷保护装置的机械设备，其上的金属管路应与设备的金属结构体做电气连接，机械设备的防雷接地与电气设备的重复接地可共用同一接地体。

## ▌2.5.6　施工现场施工机具安全管理基本要求

施工现场施工机具的选购、使用、检查和维修应遵守相关规定，选购的施工机具及其用电安全装置应符合我国现行标准的规定并应有产品合格证、使用说明书（设备应有铭牌）；应实行专人负责制并定期进行检查和维修保养；各施工机具的接地应符合相关规范规定（运行时产生振动的设备的金属基座、外壳与 PE 线的连接点不应少于两处）；施工机具装设的剩余电流动作保护装置应符合《剩余电流动作保护器的一般要求》（GB/Z 6829—2008）中的相关要求；施工机具的使用、检查与维修应按产品使用说明书进行。使用中的电气设备应保持完好的工作状态并严禁带故障运行。施工机具不得超技术要求运行。发出或收回施工机具时应进行例行检查，使用施工机具时操作者应采取必要的防护措施。长期搁置未用或初次使用的电动机具使用前应测量绝缘电阻。

（1）移动式和手持式电动工具应遵守使用规定。Ⅰ类移动式电动工具、手持式电动工具使用时应采取保护接地措施。移动式电动工具、手持式电动工具应设置单独的带漏电保护的电源断路器或装置，严禁一台断路器控制两台及以上工具。移动式电动机具的电源断路器应安装在便于操作的地方。使用移动式电动工具时因故离开现场暂停工作或遇突然停电时应切断电源。移动式电动工具和手持式电动工具的电源线应采用橡皮绝缘橡皮护套铜芯软电缆或聚氯乙烯绝缘聚氯乙烯护套软电缆，电缆应避开热源并应采取防止机械损伤的措施。

移动式电动工具和手持式电动工具需要移动时不得手提电源线或机具的可旋转部分。空气湿度小于 75% 的一般场所可选用Ⅰ类或Ⅱ类手持式电动工具，其金属外壳与 PE 线的连接点不得少于两处。除塑料外壳Ⅱ类工具外，相关开关箱中漏电保护器的额定漏电动作电流不应大于 15mA、额定漏电动作时间不应大于 0.1s，其负荷线插头应具备专用保护触头。所用插座和插头在结构上应保持一致，避免导电触头和保护触头混用。

在潮湿场所或金属构架上操作时必须选用Ⅱ类或由安全隔离变压器供电的Ⅲ类手持式电动工具，金属外壳Ⅱ类手持式电动工具使用时必须符合相关要求，其开关箱和控制箱应设置在作业场所外面。在潮湿场所或金属构架上严禁使用Ⅰ类手持式电动工具。狭窄场所必须选用由安全隔离变压器供电的Ⅲ类手持式电动工具，其开关箱和安全隔离变压器应设置在狭窄场所外面并连接 PE 线，其操作过程中应有人在外面监护。移动式电动机具和手持式电动机具使用完毕后应切断电源。

（2）起重机械应遵守使用规定。起重机械电气设备的安装应符合《电气装置安装工程起重机电气装置施工及验收规范》（GB 50256—1996）的规定。轨道式起重机电源电缆收放通道附近不得堆放其他设备、材料和杂物。塔式起重机应做重复接地和防雷接地。轨道式塔式起重机接地装置的设置应符合相关要求，即轨道两端头应各设一组接地装置；轨道的接头处应做电气搭接且两头轨道端部应做环形电气连接；较长轨道应每隔 20m 加一组接地装置。

轨道式起重机自动卷线装置动作应灵活可靠。在强电磁场源附近工作的塔式起重机，其操作人员应戴绝缘手套和穿绝缘鞋，并应在吊钩与吊物间采取绝缘隔离措施，或在吊钩吊装地面物体时在吊钩上挂接临时接地线。外用电梯和物料提升机的上、下极限位置的限位开关应动作可靠。中、小型起重机上或其附近应设能断开电源的断路器。起重机械的电源电缆应经常检查、定期维护。起重机上的电气设备和接线方式不得随意改动。起重机上的电气设备应定期检查，发现缺陷应及时处理，在运行过程中不得进行电气检修工作。

（3）焊接机械应遵守使用规定。电焊机应放置在防雨、干燥和通风良好的地方。焊接现场不得有易燃易爆物品。电焊机的外壳应可靠接地且不得串联接地。电焊机的裸露导电部分和转动部分应装安全保护罩。电焊机一次电源电缆应绝缘良好且其长度不宜大于 5m。发电机式直流电焊机的换向器应经常检查和维护，且应消除可能产生的异常电火花。电焊机的电源开关应单独设置，发电机式直流电焊机械的电源应采用起动器控制。电焊把钳绝缘应良好。在金属容器内、金属管道内、金属结构上、潮湿地点以及高空等处进行焊接作业时其电焊机宜装配空载自动断电保护装置。电焊机的二次线应采用橡皮绝缘橡皮护套铜芯软电缆（电缆长度不应大于 30m），不得采用金属构件或结构钢筋代替二次线的地线。使用电焊机焊接时应穿戴防护用品，不得冒雨从事电焊作业。

（4）其他电动施工机具也应遵守相关使用规定。夯土机械的电源线应采用橡皮绝缘橡皮护套铜芯软电缆，使用夯土机械应按规定穿戴绝缘用品，使用过程应有专人调整电缆，电缆长度不宜超过 50m，电缆严禁缠绕、扭结和被夯土机械跨越。夯土机械的操作扶手应绝缘可靠。潜水电动机的电源线应采用橡皮绝缘橡皮护套铜芯软电缆且不得承受外力。混凝土搅拌机、插入式振动器、平板振动器、地面抹光机、水磨石机、钢筋加工机械、木工机械等设备的电源线应采用耐气候型橡皮护套软电缆且不得有任何破损和接头。

### ■ 2.5.7　施工现场办公、生活用电及现场照明安全管理基本要求

办公、生活用电器具应符合国家产品认证标准。办公、生活设施、供消防用水的水泵电源宜采用单独回路供电。生活、办公场所严禁使用电炉等产生明火的电气装置。自建浴室的供用电设施应符合《民用建筑电气设计规范》（JGJ 16—2008）中关于特殊场所的安全防护的相关规定。办公、生活场所供用电系统应装设剩余电流动作保护装置。

现场照明方式的选择应符合相关规定，需要夜间施工、无自然采光或自然采光差的场所以及办公、生活、生产辅助设施和道路等应设置一般照明；同一工作场所内的不同区域有不同照度要求时应采用分区一般照明或混合照明（不应只采用局部照明）。照明种类的选择应符合规定，即工作场所均应设置正常照明；在坑井、沟道、沉箱内及高层构筑物内的走道、拐弯处、安全出入口、楼梯间、操作区域等部位宜设置应急照明；有危及航行安全的建筑物、构筑物上应根据航行要求设置障碍照明。

照明装置的选择应符合规定，照明灯具和器材必须绝缘良好且应符合我国现行相关标准的规定；应根据施工现场环境条件设计合理选用防水型、防尘型、防爆型的照明装置；行灯应采用Ⅲ类灯具并用特低电压供电，其电压值不得超过规定环境下的电压限制，严禁利用额定电压 220V 的临时照明装置作为行灯使用；行灯灯体及手柄绝缘应良好、坚固、耐热、耐潮湿且其灯头与灯体应结合紧固，其灯泡外部应有金属保护网、反光罩及悬吊挂钩，挂钩应固定在灯具的绝缘手柄上。

照明装置的使用应遵守相关规定，照明开关应控制相线，采用螺口灯头时相线应接在中心触头上；照明灯具与易燃物间应保持一定的安全距离（普通灯具不宜小于 300mm；聚光灯、碘钨灯等高热灯具不宜小于 500mm）且不得直接照射易燃物，间距不够时应采取隔热措施。一些特殊场所应使用特低电压照明装置且电源电压应符合规定，有些特殊场所的特低电压照明电源电压应不大于 24V（这些场所包括狭窄的、易触及带电体场所；导电良好的地面、金属容器或管道内；隧道等封闭的地下空间；金属结构构架等场所等），有些特殊场所的特低电压照明电源电压应不大于 12V（这些场所包括相对湿度长期处于 75% 以上的潮湿场所；腐蚀介质场所；蒸汽环境场所；高温炎热场所；有导电粉尘场所等）。为特低电压照明装置供电的变压器应符合要求，应采用双绕组型安全隔离变压器，严禁使用自耦变压器；安全隔离变压器低压侧不应接地，行灯变压器一、二次侧均应装熔断器，熔断器额定电流应

分别不大于变压器一、二次的额定电流；严禁将行灯变压器带进金属容器或金属管道内使用。照明线路的敷设应符合规定，照明线路应布线整齐、固定牢固；现场办公室、宿舍、工作棚内的照明线均应穿管敷设或采用线槽敷设（穿过墙壁时应套绝缘管）；照明电源线路不得接触潮湿地面和接近热源（也不得直接绑挂在金属构架和金属脚手架上，必须在金属脚手架上安装临时照明时应在金属脚手架上设绝缘横担）。

## 2.5.8 施工现场特殊环境用电安全管理基本要求

（1）在高原地区安装使用的电力变压器应符合相关规定，应选用为适应高原环境条件而设计的变压器；采用箱式变电站时应具备足够的冷却通风能力，其通风出入口及外壳的防护等级应能满足正常运行要求，在施工现场可采取遮阳措施。

在高原地区安装使用的高压电气设备应符合相关规定，在高原地区安装使用的高压电气设备应选用高原型产品且高压配电装置（盘或柜）宜安装于配电室内（配电室应有良好的通风设施，通风出入口的防护等级应能有效避免或减少外界环境因素对电气设备的影响）；电气设备外绝缘及架空线路的绝缘子应以实际海拔高度为基准并应选用额定电压等级高一至二级的电工产品；架空线路的设计应综合考虑雪、冰、风、温差变化大等因素的影响。

在高原地区安装使用的低压电气设备应符合相关规定，在高原地区安装使用的低压电气设备应选用高原型产品且其低压成套配电装置（盘或柜）宜安装于配电室内（配电室应有良好的通风设施，通风出入口的防护等级应能有效避免或减少外界环境因素对电气设备的影响）；安装于户外使用的低压配电盘、箱除应满足正常使用功能外还应符合其他要求（如配电盘、箱的门在关闭情况下应密封良好；电缆穿线孔应在穿电缆后用绝缘性材料或防火堵料密封；在施工现场可采取遮阳、防雨和防凝露的辅助措施）；在高原环境条件下使用的低压配电设备和开关器件、元件应依据按实际海拔高度的修正系数计算得出的试验电压数值进行电气试验（合格后才能使用）。

电缆的选用及敷设应符合规定，在高原地区使用电缆的选择应符合《电力工程电缆设计规范》（GB 50217—2007）的规定，应根据使用环境的温度高低情况选用耐热型或耐低温型电缆；电缆直埋敷设于冻土地区时应符合相关要求；除架空绝缘型电缆外的非户外型电缆在户外使用时均应采取罩、盖等遮阳措施；电缆终端的电气间隙和爬电距离必须满足安置处海拔高程和环境污秽程度的要求。

（2）在易燃易爆环境中使用的电气设备应采用隔爆型，其电气控制设备应安装在安全的隔离墙外或与该区域有一定安全距离的配电箱中。在易燃易爆区域内应采用阻燃电缆且其额定电压应不低于450/750V。在易燃易爆区域内进行用电设备检修或更换工作时必须断开电源（严禁带电作业）。易燃易爆区域内的金属构件应可靠接地，当区域内装有用电设备时接地电阻应不大于4Ω；当区域内无用电设备时接地电阻应不大于30Ω。活动的金属门和门框应用铜质软导线进行可靠电气连接。施工现场配置的施工用氧气、乙炔管道应在其始端、末端、分支处以及直线段每隔50m处安装防静电接地装置，相邻平行管道之间应每隔20m用金属线相互连接，管道接地电阻不得大于30Ω。

（3）严禁将施工现场的供配电设备安装布置在 1 类和 2 类腐蚀环境中。施工现场的变电所、配电所与有或预计将要有存放、使用、生产化学腐蚀性物质的场所的最小防腐距离应符合表 2-13 中的规定，且变电所、配电所应设置在具有腐蚀性物质的场所全年或夏季最小频率风向的下风侧，与户内腐蚀环境的距离从相距最近的门口或窗口算起；户外腐蚀环境从释放源的释放口算起。在腐蚀环境使用的电气设备应根据腐蚀环境的类别选用相应的防腐型电工产品。在腐蚀环境中户外使用的电缆采用直埋时宜采用塑料护套电缆在土沟内埋设，土沟内应回填中性土壤，敷设时应避开可能遭受化学液体侵蚀的地带。

表 2-13　　　　　变电所、配电所与化学腐蚀性物质场所的最小防腐距离　　　　（单位：m）

| 名称 | 1 类腐蚀环境 | 2 类腐蚀环境 |
|---|---|---|
| 露天变电所、配电所 | 50 | 80 |
| 室内变电所、配电所 | 30 | 50 |

在腐蚀环境中户内安装的配电线路宜采用全塑电缆明敷，当采用全塑电缆穿保护管暗设时其保护管应选用镀锌钢管、可挠性金属套管或无增塑刚性塑料管。在 1 类和 2 类腐蚀环境中不宜采用绝缘电线穿钢管的敷设方式。在有积水、腐蚀性液体的地方以及在腐蚀性气体密度大于空气的地方不宜采用穿钢管埋地或电缆沟敷设方式。腐蚀环境的电缆线路应尽量避免中间接头，电缆端部裸露部分宜采用热（冷）塑套管保护。腐蚀环境的密封式动力（照明）配电箱、控制箱、电动机接线盒等电缆进出口处应采用金属或塑料的带橡胶密封圈的密封防腐措施（电缆管口应封堵）。厂区内腐蚀环境的 10kV 及以下线路采用架空导线时宜采用水泥电杆、镀锌角钢横担和耐污绝缘子，采用一般绝缘子时其悬式绝缘子个数比常规增加一个；针式绝缘子和穿墙套管的额定电压可酌情提高一或两级。1kV 及以下架空线路导线宜选用塑料绝缘电线或电缆。

（4）户外安装使用的电气设备均应有良好的防雨性能，其安装位置地面处应能防止积水。在潮湿环境下使用的配电箱宜采取防潮措施。在潮湿环境中严禁带电进行设备检修工作。在潮湿环境场所中使用电气设备时操作人员应按规定穿戴绝缘防护用品和站在绝缘台上，所操作的电气设备的绝缘水平应符合要求，设备的金属外壳、环境中的金属构架和管道均应良好接地，电源回路中应有可靠的防电击保护装置，连接的导线或电缆不应有接头和破损。严禁在潮湿场所使用 0 类和 I 类手持式电动工具，应选用 II 类或由安全隔离变压器供电的 III 类电气设备。在潮湿环境中所使用的照明设备应选用密闭式防水防潮型，其防护等级应满足潮湿环境的安全使用要求。潮湿环境中使用的行灯电压不应超过 12V，其电源线应使用橡皮绝缘橡皮护套铜芯软电缆。

## 2.5.9　施工现场供用电设施的管理、运行及检查基本要求

（1）供用电设施的管理应符合规定，供用电设施投入运行前运行单位应建立、健全供用电管理机构，并设立运行、维修专业班组且应明确职责及管理范围；管理、运行单位应根据用电情况制定用电、运行、维修等管理制度以及安全操作规程；运行、维护专业人员必须熟

悉有关规章制度；管理、运行单位必须建立用电安全岗位责任制并应明确各级用电安全负责人。

（2）供用电设施运行及维护人员必须符合要求（即运行及维护人员上岗前必须经过安全教育；应持证上岗；应无妨碍从事电气工作的病症），变电所（配电所）运行及维护人员还应熟悉本变电所（配电所）的系统、运行方式及电气设备性能，且应掌握相应的运行操作技能。供用电设施的运行、维护工具配置应符合规定，变电所（配电所）内必须配备合格的安全工具及防护设施；供用电设施的运行及维护必须按相关规定配备安全工具及防护设施，并应定期进行电气性能试验，电气绝缘工具严禁挪作他用。

（3）供用电设施的日常运行维护应符合规定，变电所（配电所）运行人员单独值班时不得从事检修工作；应建立供用电设施巡视制度及巡视记录台账；配电装置和变压器应每班巡视检查一次；架空线路的巡视和检查应每周不少于一次；加工预制车间或工地设置的 1kV 以下的分配电箱和开关箱应每季度进行一次停电检查和清扫；对配电设施的接地装置、剩余电流动作保护装置应每月检测一次并进行记录；每月应将各回路的负荷电流表进行测试和调整，并应使线路三相保持平衡；室外施工现场供用电设施除经常维护外还应关注突发状态，遇大风、暴雨、冰雹、雪、霜、雾等恶劣天气时应加强对电气设备的巡视和检查，巡视和检查时应穿绝缘靴且不得靠近避雷器和避雷针；新投入运行或大修后投入运行的电气设备应在 72h 内加强巡视，无异常情况后方可按正常周期进行巡视；供用电设施的清扫和检修每年不宜少于两次，其时间应安排在雨季和冬季到来之前；施工现场大型用电设备应有专人进行维护和管理。在全部停电和部分停电的电气设备上工作时必须完成下列技术措施且应符合相关规定：一次设备完全停电应切断变压器和电压互感器二次开关或熔断器；设备或线路切断电源并经验电确无电压后方可装设接地线及进行工作；工作地点应悬挂"在此工作"标示牌并采取安全措施。在靠近带电部分工作时应设专人监护，工作人员在工作中正常活动范围与设备带电部位的最小安全距离不得小于 0.7m。接引、拆除电源工作必须由维护电工进行并应设专人进行监护。配电箱柜的箱柜门上应设警示标志。施工现场供用电文件资料在施工期间应由专人妥善保管。

## ▌2.5.10 施工现场供用电设施拆除的安全管理

施工现场供用电设施的拆除应按已批准的拆除方案进行。拆除前被拆除部分应与带电部分在电气上进行可靠断开、隔离并挂上警示牌，且应在被拆除侧挂临时接地线或设接地刀开关。拆除前应确保电容器已进行有效放电。在拆除临近带电部分的供用电设施时应有专人监护，拆除工作宜从临近带电侧开始，在临近带电部分的应拆除设备拆除后应立即对拆除处带电设备外露的带电部分进行电气安全防护，在拆除容易与运行线路混淆的电力线路时应在转弯处和直线段分段进行标识，在拆除过程中应避免对环境造成污染，拆除过程中应避免对设备造成损伤。

施工现场供用电设施设计、施工、验收检查工作见表 2-14。依据《建设工程施工现场供用电安全规范》（GB 50194—1993）的规定，供用电设施的管理、运行检查工作见表 2-15。依据《建设工程施工现场供用电安全规范》（GB 50194—2014）和《外壳防护等级（IP

代码)》（GB 4208—2008）的规定，外壳防护等级（IP 代码）中的防固体异物进入（第一位数字）的要求见表 2-15，防水进入（第二位数字）的要求见表 2-16，附加和补充子母的含义见表 2-17。

表 2-14　　　　　　　　　施工现场供用电设施设计、施工、验收检查表

| 检查项目 | | 检查时间 | |
|---|---|---|---|
| 规划、设计及施工、验收 | 由电气专业人员进行设计，审核，审批手续齐全。现场供用电设计内容齐全 | | |
| | 方案或施工组织设计履行编制、审核、批准程序。供用电设施由具备资质的单位施工 | | |
| 发电设施 | 联锁、保护装置齐全；多台发电机组并列运行采用同期装置 | | |
| 变电设施 | 变压器安装位置、防护设施、警示标志符合规范规定 | ☐ | 变压器投运前各项试验符合规范规定。 | ☐ |
| 配电设施 | 一个开关箱直接控制多台用电设备时，每台用电设备均应有各自独立的保护装置 | ☐ | 户外安装的配电箱、开关箱的防护等级应不低于 IP44 | ☐ |
| | 配电箱、开关箱内分级安装的保护电器的动作特性应有选择性 | ☐ | 开关箱中的剩余电流动作保护器的额定动作电流不应大于 30mA，分断时间不应大于 0.1s | ☐ |
| 配电线路 | 架空线路设在专用电杆上；线路设有短路保护和过载保护 | | | ☐ |
| | 直埋电缆应设电缆走向标志桩；穿越建筑物加套管；沿地面明敷线路应采取防护措施 | | | ☐ |
| 接地保护及防雷保护 | 供用电系统采用的接地型式 | TN-S 系统 ☐　TN-C-S ☐　TT 系统 ☐ | | |
| | TN-S 系统接至电气设备的中性线与保护线必须分开（在工作接地线处）；保护线上严禁装设开关或熔断器 | | | ☐ |
| | TN-C-S 系统在总配电箱处（总配电箱电源侧或总漏电保护器电源侧）应将 PEN 线分离成 N 线和 PE 线 | | | ☐ |
| | TT 系统电气设备外露可导电部分应单独设置接地极，且不应与变压器中性点的接地极相连接；每一回路应装设剩余电流动作保护装置；中性线不得做重复接地 | | | ☐ |
| | 施工现场和临时生活区的高度在 20m 及以上的设施均应设有防雷保护措施 | | | ☐ |
| 施工机具 | I 类移动式电动机具、手持式电动机具使用时应做好接地保护 | | | ☐ |
| | 塔式起重机应做重复接地和防雷接地。轨道接地装置齐全 | | | ☐ |
| | 电焊机的外壳应可靠接地，不得串联接地。电焊机的一次侧的电源电缆长度不宜大于 5m。二次线应采用防水橡皮护套软电缆，电缆长度不应大于 30m | | | ☐ |
| | 夯土机械的操作扶手应可靠绝缘，潜水电动机的电源线应采用防水橡皮护套软电缆 | | | ☐ |
| 办公、生活用电及现场照明 | 自建浴室的供用电设施应符合《民用建筑电气设计规范》（JGJ 16—2008）的相关规定 | | | ☐ |
| | 特低电压照明电源电压不应大于 24V 或 12V，应采用双绕组型安全隔离变压器；严禁使用自耦变压器。安全隔离变压器低压侧不应接地。严禁将行灯变压器带进金属容器或金属管道内使用 | | | ☐ |

续表

| 检查项目 | 检查时间 | |
|---|---|---|
| 特殊环境 | 严禁在潮湿场所直接使用 0 类和 I 类手持式电动工具，应选用 Ⅱ 类或由安全隔离变压器供电的 Ⅲ 类电气设备 | □ |
| 其他问题 | | |
| 检查结论 | □1. 通过　□2. 改进　□3. 整改<br>整改或改进内容如下： | |
| 整改情况 | | |
| 检查验收人 | | |

注　"检查结论"栏可仅选一项，并在选项的"□"内打"√"；其余栏则在"□"内肯定的打"√"、否定的打"×"；缺项的留空不填。

表 2 - 15　　　　　　　　　　供用电设施的管理、运行检查表

| 检查项目 | 检查时间 | |
|---|---|---|
| 供用电管理机构及职责 | 供用电管理机构健全且已设立运行、维修专业班组并明确了职责及管理范围 | □ |
| | 相关人员学习培训了用电、运行、维修等管理制度以及安全操作规程 | □ |
| | 建立了用电安全岗位责任制 | □ |
| 运行及维护人员 | 电工持证上岗 | □ |
| | 运行及维护人员上岗前经过安全教育并有记录 | □ |
| | 对本变电所（配电所）的系统、运行方式及电气设备性能进行了培训学习，并有记录 | □ |
| 工具配置 | 安全工具及防护设施配置齐全 | □ |
| | 安全工具及防护设施定期进行电气性能试验 | □ |
| 日常运行维护 | 应建立供用电设施巡视制度及巡视记录台账 | □ |
| | 剩余电流动作保护器每天使用前应起动试验按钮试跳一次；接地装置、剩余电流动作保护装置应每月检测一次并进行记录 | □ |
| | TT 系统电气设备外露可导电部分应单独设置接地极，且不应与变压器中性点的接地极相连接；每一回路应装设剩余电流动作保护装置；中性线不得做重复接地 | □ |
| | 施工现场和临时生活区的高度在 20m 及以上的设施均应设有防雷保护措施 | □ |
| | 日常运行维护时警示标志设置规范 | □ |
| 供用电设施拆除 | 供用电设施的拆除按已批准的拆除方案进行 | □ |
| | 拆除前，被拆除部分应与带电部分在电器上进行可靠断开、隔离，挂上警示牌，并在被拆除侧挂临时接地线或设接地刀开关 | □ |
| | 拆除临近带电部分的供用电设施时，应有专人监护 | □ |
| 其他问题 | | |
| 检查结论 | □1. 通过　□2. 改进　□3. 整改<br>整改或改进内容如下： | |
| 整改情况回复 | | |
| 检查人 | | |

注　"检查结论"栏可仅选一项，并在选项的"□"内打"√"；其余栏则在"□"内肯定的打"√"、否定的打"×"；缺项的留空不填。

**表 2 - 16**　　　　**外壳防护等级（IP 代码）中的防固体异物进入（第一位数字）**

| 数字 | 防护范围 | 说　明 |
|---|---|---|
| 0 | 无防护 | 对外界的人或物无特殊的防护 |
| 1 | 防止大于 50mm 的固体外物侵入 | 防止人体（如手掌）因意外而接触到电器内部的零件，防止较大尺寸（直径大于 50mm）的外物侵入 |
| 2 | 防止大于 12.5mm 的固体外物侵入 | 防止人的手指接触到电器内部的零件，防止中等尺寸（直径大于 12.5mm）的外物侵入 |
| 3 | 防止大于 2.5mm 的固体外物侵入 | 防止直径或厚度大于 12.5mm 的工具、电线及类似的小型外物侵入而接触到电器内部的零件 |
| 4 | 防止大于 1.0mm 的固体外物侵入 | 防止直径或厚度大于 1.0mm 的工具、电线及类似的小型外物侵入而接触到电器内部的零件 |
| 5 | 防止外物及灰尘 | 完全防止外物侵入，虽不能完全防止灰尘侵入，但灰尘的侵入量不会影响电器的正常运作 |
| 6 | 防止外物及灰尘 | 完全防止外物及灰尘侵入 |

**表 2 - 17**　　　　**外壳防护等级（IP 代码）中的防水进入（第二位数字）**

| 数字 | 防护范围 | 说　明 |
|---|---|---|
| 0 | 无防护 | 对水或湿气无特殊的防护 |
| 1 | 防止水滴侵入 | 垂直落下的水滴（如凝结水）不会对电器造成损坏 |
| 2 | 倾斜 15°时仍可防止水滴侵入 | 当电器由垂直倾斜至 15°时，滴水不会对电器造成损坏 |
| 3 | 防止喷洒的水侵入 | 防雨或防止与垂直的夹角小于 60°的方向所喷洒的水侵入电器而造成损坏 |
| 4 | 防止飞溅的水侵入 | 防止各个方向飞溅而来的水侵入电器而造成损坏 |
| 5 | 防止喷射的水侵入 | 防止来自各个方向飞由喷嘴射出的水侵入电器而造成损坏 |
| 6 | 防止大浪侵入 | 装设于甲板上的电器，可防止因大浪的侵袭而造成的损坏 |
| 7 | 防止浸水时水的侵入 | 电器浸在水中一定时间或水压在一定的标准以下，可确保不因浸水而造成损坏 |
| 8 | 防止沉没时水的侵入 | 电器无限期沉没在指定的水压下，可确保不因浸水而造成损坏 |

**表 2 - 18**　　　　**外壳防护等级（IP 代码）中 IP 防护等级的附加和补充字母**

| 附　加　字　母 | | 补　充　字　母 | |
|---|---|---|---|
| 字母 | 对人身保护的含义 | 字母 | 对设备保护的含义 |
| | 防止人体直接或间接触及带电部分 | | 专门补充的信息 |
| A | 手背 | H | 高压设备 |
| B | 手指 | M | 做防水试验时试样运行 |
| C | 工具 | S | 做防水试验时试样静止 |
| D | 金属线 | W | 气候条件 |

# §2.6  施工现场消防安全技术

施工现场消防安全管理的目的是防止和减少建设工程施工现场的火灾危害,保护人身和财产安全。建设工程施工现场的防火必须遵循国家有关方针、政策、规范、标准,必须针对不同施工现场的火灾特点立足自防自救,采取可靠的防火措施并做到"安全可靠、经济适用、方便有效"。

## 2.6.1  施工现场消防安全布局要求

施工现场消防安全应从总平面布局着手,施工现场总平面布局应合理确定相应的临建设施位置(包括施工现场的围墙、围挡和出入口,场内临时道路;给水管网或管路和配电线路的敷设或架设走向、高度;施工现场办公用房、生活用房、生产用房、材料堆场及库房、可燃及易燃易爆物品存放场所、加工场、固定动火作业场、主要施工设备存放区等;临时消防车道和消防水源)。施工现场宜设置两个或两个以上出入口以满足人员疏散和消防车通行的要求(受施工现场条件限制而只能设置一个出入口时则应在场内设置满足消防车通行的环形道路或回车场地),施工现场周边道路能满足消防车通行及灭火救援要求时其施工现场出入口至少应满足人员疏散要求。施工现场办公、生活、生产、物料存储等功能区宜相对独立布置并应保持足够的防火距离。固定动火作业场不宜布置在办公用房、宿舍、可燃材料堆场和易燃易爆物品存放库房常年主导风向的上风侧。易燃易爆物品应按其种类、性质分别设专用存放库房(库房应设置在远离火源、固定动火作业场、疏散通道及人员和建筑物相对集中的避风处)。宿舍、锅炉房和食物制作间不应设置于在建工程内,可燃、易燃易爆物品存放场所禁止布置在高压线下。

(1)施工现场防火间距应满足要求。临建设施的布置应考虑防火、灭火及人员疏散的要求,临建设施与在建工程的防火间距应不小于表2-19中的规定,施工现场主要临建设施相互间的防火间距不应小于表2-20中的规定,当宿舍及办公用房成组布置时其防火间距可适当减小但应符合以下三条要求,即每组建筑的栋数不应超过10栋且组与组之间的防火间距应不小于7m;组内宿舍之间及办公用房之间的防火间距应不小于3.5m;当层数不超过两层且外墙采用实体墙时其防火间距可减少到3m。可燃材料露天堆放时应按其种类分别堆放,可燃材料宜成垛堆放,垛高不应超过2m,单垛体积不应超过50m³,垛与垛之间的最小间距不应小于2m。

表 2-19                            临建设施与在建工程的最小防火间距                          (单位:mm)

| 名    称 | | 临  建  设  施 | | | | | | |
| --- | --- | --- | --- | --- | --- | --- | --- | --- |
| | | 办公用房、宿舍 | 食物制作间、锅炉房 | 发电机房、变配电房 | 可燃材料库房 | 可燃材料堆场及其加工场 | 固定动火作业场 | 易燃易爆物品库房 |
| 在建工程 | 高度不大于24m | 5 | 10 | 5 | 5 | 7 | 10 | 10 |
| | 高度大于24m | 7 | 15 | 7 | 7 | 10 | 15 | 15 |

表 2 - 20　　　　　　施工现场主要临建设施相互间的最小防火间距　　　（单位：m）

| 临建设施 | 办公用房、宿舍 | 食物制作间、锅炉房 | 发电机房、变配电房 | 可燃材料库房 | 可燃材料堆场及其加工场 | 固定动火作业场 | 易燃易爆物品库房 |
|---|---|---|---|---|---|---|---|
| 办公用房、宿舍 | 4 | 4 | 4 | 4 | 6 | 7 | 10 |
| 食物制作间、锅炉房 | — | — | 5 | 5 | 7 | 7 | 15 |
| 发电机房、变配电房 | — | — | — | 4 | 5 | 7 | 10 |
| 可燃材料库房 | — | — | — | — | 4 | 5 | 10 |
| 可燃材料堆场及其加工场 | — | — | — | — | — | 10 | 7 |
| 固定动火作业场 | — | — | — | — | — | — | 15 |
| 易燃、易爆物品库房 | | | | | | | 20 |

（2）施工现场消防车道应满足要求。施工现场内应设置临时消防车道，若施工现场周边道路满足消防车通行及灭火救援要求时则可不设置临时消防车道。有些建筑应设置环形临时消防车道，确有困难时可在其长边一侧设置临时消防救援场地，这些建筑包括建筑高度大于24m 的在建工程；建筑高度小于等于 24m 但占地面积大于 3000m² 的在建工程（单体）；栋数超过 10 栋且成组布置的宿舍和办公用房。消防救援作业场地的宽度应不小于 4m（与在建工程外脚手架的净距不宜超过 5m）。消防车道设置应符合规定，即消防车道应满足消防车接近在建工程、办公用房、生活用房和可燃、易燃物品存放区的要求；消防车道的净宽和净空高度应分别不小于 4m；消防车道宜设置成环形，若设置环形车道确有困难则应在施工现场设置尺寸不小于 15m×15m 的回车场；消防车道的右侧应设置消防车行进路线指示标志。

（3）施工现场临建设施应满足消防要求。办公用房、宿舍的防火设计应符合相关规定，即层数不应超过 3 层且每层建筑面积应不大于 300m²；办公用房建筑构件的燃烧性能应不低于 B2 级，宿舍建筑构件的燃烧性能应不低于 B1 级；层数为 3 层或每层建筑面积大于 200m² 时其疏散楼梯数量应不少于两部，且房间疏散至疏散楼梯的最大疏散距离应不大于 25m，楼梯的净宽应不小于 1.1m。食物制作间、锅炉房、可燃材料库房和易燃易爆物品库房等生产性用房应为一层且建筑面积应不大于 300m²，其建筑构件的燃烧性能应为 A 级。临时建筑房间内最远点至最近疏散门的距离应不大于 15m，门应朝疏散方向开启，房门净宽应不小于 0.9m，房间建筑面积超过 50m² 时其房门净宽应不小于 1.2m，临时建筑走道一侧布置房间时的走道净宽度应不小于 1.1m，两侧均布置房间时应不小于 1.5m。当宿舍采用难燃材料、办公用房采用难燃和可燃材料建造时应每隔 30m 采用耐火极限不低于 0.5h 的不燃材料进行防火分隔，宿舍房间的隔墙应从楼地面基层隔断至顶板底面基层。

（4）在建工程的安全疏散应满足消防要求。在建工程应设置临时疏散通道，临时疏散通道可利用在建工程结构已完成的水平结构、建筑楼梯，也可采用不燃及难燃材料制作的其他临时疏散设施，房屋建筑作业位置距疏散通道出入口的最大疏散距离应不大于 30m。疏散通道的设置应符合相关规定，即疏散通道的耐火极限应不低于 0.5h；室内疏散走道、楼梯的最小净宽应不小于 0.9m，疏散爬梯、斜道的最小净宽应不小于 0.6m，室外疏散道路宽度应不小于 1.5m；疏散通道为坡道时应修建楼梯、台阶踏步或设置防滑条，疏散通道为爬梯时应有可靠的固定措施；疏散通道的侧面为临空面时必须沿临空面设置高度不小于 1.5m 的防护栏杆；疏散通道出口 1.4m 范围内不应设置台阶或其他影响人员正常疏散的障碍物；疏散通道出口不宜设置大门，确需设置大门时应保证火灾时不需使用钥匙等任何工具即能从内部打开且门应向疏散方向开启；疏散通道应设置明显的疏散指示标识；疏散通道应设有夜间照明，无天然采光的疏散通道应增设人工照明设施，无天然采光的场所及高度超过 50m 的在建工程的疏散通道照明应配备应急电源。在建工程的疏散通道应与同层水平结构同期施工。若在建工程的疏散通道搭设在外脚手架上则外脚手架应采用不燃材料搭设。在建工程的作业位置应设置明显疏散指示标志，其指示方向应指向最近的疏散通道入口，中央疏散指示标志应标示双向指示方向。建筑装饰装修阶段应在作业层的醒目位置设置安全疏散示意图。

## 2.6.2 施工现场消防设施要求

(1) 消防设施应满足要求。工程开工前应对施工现场的临时消防设施进行设计，临时消防设施应包括灭火器、临时消防给水系统和临时消防应急照明等，施工现场应合理利用已施工完毕的在建工程永久性消防设施兼作施工现场的临时消防设施。临时消防设施的设置宜与在建工程结构施工保持同步，对房屋建筑而言其与主体结构工程施工进度的差距应不超过 3 层。隧道内的作业场所应配备防毒面具，其数量应不少于预案中确定的需进入隧道内进行灭火救援的人数。灭火器设置应满足要求，施工现场的相关场所应配置灭火器（如可燃易燃物存放及其使用场所；动火作业场所；自备发电机房、配电房等设备用房；施工现场办公、生活用房；其他具有火灾危险的场所）。灭火器配置应符合相关要求，即灭火器的类型应与配备场所的可能火灾类型相匹配；灭火器的最低配置标准应符合表 2-21 中的规定；每个部位配置的灭火器数量应不少于两具且其灭火器的最大保护距离应符合表 2-22 中的规定。施工现场因无水源而未设置临时消防给水系统时则每个部位配置的灭火器数量应不少于 3 具且单位灭火级别最大保护面积应不大于表 2-21 规定的 2/3。

表 2-21　　　　　　　　　　　　　灭火器的最低配置标准

| 项　　目 | | 易燃易爆物存放及使用场所 | 动火作业场所 | 可燃物存放及使用场所 | 自备发电机房、配电房等设备用房 | 施工现场办公、生活用房 |
|---|---|---|---|---|---|---|
| 固体物质火灾 | 单具灭火器的最小灭火级别 | 3A | 3A | 2A | 1A | 1A |
| | 单位灭火级别的最大保护面积/（m²/A） | 50 | 50 | 75 | 100 | 100 |

续表

| 项　目 | | 易燃易爆物存放及使用场所 | 动火作业场所 | 可燃物存放及使用场所 | 自备发电机房、配电房等设备用房 | 施工现场办公、生活用房 |
|---|---|---|---|---|---|---|
| 液体或气体火灾 | 单具灭火器最小灭火级别 | 89B | 89B | 55B | 21B | 21B |
| | 单位灭火级别最大保护面积/（m²/B） | 0.5 | 0.5 | 1.0 | 1.5 | 1.5 |
| 带电火灾 | 单具灭火器最小灭火级别 | 3A 或 89B | | 2A 或 55B | 1A 或 21B | |
| | 单位灭火级别最大保护面积 | 50m²/A 或 0.5m²/B | | 75m²/A 或 1.0m²/B | 100m²/A 或 1.5m²/B | |

**表 2 - 22　　　　　　　　　灭火器的最大保护距离　　　　　　　　　（单位：m）**

| 灭火器配置场所 | 固体物质火灾 | 液体或气体类火灾 | 带电火灾 |
|---|---|---|---|
| 易燃易爆物存放及使用场所 | 15 | 9 | 9 |
| 动火作业场所 | 15 | 9 | 9 |
| 可燃物存放及使用场所 | 20 | 12 | 12 |
| 自备发电机房、配电房等设备用房 | 25 | 15 | 15 |
| 施工现场办公、生活用房 | 25 | 15 | 15 |

（2）消防给水系统应满足要求。施工现场或其附近应有稳定、可靠的水源并应能满足施工现场临时生产、生活和消防用水需要。临时消防水源可采用市政给水管网或天然水源，采用天然水源时应有可靠措施确保冰冻季节、枯水期最低水位时顺利取水及消防用水量要求，施工现场消防用水量为临时室外消防用水量与临时室内消防用水量之和。施工现场临时建筑面积大于 3000m² 或在建工程体积大于 20 000m³ 时应设置临时室外消防给水系统，若施工现场全部处于市政消火栓的 150m 保护范围内且市政消火栓的数量能满足室外消防用水量要求则可不设置临时室外消防给水系统。室外消防用水量应按临建区和在建工程临时室外消防用水量的较大者确定，火灾次数可按同时发生一次考虑，施工现场未设置临时办公、生活设施的可不考虑临建区的消防用水问题。临建区的临时室外消防用水量应不小于表 2 - 23 中的规定，在建工程的临时室外消防用水量不应小于表 2 - 24 中的规定。施工现场的临时室外消防给水系统设计应符合相关要求，即给水管网宜布置成环状；临时室外消防给水主干管的直径应不小于 DN100mm；给水管网末端压力应不小于 0.2MPa；室外消火栓沿在建工程、办公与生活用房和可燃、易燃物存放区布置时其距在建工程用地红线或临时建筑外边线应不小于 5.0m；消火栓的间距应不大于 120m；消火栓的最大保护距离应不大于 150m。建筑高度大于 24m 或在建工程（单体）体积超过 30 000m³ 的在建工程施工现场应设置临时室内消防给水系统。在建工程的临时室内消防用水量不应小于表 2 - 25 中的规定。

表 2-23　　　　　　　　　　临建区的临时室外消防用水量

| 临建区面积 | 火灾延续时间/h | 单位时间灭火用水量/(L/s) |
|---|---|---|
| 临时建筑面积≤5000m² | 1 | 10 |
| 5000m²<临时建筑面积≤10 000m² | 1 | 15 |
| 临建区占地面积>10 000m² | 1 | 20 |

表 2-24　　　　　　　　　　在建工程的临时室外消防用水量

| 在建工程（单体） | 火灾延续时间/h | 单位时间灭火用水量/(L/s) |
|---|---|---|
| 在建工程体积≤30 000m³ | 2 | 20 |
| 30 000m³<在建工程体积≤50 000m³ | 2 | 25 |
| 在建工程体积>50 000m³ | 3 | 30 |

表 2-25　　　　　　　　　　在建工程的临时室内消防用水量

| 在建工程（单体） | 火灾延续时间/h | 单位时间灭火用水量/(L/s) |
|---|---|---|
| 在建工程体积≤50 000m³ | 2 | 20 |
| 50 000m³<在建工程体积≤100 000m³ | 2 | 30 |
| 在建工程体积>100 000m³ | 3 | 40 |

临时室内消防给水系统设计应满足相关要求，消防竖管的设置位置应便于消防人员取水和操作且其数量不宜少于两根；消防竖管的管径应根据消防用水量、竖管给水压力或流速计算确定，消防竖管的给水压力应不小于 0.2MPa、流量应不小于 10L/s；严寒地区可采用干式消防竖管，竖管应在首层靠出口部位设置并应便于消防车供水，竖管应设置消防栓快速接口和止回阀，最高处应设置自动排气阀。应设置室内临时室内消防给水系统的在建工程其各结构层均应设置室内消火栓快速接口及消防软管接口，并应满足相关要求，其消火栓快速接口及软管接口应设置在明显且易于操作的部位；在消火栓快速接口的前端应设置快速切断阀；消防快速接口或软管接口间的距离应不大于 50m；软管长度应不小于 25m。建筑高度超过 100m 的在建工程应增设楼层高位水箱及高位消防水泵，楼层高位水箱的有效容积应不少于 6m³ 且其上、下两个高位水箱的高度差应不超过 100m。当外部消防水源不能满足施工现场临时消防用水要求时应在施工现场设置临时消防水池，临时消防水池宜设置在便于消防车取水的部位且其有效容积应不小于施工现场火灾延续时间内一次灭火的全部消防用水量。当消防水源的给水压力不能满足消防给水管网压力要求时应设置消防水泵，消防水泵应按"一用一备"要求配置。隧道内临时消防给水系统的设置应符合相关要求，消防给水主管宜顺隧道纵向敷设且其管径应不小于 DN65mm；给水管网的末端压力应不小于 0.1MPa；临时消防给水点的间距应不大于 50m；隧道出入口应设置消防水泵接合器、消火栓。施工现场临时消防给水系统可与施工现场生产、生活给水系统合并设置，但应保证施工现场生产、生活用水达到最大小时用水量时仍能满足全部消防用水量。当不能满足上述要求时则应设置将施工现场生产、生活用水转为消防用水的应急阀门。生产、生活用水转为消防用水的应急阀门应不

超过两个，阀门应设置在易于操作的场所并应有明显标志。装饰装修区域（或部位）的在建工程永久性消防给水系统应能在装饰装修阶段临时投入使用。

（3）消防电气设计应满足相关要求。施工现场的取水泵和消防水泵应采用专用配电线路，专用配电线路应自施工现场总配电箱的总断路器上端接入并应保持连续不间断供电。施工现场的关键场所应配备临时应急照明且其照度值应不低于正常工作所需照度值，这些场所包括自备发电机房、变配电房、取水泵房、消防水泵房以及发生火灾时仍需坚持工作的其他场所。临时消防应急照明灯具宜选用自带蓄电池的应急照明灯具且蓄电池的连续供电时间应不小于 60min。隧道内的照明灯具应沿隧道一侧设置且其高度不宜低于 2m、间距不应大于 30m、地面的水平照度值不应小于 0.5lx。

## 2.6.3　施工现场消防管理要求

（1）施工现场作业防火应满足相关要求。在建工程所用保温、防水、装饰、防火材料的燃烧性能应符合设计要求。在建工程的外脚手架、支模架、操作架、防护架的架体宜采用不燃或难燃材料搭设。施工作业安排时宜将动火作业安排在使用可燃、易燃建筑材料的施工作业之前，施工现场动火作业应履行审批手续，具有爆炸危险的场所禁止动火作业。

（2）施工现场用火、用电、用气应遵守相关规定。采用可燃保温、防水材料进行保温、防水施工时应组织分段流水施工并及时隐蔽，严禁在裸露的可燃保温、防水材料上直接进行动火作业。室内使用油漆、有机溶剂或可能产生可燃气体的物品时应保持室内良好通风且严禁动火作业和吸烟。施工现场调配油漆、稀料、醇酸清漆等危险作业应在在建工程之外的安全地点进行。

施工现场的动火作业应遵守相关规定，动火作业前应对动火作业点进行封闭、隔离，或对动火作业点附近的可燃、易燃建筑材料采取清除或覆盖、隐蔽措施；动火作业时应按规定配置灭火器，在可燃、易燃物品附近动火作业时还应设专人监护；五级（含五级）以上风力时应停止室外动火作业；动火作业后应确认无火灾隐患。

施工现场的电气线路敷设应遵守相关规定，施工现场的动力和照明线路必须分开设置且其配电线路及电气设备应设置过载保护装置；严禁使用陈旧老化、破损、线芯裸露的导线；采用暗敷设时应敷设在不燃烧体结构内且其保护层厚度不宜小于 30mm，若采用明敷设则应穿金属管、阻燃套管或封闭式阻燃线槽。当采用绝缘或护套为非延燃性的电缆时可直接明敷；严禁不按操作规程和要求敷设或连接电气线路且严禁超负荷使用电气设备。施工现场照明灯具的设置应满足相关要求，易燃材料存放库房内不宜使用功率大于 40W 的热辐射照明灯具；可燃材料存放库房内不宜使用功率大于 60W 的热辐射照明灯具；其他临时建筑内不宜使用功率大于 100W 的热辐射照明灯具和功率大于 3kW 的电气设备；热辐射照明灯具与可燃、易燃材料的距离应不小于表 2-26 中的规定。

施工现场用气应遵守相关规定，易燃易爆气体的输送和盛装应采用专用管道、气瓶，专用管道、气瓶及其附件应符合国家相关标准的要求；气瓶应分类专库储存且库房内应阴凉通风；气瓶入库时应对气瓶的外观、漆色、标志、附件进行全面检查并做好记录；气瓶存放时应保持直立状态并应有可靠的防倾倒措施，空瓶和实瓶同库存放时应分开放置且两者的间距应不小于1.5m；气瓶运输、使用过程中严禁碰撞、敲打、抛掷、溜坡或滚动，并应远离火源和采取避免高温和防止曝晒的措施；瓶装气体使用前应先检查气瓶的阀门、气门嘴、连接气路的气密性，应采取避免气体泄漏的措施；氧气瓶与乙炔瓶的工作间距应不小于5m，气瓶与明火作业的距离不应小于10m；气瓶内的气体严禁用完，瓶内剩余气体的压力应不少于0.1MPa。

表2-26　　　　　　　热辐射照明灯具与可燃、易燃材料的距离　　　　　　（单位：m）

| 照明灯功率 | 热辐射照明灯具与可燃材料的距离 | 热辐射照明灯具与易燃材料的距离 |
|---|---|---|
| <1000W | 0.5 | 1.0 |
| ≥1000W | 1.5 | 3.0 |

（3）应重视消防安全管理工作。施工现场防火应统一管理，实行工程总承包的项目应由总承包单位负责施工现场的防火；未实行工程总承包的项目应由建设单位负责施工现场的防火。施工现场的其他单位应承担合同约定的防火责任和义务。监理单位应负责对施工现场防火实施全程监理。施工现场的防火责任单位应制定施工现场的消防安全管理办法并应落实相关消防安全生产责任制度。施工过程中的施工现场安全管理人员应对施工现场的消防安全管理工作和消防安全状况进行检查。

（4）应重视消防安全技术管理工作，施工单位应编制施工现场消防安全管理方案，消防安全管理方案可以是施工组织设计的一部分，但至少应包括以下五方面内容，即重大火灾危险源辨识，施工现场消防管理组织及人员配备，施工现场临时消防设施及疏散设施的配备，施工现场防火技术方案和措施，施工现场临时消防设施布置图。施工单位应针对重大火灾危险源编制消防应急预案，应急预案至少应包括五方面内容，即应急策划或对策；应急准备；应急响应；现场恢复；预案管理与评审改进。

施工人员进场时，施工现场的安全管理员应向施工人员进行消防安全教育和培训，消防安全教育和培训应包括以下四方面内容，即施工现场消防安全管理制度；施工现场重大火灾危险源及主要防火措施；施工现场临时消防设施的性能及使用、维护方法；报火警、扑救初起火灾及自救逃生的知识和技能。

安全技术交底应包括与消防有关的以下四方面内容，即施工过程中可能发生火灾的部位或环节；施工过程配备的临时消防设施及采取的防火措施；初起火灾的扑灭方法及注意事项；逃生方法及路线。施工现场防火责任单位应做好并保存施工现场消防安全管理的相关记录和资料，应建立消防安全管理档案。易燃易爆物应按计划限量进场并按不同性质分类、专库储存，施工单位应做好施工现场临时消防设施的日常保养及定期维护工作，对已失效或损坏的消防设施应及时更换或修复，严禁占用、堵塞和损坏安全疏散通道和安全出口，严禁随意遮挡和挪动疏散指示标志。施工现场的重点防火部位应设置防火警示标志，施工现场应设置固定吸烟处并禁止在固定吸烟处之外的场所吸烟。施工现场不应用明火取暖。

# §2.7　高处作业施工安全技术

施工高处作业是级别最高的风险源之一，施工高处作业应贯彻"安全第一、预防为主"

的安全生产方针，并做到"防护要求明确、技术措施合理和经济适用"。工业与民用房屋建筑及一般构筑物施工时的高处作业以及各类洞、坑、沟、槽等工程的高处作业应时刻关注临边、洞口、攀登、悬空、操作平台、交叉及施工安全网搭设等作业安全。高处作业应遵守《高处作业分级》（GB 3608—2008）的规定，即高处作业是指凡在坠落高度基准面 2m 以上（含 2m）有可能坠落的高处进行的作业。高处作业时应遵守我国现行有关高处作业及相关安全技术标准的规定。

## ▌2.7.1 临边作业安全防护

（1）临边作业必须设置防护设施并应符合相关要求。基坑、基槽周边，尚未安装栏杆或栏板的阳台、料台与悬挑平台周边，雨篷与挑檐边，外侧无脚手架的屋面与楼层周边，屋面水箱或水塔周边等处必须设置防护栏杆并应采用立网封闭；分层施工的楼梯口和梯段边必须安装临时防护栏杆且其外设楼梯口和梯段边还应采用立网封闭，顶层楼梯口应随工程结构进度安装临时或正式防护栏杆；施工升降机、井架物料提升机（龙门架、井架）及脚手架等与建筑物间接料平台通道的两侧边必须设置防护栏杆、踢脚板，并用密目式安全立网封闭，接料平台口还应设置高度不低于 1.8m 的安全门或活动防护栏杆；双笼井架物料提升机通道中间应予以分隔封闭。

（2）临边防护栏杆杆件规格及连接要求应符合相关要求。采用毛竹作为防护栏杆杆件时的横杆杆件最小有效直径应不小于 70mm（栏杆柱杆件最小有效直径应不小于 80mm）且应采用不小于 16 号的镀锌铁丝进行绑扎连接（有效承载圈数应不少于 3 圈，绑扎后应牢固紧密且无泻滑现象）；采用原木作防护栏杆杆件时的横杆上杆最小有效直径应不小于 70mm（下杆杆件的最小有效直径应不小于 60mm，栏杆柱杆件最小有效直径应不小于 75mm）并应采用相应长度铁钉进行连接，或用不小于 12 号的镀锌铁丝进行绑扎连接，绑扎时有效承载圈数应不少于 3 圈，绑扎后应牢固紧密且无泻滑现象；采用钢筋作防护栏杆杆件时的横杆上杆直径应不小于 16mm，下杆直径应不小于 14mm，栏杆柱直径应不小于 18mm，且应采用焊接方式进行固定连接；采用脚手架钢管作防护栏杆杆件时的横杆及栏杆柱均应采用 $\phi48mm \times 3.5mm$ 或 $\phi51mm \times 3.0mm$ 的管材并以扣件、焊接、定型套等方式进行固定连接；采用其他钢材作防护栏杆杆件时应选用强度相当的规格并应以螺栓、销轴或焊接等方式进行固定连接。

（3）临边防护栏杆的构造应符合相关要求。防护栏杆应由上、下两道横杆及栏杆柱组成［上杆离地高度为 1.2m，下杆离地高度为 0.5～0.6m。当需要加设中横杆时，其中杆离地高度应为 0.7m，下杆离地高度为 0.2m。除经设计计算外，横杆长度大于 2m 时必须加设栏杆柱。坡度大于 1:2.2 的斜面（屋面）的防护栏杆高度应为 1.5m 并应加挂安全立网。采用密目式安全立网进行全封闭时需加设密目网的支撑固定杆件，支撑固定杆件应由上、下两道横杆及栏杆柱组成，上杆离地高度为 1.8m，下杆离地高度不大于 10mm，密目网不得绑扎在防护栏杆上］。工具式防护栏的上杆离地高度不小于 1.2m，下杆离地高度不大于 10mm，栏面栅栏间距不大于 15mm，采用孔眼栏面时其孔眼应不大于 25mm（栏面强度应与防护栏杆同面积强度等强度设计）。栏杆柱的固定应符合相关要求。在基坑四周固定时应采用预埋或打入地面方式，深度为 500～700mm，栏杆柱离基坑边口的距离应不小于 500mm，基坑周边采用板桩时钢管可打在板桩外侧；在混凝土楼面、地面、屋面或墙面固定时可用预埋件与钢管或钢筋焊接牢固，采用竹、木栏杆时可在预埋件上焊接 300mm 长的∟50×5 角钢，其上、下应各钻一孔，然后用 10mm 螺栓与竹、木杆件连接牢固；在砖或砌块等砌体上固定时可预先砌入规格相适应的 80mm×60mm 弯转后的扁钢做预埋件的混凝土块，然后用前述方法固定；栏杆柱的固定及其与横杆连接的整体构造应使防护栏杆在上杆任何处均能经受任何方向的 1kN 外力，当栏杆所处位置有发生人群拥挤、车辆冲击或物件碰撞等可能时应加大横杆截面或加密柱距；防护栏杆必须用安全立网封闭，或在栏杆下边设置严密固定的、高度不低于 180mm 的挡脚板或 400mm 的挡脚笆，挡脚板与挡脚笆上如有孔眼则其孔眼应不大于 25mm，板或笆下边距离底面的空隙应不大于 10mm；接料平台两侧的栏杆应采用密目式安全立网或一般安全立网封闭或满扎竹笆（或采用强度不低于上述材料的其他材料封闭）。

## 2.7.2　洞口作业安全防护

进行洞口作业以及在因工程和工序需要而产生的会使人与物有坠落危险或危及人身安全的其他洞口进行高处作业时必须按规定设置防护设施，即板与墙的洞口必须设置牢固的盖板、防护栏杆、安全网或其他防坠落的防护设施；电梯井口必须设置工具化、定型化的防护栏杆或固定栅门，防护门高度应不小于 1.8m，门离地高度不大于 50mm；各种桩孔上口或杯形（条形）基础（深度超过 2m）的上口、人孔、天窗、地板门以及未填土的坑（槽）等处均应按洞口防护要求设置稳固的盖件或防护栏杆；施工现场通道附近的各类洞口与坑、槽等处除应设置防护设施与安全标志外，其夜间均应设置警示灯。

洞口根据具体情况采取设置防护栏杆、加盖件、张挂安全网与装栅门等措施时必须遵守相关规定。楼板、屋面和平台等平面上短边尺寸小于 250mm 但大于 25mm 的孔口必须用坚实的盖板盖没，盖板应有固定其位置的措施；楼板面等处边长为 250～500mm 的洞口、安装预制构件时的洞口以及缺件临时形成的洞口可用竹、木等材料作盖板以盖住洞口，盖板须能保持四周搁置均衡并有固定其位置的措施；边长为 500～1500mm 的洞口应设置以钢管及扣件组合而成的钢管网格且网格间距不得大于 250mm。也可采用贯穿于混凝土板内的钢筋构成防护网，网格间距不得大于 200mm 并应在其上满铺竹笆或脚手板，如图 2-4 所示；边长在 1500mm 以上的洞口的四周必须设防护栏杆并用密目网封挡，洞口应用平网或竹笆、脚手板封闭，如图 2-5 所示；垃圾井道、烟道、管笼井等砌筑或安装前应参照预留洞口做好防护工作，施工时除按前款处理外还应加设明显的安全标志；边长不大于 500mm 的洞口所加盖板应能承受 1kN/m² 的荷载，位于车辆行驶道旁的洞口、深沟与管道坑、槽所加盖板应能承受不小于当地额定卡车后轮有效承载力两倍的荷载；墙面等处的竖向洞口应合理防护，凡落地的洞口应加装开关式、工具式或固定式的防护门，门扇网格的横向间距应不大于 150mm。也可采用防护栏杆，下设挡脚板或笆；下边沿至楼板或底面低于 800mm 的窗台等竖向洞口在侧边落差大于 2m 时应加设 1.2m 高的临时护栏；对邻近的人与物有坠落危险的、其他竖向的孔、洞口均应予以盖没或加以防护，并应有固定其位置的措施。

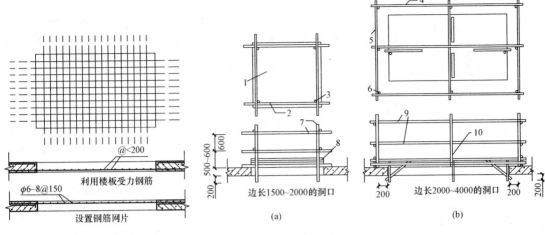

图2-4　混凝土板内的钢筋构成防护网

图 2-5　洞口四周设防护栏杆

1—张挂安全网；2、5—横杆；3、6、10—栏杆柱；

4—下设挡脚板；7—防护栏杆；8—挡脚板；9—上杆

## 2.7.3　攀登与悬空作业安全防护

（1）进行攀登与悬空作业的施工作业人员应按《建筑施工特种作业人员管理规定》（建质〔2008〕75号）有关规定取得资格证书。进行攀登与悬空前应按规定检查安全防护用品并应按现行标准规定合理选用与所进行的高处作业相适应的安全带，作业前应系好安全带并扣好保险钩，安全带应挂在单独设置的安全绳上，安全绳上端固定应牢固可靠，使用时安全绳应基本保持垂直于地面，作业人员身后余绳不得超过1m，承重绳和安全绳与墙面的接触点必须有防摩擦措施，无特殊安全措施时禁止两人同时使用一条安全绳。攀登与悬空作业人员使用的工具及安装用的零部件应放入工具袋内，手持工具应用系绳挂在身上。

（2）攀登作业应遵守相关规定。在施工组织设计中应确定用于现场施工的登高和攀登设施，现场登高应借助建筑结构或脚手架上的登高设施，也可采用载人的竖向运输设备，进行攀登作业时可使用梯子或其他攀登设施。结构柱、梁和行车梁等构件吊装所需的直爬梯、拉攀件等攀登设施、器件应在构件施工图或说明内做出规定。

攀登的用具在结构构造上必须牢固可靠，供人上下的踏板其使用荷载应不大于1.1kN（当梯面上有特殊作业且其重量超过上述荷载时应按实际情况加以验算）。移动式梯子使用前均应按现行国家标准验收其质量，在使用中需经常进行检查和保养。直梯脚底部应坚实牢固（不得垫高使用），梯子的上端应有固定措施，直梯工作角度以75°±5°为宜，且其踏板上下间距应以300mm为宜（不得有缺档）。折梯应采用金属材料或木制品制作（禁止采用竹制品），折梯使用应符合《便携式木折梯安全要求》（GB 7059—2007）的规定。固定式直梯应采用金属材料制作并符合《固定式钢梯及平台安全要求　第1部分：钢直梯》（GB 4053.1—2009）的规定，使用固定式直梯进行攀登作业时的攀登高度以5m为宜（超过2m时宜加设护笼，超过8m时必须设置梯间休息平台）。

临时直爬梯高度超过2m时应加设防护笼（圈），无法设置时应在爬梯一侧悬挂上下固

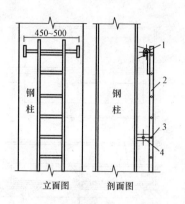

图 2-6　钢柱登高挂梯

1—连接钢梯，规格 $\phi 22$；

2—扁钢，规格 $-60 \times 8$；

3—圆钢，规格 $\phi 15@350-400$；

4—固定钢挂梯用钢柱连接板

定的钢丝绳，操作人员上下时应正确使用防坠落的攀登挂钩。作业人员应从规定的通道上下通行，不得在阳台之间等非规定通道进行攀登通行，也不得任意利用施工机械的臂架设备进行攀登。上下梯子时必须面向梯子且不得手持器物。钢柱安装登高时应使用钢挂梯（图 2-6）或设置在钢柱上的爬梯。

钢柱的接柱应使用操作平台，无电焊防风要求时其操作台的防护栏杆高度不宜小于 1.2m，有电焊防风要求时其操作台的防护栏杆高度不宜小于 1.8m，如图 2-7 所示。登高安装钢梁时应视钢梁高度在两端设置挂梯或搭设钢管脚手架（图 2-8）。需要利用钢梁作为水平通道时其钢梁一侧必须设置连续的水平护栏，采用钢索时，钢索的一端必须采用花篮螺栓收紧。采用扶手绳时，绳的自然下垂度不应大于 $l/20$，并应控制在 100mm 以内，$l$ 为绳的长度，如

图 2-9 所示。在操作时应将安全带挂于安全缆绳上。钢结构工程及深基坑施工若水平方向需要通行时可沿梁的方向用钢管脚手架设置水平通道，水平通道应满足强度要求，其两侧必须设置防护栏杆并采用立网封闭。深基坑（沟、槽、孔）作业时应使用梯子或搭设斜道上下，禁止沿孔壁、固壁支撑或乘运土工具上下。钢屋架安装施工中在屋架上下弦登高操作时对三角形屋架应在屋脊处（梯形屋架应在两端）设置攀登时上下的梯架（踏步间距不应大于 400mm）。

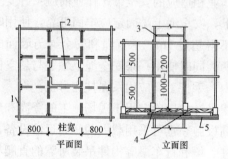

图 2-7　钢柱接柱用操作平台

1—扣管钢管，规格 $48 \times 35$；2—钢柱；

3—接柱位置；4—夹箍螺栓；5—槽钢，规格 [12

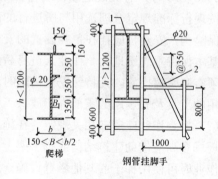

图 2-8　钢梁登高设施

1—型钢；2—钢管，规格 $\phi 48 \times 35@2000$

（3）悬空作业应遵守相关规定。悬空作业处应有牢靠的立足处且必须视具体情况配置防护栏网、栏杆或其他安全设施。悬空作业时使用的高凳、金属支架等应平稳牢固且其宽度不得少于两块（500mm）脚手板。

（4）构件吊装、网架安装和管道安装时的悬空作业必须按规定进行。钢结构吊装时应在梁下 2m 处设置安全网，构件应尽可能在地面组装并应将在高空进行临时定位、焊接、高强螺栓连接等工序操作

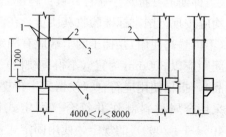

图 2-9　梁面临时护栏

1—垫块；2—花篮螺栓；3—钢索或麻绳；4—梁

的安全设施随构件同时上吊就位，拆卸时的安全措施也应一并考虑和落实。钢结构网架施工应尽可能采用"地面拼装、整体吊装"方法，地面拼装胎架必须搭设牢靠并应有防止坍塌、倒塌的措施，登高操作平台应有防高处坠落的措施，采用高处散装时应搭设满堂脚手操作台。高处散装网架安装完成后应有整体卸载施工方案或措施，应确保临时支承点的荷载转换到结构支承点上，应防止网架变形和失稳。高空吊装预应力钢筋混凝土屋架、桁架等大型构件前应搭设悬空作业时所需的安全设施，每次吊装前应对操作平台进行检查。悬空安装大模板、吊装第一块预制构件、吊装单独的大中型预制构件时必须站在操作平台上操作，吊装中的大模板和预制构件以及石棉水泥板等屋面板上严禁站人和行走。钢屋架吊装以前应在上弦设置防护栏杆，并应在下弦挂设安全网，吊装完毕后即应将安全网铺设固定。安装管道时必须以已完成结构或操作平台为立足点，严禁在安装中的管道上站立和行走。

（5）屋面、阳台悬空作业必须按规定进行。在坡度大于 1：2.2 的屋面作业时应采取防滑措施，无外脚手架施工时除应按临边作业设置防护栏杆还应在屋檐下方设置安全网。在石棉瓦等轻型屋面上作业必须搭设临时走道板，禁止在瓦面上行走，在轻型屋面上安装压型板等应在屋架下弦支设水平安全网或搭设脚手架。钉房檐板应站在脚手架上，禁止在屋面上操作。阳台作业时严禁在脚手架防护栏杆或阳台栏杆上操作。

（6）模板支撑和拆卸时的悬空作业必须按规定进行。支模应按规定作业程序进行，模板未固定前不得进行下一道工序，严禁在连接件、支撑件和梁模板上攀登上下，严禁在上下同一铅直面上装、拆模，结构复杂模板的装、拆应严格按照施工组织设计的措施进行。支设高度在 3m 以上的柱模板时其四周应设斜撑并应设立操作平台，低于 3m 的可使用马凳操作。支设悬挑形式的模板时应有稳固的立足点，支设临空构筑物模板时应搭设支架或脚手架，模板上有预留洞时应在安装后将洞口盖没，混凝土板上拆模后形成的临边或洞口应按规定进行防护。支设梁模板应搭设操作平台，禁止站立在柱模板或大梁底模上操作、行走。拆模高处作业应配置登高用具或搭设支架，拆模时应有专人指挥及监控并应设置警戒区，拆除电梯井及大型孔洞模板时其下层必须搭设安全网。

（7）钢筋绑扎时的悬空作业必须按规定进行。绑扎钢筋和安装钢筋骨架时必须搭设脚手架和登高斜道。绑扎圈梁、挑梁、挑檐、外墙和边柱等钢筋时应搭设操作台架和设置安全网，悬空大梁钢筋的绑扎必须在满铺脚手板的支架或操作平台上操作。绑扎立柱和墙体钢筋时不得站在钢筋骨架上或攀登骨架上下，3m 以内的柱钢筋可在地面或楼面上绑扎及整体竖立，绑扎 3m 以上的柱钢筋必须搭设操作平台。绑扎基础钢筋应设钢筋支架或马凳。

（8）混凝土浇筑时的悬空作业必须按规定进行。浇筑离地高度在 2m 以上的框架、过梁、雨篷和小平台时应设操作平台，不得直接站在模板或支撑件上操作。浇筑拱形结构应自两边拱脚对称地相向进行，浇筑储仓时下口应先行封闭并搭设脚手架以防人员坠落。特殊情况下无可靠安全设施时必须系好安全带并扣好保险钩（或架设安全网）。

（9）进行预应力张拉的悬空作业必须按规定进行。进行预应力张拉时应搭设操作人员站立和设置张拉设备用的牢固可靠的脚手架或操作平台，雨天张拉时还应架设防雨棚。预应力张拉区域应设置明显的安全警示标志并应禁止非操作人员进入，张拉钢筋的两端必须设置挡板，挡板应距所张拉钢筋的端部 1.5～2m，且应高出最上一组张拉钢筋 0.5m，其宽度应距张拉钢筋两外侧各不小于 1m。孔道灌浆应按预应力张拉安全设施的有关规定进行。

（10）悬空进行门窗作业时必须按规定进行。安装门、窗玻璃时严禁操作人员站在檩子、阳台栏板上操作，门和窗临时固定、封填材料未达到强度、电焊时严禁手拉门和窗进行攀登。在高处外墙安装门和窗而无外脚手架时应张挂安全网，无安全网时，操作人员应系好安全带，其保险钩应挂在操作人员上方的可靠物件上。进行各项窗口作业时，操作人员应系好安全带且重心应位于室内，在无安全防护措施情况下不得在窗台上站立。

（11）高处悬挂作业必须按规定进行。每天作业前必须检查相关的安全绳、安全带、悬挂装置及其平衡机构，确认完好才能进行作业，严禁超载或带故障使用任何器具。悬挂作业操作人员应配置独立于悬挂设备的安全绳、安全带或其他安全装置，并能正确熟练地使用保险带和安全绳。高处悬挂作业现场区域应保证四周环境的安全且其作业下方应设置警戒线并应有人看守，应在醒目处设置警示标志。高处悬挂作业不得在大雾、暴雨、大雪、大风等恶劣气候及夜间无照明时作业，不得在同一铅垂线方向上下同时作业。高处作业吊篮不得作为竖向运输机械使用，也不得在悬挂机构上另设吊具。作业人员不得悬吊平台升降时进行施工作业，不得在悬吊平台内使用梯子、凳子、垫脚物等进行作业。作业时盛器必须固定且工具应妥善放置。严禁在五级及以上风力影响较大的作业面施工。

（12）高处拆除作业时作业人员必须站在稳固的结构部位上，当无稳固结构部位时必须搭设操作平台。

## 2.7.4 操作平台的安全防护

（1）各类操作平台均应符合相关要求。各类移动式、固定式、悬挑式操作平台（包括作业、上料、卸料平台）必须由专业技术人员按我国现行相应规范进行设计并编制施工方案，应纳入施工组织设计中，并应经有关技术负责人审批后才可搭设，搭设完成后应由项目分管负责人组织验收，合格后方可投入使用。操作平台的高度、面积或荷载超过要求时应编制含设计计算书和设计图的专项方案。操作平台架体应采用型钢或 $\phi(48\sim51)$ mm×3.5mm 钢管以扣件连接，也可采用门架式或承插式钢管脚手架部件扣接、焊接，平台的次梁间距应不大于400mm，平台面应满铺满足承载要求的钢、木或竹板材。固定式、移动式操作平台立杆底部和平台立面应分别设置扫地杆、剪刀撑或斜撑，作业平台的作业面四周必须按临边作业要求设置防护栏杆，单独设置的平台应设置步距不大于400mm的登高扶梯。平台应设置在靠近作业场所的位置，在平台上操作应尽可能减少偏心承载、集中荷载和水平方向的冲击负载。

（2）移动式操作平台还应符合一些专门要求。操作平台的面积不宜超过 10m²，高度不宜超过 5m，荷载不宜超过 1.5kN/m²，还应进行稳定验算并采取措施减少立柱的长细比。操作平台的轮子与平台的连接必须牢固可靠，行走脚轮和导向脚轮应配有制动器（或刹车闸）等使脚轮切实固定的措施，若无固定措施则架体立柱底部离地面不得超过80mm，且平台就位后其平台四角底部与地面应设置垫衬以防止平台滑移，在斜坡上作业时可在脚轮与平台架体之间设伸缩螺杆调节并应保证工作平台的水平承载限制条件以防止平台架体滑移。

移动式操作平台脚轮的承载力不应小于5kN，脚轮的制动器应有不小于250kg·mm的制动力矩，移动式操作平台架体必须保持直正（不得弯曲变形），平台脚轮的制动器除在移动情况下外均应保持在制动状态。移动式操作平台高度超过平台架体立柱主轴间距3倍时，为防止架体结构部件水平结构平面内变形等可采用型钢结构以及加宽操作平台底脚的间距等措施。移动式操作平台可以 $\phi48\text{mm}\times3.5\text{mm}$ 镀锌钢管作次梁与主梁，并在其上铺厚度不小于 30mm 的木板作铺板，铺板应予固定并以 $\phi48\text{mm}\times3.5\text{mm}$ 的钢管做立柱。

移动操作平台施工中不得在倾斜或移动状态时上下人，也不得载人移动。操作平台可以 $\phi48\text{mm}\times3.5\text{mm}$ 镀锌钢管做次梁与主梁，上铺厚度不小于 30mm 的木板作铺板，铺板应予固定，操作平台也可以 $\phi48\text{mm}\times3.5\text{mm}$ 的钢管作立柱，其杆件计算应按次梁计算→主梁计算→立柱计算的步骤依序进行，荷载设计值与强度设计值的取用应遵守相关规范。

（3）固定式操作平台也应符合一些专门要求。其操作平台的面积不宜超过 $10\text{m}^2$、高度不宜超过 10m、荷载不宜超过 $3\text{kN/m}^2$。操作平台架体的立杆与横杆应保持横平竖直，平台操作面的宽度一般不得超出底部宽度，操作平台架体必须与建筑物刚性连接，任何情况下均不得与脚手架连接。高度超过 5m、单独设置的固定式操作平台应设置水平剪刀撑并设置抛撑或缆风绳以固定架体，采用缆风绳时应在架体的四角同一水平面对称设置缆风绳，缆风绳夹角应为 $46°\sim60°$ 以使其在结构上形成水平分力且处于平衡状态。

（4）悬挑式钢平台同样也应符合一些专门要求。悬挑式钢平台的搁置点与上部拉结点必须位于建筑物上（不得设置在脚手架等施工设施上）且其平台根部应与建筑物做保险连接，钢平台的结构构造应能防止左右晃动并满足安全使用要求。悬挑式钢平台斜拉杆或钢丝绳必须在两边各设置前后两道（两道中的每一道均应做单独受力计算），斜拉杆或钢丝绳吊点应位于钢平台重心以外（图 2-10）。

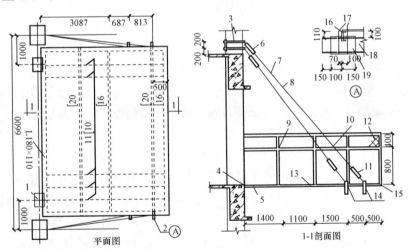

图 2-10　悬挑式钢平台

1—梁面预埋件；2—吊环；3—钢丝绳镶拼成环状；4—电焊连接；5—[10 槽钢与 [16 槽钢上口平；
6—两套卸甲连接；7—钢丝绳镶拼；8—钢丝绳（6×37$\phi$21.5）；9—栏杆与 [16 槽钢焊接；
10—每根钢丝用三只钢丝夹具（型号 YT-22）；11—花篮螺栓（OO 型 3.0#）；12—安全网；
13、16— [16 槽钢；14— [20 槽钢；15、18— [12 槽钢；17—$\phi$25A3 钢吊环；
19—10 厚钢板与 [20 槽钢焊接

悬挑式钢平台的承载吊环和起重吊环均应进行验算，吊运平台时应使用起重卡环，安装使用时应使用承载吊环，吊环应使用 Q235B 制作，钢平台安装时的钢丝绳应采用专用的卡环连接，钢丝绳卡数量不得少于 4 个，建筑物锐角利口周围系钢丝绳处应加衬软垫物，钢平台外口应略高于内口。钢平台外侧除必须装置固定的防护栏杆外还必须设置挡脚板、围网或防护挡板。钢平台吊装需待横梁支撑点焊接固定或与建筑物可靠连接后接好钢丝绳，调整完毕并经检查验收后合格方可松卸起重吊钩进行上下操作。钢平台内侧通道上下方必须设置防物体坠落的隔离防护措施，钢平台搁置点两侧边应封闭严密并应有防坠落措施，钢平台使用时应有专人进行检查，发现钢丝绳有锈蚀损坏时应及时调换，焊缝脱焊应及时修复。悬挑式钢平台可以槽钢作主梁与次梁，上铺厚度不小于 50mm 的木板，并以螺栓与槽钢固定。

杆件计算可按次梁计算→主梁计算→钢丝绳验算依序进行。

（5）各类操作平台投入使用后应在平台的内侧显著位置设置标明允许负载值的限载牌（严禁超载、超高堆载和长时间足额堆载使用，并应配备专人加以监督）。各类操作平台的搭、拆、使用应落实专人加以监督并应定期进行检查（发现问题及时采取措施整改）以确保搭、拆和使用过程的安全。

## 2.7.5　交叉作业的安全防护

支拆模板、装饰抹灰、砌筑、吊装、焊接、拆除等工种进行上下立体交叉作业时不得在竖向空间呈贯通状态下操作。下层作业的位置必须处于依上层高度确定的可能坠落范围半径之外（高度为 2～5m 时的可能坠落半径范围为 3m；高度为 5～15m 时的可能坠落半径范围为 4m；高度为 15～30m 时的可能坠落半径范围为 5m；高度大于 30m 时的可能坠落半径范围为 6m），不符合以上条件时必须设置安全防护棚。吊装、模板与脚手架拆除时其下方应设置隔离区并派专人监护。模板部件拆除后的临时堆放处应离楼层边沿不小于 1m、堆放高度不得超过 1m，楼层边口、通道口、脚手架边缘、基坑边缘等处严禁堆放任何拆下的物件。各类脚手架与建筑物（工作立面）间必须有隔离措施，结构施工作业面与脚手架架体之间的间距必须采用硬质材料予以全封闭隔离；脚手架与建筑物（工作立面）间必须采用安全平网或竹笆等硬质材料予以隔离，隔离间距以脚手架 4 个步距为准且应不大于 10m。

结构施工自二层起凡人员进出的通道口（包括物料提升机、施工用电梯的进出通道口）均应搭设安全防护棚，防护棚的顶棚应使用厚度不小于 500mm 的木板搭设，通道口的长度应视建筑物高度与可能坠落半径确定，宽度应大于通道口两侧各 1m，高度超过 24m 的楼层上的交叉作业应设顶部能防止穿透的双层防护棚，双层防护棚应使用厚度不小于 500mm 的木板搭设，间距应不小于 600mm。吊装区与通道应相互隔离，由于上方施工可能坠落物件或处于起重机臂回转范围之内的通道在其受影响的范围内必须搭设顶部能防止穿透的双层防护廊。施工升降机、龙门架及井架物料提升机地面通道上方应设置防护棚，防护棚构造应符合《龙门架及井架物料提升机安全技术规范》（JGJ 88—2010）的规定。

## 2.7.6　施工安全网搭设与安全防护管理的基本要求

施工安全网的搭设应符合相关规定，施工安全网的搭设和拆除必须由考核合格的持有效证件的专业架子工进行；施工安全网应搭设牢固、易于拆卸、搭接严密、完整有效，安全网的支撑架应具有足够的强度和稳定性，必要时应做砂袋坠落试验；安全网与作业面相交的边缘应紧密结合，相邻网之间应紧密结合或重叠，空隙不得超过 80mm；应根据使用部位和使用需要选择符合现行标准要求的、合适的密目式安全立网、立网和平网，选用的安全网必须符合现行国家标准规定。严禁用密目式安全立网、立网代替平网使用；安全网的使用维护和保养应符合现行标准、规范的规定。密目式安全立网安装时应遵守相关规定，建筑物外侧脚手架的立面防护、建筑物临边的立面防护应选用密目式安全立网；密目式安全立网的安装平面应垂直于水平面（严禁作平网使用）；密目式安全立网的安装应符合《安全网》(GB 5275—2009) 的规定（系绳应绑在脚手架上，绑扎点间距不得大于 500mm)。立网安装时应遵守相关规定，高处作业时用于施工水平方向的侧向防护应选用立网；立网安装平面应垂直于水平面（严禁作平网使用）；立网边绳应与脚手架贴紧（系绳应与脚手架系结，绑扎点间距不得大于 500mm)；当栏杆和挡脚板外侧安装立网时其立网应与栏杆、挡脚板同时搭设〔立网上沿与栏杆上横杆应绑系牢固，下沿与栏杆下沿（挡脚板）应封严，固定点距离不得大于 500mm〕；井字架、龙门架及物料提升架外侧应采用立网封闭，不宜采用密目式安全立网封闭。

(1) 平网安装应遵守相关规定。高处作业中用于施工垂直方向水平防护时应选用平网；首层网最低点距地面或下方物体表面最小净空高度不得小于 3m。电梯井内应采用平网多层封闭，各层网高度差不得大于 10m，顶层网应封闭上口，所有网体与井壁的空隙不得大于 80mm，安全网拉结必须牢靠，墙面预埋张网钢筋应不小于 $\phi 14$mm；钢筋埋入长度应不少于钢筋直径的 30 倍。在钢结构厂房或其他框架结构构筑物施工时其作业层下部应搭设随层网将施工作业层封闭。平网搭设时每个系结点上边绳应与支撑架靠紧并应用一根独立的系绳连接，系结点沿网边应均匀分布，距离不得大于 500mm，系结应打结方便、连接牢固而又容易解开，受力后应不会散脱，有筋网安装时还应把筋绳连接在支撑架上，网边与支撑架不得留有空隙。

(2) 支撑架应符合相关规定。平网的支撑架应符合规定要求，采用钢管作为支撑架时其钢管外径可为 48mm 或 51mm、壁厚 3～3.5mm（不得采用严重锈蚀、弯曲、压扁和有裂纹的钢管）且其材质应符合《碳素结构钢》(GB/T 700—2006) 中 Q235 钢的技术规定；采用木杆作支撑时应选用剥皮的杉木和其他各种坚韧硬木（其有效部分的小头直径不得小于 70mm，严禁使用腐朽、折裂和枯节等易折断的木杆）；采用木杆作横杆绷拉安全网时其木杆有效部分小头直径不得小于 40mm、搭接长度不得小于 500mm；采用竹杆作支撑时其竹杆的生长年限应在 3 年以上（有效部分的小头直径不得小于 80mm，不得使用青嫩、枯脆、裂纹、白麻和虫蛀的竹杆）。立网的支撑架应符合规定，密目式安全立网、立网宜以已搭设的脚手架作为支撑架；有架立网可采用专用边框作为支撑架。

(3) 项目负责人应根据工程特点组织编制预防高处坠落的专项施工方案。高处作业的安全技术措施及其所需料具必须列入工程的施工组织设计中。凡专业性较强、结构复杂、危险性较大的项目（或采用新结构、新材料、新工艺或特殊结构的建设工程的高处作业）均应制定有针对性的专项方案并纳入施工组织设计。凡高度大于 50m 的高层施工、悬空作业，以及大于等于 5m 基坑、沟、槽施工均应纳入施工企业项目管理重大危险源控制的范围，并应制定防高处坠落等事故的专项措施或方案（包括监控措施、应急方案），应明确交底、验收及巡查责任人，对必须结合设计单位提出的安全措施应制定有针对性的专项安全技术措施，措施或方案应经单位技术负责人审批后纳入施工组织设计并组织实施。项目监理机构应对高处作业安全技术措施及专项措施（方案）进行审核，应检查施工现场安全措施的落实情况。

（4）施工单位应做好高处作业人员的安全教育及相关的安全预防工作。从事高处作业的人员除应接受日常安全教育培训外，每年还应接受不少于一次的高处作业安全知识的教育培训。工程施工前应逐级进行高处作业安全技术交底及安全教育并经相关人员签字确认，交底后若施工条件、方法等发生变化应重新进行交底。高处作业人员应按规定正确佩戴和使用高处作业安全防护用具并由专人检查。进行高处作业人员禁止穿硬底鞋、高跟鞋、易滑的鞋等。从事高处作业的人员须经体检合格并应经相应培训考核后方可上岗作业。

（5）施工进行高处作业之前应对安全防护进行检查、评分和验收，验收合格后方可进行高处作业（验收也可分层或分阶段进行）。安全防护设施应由施工单位项目负责人组织检查评分与验收。安全防护设施的验收应具备各种必需的资料，这些资料包括施工组织设计、专项施工方案及有关验算数据；安全防护设施验收记录及检查评分表；安全防护设施变更记录及签证。安全防护设施的验收主要应包括以下六方面内容，即施工组织设计及专项施工方案是否符合相关标准、规范的规定；所有临边、洞口、攀登、悬空、操作平台、交叉作业、安全网等各类技术措施的设置状况；技术措施所用的配件、材料和工具的规格及材质；技术措施的节点构造及其与建筑物的固定情况；扣件和连接件的坚固程度；安全防护设施的用品及设备的性能与质量是否合格的验证。安全防护设施的验收应按类别逐项查验并做出验收记录（凡不符合规定者必须修整合格后再行查验）。施工期内还应定人、定期对安全防护设施进行检查（发现有缺陷或隐患时必须及时消除，危及人身安全时必须立即停止作业），安全防护设施检查应包括以下三方面内容，即安全防护设施的使用状态、维修记录；事故隐患的整改记录；安全防护设施定期检查的书面记录。

（6）高处作业中的安全标志、工具、仪表、电气设施、防护用具和各种设备应在施工前加以检查（确认其完好且相应的出厂、检验等证件齐全后方能投入使用）。施工作业场所有坠落可能的物件应一律先行撤除或加以固定。高处作业中所用的物料均应堆放平稳且不妨碍通行和装卸，工具应放入工具袋，作业中的走道、通道板和登高用具应随时清扫干净，拆卸下的物件及余料和废料均应及时清运（不得任意放置或向下丢弃），传递物件时禁止抛掷。雨天和雪天进行高处作业时必须采取可靠的防滑、防寒和防冻措施（水、冰、霜、雪均应及时清除）。在高耸构（建）筑物进行高处作业时应事先设置避雷设施，遇有六级以上强风、大雾、沙尘暴、寒潮、暴雨等恶劣气候不得进行露天攀登与悬空作业，强风、暴雨及霜雪天气后应对高处作业安全设施逐一加以检查，发现有松动、变形、损坏或脱落等现象应立即修理完善。因作业而必须临时拆除或变动安全防护设施时必须经项目负责人审批并采取相应的可靠措施（作业后应立即恢复）。防护设施搭设与拆除时应按高处坠落半径情况设置大于半径的警戒区并应派专人监护，严禁上下作业面同时实施拆除作业。施工现场提倡使用定型化、工具化的安全防护设施。高处作业安全设施的主要受力杆件的力学计算可按一般结构力学公式进行，其强度及挠度计算应按我国现行有关规范进行，钢受弯构件的强度计算可不考虑塑性影响，其构造上应符合我国现行相应规范要求。

# 第 3 章

# 施工机械安全技术

## §3.1 施工机械作业安全基本要求

建筑安装、工业生产及维修企业中的各种类型施工机械均应正确、安全使用，应充分发挥机械效能，确保安全生产。施工机械操作人员必须体检合格且应无妨碍作业的疾病和生理缺陷，应经过专业培训、考核合格取得操作证并经安全技术交底后方可持证上岗（学员应在专人指导下工作），特种设备应由建设行政主管部门、公安部门或其他有权部门颁发操作证，非特种设备则应由企业颁发操作证。

机械必须按出厂使用说明书规定的技术性能、承载能力和使用条件正确操作、合理使用，严禁超载、超速作业或任意扩大使用范围。机械上的各种安全防护及保险装置和各种安全信息装置必须齐全、有效。机械使用与安全生产发生矛盾时必须首先服从安全要求。施工技术人员应在机械作业前向操作人员进行安全技术交底，操作人员应熟悉作业环境和施工条件并听从指挥、遵守现场安全管理规定。工作中操作人员和配合作业人员必须按规定穿戴劳动保护用品（长发应束紧且不得外露）。操作人员每班作业前应对机械进行检查，机械使用前应先试运转。作业过程中操作人员应集中精力正确操作并注意机械工况，不得擅自离开工作岗位或将机械交给其他无证人员操作，无关人员不得进入作业区或操作室内。操作人员应遵守机械有关保养规定并认真及时做好机械的例行保养工作以保持机械的完好状态，机械不得带病运转。实行多班作业的机械应执行交接班制度并应认真填写交接班记录，接班人员经检查确认无误后方可进行工作。应为机械提供道路、水电、机棚及停机场地等必备的作业条件并应消除各种安全隐患，夜间作业应设置充足的照明。

机械集中停放场所应有专人看管并应设置消防器材及工具，大型内燃机械应配备灭火器，机房、操作室及机械四周不得堆放易燃易爆物品。变配电所、乙炔站、氧气站、空气压缩机房、发电机房、锅炉房等易于发生危险的场所应在危险区域界限处设置围栅和警示标志（非工作人员未经批准不得入内），挖掘机、起重机、打桩机等重要作业区域应设置警示标志及安全措施。在机械产生对人体有害的气体、液体、尘埃、渣滓、放射性射线、振动、噪声等场所应配置相应的安全保护设备、监测设备（仪器）、废品处理装置，在隧道、沉井、管道基础施工中应采取措施将有害物控制在规定限度内。停用一个月以上或封存的机械应认真做好停用或封存前的保养工作，并应采取预防风沙、雨淋、水泡、锈蚀等措施。机械使用的润滑油（脂）品牌应符合出厂使用说明书的规定并应按时更换。发生机械事故时应立即组织抢救并保护好事故现场，且应按国家有关事故报告和调查处理规定执行。非常规作业操作应经论证、审批。

### 3.1.1 施工机械磨合期的安全使用要求

施工机械操作人员应在生产厂家的培训、指导下了解机器的结构、性能，并根据产品使用维护说明书的要求进行操作、保养，新机和大修后机械初期使用时应遵守磨合期规定。机械设备磨合期除原制造厂有规定者外，对内燃机械宜为100h，电动机械宜为50h，汽车宜为1000km。磨合期间应采用符合其内燃机性能的优质燃料和润滑油料。起动内燃机时严禁猛加油门，应在 $500 \sim 600$ r/min 下稳定运转数分钟以使内燃机内部运动机件得到良好的润滑，应随温度上升而逐渐增加转速，在严寒季节应先对内燃机进行预热后方可起动。内燃机运转达到额定温度后应对汽缸盖螺钉按照规定程序和扭矩用扭力扳手逐个进行紧固（磨合期内不得少于两次）。磨合期内操作应平稳，严禁骤然增加转速并应减载使用，起重机应从额定起重量 50% 开始逐步增加载荷且不得超过额定起重量的 80%。

挖掘机前 30h 内应先挖掘松的土壤且每次装料应为斗容量的 1/2，以后 70h 内装料可逐步增加且不得超过斗容量的 3/4。推土机、铲运机和装载机应控制刀片铲土和铲斗装料深度，应减少推土、铲土量和铲斗装载量，应从 50% 开始逐渐增加且不得超过额定载荷的 80%。汽车载重量应按规定标准减载 $20\% \sim 25\%$，应避免在不良道路上行驶和拖带挂车，最高车速不宜超过 40km/h。

其他内燃机械和电动机械在磨合期内无具体规定时应减速 30% 和减载荷 $20\% \sim 30\%$。在磨合期内应注意经常观察各仪表指示，应检查润滑油、液压油、冷却液、制动液以及燃油油（水）位和品质并注意检查整机的密封性，应保持机器清洁并及时调整、紧固松动的零部件，应观察机械各部机构的运转情况并检查各轴承、齿轮箱、传动机构、液压装置以及各连接部分的温度，发现运转不正常、过热、异响等现象应及时检查原因并排除。

执行磨合期的机械应在机械明显处悬挂"磨合期"标志并应使有关人员按磨合期使用规定操作（磨合期满后再取下）。磨合期满后应更换内燃机曲轴箱机油并清洗润滑系统、更换机油滤清器滤芯，同时应检查各齿轮箱润滑油清洁情况（不洁时也应更换）。

磨合期满后应由机械管理人员和驾驶员、修理工配合进行一次检查以及进行调整、紧固，内燃机装有限速装置时应在磨合期满后拆除。机械管理人员应对磨合期负责，应在磨合期前把磨合期各项要求和注意事项向操作人员交底，磨合期中应随时检查机械使用运转情况并详细填写机械磨合期记录，磨合期满后应由机械技术负责人审查签章并将磨合期记录归入技术档案。

### 3.1.2 施工机械寒冷季节的安全使用要求

机械使用单位应在进入寒冷季节前制定寒冷季节施工安全技术措施并对机械操作人员进行寒冷季节使用机械设备的安全教育，同时应做好防寒物资的供应工作。进入寒冷季节前应对在用机械设备进行一次换季保养，应换用适合寒冷季节气温的燃油、润滑油、液压油、防冻液、蓄电池液等，对停用、在库、待运、待修和在修的机械设备应由所在单位机械管理部门组织检查，放尽存水并挂上"放水"标志。

室外温度低于 5℃时，操作人员应在所有用水冷却的机械设备停止使用后及时放尽机体存水，放水时应待水温降低到 50～60℃时进行，机械应处于平坦位置，拧开水箱盖并打开缸体、水泵、水箱等所有放水阀，在存水未放尽前操作人员不得离开，存水放净后的各放水阀均应保持开启状态并应将"无水"标志牌挂在机械的明显处，为防失误应由专职人员按时进行检查。使用防冻液的机械设备加入防冻液前应对冷却系统进行清洗，应根据气温要求按比例配制防冻冷却液，使用中应经常检查防冻液的容量和密度（不足应增添），加入防冻液的机械应有明显处悬挂"已加防冻液"标志，避免误放。气温较低地区的汽车及汽车式起重机等的内燃机、水箱等都应有保温套，工作中发生故障停用或停车时间较长而使冷却水有冻结可能时应放水防冻。

应根据气温按出厂要求选用燃料。低温下汽油机应选用辛烷值较高标号的汽油。柴油机在最低气温 4℃以上地区使用应采用 0 号柴油，−5℃以上地区使用采用−10 号柴油，−14℃的地区使用采用−20 号柴油，−29℃的地区使用采用−35 号柴油，−30℃以下地区使用采用−50 号柴油，低温条件下缺乏低凝度柴油在有预热措施情况下方可使用高凝度柴油。应及时换用冬用润滑油，内燃机应采用在温度降低时黏度增加率小并具有较低凝固温度的薄质机油，齿轮应采用凝固温度较低的齿轮油。液压操纵系统的液压油应随气温变化换用，加添的液压油应使用同一品种、标号，换用液压油应将原液压油放尽且不得将两种不同油质掺和使用。在寒冷季节使用蓄电池的机械其蓄电池液密度不得低于 $1.25g/cm^3$ 且发电机电流应调整到 15A 以上，严寒地区还应加装蓄电池保温装置。

寒冷季节宜使机械设备进入室内或搭设机棚存放，露天存放的大型机械应停放在避风处并加盖篷布。在没有保温设施情况下起动内燃机应将水加热到 60～80℃时再加入内燃机冷却系统（并可用喷灯加热进气歧管），不得用机械拖顶的方法起动内燃机。无预热装置的内燃机可在工作完毕后将曲轴箱内润滑油趁热放出存放清洁容器，起动时再将容器加温到 70～80℃后将油加入曲轴箱，严禁用明火直接燃烤曲轴箱。内燃机起动后应先怠速空转 10～20min 后再逐步增加转速，不得刚起动就加大节气门开度。轮式机械在有积雪或冰冻层的地面上应降低车速（必要时可加防滑链），上下坡或转弯时应避免使用紧急制动。水泵、混凝土搅拌机、砂浆机等带水作业机械设备停用后应冲洗干净并应放尽水箱及机体内积水。

## ■ 3.1.3　液压装置的安全使用要求

液压元件安装前应清洗干净，安装应在清洁的环境中进行且应防止外界污染物进入系统。液压泵、液压马达和液压阀的进、出油口不得反接，安装时应保证液压泵轴与传动轴的同心度，连接螺钉应按规定扭力拧紧。液压缸中心线应与负载作用线同心并与安装面保持一定的平行度和垂直度，活塞和缸头的密封圈松紧应适度。油管应清洁光滑且无裂缝、锈蚀等缺陷，并应采用管夹与机器固定以防止振动，软管应无急弯或扭曲，不得与其他管道或物件相碰或摩擦。

液压系统所用油料应符合出厂说明书中规定的液压油种类和牌号，也可以根据液压泵或液压马达的结构形式、液压系统采用的压力、环境温度等选用适当的油液。加补油液应经过严格过滤，向油箱注油应通过规定的滤油器，滤油器应经常检查和清洗，发现损坏应及时更换。应定期检查液压油的清洁度，清洁度低于规定等级时应及时更换，应认真填写单机加、换油记录及油品检测记录。向油箱加注新油的牌号应与旧油液牌号相同，需加注不同牌号油液时应将液压系统的旧油液全部放净并清洗后方可加注新油，不同牌号的液压油不得混合使用。盛装液压油的容器应保持清洁且容器内壁不得涂刷油漆。

起动前液压油箱内的油面应在标尺规定的上、下限范围内，新机的油箱要加满油，开机后部分油进入各系统后油面会下降，应及时补充。冷却器应有充足的冷却水且散热风扇应完好有效。液压泵的出入口与旋转方向应与标牌标志一致，换新联轴器时不得敲打泵轴。各液压元件应固定牢固，油管及密封圈应无渗漏。所有操纵杆都应处于中间位置。在低温或严寒地带起动液压泵时应使用加热器提高油温（加热时不得使油温超过 80℃），起动后油温低于10℃时应使液压系统在无载荷状态下运转 20min 以上。初次起动应在液压系统空载情况下观察并确认各工件工作状态正常且应打开空气阀将系统内空气排除干净。停机时间较长的液压泵和液压马达起动后应先空转一段时间后方可正常使用。溢流阀的调定压力不得超过液压系统允许的最高压力，应检查并确保各操纵阀、管接头等无破损漏油现象以及各机构运转灵活，一切正常后方可起动作业。在系统稳定工况下运转时应随时观察仪表读数并注意油温、压力、噪声、振动等情况，发现问题应立即停机检修。

液压油工作温度宜保持在 30～60℃ 范围内，使用中宜控制油温最高不超过 80℃（当油温过高时应检查油量、油黏度、冷却器、过滤器等是否正常，找出故障并排除后方可继续使用）。液压泵吸入管及泵轴密封部分等低于大气压力的地方不得漏入空气。开启放气阀或检查高压系统泄漏时不得面对喷射口的方向。高压系统发生微小或局部喷泻时应立即卸荷检修且不得用手去检查或堵挡喷泻。蓄能器注入气体后其各部分不得拆开或松动螺钉，在拆蓄能器封盖前应先放尽器内气体并在确认无压力后方可拆开。液压系统作业中出现异常情况应停机检查，这些情况包括油温过高且超过允许范围；系统压力不足或完全无压力；流量过大、过小或完全不流油；压力或流量脉动；严重噪声、振动；换向阀动作失灵；工作装置功能不良或卡死；油管系统泄漏、内渗、串压、反馈严重等。作业完毕后其工作装置及控制阀等均应回复原位。应认真进行保养，长时间不使用时其外露的活塞杆等应涂油防锈。拆检系统及管路时应在确保系统内无高压时方可拆除。

### ▌3.1.4　起重机械与竖向运输机械的安全使用

起重机械进入施工现场须出具起重机械特种设备制造许可证、产品合格证、制造监督检验证明、备案证明、安装使用说明书和自检合格证明。起重机械存有疑问时不得出租、使用（如属国家明令淘汰或禁止使用的品种、型号；超过安全技术标准或制造厂规定的使用年限；经检验达不到安全技术标准规定；没有完整安全技术档案；没有齐全有效的安全保护装置）。

　　起重机械的安全技术档案应包括原始资料（如购销合同、制造许可证、产品合格证、制造监督检验证明、安装使用说明书、备案证明等）、运行资料（如定期检验报告、定期自行检查记录、定期维护保养记录、维修和技术改造记录、运行故障和生产安全事故记录、累积运转记录等）以及历次安装验收资料。起重机、施工电梯、物料提升机拆装方案必须经企业技术负责人审批后方可施工。起重机的内燃机、电动机和电气、液压装置部分应符合我国现行规范规定。

　　建筑工程中应合理选用起重机械，应使选用的起重机械的使用温度、主要性能参数、利用等级、载荷状态、工作级别等与工程施工工作量的需要相匹配。施工企业作业前必须对工作环境、行驶道路、架空电线、建筑物以及构件重量和分布情况进行全面了解。施工企业应为起重机作业提供符合起重机要求的工作场地和环境且基础承载能力必须满足起重机械的安全使用要求。起重机应装有音响清晰的信号装置，在起重臂、吊钩、平衡重等转动体上应标以鲜明的色彩标志。

　　起重机的变幅限制器、力矩限制器、质量限制器以及各种行程限位开关等安全保护装置应完好齐全、灵敏可靠（不得随意调整或拆除），严禁利用限制器和限位装置代替操纵机构。起重机安装工、信号工、司机、司索工必须持证上岗且作业时应密切配合，并执行规定的指挥信号，信号不清或错误时操作人员可拒绝执行。操纵室远离地面的起重机正常指挥发生困难时应采用对讲机等有效的通信联络措施。风速达 10.8m/s 及以上大风或大雨、大雪、大雾等恶劣天气时应停止露天的起重吊装作业，重新作业前应先试吊并在确认各种安全装置灵敏可靠后方可进行作业，在风速达 8.0m/s 及以上大风时禁止进行起重机械及竖向运输机械的安装拆卸作业并禁止吊运大模板等大体积物件。操作人员进行起重机回转、变幅、行走和吊钩升降等动作前应发出音响信号示意。

　　起重机作业时应在臂长的水平投影范围内设置警戒线并有监护措施，起重臂和重物下方严禁有人停留、工作或通过（禁止从人上方通过），严禁用起重机载运人员。操作人员应按规定进行起重性能作业、不得超载。严禁使用起重机进行斜拉、斜吊和起吊地下埋设或凝固在地面上的重物以及其他不明重量的物体。起吊重物应绑扎平稳、牢固，不得在重物上再堆放或悬挂零星物件，易散落物件应使用吊笼栅栏固定后方可起吊，标有绑扎位置的物件应按标记绑扎后起吊，吊索与物件的夹角宜采用 45°～60°且不得小于 30°，吊索与物件棱角之间应加垫块。

　　起吊载荷达起重机额定起重量的 90% 及以上时应先将重物吊离地面不大于 200mm 后检查起重机的稳定性以及制动器的可靠性、重物的平稳性、绑扎的牢固性（确认无误后方可继续起吊），对大体积或易晃动的重物应拴拉绳。重物起升和下降速度应平稳、均匀且不得突然制动，回转应平稳（回转未停稳前不得做反向动作），非重力下降式起重机不得带载自由下降。严禁起吊重物长时间悬挂在空中，作业中遇突发故障应采取措施将重物降落到安全地方并关闭发动机或切断电源后进行检修，突然停电时应立即把所有控制器拨到零位、断开电源总开关并采取措施使重物降到地面。起重机的任何部位与架空输电导线的安全距离不得小于表 3-1 中的规定。

表 3 - 1　　　　　　　　　　起重机与架空输电导线的安全距离

| 电压/kV | <1 | 10 | 35 | 110 | 220 | 330 | 500 |
|---|---|---|---|---|---|---|---|
| 竖向/m | 1.5 | 3.0 | 4.0 | 5.0 | 6.0 | 7.0 | 8.5 |
| 水平方向/m | 1.5 | 2.0 | 3.5 | 4.0 | 6.0 | 7.0 | 8.5 |

　　起重机使用的钢丝绳应有钢丝绳制造厂签发的产品技术性能和质量的证明文件。起重机使用钢丝绳的结构形式、强度等规格应符合起重机使用说明书要求，钢丝绳与卷筒应连接牢固，放出钢丝绳时卷筒上应至少保留 3 圈，收放钢丝绳时应防止钢丝绳损坏、扭结、弯折和乱绳，不得使用扭结、变形的钢丝绳。钢丝绳采用编结固接时其编结部分长度不得小于钢丝绳直径的 20 倍且不应小于 300m（其编结部分应捆扎细钢丝），采用绳卡固接时与钢丝绳直径匹配的绳卡的规格、数量应符合表 3 - 2 中的规定（最后一个绳卡距绳头的长度不得小于 140mm），绳卡滑鞍（夹板）应在钢丝绳承载时受力的一侧，"U"形螺栓应在钢丝绳的尾端且不得正反交错，绳卡初次固定后应待钢丝绳受力后再度紧固，并宜拧紧到使两绳直径高度压偏 1/3 为止，作业中应经常检查紧固情况。

表 3 - 2　　　　　　　　　　与绳径匹配的绳卡数

| 钢丝绳直径/mm | 10 以下 | 10~20 | 21~26 | 28~36 | 36~40 |
|---|---|---|---|---|---|
| 最少绳卡数/个 | 3 | 4 | 5 | 6 | 7 |
| 绳卡间距/mm | 80 | 140 | 160 | 220 | 240 |

　　每班作业前应检查钢丝绳及钢丝绳的连接部位，钢丝绳报废标准按《起重机　钢丝绳保养、维护、安装、检验和报废》（GB/T 5972—2009）规定执行。向转动的卷筒上缠绕钢丝绳时不得用手拉或脚踩来引导钢丝绳，钢丝绳涂抹润滑脂须在停止运转后进行。起重机的吊钩和吊环严禁补焊，出现不良情况时应更换，如表面有裂纹、破口；危险断面及钩颈永久变形；挂绳处断面磨损超过高度 10%；吊钩衬套磨损超过原厚度 50%；心轴（销子）磨损超过其直径的 5%。起重机使用时每班都应对制动器进行检查，当制动器的零件出现不良情况时应报废（如裂纹；制动器摩擦片厚度磨损达原厚度 50%；弹簧出现塑性变形；小轴或轴孔直径磨损达原直径的 5%）。制动轮的制动摩擦面不应有妨碍制动性能的缺陷或沾染油污，制动轮出现不良情况时应报废，例如，裂纹；起升、变幅机构的制动轮的轮缘厚度磨损大于原厚度的 40%；其他机构的制动轮的轮缘厚度磨损大于原厚度的 50%；轮面凹凸不平度达 1.5~2.0mm（小直径取小值、大直径取大值）。

　　1. 履带式起重机安全使用要求

　　起重机应在平坦坚实的地面上作业、行走和停放，作业时工作坡度不得大于 5% 并应与沟渠、基坑保持安全距离。起重机起动前应重点检查相关项目并符合相关要求，即各安全防护装置及各指示仪表应齐全完好；钢丝绳及连接部位应符合规定；燃油、润滑油、液压油、冷却水等应添加充足；各连接件应无松动。起重机起动前应将主离合器分离、各操纵杆放在空挡位置并应按我国现行规范规定起动内燃机。内燃机起动后应检查各仪表指示值，待运转正常再接合主离合器，进行空载运转并按顺序检查各工作机构及其制动器，确认正常后方可作业。作业时起重臂的最大仰角不得超过出厂规定，无资料可查时不得超过 78°。起重机变幅应缓慢平稳，严禁在起重臂未停稳前变换挡位。

起吊载荷达到额定起重量的 90% 及以上时其升降动作应慢速进行，严禁同时进行两种及以上动作，严禁下降起重臂。起吊重物时应先稍离地面试吊，在确认重物已挂牢、起重机的稳定性和制动器的可靠性均良好后再继续起吊，重物升起过程中操作人员应把脚放在制动踏板上密切注意起升重物，防止吊钩冒顶，当起重机停止运转而重物仍悬在空中时，即使制动踏板被固定也仍应脚踩在制动踏板上。采用双机抬吊作业时应选用起重性能相似的起重机进行，抬吊时应统一指挥且动作应配合协调，载荷应分配合理，起吊重量不得超过两台起重机在该工况下允许起重量总和的 75%，单机的起吊载荷不得超过允许载荷的 80%，在吊装过程中的两台起重机吊钩滑轮组应保持铅直状态。起重机带载行走时的起重量不得超过相应工况额定起重量的 70%，行走道路应坚实平整，起重臂应位于行驶方向正前，载荷离地面高度不得大于 200mm 并应拴好拉绳，应缓慢行驶，不宜长距离带载行驶。

起重机行走时转弯不应过急，转弯半径过小时应分次转弯。起重机上下坡道时应无载行走，上坡时应将起重臂仰角适当放小，下坡时应将起重臂仰角适当放大，严禁下坡空挡滑行，严禁在坡道上带载回转。起重机工作时的起升、回转、变幅 3 种动作只允许同时进行其中两种动作的复合操作。作业结束后的起重臂应转至顺风方向并降至 40°～60°，吊钩应提升到接近顶端的位置并应关停内燃机，应将各操纵杆放在空挡位置，各制动器应加保险固定，操纵室和机棚应关门加锁。转移工地时应用火车或平板拖车运输起重机，且所用跳板的坡度不得大于 15°，起重机装上车后应将回转、行走、变幅等机构制动并在采用木楔楔紧履带两端后牢固绑扎，后部配重应用枕木垫实，不得使吊钩悬空摆动。起重机需自行转移时应卸去配重并拆短起重臂，主动轮应在后面，机身、起重臂、吊钩等必须处于制动位置并应加保险固定。起重机通过桥梁、水坝、排水沟等构筑物时须先查明允许载荷后再通过（必要时应对构筑物采取加固措施），通过铁路、地下水管、电缆等设施时应铺设木板保护且不得在上面转弯。

2. 汽车、轮胎式起重机安全使用要求

起重机工作的场地应保持平坦坚实，地面松软不平时其支腿应用垫木垫实，起重机应与沟渠、基坑保持安全距离。起重机起动前应重点检查相关项目并确保其符合要求，即各安全保护装置和指示仪表应齐全完好；钢丝绳及连接部位应符合规定；燃油、润滑油、液压油及冷却水应添加充足；各连接件应无松动；轮胎气压应符合规定。

起重机起动前应将各操纵杆放在空挡位置，手制动器应锁死且应按有关规定起动内燃机，怠速运转 3～5min 后中高速运转检查各仪表指示值，运转正常后接液压泵，液压达到规定值、油温超过 30℃ 时方可开始作业。作业前应全部伸出支腿调整机体使回转支撑面的倾斜斜度在无载荷时不大于 1/1000（水准居中），支腿有定位销的必须插上，底盘为弹性悬挂的起重机插支腿前应先收紧稳定器。作业中严禁扳动支腿操纵阀，调整支腿必须在无载荷时进行并应将起重臂转至正前或正后后方可再行调整。应根据所吊重物的重量和提升高度调整起重臂长度和仰角，并应估计吊索和重物本身的高度（留出适当空间）。起重臂伸缩时应按规定程序进行，应在伸臂的同时下降吊钩，制动器发出警报时应立即停止伸臂，起重臂缩回时仰角不宜太小。起重臂伸出后（或主副臂全部伸出后）变幅时不得小于各长度所规定的仰角。

汽车式起重机起吊作业时其汽车驾驶室内不得有人，重物不得超越驾驶室上方且不得在车的前方起吊。起吊重物达额定起吊重量的 50% 及以上时应使用低速挡。作业中发现起重机倾斜、支腿不稳等异常现象时应立即使重物下降至安全的地方（下降中严禁制动）。重物在空中需较长时间停留时应将起升卷筒制动锁住且操作人员不得离开操纵室。起吊重物达额定起吊重量的 90% 以上时严禁下降起重臂且严禁同时进行两种及以上的操作动作。起重机带载回转时操作应平稳，应避免急剧回转或停止，换向应在停稳后进行。轮胎式起重机带载行走时道路必须平坦坚实、载荷必须符合出厂规定、重物离地面不得超过 500mm 并应拴好拉绳缓慢行驶。作业后应将起重臂全部缩回放在支架上后再收回支腿，吊钩专用钢丝绳应挂牢，应将车架尾部两撑杆分别撑在尾部下方的支座内并用螺母固定，应将阻止机身旋转的销式制动器插入销孔并将取力器操纵手柄放在脱开位置，最后应锁住起重操纵室门。行驶前应检查并确保各支腿的收存无松动且轮胎气压符合规定，行驶时水温应在 80～90℃ 范围内（水温未达 80℃ 时不得高速行驶）。行驶时应保持中速且不得紧急制动，过铁道口或起伏路面时应减速，下坡时严禁空挡滑行，倒车时应有人监护。行驶时严禁人员在底盘走台上站立或蹲坐，且不得堆放物件。

3. 塔式起重机安全使用要求

（1）起重机轨道基础应满足相关要求。路基承载能力应满足塔式起重机使用说明书要求。每间隔 6m 应设轨距拉杆一个，轨距允许偏差为公称值的 1:1000 且不超过 ±3mm。纵横方向上钢轨顶面的倾斜度不得大于 1:1000，塔机安装后轨道顶面纵、横方向上的倾斜度对上回转塔机应不大于 3:1000、对下回转塔机应不大于 5:1000，轨道全程中轨道顶面任意两点的高差应小于 100mm。钢轨接头间隙不得大于 4mm 并应与另一侧轨道接头错开，错开距离不得小于 1.5m，接头处应架在轨枕上且两轨顶高度差不得大于 2mm。距轨道终端 1m 处必须设置缓冲止挡器（其高度不应小于行走轮的半径），在轨道上应安装限位开关碰块且安装位置应保证塔机在与缓冲止挡器或与同一轨道上其他塔机相距大于 1m 处能完全停住（此时电缆线还应由足够的富余长度）。鱼尾板连接螺栓应紧固且垫板应固定牢靠。

（2）起重机混凝土基础应满足相关要求。混凝土基础应按塔机制造厂的使用说明书要求制作，使用说明书中混凝土强度未明确的其混凝土强度等级应不低于 C30，基础表面平整度允许偏差 1/1000，预埋件的位置、标高和铅直度以及施工工艺应符合使用说明书要求。起重机的轨道基础或混凝土基础验收合格后方可使用。起重机的轨道基础、混凝土基础应修筑排水设施，排水设施应与基坑保持安全距离。起重机的金属结构、轨道及所有电气设备的金属外壳应有可靠接地装置，接地电阻应不大于 4Ω。

起重机的拆装必须由取得建设行政主管部门颁发的起重设备安装工程承包资质并符合相应等级的单位进行，拆装作业时应有技术和安全人员在场监护。起重机拆装前应编制拆装施工方案并由企业技术负责人审批，还应向全体作业人员交底。拆装作业前应重点检查相关项目使其符合要求，即混凝土基础或路基和轨道铺设应符合技术要求；应对所拆装起重机的各机构、结构焊缝、重要部位螺栓、销轴、卷扬机构和钢丝绳、吊钩、吊具，以及电气设备、线路等进行检查，使隐患排除于拆装作业之前；应对自升塔式起重机顶升液压系统的液压缸和油管、顶升套架结构、导向轮、顶升支撑（爬爪）等进行检查并及时处理存在的问题；应对拆装人员所使用的工具、安全带、安全帽等进行检查，不合格者立即更换；应检查拆装作业中配备的起重机、运输汽车等辅助机械状况，技术性能应满足拆装作业需要；拆装现场电源电压、运输道路、作业场地等应具备拆装作业条件；安全监督岗位的设置及安全技术措施的贯彻落实应达到要求。

　　起重机的拆装作业应在白天进行，遇大风、浓雾和雨雪等恶劣天气应停止作业。指挥人员应熟悉拆装作业方案并遵守拆装工艺和操作规程且应使用明确的指挥信号进行指挥，所有参与拆装作业的人员均应听从指挥，发现指挥信号不清或有错误时应停止作业，待联系清楚后再进行。拆装人员进入工作现场时应穿戴安全保护用品，高处作业时应系好安全带，应熟悉并认真执行拆装工艺和操作规程，发现异常情况或疑难问题时应及时向技术负责人反映，不得自行其是，应防止处理不当造成事故。拆装顺序、要求、安全注意事项必须按批准的专项施工方案进行。采用高强度螺栓连接的结构必须使用高强度螺栓专业制造生产的连接螺栓，连接螺栓时应采用扭矩扳手或专用扳手并应按装配技术要求拧紧。拆装作业过程中遇天气剧变、突然停电、机械故障等意外情况而导致短时间不能继续作业时必须使已拆装的部位达到稳定状态并固定牢靠，并在检查确认无隐患后方可停止作业。安装起重机时必须将大车行走缓冲止挡器和限位开关碰块安装牢固可靠，并应将各部位的栏杆、平台、扶杆、护圈等安全防护装置装齐。在拆除因损坏或其他原因而不能用正常方法拆卸的起重机时必须按技术部门批准的安全拆卸方案进行。起重机安装过程中须分阶段进行技术检验（整机安装后应进行整机技术检验和调整，各机构动作应正确、平稳、制动可靠，各安全装置应灵敏有效。无载荷情况下塔身的铅直度允许偏差为 4/1000，经分阶段及装机检验合格后应填写检验记录且应经技术负责人审查签证后方可交付使用）。

　　（3）塔式起重机升降作业应遵守相关规定。升降作业过程中必须有专人指挥、专人照看电源、专人操作液压系统、专人拆装螺栓，非作业人员不得登上顶升套架的操作平台，操纵室内只准一人操作且必须听从指挥信号。升降应在白天进行，特殊情况需夜间作业时应有充足的照明。在作业中风力突然增大到 8.0m/s 及以上时必须立即停止，并应紧固上、下塔身各连接螺栓。顶升前应预先放松电缆，其长度宜大于顶升总高度并应紧固好电缆卷筒，下降时应适时收紧电缆。升降时必须调整好顶升套架滚轮与塔身标准节的间隙（并应按规定使起重臂和平衡臂处于平衡状态，且应将回转机构制动住），当回转台与塔身标准节之间的最后一处连接螺栓（销子）拆卸困难时应将其对角方向的螺栓重新插入后再采取其他措施，不得以旋转起重臂动作来松动螺栓（销子）。升降时顶升撑脚（爬爪）就位后应插上安全销方可继续下一动作。升降完毕后应对各连接螺栓按规定扭力紧固，液压操纵杆应回到中间位置并切断液压升降机构电源。

　　（4）起重机的附着锚固应遵守相关规定。起重机附着的建筑物的锚固点受力强度应满足起重机的设计要求，附着杆系的布置方式、相互间距和附着距离等应按出厂使用说明书规定执行，有变动时应另行设计。装设附着框架和附着杆件应采用经纬仪（或电子全站仪）测量塔身铅直度并应采用附着杆进行调整，其在最高锚固点以下铅直度允许偏差为 2/1000。在附着框架和附着支座布设时其附着杆倾斜角不得超过 10°。附着框架宜设置在塔身标准节连接处且应箍紧塔身，塔架对角处无斜撑时应加固。塔身顶升接高到规定锚固间距时应及时增设与建筑物的锚固装置，塔身高出锚固装置的自由端高度应符合出厂规定。起重机作业过程中应经常检查锚固装置，发现松动或异常情况时应立即停止作业，故障未排除不得继续作业。拆卸起重机时应随着降落塔身的进程拆卸相应的锚固装置，严禁在落塔之前先拆锚固装置。风速大于 8m/s 时严禁进行安装或拆卸锚固装置作业。锚固装置的安装、拆卸、检查和调整均应有专人负责，工作时应系安全带和戴安全帽并应遵守高处作业有关安全操作的规定。轨道式起重机作附着式使用时应提高轨道基础的承载能力，并应切断行走机构的电源，还应设置阻挡行走轮移动的支座。

（5）起重机内爬升时应遵守相关规定。内爬升作业应在白天进行，风速大于 8m/s 时应停止作业。内爬升时应加强机上与机下间的联系以及上部楼层与下部楼层间的联系，遇有故障及异常情况应立即停机检查，故障未排除不得继续爬升。内爬升过程中严禁进行起重机的起升、回转、变幅等各项动作。起重机爬升到指定楼层后应立即拔出塔身底座的支承梁或支腿并通过内爬升框架固定在楼板上，还应顶紧导向装置（或用楔块塞紧）。内爬升塔式起重机的固定间隔应符合使用说明书要求。内爬升框架设置在楼层楼板上时的方案应经土建施工企业确认，并应在楼板下面增设支柱作临时加固，搁置起重机底座支承梁的楼层下方两层楼板也应设置支柱作临时加固。起重机完成内爬升作业后在楼板上遗留下来的开孔应立即采用混凝土封闭。起重机完成内爬升作业后应检查内爬升框架的固定情况，应确保支撑梁的紧固以及楼板临时支撑的稳固等，确认可靠后方可进行吊装作业。

每月或连续大雨后应及时对轨道基础进行全面检查，检查内容包括轨距偏差、钢轨顶面的倾斜度、轨道基础的沉降、钢轨的不直度及轨道的通过性能等，对混凝土基础应检查其是否有不均匀沉降。应至少每月一次对塔机工作机构、所有安全装置、制动器的性能及磨损情况、钢丝绳的磨损及端头固定、液压系统、润滑系统、螺栓销轴等连接处等进行检查，根据工作环境和繁忙程度检查周期也可缩短。配电箱应设置在塔机 3m 范围内或轨道中部，且应明显可见，电箱中应设置保险式断路器及塔机电源总开关，电缆卷筒应灵活有效且不得拖缆，塔机应设置短路、过流、欠电压、过电压及失电压保护，以及中性位保护、电源错相及断相保护。起重机在无线电台、电视台或其他近电磁波发射天线附近施工时与吊钩接触的作业人员应戴绝缘手套和穿绝缘鞋，并应在吊钩上挂接临时放电装置。

当同一施工地点有两台以上起重机时应保持两机间任何接近部位（包括吊重物）距离不得小于 2m。轨道式起重机作业前应检查并确保轨道基础平直无沉陷、鱼尾板连接螺栓及道钉无松动，应清除轨道上的障碍物，应松开夹轨器并向上固定好。起动前应重点检查和确保相关条件满足要求，即金属结构和工作机构的外观情况应正常；各安全装置和各指示仪表应齐全完好；各齿轮箱、液压油箱的油位应符合规定；主要部位连接螺栓应无松动；钢丝绳磨损情况及各滑轮穿绕应符合规定；供电电缆应无破损。送电前各控制器手柄应在零位，接通电源后应检查供电系统有无漏电现场。作业前应进行空载运转借以检验相关指标是否符合要求（如各工作机构是否运转正常以及有无噪声及异响；各机构的制动器及安全防护装置是否有效），确认正常后方可作业。

起吊时的重物和吊具总重量不得超过起重机相应幅度下规定的起重量。应根据起吊重物和现场情况选择适当的工作速度，操纵各控制器时应从停止点（零点）开始依次逐级增加速度（严禁越挡操作），变换运转方向时应将控制器手柄扳到零位并待电动机停转后再转向另一方向，不得直接变换运转方向、突然变速或制动。在吊钩提升、起重小车或行走大车运行到限位装置前均应减速缓行到停止位置并应与限位装置保持一定距离，严禁采用限位装置作为停止运行的控制开关。动臂式起重机的变幅应单独进行，允许带载变幅的在载荷达到额定起重量的 90％ 及以上时严禁变幅。重物就位时应采用慢就位机构使之缓慢下降。提升重物做水平移动时应高出其跨越的障碍物 0.5m 以上。无中央集电环及起升机构不安装在回转部分的起重机作业时不得顺一个方向连续回转。

停电或电压下降时应立即将控制器扳到零位并切断电源，若吊钩上挂有重物则应稍松、稍紧反复使用制动器以使重物缓慢地下降到安全地带。采用涡流制动调速系统的起重机不得长时间使用低速挡或慢就位速度作业。作业中遇风速大于 10.8m/s 的大风或阵风时应立即停止作业并锁紧夹轨器，还应将回转机构的制动器完全松开以使起重臂能随风转动，轻型俯仰变幅起重机应将起重臂落下并与塔身结构锁紧在一起。

作业中操作人员临时离开操纵室时必须切断电源。起重机载人专用电梯严禁超员且其断绳保护装置必须可靠，起重机作业时严禁开动电梯，电梯停用时应降至塔身底部位置，不得长时间悬在空中。非工作状态时必须松开回转制动器，塔机回转部分在非工作状态应能自由旋转，行走式塔机应停放在轨道中间位置，小车及平衡重物应置于非工作状态，吊钩宜升到离起重臂顶端 2～3m 处。停机时应将每个控制器拨回零位并应依次断开各开关且关闭操纵室门窗，下机后应锁紧夹轨器、断开电源总开关、打开高空指示灯。检修人员上塔身、起重臂、平衡臂等高空部位检查或修理时必须系好安全带。停用起重机的电动机、电气柜、变阻器箱、制动器等应严密遮盖。动臂式和尚未附着的自升式塔式起重机塔身上不得悬挂标语牌。

4. 桅杆式起重机安全使用要求

桅杆式起重机必须按《起重机设计规范》（GB/T 3811—2008）的规定进行设计并应确定其使用范围及工作环境，施工前必须编制专项方案并经技术负责人审批，专项方案的审批人必须在现场进行技术指导。专项方案内容应齐全，将包括工程概况（如施工平面布置、施工要求和技术保证条件）、编制依据〔如相关法律、法规、规范性文件、标准、规范及图纸（国标图集）、施工组织设计等〕、施工计划（如施工进度计划）、施工工艺技术（如技术参数、工艺流程、钢丝绳走向及固定方法、卷扬机的固定位置和方法、桅杆式起重机底座的安装及固定、检查验收等）、施工安全保证措施（如组织保障、技术措施、应急预案、监测监控等）、劳动力计划（如专职安全生产管理人员、特种作业人员等）、计算书及相关图纸。桅杆式起重机的卷扬机应符合我国现行规范有关规定。

起重机的安装和拆卸应划出警戒区并应清除周围的障碍物，应在专人统一指挥下按出厂说明书或制定的拆装技术方案进行。起重机的基础应符合专项方案要求。缆风绳的规格、数量及地锚的拉力、埋设深度等应按起重机性能经计算确定，缆风绳与地面的夹角应为 30°～45°，缆绳与桅杆和地锚的连接应牢固，地锚严禁使用膨胀螺栓，定滑轮应选用闭口滑轮。缆风绳的架设应避开架空电线（在靠近电线的附近应设置绝缘材料搭设的护线架）。桅杆式起重机使用前必须进行验收及试吊。

提升重物时的吊钩钢丝绳应铅直、操作应平稳，当重物吊起刚离开支承面时应检查并确保各部是否正常，无异常时方可继续起吊。起吊满载重物前应有专人检查各地锚的牢固程度，各缆风绳都应均匀受力且主杆应保持直立状态。作业时的起重机回转钢丝绳应处于拉紧状态，回转装置应有安全制动控制器。起重机移动时其底座应垫以足够承重的枕木排和滚杠，并将起重臂收紧处于移动方向的前方，移动时主杆不得倾斜且缆风绳的松紧应配合一致。缆风钢丝绳安全系数应不小于 3.5，起升、锚固、吊索钢丝绳安全系数应不小于 8。

5. 门式、桥式起重机与电动葫芦的安全使用要求

起重机路基和轨道的铺设应符合出厂规定且其轨道接地电阻应不大于 4Ω。使用电缆的门式起重机应设电缆卷筒且其配电箱应设置在轨道中部。用滑线供电的起重机应在滑线两端标有鲜明颜色，滑线应设置防护装置，以防止人员及吊具钢丝绳与滑线意外接触。轨道应平直，鱼尾板连接螺栓应无松动，轨道和起重机运行范围内应无障碍物，门式起重机应松开夹轨器。门式、桥式起重机作业前应重点检查相关项目使其符合要求，即机械结构外观应正常且各连接件无松动；钢丝绳外表情况应良好且绳卡牢固；各安全限位装置应齐全完好。

操作室内应垫木板或绝缘板，接通电源后应采用试电笔测试金属结构部分，确认无漏电方可上机，上、下操纵室应使用专用扶梯。作业前应进行空载运转，在确认各机构运转正常、制动可靠、各限位开关灵敏有效后方可作业。开动前应先发出音响信号示意，重物提升和下降操作应平稳匀速，提升大件时不得用快速并应拴拉绳防止摆动。吊运易燃易爆、有害等危险品时应经安全主管部门批准并应有相应的安全措施。重物的吊运路线严禁从人上方通过，也不得从设备上面通过，空车行走时吊钩应离地面 2m 以上。

吊起重物后应慢速行驶（行驶中不得突然变速或倒退），两台起重机同时作业时应保持 5m 距离，严禁用一台起重机顶推另一台起重机。起重机行走时其两侧驱动轮应同步（发现偏移应停止作业，调整好后方可继续使用）。作业中严禁任何人从一台桥式起重机跨越到另一台桥式起重机上去。操作人员由操纵室进入桥架或进行保养检修时应有自动断电联锁装置或事先切断电源。露天作业的门式、桥式起重机遇风速大于 10.8m/s 的大风时应停止作业并锁紧夹轨器。

门式、桥式起重机的主梁挠度超过规定值时必须修复后方可使用。作业后的门式起重机应停放在停机线上并用夹轨器锁紧，桥式起重机应将小车停放在两条轨道中间，吊钩提升到上部位置，吊钩上不得悬挂重物。作业后应将控制器拨到零位，切断电源，关闭并锁好操纵室门窗。

电动葫芦使用前应检查设备的机械部分和电气部分，钢丝绳、吊钩、限位器等应完好；电气部分应无漏电；接地装置应良好。电动葫芦应设缓冲器，轨道两端应设挡板。作业开始第一次吊重物时应在吊离地面 100mm 时停止以检查电动葫芦制动情况，确认完好后方可正式作业，露天作业时电动葫芦应设防雨棚。电动葫芦严禁超载起吊，起吊时手不得握在绳索与物体之间且吊物上升时应严防冲撞。起吊物件应捆扎牢固。电动葫芦吊重物行走时，重物离地不宜超过 1.5m 高。工作间歇不得将重物悬挂在空中。电动葫芦作业中发生异味、高温等异常情况应立即停机检查，排除故障后方可继续使用。使用悬挂电缆电气控制开关时绝缘应良好、滑动应自如，人的站立位置后方应有 2m 空地并应正确操作电钮。起吊中由于故障造成重物失控下滑时必须采取紧急措施并应向无人处下放重物，起吊中不得急速升降。电动葫芦在额定载荷制动时的下滑位移量应不大于 80mm，作业完毕后应停放在指定位置，吊钩升起并切断电源、锁好开关箱。

6. 卷扬机的安全使用要求

卷扬机安装时其基面应平稳牢固、周围应排水畅通、地锚应设置可靠并搭设工作棚。操作人员的位置应在安全区域并能看清指挥人员和拖动或起吊的物件。卷扬机设置位置必须满

足相关要求，即卷筒中心线与导向滑轮的轴线位置应垂直且导向滑轮的轴线应在卷筒中间位置；卷筒轴心线与导向滑轮轴心线的距离对光卷筒应不小于卷筒长度的 20 倍，对有槽卷筒不应小于卷筒长度的 15 倍。作业前应检查卷扬机与地面的固定情况，弹性联轴器不得松动，并应检查安全装置、防护设施、电气线路、接零或接地线、制动装置和钢丝绳等，全部合格后方可使用。卷扬机至少应装有一个制动器且制动器必须是常闭式的。

卷扬机的传动部分及外露的运动件均应设防护罩。卷扬机应装设在紧急情况下能迅速切断总控制电源的紧急断电开关且司机操作方便的地方。钢丝绳卷绕在卷筒上的安全圈数应不少于 3 圈，钢丝绳末端固定应可靠，其在保留两圈的状态下应能承受 1.25 倍的钢丝绳额定拉力。钢丝绳不得与机架、地面摩擦，通过道路时应设过路保护装置。施工现场不得使用摩擦式卷扬机。

卷筒上的钢丝绳应排列整齐，重叠或斜绕时应停机重新排列，严禁在转动中手拉、脚踩钢丝绳。作业中操作人员不得离开卷扬机且物件或吊笼下面严禁人员停留或通过，休息时应将物件或吊笼降至地面。作业中发现异响、制动失灵、制动带或轴承等温度剧烈上升等异常情况时应立即停机检查，排除故障后方可使用。作业中停电时应将控制手柄或按钮置于零位并切断电源，同时将提升物件或吊笼降至地面。作业完毕应将提升物件或吊笼降至地面并切断电源、锁好开关箱。

7. 井架、龙门架物料提升机的安全使用要求

进入施工现场的井架、龙门架必须具有相应的安全装置，如上料口防护棚；层楼安全门、吊篮安全门；断绳保护装置及防坠器；安全停靠装置；起重量限制器；上、下限位器；紧急断电开关、短路保护、过电流保护、漏电保护；信号装置；缓冲器等。卷扬机应遵守前述规定。基础应符合说明书要求，缆风绳、附墙装置不得与脚手架连接，也不得用钢筋、脚手架钢管等代替缆风绳。起重机的制动器应灵活可靠。运行中吊篮的四角与井架不得互相擦碰，吊篮各构件连接应牢固、可靠。龙门架或井架不得和脚手架联为一体。竖向输送混凝土和砂浆时其翻斗出料口应灵活可靠并能保证自动卸料。吊篮在升降工况下严禁载人，吊篮下方严禁人员停留或通过。作业后应检查钢丝绳、滑轮、滑轮轴和导轨等，发现异常磨损应及时修理或更换。作业后应将吊篮降到最低位置，各控制开关应拨至零位并切断电源、锁好开关箱。

8. 施工升降机的安全使用要求

施工升降机的安装和拆卸工作必须由取得建设行政主管部门颁发的起重设备安装工程承包资质的单位负责施工，且必须由经过专业培训并取得操作证的专业人员进行操作和维修。地基应浇制混凝土基础且必须符合施工升降机使用说明书要求，说明书无要求时其承载能力应大于 150kPa，地基上表面平整度允许偏差为 10mm，并应有排水设施。应保证升降机的整体稳定性，升降机导轨架的纵向中心线至建筑物外墙面的距离宜选用说明书提供的较小的安装尺寸。导轨架安装时应用经纬仪（或电子全站仪）对升降机在两个方向进行测量校准，其铅直度允许偏差应符合表 3-3 中的要求。

**表 3-3**　　　　　　　　　　　　　　**导轨架铅直度要求**

| 架设高度中的/m | ≤70 | >70~100 | >100~150 | >150~200 | >200 |
|---|---|---|---|---|---|
| 铅直度偏差/mm | ≤1/1000H | ≤70 | ≤90 | ≤110 | ≤130 |

导轨架顶端自由高度、导轨架与附墙距离、导轨架的两附墙连接点间距离和最低附墙点高度不得超过出厂规定。升降机的专用开关箱应设在底架附近便于操作的位置，馈电容量应满足升降机直接起动的要求，箱内必须设短路、过载、错相、断相及零位保护等装置。升降机梯笼周围应按使用说明书要求设置稳固的防护栏杆，各楼层平台通道应平整牢固，出入口应设防护门，全行程四周不得有危害安全运行的障碍物。升降机安装在建筑物内部井道中间时应在全行程范围井壁四周搭设封闭屏障，装设在阴暗处或夜班作业的升降机应在全行程上装设足够的照明灯具和明亮的楼层编号标志灯。升降机安装后应经企业技术负责人会同有关部门对基础和附墙支架以及升降机架设安装的质量、精度等进行全面检查，并应按规定程序进行技术试验（包括坠落试验），经试验合格签证后方可投入运行。升降机的防坠安全器只能在有效标定期限内使用，有效标定期限不应超过一年，使用中不得任意拆检调整。

升降机安装后、投入使用前必须经过坠落试验，升降机使用中应每隔3个月进行一次坠落试验，试验程序应按说明书规定进行，梯笼坠落试验制动距离不得超过1.2m，试验后以及正常操作中每发生一次防坠动作均必须由专门人员进行复位。作业前应重点检查相关项目使其符合相关要求，即各部结构应无变形且连接螺栓应无松动；齿条与齿轮、导向轮与导轨均应接合正常；各部钢丝绳应固定良好且无异常磨损；运行范围内应无障碍。起动前应检查并确保电缆、接地线完整无损以及控制开关在零位，电源接通后应检查并确保电压正常且应测试确保无漏电现象，应试验并确认各限位装置、梯笼、围护门等处的电气联锁装置的良好，可靠以及电气仪表灵敏有效，起动后应进行空载升降试验以测定各传动机构制动器的效能确认正常后方可开始作业。升降机应按使用说明书要求进行维护保养并按使用说明书规定定期检验制动器的可靠性，制动力矩必须达到使用说明书要求。

梯笼内乘人或载物时应使载荷均匀分布，不得偏重，严禁超载运行。操作人员应根据指挥信号操作，作业前应鸣声示意，升降机未切断总电源开关前操作人员不得离开操作岗位。升降机运行中发现异常情况时应立即停机并采取有效措施将梯笼降到底层，排除故障后方可继续运行，运行中发现电器失控时应立即按下急停按钮，在未排除故障前不得打开急停按钮。升降机在风速为10.8m/s及以上大风、大雨、大雾以及导轨架、电缆等结冰时必须停止运行，并应将梯笼降到底层，切断电源，暴风雨后应对升降机各有关安全装置进行一次检查，确认正常后方可运行。升降机运行到最上层或最下层时严禁用行程限位开关作为停止运行的控制开关。当升降机运行中由于断电或其他原因而中途停止时可进行手动下降，将电动机尾端制动电磁铁手动释放拉手缓缓向外拉出，使梯笼缓慢地向下滑行。梯笼下滑时不得超过额定运行速度，手动下降必须由专业维修人员进行操纵。作业后应将梯笼降到底层，各控制开关应拨到零位并切断电源，锁好开关箱，闭锁梯笼门和围护门。

## 3.1.5 土石方机械的安全使用

土石方机械的内燃机、电动机和液压装置的使用应遵守相关规范规定。机械进入现场前应查明行驶路线上的桥梁、涵洞的上部净空和下部承载能力，以保证机械安全通过，承载能力不够的桥梁事先应采取加固措施。机械通过桥梁时应采用低速挡慢行且在桥面上不得转向或制动。作业前应查明施工场地明、暗设置物（电线、地下电缆、管道、坑道等）的地点及走向，并采用明显记号表示，严禁在离电缆、煤气管道 1m 距离以内进行大型机械作业。作业中应随时监视机械各部位的运转及仪表指示值，发现异常应立即停机检修。

　　机械运行中严禁接触转动部位和进行检修，修理（焊、铆等）工作装置时应使其降到最低位置并应在悬空部位垫上垫木。在电杆附近取土时对不能取消的拉线、地垄和杆身应留出土台，土台大小可根据电杆结构、掩埋深度和土质情况由技术人员确定。机械不得靠近架空输电线路作业并应按相关规定留出安全距离。施工中遇不良情况，例如，填挖区土体不稳定、有坍塌可能；地面涌水冒浆而出现陷车，因雨发生坡道打滑；发生大雨、雷电、浓雾、水位暴涨及山洪暴发等情况；施工标志及防护设施被损坏；工作面净空不足以保证安全作业；出现其他不能保证作业和运行安全的情况时应立即停工，待符合作业安全条件时方可继续施工。配合机械作业的清底、平地、修坡等人员应在机械回转半径以外工作，必须在回转半径以内工作时应停止机械回转并制动好后方可作业，机械需回转工作时其机械操作人员应在确认其回转半径内无人时方可进行回转作业。

　　雨期施工机械作业完毕后应停放在较高的坚实地面上。挖掘基坑时，当坑底无地下水、坑深在 5m 以内且边坡坡度符合表 3-4 中的规定时可不加支撑。机械作业不得破坏基坑支护系统。在行驶或作业中除驾驶室外，土方机械任何地方均严禁乘坐或站立人员。

**表 3-4　　挖方深度在 5m 以内的基坑（槽）或管沟的边坡最陡坡度（不加支撑）**

| 岩土类别 | 边坡坡度（高：宽） | | |
|---|---|---|---|
| | 坡顶无荷载 | 坡顶有静载 | 坡顶有动载 |
| 中密的砂土、杂素填土 | 1：1.00 | 1：1.25 | 1：1.50 |
| 中密的碎石类土（充填物为砂土） | 1：0.75 | 1：1.00 | 1：1.25 |
| 可塑状的黏性土、密实的粉土 | 1：0.67 | 1：0.75 | 1：1.00 |
| 中密的碎石类土（充填物为黏性土） | 1：0.50 | 1：0.67 | 1：0.75 |
| 硬塑状的黏性土 | 1：0.33 | 1：0.50 | 1：0.67 |
| 软土（经井点降水） | 1：1.00 | | |

1. 单斗挖掘机的安全使用要求

　　单斗挖掘机的作业和行走场地应平整坚实，对松软地面应垫以枕木或垫板，沼泽地区应先做路基处理或更换湿地专用履带板。轮胎式挖掘机使用前应支好支腿并保持水平位置，支腿应置于作业面的方向，转向驱动桥应置于作业面的后方，采用液压悬挂装置的挖掘机应锁住两个悬挂液压缸，履带式挖掘机的驱动轮应置于作业面的后方。作业前应检查重点项目并应确保其符合要求，即照明、信号及报警装置等应齐全有效；燃油、润滑油、液压油应符合规定；各铰接部分应连接可靠；液压系统应无泄漏现象；轮胎气压应符合规定。起动前应将主离合器分离、各操纵杆应放在空挡位置、驾驶员应发出信号，确认安全后方可起动设备并按有关规定起动内燃机。起动后接合动力输出应先使液压系统从低速到高速空载循环10～20min，无吸空等不正常噪声证明工作有效并检查各仪表指示值，待运转正常再接合主离合器，进行空载运转并顺序操纵各工作机构以测试各制动器情况，确认正常后方可作业。

　　挖掘机作业时应保持水平位置，应将行走机构制动并将履带或轮胎揳紧。平整作业场地时不得用铲斗进行横扫或用铲斗对地面进行夯实。挖掘岩石时应先进行爆破，挖掘冻土时应采用破冰锤或爆破法使冻土层破碎。挖掘机作业时除松散土壤外其最大开挖高度和深度均不应超过机械本身的性能规定，在拉铲或反铲作业时其履带到工作面边缘距离应大于 1.0m、轮胎距工作面边缘距离应大于 1.5m。遇较大的坚硬石块或障碍物时应待清除后方可开挖，不得用铲斗破碎石块、冻土或用单边斗齿硬啃。

在坑边进行挖掘作业发现有塌方危险时应立即处理或将挖掘机撤至安全地带，作业面不得留有伞沿及松动的大块石。作业时应待机身停稳后再挖土，铲斗未离开工作面时不得做回转、行走等动作，回转制动时应使用回转制动器，不得用转向离合器反转制动。作业时各操纵过程应平稳且不宜紧急制动，铲斗升降不得过猛，下降时不得撞碰车架或履带。斗臂在抬高及回转时不得碰到洞壁、沟槽侧面或其他物体。向运土车辆装车时应降低挖铲斗卸落高度，不得偏装或砸坏车厢，回转时严禁铲斗从运输车驾驶室顶上越过。作业中液压缸伸缩即将达到极限位时应动作平稳，不得冲撞极限块。作业中需制动时应将变速阀置于低速挡位置。作业中发现挖掘力突然变化时应停机检查，严禁在未查明原因前擅自调整分配阀压力。作业中不得打开压力表开关且不得将工况选择阀的操纵手柄放在高速挡位置。反铲作业时斗臂应停稳后再挖土，挖土时斗柄伸出不宜过长且提斗不得过猛。作业中履带式挖掘机短距离行走时其主动轮应在后面，斗臂应在正前方与履带平行，应制动住回转机构并使铲斗离地1m，上、下坡道不得超过机械本身允许最大坡度，下坡应慢速行驶，不得在坡道上变速和空挡滑行。

轮胎式挖掘机行驶前应收回支腿并固定好，监控仪表和报警信号灯应处于正常显示状态，轮胎气压应符合规定，工作装置应处于行驶方向的正前方，铲斗应离地面 1m，长距离行驶时应采用固定销将回转平台锁定并将回转制动板踩下后锁定。当在坡道上行走且内燃机熄火时应立即制动并搁住履带或轮胎，待重新发动后方可继续行走。作业后挖掘机不得停放在高边坡附近和填方区，应停放在坚实、平坦、安全的地带并将铲斗收回平放在地面上，所有操纵杆均应置于中位并关闭操纵室和机棚。履带式挖掘机转移工地应采用平板拖车装运，短距离自行转移时应低速缓行。保养或检修挖掘机时除应检查内燃机运行状态外还必须将内燃机熄火并使液压系统卸荷、铲斗落地。利用铲斗将底盘顶起进行检修时应使用垫木将抬起的履带或轮胎垫稳并用木楔将落地履带或轮胎搁牢，然后才可将液压系统卸荷，否则严禁进入底盘下工作。

2. 挖掘装载机的安全使用要求

挖掘装载机的挖掘及装载作业应符合我国现行相关规范规定。挖掘作业前应先将装载斗翻转而使斗口朝地并使前轮稍离开地面，应踏下并锁住制动踏板然后伸出支腿使后轮离地并保持水平位置。作业时操纵手柄应平稳，不得急剧移动，支臂下降时不得中途制动，挖掘时不得使用高速挡。在边坡、壕沟、凹坑卸料时应有专人指挥，轮胎距沟、坑边缘的距离应大于 1.5m。回转应平稳，不得撞击并用于砸实沟槽的侧面。动臂后端的缓冲块应保持完好，有损坏时应修复后方可使用。移位时应将挖掘装置处于中间运输状态、收起支腿、提起提升臂后方可进行。

装载作业前应将挖掘装置的回转机构置于中间位置并用拉板固定。装载过程中应使用低速挡。铲斗提升臂举升时不应使用阀的浮动位置。前四阀工作时后四阀不得同时进行工作。行驶中不应采取高速和急转弯，下坡时不得空挡滑行。行驶时支腿应完全收回、挖掘装置应固定牢靠、装载装置宜放低、铲斗和斗柄液压活塞杆应保持完全伸张位置。停放时间超过 1h 时应支起支腿并使后轮离地；停放时间超过 1d 时应使后轮离地并应在后悬架下面用垫块支撑。

3. 推土机的安全使用要求

推土机在坚硬土壤或多石土壤地带作业时应先进行爆破或用松土器翻松，在沼泽地带作业时应更换湿地专用履带板。不得用推土机推石灰、烟灰等粉尘物料和用于碾碎石块的作业。牵引其他机构设备时应有专人负责指挥，钢丝绳的连接应牢固可靠，在坡道或长距离牵引时应采用牵引杆连接。作业前应检查重点项目使其符合要求，即各部件应无松动且连接良好；燃油、润滑油、液压油等应符合规定；各系统管路应无裂纹或泄漏；各操纵杆和制动踏板的行程、履带的松紧度或轮胎气压均应符合要求。起动前应将主离合器分离，各操纵杆应放在空挡位置并应按相关规定起动内燃机，严禁拖、顶起动。

起动后应检查各仪表指示值确保液压系统工作有效，当运转正常、水温达到 55℃、机油温度达到 45℃时方可全载荷作业。推土机机械四周应无障碍物并在确认安全后开动，工作时严禁有人站在履带或刀片的支架上。采用主离合器传动的推土机接合应平稳且起步不得过猛，不得在离合器处于半接合状态下运转，液力传动的推土机应先解除变速杆的锁紧状态、踏下减速器踏板（变速杆应在一定挡位，然后缓慢释放减速踏板）。在块石路面行驶时应将履带张紧，需原地旋转或急转弯时应采用低速挡进行，行走机构夹入块石时应采用正、反向往复行驶使块石排除。

在浅水地带行驶或作业时应查明水深且冷却风扇叶不得接触水面，下水前和出水后均应对行走装置加注润滑脂。推土机上、下坡或越过障碍物时应采用低速挡，其上坡坡度不得超过 25°，下坡坡度不得大于 35°，横向坡度不得超过 10°，在陡坡上（坡度在 25°以上）严禁横向行驶且不得急转弯，上坡不得换挡，下坡不得空挡滑行，需要在陡坡上推土时应先进行填挖以使机身保持平衡后方可作业。上坡途中内燃机突然熄灭时应立即放下铲刀并锁住制动踏板，在推土机停稳后将主离合器脱开并把变速杆放到空挡位置，然后用木块将履带或轮胎揳死方可重新起动内燃机。下坡时推土机下行速度大于内燃机传动速度时其转向动作的操纵应与平地行走时操纵的方向相反，此时不得使用制动器。

填沟作业驶近边坡时铲刀不得越出边缘，后退时应先换挡方可提升铲刀进行倒车。在深沟、基坑或陡坡地区作业时应有专人指挥且其铅直边坡高度应不大于 2m，超过上述深度时应放出安全边坡，禁止用推土刀侧面推土。在推土或松土作业中不得超载，不得做有损于铲刀、推土架、松土器等装置的动作，各项操作应缓慢平稳，无液力变矩器装置的推土机作业中有超载趋势时应稍微提升刀片或变换低速挡。推树时树干不得倒向推土机及高空架设物，用大型推土机推房屋或围墙时其高度不宜超过 2.5m，中小型推土机则不宜超过 1.5m，严禁推与地基基础连接的钢筋混凝土桩等建筑物。两台以上推土机在同一地区作业时的前后距离应大于 8.0m、左右距离应大于 1.5m，在狭窄道路上行驶时未得前机同意后机不得超越。

推土机顶推铲运机作助铲时应遵守相关规定。其在助铲位置进行顶推中应与铲运机保持同一直线行驶。铲刀的提升高度应适当且不得触及铲斗的轮胎。助铲时应均匀用力且不得猛推猛撞，应防止将铲斗后轮胎顶离地面或使铲斗吃土过深。铲斗满载提升时应减少推力，应待铲斗提离地面后即行减速脱离接触。后退时应先看清后方情况，需绕过正后方驶来的铲运机倒向助铲位置时宜从来车的左侧绕行。

作业完毕后应将推土机开到平坦安全的地方落下铲刀，有松土器的应将松土器爪落下，在坡道上停机时应将变速杆挂低速挡、接合主离合器、锁住制动踏板并将履带或轮胎揳住。停机时应先降低内燃机转速、变速杆放在空挡、锁紧液力传动的变速杆、分开主离合器、踏下制动踏板并锁紧，待水温降到 75℃ 以下、油温降到 90℃ 以下时方可熄火。推土机长途转移工地时应采用平板拖车装运，短途行走转移距离不宜超过 10km（铲刀距地面宜为400mm，不得用高速挡行驶和进行急转弯，不得长距离倒退行驶，在行走过程中应经常检查和润滑行走装置）。在推土机下面检修时内燃机必须熄火且铲刀应放下或垫稳。

4. 拖式铲运机的安全使用要求

拖式铲运机牵引用拖拉机的使用应符合前述推土机的有关规定。铲运机作业时应先采用松土器翻松，铲运作业区内应无树根、树桩、大的石块和过多的杂草等。铲运机行驶道路应平整结实且路面应比机身宽出 2m。作业前应检查钢丝绳、轮胎气压、铲土斗及卸土板回缩弹簧、拖把万向接头、撑架以及各部滑轮等，液压式铲运机铲斗与拖拉机连接叉座与牵引连接块应锁定，各液压管路连接应可靠，确认正常后方可起动。开动前应使铲斗离开地面且机械周围应无障碍物，确认安全后方可开动。

作业中严禁任何人上下机械、传递物件以及在铲斗内、拖把或机架上坐立。多台铲运机联合作业时各机间的前后距离不得小于 10m（铲土时不得小于 5m）、左右距离不得小于 2m，行驶中应遵守"下坡让上坡、空载让重载、支线让干线"的原则。在狭窄地段运行时未经前机同意后机不得超越，两机交会或超越平行时应减速，两机间距不得小于 0.5m。铲运机上、下坡道时应低速行驶，不得中途换挡；下坡时不得空挡滑行，行驶的横向坡度不得超过 6°、坡宽应大于机身 2m 以上。

在新填筑土堤上作业时离堤坡边缘不得小于 1m，需要在斜坡横向作业时应先将斜坡挖填以使机身保持平衡。在坡道上不得进行检修作业，在陡坡上严禁转弯、倒车或停车，坡上熄火时应将铲斗落地、制动牢靠后再行起动，下陡坡时应将铲斗触地行驶以帮助制动。铲土时的铲土斗应与机身保持直线行驶，助铲时应有助铲装置并应正确掌握斗门开启的大小，不得切土过深，两机动作应协调配合并做到平稳接触、等速助铲。下陡坡铲土时铲斗装满后和铲斗后轮未达到缓坡地段前不得将铲斗提离地面，以防铲斗快速下滑冲击主机。在凹凸不平地段行驶转弯时应放低铲斗，不得将铲斗提升到最高位置。拖拉陷车时应有专人指挥，前后操作人员应协调，确认安全后方可起步。作业后应将铲运机停放在平坦地面并将铲斗落在地面上，液压操纵的铲运机应将液压缸缩回并将操纵杆放在中间位置，进行清洁、润滑后锁好门窗。非作业行驶时的铲斗必须用锁紧链条挂牢在运输行驶位置上，机上任何部位均不得载人或装载易燃易爆物品。修理斗门或在铲斗下检修作业时必须先将铲斗提起后用销子或锁紧链条固定，再用垫木将斗身顶住并用木楔揳住轮胎。

5. 自行式铲运机的安全使用要求

自行式铲运机行驶道路应平整坚实，单行道宽度应不小于 5.5m。多台铲运机联合作业时前后距离不得小于 20m（铲土时不得小于 10m）、左右距离不得小于 2m。作业前应检查铲运机转向和制动系统并确保其灵敏可靠。铲土或在利用推土机助铲时应随时微调转向盘，铲运机应始终保持直线前进，不得在转弯情况下铲土。下坡时不得空挡滑行并应踩下制动踏板辅助内燃机制动，必要时可放下铲斗以降低下滑速度。转弯时应采用较大回转半径低速转向且操纵转向盘不得过猛，重载行驶或在弯道上、下坡时应缓慢转向。不得在大于 15°的横坡上行驶，也不得在横坡上铲土。沿沟边或填方边坡作业时其轮胎离路肩不得小于 0.7m 并应放低铲斗、降速缓行。在坡道上不得进行检修作业，坡道上熄火时应立即制动、下降铲斗并把变速杆放在空挡位置后方可起动内燃机。穿越泥泞或软地面时铲运机应直线行驶，当一侧轮胎打滑时可踏下差速器锁止踏板，离开不良地面时应停止使用差速器锁止踏板，不得在差速器锁止时转弯。夜间作业时前后照明灯应齐全完好，前大灯应能照至 30m，当对方来车时应在 100m 以外将大灯光改为小灯光并低速靠边行驶。非作业行驶时应符合相关规定。

6. 静作用压路机的安全使用要求

压路机碾压的工作面应经过适当平整，新填的松软路基必须先用羊足碾或打夯机逐层碾压或夯实后方可用压路机碾压。当土含水量超过 30%时不得碾压，含水量少于 5%时宜适当洒水。工作地段的纵坡不应超过压路机最大爬坡能力、横坡不应大于 20°。应根据碾压要求选择机重，光轮压路机需要增加机重时可在滚轮内加砂或水，气温降至 0℃时不得用水增重。轮胎压路机不宜在大块石基础层上作业。作业前各系统管路及接头部分应无裂纹、松动和泄漏现象，滚轮的刮泥板应平整良好，各紧固件不得松动，轮胎压路机还应检查轮胎气压，确认正常后方可起动。不得用牵引法强制起动内燃机，也不得用压路机拖拉任何机械或物件。起动后应进行试运转，确认运转正常、制动及转向功能灵敏可靠后方可作业，开动前压路机周围应无障碍物或人员。

碾压时应低速行驶，变速时必须停机，速度宜控制在 3~4km/h 范围内，在一个碾压行程中不得变速，碾压过程中应保持正确的行驶方向，碾压第二行时必须与第一行重叠半个滚轮压痕。变换压路机前进、后退方向应待滚轮停止后进行，不得利用换向离合器作制动用。在新建道路上进行碾压时应从中间向两侧碾压，碾压时距路基边缘应不少于 0.5m。修筑坑边道路时应由里侧向外侧碾压且距路基边缘应不少于 1m。上、下坡时应事先选好挡位，不得在坡上换挡，下坡时不得空挡滑行。两台以上压路机同时作业时的前后间距不得小于 3m，在坡道上不得纵队行驶。运行中不得进行修理或加油，需要在机械底部进行修理时应将内燃机熄火、刹车制动并搌住滚轮。有差速器锁住装置的三轮压路机只有一只轮子打滑时方可使用差速器锁住装置，但不得转弯。作业后应将压路机停放在平坦坚实的地方并制动，不得停放在土路边缘及斜坡上，也不得停放在妨碍交通的地方。严寒季节停机时应将滚轮用木板垫离地面以防止冻结。压路机转移工地距离较远时应采用汽车或平板拖车装运，不得用其他车辆拖拉牵运。

7. 振动压路机的安全使用要求

作业时压路机应先起步后才能起振，内燃机应先置于中速然后再调至高速。变速与换向时应先停机，变速时应降低内燃机转速。严禁压路机在坚实的地面上进行振动。碾压松软路基时应先在不振动情况下碾压 1~2 遍然后再振动碾压。碾压时振动频率应保持一致，可调振频的振动压路机应先调好振动频率后再作业。换向离合器、起振离合器和制动器的调整应在主离合器脱开后进行。上、下坡时不得使用快速挡，急转弯时，包括铰接式振动压路机在小转弯绕圈碾压时，严禁使用快速挡。压路机高速行驶时不得接合振动。停机时应先停振，然后将换向机构置于中间位置、变速器置于空挡，最后拉起手制动操纵杆，内燃机怠速运转数分钟后熄火。其他作业要求应符合前述静作用压路机的相关规定。

8. 平地机的安全使用要求

在平整不平度较大地面时应先用推土机推平再用平地机平整。平地机作业区应无树根、石块等障碍物，土质坚实的地面应先用齿耙翻松。作业区的水准点及导线控制桩的位置、数据应清楚，放线、验线工作应提前完成。作业前应检查重点项目并使其满足要求，即照明、音响装置应齐全有效；燃油、润滑油、液压油等应符合规定；各连接件应无松动；液压系统应无泄漏现象；轮胎气压应符合规定。不得用牵引法强制起动内燃机，也不得用平地机拖拉其他机械。起动后各仪表指示值应符合要求，待内燃机运转正常后方可开动。起步前应检视机械周围无障碍物及行人，先鸣笛示意后用低速挡起步并应测试确认制动器灵敏有效。作业时应先将刮刀下降到接近地面，起步后再下降刮刀铲土，铲土时应根据铲土阻力大小随时少量调整刮刀的切土深度，刮刀的升降量差不宜过大以防止形成波浪形工作面。刮刀的回转、铲土角的调整以及向机外侧斜都必须在停机时进行，刮刀左右端的升降动作可在机械行驶中随时调整。各类铲刮作业都应低速行驶，角铲土和使用齿耙时必须用一挡，刮土和平整作业可用二、三挡，换挡必须在停机时进行。遇到坚硬土质需用齿耙翻松时应缓慢下齿，不得使用齿耙翻松石块或混凝土路面。使用平地机清除积雪时应在轮胎上安装防滑链并应逐段探明路面的深坑、沟槽情况。平地机转弯或调头时应使用低速挡，正常行驶时应采用前轮转向，场地特别狭小时方可使用前、后轮同时转向。行驶时应将刮刀和齿耙升到最高位置并将刮刀斜放，刮刀两端不得超出后轮外侧，行驶速度不得超过使用说明书规定，下坡时不得空挡滑行。作业中应随时注意变矩器油温，超过 120℃ 时应立即停止作业，待降温后再继续工作。作业后应停放在平坦、安全的地方并将刮刀落在地面上，拉上手动制动器。

9. 轮胎式装载机的安全使用要求

装载机运距超过合理距离时应与自卸汽车配合装运作业，自卸汽车的车厢容积应与铲斗容量相匹配。装载机不得在倾斜度超过出厂规定的场地上作业，作业区内也不得有障碍物及无关人员。装载机作业场地和行驶道路应平坦，在石方施工场地作业时应在轮胎上加装保护链条或用钢质链板直边轮胎。作业前应检查重点项目并确保其符合要求，即照明、音响装置应齐全有效；燃油、润滑油、液压油应符合规定；各连接件应无松动；液压及液力传动系统应无泄漏现象；转向、制动系统应灵敏有效；轮胎气压应符合规定。

起动内燃机后应怠速空运转，各仪表指示值应正常，各部管路密封应良好，待水温达到 55℃、气压达到 0.45MPa 后可起步行驶。起步前应先鸣笛示意且宜将铲斗提升离地 0.5m，行驶过程中应测试制动器的可靠性，行走路线应避开路障或高压线等，除规定操作人员外不得搭乘其他人员且严禁铲斗载人。高速行驶时应采用前两轮驱动，低速铲装时应采用四轮驱动，行驶中应避免突然转向，铲斗装载后升起行驶时不得急转弯或紧急制动。

在公路上行驶时应遵守交通规则，下坡不得空挡滑行。装料时应根据物料密度确定装载量，铲斗应从正面铲料且不得使铲斗单边受力，卸料时举臂翻转铲斗应低速缓慢动作。操纵手柄换向时不应过急、过猛，满载操作时铲臂不得快速下降。在松散不平的场地作业时应把铲臂放在浮动位置并应使铲斗平稳地推进，推进时阻力过大时可稍稍提升铲臂。铲臂向上或向下动作到最大限度时应速将操纵杆回到空挡位置。不得将铲斗提升到最高位置运输物料，运载物料时宜保持铲臂下铰点离地面 0.5m 并保持平稳行驶。铲装或挖掘应避免铲斗偏载，铲斗装满后应举臂到距地面约 0.5m 时再后退、转向、卸料，不得在收斗或举臂过程中行走。

当铲装阻力较大而出现轮胎打滑时应立即停止铲装，应在排除过载后再铲装。在向自卸汽车装料时铲斗不得在汽车驾驶室上方越过，若汽车驾驶室顶无防护板则装料时驾驶室内不得有人。在向自卸汽车装料时宜降低铲斗、减小卸落高度，不得偏载、超载和砸坏车厢。在边坡、壕沟、凹坑卸料时其轮胎离边缘距离应大于 1.5m 且铲斗不宜过于伸出，在大于 3°的坡面上不得前倾卸料。作业时的内燃机水温不得超过 90℃、变矩器油温不得超过 110℃，超过上述规定时应停机降温。作业后装载机应停放在安全场地且铲斗应平放在地面上、操纵杆置于中位并制动锁定。装载机转向架未锁闭时严禁站在前后车架之间进行检修保养。装载机铲臂升起后进行润滑或调整等作业之前应装好安全销，或采取其他措施支住铲臂。停车时应使内燃机转速逐步降低且不得突然熄火，应防止液压油因惯性冲击而溢出油箱。

10. 蛙式夯实机的安全使用要求

蛙式夯实机适用于夯实灰土和素土的地基、地坪及场地平整，不得夯实坚硬或软硬不一的地面、冻土及混有砖石碎块的杂土。作业前应检查重点项目以使其满足相关要求，即漏电保护器应灵敏有效，接零或接地及电缆线接头绝缘良好；传动带应松紧合适且带轮与偏心块应安装牢固；转动部分应有防护装置并应进行试运转，确认正常后方可作业；负荷线应采用耐气候型的四芯橡皮护套软电缆且其电缆线长应不大于 50m。作业时夯实机扶手上的按钮开关和电动机的接线均应绝缘良好（发现有漏电现象时应立即切断电源进行检修）。夯实机作业时应一人扶夯、一人传递电缆线且必须戴绝缘手套和穿绝缘鞋，递线人员应跟随夯机后或两侧调顺电缆线，电缆线不得扭结或缠绕且不得张拉过紧，应保持有 3～4m 余量。作业时应防止电缆线被夯击，移动时应将电缆线移至夯实机后方，不得隔机抢扔电缆线，转向倒线困难时应停机调整。作业时应手握扶手保持机身平衡，不得用力向后压并应随时调整行进方向，转弯时不得用力过猛、不得急转弯。夯实填高土方时应在边缘以内 100～150mm 夯实2～3 遍后再夯实边缘。不得在斜坡上夯行以防夯头后折。夯实房心土时夯板应避开钢筋混凝土基础及地下管道等地下构筑物。在建筑物内部作业时夯板或偏心块不得打在墙壁上。多机作业时的平行间距不得小于 5m、前后间距不得小于 10m。夯机前进方向和夯机四周 1m 范围内不得站立非操作人员。夯机连续作业时间不应过长，电动机超过额定温升时应停机降温。夯机发生故障时应先切断电源然后排除故障。作业后应切断电源、卷好电缆线、清除夯机上的泥土并妥善保管。

11. 振动冲击夯的安全使用要求

振动冲击夯适用于黏性土、砂及砾石等散状物料的压实，不得在水泥路面和其他坚硬地面作业。作业前应检查重点项目以使其满足相关要求，即各部件应连接良好、无松动；内燃冲击夯应有足够的润滑油且油门控制器应转动灵活；电动冲击夯应有可靠接零或接地且电缆线应绝缘完好。内燃冲击夯起动后内燃机应怠速运转 3～5min，然后逐渐加大节气门开度，待冲击夯跳动稳定后方可作业。电动冲击夯接通电源起动后应检查电动机旋转方向，有错误时应倒换相线。作业时应正确掌控冲击夯、不得倾斜，手把不宜握得过紧，能控制冲击夯前进速度即可。正常作业时不得使劲往下压手把以免影响冲击夯跳起高度，在较松的填料上作业或上坡时可将手把稍向下压且可增加冲击夯前进速度。在需要增加密实度的地方可通过手把控制冲击夯在原地反复夯实。内燃冲击夯可通过调整节气门的开度大小按作业要求在一定范围内改变冲击夯频率。内燃冲击夯不宜在高速下连续作业且在内燃机高速运转时不得突然停车。电动冲击夯应装有漏电保护装置,操作人员必须戴绝缘手套、穿绝缘鞋,作业时电缆线不应拉得过紧并应经常检查线头安装情况(不得松动),严禁冒雨作业。作业中若冲击夯有异常响声应立即停机检查。短距离转移时应先将冲击夯手把稍向上抬起将运转轮装入冲击夯的挂钩内,再压下手把使重心后倾,然后方可推动手把转移冲击夯。作业后应清除夯板上的泥沙和附着物以保持冲机夯的清洁并妥善保管。

12. 强夯机械的安全使用要求

担任强夯作业的主机应按强夯等级要求经计算选用,用履带式起重机作主机的应遵守前述规定。强夯机械的门架、横梁、脱钩器等主要结构和部件的材料及制作质量应经过严格检查,不符合设计要求的不得使用。夯机驾驶室挡风玻璃前应增设防护网。夯机的作业场地应平整,门架底座与夯机着地部位应保持水平,下沉超过 100mm 时应重新垫高。夯机工作状态时起重臂仰角应置于 70°。

梯形门架支腿不得前后错位,门架支腿未支稳垫实前不得提锤,变换夯位后应重新检查门架支腿并确保其稳固可靠,然后再将锤提升 100~300mm 检查整机的稳定性,确认可靠后方可作业。夯锤下落后在吊钩尚未降至夯锤吊环附近前操作人员不得提前下坑挂钩,从坑中提锤时严禁挂钩人员站在锤上随锤提升。夯锤起吊后地面操作人员应迅速撤离至安全距离以外,非强夯施工人员不得进入夯点 30m 范围内。夯锤升起超过脱钩高度仍不能自动脱钩时起重指挥应立即发出停车信号并将夯锤落下,待查明原因处理后方可继续施工。当夯锤留有相应的通气孔在作业中出现堵塞现象时应随时清理,但不应在锤下进行清理。当夯坑内有积水或因黏土产生的锤底吸附力增大时应采取措施排除,不得强行提锤。转移夯点时的夯锤应由辅机协助转移,门架随夯机移动前其支腿离地高度不得超过 500mm。作业后应将夯锤下降放实在地面上,在非作业时不得将锤悬挂在空中。

## ▌3.1.6　动力与电气装置的安全使用

内燃机机房应有良好的通风、防雨措施,周围应有 1m 以上的通道,排气管必须引出室外并不得与可燃物接触,机房内不得存放其他易燃易爆物,并应设置灭火器和消防沙箱等消防器材,室外使用动力机械应搭设防护棚。冷却系统的水质应保持洁净,硬水应经软化处理后使用并按要求定期检查更换。电气设备的金属外壳应采用保护接地或保护接零并应符合相关要求,中性点不直接接地系统中的电气设备应采用保护接地;中性点直接接地系统中的电气设备必须采用保护接零;保护接线的首端和末端要做重复接地(中间每 0.5km 做一次重复接地且其接地电阻应不大于 10Ω);保护接零线或保护接地线应采用焊接、压接、螺栓连接等可靠方法连接(严禁缠绕、钩接等)。

同一供电系统中严禁将一部分电气设备做保护接地而将另一部分电气设备做保护接零,严禁将暖气管、煤气管、自来水管作为工作中性线使用。在保护接零的中性线上不得装设开关或熔断器,保护中性线必须采用绿黄双色线。严禁利用大地作工作中性线,不得借用机械本身金属结构作工作中性线。电气设备的每个保护接地或保护接零点必须用单独的接地(中性）线与接地干线（或保护中性线）相连接，严禁在一个接地（中性）线中串接几个接地（中性）点，大型设备必须设置独立的保护接零，高度超过 30m 的竖向运输设备要设置防雷接地保护。

电气设备的额定工作电压必须与电源电压等级相符。电气装置遇跳闸时不得强行合闸（应查明原因排除故障后方可再行合闸）。严禁带电或采用预约停送电时间的方式进行电气检修，检修前必须先切断电源并在电源开关上挂"禁止合闸，有人工作"的警示牌，警示牌的挂、取应有专人负责并应设立围栏且应有专人监护。

各种配电箱、开关箱应配备安全锁，电箱门上应有编号和责任人，电箱门内侧有线路图，箱内不得存放任何其他物件并应保持清洁，非本岗位作业人员不得擅自开箱合闸，每班工作完毕后应切断电源、锁好箱门。清洁、保养、维修动力与电气装置前必须先切断动力并应等停稳后进行。发生人身触电时应立即切断电源，然后方可对触电者做紧急救护，严禁在未切断电源之前与触电者直接接触。电气设备或线路发生火灾时应首先切断电源，在未切断电源之前不得使身体接触导线或电气设备，不得用水或泡沫灭火机进行灭火。绝缘电阻测量应采用 60s 的绝缘电阻值（$R60V$）；吸收比的测量应采用 60s 的绝缘电阻的比值（$R60''/R15''$），测定绝缘电阻时应采用 500V 或 1000V 绝缘电组表测定 100～1000V 的电气设备或回路。

### 1. 内燃机的安全使用要求

内燃机作业前应检查重点以使其满足相关要求，即曲轴箱内润滑油油面应在标尺规定范围内；冷却系统应水量充足、清洁、无渗漏且风扇三角胶带松紧合适；燃油箱油量应充足且各油管及接头处应无漏油现象；各总成连接件应安装牢固且附件应完整、无缺。内燃机起动前离合器应处于分离位置，有减压装置的柴油机应先打开减压阀。用摇柄起动汽油机时应由下向上提动，严禁向下硬压或连续摇转，起动后应迅速拿出摇把，用手拉绳起动时不得将绳的一端缠在手上。

用小发动机起动柴油机时每次起动时间不得超过 5min，用直流起动机起动时每次不得超过 10s，用压缩空气起动时应将飞轮上的标志对准起动位置，当连续进行 3 次仍未能起动时应检查原因并应在排除故障后再起动。起动后应低速运转 3～5min，此时机油压力、排气管排烟应正常且各系统管路无泄漏现象，应待温度和机油压力均正常后方可开始作业。作业中内燃机温度过高时不应立即停机而应继续怠速运转降温，当冷却水沸腾需开启水箱盖时操作人员应戴手套，面部必须避开水箱盖口，应先旋转盖体 1/3 圈卸压后再拧开，严禁用冷水注入水箱或泼浇内燃机体强制降温。内燃机运行中出现异响、异味、水温急剧上升及机油压力急剧下降等情况时应立即停机检查并排除故障。停机前应卸去载荷并进行中速运转，待温度降低后再关闭节气门、停止运转，装有涡轮增压器的内燃机作业后应怠速运转 5～10min方可停机。有减压装置的内燃机不得使用减压杆进行熄火停机。排气管向上的内燃机停机后应在排气管口上加盖。

### 2. 发电机的安全使用要求

以内燃机为动力的发电机其内燃机部分的操作应按内燃机的有关规定执行。新装、大修或停用 10d 以上的发电机使用前应测量定子和励磁回路的绝缘电阻以及吸收比，其转子绕组的绝缘电阻应不低于 0.5MΩ、吸收比不小于 1.3，并应做好测量记录。作业前应检查内燃机与发电机传动部分以确保其连续可靠、输出线路导线绝缘良好、各仪表齐全有效。起动前应将励磁变阻器的阻值放在最大位置上、断开供电输出总开关、接合中性点接地开关，有离合器的发电机组应脱开离合器，内燃机起动后应空载运转并待运转正常后再接合发电机。起动后检查发电机，应在升速中无异响，集电环及换向器上电刷接触良好且无跳动及冒火花现象，应待运转稳定且频率、电压达到额定值后方可向外供电，载荷应逐步增大、三相应保持平衡。发电机运转时即使未加励磁亦应认为其带有电压，禁止对旋转着的发电机进行维修、清理，运转中的发电机不得使用帆布等物遮盖。

发电机组电源必须与外电线路电源联锁，严禁并列运行。发电机并联运行必须满足频率、电压、相位、相序相同的条件。并联线路两组以上时必须全部进入空载状态后方可逐一供电，准备并联运行的发电机必须都已进入正常稳定运转状态，接到"准备并联"的信号后应调整柴油机转速并应在同步瞬间合闸。并联运行的柴油机因负荷下降而需停车一台时应先将需要停车的一台发电机的负荷全部转移到继续运转的发电机上，然后按单台发电机停车的方法进行停机，若需全部停车则应先将负荷切断然后停机。移动式发电机使用前必须将底架停放在平稳的基础上，运转时严禁移动。发电机连续运行的最高和最低允许电压值不得超过额定值的±10%，其正常运行的电压变动范围应在额定值的±5%以内，功率因数为额定值时发电机额定容量应不变。发电机在额定频率值运行时其变动范围不得超过±0.5Hz。发电机功率因数不得超过迟相（滞后）0.95，有自动励磁调节装置的可在功率因数为1的条件下运行（必要时可允许短时间在迟相0.95~1的范围内运行）。

发电机运行中应经常检查并确保各仪表指示及各运转部分正常并应随时调整发电机的载荷，定子、转子电流不得超过允许值。停机前应先切断各供电分路主开关、逐步减少载荷，然后切断发电机供电主开关，将励磁变阻器复回到电阻最大值位置，使电压降至最低值，再切断励磁开关和中性点接地开关，最后停止内燃机运转。发电机经检修后必须仔细检查转子及定子槽间有无工具、材料及其他杂物（以免运转时损坏发电机）。

3. 电动机的安全使用要求

长期停用或可能受潮的电动机使用前应测量绕组间和绕组对地的绝缘电阻，绝缘电阻值应大于0.5MΩ，绕线转子电动机还应检查转子绕组及集电环对地绝缘电阻。电动机应装设过载和短路保护装置并应根据设备需要装设断、错相和失压保护装置。电动机的熔丝额定电流应按相关条件选择，即单台电动机的熔丝额定电流为电动机额定电流的150%~250%；多台电动机合用的总熔丝额定电流为其中最大一台电动机额定电流的150%~250%再加上其余电动机额定电流的总和。采用热继电器作电动机过载保护时其容量应选择电动机额定电流的100%~125%。绕线式转子电动机的集电环与电刷的接触面不得小于满接触面的75%，电刷高度磨损超过原标准2/3时应更换新的，使用过程中不应有跳动和产生火花现象，并应定期检查电刷簧的压力是否可靠。

直流电动机的换向器表面应光洁，有机械损伤或火花灼伤时应修整。当电动机额定电压变动在−5%~10%的范围内时可以额定功率连续运行，超过时则应控制负荷。电动机运行中应无异响、无漏电、轴承温度正常且电刷与集电环应接触良好，旋转中电动机的允许最高温度应按具体情况取值，即滑动轴承为80℃，滚动轴承为95℃。电动机正常运行中不得突然进行反向运转。电动机械在工作中遇停电时应立即切断电源并将起动开关置于停止位置。电动机停止运行前应首先将载荷卸去（或将转速降到最低），然后切断电源，起动开关应置于停止位置。

4. 空气压缩机的安全使用要求

空气压缩机的内燃机和电动机使用应遵守本书前述规定。空气压缩机作业区应保持清洁和干燥，储气罐应放在通风良好处，距储气罐 15m 以内不得进行焊接或热加工作业。空气压缩机进排气管较长时应加以固定且管路不得有急弯，较长管路应设伸缩变形装置。储气罐和输气管路每 3 年应做水压试验一次（试验压力应为额定压力的 150%），压力表和安全阀应每年至少校验一次。空气压缩机作业前应检查重点项目以使其满足相关要求，即内燃机燃、润油液均应添加充足且电动机电源应正常；各连接部位应紧固；各运动机构及各部阀门应开闭灵活、管路应无漏气现象；各防护装置应齐全良好且储气罐内应无存水；电动空气压缩机的电动机及起动器外壳应接地良好且接地电阻应不大于 4Ω。

空气压缩机应在无载状态下起动，起动后应先低速空运转，待检视各仪表指示值符合要求且运转正常后再逐步进入载荷运转。输气胶管应保持畅通、不得扭曲，开启送气阀前应将输气管道连接好并通知现场有关人员后方可送气，出气口前方不得有人工作或站立。作业中储气罐内压力不得超过铭牌额定压力，安全阀应灵敏有效，进气阀、排气阀、轴承及各部件应无异响或过热现象。每工作 2h 应将液气分离器、中间冷却器、后冷却器内的油水排放一次，储气罐内的油水每班应排放 1~2 次。正常运转后应经常观察各种仪表读数并随时按使用说明书予以调整。发现不良情况，例如，如漏水、漏气、漏电或冷却水突然中断；压力表、温度表、电流表、转速表指示值超过规定；排气压力突然升高以及排气阀、安全阀失效；机械有异响或电动机电刷发生强烈火花；安全防护、压力控制装置及电气绝缘装置失效，应立即停机检查，找出原因并排除故障后方可继续作业。运转中缺水而使气缸过热停机时应待气缸自然降温至 60℃ 以下时方可加水。当电动空气压缩机运转中突然停电时应立即切断电源，等来电后再重新在无载荷状态下起动。停机时应先卸去载荷，然后分离主离合器，再停止内燃机或电动机的运转。停机后应关闭冷却水阀门、打开放气阀，放出各级冷却器和储气罐内的油水和存气后方可离岗。在潮湿地区及隧道中施工时对空气压缩机外露摩擦面应定期加注润滑油，对电动机和电气设备应做好防潮保护工作。

5. 10kV 以下配电装置的安全使用要求

施工电源及高低压配电装置应设专职值班人员负责运行与维护，高压巡视检查工作不得少于两人，每半年应进行一次停电检修和清扫。高压油断路器的瓷套管应保证完好，油箱应无渗漏，油位、油质应正常，合闸指示器位置应正确，传动机构应灵活可靠，应定期对触头的接触情况、油质、三相合闸的同期性进行检查。停用或经修理后的高压油开关投入运行前应全面检查，在额定电压下做合闸、跳闸操作各 3 次，其动作应正确可靠。隔离开关应每季检查一次，瓷件应无裂纹及放电现象，接线柱与螺栓应无松动，刀开关应无变形、损伤，接触应严密，三相隔离开关各相动触头与静触头应同时接触且其前后相差不得大于 3mm、打开角应不小于 60°。避雷装置在雷雨季节之前应进行一次预防性试验并应测量接地电阻，雷电后应检查阀型避雷器的瓷绝缘、连接线和地线均应完好无损。低压电气设备和器材的绝缘电阻不得小于 0.5MΩ。在易燃易爆、有腐蚀性气体的场所应采用防爆型低压电器，在多尘和潮湿或易触及人体的场所应采用封闭型低压电器。电箱及配电线路应执行《施工现场临时用电安全技术规范》（JGJ 46—2005）的有关规定。

## ▌3.1.7　运输机械的安全使用

各类运输机械应有完整的机械产品合格证及相关技术资料。各类运输机械应外观整洁、牌号清晰完整。起动前应检查重点项目以使其满足相关要求，即车辆的各总成、零件、附件应按规定装配齐全且不得有脱焊、裂缝等缺陷；螺栓、铆钉连接紧固不得松动、缺损；各润滑装置应齐全且过滤应清洁有效；离合器应结合平稳、工作可靠、操作灵活；踏板行程应符合有关规定；制动系统各部件应连接可靠、管路畅通；灯光、扬声器、指示仪表等应齐全完整；轮胎气压应符合要求；燃油、润滑油、冷却水等应添加充足；燃油箱应加锁；应无漏水、漏油、漏气、漏电现象。

运输机械起动后应观察各仪表指示值以检查内燃机运转情况及转向机构和制动器等性能，确认正常并待水温达到40℃以上、制动气压达到安全压力以上时方可低挡起步，起步前车旁及车下应无障碍物及人员。装载物品应与车厢捆绑稳固牢靠并应注意控制整车重心高度，轮式机具和圆形物件装运应采取防止滚动的措施。严禁车厢载人。运输超限物件时应事先勘察路线并了解空中、地上、地下障碍以及道路、桥梁等通过能力，应制定运输方案并向交通管理部门办理通行手续，应在规定时间内按规定路线行驶，超限部分白天应插警示旗、夜间应挂警示灯，行进时应配备开道车（或护卫车）装卸人员及电工携带工具随行以保证运行安全。水温未达到70℃时不得高速行驶，行驶中变速时应逐级增减挡位，应正确使用离合器，不得强推硬拉使齿轮撞击发响，前进和后退交替时应待车停稳后方可换挡。车辆行驶中应随时观察仪表指示情况，发现机油压力低于规定值、水温过高或有异响、异味等情况时应立即停车检查，排除故障后方可继续运行。

严禁超速行驶，应根据车速与前车保持适当的安全距离，进入施工现场应沿规定的路线选择较好路面行进并应避让石块、铁钉或其他尖锐铁器，遇有凹坑、明沟或穿越铁路时应提前减速缓慢通过。车辆上、下坡应提前换入低速挡，不得中途换挡；下坡时应以内燃机阻力控制车速，必要时可间歇轻踏制动器，严禁空挡滑行。在泥泞、冰雪道路上行驶时应降低车速且宜沿前车辙迹前进并应采取防滑措施，必要时应加装防滑链。车辆涉水过河时应先探明水深、流速和水底情况，水深不得超过排水管或曲轴带盘并应低速直线行驶，不得在中途停车或换挡，涉水后应缓行一段路程并轻踏制动器使浸水的制动蹄片上的水分蒸发掉。通过危险地区或狭窄便桥时应先停车检查，确认可以通过后应由有经验人员指挥前进。车辆停放时应将内燃机熄火、拉紧手制动器、关锁车门，驾驶员在离开前应熄火并锁住车门。在坡道上停放时应遵守规定，下坡停放应置于倒挡，上坡停放应置于一挡，并应使用三角木楔等塞紧轮胎。平头型驾驶室需前倾时应清除驾驶室内物件、关紧车门方可前倾并锁定，复位后应确认驾驶室已锁定后方可起动。在车底进行保养、检修时应将内燃机熄火、拉紧手制动器并将车轮揳牢。车辆经修理后需要试车时应由专业人员驾驶，需在道路上试车时必须事先经公安、公路有关部门的批准。在气温0℃以下时过夜停放应将水箱内的水放尽。

1. 载重汽车的安全使用要求

运载易燃、有毒、强腐蚀等危险品时应由相应的专用车辆按各自的安全规定运输。在由普通载重车运输时其包装、容器、装载、遮盖必须符合有关的安全规定并应备有性能良好、有效期内的消防器材。途中停放应避开火源、火种、人口稠密区、建筑群等，炎热季节应选择阴凉处停放。除具有专业知识的随车人员外不得搭乘其他人员。严禁混装备用燃油。爆破器材的运输应遵守《中华人民共和国民用爆炸物品管理条例》，并应符合《爆破安全规程》（GB 6722—2003）关于爆破器材装卸运输的要求，起爆器材与炸药以及不同炸药严禁同车运输，车箱底部应铺软垫层，应由专业押运人员并按指定路线行驶，不准在人口稠密处、交叉路口和桥上（下）停留，应用帆布覆盖和设明显标志。装运氧气瓶时车厢板的油污应清除干净，严禁混装油料、盛油容器或乙炔瓶，氧气瓶上防振胶圈必须齐全并应采取措施防止其滚动及相互撞击。拖挂车时应检查与挂车相连的制动气管、电气线路、牵引装置、灯光信号等，挂车的车轮制动器和制动灯、转向灯应配备齐全并应与牵引车的制动器和灯光信号同时起作用，确认无误后方可运行，起步应缓慢并减速行驶，应尽量避免紧急制动。

2. 自卸汽车的安全使用要求

自卸汽车应保持顶升液压系统完好且工作平稳，应操纵灵活且不得有卡阻现象，各节液压缸表面应保持清洁。非顶升作业时应将顶升操纵杆放在空挡位置，顶升前应拔出车厢固定锁，作业后应插入车厢固定锁，固定锁应无裂纹且插入或拔出灵活、可靠，行驶过程中车厢挡板不得自行打开。配合挖掘机、装载机装料时自卸汽车就位后应拉紧手制动器，在铲斗需越过驾驶室时驾驶室内严禁有人。卸料前应听从现场专业人员指挥，在确认车厢上方无电线或障碍物且四周无人员来往后将车停稳，举升车厢时应控制内燃机中速运转，当车箱升到顶点时应降低内燃机转速以减少车厢振动，不得边卸边行驶。向坑洼地区卸料时应和坑边保持安全距离以防止塌方翻车，严禁在斜坡侧向倾卸。卸完料并及时使车厢复位后方可起步，不得在车厢倾斜的举升状态下行驶。自卸汽车严禁装运爆破器材。车厢举升后需要进行检修、润滑等作业时应先将车厢支撑牢靠后方可进入车厢下面工作。装运混凝土或黏性物料后应将车厢内外清洗干净以防止其凝结在车厢上。自卸汽车装运散料时应有防止散落的措施。

3. 平板拖车的安全使用要求

拖车的车轮制动器和制动灯、转向灯等应配备齐全，并能与牵引车的制动器和灯光信号同时起作用。行车前应检查并确保拖挂装置、制动气管、电缆接头等连接良好且轮胎气压符合规定。拖车装卸机械时应停在平坦坚实处且轮胎应制动并用三角木揳紧，装车时应调整好机械在拖车板上的位置以达到各轴负荷分配合理。平板拖车的跳板应坚实，装卸履带式起重机、挖掘机、压路机时其跳板与地面夹角应不大于15°；装卸履带式推土机、拖拉机时夹角应不大于25°，装卸车时应有熟练的驾驶人员操作并应由专人统一指挥，上、下车动作应平稳，不得在跳板上调整方向。平板拖车装运履带式起重机时其起重臂应拆短（使它不超过机棚最高点）、起重臂应向后且吊钩不得自由晃动，拖车转弯时应降低速度。推土机的铲刀宽度超过平板拖车宽度时应先拆除铲刀后再装运。机械装车后各制动器应制动住、各保险装置应锁牢、履带或车轮应揳紧并应绑扎牢固。使用随车卷扬机装卸物件时应有专人指挥，拖车应制动住并应将车轮揳紧。平板拖车停放地应坚实平坦，长期停放或重车停放过夜时应将平板支起（轮胎不应承压）。

4. 机动翻斗车的安全使用要求

机动翻斗车驾驶员应经考试合格并持有机动翻斗车专用驾驶证后方可驾驶。机动翻斗车行驶前应检查锁紧装置并将料斗锁牢，不得在行驶中掉斗。行驶时应从一挡起步，待稳定后再换二挡、三挡，不得用离合器处于半结合状态来控制车速。机动翻斗车在路面情况不良时行驶应低速缓行并应避免换挡、制动、急剧加速且不得靠近路边或沟旁行驶，还应防侧滑。在坑沟边缘卸料时应设置安全挡块，车辆接近坑边时应减速行驶且不得冲撞挡块。上坡时应提前换入低速挡行驶，下坡时严禁空挡滑行，转弯时应先减速，急转弯时应先换入低挡，应避免紧急刹车以防止向前倾覆。严禁料斗内载人，料斗不得在卸料工况下行驶或进行平地作业。内燃机运转或料斗内有载荷时严禁在车底下进行作业。多台翻斗车排成纵队行驶时其前、后车之间应保持适当的安全距离（在下雨或冰雪的路面上应加大间距）。翻斗车行驶中应注意观察仪表、指示器是否正常并应注意内燃机各部件工作情况和声响，不得有漏油、漏水、漏气现象，发现不正常应立即停车检查排除。操作人员离机时应将内燃机熄火并挂挡、拉紧手制动器。作业后应对车辆进行清洗，应清除在料斗和车架上的砂土及混凝土等的黏结物料。

5. 散装水泥车的安全使用要求

装料前应检查并清除散装水泥车的罐体及料管内积灰和结碴等物，各管道应无堵塞和漏气现象，阀门应开闭灵活，各连接部件应牢固可靠，压力表应工作正常。打开装料口前应先打开排气阀排除罐内残余气压。装料完毕应将装料口边缘上堆积的水泥清扫干净并盖好进料口盖且把插销插好锁紧。散装水泥车卸料时应停放在坚实平坦的场地，应装好卸料管，关闭卸料管蝶阀和卸压管球阀，打开二次风管并接通压缩空气，应保证空气压缩机在无载情况下起动。在确认卸料阀处于关闭状态后向罐内加压，待压力达到卸料压力时应先稍开二次风嘴阀后再打开卸料阀，应通过调节二次风嘴阀的开度来调整空气与水泥的最佳比例。卸料过程中应注意观察压力表的变化情况（发现压力突然上升而输气软管堵塞不再出料时应停止送气并放出管内有压气体，然后清除堵塞），装卸工作压力不得大于 0.5MPa。卸料作业时空气压缩机应有专人管理，严禁其他人员擅自操作，进行加压卸料时不得改变内燃机转速。卸料结束应打开放气阀放尽罐内余气并关闭各部阀门，车辆行驶过程中罐内不得有压力。雨天不得在露天装卸水泥并应保证进料口盖关闭严密（不得让水或湿空气进入罐内）。

6. 带运输机的安全使用要求

固定式带运输机应安装在坚固的基础上，移动式带运输机开动前应将轮子搂紧。带运输机起动前应调整好输送带的松紧度且其带扣应牢固、各传动部件应灵活可靠、防护罩应齐全、紧固应有效、电气系统应布置合理、绝缘及接零或接地保护应良好。输送带起动时应先空载运转，待运输正常后方可均匀装料，不得先装料后起动。输送带上加料时应对准中心并宜降低加料高度以减少落料对输送带的冲击。作业中应随时观察输送带运输情况（发现带有松动、走偏或跳动现象时应停机进行调整）。作业时严禁人员从带上面跨越或从带下面穿过，输送带打滑时严禁用手拉动。输送带输送大块物料时带两侧应加装挡板或栅栏。多台带运输机串联作业时应从卸料端按顺序起动，待全部运输正常后方可装料。作业中需停机时应先停止装料，待带上物料卸完后方可停机，多台带运输机串联作业停机时应从装料端开始按顺序停机。带运输机作业中突然停机时应立即切断电源并清除运输带上的物料，待检查并排除故障后方可再接通电源起动运输。作业完毕后应将电源断开、锁好电源开关箱、清除输送机上的砂土，并用防雨护罩将电动机盖好。

## ▌3.1.8　混凝土机械的安全使用

混凝土机械的内燃机、电动机、空气压缩机等应遵守本书前述规定，行驶部分也应遵守本书前述规定。液压系统的溢流阀、安全阀应齐全有效，调定压力应符合说明书要求，系统应无泄漏且应工作平稳无异响。机械设备的工作机构、制动及离合装置、各种仪表及安全装置应齐全完好。电气设备作业应符合《施工现场临时用电安全技术规范》（JGJ 46—2005）的有关规定，插入式、平板式振捣器的漏电保护器应采用防溅型产品且其额定漏电动作电流应不大于 15mA，额定漏电动作时间应不大于 0.1s。冬季施工中机械设备的管道、水泵及水冷却装置应采取防冻保温措施。混凝土泵开始或停止泵送混凝土前作业人员应与出料软管保持安全距离，严禁作业人员在出料口下方停留，严禁出料软管埋在混凝土中。泵送混凝土的排量、浇注顺序应符合混凝土浇筑专项方案要求，集中荷载量最大值应在允许范围内。混凝土泵工作时其料斗中混凝土应保持在搅拌轴线以上，不应吸空或无料泵送。混凝土泵工作时严禁进行维修作业。混凝土泵作业中应对泵送设备和管路进行观察，发现隐患应及时处理，对磨损超过规定的管道、卡箍、密封圈等应及时更换。混凝土泵作业后应将料斗和管道内的混凝土全部排出并对泵、料斗、管道进行清洗，清洗作业应按说明书要求进行，不宜采用压缩空气进行清洗。

1. 混凝土搅拌机的安全使用要求

搅拌机安装应平稳牢固并应搭设定型化、装配式操作棚，且应具有防风、防雨功能，操作棚应有足够的操作空间且其顶部在任一 $0.1 \times 0.1$m 区域内均应能承受 1.5kN 的力而无永久变形。作业区应设置排水沟渠、沉淀池及除尘设施。搅拌机操作台处应视线良好，操作人员应能观察到各部工作情况，操作台应铺垫橡胶绝缘垫。作业前应检查重点项目以使其满足相关要求，即料斗上、下限位装置应灵敏有效；保险销、保险链应齐全完好；钢丝绳断丝、断股、磨损应未超标准；制动器、离合器应灵敏可靠；各传动机构、工作装置应无异常；开式齿轮、带轮等传动装置的安全防护罩应齐全可靠；齿轮箱、液压油箱内的油质和油量应符合要求；搅拌筒与托轮应接触良好且应不窜动、不跑偏。搅拌筒内叶片应紧固不松动，与衬板间隙应符合说明书规定。作业前应先进行空载运转以确认搅拌筒或叶片运转方向正确，反转出料的搅拌机应进行正、反转运转，空载运转应无冲击和异常噪声。供水系统的仪表应计量准确，水泵、管道等部件应连接无误，正常供水应无泄漏。搅拌机应达到正常转速后进行上料，不应带负荷起动，上料量及上料程序应符合说明书要求。料斗提升时严禁作业人员在料斗下停留或通过，需要在料斗下方进行清理或检修时应将料斗提升至上止点并用保险销锁牢。搅拌机运转时严禁进行维修、清理工作，作业人员需进入搅拌筒内作业时必须先切断电源、锁好开关箱并悬挂"禁止合闸"的警示牌，且应派专人监护。作业完毕应将料斗降到最低位置并切断电源，冬季还应将冷却水放净。搅拌机在场内移动或远距离运输时应将料斗提升至上止点并用保险销锁牢。

2. 混凝土搅拌站的安全使用要求

混凝土搅拌站的安装应由专业人员按出厂说明书规定进行，并应在技术人员主持下组织调试，在各项技术性能指标全部符合规定并经验收合格后方可投产使用。与搅拌站配套的空气压缩机、带输送机及混凝土搅拌机等设备应遵守本书前述相关规定。作业前应检查相关项目以使其满足相关要求，即搅拌筒内和各配套机构的传动、运动部位及仓门、斗门、轨道等均应无异物卡住；各润滑油箱的油面高度应符合规定；应打开阀门排放气路系统中气水分离器的过多积水；应打开储气筒排污螺塞放出油水混合物；提升斗或拉铲的钢丝绳安装、卷筒缠绕均应正确；钢丝绳及滑轮应符合规定；提升料斗及拉铲的制动器应灵敏有效；各部螺栓应已紧固；各进、排料阀门应无超限磨损；各输送带的张紧度应适当且不跑偏；称量装置的所有控制和显示部分应工作正常且其精度应符合规定；各电气装置应能有效控制机械动作；各接触点和动、静触头应无明显损伤。应按搅拌站的技术性能准备合格的砂、石滑料，粒径超出许可范围的不得使用。机组各部分应逐步起动，起动后各部件运转情况和各仪表指示情况正常且油、气、水的压力符合要求后方可开始作业。

作业过程中储料区内和提升斗下严禁人员进入。搅拌筒起动前应盖好仓盖。机械运转中严禁将手、脚伸入料斗或搅拌筒探摸。当拉铲被障碍物卡死时不得强行起拉，不得用拉铲起吊重物，拉料过程中不得进行回转操作。搅拌机满载搅拌时不得停机，发生故障或停电时应立即切断电源、锁好开关箱并将搅拌筒内的混凝土清除干净后排除故障或等待电源恢复。搅拌站各机械不得超载作业，应检查电动机的运转情况，发现运转声音异常或温升过高时应立即停机检查，电压过低时不得强制运行。搅拌机停机前应先卸载然后按顺序关闭各部开关和管路，应将螺旋管内的水泥全部输送出来，管内不得残留任何物料。作业后应清理搅拌筒、出料门及出料斗并用水冲洗，同时应冲洗附加剂及其供给系统，称量系统的刀座、刀口应清洗干净并应确保称量精度。冰冻季节应放尽水泵、附加剂泵、水箱及附加剂箱内的存水并应起动水泵和附加剂运转 1~2min。搅拌站转移或停用时应将水箱，附加剂箱，水泥、砂、石储存料斗及称量斗内的物料排净并清洗干净，转移中应将杆杠秤表头平衡砣秤杆固定并将传感器卸载。

3. 混凝土搅拌运输车的安全使用要求

混凝土搅拌运输车的内燃机和行驶部分应遵守本书前述规定。液压系统、气动装置的安全阀、溢流阀的调整压力必须符合说明书要求，卸料槽锁扣及搅拌筒的安全锁定装置应齐全完好。燃油、润滑油、液压油、制动液及冷却液应添加充足且无渗漏，质量应符合要求。搅拌筒及机架缓冲件应无裂纹或损伤，筒体与托轮应接触良好，搅拌叶片、进料斗、主辅卸料槽应无严重磨损和变形。装料前应先起动内燃机空载运转直至各仪表指示正常、制动气压达到规定值，应低速旋转搅拌筒 3~5min 确认无误后方可装料，装载量不得超过规定值。行驶前应确认操作手柄处于"搅动"位置并锁定，卸料槽锁扣应扣牢，搅拌行驶时最高速度不得大于 50km/h。出料作业应将搅拌运输车停靠在地势平坦处且应与基坑及输电线路保持安全距离并应将制动系统锁定。进入搅拌筒进行维修、铲除清理混凝土作业前必须将发动机熄火、操作杆置于空挡并将发动机钥匙取出后设专人监护且悬挂安全警示牌。

4. 混凝土输送泵的安全使用要求

混凝土输送泵应安放在平整、坚实的地面上且周围不得有障碍物，在放下支腿并调整后应使机身保持水平和稳定、轮胎应揳紧。混凝土输送管道的敷设应按规定进行，管道敷设前应检查并确保管壁的磨损减薄量在说明书允许范围内且没有裂纹、砂眼等缺陷，新管或磨损量较小的管应敷设在泵出口附近；管道应使用支架与建筑结构固定牢固（底部弯管应依据泵送高度、混凝土排量等设置独立的基础并应能承受最大荷载）；敷设铅直向上的管道时竖管不得直接与泵的输出口连接，应在泵与竖管间敷设长度不小于 15m 的水平管并加装逆止阀；敷设向下倾斜的管道时应在泵与斜管之间敷设长度不小于 5 倍落差的水平管，倾斜度大于 7°时应加装排气阀。作业前应检查确保管道各连接处管卡扣牢不泄漏、防护装置齐全可靠、各部位操纵开关及手柄等位置正确、搅拌斗防护网完好牢固。砂石粒径、水泥标号及配合比应按出厂规定满足泵机可泵性要求。起动后应空载运转以观察各仪表的指示值以及检查泵和搅拌装置的运转情况，确认一切正常后方可作业，泵送前应向料斗加入 10L 清水和 $0.3m^3$ 的水泥砂浆以润滑泵及管道。

5. 混凝土泵车的安全使用要求

混凝土泵车应停放在平整坚实的地方，其与沟槽和基坑的安全距离应符合说明书要求，其臂架回转范围内不得有障碍物，其与输电线路的安全距离应符合《施工现场临时用电安全技术规范》（JGJ 46—2005）的有关规定。混凝土泵车作业前应将支腿打开并用垫木垫平，车身倾斜度应不大于 3°。作业前应检查重点项目以使其满足相关要求，即安全装置应齐全有效且仪表指示应正常；液压系统、工作机构应运转正常；料斗网格应完好牢固；软管安全链与臂架应连接牢固；伸展布料杆应按出厂说明书的顺序进行，布料杆升离支架后方可回转，严禁用布料杆起吊或拖拉物件。布料杆处于全伸状态时不得移动车身，作业中需要移动车身时应将上段布料杆折叠固定且移动速度不得超过 10km/h。严禁延长布料配管和布料软管。

6. 插入式振捣器的安全使用要求

作业前应检查电动机、软管、电缆线、控制开关等确保其完好无破损，电缆线应连接正确。操作人员作业时必须穿戴符合要求的绝缘鞋和绝缘手套。电缆线应采用耐气候型橡皮护套铜芯软电缆且不得有接头。电缆线长度应不大于 30m 且不得缠绕、扭结和挤压，也不得承受任何外力。振捣器软管的弯曲半径不得小于 500mm，操作时应将振动器铅直插入混凝土，深度不宜超过振动器长度的 3/4 且应避免触及钢筋及预埋件。振动器不得在初凝的混凝土、脚手板和干硬的地面上进行试振，在检修或作业间断时应切断电源。作业完毕应切断电源并将电动机、软管及振动棒清理干净。

7. 附着式、平板式振捣器的安全使用要求

作业前应检查电动机、电源线、控制开关等确保其完好无破损，附着式振捣器的安装位置应正确且应连接牢固，应安装减振装置。平板式振捣器操作人员必须穿戴符合要求的绝缘胶鞋和绝缘手套。平板式振捣器应采用耐气候型橡皮护套铜芯软电缆且不得有接头及承受任何外力，其长度应不超过 30m。附着式、平板式振捣器的轴承不应承受轴向力，使用时应保持电动机轴线在水平状态。振捣器不得在初凝的混凝土和干硬的地面上进行试振，在检修或作业间断时应切断电源。平板式振捣器作业时应使用牵引绳控制移动速度，不得牵拉电缆。在同一个混凝土模板或料仓上同时使用多台附着式振捣器时各振动器的振频应一致，安装位置宜交错设置。安装在混凝土模板上的附着式振捣器每次振动作业时间应遵守方案要求。作业完毕应切断电源并将振动器清理干净。

8. 混凝土振动台的安全使用要求

作业前应检查电动机、传动及防护装置确保其完好有效，轴承座、偏心块及机座螺栓应紧固牢靠。振动台应设有可靠的锁紧夹，振动时应将混凝土槽锁紧，严禁混凝土模板在振动台上无约束振动。振动台连接线应穿在硬塑料管内并预埋牢固。作业时应观察并确保润滑油

不泄漏、油温正常且传动装置无异常。振动过程中不得调节预置拨码开关，检修作业时应切断电源。振动台面应经常保持清洁、平整，发现裂纹应及时修补。

9. 混凝土喷射机的安全使用要求

喷射机风源应是符合要求的稳压源，电源、水源、加料设备等均应配套。管道安装应正确且连接处应紧固密封，管道通过道路时应设置在地槽内并加盖保护。喷射机内部应保持干燥和清洁，应按出厂说明书规定的配合比配料，不得使用结块的水泥和未经筛选的砂石。作业前应检查重点项目以使其满足相关要求，即安全阀应灵敏可靠；电源线应无破裂现象且接线应牢靠；各部密封件应密封良好，对橡胶结合板和旋转板出现的明显沟槽应及时修复；压力表指针应在上、下限之间，应根据输送距离调整上限压力极限值；喷枪水环（包括双水环）的孔眼应畅通。起动前应先接通风、水、电，开启进气阀逐步达到额定压力再起动电动机空载运转，确认一切正常后方可投料作业。

机械操作和喷射操作人员应有联系信号，送风、加料、停料、停风以及发生堵塞时应及时联系、密切配合。喷嘴前方严禁站人，操作人员应始终站在已喷射过的混凝土支护面以内。作业中暂停时间超过 1h 时应将仓内及输料管内的混合料全部喷出。发生堵管时应先停止喂料并对堵塞部位进行敲击以迫使物料松散，然后用压缩空气吹通（此时，操作人员应紧握喷嘴，严禁甩动管道伤人。管道中有压力时不得拆卸管接头）。转移作业面时供风、供水系统应随之移动，输送软管不得随地拖拉和折弯。停机时应先停止加料再关闭电动机，然后停止供水，最后停送压缩空气。作业后应将仓内和输料软管内的混合料全部喷出并应将喷嘴拆下清洗干净，应清除机身内外黏附的混凝土料及杂物，同时应清理输料管并应使密封件处于放松状态。

10. 液压滑升设备的安全使用要求

液压控制系统（包括油泵、千斤顶、溢流阀、调节阀及支撑杆等）的选择应符合工程实际并应经设计计算确定。液压控制系统应具有保压、背压功能及对千斤顶行程的同步控制功能。同一系统中的千斤顶规格型号应一致，在一个行程内不同步误差应不大于 2mm。油泵、千斤顶、阀及油管等液压件使用前应经耐压试验（试验压力应为 1.5 倍的额定压力）。支撑杆的悬臂高度，千斤顶卡头至混凝土上表面的高度，不应大于设计值，其在同一水平高度的接头数量不应大于支撑杆总数的 25%。滑升作业前应检查重点项目以使其满足相关要求，即压力表显示值准确且溢流阀调定压力符合设计要求；油箱内液压油油质和油量符合要求；千斤顶动作正确、无爬行现象且其油管及接头无泄漏。

滑升作业过程中系统压力超过设计压力尚不能使千斤顶动作时应立即停止操作、查明原因并排除故障。滑升过程中应保证操作平台与模板的水平上升，不得倾斜，操作平台的载荷应均匀分布并应及时调整各千斤顶的升高值，使之保持一致。当滑升作业面超过规定高度且未在相邻建筑物、构筑物的防雷装置保护范围内时应按《施工临时用电安全技术规范》（JGJ 46—2005）的规定安装防雷装置。遇风速达到 10.8m/s 以上大风及大雨、大雪、大雾等天气时应停止滑升作业。寒冷季节使用时液压油温度不得低于 10℃，炎热季节使用时液压油温度不得超过 60℃。应经常保持千斤顶的清洁，混凝土沿爬杆流入千斤顶内时应及时清理。作业后应切断总电源并清除千斤顶上的附着物。

11. 混凝土布料机的安全使用要求

设置混凝土布料机前应确认现场有足够的作业空间，混凝土布料机任一部位与其他设备及构筑物的安全距离应不小于 0.6m。固定式混凝土布料机的工作面应平整坚实，其设置在楼板上时的支撑强度必须符合说明书要求。混凝土布料机作业前应检查重点项目以使其满足相关要求，即各支腿打开垫实并锁紧；塔架的铅直度符合说明书要求；配重块应与臂架安装长度匹配；臂架回转机构润滑充足、转动灵活；机动混凝土布料机的动力装置、传动装置、安全及制动装置符合要求；混凝土输送管道连接牢固。手动混凝土布料机的臂架回转速度应缓慢均匀，牵引绳长度应满足安全距离要求，严禁作业人员在臂架下停留。输送管出料口与混凝土浇筑面应保持 1m 左右距离且不得被混凝土堆埋。风速达 10.8m/s 以上或大雨、大雾等恶劣天气应停止作业。

## 3.1.9　钢筋加工机械的安全使用

钢筋加工机械的安装应坚实稳固，固定式机械应有可靠的基础，移动式机械作业时应揿紧行走轮。室外作业应设置机棚，机旁应有堆放原料、半成品、成品的场地。加工较长的钢筋时应有专人帮扶并听从操作人员指挥（不得任意推拉）。作业后应堆放好成品并清理场地、切断电源、锁好开关箱、做好润滑工作。

1. 钢筋调直切断机的安全使用要求

料架、料槽应安装平直并应对准导向筒、调直筒和下切刀孔的中心线。应用手转动飞轮检查传动机构和工作装置，并调整间隙、紧固螺栓、检查电气系统，确认正常后起动空运转检查轴承有无异响及齿轮啮合情况，运转正常后方可作业。应按调直钢筋的直径选用适当的调直块，曳引轮槽及传动速度，调直块的孔径应比钢筋直径大 2～5mm，曳引轮槽宽应和所需调直钢筋的直径相符合，传动速度应根据钢筋直径选用，直径大的宜选用慢速，调试合格后方可送料。在调直块未固定、防护罩未盖好前不得送料，作业中严禁打开各部防护罩并调整间隙。送料前应将不直的钢筋端头切除，导向筒前应安装一根 1m 长的钢管，钢筋应先穿过钢管再送入调直前端的导孔内。钢筋送入后手与曳轮应保持一定距离（不得接近）。经调直后的钢筋若仍有慢弯可逐渐加大调直块的偏移量直到调直为止。切断 3 或 4 根钢筋后应停机检查其长度，超过允许偏差时应调整限位开关或定尺板。

2. 钢筋切断机的安全使用要求

接送料的工作台面应和切刀下部保持水平，工作台的长度应根据加工材料长度确定。起动前应检查并确保切刀无裂纹、刀架螺栓紧固、防护罩牢靠，然后用手转动带轮检查齿轮啮合间隙并调整切刀间隙。起动后应先空运转检查各传动部分及轴承情况，运转正常后方可作业。机械未达到正常转速时不得切料，切料时应使用切刀的中、下部位，应紧握钢筋对准刃口迅速投入，操作者应站在固定刀片一侧用力压住钢筋以防止钢筋末端弹出伤人，严禁用两手分在刀片两边握住钢筋俯身送料。不得剪切直径及强度超过机械铭牌规定的钢筋和烧红的钢筋，一次切断多根钢筋时其总截面积应在规定范围内。剪切低合金钢时应更换高硬度切刀且其剪切直径应符合机械铭牌规定。切断短料时手和切刀间的距离应保持在 150mm 以上，手握端小于 400mm 时应采用套管或夹具将钢筋短头压住或夹牢。

运转中严禁用手直接清除切刀附近的断头和杂物，钢筋摆动周围和切刀周围不得停留非操作人员。发现机械运转不正常、有异常响声或切刀歪斜时应立即停机检修。作业后应切断电源并用钢刷清除切刀间的杂物以及进行整机清洁润滑。液压传动式切断机作业前应检查并确保液压油位及电动机旋转方向符合要求，起动后应空载运转松开放油阀排净液压缸体内的空气，然后方可进行切筋。手动液压式切断机使用前应将放油阀按顺时针方向旋紧，切割完毕后应立即按逆时针方向旋松，作业中手应持稳切断机并戴好绝缘手套。

3. 钢筋弯曲机的安全使用要求

工作台和弯曲机台面应保持水平，作业前应准备好各种芯轴及工具。应按加工钢筋的直径和弯曲半径要求装好相应规格的芯轴和成形轴、挡铁轴，芯轴直径应为钢筋直径的 2.5 倍，挡铁轴应有轴套。挡铁轴的直径和强度不得小于被弯钢筋的直径和强度。不直的钢筋不得在弯曲机上弯曲。应检查并确保芯轴、挡铁轴、转盘等无裂纹和损伤且防护罩坚固可靠，待空载运转正常后方可作业。作业时应将钢筋需弯一端插入转盘固定销的间隙内，另一端紧靠机身固定销并用手压紧，应检查机身固定销并确保安放在挡住钢筋的一侧后方可开动。作业中严禁更换轴芯、销子和变换角度、调速，也不得进行清扫和加油。对超过机械铭牌规定直径的钢筋严禁进行弯曲，弯曲未经冷拉或带有锈皮的钢筋时应戴防护镜。弯曲高强度或低合金钢筋时应按机械铭牌规定换算最大允许直径并应调换相应的芯轴。弯曲钢筋的作业半径内和机身不设固定销的一侧严禁站人，弯曲好的半成品应堆放整齐且弯钩不得朝上。转盘换向时应待停稳后进行。作业后应及时清除转盘及孔内的铁锈、杂物等。

4. 钢筋冷拉机的安全使用要求

应根据冷拉钢筋的直径合理选用卷扬机，卷扬钢丝绳应经封闭式导向滑轮并和被拉钢筋成直角，卷扬机的位置应使操作人员能见到全部冷拉场地，卷扬机与冷拉中线距离不得小于5m。冷拉场地应在两端地锚外侧设置警戒区并应安装防护栏及警告标志，无关人员不得在此停留，操作人员在作业时必须离开钢筋 2m 以外。用配重控制的设备应与滑轮匹配并应有指示起落的记号，没有指示记号时应有专人指挥，配重框提起时高度应限制在离地面300mm 以内且配重架四周应有栏杆及警告标志。作业前应检查冷拉夹具，夹齿应完好，滑轮、拖拉小车应润滑灵活，拉钩、地锚及防护装置均应齐全牢固，确认良好后方可作业。卷扬机操作人员必须看到指挥人员发出信号并待所有人员离开危险区后方可作业，冷拉应缓慢、均匀，当有停车信号或见到有人进入危险区时应立即停拉并稍稍放松卷扬钢丝绳。用延伸率控制的装置应装设明显的限位标志并应有专人负责指挥。夜间作业的照明设施应装设在张拉危险区外，需要装设在场地上空时其高度应超过 5m 且灯泡应加防护罩。作业后应放松卷扬钢丝绳、落下配重、切断电源、锁好开关箱。

5. 预应力钢丝拉伸设备的安全使用要求

作业场地两端外侧应设有防护栏杆和警告标志。作业前应检查被拉钢丝两端的镦头，有裂纹或损伤时应及时更换。固定钢丝镦头的端钢板上圆孔直径应较所拉钢丝的直径大0.2mm。高压油泵起动前应将各油路调节阀松开，然后开动油泵，待空载运转正常后再紧闭回油阀，逐渐拧开进油阀，待压力表指示值达到要求、油路无泄漏且一切正常后方可作业。作业中操作应平稳、均匀，张拉时两端不得站人，拉伸机有压力情况下严禁拆卸液压系统的任何零件。高压油泵不得超载作业，安全阀应按设备额定油压调整且严禁任意调整。测量钢丝伸长时应先停止拉伸且操作人员必须站在侧面操作。用电热张拉法带电操作时应穿戴绝缘胶鞋和绝缘手套。张拉时不得用手摸或脚踩钢丝。高压油泵停止作业时应先断开电源再将回油阀缓慢松开，待压力表退回至零位时方可卸开通往千斤顶的油管接头使千斤顶全部卸荷。

6. 冷镦机的安全使用要求

应根据钢筋直径配换相应夹具。应检查并确保模具、中心冲头无裂纹，应校正上、下模具与中心冲头的同心度并紧固各部螺栓，应做好安全防护工作。起动后应先空运转调整上、下模具紧度，再对准冲头模进行镦头校对，一切正常后方可作业。机械未达到正常转速时不得镦头，镦出的头大小不匀时应及时调整冲头与夹具的间隙，冲头导向块应保持有足够的润滑。

7. 钢筋冷拔机的安全使用要求

应检查并确保机械各连接件牢固、模具无裂纹、轧头和模具的规格配套后起动主机空运转，一切正常后方可作业。冷拔钢筋时每道工序的冷拔直径应按机械出厂说明书中的规定进行，不得超量缩减模具孔径，无资料时可每次缩减孔径 0.5～1.0mm。轧头时应先使钢筋的一端穿过模具长度达 100～150mm 后再用夹具夹牢。作业时操作人员的手和轧辊应保持 300～500mm 的距离，不得用手直接接触钢筋和滚筒。冷拔模架中应随时加足润滑剂，润滑剂应采用石灰和肥皂水调和晒干后的粉末，钢筋通过冷拔模前应抹少量润滑脂。钢筋末端通过冷拔模后应立即脱开离合器同时用手闸挡住钢筋末端。拔丝过程中出现断丝或钢筋打结乱盘时应立即停机，处理完毕后方可开机。

8. 钢筋冷挤压连接机的安全使用要求

有异常情况时，例如，新挤压设备使用前，旧挤压设备大修后，油压表受损或强烈振动后，套筒压痕异常且查不出其他原因时，挤压设备使用超过一年，挤压的接头数超过 5000 个等，应对挤压机的挤压力进行标定。设备使用前后的拆装过程中超高压油管两端的接头及压接钳、换向阀的进出油接头应保持清洁并应及时用专用防尘帽封好，超高压油管的弯曲半径不得小于 250mm，扣压接头处不得扭转且不得有死弯。挤压机液压系统的使用应符合本书前述相关规定，高压胶管不得荷重拖拉、弯折以及受到尖利物体刻划。压模、套筒与钢筋应相互配套使用且压模上应有相对应的连接钢筋规格标记。

挤压前的准备工作应符合相关要求，即钢筋端头的锈、泥沙、油污等杂物应清理干净；钢筋与套筒应先进行试套，当钢筋有马蹄、弯折或纵肋尺寸过大时应预先进行矫正或用砂轮打磨，不同直径钢筋的套筒不得串用；钢筋端部应划出定位标记及检查标记（定位标记与钢筋端头的距离应为套筒长度的一半，检查标记与定位标记的距离宜为 20mm）；检查挤压设备情况应进行试压，符合要求后方可作业。挤压操作应符合相关要求，钢筋挤压连接宜先在地面上挤压一端套筒，在施工作业区插入待接钢筋后再挤压另一端套筒；压接钳就位时应对准套筒压痕位置的标记并应与钢筋轴线保持垂直；挤压顺序宜从套筒中部开始并逐渐向端部挤压；挤压作业人员不得随意改变挤压力、压接道数或挤压顺序。作业后应收拾好成品、套筒和压模并清理场地、切断电源、锁好开关箱，最后再将挤压机和挤压钳放到指定地点。

9. 钢筋螺纹成形机的安全使用要求

使用机械前应检查刀具确保其安装正确、连接牢固、各运转部位润滑情况良好、无漏电现象，待空车试运转确认无误后方可作业。钢筋应先调直再下料，切口端面应与钢筋轴线垂直，不得有马蹄形或挠曲，不得用气割下料。加工钢筋锥螺纹时应采用水溶性切削润滑液，气温低于 0℃ 时应掺入 15%～20% 的亚硝酸钠，不得用机油作润滑液或不加润滑液套丝。加工时必须确保钢筋夹持牢固。机械在运转过程中严禁清扫刀片上面的积屑杂污，发现工况不良应立即停机检查、修理。对超过机械铭牌规定直径的钢筋严禁进行加工。作业后应切断电源并用钢刷清除切刀间的杂物且应进行整机清洁润滑。

　　10. 钢筋除锈机的安全使用要求

　　作业前应检查并确保钢丝刷的固定螺栓无松动，传动部分润滑和封闭式防护罩及排尘设备等完好。操作人员必须束紧袖口且应戴防尘口罩、手套和防护眼镜。严禁将弯钩成形的钢筋上机除锈，弯度过大的钢筋宜在基本调直后除锈。操作时应将钢筋放平、手握紧、侧身送料，严禁在除锈机正面站人，整根长钢筋除锈应由两人配合操作、互相呼应。

# ▌3.1.10　桩工机械的安全使用

　　桩工机械类型应根据桩的类型、桩长、桩径、地质条件、施工工艺等综合考虑选择。桩机上装设的起重机、卷扬机、钢丝绳应遵守本书前述相关规定，打桩机卷扬钢丝绳应经常润滑且不得干摩擦。施工现场应按桩机使用说明书要求进行整平压实且地基承载力应满足桩机使用要求，在基坑和围堰内打桩应配置足够的排水设备。桩机作业区内应无妨碍作业的高压线路、地下管道和埋设电缆，作业区应有明显标志或围栏，非工作人员不得进入。电力驱动的桩机的作业场地至电源变压器或供电主干线的距离应在 200m 以内，工作电源电压的允许偏差为其公称值的 ±5%，电源容量与导线截面应符合设备使用说明书中的规定。

　　桩机安装、试机、拆除应由专业人员严格按设备使用说明书的要求进行，安装桩锤时应将桩锤运到立柱正前方 2m 以内且不得斜吊。打桩作业前应由施工技术人员向机组人员做详细的安全技术交底。水上打桩时应选择排水量比桩机重量大 4 倍以上的作业船或牢固排架，打桩机与船体或排架应可靠固定并采取有效的锚固措施，打桩船或排架的偏斜度超过 3° 时应停止作业。

　　作业前应检查并确保桩机各部件连接牢靠以及各传动机构、齿轮箱、防护罩、吊具、钢丝绳、制动器等性能良好，起重机起升、变幅机构应正常，电缆表面应无损伤，应有接零和漏电保护措施，电源频率应一致且电压正常，旋转方向应正确，润滑油、液压油的油位应符合规定，液压系统应无泄漏，液压缸动作应灵敏，作业范围内应无人或障碍物。桩机吊桩、吊锤、回转或行走等动作不应同时进行，桩机在吊桩后不应全程回转或行走，吊桩时应在桩上拴好拉绳，应避免桩与桩锤或机架碰撞，桩机在吊有桩和桩锤的情况下操作人员不得离开岗位。桩锤施打过程中操作人员应在距离桩锤中心 5m 以外监视。

　　插桩后应及时校正桩的铅直度，桩入土 3m 以上时不应用桩机行走或回转动作来纠正桩的倾斜度。拔送桩时不得超过桩机起重能力且起拔载荷应符合相关要求（即打桩机为电动卷扬机时起拔载荷不得超过电动机满载电流；打桩机卷扬机以内燃机为动力时若拔桩发现内燃机明显降速则应立即停止起拔；每米送桩深度的起拔载荷可按 40kN 计算）。作业过程中应经常检查设备的运转情况，发生异响、吊索具破损、紧固螺栓松动、漏气、漏油、停电以及其他不正常情况时应立即停机检查，排除故障后方可重新开机。桩孔应及时浇注，暂不浇注的要及时封闭。在有坡度的场地上及软硬边际作业时应沿纵坡方向作业和行走。

遇风速达 10.8m/s 及以上大风和雷雨、大雾、大雪等恶劣气候时应停止一切作业，当风力超过七级或有风暴警报时应将桩机顺风向停置并应增加缆风绳，必要时应将桩架放倒，桩机应有防雷措施，遇雷电时人员应远离桩机，冬季应清除机上积雪，工作平台应有防滑措施。作业中停机时间较长时应将桩锤落下垫好，检修时不得悬吊桩锤。桩机运转时不应进行润滑和保养工作，设备检修时应停机并切断电源。桩机安装、转移和拆运过程中不得强行弯曲液压管路以防液压油泄漏。作业后应将桩机停放在坚实平整的地面上并将桩锤落下垫实且应切断动力电源，冬季应放尽各种可能冻结的液体。

1. 柴油打桩锤的安全使用要求

作业前应检查导向板的固定及磨损情况，导向板不得在松动及缺件情况下作业，导向面磨损大于 7mm 时应予更换。作业前应检查并确保起落架各工作机构安全可靠，起动钩与上活塞接触线应为 5～10mm。作业前应检查桩锤与桩帽的连接，提起桩锤脱出砧座后其下滑长度不应超过使用说明书的规定值，超过时应调整桩帽连接钢丝绳的长度。作业前应检查缓冲胶垫，当砧座和橡胶垫的接触面小于原面积 2/3 时，或下汽缸法兰与砧座间隙小于使用说明书的规定值时，应更换橡胶垫。水冷式桩锤应将水箱内的水加满并应保证桩锤连续工作时有足够的冷却水，冷却水应使用清洁的软水，冬季应加温水。桩帽上应有足够厚度的缓冲垫木且垫木不得偏斜以保证作业时锤击桩帽中心，金属桩垫木厚度应为 100～150mm；混凝土桩垫木厚度应为 200～250mm，作业中应观察垫木的损坏情况，损坏严重时应予更换。桩锤起动前应使桩锤、桩帽和桩在同一轴线上，不应偏心打桩。软土打桩时应先关闭油门冷打，待每击贯入度小于 100mm 时方可起动桩锤。

桩锤运转时应目测冲击部分的跳起高度并应严格执行使用说明书要求，达到规定高度时应减小节气门开度、控制落距。上活塞下落而柴油锤未燃爆时上活塞可发生短时间起伏，此时起落架不得落下以防撞击碰块。打桩过程中应有专人负责拉好曲臂上的控制绳，意外情况下可使用控制绳紧急停锤。桩锤起动后应提升起落架，锤击过程中起落架与上汽缸顶部间的距离应不小于 2m。作业中应重点观察上活塞的润滑油是否从油孔中泄出，下活塞的润滑油应按使用说明书要求加注。作业中最终 10 击的贯入度应符合使用说明书规定，当每 10 击贯入度小于 20mm 时宜停止锤击或更换桩锤。柴油锤出现早燃时应停止工作并按使用说明书要求进行处理。作业后应将桩锤放到最低位置，盖上汽缸盖和吸、排气孔塞子，关闭燃料阀，将操作杆置于停机位置，起落架应升至高于桩锤 1m 处并锁住安全限位装置。长期停用的桩锤应从桩机上卸下，应放掉冷却水、燃油及润滑油，应将燃烧室及上、下活塞打击面清洗干净并做好防腐措施，应盖上保护套并入库保存。

2. 振动桩锤的安全使用要求

作业前应检查并确保振动桩锤各部位螺栓、销轴的连接牢靠，以及减振装置的弹簧、轴和导向套完好。应检查各传动胶带的松紧度，过松或过紧时应进行调整。应检查夹持片的齿形，齿形磨损超过 4mm 时应更换或用堆焊修复，使用前应在夹持片中间放一块 10～15mm 厚的钢板进行试夹，试夹中液压缸应无渗漏、系统压力应正常，不得在夹持片之间无钢板时试夹。应检查振动桩锤的导向装置是否牢靠，其与立柱导轨的配合间隙应符合使用说明书规定。悬挂振动桩锤的起重机吊钩上必须有防松脱的保护装置，振动桩锤悬挂钢架的耳环上应加装保险钢丝绳。起动振动桩锤应监视起动电流和电压且一次起动时间不应超过 10s，起动困难时应查明原因，排除故障后方可继续起动，起动后应待电流降到正常值时方可转到运转位置。夹持器工作时夹持器和桩的头部之间不应有空隙，待液压系统压力稳定在工作压力后才能起动桩锤，振幅达到规定值时方可指挥起重机作业。

沉桩前应以桩的前端定位调整导轨与桩的铅直度，倾斜度不应超过 2°。沉桩时吊桩的钢丝绳应紧跟桩下沉速度而放松并应注意控制沉桩速度以防电流过大损坏电动机，电流急剧上升时应停止运转，待查明原因和排除故障后方可继续作业，沉桩速度过慢时可在振动桩锤上加一定量的配重。拔桩时在桩身埋入部分被拔起 1.0～1.5m 时应停止振动、拴好吊桩用钢丝绳后再起振拔桩，当桩尖在地下只有 1～2m 时应停止振动而改由起重机直接拔桩，桩完全拔出后吊桩钢丝绳未吊紧前不得松开夹持器。拔钢板桩时应按沉入顺序的相反方向起拔，夹持器在夹持板桩时应靠近相邻一根，对工字桩应夹紧腹板的中央，钢板桩和工字桩的头部有钻孔时应将钻孔焊平或将钻孔以上割掉，也可在钻孔处焊加强板，应严防拔断钢板桩。

振动桩锤起动运转后若振幅正常后仍不能拔桩则应停止作业而改用功率较大的振动桩锤，拔桩时的拔桩力不应大于桩架的负荷能力。作业中应保持振动桩锤减振装置各摩擦部位具有良好的润滑。作业中不应松开夹持器，停止作业时应先停止振动桩锤，待完全停止运转后再松开夹持器。作业过程中若振动桩锤减振器横梁的振幅长时间过大则应停机查明原因。作业中遇液压软管破损、液压操纵箱失灵或停电时应立即停机并应采取安全措施，不得让桩从夹持器中脱落。作业后应将振动桩锤沿导杆放至低处并采用木块垫实，带桩管的振动桩锤可将桩管沉入土中 3m 以上。长期停用时应卸下振动桩锤并采取防雨措施。

3. 锤式打桩机的安全使用要求

打桩机的安装、拆卸应按使用说明书中规定的程序进行。轨道式桩架的轨道铺设应符合使用说明书的规定。打桩机的立柱导轨应按规定润滑。作业前打桩机应先空载运行各机构以确认运转正常。打桩机不允许侧面吊桩和远距离拖桩，正前方吊桩时对混凝土预制桩的水平距离应不大于 4m、钢桩应不大于 7m 并应防止桩与立柱碰撞。

打桩机吊锤（桩）时锤（桩）的最高点离立柱顶部的最小距离应确保安全。轨道式打桩机吊桩时应夹紧夹轨器。使用双向立柱时应待立柱转向到位并用锁销将立柱与基杆锁住后方可起吊。施打斜桩时应先将桩锤提升到预定位置并将桩吊起、套入桩帽，待桩尖插入桩位后再后仰立柱，履带三支点式桩架在后倾打斜桩时应使用后支撑杆顶紧；轨道式桩架应在平台后增加支撑并夹紧夹轨器，立柱后仰时打桩机不得回转及行走。打桩机带锤行走时应将桩锤放至最低位。在斜坡上行走时应将打桩机重心置于斜坡的上方，坡度要符合使用说明书的规定，自行式打桩机行走时应注意地面的平整度及坚实度并应有专人指挥，履带式打桩机驱动轮应置于尾部位置，走管式打桩机横移时距滚管终端的距离应不小于 1m，打桩机在斜坡上不得回转。桩架回转时制动应缓慢，轨道式和步履式桩架同向连续回转应不大于一周。作业后应将桩锤放在已打入地下的桩头或地面垫板上并将操纵杆置于停机位置，起落架应升至比桩锤高 1m 的位置，最后应锁住安全限位装置并应使全部制动生效。轨道式桩架不工作时应夹紧夹轨器。

4. 静力压桩机的安全使用要求

静力压桩机的安装、试机、拆卸应按使用说明书的要求进行。压桩机行走时其长、短船与水平坡度不应超出使用说明书的允许值，纵向行走时不得单向操作一个手柄而应两个手柄一起动作，短船回转或横向行走时不应碰触长船边缘。当压桩引起周围土体隆起而影响桩机行走时应将桩机前进方向隆起的土铲平，不得强行通过。压桩机爬坡或在松软场地与坚硬场地之间过渡时应正向、纵向行走，严禁横向行走。

压桩机升降过程中的四个顶升缸应两个一组交替动作且每次行程不得超过 100mm，当单个顶升缸动作时其行程不得超过 50mm，压桩机顶升过程中船形轨道不应压在已入土的单一桩顶上。压桩作业时应有统一指挥，压桩人员和吊桩人员应密切联系、相互配合。起重机吊桩进入夹持机构进行接桩或插桩作业时应确认在压桩开始前吊钩已安全脱离桩体。压桩时应按桩机技术性能表作业，不得超载运行，操作时动作不应过猛以避免冲击。桩机发生浮机时严禁起重机吊物，若起重机已起吊物体应立即将起吊物卸下、暂停压桩，待查明原因采取相应措施后方可继续施工。压桩时非工作人员应离机 10m 以外，起重机的起重臂及桩机配重下方严禁站人。压桩时人员的手足不得伸入压桩台与机身的间隙之中。压桩过程中应保持桩的铅直度，遇地下障碍物使桩产生倾斜时不得采用压桩机行走的方法强行纠正，而应先将桩拔起，待地下障碍物清除后再重新插桩。

压桩过程中夹持机构与桩侧出现打滑时不得任意提高液压缸压力进行强行操作，而应找出打滑原因排除故障后方可继续进行。接桩时上一级应提升 350～400mm，此时不得松开夹持板。桩贯入阻力太大而使桩不能压至设计标高时不得任意增加配重而应保护液压元件和构件不受损坏。当桩顶不能最后压到设计标高时应将桩顶部分凿去，不得用桩机行走的方式将桩强行推断。作业完毕应将短船运行至中间位置并停放在平整地面上，其余液压缸应全部回程缩进，起重机吊钩应升至最上部并应使各部制动生效，最后应将外露活塞杆擦干净。作业后应将控制器放在"零位"并依次切断各部电源、锁闭门窗，冬季应放尽各部积水。转移工地时应按规定程序拆卸后用汽车装运，所有油管接头处应加闷头螺栓，不得让尘土进入。

5. 转盘钻孔机的安全使用要求

安装钻孔机时钻机基础应夯实、整平，轮胎式钻机的钻架下应铺设枕木以垫起轮胎，钻机垫起后应保持整机处于水平位置。钻机的安装和钻头的组装应按说明书规定进行，竖立或放倒钻架时应由熟练的专业人员进行。钻架的吊重中心、钻机的卡孔和护进管中心应在同一铅垂线上，钻杆中心偏差应不大于 20mm。钻头和钻杆连接螺纹应良好，滑扣时不得使用，钻头焊接应牢固且不得有裂纹，钻杆连接处应加便于拆卸的厚垫圈。

作业前应将各部操纵手柄先置于空挡位置，用人力盘动无卡阻后再起动电动机空载运转，确认一切正常后方可作业。开机时应先送浆、后开钻，停机时应先停钻、后停浆，泥浆泵应有专人看管，泥浆质量和浆面高度应随时测量和调整，应随时清除沉淀池中杂物，出现漏浆应及时补充，应保持泥浆合适浓度纯净和循环不中断，应防止塌孔和埋钻。开钻时钻压应轻、转速应慢，在钻进过程中应根据地质情况和钻进深度选择合适的钻压和钻速均匀钻进。换挡时应先停机，应挂上挡后再开机。加接钻杆时应使用特制的连接螺栓均匀紧固，应保证连接处的密封性并做好连接处的清洁工作。提钻、下钻时应轻提轻放，钻机下和井孔周围 2m 以内及高压胶管下不得站人，钻杆不应在旋转时提升。

发生提钻受阻时应先设法使钻具活动后再慢慢提升，不得强行提升，钻进受阻时应采用缓冲击法解除并查明原因，采取措施后方可钻进。钻架、钻台平车、封口平车等的承载部位不得超载。使用空气反循环时其喷浆口应遮拦并应固定管端。钻进结束时应根据钻杆长度换算孔底标高，确认无误后再把钻头略为提起、降低转速，空转 5～20min 后再停钻，停钻时应先停钻、后停风。作业后应对钻机进行清洗和润滑并应将主要部位遮盖妥当。

6. 螺旋钻孔机的安全使用要求

安装前应检查并确保钻杆及各部件无变形，安装后钻杆与动力头中心线的偏斜不应超过全长的 1‰。安装钻杆时应从动力头开始逐节往下安装，不得将所需钻杆长度在地面上全部接好后一次起吊安装。安装后电源的频率与控制箱内频率转换开关上的指针应相同，不同时应采用频率转换开关予以转换。钻机应放置平稳、坚实，汽车式钻孔机应架好支腿将轮胎支起并应用自动微调或线锤调整挺杆使之保持铅直。起动前应检查并确保钻机各部件连接牢固、传动带的松紧度适当、减速箱内油位符合规定、钻深限位报警装置有效。

起动前应将操纵杆放在空挡位置，起动后应做空载运转试验以检查仪表、温度、音响、制动等状况，一切正常后方可作业。施钻时应先将钻杆缓慢放下使钻头对准孔位，电流表指针偏向无负荷状态时即可下钻，钻孔过程中若电流表超过额定电流则应放慢下钻速度。钻机发出下钻限位报警信号时应停钻并将钻杆稍稍提升，待解除报警信号后方可继续下钻。卡钻时应立即切断电源、停止下钻，查明原因前不得强行起动。作业中需改变钻杆回转方向时应待钻杆完全停转后再进行。作业中发现阻力过大、钻进困难、钻头发出异响或机架出现摇晃、移动、偏斜时应立即停钻，经处理后方可继续施钻。钻机运转时应有专人看护，应防止电缆线被缠入钻杆。钻孔时严禁用手清除螺旋片中的泥土，成孔后应将孔口加盖防护。钻孔过程中应经常检查钻头的磨损情况，钻头磨损量达 20mm 时应予更换。作业中停电时应将各控制器放置零位、切断电源并及时将钻杆全部从孔内拔出使钻头接触地面。作业后应将钻杆及钻头全部提升至孔外，先清除钻杆和螺旋叶片上的泥土后再将钻头按下接触地面，然后将各部制动住、操纵杆放到空挡位置、切断电源。

7. 全套管钻机的安全使用要求

作业前应检查并确保套管和浇注管内侧无明显变形和损伤且未被混凝土黏结。全面检查钻机确认无误后方可起动内燃机并怠速运转逐步加速至额定转速，应按照指定的桩位对位并通过试调使钻机纵横向达到水平、位正，然后再进行作业。机组人员应监视各仪表指示数据、倾听运转声音，发现异状或异响应立即停机处理。第一节套管入土后应随时调整套管的铅直度，套管入土深度大于 5m 时不得强行纠偏。在套管内挖掘土层碰到坚硬土岩时不得用锤式抓斗冲击硬层，应采用十字凿锤将硬层有效的破碎后方可继续挖掘。用锤式抓斗挖掘管内土层时应在套管上加装保护套管接头的喇叭口。套管对接时其接头螺栓应按出厂说明书规定的扭矩对称拧紧，接头螺栓拆下时应立即洗净后浸入油中。起吊套管时应使用专用工具吊装，不得用卡环直接吊在螺纹孔内，也不得使用其他损坏套管螺纹的起吊方法。

挖掘过程中应保持套管的摆动，发现套管不能摆动时应拔出液压缸将套管上提，再用起重机助拔，直至拔起部分套管能摆动为止。浇筑混凝土时钻机操作应和灌筑作业密切配合，应根据孔深、桩长适当配管，套管与浇筑管应保持同心，在浇筑管埋入混凝土 2～4m 时应同步拔管和拆管以确保成桩质量。上拔套管需左右摆动，套管分离时其下节套管头应用卡环保险以防套管下滑。作业后应就地清除机体、锤式抓斗及套管等外表的混凝土和泥沙，并将机架放回行走的原位，最后将机组转移至安全场所。

8. 旋挖钻机的安全使用要求

作业地面应坚实平整，作业过程中地面不得下陷，工作坡度不得大于 2°。钻机驾驶员进出驾驶室时应面向钻机并利用阶梯和扶手上下，进入或离开驾驶室时不得把任何操纵杆当扶手使用。钻机作业或行走过程中除驾驶员外不得搭载其他人员。钻机行驶时应将上车转台和底盘车架销住，履带式钻机还应锁定履带伸缩油缸的保护装置。钻孔作业前应确认固定上车转台和底盘车架的销轴已拔出，履带式钻机应将履带的轨距伸至最大以增加设备的稳定性。装卸钻具钻杆、转移工作点、收臂放塔、检修调试必须有专人指挥，确认附近无人和可能碰触的物体时方可进行。卷扬机提升钻杆、钻头和其他钻具时重物必须位于桅杆正前方，钢丝绳与桅杆夹角必须符合使用说明书的规定。

开始钻孔时应使钻杆保持铅直且位置正确，应以慢速开始钻进，待钻头进入土层后再加快进尺，当钻头穿过软硬土层交界处时应放慢进尺，提钻时不得转动钻头。作业中钻机发生浮机现象应立即停止作业并查明原因及时处理。钻机移位时应将钻桅及钻具提升到一定高度并注意检查钻杆以防止钻杆脱落。作业中钻机工作范围内不得有人进入。钻机短时停机可不放下钻桅而仅将动力头与钻具下放，应使其尽量接近地面，长时停机应将钻桅放至规定位置。作业后应将机器停放在平地上并清理污物。钻机使用一定时间后应按设备使用说明书要求进行保养，维修、保养时应将钻机支撑好。

9. 深层搅拌机的安全使用要求

桩机就位后应检查设备的平整度和导向架的铅直度，导向架的铅直度偏差应符合使用说明书的要求。作业前应先空载试机以检查仪表显示、油泵工作等状况，确认设备各部位有无异响且一切正常后方可正式开机运转。吸浆、输浆管路或粉喷高压软管的各接头应紧固，以防管路脱落、泥浆或水泥粉喷出伤人，或使电动机受潮，泵送水泥浆前管路应保持湿润以利于输浆。作业中应注意控制深层搅拌机的入土切削和提升搅拌速度并应经常检查电流表，电流过大时应降低速度直至电流恢复正常。发生卡钻、停钻或管路堵塞现象时应立即停机并将搅拌头提离地面，查明原因妥善处理后方可重新开机运行。作业中应注意检查搅拌机动力头的润滑情况，应确保动力头不断油。喷浆式搅拌机停机超过 3h 应拆卸输浆管路、排除灰浆、清洗管道。粉喷式搅拌机应严格控制提升速度，应选择慢挡提升，应确保喷粉量足、搅拌均匀。作业后应按使用说明书的要求对设备做好清洁保养工作，喷浆式搅拌机还应对整个输浆管路及灰浆泵做彻底冲洗以防水泥在泵或浆管内凝固。

10. 地下连续墙施工成槽机的安全使用要求

地下连续墙施工机械选型和功能应满足施工所处的地质条件和环境安全要求。发动机、油泵车起动时必须将所有操作手柄放置在空挡位置，起动后应检查各仪表指示值并听、视发动机及油泵的运转情况，确认正常后方能工作。作业前应在检查并确保各传动机构、安全装置、钢丝绳等安全可靠后方可进行空载试车，试车运行中应检查并确保液压元件、油缸、油管、油马达等正常且无渗漏油现象，油压应正常，油管盘、电缆盘应运转灵活正常不得有卡滞现象并能与起升速度保持同步，一切正常方可开始工作。

回转应平稳进行，严禁突然制动。应在一种动作完全停止后再进行另一种动作，严禁同时进行两种动作。钢丝绳排列应整齐且不得有松乱现象。成槽机起重性能参数应符合主机起重性能参数，不得有超载、违章现象。安装时成槽抓斗应放置在平行把杆方向的地面上，抓斗位置应在把杆 75°～78°时顶部的垂直线上，起升把杆时起升钢丝绳也应同时逐渐慢速提升成槽抓斗，电缆与油管也应同步卷起以防油管与电缆损坏，接油管时应保持油管的清洁。工作应在平坦坚实场地进行，松软地面作业时应在履带下铺设 30mm 厚的钢板，间距不大于 30cm，起重臂最大仰角不得超过 78°，同时应勤检查钢丝绳、滑轮，不得有磨损严重及脱槽，传动部件、限位保险装置、油温等不得有不正常现象。

工作时成槽机行走履带应平行槽边并应尽可能使主机远离槽边以防槽段塌方。工作时把杆下严禁人员通过和站人，严禁用手触摸钢丝绳及滑轮。工作时应密切注意成槽机成槽的铅直度并及时进行纠偏。工作完毕后成槽机应尽可能远离槽边并使抓斗着地，应清洁设备使设备保持整洁。拆卸时把杆在 75°～78° 位置将抓斗着地，逐渐变幅把杆同步下放起升钢丝绳、电缆与油管，以防电缆、油管拉断。运输时电缆及油管应卷绕整齐，有电缆盘和油管盘一节的把杆运输时应用垫木垫高而使油管盘和电缆盘腾空，以防运输过程中造成电缆盘和油管盘损坏。

11. 冲孔桩机械的安全使用要求

冲孔桩机施工摆放场地应平整坚实。作业前应检查重点以使其满足相关要求，即各连接部分应牢固；传动部分、离合器、制动器、棘轮停止器、导向轮应灵活可靠；卷筒不得有裂纹；钢丝绳应缠绕正确且绳头应压紧，钢丝绳断丝、磨损不得超过限度；安全信号和安全装置应齐全良好；桩机有可靠的接零或接地且电气部分绝缘良好；开关应灵敏可靠。卷扬机起动、停止或到达终点时速度要平缓，严禁超负荷工作。卷扬机卷筒上的钢丝绳不得全部放完，最少保留 3 圈，严禁手拉钢丝绳卷绕。冲孔作业时应防止碰撞护筒、孔壁和钩挂护筒底缘，提升时应缓慢平稳。应经常检查卷扬机钢丝绳的磨损程度，钢丝绳的保养及更换应符合相关规定。外露传动系统必须有防护罩，转盘万向轴必须设有安全警示牌。必须在重锤停稳后卷扬机才能换向操作，应减少对钢丝绳的破坏。当重锤没有完全落在地面时司机不得离岗，下班后应切断电源、关好电闸箱。禁止使用搬把型开关，应防止发生碰撞误操作。

## 3.1.11　木工机械的安全使用

木工机械操作人员应穿紧身衣裤、束紧长发且不得系领带和戴手套。木工机械设备电源的安装和拆除、机械电气故障的排除应由专业电工进行，木工机械只准使用单向开关不准使用倒顺双向开关。木工机械安全装置必须齐全有效，传动部位必须安装防护罩，各部件应连接紧固。工作场所应备有齐全可靠的消防器材，严禁在工作场所吸烟和有其他明火且不得存放易燃易爆物品。工作场所的待加工和已加工木料应堆放整齐并应保证道路畅通。机械应保持清洁，工作台上不得放置杂物。机械的带轮、锯轮、刀轴、锯片、砂轮等高速转动部件应在安装时做平衡试验。各种刀具破损程度应符合使用说明书的规定。加工前应从木料中清除铁钉、铁丝等金属物。装设有气力除尘装置的木工机械作业前应先起动排尘风机，应保持排尘管道不变形、不漏风。严禁在机械运行中测量工件尺寸和清理机械上面和底部的木屑、刨花和杂物。运行中不得跨过机械传动部分传递工件、工具等，排除故障、拆装刀具时必须待机械停稳后切断电源后方可进行。应根据木材的材质、粗细、湿度等选择合适的切削和进给速度，操作人员与辅助人员应密切配合并以同步匀速接送料。多功能机械使用时只允许使用一种功能，应卸掉其他功能装置避免多动作引起的安全事故。作业后应切断电源、锁好闸箱并进行清理、润滑。噪声排放应不超过 90dB，超过时应采取降噪措施或佩戴防护用品。

1. 带锯机的安全使用要求

作业前应检查锯条，若锯条齿侧的裂纹长度超过 10mm，锯条接头处裂纹长度超过 10mm，以及连续缺齿两个和接头超过两个的锯条均不得使用。裂纹在以上规定内必须在裂纹终端冲一止裂孔，锯条松紧度调整适当后应先空载运转，声音正常无串条现象时方可作业。作业中操作人员应站在带锯机的两侧，跑车开动后行程范围内的轨道周围不准站人，严禁在运行中上、下跑车。原木进锯前应调好尺寸且进锯后不得调整，进锯速度应均匀、不能过猛。在木材的尾端越过锯条 500mm 后方可进行倒车，倒车速度不宜过快，要注意木搓、节疤碰卡锯条。平台式带锯作业时送接料要配合一致，送接料时不得将手送进台面，锯短料时应用推棍送料，回送木料时要离开锯条 50mm 以上。装设有气力吸尘罩的带锯机，若木屑堵塞吸尘管口严禁在运转中清理管口。锯机张紧装置的压砣（重锤），应根据锯条的宽度与厚度调节挡位或增减副砣，不得用增加重锤重量的办法克服锯条口松或串条等现象。

2. 圆盘锯的安全使用要求

锯片上方必须安装保险挡板，锯片后面离齿 10～15mm 处必须安装弧形楔刀，锯片安装应保持与轴同心，夹持锯片的法兰盘直径应为锯片直径的 1/4。锯片必须锯齿尖锐，不得连续缺齿两个，锯片不得有裂纹。被锯木料厚度以锯片能露出木料 10～20mm 为限且长度应不小于 500mm。起动后待转速正常后方可进行锯料，送料时不得将木料左右晃动或高抬，遇木节要缓缓送料，接近端头时应用推棍送料。锯线走偏应逐渐纠正，不得猛板以免损坏锯片。操作人员应戴防护眼镜，不得站在面对锯片离心力方向操作，作业时手臂不得跨越锯片。

3. 平面刨（手压刨）的安全使用要求

刨料时应保持身体平稳、双手操作，刨大面时手应按在木料上面，刨小料时手指不得低于料高一半，禁止手在料后推料。被刨木料的厚度小于 30mm、长度小于 400mm 时必须用压板或推棍推进，厚度在 15mm、长度在 250mm 以下的木料不得在平刨上加工。刨旧料前必须将料上的钉子、泥砂清除干净，被刨木料有破裂或硬节等缺陷时必须处理后再施刨，遇木搓、节疤要缓慢送料，严禁将手按在节疤上强行送料。刀片和刀片螺钉的厚度、重量必须一致，刀架、夹板必须吻合贴紧，刀片焊缝超出刀头和有裂缝的刀具不准使用，刀片紧固螺钉应嵌入刀片槽内并离刀背不得小于 10mm，刀片紧固力应符合使用说明书的规定。机械运转时不得将手伸进安全挡板里侧去移动挡板或拆除安全挡板进行刨削，严禁戴手套操作。

4. 压刨床（单面和多面）的安全使用要求

作业时严禁一次刨削两块不同材质、规格的木料，被刨木料的厚度不得超过使用说明书的规定。操作者应站在进料的一侧，接、送料时不得戴手套，送料时必须先进大头，接料人员待被刨料离开料辊后方能接料。刨刀与刨床台面的水平间隙应在 10～30mm 之间，严禁使用带开口槽的刨刀。每次进刀量应为 2～5mm，遇硬木或节疤应减小进刀量并降低送料速度。刨料长度不得短于前后压滚的中心距离，厚度小于 10mm 的薄板必须垫托板。压刨必须装有回弹灵敏的逆止爪装置，进料齿辊及托料光辊应调整水平和上下距离一致，齿辊应低于工件表面 1～2mm，光辊应高出台面 0.3～0.8mm，工作台面不得歪斜和高低不平。刨削过程中遇木料走横或卡住时应先停机再放低台面、取出木料排除故障。安装刀片的注意事项同前。

5. 木工车床的安全使用要求

应检查车床各部装置及工、卡具并确保其灵活可靠，工件应卡紧并用顶针顶紧，用手转动试运转确认情况良好后方可开车，应根据工件木质的软硬选择适当的进刀料量和调整转速。车削过程中不得用手摸检查工件的光滑程度，用砂纸打磨时应先将刀架移开后进行，车床转动时不得用手来制动。方形木料必须先加工成圆柱体后再上车床加工，有节疤或裂缝的木料均不得上车床切削。

6. 木工铣床（裁口机）的安全使用要求

开车前应检查铣刀安装的牢固情况，铣刀不得有裂纹或缺损，防护装置及定位止动装置应齐全可靠。铣削时遇有硬节时应低速送料，应在木料送过刨口 150mm 后再进行接料。当木料将铣切到端头时应将手移到木料已铣切的一端接料，送短料时必须用推料棍。铣切量应按使用说明书规定执行，严禁在中间插刀。卧式铣床的操作人员必须站在刀刃侧面，严禁迎刃而立。

7. 开榫机的安全使用要求

作业前要紧固好刨刀、锯片并试运转 3～25min，确认正常后方可作业。作业时应侧身操作，严禁面对刀具。被加工的木料必须用压料杆压紧，待切削完毕后方可松开，短料开榫必须用垫板夹牢，不得用手直接握料。遇有节疤的木料不得上机加工。

8. 打眼机的安全使用要求

作业前要调整好机架和卡具，台面应平稳、钻头应垂直、凿心要在凿套中心卡牢并与加工的钻孔垂直。打眼时必须使用夹料器，不得用手直接扶料，遇节疤时必须缓慢压下，不得用力过猛，严禁戴手套操作。作业中当凿心卡阻或冒烟时应立即抬起手柄，不得直接用手清理钻出的木屑。更换凿心时应先停车切断电源并须在平台上垫上木板后方可进行。

9. 锉锯机的安全使用要求

使用前应先检查砂轮有无裂缝和破损，砂轮必须安装牢固。应先空运转，有剧烈振动时应找出偏重位置，调整平衡后方可使用。作业时操作人员不得站立在砂轮旋转的离心力方向上。当撑齿钩遇到缺齿或撑钩妨碍锯条运动时应及时处理。每分钟锉磨锯齿带锯应控制在 40～70 齿之间、圆锯应控制在 26～30 齿之间。锯条焊接要求接合严密、平滑均匀、厚薄一致。

10. 磨光机的安全使用要求

作业前应先检查，盘式磨光机防护装置应齐全有效，砂轮应无裂纹破损，带式磨光机应调整砂筒上砂带的张紧程度并润滑各轴承和紧固连接件，确认正常后方可起动。磨削小面积工件时应尽量在台面整个宽度内排满工件，磨削时应渐次连续进给。用砂带磨光机磨光时压垫的压力要均匀，砂带纵向移动时应和工作台横向移动互相配合。工件应放在向下旋转的半面进行磨光，手不准靠近磨盘。

## ▌3.1.12 焊接机械的安全使用

焊接前必须先进行动火审查并配备灭火器材和监护人员后方可开动火。焊接设备应有完整的防护外壳，一、二次接线柱处应有保护罩。焊接操作及配合人员必须按规定穿戴劳动防护用品，必须采取防止触电、高空坠落、中毒和火灾等事故的安全措施。现场使用的电焊机应设有防雨、防潮、防晒、防砸的机棚并应装设相应的消防器材。焊割现场 10m 范围内及高空作业下方不得堆放油类、木材、氧气瓶、乙炔发生器等易燃易爆物品。电焊机绝缘电阻不得小于 0.5MΩ，电焊机导线绝缘电阻不得小于 1MΩ，电焊机接地电阻不得大于 4Ω。

电焊机导线和接地线不得搭在易燃易爆及带有热源的和有油的物品上，不得利用建筑物的金属结构、管道、轨道或其他金属物体搭接起来形成焊接回路，不得将电焊机和工件双重接地，严禁使用氧气、天然气等易燃易爆气体管道作为接地装置。电焊机械的二次线应采用防水橡皮护套铜芯软电缆，电缆长度应不大于 30m，二次线接头不得超过 3 个，二次线应双线到位，不得采用金属构件或结构钢筋代替二次线的地线，需要加长导线时应相应增加导线截面，导线通过道路时必须架高或穿入防护管内埋设在地下，导线通过轨道时必须从轨道下面通过，导线绝缘受损或断股时应立即更换。

电焊钳应有良好的绝缘和隔热能力，电焊钳握柄必须绝缘良好，握柄与导线连接应牢靠、接触良好，连接处应采用绝缘布包好并不得外露，操作人员不得用胳膊夹持电焊钳，也不得在水中冷却电焊钳。对压力容器和装有剧毒、易燃易爆物品的容器及带电结构严禁进行焊接和切割。需施焊受压容器、密封容器、油桶、管道、沾有可燃气体和溶液的工件时应先清除容器及管道内压力，消除可燃气体和溶液，然后冲洗有毒、有害、易燃物质。对存有残余油脂的容器应先用蒸汽、碱水冲洗并打开盖口，确认容器清洗干净后再灌满清水方可进行焊接。在容器内焊接应采取防止触电、中毒和窒息的措施。焊、割密封容器应留出气孔，必要时应在进、出气口处装设通风设备，容器内照明电压不得超过 12V，焊工与焊件间应绝缘，容器外应设专人监护。

严禁在已喷涂过油漆和塑料的容器内焊接。焊接铜、铝、锌、锡等有色金属时应通风良好，焊接人员应戴防毒面罩、呼吸滤清器或采取其他防毒措施。当预热焊件温度达 150～700℃时应设挡板隔离焊件发出的热辐射，焊接人员应穿戴隔热石棉服装和鞋、帽等。高空焊接或切割时必须系好安全带，焊接周围和下方应采取防火措施并应有专人监护。雨天不得在露天电焊，在潮湿地带作业时操作人员应站在铺有绝缘物品的地方并应穿绝缘鞋。应按电焊机额定焊接电流和暂载率操作（严禁过载），运行中应经常检查电焊机的温升，喷漆电焊机金属外壳温升超过 35℃时必须停止运转并采取降温措施。清除焊缝焊渣时应戴防护眼镜且头部应避开敲击焊渣的飞溅方向。

1. 交直流焊机的安全使用要求

使用前应检查并确保一、二次线接线正确，输入电压应符合电焊机的铭牌规定，接通电源后严禁接触初级线路的带电部分，直流焊机换向器与电刷接触应良好。交流电焊机二次侧应安装漏电保护器。二次线接头应加垫圈压紧，合闸前应详细检查并确保接线螺母、螺栓及其他部件齐全完好、无松动或损坏。数台焊机在同一场地作业时应逐台起动。多台电焊机集中使用时应使三相负载平衡，多台焊机的接地装置不得串联。移动电焊机时应切断电源，不得用拖拉电缆的方法移动焊机，焊接中突然停电时应立即切断电源。运行中需调节焊接电流和极性开关时不得在负荷时进行且调节不得过快、过猛。硅整流直流电焊机主变压器的二次线圈和控制变压器的次级线圈严禁用摇表测试。启用长期停用的焊机时应空载通电一定时间进行干燥处理。搬运由高导磁材料制成的磁放大铁心时应防止强烈震击引起磁能恶化。

**2. 氩弧焊机的安全使用要求**

应检查并确保电源、电压符合要求且接地装置安全可靠。应检查并确保气管、水管不受外压和无外漏。应根据材质性能、尺寸、形状先确定极性再确定电压、电流和氩气流量。安装的氩气减压阀、管接头不得沾有油脂,安装后应进行试验并确保其无障碍和漏气。冷却水应保持清洁,水冷型焊机焊接过程中冷却水的流量应正常且不得断水施焊。高频引弧焊机的高频防护装置应良好,必要时可通过降低频率进行防护,且不得发生短路,振荡器电源线路中的联锁开关严禁分接。操作者使用氩弧焊时应戴防毒面罩,钍钨棒的打磨应设有抽风装置,储存时宜放在铅盒内,钨极粗细应根据焊接厚度确定,更换钨极时必须切断电源,操作人员磨削钨极端头时必须戴手套和口罩,磨削下来的粉尘应及时清除,钍、铈、钨极不得随身携带。焊机作业附近不宜设置有振动的其他机械设备且不得放置易燃、易爆物品,工作场所应有良好的通风措施。氮气瓶和氩气瓶与焊接地点不应靠得太近并应直立固定放置,不得倒放。作业后应切断电源、关闭水源和气源,焊接人员焊接作业结束后必须及时脱去工作服并清洗手脸和外露的皮肤。

**3. 点焊机的安全使用要求**

作业前应清除上、下两电极的油污。起动前应先接通控制线路的转向开关和焊接电流的小开关,调整好极数,然后再接通水源、气源,最后接通电源。焊机通电后应检查电气设备、操作机构、冷却系统、气路系统及机体外壳有无漏电现象,电极触头应保持光洁。作业时气路、水冷系统应畅通,气体应保持干燥,排水温度不得超过 40℃,排水量可根据气温调节。严禁在引燃电路中加大熔断器,负载过小使引燃管内电弧不能发生时不得闭合控制箱的引燃电路。控制箱长期停用时应每月通电加热 30min,更换闸流管时应预热 30min,正常工作的控制箱的预热时间不得小于 5min。

**4. 二氧化碳气体保护焊机的安全使用要求**

作业前二氧化碳气体应先预热 15min,开气时操作人员必须站在瓶嘴的侧面。作业前应检查并确保焊丝的进给机构、电线连接部分、二氧化碳气体供应系统及冷却水循环系统合乎要求且焊枪冷却水系统不得漏水。二氧化碳气体瓶宜放在阴凉处,其最高温度不得超过 40℃,并应放置牢靠且不得靠近热源。二氧化碳气体预热器端的电压不得大于 36V,作业后应切断电源。

**5. 埋弧焊机的安全使用要求**

应检查并确保送丝滚轮的沟槽及齿纹完好,滚轮、导电嘴(块)磨损或接触不良时应更换。作业前应检查减速箱油槽中的润滑油,不足时应添足。软管式送丝机构的软管槽孔应保持清洁并定期吹洗。作业时应及时排走焊接中产生的有害气体,在通风不良的室内或容器内作业时应安装通风设备。

**6. 对焊机的安全使用要求**

对焊机应安置在室内并应有可靠的接地或接零。多台对焊机并列安装时相互间距不得小于 3m 并应分别接在不同相位的电网上且应分别有各自的刀型开关。异线截面不应小于表 3-5 中的规定。焊接前应检查并确保对焊机的压力机构灵活、夹具牢固、气压及液压系统无泄漏,一切正常后方可施焊。焊接前应根据所焊接钢筋截面调整二次电压,不得焊接超过对焊机规定直径的钢筋。断路器的接触点、电极应定期光磨,二次电路全部连接螺栓应定期紧固，冷却水温度不得超过 40℃，排水量应根据温度调节。焊接较长钢筋时应设置托架，配合搬运钢筋的操作人员在焊接时应防止火花烫伤。闪光区应设挡板，与焊接无关的人员不得入内。冬期施焊时室内温度不应低于 8℃且作业后应放尽机内冷却水。

| 表 3 - 5 | 异线截面要求 | | | | | | |
|---|---|---|---|---|---|---|---|
| 对焊机的额定功率/kVA | 25 | 50 | 75 | 100 | 150 | 200 | 500 |
| 一次电压为 220V 时导线截面/mm² | 10 | 25 | 35 | 45 | — | — | — |
| 一次电压为 380V 时导线截面/mm² | 6 | 16 | 25 | 35 | 50 | 70 | 150 |

7. 竖向钢筋电渣压力焊机的安全使用要求

应根据施焊钢筋直径选择具有足够输出电流的电焊机，电源电缆和控制电缆连接应正确、牢固，控制箱的外壳应牢靠接地。施焊前应检查供电电压并确认正常，一次电压降大于 8% 时不宜焊接，焊接导线长度不得大于 30m、截面面积不得小于 50mm²。施焊前应检查并确保电源及控制电路正常且应定时准确，误差不大于 5%，机具的传动系统、夹装系统及焊钳的转动部分应灵活自如，焊剂应已干燥，所需附件应齐全。施焊前应按所焊钢筋直径根据参数表标定好所需的电源和时间，通常情况下可取时间（s）为钢筋的直径数（mm）、电流（A）为钢筋直径的 20 倍数（mm）。起弧前上、下钢筋应对齐且钢筋端头应接触良好，对锈蚀粘有水泥的钢筋应要用钢丝刷清除并应保证其导电良好。施焊过程中应随时检查焊接质量，发现倾斜、偏心、未熔合、有气孔等现象时应重新施焊。每个接头焊完后应停留 5～6min 保温，寒冷季节应适当延长，拆下机具时应扶住钢筋，过热的接头不得过于受力，焊渣应待完全冷却后清除。

8. 气焊（割）设备的安全使用要求

气瓶每 3 年必须检验一次且使用期不应超过 20 年。与乙炔相接触的部件铜或银含量不得超过 70%。严禁用明火检验是否漏气。乙炔钢瓶使用时必须设有防止回火的安全装置，同时使用两种气体作业时不同气瓶都应安装单向阀且应防止气体相互倒灌。乙炔瓶与氧气瓶距离不得少于 5m、气瓶与动火距离不得少于 10m。乙炔软管、氧气软管不得错装，乙炔气胶管、防止回火装置及气瓶冻结时应用 40℃ 以下热水加热解冻，严禁用火烤。现场使用的不同气瓶应装有不同的减压器，严禁使用未安装减压器的氧气瓶。安装减压器时应先检查氧气瓶阀门接头，不得有油脂，并应略开氧气瓶阀门吹除污垢后再安装减压器，操作者不得正对氧气瓶阀门出气口，关闭氧气瓶阀门时应先松开减压器的活门螺钉。

氧气瓶、氧气表及焊割工具上严禁沾染油脂，开启氧气瓶阀门时应采用专用工具且动作应缓慢，不得面对减压器，压力表指针应灵敏正常，氧气瓶中的氧气不得全部用尽，应留 49kPa 以上的剩余压力。点火时焊枪口严禁对人，正在燃烧的焊枪不得放在工件或地面上，焊枪带有乙炔和氧气时严禁放在金属容器内以防气体逸出发生爆燃事故。点燃焊（割）炬时应先开乙炔阀点火再开氧气阀调整火，关闭时应先关闭乙炔阀再关闭氧气阀。氢、氧并用时应先开乙炔再开氢气最后开氧气再点燃，熄灭火时应先关氧气再关氢气最后关乙炔。操作时氢气瓶、乙炔瓶应直立放置且必须安放稳固，应防止倾倒且不得卧放使用，气瓶存放点温度不得超过 40℃。严禁在带压的容器或管道上焊割，带电设备上焊割应先切断电源，在储存过易燃易爆及有毒物品的容器或管道上焊割时应先清除干净并将所有的孔、口打开。

作业中发现氧气瓶阀门失灵或损坏不能关闭时应让瓶内的氧气自动放尽后再进行拆卸修理。使用中氧气软管着火时不得折弯软管断气而应迅速关闭氧气阀门停止供氧,乙炔软管着火时应先关熄炬火,可采用弯折前面一段软管的方式将火熄灭。工作完毕应将氧气瓶、乙炔瓶气阀关好,拧上安全罩,检查操作场地,确认无着火危险后方准离开。氧气瓶应与其他易燃气瓶、油脂和其他易燃易爆物品分开存放且不得同车运输。氧气瓶应有防振圈和安全帽,不得用行车或吊车散装吊运氧气瓶。

## ▌3.1.13　地下施工机械的安全使用

地下施工机械选型和功能应满足施工所处的地质条件和环境安全要求。盾构和顶管及配套设施应在专业厂家制造且其质量应符合设计要求,整机制造完成后应经总装调试合格方可出厂并应提供质量保证书。作业前应对作业环境进行有害气体测试及通风设备检测以满足国家工业卫生标准要求。作业前应充分了解施工作业周边环境并应对邻近建(构)筑物、地下管网等进行监测,还应制定建筑物、地下管线安全的保护技术措施。作业中应随时监视机械各部位的运转及仪表指示值,发现异常应立即停机检修。需采用气压作业的应按相关气压作业要求进行施工。应选择合理的水平及竖向运输设备并按相关规范安全使用,地下施工机械施工时必须确保开挖面土体稳定,地下施工机械施工过程中应按规定进行保养、维修以及更换必要的零件,地下施工机械施工过程中停机时间较长时必须维持开挖面稳定。掘进遇到施工偏差过大、设备故障、意外地质变化等情况时必须暂停施工,经妥善处理后方可继续施工。地下施工机械吊装时应编写吊装专项方案并应确保运输起重设备的完好,作业场地地基应结实,堆放场地应符合设备安放和起重要求。盾构机、顶管的安装和拆除必须由具有相应资质的专业队伍负责吊装并应设专人指挥。

1. 顶管设备的安全使用要求

顶管设备的选择应根据管道所处土层性质、管径、地下水位、附近地上与地下建筑物、构筑物和各种设施等因素经技术、经济比较后确定。导轨应选用钢质材料制作,安装后的导轨应牢固,不得在使用中产生位移并应经常检查校核。千斤顶的安装应固定在支架上并与管道中心的垂线对称,其合力作用点应在管道中心的垂直线上,千斤顶多于一台时宜取偶数且其规格宜相同,规格不同时其行程应同步并应将同规格的千斤顶对称布置。千斤顶的油路应并联,每台千斤顶应有进油、退油控制系统。油泵安装应与千斤顶相匹配并应有备用油泵,油泵安装完毕应进行试运转,合格后方可使用。顶进前全部设备应经过检查并经过试运转确保其合格。顶进时工作人员不得在顶铁上方及侧面停留并应随时观察顶铁有无异常迹象。顶进开始时应缓慢进行,应待各接触部位密合后再按正常顶进速度顶进。顶进中若发现油压突然增高应立即停止顶进,检查原因并经处理后方可继续顶进。千斤顶活塞退回时油压不得过大、速度不得过快。顶铁安装后轴线应与管道轴线平行、对称,顶铁与导轨和顶铁之间的接触面不得有泥土、油污。顶铁与管口之间应采用缓冲材料衬垫。管道顶进应连续作业,管道顶进过程中遇异常情况,例如,工具管前方遇到障碍;后背墙变形严重;顶铁发生扭曲现象;管位偏差过大且校正无效;顶力超过管端的允许顶力;油泵、油路发生异常现象;接缝中漏泥浆，应暂停顶进并应及时处理。空气压缩机的使用应遵守本书前述规定。离心泵的使用应遵守本书前述规定。

中继间应满足相关要求。中继间安装时应将凹头安装在工具管方向、凸头安装在工作井一端，以避免顶进过程中泥砂进入中继间损坏密封橡胶导致止水失效，泥砂一旦进入可能会导致中继间变形损坏。中继间应有专职人员进行操作且同时应随时观察有可能发生的问题。中继间使用时油压、顶力不宜超过设计油压顶力以避免引起中继间变形。中继间应安装行程限位装置且单次推进距离必须控制在设计允许距离内，否则会导致中继间密封橡胶拉出中继间、止水系统损坏、止水失效。穿越中继间的高压进水管、排泥管等软管应与中继间保持一定距离，应避免中继间往返时损坏管线。

2. 盾构的安全使用要求

盾构组装前应对推进千斤顶、拼装机、调节千斤顶进行试验验收。盾构组装前应将防止盾构后退的推进系统平衡阀、调节拼装机的回转平衡阀的二次溢流压力调到设计压力值。盾构组装前应对液压系统各非标制品的阀组按设计要求进行密闭性试验。盾构组装完成后必须先对各部件、各系统进行空载、负载调试及验收，最后再进行整机空载和负载调试及验收。盾构始发、接收时必须做好盾构的基座稳定牢固措施。双圆盾构掘进时两刀盘必须相向旋转并保持转速一致，以避免接触和碰撞。实施盾构纠偏不得损坏已安装的管片并应保证新一环管片的顺利拼装。盾构切口离到达接收井距离小于 10m 时必须控制盾构推进速度、开挖面压力、排土量，以减小洞口地表变形。盾构推进到冻结区域停止推进时应每隔 10min 转动刀盘一次，每次转动时间应不少于 5min，应防止刀盘被冻住。盾构全部进入接收井内基座上后应及时做好管片与洞圈间的密封。盾构调头时必须有专人指挥、专人观察设备转向状态以避免方向偏离或设备碰撞。盾构进场安装需按规定的吊装步骤进行吊装。

(1) 管片拼装操作应按规定进行。管片拼装必须落实专人负责指挥，拼装机操作人员必须按指挥人员的指令操作，严禁擅自转动拼装机。举重臂旋转时必须鸣号警示，严禁施工人员进入举重臂活动半径内，拼装工在全部定位后方可作业。在施工人员未能撤离施工区域时严禁起动拼装机。拼装管片时拼装工必须站在安全可靠的位置，严禁将手脚放在环缝和千斤顶的顶部，以防受到意外伤害。举重臂必须在管片固定就位后方可复位，封顶拼装就位未完毕时人员严禁进入封顶块的下方。举重臂拼装头必须拧紧到位、不得松动，发现磨损情况应及时更换，不得冒险吊运。管片旋转上升前必须用举重臂小脚将管片固定以防止管片在旋转过程中晃动。拼装头与管片预埋孔不能紧固连接时必须制作专用的拼装架，拼装架设计必须经技术部门认可且应经试验合格后方可使用。拼装管片必须使用专用拼装销，拼装销必须有限位。装机回转时严禁接近。管片吊起或升降架旋回到上方时的放置时间不应超过 3min。

(2) 盾构机拆除退场应按规定进行。机械结构部分应先按液压、泥水、注浆、电气系统顺序拆卸，最后拆卸机械结构件。吊装作业时须仔细检查并确保盾构机各连接部位与盾构机已彻底拆开分离、千斤顶全部缩回到位、所有的注浆及泥水系统的手动阀门均已关闭。大刀盘应按要求位置停放，并应在井下分解后吊装上地面。拼装机应按要求位置停放，举重钳应缩到底，提升横梁应烧焊固定马脚，同时在拼装机横梁底部应加焊接支撑以防止下坠。

(3) 盾构机转场过程中必须按要求做好盾构机各部件的维修与保养、更换与改造。盾构机转场运输应遵守相关规定，应以设备的最大尺寸为依据对运输线路进行实地勘察；设备应与运输车辆有可靠固定措施；设备超宽、超高时应按交通法规办理各类通行证。

## 3.1.14 其他中小型机械的安全使用

中小型机械应安装稳固且其接地或接零及漏电保护器应齐全有效。中小型机械上的传动部分和旋转部分应设有防护罩且作业时严禁拆卸，室外使用的机械均应搭设机棚或采取防雨措施。机械起动后应空载运转以确认其状态（正常后方可作业）。作业时非操作和辅助人员不得在机械四周停留观看。作业后应清理现场、切断电源、锁好电闸箱并做好日常保养工作。中小型机械不能满足安全使用条件时应立即停止使用。

1. 咬口机的安全使用要求

严禁用手抚摸转子中的辊轮，用手送料到末端时手指应离开工件。工件长度、宽度不得超过机具允许范围。作业中有异物进入辊中时应及时停车处理。

2. 剪板机的安全使用要求

起动前应检查各部润滑、紧固情况且切刀不得有缺口。剪切钢板的厚度不得超过剪板机规定的能力，切窄板材时应在被剪板材上压一块较宽钢板，以使垂直压紧装置下落时能压牢被剪板材。应根据剪切板材厚度调整上、下切刀间隙，切刀间隙不得大于板材厚度的 5%，斜口剪时不得大于 7%，调整后应用手转动测试及进行空车运转试验。制动装置应根据磨损情况及时调整。一人以上作业时须待指挥人员发出信号方可作业。送料须待上剪刀停止后进行，送料时应放正、放平、放稳且手指不得接近切刀和压板，严禁将手伸进垂直压紧装置的内侧。

3. 折板机的安全使用要求

作业时应先校对模具，应预留被折板厚的 1.5～2 倍间隙，经试折并检查机械和模具装备均无误后再调整到折板规定的间隙，然后方可正式作业。作业中应经常检查上模具的紧固件和液压或气压系统，发现有松动或泄漏等情况应立即停机，处理后方可继续作业。批量生产时应使用后标尺挡板进行对准和调整尺寸并应空载运转以检查及确认其摆动的灵活可靠性。

4. 卷板机的安全使用要求

作业中操作人员应站在工件的两侧。作业中用样板检查圆度时须停机后进行，滚卷工件到末端时应留一定余量。作业时工件上严禁站人，不得站在已滚好的圆筒上找正圆度。滚卷较厚、直径较大的筒体或材料强度较大的工件时应少量下降动轧辊并应经多次滚卷成形。滚卷较窄的筒体时应放在轧辊中间滚卷。作业时应防止手和衣服被卷入轧辊内。

5. 坡口机的安全使用要求

刀排、刀具应稳定牢固。工件过长时应加装辅助托架。作业中不得俯身近视工件且严禁用手摸坡口及擦拭铁屑。

6. 法兰卷圆机的安全使用要求

加工型钢规格不应超过机具的允许范围。轧制的法兰不能进入第二道型辊时应使用专用工具送入，严禁用手直接推送。加工的法兰直径超过 1000mm 时应采取托架等安全措施。任何人不得靠近法兰尾端。

7. 套丝切管机的安全使用要求

应按加工管径选用板牙头和板牙，板牙应按顺序放入，作业时应采用润滑油润滑板牙。当工件伸出卡盘端面长度过长时其后部应加装辅助托架并调整好高度。切断作业时不得在旋转手柄上加长力臂，切平管端时不得进刀过快。当加工件的管径或椭圆度较大时应两次进刀。作业中应采用刷子清除切屑，不得敲打震落。

8. 弯管机的安全使用要求

作业场所应设置围栏。应按加工管径选用管模并应按顺序放好。不得在管子和管模之间加油。应夹紧机件，导板支承机构应按弯管的方向及时进行换向。

9. 小型台钻的安全使用要求

钻床必须安装牢固，且其布置和排列应确保安全。操作人员在工作中应按规定穿戴防护用品且应扎紧袖口，不得围围巾及戴手套。起动前应检查相关项目并应在确认可靠后方可起动，即各部螺栓应紧固且配合适当；行程限位、信号等安全装置应完整、灵活、可靠；润滑系统应保持清洁且油量充足；电气开关及接地或接零均应良好；传动及电气部分的防护装置应完好牢固；各操纵手柄的位置应正常且动作应可靠；工件、夹具、刀具应无裂纹、破损、缺边断角且应装夹牢固。工件装夹应牢固可靠，钻小件时先用工具夹持，不得手持工件进行钻孔。薄板钻孔应用台虎钳夹紧并在工件下垫好木板且应使用平钻头。手动进钻退钻时应逐渐增压或减压，不得用管子套在手柄上加压进钻。排屑困难时进钻、退钻应反复交替进行。钻头上绕有长屑时应停钻后用铁钩或刷子清除，严禁用手拉或嘴吹。严禁用手触摸旋转的刀具或将头部靠近机床旋转部分，不得在旋转着的刀具下翻转、卡压或测量工件。

10. 喷浆机的安全使用要求

泵体内不得无液体干转。检查电动机旋转方向时应先打开料桶开关让石灰浆流入泵体内部后再开动电动机带泵旋转。作业后应往料斗注入清水并开泵清洗直到水清为止，然后再倒出泵内积水清洗疏通喷头座及滤网并将喷枪擦洗干净。长期存放前应清除前、后轴承座内的石灰浆积料，堵塞进浆口，从出浆口注入约 50ml 机油，再堵塞出浆口，开机运转约 30s 以实现泵体内的润滑防锈。

11. 柱塞式、隔膜式灰浆泵的安全使用要求

输送管路的布置宜短直、少弯头，全部输送管道接头应紧密连接、不得渗漏，竖向管道应固定牢靠，管道上不得加压或悬挂重物。作业前应检查并确保球阀完好、泵内应无干硬灰浆等物、各连接紧固牢靠、安全阀已调整到预定安全压力。泵送前应先用水进行泵送试验，应检查并确保各部位无渗漏，有渗漏时应先排除。被输送的灰浆应搅拌均匀，不得有干砂和硬块；不得混入石子或其他杂物；灰浆稠度应为 80～120mm。泵送时应先开机、后加料，应先用泵压送适量石灰膏润滑输送管道然后再加入稀灰浆，最后再调整到所需稠度。泵送过程应随时观察压力表的泵送压力，当泵送压力超过预调 1.5MPa 时应反向泵送使管道内部分灰浆返回料斗后再缓慢泵送。无效时应停机卸压检查，不得强行泵送。泵送过程不宜停机，短时间内不需泵送时可打开回浆阀使灰浆在泵体内循环运行；停泵时间较长时应每隔 3～5min 泵送一次，泵送时间宜为 0.5min 且应防灰浆凝固。故障停机时应打开泄浆阀使压力下降然后再排除故障，灰浆泵压力未达到零时不得拆卸空气室、安全阀和管道。作业后应采用石灰膏或浓石灰水把输送管道里的灰浆全部泵出，再用清水将泵和输送管道清洗干净。

**12. 挤压式灰浆泵的安全使用要求**

使用前应先接好输送管道，然后往料斗加注清水、起动灰浆泵，输送胶管出水时应折起胶管，待升到额定压力时停泵观察各部位应无渗漏现象。作业前应先用水再用白灰膏润滑输送管道，然后才能加入灰浆开始泵送。料斗加满灰浆后应停止振动，待灰浆从料斗泵送完时再加新灰浆振动筛料。泵送过程应注意观察压力表，当压力迅速上升有堵管现象时应反转泵送2～3转使灰浆返回料斗，经搅拌后再泵送。当多次正反泵仍不能畅通时应停机检查并排除堵塞。工作间歇时应先停止送灰，再停止送气，并应防气嘴被灰堵塞。作业后应将泵机和管路系统全部清洗干净。

**13. 水磨石机的安全使用要求**

水磨石机宜在混凝土达到设计强度的70%～80%时进行磨削作业。作业前应检查并确保各连接件紧固，用木槌轻击磨石发出无裂纹的清脆声音时方可作业。电缆线应离地架设而不得放在地面上拖动，电缆线应无破损，保护接零或接地应良好。接通电源、水源后应手压扶把使磨盘离开地面后再起动电动机，同时应检查确保磨盘旋转方向与箭头所示方向一致，待运转正常后再缓慢放下磨盘进行作业。作业中使用的冷却水不得间断，用水量宜调至工作面不发干。作业中发现磨盘跳动或异响应立即停机检修，停机时应先提升磨盘后关机。更换新磨石后应先在废水磨石地坪上或废水泥制品表面磨1～2h，待金刚石切削刃磨出后再投入工作面作业。作业后应切断电源并清洗各部位的泥浆，然后放置在干燥处用防雨布遮盖。长期搁置再用的机械使用前应进行必要的保养且必须测量电动机的绝缘电阻，合格后方可使用。

**14. 切割机的安全使用要求**

切割机上的刃具、胎具、模具、成形辊轮等应保证应有的强度和精度，刀刃应磨锋利，安装应紧固可靠。切割机上外露的转动部分应有防护罩且不得随意拆卸。长期搁置再用的机械使用前必须测量电动机绝缘电阻，合格后方可使用。

（1）等离子切割机操作应按规定进行。应检查并确保无漏电、漏气、漏水现象，接地或接零应安全可靠，应将工作台与地面绝缘，或在电气控制系统安装空载断路继电器。小车、工件位置应适当，工件应接通切割电路正极，切割工作面下应设有熔渣坑。应根据工件材质、种类和厚度选定喷嘴孔径，应合理调整切割电源、气体流量和电极的内缩量。自动切割小车应经空车运转并应选定合理的切割速度。操作人员必须戴好防护面罩、电焊手套、帽子、滤膜防尘口罩和隔音耳罩，不戴防护镜的人员严禁直接观察等离子弧，皮肤严禁接近等离子弧。切割时操作人员应站在上风处操作，可从工作台下部抽风并宜缩小操作台上的敞开面积。切割时空载电压过高应检查电器接地或接零和割炬把手的绝缘情况。高频发生器应设屏蔽护罩，用高频引弧后应立即切断高频电路。作业后应切断电源、关闭气源和水源。

（2）仿形切割机操作应按规定进行。应按出厂使用说明书要求接好电控箱到切割机的电缆线并应做好保护接地或接零。作业四周不得堆放易燃易爆物品。作业前应先空运转以检查并确保氧、乙炔和加装的仿形样板配合良好，无误后方可做试切工作。作业后应清理设备并整理氧气带、乙炔带及电缆线，各种带、线应分别盘好并架起保护管。

（3）混凝土切割机操作应按规定进行。使用前应检查并确保电动机、电缆线均正常；接零或接地良好；防护装置安全有效；锯片选用符合要求且安装正确。起动后应空载运转以检查并确保锯片运转方向正确、升降机构灵活、运转无异常，一切正常后方可作业。切割厚度应按机械出厂铭牌规定进行，不得超厚切割，切割时应匀速切割。加工件送到锯片相距300mm 处或切割小块料时应使用专用工具送料，不得直接用手推料。作业中工件发生冲击、跳动及异常音响时应立即停机检查，排除故障后方可继续作业。锯台上和构件锯缝中的碎屑应采用专用工具及时清除，不得用手清理。作业后应清洗机身、擦干锯片、排放水箱余水、收回电缆线并存放在干燥、通风处。

15. 通风机的安全使用要求

通风机安装应有防雨防潮措施。通风机和管道安装应保持稳定牢固，风管接头应严密且口径不同的风管不得混合连接，风管转角处应做成大圆角，风管出风口距工作面宜为 6～10m，风管安装不应妨碍人员行走及车辆通行，架空安装其支点及吊挂应牢固可靠，隧道工作面附近的管道应采取保护措施以防止放炮砸坏。通风机及通风管应装有风压水柱表并应随时检查通风情况。起动前应检查并确保主机和管件的连接符合要求、风扇转动平稳、电流过载保护装置均齐全有效，一切无误后方可起动。运行应平稳无异响，发现异常时应立即关闭电源并停机检修。对无逆止装置的通风机应待风道回风消失后方可检修。当电动机温升超过铭牌规定时应停机降温。严禁在通风机和通风管上放置或悬挂任何物件。

16. 离心水泵的安全使用要求

水泵安装应牢固、平稳并应有防雨防潮设施。多级水泵的高压软管接头应牢固可靠且放置宜平直、转弯处应固定牢靠。数台水泵并列安装时每台之间应有 0.8～1.0m 的距离，串联安装时应有相同的流量。冬季运转时应做好管路、泵房的防冻、保温工作。起动前应检查并确保相关条件满足要求，即电动机与水泵的连接应同心；联轴节的螺栓应紧固；联轴节的转动部分应有防护装置；泵的周围应无障碍物；管路支架应牢固且密封可靠，无堵塞或漏水；排气阀应畅通。起动时应加足引水并将出水阀关闭，当水泵达到额定转速时旋开真空表和压力表的阀门，待指针位置正常后方可逐步打开出水阀。运转中发现不良情况，例如，漏水、漏气、填料部分发热，底阀滤网堵塞、运转声音异常，电动机温升过高、电流突然增大，机械零件松动等，应立即停机检修。运转时人员不得从机上跨越。水泵停止作业时应先关闭压力表，再关闭出水阀，然后切断电源。冬季停用时应将各部放水阀打开放尽水泵和水管中的积水。

17. 潜水泵的安全使用要求

潜水泵宜先装在坚固的篮筐里再放入水中，也可在水中将泵的四周设立坚固的防护围网，泵应直立于水中且水深不得小于 0.5m，泵不宜在含大量泥砂的水中使用。潜水泵放入水中或提出水面时应先切断电源，严禁拉拽电缆或出水管。潜水泵应装设保护接零和漏电保护装置，工作时泵周围 30m 以内水面不得有人、畜进入。起动前应检查并确保水管绑扎牢固；放气、放水、注油等螺塞均应旋紧；叶轮和进水节无杂物；电气绝缘良好。接通电源后应先试运转以检查并确保旋转方向正确，无水运转时间不得超过使用说明书的规定。应经常观察水位变化，叶轮中心至水面距离应为 0.5～3.0m，泵体不得陷入污泥或露出水面，电缆不得与井壁、池壁相擦。起动电压应符合使用说明书的规定，电流超过铭牌规定限值时应停机检查，不得频繁开关机。潜水泵不用时不得长期浸没于水中而应放置在干燥通风的室内。电动机定子绕组的绝缘电阻不得低于 0.5MΩ。

18. 深井泵的安全使用要求

深井泵应使用在含砂量低于 0.01% 的清水水源区，泵房内应设预润水箱，容量应满足一次起动所需的预润水量。新装或经过大修的深井泵应调整泵壳与叶轮的间隙，叶轮运转中不得与壳体摩擦。深井泵运转前应将清水通入轴与轴承的壳体内进行预润。深井泵起动前应检查并确保底座基础螺栓已紧固；轴向间隙符合要求且调节螺栓的保险螺母已装好；填料压盖已旋紧并经过润滑；电动机轴承已润滑；用手旋转电动机转子和止退机构均灵活有效。深井泵不得在无水情况下空转，水泵的一、二级叶轮应浸入水位 1m 以下，运转中应经常观察井中水位的变化情况。运转中发现基础周围有较大振动时应检查水泵的轴承或电动机填料处的磨损情况，若因磨损过多而漏水时应更换新件。已吸或排放过含有泥砂的水的深井泵停泵前应用清水冲洗干净。停泵前应依次关闭出水阀、切断电源、锁好开关箱。冬季停用时应放尽泵中积水。

19. 泥浆泵的安全使用要求

泥浆泵应安装在稳固的基础架或地基上不得松动。起动前应检查并确保各连接部位牢固；电动机旋转方向正确；离合器灵活可靠；管路连接牢固、密封可靠、底阀灵活有效。起动前吸水管、底阀及泵体内应注满引水且压力表缓冲器上端应注满油。起动前应使活塞往复运动两次，无阻梗时方可空载起动，起动后应待运转正常再逐步增加载荷。运转中应经常测试泥浆含砂量，泥浆含砂量不得超过 10%。有多挡速度的泥浆泵每班运转中应将几挡速度分别运转且运转时间均不得少于 30min。运转中不得变速，需要变速时应停泵进行换挡。运转中出现异响或水量、压力不正常或有明显温升时应停泵检查。正常情况下应在空载时停泵，停泵时间较长时应全部打开放水孔并松开缸盖，然后提起底阀放水杆放尽泵体及管道中的泥沙。长期停用时应清洗各部泥砂、油垢，并将曲轴箱内润滑油放尽，还应采取防锈、防腐措施。

20. 真空泵的安全使用要求

真空室内过滤网应完整，集水室通向真空泵的回水管上的旋塞开启应灵活，指示仪表应正确，进出水管应按出厂说明书的要求连接。起动后应检查并确保电动旋转方向与罩壳上箭头指向一致，然后应堵住进水口检查泵机空载真空度，表值不应小于 96kPa，不符合上述要求时应检查泵组、管道及工作装置的密封情况，有损坏时应及时修理或更换。作业开始即应计时量水、观察机组真空表并应随时做好记录。作业后应冲洗水箱及滤网的泥砂并应放尽水箱内存水。冬季施工或存放不用时应把真空泵内的冷却水放尽。

21. 手持电动工具的安全使用要求

使用刀具的机具应保持刀刃锋利、完好无损、安装牢固配套，使用过程中要佩带绝缘手套，施工区域应光线充足。使用砂轮的机具其砂轮与接盘间的软垫应安装稳固、螺母不得过紧，凡受潮、变形、裂纹、破碎、磕边缺口或接触过油、碱类的砂轮均不得使用，不得将受潮的砂轮片自行烘干使用。在一般作业场所应使用 I 类电动工具；在潮湿作业场所或金属构架上等导电性能良好的作业场所应使用 II 类电动工具；在锅炉、金属容器、管道内等作业场所应使用 III 类电动工具；II、III 类电动工具开关箱、电源转换器必须在作业场所外面；在狭窄作业场所操作时应有专人监护。使用 I 类电动工具时必须安装额定漏电动作电流不大于 15mA、额定漏电动作时间不大于 0.1s 的防溅型漏电保护器。在雨期施工前或电动工具受潮后必须用 500V 绝缘电组检测电动工具绝缘电阻且每年不少于两次，绝缘电阻应不小于表 3 - 6 中的规定。非金属壳体的电动机、电器存放和使用时不应受压、受潮且不得接触汽油等溶剂。手持电动工具的负荷线应采用耐气候型橡胶护套铜芯软电缆且不得有接头，长度应不大于 5m，其插头插座应具备专用的保护触头。

作业前应检查重点项目以使其满足相关要求，即外壳、手柄应不出现裂缝、破损；电缆软线及插头等应完好无损；保护接零连接应正确、牢固可靠；开关动作应正常；各部防护罩装置应齐全牢固。工具起动后应空载运转，应检查并确保机具转动灵活无阻，作业时加力应平稳。严禁超载使用，作业中应注意声响及温升，发现异常应立即停机检查。作业时间过长、机具温升超过 60℃时应停机，待其自然冷却后再行作业。作业中不得用手触摸刃具、模具和砂轮，发现其有磨钝、破损情况时应立即停机修整或更换。停止作业时应关闭电动工具、切断电源并收好工具。

| 表 3 - 6 | 绝 缘 电 阻 最 小 值 | | （单位：MΩ） |
|---|---|---|---|
| 测量部位 | Ⅰ类电动工具 | Ⅱ类电动工具 | Ⅲ类电动工具 |
| 带电零件与外壳之间 | 2 | 7 | 1 |

（1）电钻、冲击钻或电锤操作应按规定进行。机具起动后应空载运转，应检查并确保机具联动灵活无阻。钻孔时应先将钻头抵在工作表面上然后开动，用力应适度并应避免晃动，若转速急剧下降应减少用力，应防止电动机过载，严禁用木杠加压。电钻和冲击钻或电锤为 40%断续工作制，不得长时间连续使用。

（2）角向磨光机操作应按规定进行。砂轮应选用增强纤维树脂型，其安全线速度不得小于 80m/s，配用的电缆与插头应具有加强绝缘性能且不得任意更换。磨削作业时应使砂轮与工件面保持 15°～30°的倾斜位置，切削作业时砂轮不得倾斜且不得横向摆动。

（3）电剪操作应按规定进行。作业前应先根据钢板厚度调节刀头间隙量，最大剪切厚度应不大于铭牌标定值。作业时不得用力过猛，遇刀轴往复次数急剧下降时应立即减少推力。

（4）射钉枪操作应按规定进行。严禁用手掌推压钉管和将枪口对准人。击发时应将射钉枪垂直压紧在工作面上，当两次扣动扳机子弹均不击发时应保持原射击位置数秒钟后再退出射钉弹。在更换零件或断开射钉枪之前射枪内均不得装有射钉弹。

（5）拉铆枪操作应按规定进行。被铆接物体上的铆钉孔应与铆钉相配合，过盈量不得太大。铆接时可重复扣动扳机，直到铆钉被拉断为止，不得强行扭断或撬断。作业中接铆头子或并帽若有松动应立即拧紧。

（6）云石机操作应按规定进行。作业时应防止杂物、泥尘混入电动机内并应随时观察机壳温度（当机壳温度过高及炭刷产生火花时应立即停机检查处理）。切割过程中用力应均匀适当（推进刀片时不得用力过猛。当发生刀片卡死时应立即停机并慢慢退出刀片，应在重新对正后方可再切割）。

# §3.2　施工升降设备设施的安全检验

施工中常见的升降设备设施主要有附着式升降脚手架、高处作业吊篮、龙门架及井架物料提升机、施工升降机、塔式起重机等，升降设备设施的安装、使用检验应符合我国现行规范标准的规定。所谓"升降设备"是指由具有生产（制造）许可证的专业生产厂家制造的定型化的能够自行升降且能垂直或水平运送物料的施工机械。所谓"升降设施"是指主要结构构件为工厂制造的钢结构产品，其在现场按特定的程序组装后成为附着在建筑物上能沿建筑物自行升降的施工机具。附着式升降脚手架、高处作业吊篮、龙门架及井架物料提升机、施工升降机、塔式起重机等升降设备设施应办理备案登记。附着式升降脚手架、高处作业吊篮、龙门架及井架物料提升机、施工升降机、塔式起重机等的安装及使用应由施工所在地县级以上建设行政主管部门组织检验。

升降设备设施中超过规定使用年限需延长使用时必须经安全评估合格，否则应予报废，安全评估应符合《起重机械安全评估技术规程》（JGJ/T 189—2009）的规定。升降设备设施检验中使用的仪器和工具中属于法定计量检定范畴的仪器设备必须经法定检验部门计量检定合格且应在有效期内。升降设备设施的检验项目分保证项目和一般项目，保证项目必须全部合格。升降设备设施检验后必须出具检验报告（报告形式可参考相关规范）并应存档。升降设备设施检验时其保证项目应全部合格，一般项目中不合格项目数超过规定数时，即附着式升降脚手架、高处作业吊篮、龙门架及井架物料提升机不超过 3 项，施工升降机不超过 4 项，塔式起重机不超过 5 项，应判定为检验不合格，否则为检验合格。判定检验合格的其不合格的一般项目仍应进行整改且应提供相应的整改资料；判定检验不合格的应对不合格项目进行整改且整改完成后应重新检验。

## ▋ 3.2.1　附着式升降脚手架的安全检验

（1）检验时检验现场应满足相关条件，即无雨雪、大雾且风速不大于 8.3m/s；环境温度 $-15 \sim 40℃$；电网输入电压正常且电压波动在允许范围内（±10%）；现场已清理且与检验无关的人员及设备、物品已撤离现场并设置了警戒线。安装单位必须提供安装单位资质证书及安全生产许可证、安装及操作人员上岗证、防坠装置的合格证书、提升设备的合格证书等证件资料。施工现场使用的附着式升降脚手架应为定型产品且设备已按有关技术文件完成安装。安装及使用单位应提供防坠装置使用说明书、提升设备说明书、控制系统操作说明书、安全技术操作规程、专项施工安全方案、安装自检检验记录表、提升（下降）前检查记录、安全技术交底提升（下降）等技术资料。

（2）附着式升降脚手架检验时应配备相应的仪器工具，如温度计、接地电阻测量仪、绝缘电阻仪、电子全站仪（或经纬仪）、水准仪、测力仪、风速仪、游标卡尺、卷尺、塞尺、钢直尺、万用表、钳形电流表、扭力扳手、磁力吊锤、常用电工工具等。检验仪器及工具的精度应满足要求，即质量、力、长度、时间、电压、电流检验装置应在 ±1% 范围内；温度检验装置应在 ±2% 范围内；钢直尺直线度不低于 0.01/300。

（3）架体结构的检验项目及要求应符合规定，即架体自底部至上部防护栏杆顶端不得大于 5 倍的所附着的建筑物层高；架体宽度不应大于 1.2m 且不应小于 0.8m；架体支承跨度应符合设计要求，例如，直线布置的架体支承跨度应不大于 7m，折线或曲线布置的架体支承跨度应不大于 5.4m；附着升降脚手架架体的水平悬挑长度不得大于 1/2 且水平支承跨度不得大于 2m，单跨式附着升降脚手架架体的水平悬挑长度应不大于 1/4 支承跨度；架体全高与支承跨度的乘积不应大于 110m²。水平支承桁架杆件连接的节点应采用焊接或螺栓连接，当定型桁架构件不能连续设置时其局部可采用脚手架杆件进行连接但其长度不得大于 2.0m 且应采取加强措施以确保其刚度和强度不低于原水平支撑桁架。

（4）竖向主框架的检验项目及要求应符合规定。附着式升降脚手架应为附着支承结构部位与架体高度相等的与墙面垂直的定型的竖向主框架，竖向主框架应是桁架或刚架结构且其杆件连接节点应采用焊接或螺栓连接，并应为与水平支撑桁架和架体构架构成由足够强度和支撑刚度的空间几何不可变体系的稳定结构。竖向主框架与附着支承结构间的导向构造不得采用钢管扣件、碗扣架或其他普通脚手架连接方式。竖向主框架的铅直度偏差应不大于 5‰ 且不得大于 60mm。

（5）架体结构的检验项目及要求应符合规定。架体相邻立杆连接接头不得在同一水平面上。架体外立面应沿全高设置剪刀撑且其跨度不得大于 6m、水平夹角宜为 45°～60°，应将竖向主框架、架体水平梁架和构架连成一体。架体结构在一些关键部位，例如，与附着支承结构的连接处，架体上提升机构的设置处，架体上防倾、防坠装置处，架体吊拉点设置处，架体平面的转角处，碰到塔吊、施工电梯、物料平台等设施需要断开或开洞处等，应采取可靠的加强措施。相邻提升机位间高差不得大于 30mm。水平支撑桁架及竖向主框架在两相邻附着支承结构处的高差应不大于 20mm。各扣件、连接螺栓应齐全、紧固且应预紧，扣件的扭紧力矩宜为 40～65N·m 且各承力件预紧程度应一致。所有主要承力构件宜无扭曲、变形、裂纹、严重锈蚀等缺陷。架体悬挑端应以竖向主框架为中心成对设置对称斜拉杆（其水平夹角应不大于 45°）。使用工况下其竖向主框架所覆盖的高度内每一个楼层都应设置一处附着支撑结构。升降和使用工况下其架体悬臂高度均不应大于 2/5 架体高度且应不大于 6m。

（6）防倾装置的检验项目及要求应符合规定。防倾装置应能在全方位均起作用。防倾装置应采用螺栓与竖向主框架或附着支承结构连接，不得采用钢管扣件或碗扣方式连接。在升降和使用工况下其最上和最下一个防倾支承点之间的最小间距不得小于 2.8m 或架体高度的 1/4。导向装置的竖向偏差应不大于 5‰和 60mm。升降工况下位于同一铅直平面的防倾装置均不得少于两处且使用工况下每层都应设有防倾装置。

（7）穿墙螺栓的检验项目及要求应符合规定，即穿墙螺栓孔应垂直于工程结构外表面；穿墙螺栓应采用双螺母固定且其螺栓露出螺母端部的长度应不小于 10mm；螺栓垫板规格不得小于 100mm×100mm×10mm；附着点应采用两根或以上的穿墙螺栓锚固。

（8）防坠装置的检验项目及要求应符合规定。防坠装置应设置在竖向主框架部位且每一竖向主框架提升设备处必须设置一个。防坠装置与提升设备必须分别设置在两套附着支承结构上。防坠装置必须灵敏可靠，其制动距离为整体式制动距离时应不大于 80mm，单跨式制动距离时应不大于 150mm。防坠装置必须采用机械式的全自动装置（严禁使用每次升降都需重新组装的手动装置）。防坠装置应有效且动作可靠。

（9）架体安全防护应符合规定。架体外侧应使用 2000 目/100cm² 的密目式安全立网，密目式安全立网应可靠固定在架体上。架体底层脚手板应铺设严密且应采用硬质翻板封闭。作业层外侧应设置 1.2m 高的防护栏杆和 180mm 高的挡脚板。中间断开的整体式附着升降脚手架使用状态下其断开处必须封闭且宜加设栏杆，升降状态下其架体开口处必须有可靠的防止人员及物料坠落的措施。使用工况下架体与工程结构表面间必须有可靠的防止人员和物料坠落的防护措施。

（10）同步控制装置的检验项目及要求应符合规定。附着式升降脚手架升降时必须配备有限制荷载或水平高差的同步控制系统。限制荷载自控系统应具有超载 15％时的声光报警和显示报警机位以及超过 30％时自动停机的功能。水平高差同步控制系统应具有当水平支承桁架两端高差达 30mm 时能自动停机的功能。

（11）中央控制台的检验项目及要求应符合规定，即应具有逐台工作显示和故障信号显示；应具备点控群控功能；应具有显示各机位即时荷载值及状态的功能；升降的控制柜应放置在楼板上（不应设在架体上）。电气系统应符合规定，即电气系统应配备漏电保护器并应具有相序、短路、过载、失压等电气保护装置；电箱应具防水、防尘性能；绝缘电阻应不小于 0.5MΩ；接地电阻应不大于 10Ω。

## ▌3.2.2　高处作业吊篮的安全检验

检验时检验现场应满足相关条件，即无雨雪、大雾且风速不大于 8.3m/s；环境温度 -15～40℃；电网输入电压正常且电压在允许范围内（±5％）；被检验设备应装备设计所规定的全部安全装置及附件；现场已清理且与检验无关的人员及设备、物品已撤离现场并设置了警戒线。安装单位应提供本单位在施工当地县级以上建设行政主管部门的备案登记证明、产品生产合格证、安全锁检定报告、吊篮安装前检查表、吊篮安拆及操作人员上岗证等证件资料。安装及使用单位应提供吊篮使用说明书、吊篮平面布置图、吊篮安拆方案、安拆合同或任务书、吊篮安装自检验收表、使用操作人员上岗证、安全操作规程及日常维护保养记录等资料。高处作业吊篮检验时应配备相应的仪器和工具，如温度计、接地电阻测量仪、绝缘电阻仪、电子全站仪（或经纬仪）、风速仪、拉力计、游标卡尺、卷尺、塞尺、钢直尺、万用表、力矩扳手、常用电工工具等。检验仪器及工具的精度应满足要求，即对质量、力、长度、时间、电压、电流检验装置应在 ±1％范围内；温度检验装置应在 ±2％范围内；钢直尺直线度不低于 0.01/300。

钢结构的检验项目及要求应符合规定。悬挂机构、吊篮平台等钢结构应无扭曲、变形、裂纹和严重锈蚀。结构件各连接螺栓宜齐全、紧固且应使用正确并有防松措施，螺栓应平于或高出螺母顶平面，所有连接销轴应规格正确且均有可靠轴向止动，规范使用开口销。吊篮平台的检验项目及要求应符合规定，即底板应牢固、可靠、无破损且应有防滑措施；安全扶栏应可靠、有效，靠建筑物一侧高度应不小于 800mm，其他三侧高度应不小于 1100mm；四周底部挡板应完整且无间断，其高度应不小于 150mm，其与底板间隙应不大于 5mm，其顶部宜安装防护棚；其与建筑墙面间应有导轮或缓冲装置；吊篮平台运行通道应无障碍物。钢丝绳应符合规定，即吊篮宜选用高强度、镀锌、柔度好的钢丝绳且其性能应符合我国现行规范规定；工作钢丝绳应符合使用说明书要求且最小直径应不小于 6mm；工作钢丝绳安全系数应不小于 9；安全钢丝绳宜选用与工作钢丝绳相同的型号、规格且正常运行时安全钢丝绳应处于悬垂张紧状态；安全钢丝绳应独立于工作钢丝绳另行悬挂且不得有松散、打结现象；钢丝绳断丝数应在表 3-7 的控制范围内。

表 3 - 7　　　　　　　　　　　　　　　**钢丝绳断丝根数控制标准**

| 外层绳股承载钢丝根数 $n$ | 钢丝绳结构典型例子《重要用途钢丝绳》(GB 8918—2006)和《一般用途钢丝绳》(GB/T 20118—2006) | 起重机机械中钢丝绳必须报废时与疲劳有关的可见断丝数 | | | | | | | |
|---|---|---|---|---|---|---|---|---|---|
| | | 机构工作级别 M1、M2、M3、M4 工况 | | | | 机构工作级别 M3~M8 工况 | | | |
| | | 交互捻 | | 同向捻 | | 交互捻 | | 同向捻 | |
| | | 长度范围 | | | | 长度范围 | | | |
| | | $\leq 6d$ | $\leq 30d$ | $\leq 6d$ | $\leq 30d$ | $\leq 6d$ | $\leq 30d$ | $\leq 6d$ | $\leq 30d$ |
| ≤50 | 6×7 | 2 | 4 | 1 | 2 | 4 | 8 | 2 | 4 |
| 51~75 | 6×19s * | 3 | 6 | 2 | 3 | 6 | 12 | 3 | 6 |
| 76~100 | | 4 | 8 | 2 | 4 | 8 | 16 | 4 | 8 |
| 101~120 | 8×19s * 及 6×25Fi * | 5 | 10 | 2 | 5 | 10 | 19 | 5 | 10 |
| 121~140 | | 6 | 11 | 3 | 6 | 11 | 22 | 6 | 11 |
| 141~160 | 8×25Fi | 6 | 13 | 3 | 6 | 13 | 26 | 6 | 13 |
| 161~180 | 6×36WS * | 7 | 14 | 4 | 7 | 14 | 29 | 7 | 14 |
| 181~200 | | 8 | 16 | 4 | 8 | 16 | 32 | 8 | 16 |
| 201~220 | 6×41WS * | 9 | 18 | 4 | 9 | 18 | 38 | 9 | 18 |
| 221~240 | 6×37 | 10 | 19 | 5 | 10 | 19 | 38 | 10 | 19 |
| 241~260 | | 10 | 21 | 5 | 10 | 21 | 42 | 10 | 21 |
| 261~280 | | 11 | 22 | 6 | 11 | 22 | 45 | 11 | 22 |
| 281~300 | | 12 | 24 | 6 | 12 | 24 | 48 | 12 | 24 |
| >300 | | 0.04n | 0.08n | 0.02n | 0.04n | 0.08n | 0.16n | 0.04n | 0.08n |

注：填充钢丝不是承载钢丝，故检验中要予以扣除，多层绳股钢丝绳仅考虑可见的外层，带钢心的钢丝绳其绳芯作为内部绳股对待不予考虑。统计绳中的可见断丝数时圆整至整数值，对外层绳股的钢丝直径大于标准直径的待定结构的钢丝绳在表中做低等级处理并以 * 表示。一根断丝可能有两处可见端。$d$ 为钢丝绳公称直径。钢丝绳典型结构与国际标准的钢丝绳典型结构是一致的。

产品标牌及警示标志的检验项目及要求应符合规定，即产品标牌内容应参数齐全且型式、尺寸和技术要求应符合《标牌》(GB/T 13306—2011) 的规定 (标牌应固定可靠、易于观察)；应有重量限载及不超过两人乘载的警示标志。悬挂机构的检验项目及要求应符合规定，即结构焊缝应无明显裂纹等缺陷；前、后支架支撑点处建筑结构的承载能力应大于吊篮运行中前、后支架对建筑结构的最大作用力载荷值；悬挂机构前梁严禁支撑在女儿墙上且其前支架严禁支撑在女儿墙外或建筑物挑檐边缘；使用两个以上悬挂机构时其悬挂机构吊点水平间距与吊篮平台的吊点间距应相等，误差应不大于 50mm；前支架应与支撑面保持垂直且其脚轮不得受力。配重的检验项目及要求应符合规定，即应使用原生产厂的配重件；配重件重量应符合产品说明书要求，严禁使用破损的配重件或其他替代物；配重件应稳定可靠地安放在配重架上并应有防止随意移动的措施。安全装置的检验项目及要求应符合规定，即安全锁应在一年有效标定期内；上行程限位应触发可靠、灵敏有效；必要时应安装下限位装置；应设置防倾装置且应灵敏、有效，吊篮平台两端高差不得超过 150mm；制动器应灵敏有效、平稳可靠且应设有手动释放装置；应独立设置作业人员专用的挂设安全带的安全绳且应选配恰当、固定可靠，不得有松散、断股、打结现象，在各尖角过渡处应有保护措施；宜设置超载保护装置且应灵敏、有效并应调试正确。

电气系统的检验项目及要求应符合规定，即主要电气元件应安装在电控箱内且应固定可靠并有防水、防尘功能，主供电电缆在各尖角过渡处应有保护措施；吊篮平台上必须设置非自动复位型的急停开关且应灵敏有效；保护中性线应连接正确且不得作为载流回路；带电零件与机体间的绝缘电阻不宜小于 2MΩ；应安装熔断保险开关且应选配正确、灵敏可靠。

## ▌3.2.3　龙门架及井架物料提升机的安全检验

（1）检验时检验现场应满足相关条件，即环境温度 $-20\sim40℃$；地面风速不大于 $8.3\mathrm{m/s}$；电压波动在 $\pm5\%$ 范围内；荷载与标准值误差小于 $3\%$。物料提升机安装前必须提供制造商特种设备制造许可证和出厂合格证等证件资料，安装单位必须提供资质证书、安全生产许可证、安装人员名单及操作上岗证。检验单位应审核安装方案、物料提升机使用说明书、基础检验记录、防坠器（断绳保护）说明书等技术资料。物料提升机严禁使用摩擦式卷扬机。

物料提升机有危险情况时，例如，如正常工作状态下的物料提升机作业周期超过一年，物料提升机闲置时间超过 6 个月，经过大修、技术改进及新安装的物料提升机交付使用前，经过暴风、地震及机械事故而使物料提升机结构的刚度、稳定性及安全装置的功能受到损害的等，应进行检验。物料提升机的检验应配备相应的仪器及工具，如温湿度计、接地电阻测量仪、绝缘电阻仪、电子全站仪（或经纬仪）、水准仪、测力仪、风速仪、游标卡尺、卷尺、塞尺、钢直尺、万用表、力矩扳手、常用电工工具等。

检验仪器及工具的精度应满足相关要求，即对质量、力、长度、时间、电压、电流检验装置应在 $\pm1\%$ 范围内；温度检验装置应在 $\pm2\%$ 范围内；钢直尺直线度不低于 0.01/300。基础的检验项目及要求应符合规定，即基础尺寸、外形、混凝土强度等级等应符合使用说明书要求；基础周围应有排水设施且应确保不积水，基础周边 3m 内不得堆放材料及杂物；基础应能承受最不利工作条件下的全部荷载，30m 及以上物料提升机的基础应进行设计计算。

架体结构的检验项目及要求应符合规定，即主要结构件应无扭曲、变形、裂纹和严重锈蚀；结构件各连接螺栓应齐全、紧固，应使用正确并有防松措施，螺栓露出螺母端部的长度应不小于 10mm；架体铅直度误差应不大于 1.5/1000；井架式物料提升机的架体在与各楼层通道相接的开口处应采取加强措施；架体底部应设高度不小于 1.8m 的防护围栏或围网以及围栏门且应完好无损，围栏门应装有电气安全开关，吊笼应在围栏门关闭后才能起动。

（2）吊笼的检验项目及要求应符合规定。吊笼内净高度应不小于 2m。吊笼进出料口应设置吊笼门并采用电气连锁装置，吊笼两侧立面及吊笼门应全高度封闭且宜采用网板结构，孔径应小于 25mm，吊笼门的开启高度应不低于 1.8m，在任意 $500\mathrm{mm}^2$ 的面积上作用 300N 的力以及在边框任意一点作用 1kN 的力时应不产生永久变形。吊笼顶部宜采用厚度不小于 1.5mm 的冷轧钢板并应设置钢骨架，在任意 $0.01\mathrm{m}^2$ 面积上作用 1.5kN 的力时不应产生永久变形。吊笼底板应有防滑、排水功能且其强度在承受 125% 额定荷载时不应产生永久变形，底板宜采用厚度不小于 50mm 的木板或不小于 1.5mm 的钢板。吊笼应采用滚动导靴。吊笼的结构强度应满足坠落实验要求。

（3）提升机构检验项目及要求应符合规定。在地面上安装的卷扬机应稳定牢固并应远离危险作业区，当钢丝绳在卷筒中间位置时其架体底部导向滑轮和卷筒中间位置的连线应与卷筒轴线垂直，导向轮与卷扬机的距离应不小于卷筒长度的 20 倍。固定卷扬机的锚桩应牢固可靠，不得以树木、电线杆代替锚桩。提升钢丝绳应架起使之不拖地和被水浸泡，穿越道路要加设防护措施。卷扬机应设置防止钢丝绳脱出卷筒的保护装置，该装置与卷筒外缘的间隙应不大于 3mm 并应有足够强度。卷筒上的钢丝绳应排列整齐，当吊笼处于最低位置时卷筒上的钢丝绳不得小于 3 圈。钢丝绳尾部在卷筒上的固定应有防松或自紧性能。滑轮组与架体（或吊笼）应采用刚性连接，严禁采用钢丝绳、铅丝等柔性连接，禁止使用开口板式滑轮。过渡滑轮应设防跳绳装置且防跳绳间隙应小于绳径的 20％。制动器应动作灵敏、工作可靠并应有防护罩。卷扬机应设置防护棚且应具有防雨功能。曳引机直径与钢丝绳直径的比值应不小于 40，包角不宜小于 150°。曳引钢丝绳为两根及以上时应设置曳引力自动平衡装置。

（4）钢丝绳的检验项目及要求应符合规定。钢丝绳绳端固定应牢固可靠，采用金属压制接头固定时其接头不应有裂纹；楔块固定时楔套不应有裂纹且楔块不应松动；绳夹固定时绳夹安装应正确且绳夹数应满足表 3-8 的要求。钢丝绳的规格、型号应符合设计要求且应与滑轮和卷筒相匹配，并应正确穿绕，钢丝绳应润滑良好且不应与金属结构摩擦。钢丝绳不得有扭结、压扁、弯折、断股、笼状畸变、断芯等现象。钢丝绳直径减小量应不大于公称直径的 7％。钢丝绳断丝数应不超过表 3-7 规定的数值。

**表 3-8**　　　　　　　　　　　　**绳夹连接的安全要求**

| 钢丝绳直径/mm | ≤10 | 10～20 | 21～26 | 28～36 | 36～40 |
|---|---|---|---|---|---|
| 最少绳夹数/个 | 3 | 4 | 5 | 6 | 7 |
| 绳夹间距/mm | 80 | 140 | 160 | 220 | 240 |

（5）导向及缓冲装置的检验项目及要求应符合规定，即吊笼导靴与导轨间的安装间隙应不大于 5～10mm；吊笼导轨接点截面错位应不大于 1.5mm，对重导轨、防坠器导轨接点截面错位应不大于 0.5mm；架体的底部应设置缓冲器并能承受吊笼及对重下降时相应的冲击荷载。停层的检验项目及要求应符合规定，即各停层平台搭设应牢固、安全可靠且两边应设置不小于 1.5m 高的防护栏杆并全封闭；各停层平台应设置常闭平台门，平台门应定型化、工具化，其高度不宜小于 1.8m 并应向内侧开启。

（6）安全装置的检验项目及要求应符合相关规定。应设置起重量限制器，当荷载达额定起重量的 90％时起重量限制器应发出警示信号；当荷载达额定起重量 110％时起重量限制器应切断上升主电路电源。吊笼应设置防坠安全器，当提升钢丝绳断绳时防坠安全器应制停带有额定起重量的吊笼且不应造成结构损坏。自升平台应采用渐进式防坠安全器。应设置上限位开关，当吊笼上升至限定位置时触发限位开关，吊笼被制停且上部越程距离应不小于 3m。应设置下限位开关，当吊笼下降至限定位置时触发限位开关、吊笼被制停。应设置非自动复位型紧急断电开关且开关应设在便于司机操作的位置。应设置上料口防护棚且其宽度应大于吊笼宽度，长度应不小于 3m。安全停靠装置应为刚性机构，吊笼停层时安全停靠装置应能可靠承担吊笼自重、额定荷载及运料人员等全部工作荷载。应设信号装置，该装置应由司机控制且其音量应能使各层装卸物料人员清晰听到。当司机对吊笼升降运行、停层平台观察视线不清时必须设置通信装置，通信装置应同时具备语音和影像显示功能。

（7）附墙装置的检验项目及要求应符合规定，即物料提升机应按说明书设计要求设附墙装置且其间隔一般不宜大于 6m；附墙架与架体及建筑物间均应采用刚性件连接，不得与脚手架连接。缆风绳的检验项目及要求应符合规定，即当提升机受到条件限制无法设置附墙装置时应按说明书要求采用缆风绳稳固架体且其安装应符合说明书要求；缆风绳与地面夹角宜为 45°~60°且其下端应与地锚牢靠连接；架体高度 30m 及以上时不得使用缆风绳。电气系统的检验项目及要求应符合规定，即应设专用开关箱且应有短路、过载及漏电保护；各电器应安装正确、参数匹配；电气设备的绝缘电阻值应不小于 0.5MΩ；提升机的金属结构及所有电气设备的金属外壳均应与专用保护中性线 PE 电气连接且其重复接地电阻应不大于 10Ω；工作照明开关应与主电源开关相互独立，提升机主电源切断时工作照明不应断电；禁止使用倒顺开关作卷扬机的控制开关。司机室的检验项目和要求应符合规定，即司机室应搭设牢靠、能防雨且应视线良好；司机室照明应满足使用要求；司机室应有安全操作标示标牌；操作柜操作按钮应有指示功能和动作方向的标志。

## ■ 3.2.4　施工升降机的安全检验

（1）检验时检验现场应满足相关条件，即无雨、雪、大雾且风速不大于 8.3m/s；环境温度 -15~40℃；电网输入电压正常，额定电压波动范围允许偏差 ±10%；被检验设备应装备设计所规定的全部安全装置及附件；现场已清洁且与检验无关的人员及设备、物品已撤离现场并设置了警戒线。安装单位应提供相关有效证件和技术资料，即安装单位必须具备相应的起重设备安装工程专业承包资质、安全生产许可证且安装人员必须具有施工特种作业上岗证；设备产权单位应提供设备生产厂家特种设备制造（生产）许可证、制造监督检验证明、出厂合格证、备案证明等证件资料；受检单位应提供经审批合格的安装方案（含附着内容）、基础地基承载力勘察报告、基础验收及其隐蔽工程资料、基础混凝土试压报告、地脚螺栓产品合格证、施工升降机安装前检查表、安装自检记录、安装合同（安全协议）等资料；应有防坠安全器（限速器）标定检测报告。施工升降机正常作业状态下的噪声应符合表 3-9 的规定。施工升降机任何部分与架空输电线路的安全距离应符合表 3-10 的规定。

表 3-9　　　　　　　　　　　　　噪　声　限　值　　　　　　　　　　[单位：dB（A）]

| 测量部位 | 单传动 | 并联双传动 | 并联三传动 | 液压调速 |
|---|---|---|---|---|
| 吊笼内 | ≤85 | ≤86 | ≤87 | ≤98 |
| 离传动系统 1m 处 | ≤88 | ≤90 | ≤92 | ≤110 |

表 3-10　　　　　　　　　　　　　最小安全距离　　　　　　　　　　　（单位：m）

| 外电线电路电压/kV | <1 | 1~10 | 35~110 | 220 | 330~500 |
|---|---|---|---|---|---|
| 最小安全操作距离/m | 4 | 6 | 8 | 10 | 15 |

（2）施工升降机检验时应配备相应的仪器和工具，如温湿度计、接地电阻测量仪、绝缘电阻仪、电子全站仪（或经纬仪）、水准仪、测力仪、风速仪、游标卡尺、卷尺、塞尺、钢

直尺、万用表、钳形电流表、力矩扳手、常用电工工具、声级计、测温仪等。检验仪器及工具的精度应满足相关要求，即质量、力、长度、时间、电压、电流检验装置应在±1%范围内；温度检验装置应在±2%范围内；钢直尺直线度不低于 0.01/300。

（3）基础的检验项目及要求应符合规定，即基础应满足使用说明书要求，或有专项设计方案；基础周围应有排水设施。防护围栏的检验项目及要求应符合相关规定，即施工升降机应设置高度不低于 1.8m 的地面防护围栏，钢丝绳式货用施工升降机地面防护围栏的高度应不低于 1.5m，围栏应符合产品要求且应无缺损；围栏门的开启高度应不低于 1.8m，围栏门应装有机械锁紧装置和电气安全开关，当吊笼位于底部规定位置时围栏门才能开启且在该门开启后吊笼不能起动。

（4）吊笼的检验项目及要求应符合规定。载人吊笼门框净高应不低于 2m、净宽应不小于 0.6m 且吊笼箱体应完好无破损。吊笼门应设置机械锁止装置和电气安全开关，只有当门完全关闭后吊笼才能起动。若吊笼顶板作为安装、拆卸、维修的平台则顶板应抗滑且周围应设护栏，护栏的上扶手高度应不小于 1.1m 且中间应设横杆，踢脚板高度应不小于 100mm，护栏与顶板边缘的距离应不大于 100mm。货用施工升降机的吊笼也应设置顶棚且其侧面围护高度应不小于 1.5m。封闭式吊笼顶部应有紧急出口并配有专用扶梯，出口应装有向外开启的活板门，门上应设有安全开关，门打开时吊笼应不能起动。吊笼内应有备案标牌、安全操作规程，操作开关及其他危险处应有醒目的安全警示标志。

（5）架体结构的检验项目及要求应符合规定。竖向安装的齿轮齿条式施工升降机其导轨架轴心线对底座水平基准面的安装铅直度偏差应符合表 3-11 的规定，倾斜式或曲线式导轨架正面的铅直度偏差应符合表 3-11 的规定。钢丝绳式施工升降机的导轨架轴心线对底座水平基准面的安装铅直度偏差应不大于导轨架高度的 1.5/1000。主要结构件应无扭曲、变形、裂纹和严重锈蚀，焊缝应无明显可见的焊接缺陷。结构件各连接螺栓应齐全、紧固且应使用正确并有防松措施，螺栓露出螺母端部的长度应不小于 10mm，销轴连接应有可靠轴向止动装置。附墙装置应按产品说明书要求安装设置，严禁使用自制构件，附着装置的附着点应满足施工升降机的承载要求。附着装置应完好无损、固定可靠，当导轨架与建筑物的距离超过使用说明书的规定时应有专项施工方案和计算书。最靠上一道附着装置以上的导轨架自由端高度不得超过说明书的规定。

表 3-11　　　　　　　　　　　　　安装铅直度偏差要求

| 导轨架假设高度 h/m | $h \leqslant 70$ | $70 < h \leqslant 100$ | $100 < h \leqslant 150$ | $150 < h \leqslant 200$ | $h > 200$ |
|---|---|---|---|---|---|
| 铅直度偏差 /mm | 不大于（1/1000） | $\leqslant 70h$ | $\leqslant 90h$ | $\leqslant 110h$ | $\leqslant 130h$ |
| | 钢丝绳式施工升降机的铅直度偏差应不大于（1.5/1000）$h$ | | | | |

（6）层门层站的检验项目及要求应符合规定。施工升降机各停层应设置层门，层门净高度应不低于 1.8m，货用施工升降机层门净高度应不低于 1.5m，层门不应凸出到吊笼的升降通道上，层门与正常工作的吊笼运动部件的安全距离应不小于 0.85m，施工升降机额定提升速度不大于 0.7m/s 时此安全距离可为 0.5m，层门可采用实体板、冲孔板、焊接或编织网等制作，网孔门的孔眼或开口大小及承载力应符合规定，层门开关应设置在吊笼侧，楼层内工作人员应无法开启。层门开、关过程应由吊笼内司机操作，不得受吊笼运动的直接控制。

各楼层应设置楼层标识且夜间应有照明。楼层卸料平台搭设应牢固可靠，距吊笼门框外缘间隙应不大于 50mm，楼层卸料平台不应与施工升降机钢结构相连接，应为独立支撑体系。

（7）钢丝绳的检验项目及要求应符合规定，即钢丝绳的使用应符合本书前述及表 3-7 的规定；钢丝绳的规格型号应符合说明书要求。滑轮的检验项目及要求应符合规定，即滑轮应转动良好，出现裂纹、轮缘破损等损伤钢丝绳的缺陷，轮槽壁厚磨损达原壁厚的 20%，轮槽底部直径减少量达钢丝绳直径的 25% 或槽底出现沟槽均应视为不合格；应有防止钢丝绳脱槽的装置，该装置与滑轮外缘的间隙应不大于 0.2 倍钢丝绳直径且不大于 3mm，防脱槽装置应可靠有效。传动系统的检验项目及要求应符合规定，即传动系统旋转的零部件应有防护罩等安全防护设施且其防护设施应便于维修检查；SC 型施工升降机的传动齿轮、防坠安全器的齿轮与齿条啮合时接触长度沿齿高不得小于 40%、沿齿长不得小于 50%。

导轮、背轮、安全挡块的检验项目及要求应符合规定，即导轮连接及润滑应良好且应无明显侧倾偏摆现象；背轮安装应牢靠并应贴紧齿条背面，应无明显侧倾偏摆现象且润滑良好；应设有可靠有效的安全挡块。对重、缓冲装置的检验项目及要求应符合规定，对重应设警示标志且其重量应符合说明书的要求并应有防脱轨保护装置；对重导向装置应正确可靠且对重轨道应平直、接口应无错位；施工升降机底座上应设置吊笼和对重用缓冲装置，要求吊笼停在完全压缩的缓冲装置上时对重上面的自由行程不得小于 0.5m。制动器的检验项目及要求应符合规定，即传动系统应采用常闭式制动器，制动器动作应灵敏且工作可靠；当制动器装有手动紧急操作装置时应能用持续力手动松闸；当采用二套及以上独立的传动系统时其每套传动系统均应具备各自独立的制动器；制动器的零部件不应有明显可见的裂纹、过度磨损、塑性变形及缺件等缺陷。

（8）安全装置的检验项目及要求应符合规定。吊笼必须设防坠安全器，有对重的施工升降机若对重质量大于吊笼质量则应加设对重的防坠安全器，或吊笼设置双向的限速保护装置。防坠安全器出厂后应动作速度且不得随意调整，铅封或漆封应完好无损，防坠安全器的使用应在有效标定期内。SC 型施工升降机吊笼上沿每根导轨应设置安全钩且不少于两个，安全钩应能防止吊笼脱离导轨架或防止防坠安全器输出端小齿轮脱离齿条。升降机必须设置自动复位的上、下限位开关。升降机必须设置极限开关，吊笼运行超出限位开关时极限开关须切断总电源而使吊笼停止。极限开关为非自动复位型，其动作后必须手动复位才能使吊笼重新起动。限位、极限开关的安装位置应符合规定，上限位开关的安装位置应确保额定提升速度小于 0.8m/s 时上部安全距离 L 不小于 1.8m，额定提升速度大于或等于 0.8m/s 时上部安全距离 L 不小于 $1.8+0.1v^2$（m）；下限位开关的安装位置应保证吊笼在额定载荷下降时触板触发下限位开关使吊笼制停，此时触板离触发下极限开关还应有一定的行程。上限位与上极限开关之间的越程距离应不小于 0.15m，下极限开关在正常工作状态下吊笼碰到缓冲器之前触板应首先触发下极限开关。用于对重的钢丝绳应装有非自动复位型的防松绳装置。

（9）电气系统的检验项目及要求应符合规定。施工升降机应有主电路各相绝缘的手动开关（该开关应设在便于操作之处，开关手柄应能单向切断主电路且在"断开"的位置上应能锁住）。施工升降机应设有专门的开关箱。施工升降机金属结构和电气设备系统的金属外壳均应与专用保护中性线 PE 电气连接且其重复接地电阻值应不超过 10Ω。施工升降机应设有检修或拆装时在吊笼顶部使用的控制装置，当在多速施工升降机吊笼顶操作时只允许吊笼以低速运行，控制装置应安装非自动复位的急停开关，任何时候均可切断电路停止吊笼的运行。在操纵位置上应标明控制元件的用途和动作方向。施工升降机安装高度大于 120m 并超过建筑物高度时应装设红色障碍灯，障碍灯电源不得因施工升降机停机而停电。施工升降机的控制、照明、信号回路的对地绝缘电阻应大于 0.5MΩ，动力电路的对地绝缘电阻应大于 1MΩ。设备控制柜应设有相序和断相保护器及过载保护器，吊笼上、下运行的接触器应电气联锁。操作控制台应安装非自行复位的急停开关。电气设备应装设防止雨、雪、混凝土、砂浆等侵蚀的防护装置。

## 3.2.5 塔式起重机的安全检验

（1）检验时检验现场应满足相关条件，即无雨、雪、大雾且风速不大于 8.3m/s；环境温度 -15～40℃；电网输入电压正常，额定电压波动范围允许偏差 ±10%；被检验设备应装备设计所规定的全部安全装置及附件；现场已清洁且与检验无关的人员及设备、物品已撤离现场并设置了警戒线。安装单位必须具备相应的起重设备安装工程专业承包资质、安全生产许可证，安装人员必须具有施工相应的执业资格和上岗证。设备产权单位应提供设备生产厂家特种设备制造（生产）许可证、制造监督检验证明、出厂合格证、备案证明等证件资料。受检单位应提供审批合格的安装方案（含附着方案）、起重机基础地耐力勘察报告、基础验收及其隐蔽工程资料、基础混凝土试压报告、地脚螺栓产品合格证、塔式起重机安装前检查表、安装自检记录、安装合同（安全协议）等资料。

（2）塔式起重机的检验应配备相应的检验仪器及工具，如温湿度计、接地电阻测量仪、绝缘电阻仪、电子全站仪（或经纬仪）、水准仪、测力仪、风速仪、游标卡尺、卷尺、塞尺、钢直尺、万用表、钳形电流表、力矩扳手、常用电工工具等。检验仪器及工具的精度应满足相关要求，即对质量、力、长度、时间、电压、电流检验装置应在 ±1% 范围内；温度检验装置应在 ±2% 范围内；钢直尺直线度不低于 0.01/300。

（3）使用环境应符合规定。塔式起重机运动部分与建筑物及建筑物外围施工设施之间的最小距离应不小于 0.6m。两台塔式起重机之间的最小架设距离应保证处于低位的塔式起重机的臂架端部与另一台塔式起重机塔身之间至少应有 2m 的距离；处于高位塔式起重机的最低位置的部件与低位塔式起重机处于最高位置的部件之间的垂直距离应不小于 2m。塔顶高度大于 30m 且高于周围建筑的塔机应在塔顶和臂架端部安装红色障碍指示灯，该指示灯的电源供电不应受停机的影响。塔式起重机自由端的高度不得大于使用说明书的允许高度。臂架根部铰点高度大于 50m 应装设风速仪。有架空输电线的场所其塔式起重机的任何部位与输电线的安全距离应符合表 3-12 的要求。

表 3-12 塔式起重机与架空线路边线的最小安全距离

| 电压/kV | <1 | 10 | 35 | 110 | 220 | 330 | 500 |
|---|---|---|---|---|---|---|---|
| 沿铅直方向安全距离/m | 1.5 | 3.0 | 4.0 | 5.0 | 6.0 | 7.0 | 8.5 |
| 沿水平方向安全距离/m | 1.5 | 2.0 | 3.5 | 4.0 | 6.0 | 7.0 | 8.5 |

（4）基础的检验项目及要求应符合规定，即基础周围应有排水设施；基础应符合使用说

明书的要求，不符合使用说明书要求的应有专项设计方案。

（5）结构件的检验项目及要求应符合规定。主要结构件应无扭曲、变形、可见裂纹和严重锈蚀，焊缝应无目视可见的焊接缺陷。主要结构连接件应安装正确且无缺陷，销轴应有可靠轴向止动且应正确使用开口销，高强螺栓连接应按要求预紧并应有防松措施且螺栓露出螺母端部的长度应不小于10mm。平衡重、压重的安装数量、位置应与设计要求相符且相互间应可靠固定并能保证正常工作时不位移、不脱落。塔式起重机安装后空载、无风状态下的塔身轴心线对支承面的侧向铅直度偏差应不大于0.4%，附着后最高附着点以下的铅直度偏差应不大于0.2%。斜梯扶手高度应不低于1m，斜梯的扶手间宽度应不小于600mm，踏板应由具有防滑性的金属材料制作，踏板横向宽度应不小于300mm、梯级间隔应不大于300mm，斜梯及扶手应固定可靠。直立梯边梁之间宽度应不小于300mm、梯级间隔为250～300mm，直立梯与后面结构间的自由空间（踏脚间隙）应不小于160mm，踏杆直径应不小于16mm，高于地面2m以上的直立梯应设置直径为600～800mm的护圈，直立梯和护圈应安装牢靠。当梯子高度超过10m时应设置休息小平台，第一个小平台不应超过12.5m高度处，以后应每隔10m设置一个。附着式塔式起重机其附着装置与塔身和建筑物的连接必须安全可靠，建筑物上的附着点强度应满足承载要求，连接件应不松动，附着的水平距离和附着间距应符合使用说明书的要求，附墙距离超过使用说明书规定时应有专项施工方案并附计算书。平台和走道宽度应不小于500mm，在边缘应设置高度不低于100mm的挡板。

（6）吊钩的检验项目及要求应符合规定，即吊钩应有标记和防脱钩装置，不得使用铸造吊钩；吊钩表面不应有裂纹、破口、凹陷、孔穴等缺陷且不得焊补，吊钩危险断面不得有永久变形；吊钩挂绳处断面磨损量应不大于原高度的10%；应有滑轮防跳绳装置且与滑轮的间隙应小于绳径的20%；心轴固定应完整可靠。行走系统的检验项目及要求应符合规定，即应设置可靠有效的大车行走限位装置，停车后与端部挡架距离应不小于0.5m；在距轨道终端2m处应设置大车行走缓冲装置；在距轨道终端1m处应设置端部挡架且其高度应不小于行走轮的半径；应设置行走防护挡板；应设置夹轨器；钢轨接头位置应支承在道木或路基箱上；钢轨接头间隙应不大于4mm且钢轨接头处高差应不大于2mm；轨道顶面纵、横方向上的倾斜度不应大于1:1000；左、右钢轨接头处的错开值应大于1.5m；应设置轨距拉杆且间距应不大于6m；轨距偏差允许误差应不大于公称值的1/1000且其绝对值应不大于6mm。

（7）起升机构钢丝绳的检验项目及要求应符合规定。钢丝绳绳端固定应可靠，采用压板固定时应可靠。采用金属压制接头固定时接头不应有裂纹。楔块固定时楔套不应有裂纹且楔块不应松动。绳夹固定时绳夹安装应正确且绳夹数应满足表3-8的要求。当吊钩位于最低位置时卷筒上至少应保留3圈钢丝绳。钢丝绳的规格、型号应符合说明书要求且应与滑轮和卷筒相匹配并应正确穿绕，钢丝绳应润滑良好且不应与金属结构摩擦。钢丝绳不得有扭结、压扁、弯折、断股、笼状畸变、断芯等变形现象。钢丝绳直径减小量应不大于公称直径的7%。钢丝绳断丝数不应超过表3-7中规定的数值。

（8）起升机构卷扬机卷筒的检验项目及要求应符合规定，即卷筒两侧边缘超过最外层钢丝绳的高度应不小于钢丝绳直径的2倍，卷筒上钢丝绳应排列有序并应设有钢丝绳防脱装置；卷筒壁不应有裂纹或轮缘破损，且其筒壁磨损量应不大于原壁厚的10%；在卷筒上钢丝绳尾部应固定有防松和自紧装置。滑轮的检验项目及要求应符合本书前述规定。制动器的检验项目及要求应符合规定，即制动器的零部件不应有裂纹、过度磨损、塑性变形、缺件、缺油等；外露的运动零部件应设防护罩；制动器应调整适宜且其制动应平稳可靠。

（9）安全装置的检验项目及要求应符合规定。起升高度限位器必须保证当吊钩装置的顶部升至小车架下端的最小距离为 800mm 处时应能立即停止吊钩起升，但吊钩应能做下降运动。起重量限制器应灵敏有效。力矩限制器应满足相关要求，当起重力矩大于相应工况下额定值并小于额定值的 110% 时应能切断上升和幅度增大方向的电源（但机构可做下降和减小幅度方向的运动）；力矩限制器控制定码变幅的触点和控制定幅变码的触点应分别设置且应能分别调整；小车变幅塔机的最大变幅速度应超过 40m/min，在小车向外运行且起重力矩达到额定值的 80% 时其变幅速度应自动转换为不大于 40m/min 的速度运行。

（10）回转系统的检验项目及要求应符合规定。对回转部分不设集电环的塔式起重机应安装回转限位器，塔式起重机回转部分在非工作状态下应能自由旋转。齿轮应无裂纹、断齿和过度磨损，啮合应均匀平稳。回转机构活动件外露部分应设防护罩，回转制动器应为常开式。

（11）变幅系统的检验项目及要求应符合规定，即钢丝绳的检验应符合本书前述要求；卷筒的检验应符合本书前述要求；滑轮的检验应符合本书前述要求；制动器的检验应符合本书前述要求。小车变幅的塔式起重机应设置双向小车变幅断绳保护装置。小车变幅的塔式起重机应设置检修吊笼且应连接可靠。小车变幅的塔式起重机应设置幅度限位且应可靠有效，限位开关动作后应保证小车停车时其端部缓冲装置最小距离为 200mm。小车变幅的塔式起重机应设置小车防坠落装置。小车变幅的塔式起重机应有小车行走前后止挡缓冲装置。动臂式塔式起重机应设置臂架低位置和臂架高位置的幅度限位开关以及防止整体倾覆及臂架反弹后翻的装置。顶升系统的检验项目及要求应符合规定。顶升横梁、塔身上的支承座应无变形、裂纹，在顶升时应有防止顶升横梁从塔身支承块中自行脱出的装置。液压顶升系统中的平衡阀或液压锁与油缸不允许用软管连接。液压表应度量准确。

（12）司机室的检验项目及要求应符合规定，即司机室结构应牢固且应固定可靠；司机室内应有绝缘地板和灭火器，应门窗完好并挂有起重特性曲线图（表），应有备案标牌、安全操作规程；升降司机室应设置防断绳坠落装置；升降司机室应设上下极限限位装置、缓冲装置。电气系统的检验项目及要求应符合规定，即额定电压不大于 500V 时其电气设备和线路的对地绝缘电阻应不小于 0.5MΩ；塔式起重机应设置专用开关箱；电气系统应符合我国现行《施工现场临时用电安全技术标准》（JGJ 46—2006）的规定；控制系统应与照明系统应相互独立且性能完好；应设置报警电笛且应完好有效；总电源开关状态在司机室内应有明显指示；电气控制柜应设置短路保护、过载保护、中性位保护、错相与缺相保护和失压保护，应有良好的防雨性能且应有门锁，门上应有警示标志；行走式塔机应设电缆卷筒或走线系统；应设置红色非自动复位型紧急断电开关，该开关应设在司机操作方便的地方。

## §3.3　特种设备安全管理

特种设备安全管理涉及特种设备（包括部件、安全附件及安全保护装置）制造、安装、改造、维修等诸多领域。特种设备安全管理实行许可鉴定评审制度，应遵守《特种设备行政许可鉴定评审管理与监督规则》规定。申请生产许可的单位提交的特种设备许可申请书受理后应及时约请鉴定评审机构进行现场鉴定评审并按《特种设备检验检测机构鉴定评审规则》规定向鉴定评审机构提供相关资料，包括申请书（已签署受理意见，正本一份）、《特种设备鉴定评审约请函》（格式可参考《鉴定评审规则》，一式三份）、特种设备质量管理手册（一份）、设计文件鉴定报告和型式试验报告（复印件，一份）。

许可项目有设计文件鉴定和型式试验要求的鉴定评审应在完成设计文件鉴定和型式试验后进行。鉴定评审机构接受约请后应告知申请单位进行申请生产许可产品（设备）的试生产和鉴定评审准备工作，试生产产品（设备）及其项目应符合和涵盖所申请的项目，试生产产品（设备）的数量参考相关规定。鉴定评审机构对申请单位提交的资料进行查阅后对不符合相关规定的应在 10 个工作日内一次性告知申请单位需要补正的全部内容。鉴定评审机构接受约请后应按《特种设备检验检测机构鉴定评审规则》规定及时安排鉴定评审工作并做好各项准备工作，鉴定评审准备工作包括制订鉴定评审计划、组成鉴定评审组、查阅申请资料、准备鉴定评审工作文件和鉴定评审记录表格等。

鉴定评审组一般由 3～5 人组成，其中组长 1 人（应由具有高级工程师以上职称并有 5 年以上相关工作经历和较强的组织能力的人员担任），应根据申请单位申请的许可项目具体情况配备质量管理、材料、焊接、热处理、无损检测、电气（电器）和制造、安装、改造、维修、检验等方面的专业人员（人员资格应符合《特种设备检验检测机构鉴定评审规则》要求）。鉴定评审工作时间一般为 2～3d，若申请许可产品（设备）有型式试验要求（或需到安装、改造、维修现场抽查施工质量等特殊情况）可适当延长鉴定评审时间（但最长不得超过 5d）。鉴定评审机构与申请单位协商确定现场鉴定评审时间后，鉴定评审机构应将鉴定评审工作日程安排按《特种设备检验检测机构鉴定评审规则》的规定及时向制造单位发出《特种设备鉴定评审通知函》并提供鉴定评审指南（大纲）。

申请单位在接到鉴定评审机构发送的《特种设备鉴定评审通知函》后若认为鉴定评审组的组成不利于鉴定评审的公正性或不能保护申请单位的商业秘密时则应在鉴定评审工作开展 5 个工作日前书面向鉴定评审机构提出，鉴定评审机构确认后应予以重新安排鉴定评审人员。《特种设备鉴定评审通知函》还应当发送许可实施机关及其下一级质量技术监督部门。鉴定评审组在鉴定评审工作开展之前应对申请单位提交的资料进行查阅，发现问题时应及时通知申请单位（必要时可向许可实施机关汇报）。

## 3.3.1　特种设备安全鉴定

特种设备现场鉴定评审的基本程序包括预备会议、首次会议、现场巡视、分组鉴定评审、交换鉴定评审意见、鉴定评审情况汇总、鉴定评审总结会议等，具体的鉴定评审工作基本程序可参考相关规定。现场进行鉴定审查时申请单位应向鉴定评审组提供相关资料，资料应包括：申请单位的基本概况；依法在当地政府注册或者登记的文件（原件）和组织机构代码证（原件）；换证申请单位的原许可证（原件）及持证期间特种设备生产目录；《特种设备质量管理手册》及其相关的质量管理文件（程序文件）和相关作业指导文件（表卡）；质量管理人员、质控系统责任人员明细表及其任命书、聘用合同、相关保险凭证、身份证、职称证件、学历证明；工程技术人员、特种设备作业人员明细表及其聘用合同、身份证、职称证件、学历证明和特种设备作业人员资格证；申请单位申请特种设备许可项目所需设备、工装、仪器、器具、检验试验装置等台账；计量器具明细表、台账和检定记录；申请许可的试生产产品（设备）的设计文件、工艺文件（包括工艺评定报告、工艺规程、工艺卡、检验工艺规程等）、质量计划（过程质量控制卡、施工组织设计或施工方案）、检验、试验、验收记录与报告（分项验收报告、验收报告、竣工报告）、质量证明资料等；申请单位的合格分包方名录、分包方评价报告和资料（其中按照规定对分包方需要许可的应索取相关许可证和人员资格证）、分包合同；所申请产品的设计文件鉴定报告、型式试验报告（适用于有设计文件鉴定、有型式试验要求的许可项目）；相关法律、法规、安全技术规范、标准清单（安全技术规范、标准应当提供正式版本）；鉴定评审过程中需要的其他资料。

现场鉴定评审时申请单位应保持许可项目的生产状态且各道工序应工作正常，申请单位应提供评审要求的具有能够代表所申请许可的试生产产品（设备）的数量，并应提供相应的过程质量控制卡、检验（试验）记录和报告以及监督检验报告（或监督检验资料）。根据申请单位所申请许可项目、企业规模和鉴定评审的实际情况鉴定评审组可分成若干鉴定评审小组开展鉴定评审工作。鉴定评审工作应按照《特种设备检验检测机构鉴定评审规则》的规定采取查阅许可申请资料和原始见证资料以及现场实际查看，通过和相关人员交流、座谈，对产品（设备）安全性能检验等多种方式对申请单位的资源条件、质量管理体系、产品（设备）安全性能是否符合所申请许可项目条件的要求进行鉴定评审。具体的鉴定评审项目、内容与要求和方法参考相关规定。鉴定评审小组应对鉴定评审情况做详细记录，记录应包括鉴定评审的项目、内容和工作见证材料的名称、编号，所抽查产品、在制品（施工中的设备）编号、依据标准、抽查项目和抽查结果等应提出书面鉴定评审意见，鉴定评审组应根据鉴定评审小组的意见形成鉴定评审组的鉴定评审结论（鉴定评审工作中需要保留的不同意见应当在鉴定评审结论中予以表述）。

## ▌ 3.3.2　特种设备安全鉴定中相关问题的处理方法

鉴定评审组的鉴定评审结论应分为"符合条件"、"需要整改"、"不符合条件"等三种，满足许可条件的为"符合条件"；申请单位现有情况不符合许可条件但在短时间进行整改（一般为 6 个月）能够达到许可条件的为"需要整改"；存在明显问题的为"不符合条件"，例如，申请单位的法定资格与申请书不符；申请单位的实际资源条件与申请书不符且不能满足申请项目需要；质量管理体系没有建立或不能有效运行且其材料、焊接、检测、试验、质量档案管理等主要环节没有得到有效控制并管理混乱；生产设备的安全性能不符合规定；或申请单位在许可工作中有弄虚作假行为。鉴定评审组对鉴定评审结论为"需要整改"或"不符合条件"的应按《特种设备检验检测机构鉴定评审管理规则》要求出具《特种设备鉴定评审工作备忘录》书面通知申请单位；鉴定评审结论为"需要整改"的其申请单位完成整改工作后应出具整改报告并书面报告鉴定评审机构。在许可等级可以覆盖的情况下，若鉴定评审发现申请单位的实际资源条件不能满足申请项目的需要但满足下级要求则鉴定评审机构可给出符合该下级条件的结论，申请单位可按该下级项目向许可实施机构办理许可手续。

若鉴定评审结论意见为"需要整改"，申请单位应针对鉴定评审组提出的整改意见在 6 个月内完成整改工作并在整改工作完成后将整改报告和整改见证资料寄送鉴定评审机构。鉴定评审机构进行核实并且提出整改确认报告，必要时可安排鉴定评审人员进行现场确认，进行现场确认时鉴定评审机构应当报告许可实施机关及其下一级质量技术监督部门。整改符合许可条件的申请单位鉴定评审结论为"符合条件"；申请单位在 6 月内未完成整改或整改后仍不符合条件鉴定评审结论为"不符合条件"。

在申请单位所受理的多项许可项目、类别、级别中，若鉴定评审发现有某类别或者级别不符合许可条件，鉴定评审结论对许可项目中该类别或者级别的结论为"不符合许可条件"，同时应当对许可项目其他类别、级别做出鉴定评审结论。鉴定鉴定评审结论意见为"符合条件"或者经整改确认后"符合条件"的应按《特种设备检验检测机构鉴定评审规则》规定及时出具《特种设备许可鉴定评审报告》；经过整改确认后"符合条件"的《特种设备许可鉴定评审报告》应注明"经整改后符合条件"，《特种设备许可鉴定评审报告》应由鉴定评审机构按其质量体系文件规定的要求进行审批并加盖鉴定评审机构章。申请单位在许可证有效期内许可条件发生变化时应按相关规定进行许可变更申请，鉴定评审机构应依据实施机关对申请单位许可变更申请的批复进行处理，需进行现场鉴定评审的应安排对申请单位许可变更情况进行鉴定评审。

特种设备许可有效期满进行换证的鉴定评审，其鉴定评审工作程序和要求与初次申请许可的鉴定评审工作程序和要求基本相同。换证鉴定评审的重点是对取得特种设备许可证（上次换证鉴定评审）期间申请单位的资源条件、质量管理体系运行是否能够连续满足许可项目条件的规定；生产产品（设备）的安全性能是否能够满足相应法规和标准的规定；以及执行特种设备许可制度的情况进行鉴定评审。换证鉴定评审时还应对申请单位在持证期间的以下四方面内容进行鉴定评审，即是否发生过重大安全性能事故，若发生过则应检查申请单位质量事故档案记录，核实重大安全性能事故的发生和处理情况；是否在许可条件发生变更时按相关规定及时向许可实施机关进行许可变更申请；是否能够配合监督检验机构实施许可项目监督检验工作；是否发生涂改、伪造、转让或出卖许可证的情况，有无向无许可证单位出卖或非法提供质量证明书的情况；申请单位在持证期间许可项目的业绩是否达到相关的规定要求。换证鉴定评审发现申请单位有严重问题时鉴定评审结论应为"不符合条件"，例如，在持证期间发生涂改、伪造、转让或出卖特种设备许可证的情况，有向无特种设备许可证单位出卖或非法提供质量证明文件的情况；不按规定接受特种设备安全监督管理部门的监督检查和监督检验机构实施监督检验，经责令整改仍未改正；由于生产质量发生严重安全性能问题及事故。

# 第 4 章

# 脚手架工程安全技术

## §4.1 承插型盘扣式钢管支架的安全技术

承插型盘扣式钢管支架的设计与施工应贯彻执行国家有关安全生产法规，做到"技术先进、构造合理、搭设规范、使用可靠、安全经济"，承插型盘扣式钢管支架施工前应结合工程具体情况选用钢管支架型号并制定专项施工方案，承插型盘扣式钢管支架的设计和施工应符合我国现行规范、标准的规定。

如图 4-1 所示，承插型盘扣式钢管支架由立杆、水平杆、斜杆、可调底座及可调托座等构配件构成，其立杆采用套管插销连接，其水平杆采用盘扣、插销方式快速连接（简称速接），并应安装斜杆以形成结构几何不变体系的钢管支架。

### 4.1.1 承插型盘扣式钢管支架的主要构配件及材质性能要求

如图 4-2 所示，盘扣节点是由焊接于立杆上的八角盘、水平杆杆端扣接头和斜杆杆端扣接头组成的。水平杆和斜杆的杆端扣接头的插销必须与八角盘具有防滑脱构造措施。立杆盘扣节点宜按 0.5m 模数设置，每节段立杆上端应设有接长用立杆连接套管及连接销孔，主要构配件种类、规格宜符合表 4-1 的要求。

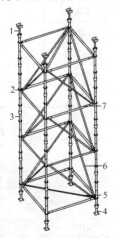

图 4-1 盘扣式钢管支架
1—可调托座；2—盘扣节点；3—立杆；4—可调底座；
5—水平斜杆；6—竖向斜杆；7—水平杆

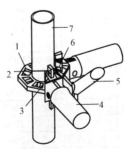

图 4-2 盘扣节点
1—八角盘；2—扣接头插销；3—水平杆杆端扣接头；
4—水平杆；5—斜杆；6—斜杆杆端扣接头；7—立杆

表 4 - 1　　　　　　　承插型盘扣式钢管支架主要构配件种类、规格参考标准

| 名　称 | 型　号 | 规格/mm | 材质 | 设计重量/kg |
|---|---|---|---|---|
| 立杆 | A-LG-500 | $\phi60\times3.2\times500$ | Q345A | 3.40 |
| | A-LG-1000 | $\phi60\times3.2\times1000$ | Q345A | 6.36 |
| | A-LG-1500 | $\phi60\times3.2\times1500$ | Q345A | 9.31 |
| | A-LG-2000 | $\phi60\times3.2\times2000$ | Q345A | 12.27 |
| | A-LG-2500 | $\phi60\times3.2\times2500$ | Q345A | 15.23 |
| | A-LG-3000 | $\phi60\times3.2\times3000$ | Q345A | 18.19 |
| | B-LG-500 | $\phi48\times3.2\times500$ | Q345A | 2.70 |
| | B-LG-1000 | $\phi48\times3.2\times1000$ | Q345A | 5.03 |
| | B-LG-1500 | $\phi48\times3.2\times1500$ | Q345A | 7.36 |
| | B-LG-2000 | $\phi48\times3.2\times2000$ | Q345A | 9.69 |
| | B-LG-2500 | $\phi48\times3.2\times2500$ | Q345A | 12.02 |
| | B-LG-3000 | $\phi48\times3.2\times3000$ | Q345A | 14.35 |
| 水平杆 | A-SG-300 | $\phi48\times2.5\times240$ | Q235B | 1.67 |
| | A-SG-600 | $\phi48\times2.5\times540$ | Q235B | 2.58 |
| | A-SG-900 | $\phi48\times2.5\times840$ | Q235B | 3.50 |
| | A-SG-1200 | $\phi48\times2.5\times1140$ | Q235B | 4.41 |
| | A-SG-1500 | $\phi48\times2.5\times1440$ | Q235B | 5.33 |
| | A-SG-1800 | $\phi48\times2.5\times1740$ | Q235B | 6.24 |
| | A-SG-2000 | $\phi48\times2.5\times1940$ | Q235B | 6.85 |
| | B-SG-300 | $\phi42\times2.5\times240$ | Q235B | 2.23 |
| | B-SG-600 | $\phi42\times2.5\times540$ | Q235B | 3.04 |
| | B-SG-900 | $\phi42\times2.5\times840$ | Q235B | 3.84 |
| | B-SG-1200 | $\phi42\times2.5\times1140$ | Q235B | 4.65 |
| | B-SG-1500 | $\phi42\times2.5\times1440$ | Q235B | 5.45 |
| | B-SG-1800 | $\phi42\times2.5\times1740$ | Q235B | 6.25 |
| | B-SG-2000 | $\phi42\times2.5\times1940$ | Q235B | 6.78 |
| 竖向斜杆 | A-XG-300×1000 | $\phi48\times2.5\times1058$ | Q195 | 2.88 |
| | A-XG-300×1500 | $\phi48\times2.5\times1555$ | Q195 | 3.82 |
| | A-XG-600×1000 | $\phi48\times2.5\times1136$ | Q195 | 3.03 |
| | A-XG-600×1500 | $\phi48\times2.5\times1609$ | Q195 | 3.92 |
| | A-XG-900×1000 | $\phi48\times2.5\times1284$ | Q195 | 3.31 |
| | A-XG-900×1500 | $\phi48\times2.5\times1715$ | Q195 | 4.12 |
| | A-XG-900×2000 | $\phi48\times2.5\times2177$ | Q195 | 4.99 |
| | A-XG-1200×1000 | $\phi48\times2.5\times1481$ | Q195 | 3.68 |
| | A-XG-1200×1500 | $\phi48\times2.5\times1866$ | Q195 | 4.40 |
| | A-XG-1200×2000 | $\phi48\times2.5\times2297$ | Q195 | 5.22 |
| | A-XG-1500×1000 | $\phi48\times2.5\times1709$ | Q195 | 4.11 |
| | A-XG-1500×1500 | $\phi48\times2.5\times2050$ | Q195 | 4.75 |
| | A-XG-1500×2000 | $\phi48\times2.5\times2411$ | Q195 | 5.43 |

续表

| 名　　称 | 型　号 | 规格/mm | 材质 | 设计重量/kg |
|---|---|---|---|---|
| 竖向斜杆 | A-XG-1800×1000 | φ48×2.5×1956 | Q195 | 4.57 |
| | A-XG-1800×1500 | φ48×2.5×2260 | Q195 | 5.15 |
| | A-XG-1800×2000 | φ48×2.5×2626 | Q195 | 5.84 |
| | A-XG-2000×1000 | φ48×2.5×2129 | Q195 | 4.90 |
| | A-XG-2000×1500 | φ48×2.5×2411 | Q195 | 5.55 |
| | A-XG-2000×2000 | φ48×2.5×2756 | Q195 | 6.34 |
| | B-XG-300×1000 | φ33×2.3×1057 | Q195 | 2.88 |
| | B-XG-300×1500 | φ33×2.3×1555 | Q195 | 3.82 |
| | B-XG-600×1000 | φ33×2.3×1131 | Q195 | 3.02 |
| | B-XG-600×1500 | φ33×2.5×1606 | Q195 | 3.91 |
| | B-XG-900×1000 | φ33×2.3×1277 | Q195 | 3.29 |
| | B-XG-900×1500 | φ33×2.3×1710 | Q195 | 4.11 |
| | B-XG-900×2000 | φ33×2.3×2173 | Q195 | 4.99 |
| | B-XG-1200×1000 | φ33×2.3×1472 | Q195 | 3.66 |
| | B-XG-1200×1500 | φ33×2.3×1859 | Q195 | 4.39 |
| | B-XG-1200×2000 | φ33×2.3×2291 | Q195 | 5.21 |
| | B-XG-1500×1000 | φ33×2.3×1699 | Q195 | 4.09 |
| | B-XG-1500×1500 | φ33×2.3×2042 | Q195 | 4.74 |
| | B-XG-1500×2000 | φ33×2.3×2402 | Q195 | 5.42 |
| | B-XG-1800×1000 | φ33×2.3×1946 | Q195 | 4.56 |
| | B-XG-1800×1500 | φ33×2.3×2251 | Q195 | 5.13 |
| | B-XG-1800×2000 | φ33×2.3×2618 | Q195 | 5.83 |
| | B-XG-2000×1000 | φ33×2.3×2119 | Q195 | 4.88 |
| | B-XG-2000×1500 | φ33×2.3×2411 | Q195 | 5.53 |
| | B-XG-2000×2000 | φ33×2.3×2756 | Q195 | 6.32 |
| 水平斜杆 | A-SXG-900×900 | φ48×2.5×1224 | Q235B | 4.67 |
| | A-SXG-900×1200 | φ48×2.5×1452 | Q235B | 5.36 |
| | A-SXG-900×1500 | φ48×2.5×1701 | Q235B | 6.12 |
| | A-SXG-1200×1200 | φ48×2.5×1649 | Q235B | 5.96 |
| | A-SXG-1200×1500 | φ48×2.5×1873 | Q235B | 6.64 |
| | A-SXG-1500×1500 | φ48×2.5×2073 | Q235B | 7.25 |
| | B-SXG-900×900 | φ42×2.5×1224 | Q235B | 4.87 |
| | B-SXG-900×1200 | φ42×2.5×1452 | Q235B | 5.48 |
| | B-SXG-900×1500 | φ42×2.5×1701 | Q235B | 6.15 |
| | B-SXG-1200×1200 | φ42×2.5×1649 | Q235B | 6.01 |
| | B-SXG-1200×1500 | φ42×2.5×1873 | Q235B | 6.61 |
| | B-SXG-1500×1500 | φ42×2.5×2073 | Q235B | 7.14 |

| 名　称 | 型　号 | 规格/mm | 材质 | 设计重量/kg |
|---|---|---|---|---|
| 可调托座 | A-ST-500 | $\phi48\times6.3\times500$ | Q235B | 7.12 |
|  | A-ST-600 | $\phi48\times6.3\times600$ | Q235B | 7.60 |
|  | B-ST-500 | $\phi38\times5.0\times500$ | Q235B | 4.38 |
|  | B-ST-600 | $\phi38\times5.0\times600$ | Q235B | 4.74 |
| 可调底座 | A-XT-500 | $\phi48\times6.3\times500$ | Q235B | 5.67 |
|  | A-XT-600 | $\phi48\times6.3\times600$ | Q235B | 6.15 |
|  | B-XT-500 | $\phi38\times5.0\times500$ | Q235B | 3.53 |
|  | B-XT-600 | $\phi38\times5.0\times600$ | Q235B | 3.89 |

注：立杆规格为 $\phi60mm\times3.2mm$ 的为 A 型承插型盘扣式钢管支架；立杆规格为 $\phi48mm\times3.2mm$ 的为 B 型承插型盘扣式钢管支架；A（B）SG 以及 A（B）-SXG 适用于 A 型、B 型承插型盘扣式钢管支架。

承插型盘扣式钢管支架的构配件除有特殊要求外其材质应符合《低合金高强度结构钢》（GB/T 1591—2008）、《碳素结构钢》（GB/T 700—2006）以及《一般工程用铸造碳钢件》（GB/T 11352—2009）的规定且各类支架主要构配件材质应满足表 4-2 的要求，所用钢管允许偏差应符合表 4-3 的规定。八角盘、扣接头、插销以及调节手柄采用碳素铸钢制造，其材料力学性能不得低于《一般工程用铸造碳钢件》（GB/T 11352—2009）的规定，中牌号为 ZG230-450 的屈服强度、抗拉强度、延伸率要求，八角盘厚度不得小于 8mm、允许尺寸偏差±0.5mm，铸钢件应符合《一般工程用铸造碳钢件》（GB/T 11352—2009）规定要求。八角盘、连接套管应与立杆焊接连接，横杆扣接头以及水平斜杆扣接头应与水平杆焊接连接，竖向斜杆扣接头应与立杆八角盘扣接连接，杆件焊接制作应在专用工装上进行且各焊接部位应牢固可靠，焊丝应采用符合《气体保护电弧焊用碳钢、低合金钢焊丝》（GB/T 8110—2008）中气体保护电弧焊用碳钢、低合金钢焊丝的要求且其有效焊缝高度应不小于 3.5mm。

表 4-2　　　　承插型盘扣式钢管支架（A 型或 B 型）主要构配件材质表

| 立杆 | 水平杆 | 竖向斜杆 | 水平斜杆 | 八角盘、调节手柄、扣接头、插销 | 连接套管 | 可调底座、可调托座 |
|---|---|---|---|---|---|---|
| Q345A | Q235B | Q195 | Q235B | ZG230-450 | ZG230-450 或 20 号无缝钢管 | Q235B |

表 4-3　　　　　　　　钢 管 允 许 偏 差　　　　　　（单位：mm）

| 公称外径 D | 管体外径允许偏差 | 壁厚允许偏差 |
|---|---|---|
| $D\leqslant48$ | $-0.1\sim+0.2$ | $\pm0.1$ |
| $D>48$ | $-0.1\sim+0.3$ | $\pm0.1$ |

立杆连接套管可采用铸钢套管和无缝钢管套管两种形式，即采用铸钢套管形式时其立杆连接套长度应不小于 90mm、外伸长度应不小于 75mm；采用无缝钢管套管形式时其立杆连接套长度应不小于 160mm、外伸长度应不小于 110mm。套管内径与立杆钢管外径间隙应不大于 2mm。立杆与立杆连接的连接套上应设置立杆防退出销孔，承插型盘扣式钢管支架销

孔为 $\phi14mm$、立杆连接销直径为 $\phi12mm$。

　　构配件外观质量应符合规定要求，即钢管应无裂纹、凹陷、锈蚀且不得采用接长钢管；钢管应平直（直线度允许偏差为管长的 1/500，其两端面应平整且不得有斜口、毛刺）；铸件表面应光整（不得有砂眼、缩孔、裂纹、浇冒口残余等缺陷，表面粘砂应清除干净）；冲压件不得有毛刺、裂纹、氧化皮等缺陷；各焊缝有效焊缝高度应符合规定且焊缝应饱满、焊药应清除干净（不得有未焊透、夹砂、咬肉、裂纹等缺陷）；可调底座和可调托座的螺牙宜采用梯形牙，A 型管宜配置 $\phi48mm$ 丝杆和调节手柄；B 型管宜配置 $\phi38mm$ 丝杆和调节手柄。可调底座和可调托座的表面应镀锌，镀锌表面应光滑，在连接处不得有毛刺、滴瘤和多余结块。架体杆件及构配件表面应镀锌或涂刷防锈漆，涂层应均匀、牢固；主要构配件上的生产厂标识应清晰。可调底座及可调托座丝杆与螺母旋合长度不得小于 4～5 牙，可调托座插入立杆内的长度必须符合规定，可调底座插入立杆内的长度也应符合规定。

## ▍4.1.2　承插型盘扣式钢管支架的荷载要求

　　作用于模板支撑架和脚手架上的荷载可分为永久荷载（恒荷载）和可变荷载（活荷载）两类。模板支撑架的永久荷载可分为两大部分，即作用在支架结构顶部的新浇筑混凝土、钢筋、模板以及模板支撑梁的自重；模板支撑架结构架体的自重（应包括立杆、水平杆以及斜杆的自重，此外还有少量的配件自重）。模板支撑架的可变荷载可分为四大部分，即作用在支架结构顶部模板上的施工作业人员、施工设备、超过浇筑构件厚度的混凝土料堆放荷载；振捣混凝土时产生的竖向荷载；泵送混凝土时泵管振动引起的水平荷载；风荷载。脚手架的永久荷载可分为两大部分，即架体的自重；配件（脚手板、挡脚板、护栏、安全网等）的自重。脚手架的可变荷载可分为两大部分，即施工可变荷载（包括作业层上的操作人员、存放材料、运输工具及小型工具等）；风荷载。

　　模板支撑架荷载标准值取值应符合规定，作用于模板支撑架顶部的水平模板自重标准值应根据混凝土结构模板设计图纸确定，对一般肋形楼板及无梁楼板模板的自重标准值应按表 4-4 的规定确定；新浇筑混凝土（包括钢筋）自重标准值对普通梁钢筋混凝土自重应采用 $25.5kN/m^3$，对普通板钢筋混凝土自重应采用 $25.1kN/m^3$，对特殊钢筋混凝土结构应根据实际情况确定；支架的架体自重标准值应按支模方案并参照表 4-1 计算确定。模板支撑架的可变荷载标准值应符合规定，施工人员及设备荷载标准值应按均布可变荷载取 $1.5kN/m^2$；振捣混凝土时产生的竖向荷载标准值可采用 $2.0kN/m^2$，特别堆载应按实际情况另外计算。模板支撑架水平荷载应符合规定，考虑施工中的混凝土浇筑时泵管振动等各种未预见因素产生的水平荷载的标准值可取 2% 的竖向永久荷载标准值以及按 $1.5kN/m$ 水平线荷载折算的荷载标准值之间的较大者，且应以线荷载的形式作用在架体顶部水平方向上。脚手架配件自重标准值可按规定确定，即脚手板自重标准值可统一按 $0.35kN/m^2$ 取值（木脚手板、钢脚手板、竹笆片）；操作层的栏杆与挡脚板自重标准值可按 $0.14kN/m^2$ 取值；脚手架上满挂密目安全网自重标准值可按 $0.01kN/m^2$ 取值。

表 4 - 4　　　　　　　　　　　　　楼板模板自重标准值　　　　　　　　　　（单位：kN/m²）

| 模板构件名称 | 木模板 | 定型钢模板 |
|---|---|---|
| 平板的模板及小楞 | 0.3 | 0.5 |
| 楼板模板（包括梁模板） | 0.5 | 0.75 |

脚手架的施工荷载标准值应符合规定，操作层均布施工荷载的标准值应根据脚手架的用途按表 4 - 5 确定；脚手架同时施工的操作层层数应按实际计算，装修脚手架同时作业不宜超过 3 层，结构脚手架同时作业不宜超过 2 层。

表 4 - 5　　　　　　　　　　　　　施工均布活荷载标准值

| 类　　　别 | 装修脚手架 | 结构脚手架 |
|---|---|---|
| 标准值/(kN/m²) | 2 | 3 |

作用于模板支撑架及脚手架上的水平风荷载标准值应按下式计算

$$\omega_k = \mu_z \mu_s \omega_0$$

式中　$\omega_k$——风荷载标准值，kN/m²；

　　　$\mu_z$——风压高度变化系数，应按《建筑结构荷载规范》（GB 50009—2012）规定取值，对于平坦或稍有起伏的地形，风压高度变化系数应根据地面粗糙度类别按表 4 - 6 确定；

　　　$\mu_s$——风荷载体型系数，应按《建筑结构荷载规范》（GB 5000—2012）的规定取值；脚手架风荷载体型系数应按表 4 - 7 确定；

　　　$\omega_0$——基本风压，kN/m²，应取《建筑结构荷载规范》（GB 50009—2012）中 10 年一遇的基本风压值且不得小于 0.3kN/m²。

表 4 - 6　　　　　　　　　　　　　风压高度变化系数表

| 离地面高度或海拔高度/m | 地面粗糙度类别 | | | | 离地面高度或海拔高度/m | 地面粗糙度类别 | | | |
|---|---|---|---|---|---|---|---|---|---|
| | A | B | C | D | | A | B | C | D |
| 5 | 1.17 | 1.00 | 0.74 | 0.62 | 90 | 2.34 | 2.02 | 1.62 | 1.19 |
| 10 | 1.38 | 1.00 | 0.74 | 0.62 | 100 | 2.40 | 2.09 | 1.70 | 1.27 |
| 15 | 1.52 | 1.14 | 0.74 | 0.62 | 150 | 2.64 | 2.38 | 2.03 | 1.61 |
| 20 | 1.63 | 1.25 | 0.74 | 0.62 | 200 | 2.83 | 2.61 | 2.30 | 1.92 |
| 30 | 1.80 | 1.42 | 1.00 | 0.62 | 250 | 2.99 | 2.80 | 2.54 | 2.19 |
| 40 | 1.92 | 1.56 | 1.13 | 0.73 | 300 | 3.12 | 2.97 | 2.75 | 2.45 |
| 50 | 2.03 | 1.67 | 1.25 | 0.84 | 350 | 3.12 | 3.12 | 2.94 | 2.68 |
| 60 | 2.12 | 1.77 | 1.35 | 0.93 | 400 | 3.12 | 3.12 | 3.12 | 2.91 |
| 70 | 2.20 | 1.86 | 1.45 | 1.02 | ≥450 | 3.12 | 3.12 | 3.12 | 3.12 |
| 80 | 2.27 | 1.95 | 1.54 | 1.11 | | | | | |

注：地面粗糙度可分为 A、B、C、D 四类：A 类指近海海面和海岛、海岸、湖岸及沙漠地区；B 类指田野、乡村、丛林、丘陵以及房屋比较稀疏的乡镇和城市郊区；C 类指有密集建筑群的城市市区；D 类指有密集建筑群且房屋较高的城市市区。

| 表 4-7 | | 脚手架的风荷载体型系数 $\mu_s$ | |
|---|---|---|---|
| 背靠建筑物的状况 | | 全封闭墙 | 敞开、框架和开洞墙 |
| 脚手架状况 | 全封闭、半封闭 | $1.0\phi$ | $1.3\phi$ |
| | 敞开 | $\mu_{stw}$ | $\mu_{stw}$ |

注：表 4-7 中，$\mu_{stw}$ 可将脚手架视为桁架并按《建筑结构荷载规范》（GB 50009—2012）中的规定计算；$\phi$ 为挡风系数，$\phi = A_n/A_w$，$A_n$ 为挡风面积，$A_w$ 为迎风面积。

计算模板支撑架及脚手架构件承载力（抗弯、抗剪、稳定性）时的荷载设计值应取其标准值乘以荷载的分项系数，分项系数应符合规定，即永久荷载的分项系数取 1.2（计算结构抗倾覆稳定时取 0.9）；可变荷载的分项系数取 1.4。计算模板支撑架及脚手架构件变形（挠度）时的荷载设计值各类荷载分项系数均取 1.0。设计模板支撑架及脚手架时其架体结构的稳定性和连墙件承载力等应按表 4-8 的荷载效应组合要求进行设计计算。

| 表 4-8 | | 荷 载 效 应 组 合 | | | |
|---|---|---|---|---|---|
| 计算项目 | 立杆稳定 | | 抗倾覆稳定 | 水平杆承载力与变形 | 连墙件承载力 |
| 荷载效应组合 | 永久荷载＋可变荷载 | 永久荷载＋0.9（可变荷载＋风荷载） | 永久荷载＋水平荷载 | 永久荷载＋可变荷载 | 风荷载＋5.0kN |

## ▌4.1.3　承插型盘扣式钢管支架的结构设计计算要求

结构设计应遵守《建筑结构可靠度设计统一标准》（GB 50068—2001）、《建筑结构荷载规范》（GB 50009—2012）、《钢结构设计规范》（GB 50017—2003）及《冷弯薄壁型钢结构技术规范》（GB 50018—2002）等的规定，应按概率极限状态设计法以分项系数设计表达式进行设计。承插型盘扣式钢管支架的架体结构设计应保证整体结构形成几何不变体系。模板支撑架搭设成满布竖向斜撑的独立方塔架形式可按带有斜腹杆的格构柱结构形式进行计算分析，如图 4-3 所示。

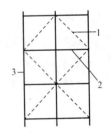

图 4-3　独立方塔架
1—斜杆；2—水平杆；3—立杆

模板支撑架应通过立杆顶部插入可调托座传递水平模板上的各项荷载确定，水平杆的步距应根据模板支撑架设计计算确定。模板支撑架立杆应成轴心受压形式，顶部模板支撑梁应按荷载设计要求选用，混凝土梁下以及楼板下的支撑杆件应连成一体。受弯构件的挠度 $v$ 不应超过规定的容许值 $[v]$，$[v]$ 取 $l/150$ 和 10mm 中的大值。立杆的长细比 $[\lambda]$ 不得大于 210，水平杆、斜杆 $[\lambda]$ 不应大于 250。杆件变形量有控制要求时应按正常使用极限状态验算其变形量。双排脚手架搭设高度不宜大于 24m，沿架体外侧纵向应每层设一根斜杆如图 4-4 所示或安装钢管剪刀撑（图 4-5）以保证沿纵轴方向形成两片几何不变体系网格结构，在横轴方向应按与连墙件支撑作用共同计算分析。双排脚手架不考虑风荷载时其立杆应按承受竖向荷载杆件计算，考虑风荷载作用时应按压弯杆件计算。脚手架不挂密目网或帆布时可不进行风荷载计算，脚手架采用密目安全网、帆布或其他方法封闭时应按挡风面积进行风荷载计算。

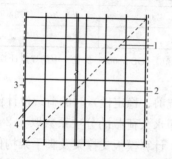

图 4-4 双排脚手每层设 1 根斜杆
1—斜杆；2—立杆；3—两端竖向斜撑；
4—水平杆

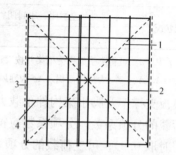

图 4-5 双排脚手扣件钢管剪刀撑
1—钢管剪刀撑；2—立杆；3—两端竖向斜撑；
4—水平杆

1. 专项施工方案设计应按规定编制

工程概况中应说明所应用对象的主要情况，模板支撑架应按结构设计平面图说明需支模的结构情况以及支架需要搭设的高度；外脚手架应说明所建主体结构形式及高度、平面形状和尺寸。架体结构设计和计算应按以下步骤依序进行，即制定架体方案；进行荷载计算及架体验算，架体验算应包括立杆稳定性验算、脚手架连墙件承载力验算以及基础承载力验算；绘制架体结构布置的平面图、立面图、剖面图，模板支撑架应绘制支架顶部梁、板模板支撑架节点构造详图及支撑架与已建结构的拉结或水平支撑构造详图，脚手架应绘制连墙件构造详图。应说明混凝土浇筑程序及方法；应说明结构施工流水步骤并编制构配件用料表及供应计划；应说明架体搭设、使用和拆除方法；应有保证质量安全的技术措施。高大支模架应另通过专家组论证且应编制相应的应急预案。架体构造设计还应符合我国现行规范的有关规定。

2. 地基承载力应合理计算

立杆基础底面的平均压力应按下式计算

$$p \leqslant f_g$$
$$p = N/A$$
$$f_g = k_c f_{gk}$$

式中   $p$——立杆基础底面的平均压力；

     $N$——上部结构传至基础顶面的轴向力设计值；

     $A$——可调底座底板对应的基础底面面积；

     $f_g$——地基承载力设计值；

     $k_c$——支架地基承载力调整系数（应按我国现行规范规定取值）；

     $f_{gk}$——地基承载力标准值，kPa，应按地质勘探报告取值。

当支架搭设地基为回填土时，回填土必须分层夯实且应在支架可调底座下铺设垫板，承载力计算时还应考虑雨水渗透影响。

地基承载力调整系数对碎石土、砂土、回填土应取 0.4；对黏土应取 0.5；对岩石、混凝土应取 1.0。

当支架搭设在结构楼面上时应对支撑楼面承载力进行验算。模板支撑架应合理计算，支架单立杆轴向力设计值应按下式计算：

$$N = 1.2\sum N_{GK} + 1.4\sum N_{QK} \text{（不组合风荷载时）}$$

$$N = 1.2\sum N_{GK} + 0.9 \times 1.4\sum N_{QK} \text{（组合风荷载时）}$$

式中　$\sum N_{GK}$——模板及支架自重、新浇筑混凝土自重与钢筋自重标准值产生的轴向力总和；

$\sum N_{QK}$——施工人员及施工设备荷载标准值、振捣混凝土时产生的荷载标准值、风荷载标准值产生的轴向力总和。

支架单立杆的计算长度 $l_0$ 应合理计算，模板支撑架立杆计算长度应取下面两式计算结果的大值。

$$l_0 = \eta h$$

$$l_0 = h' + 2ak$$

式中　$l_0$——支架单立杆计算长度；

$a$——模板支撑架立杆伸出顶层（或底层）水平杆中心线至支架可调底座（或可调托座）支撑点的距离；

$h$——模板支撑架立杆中间层水平杆最大步距；

$h'$——模板支撑架立杆最顶层或最底层水平杆步距，应比最大步距减少一个盘扣的距离；

$\eta$——模板支撑架立杆计算长度修正系数，取 1.13；

$k$——悬臂端计算长度折减系数，取 0.7。

立杆稳定性应按下式计算：

$$[N/(A\varphi)] \leqslant f \text{（不组合风荷载时）}$$

$$[N/(A\varphi) + M_W/W] \leqslant f \text{（组合风荷载时）}$$

式中　$M_W$——风荷载对立杆产生的弯矩；

$f$——钢材的抗拉、抗压和抗弯强度设计值（按表 4 - 9 取值）；

$\varphi$——轴心受压构件的稳定系数（应根据长细比 $\lambda$ 按表 4 - 11 和表 4 - 12 取值）；

$W$——立杆截面模量（应按表 4 - 10 取值）；

$A$——立杆的截面面积，应按表 4 - 10 取值。

长细比 $\lambda$ 应按下式计算：

$$\lambda = l_0/i$$

式中　$i$——截面回转半径，应按表 4 - 10 取值。

盘扣节点抗剪承载力应按下式计算：

$$F_R \leqslant Q_b$$

式中　$F_R$——作用在盘扣上的竖向集中力；

$Q_b$——八角盘抗剪承载力设计值，取 45kN。

架体高度 8m 以上、高宽比大于 5 的高大模板支撑架整体抗倾覆稳定性应按下式计算：

$$M_R \geqslant M_T$$

式中　$M_R$——设计荷载下模板支撑架抗倾覆力矩；

$M_T$——设计荷载下模板支撑架倾覆力矩。

**表 4 - 9** 　　　　　　　　　　钢材的强度和弹性模量　　　　　　　　（单位：N/mm²）

| Q345 抗拉、抗压、抗弯强度设计值 | Q235 抗拉、抗压、抗弯强度设计值 | 弹性模量 |
|---|---|---|
| 300 | 205 | $2.06 \times 10^5$ |

**表 4 - 10** 　　　　　　　　　　钢 管 截 面 特 性

| 外径 $\varphi$/mm | 壁厚 $t$/mm | 截面积 $A$/cm² | 惯性矩 $I$/cm⁴ | 截面模量 $W$/cm³ | 回转半径 $i$/(cm) |
|---|---|---|---|---|---|
| 60 | 3.2 | 5.71 | 23.10 | 7.70 | 2.01 |
| 48 | 3.2 | 4.50 | 11.36 | 4.73 | 1.59 |
| 48 | 2.5 | 3.57 | 9.28 | 3.86 | 1.61 |
| 33 | 2.3 | 2.22 | 2.63 | 1.59 | 1.09 |

**表 4 - 11** 　　　　　　　　**Q235 钢管轴心受压构件的稳定系数**

| $\lambda$ | 0 | 1 | 2 | 3 | 4 | 5 | 6 | 7 | 8 | 9 |
|---|---|---|---|---|---|---|---|---|---|---|
| 0 | 1.000 | 0.997 | 0.995 | 0.992 | 0.989 | 0.987 | 0.984 | 0.981 | 0.979 | 0.976 |
| 10 | 0.974 | 0.971 | 0.968 | 0.969 | 0.963 | 0.960 | 0.958 | 0.955 | 0.952 | 0.949 |
| 20 | 0.947 | 0.944 | 0.941 | 0.938 | 0.936 | 0.933 | 0.930 | 0.927 | 0.924 | 0.921 |
| 30 | 0.918 | 0.915 | 0.912 | 0.909 | 0.906 | 0.903 | 0.899 | 0.896 | 0.893 | 0.889 |
| 40 | 0.886 | 0.882 | 0.879 | 0.875 | 0.872 | 0.868 | 0.864 | 0.861 | 0.858 | 0.855 |
| 50 | 0.852 | 0.849 | 0.846 | 0.843 | 0.839 | 0.836 | 0.832 | 0.829 | 0.825 | 0.822 |
| 60 | 0.818 | 0.814 | 0.810 | 0.806 | 0.802 | 0.797 | 0.793 | 0.789 | 0.784 | 0.779 |
| 70 | 0.775 | 0.770 | 0.765 | 0.760 | 0.755 | 0.750 | 0.744 | 0.739 | 0.733 | 0.728 |
| 80 | 0.722 | 0.716 | 0.710 | 0.704 | 0.698 | 0.692 | 0.686 | 0.680 | 0.673 | 0.667 |
| 90 | 0.661 | 0.654 | 0.648 | 0.641 | 0.634 | 0.626 | 0.618 | 0.611 | 0.603 | 0.595 |
| 100 | 0.588 | 0.580 | 0.573 | 0.566 | 0.558 | 0.551 | 0.544 | 0.537 | 0.530 | 0.523 |
| 110 | 0.516 | 0.509 | 0.502 | 0.496 | 0.489 | 0.483 | 0.476 | 0.470 | 0.464 | 0.458 |
| 120 | 0.452 | 0.446 | 0.440 | 0.434 | 0.428 | 0.423 | 0.417 | 0.412 | 0.406 | 0.401 |
| 130 | 0.396 | 0.391 | 0.386 | 0.381 | 0.376 | 0.371 | 0.367 | 0.362 | 0.357 | 0.353 |
| 140 | 0.349 | 0.344 | 0.340 | 0.336 | 0.332 | 0.328 | 0.324 | 0.320 | 0.316 | 0.312 |
| 150 | 0.308 | 0.305 | 0.301 | 0.298 | 0.294 | 0.291 | 0.287 | 0.284 | 0.281 | 0.277 |
| 160 | 0.274 | 0.271 | 0.268 | 0.256 | 0.262 | 0.259 | 0.256 | 0.253 | 0.251 | 0.248 |
| 170 | 0.245 | 0.243 | 0.240 | 0.237 | 0.235 | 0.232 | 0.230 | 0.227 | 0.225 | 0.223 |
| 180 | 0.220 | 0.218 | 0.216 | 0.214 | 0.211 | 0.209 | 0.207 | 0.205 | 0.203 | 0.201 |
| 190 | 0.199 | 0.197 | 0.195 | 0.193 | 0.191 | 0.189 | 0.188 | 0.186 | 0.184 | 0.182 |
| 200 | 0.180 | 0.179 | 0.177 | 0.175 | 0.174 | 0.172 | 0.171 | 0.169 | 0.167 | 0.166 |
| 210 | 0.164 | 0.163 | 0.161 | 0.160 | 0.159 | 0.157 | 0.156 | 0.154 | 0.153 | 0.152 |
| 220 | 0.150 | 0.149 | 0.148 | 0.146 | 0.145 | 0.144 | 0.143 | 0.141 | 0.140 | 0.139 |
| 230 | 0.138 | 0.137 | 0.136 | 0.135 | 0.133 | 0.132 | 0.131 | 0.130 | 0.129 | 0.128 |
| 240 | 0.127 | 0.126 | 0.125 | 0.124 | 0.123 | 0.122 | 0.121 | 0.120 | 0.119 | 0.118 |
| 250 | 0.117 | — | — | — | — | — | — | — | — | — |

表 4 - 12                 **Q345 钢管轴心受压构件的稳定系数**

| λ | 0 | 1 | 2 | 3 | 4 | 5 | 6 | 7 | 8 | 9 |
|---|---|---|---|---|---|---|---|---|---|---|
| 0 | 1.000 | 0.997 | 0.994 | 0.991 | 0.988 | 0.985 | 0.982 | 0.979 | 0.976 | 0.973 |
| 10 | 0.971 | 0.968 | 0.965 | 0.962 | 0.959 | 0.956 | 0.952 | 0.949 | 0.946 | 0.943 |
| 20 | 0.940 | 0.937 | 0.934 | 0.930 | 0.927 | 0.924 | 0.920 | 0.917 | 0.913 | 0.909 |
| 30 | 0.906 | 0.902 | 0.898 | 0.894 | 0.890 | 0.886 | 0.882 | 0.878 | 0.874 | 0.870 |
| 40 | 0.867 | 0.864 | 0.860 | 0.857 | 0.853 | 0.849 | 0.845 | 0.841 | 0.837 | 0.833 |
| 50 | 0.829 | 0.824 | 0.819 | 0.815 | 0.810 | 0.805 | 0.800 | 0.794 | 0.789 | 0.783 |
| 60 | 0.777 | 0.771 | 0.765 | 0.759 | 0.752 | 0.746 | 0.739 | 0.732 | 0.725 | 0.718 |
| 70 | 0.710 | 0.703 | 0.695 | 0.688 | 0.68 | 0.672 | 0.664 | 0.656 | 0.648 | 0.64 |
| 80 | 0.632 | 0.623 | 0.615 | 0.607 | 0.599 | 0.591 | 0.583 | 0.574 | 0.566 | 0.558 |
| 90 | 0.55 | 0.542 | 0.535 | 0.527 | 0.519 | 0.512 | 0.504 | 0.497 | 0.489 | 0.482 |
| 100 | 0.475 | 0.467 | 0.46 | 0.452 | 0.445 | 0.438 | 0.431 | 0.424 | 0.418 | 0.411 |
| 110 | 0.405 | 0.398 | 0.392 | 0.386 | 0.380 | 0.375 | 0.369 | 0.363 | 0.358 | 0.352 |
| 120 | 0.347 | 0.342 | 0.337 | 0.332 | 0.327 | 0.322 | 0.318 | 0.313 | 0.309 | 0.304 |
| 130 | 0.300 | 0.296 | 0.292 | 0.288 | 0.284 | 0.28 | 0.276 | 0.272 | 0.269 | 0.265 |
| 140 | 0.261 | 0.258 | 0.255 | 0.251 | 0.248 | 0.245 | 0.242 | 0.238 | 0.235 | 0.232 |
| 150 | 0.229 | 0.227 | 0.224 | 0.221 | 0.218 | 0.216 | 0.213 | 0.21 | 0.208 | 0.205 |
| 160 | 0.203 | 0.201 | 0.198 | 0.196 | 0.194 | 0.191 | 0.189 | 0.187 | 0.185 | 0.183 |
| 170 | 0.181 | 0.179 | 0.177 | 0.175 | 0.173 | 0.171 | 0.169 | 0.167 | 0.165 | 0.163 |
| 180 | 0.162 | 0.16 | 0.158 | 0.157 | 0.155 | 0.153 | 0.152 | 0.150 | 0.149 | 0.147 |
| 190 | 0.146 | 0.144 | 0.143 | 0.141 | 0.140 | 0.138 | 0.137 | 0.136 | 0.134 | 0.133 |
| 200 | 0.132 | 0.130 | 0.129 | 0.128 | 0.127 | 0.126 | 0.124 | 0.123 | 0.122 | 0.121 |
| 210 | 0.120 | 0.119 | 0.118 | 0.116 | 0.115 | 0.114 | 0.113 | 0.112 | 0.111 | 0.110 |
| 220 | 0.109 | 0.108 | 0.107 | 0.106 | 0.106 | 0.105 | 0.104 | 0.103 | 0.101 | 0.101 |
| 230 | 0.100 | 0.099 | 0.098 | 0.098 | 0.097 | 0.096 | 0.095 | 0.094 | 0.094 | 0.093 |
| 240 | 0.092 | 0.091 | 0.091 | 0.090 | 0.089 | 0.088 | 0.088 | 0.087 | 0.086 | 0.086 |
| 250 | 0.085 | — | — | — | — | — | — | — | — | — |

3. 双排外脚手架应合理计算

无风荷载时其单立杆承载验算应按以下步骤顺序计算，即立杆轴向力设计值应按下式计算：

$$N = 1.2(N_{G1K} + N_{G2K}) + 1.4\sum N_{QK}$$

式中   $N_{G1K}$——脚手架结构自重标准值产生的轴力；

      $N_{G2K}$——构配件自重标准值产生的轴力；

      $\sum N_{QK}$——施工荷载标准值产生的轴向力总和，内外立杆可按一纵距（跨）内施工荷载总和的 1/2 取值。

立杆计算长度 $l_0$ 应按下式计算：

$$l_0 = \mu h$$

式中　$h$——脚手架立杆步距；

　　　　$\mu$——考虑脚手架整体稳定因素的单杆计算长度系数，应按表 4 - 13 确定。

单立杆稳定性应按下式计算：

$$N \leqslant \varphi \lambda f$$

式中　$N$——计算立杆段的轴向力设计值；

　　　　$\varphi$——轴心受压构件的稳定系数，应按表 4 - 11 和表 4 - 12 取值；

　　　　$\lambda$——长细比，应按 $\lambda = l_0/i$ 计算；

　　　　$f$——钢材的抗拉、抗压和抗弯强度设计值，应按表 4 - 9 取值。

组合风荷载时单肢立杆承载力应按以下步骤顺序计算，即立杆轴向力设计值应按下式计算：

$$N = 1.2\,(N_{G1K} + N_{G2K}) + 0.9 \times 1.4 \sum N_{QK}$$

立杆压弯强度应按下式计算：

$$[N/(A\varphi) + M_W/W] \leqslant f$$

立杆段风荷载弯矩设计值应按下式计算：

$$M_W = 0.9 \times 1.4 M_{WK} = 0.9 \times 1.4 \omega_k l_a h^2 / 10$$

式中　$M_W$——由风荷载设计值产生的立杆段弯矩；

　　　　$\omega_k$——风荷载标准值；

　　　　$l_a$——立杆纵距；

　　　　$W$——立杆截面模量，按表 4 - 10 取值。

连墙件应按以下步骤顺序计算，即连墙件的轴向力设计值应按下式计算：

$$N_1 = N_{1w} + N_0$$

连墙件的抗拉承载力应按下式计算：

$$\sigma = (N_1/A_n) \leqslant f$$

连墙件的稳定性应按下式计算：

$$N_l \leqslant \varphi A f$$

扣件连墙件采用钢管扣件连接时应按下式验算抗滑承载力：

$$N_1 \leqslant R_c$$

式中　$N_1$——连墙件轴向力设计值，kN；

　　　$N_{1w}$——风荷载产生的连墙件轴向力设计值，应按规定计算；

　　　　$N_0$——连墙件约束脚手架平面外变形所产生的轴向力，双排架可取 5kN；

　　　　$A_n$——连墙件的净截面面积；

　　　　$A$——连墙件的毛截面面积；

　　　　$\varphi$——轴心受压构件的稳定系数，应根据连墙件的长细比按表 4 - 11 和表 4 - 12 取值；

　　　　$R_c$——在拧紧力矩为 40～65N·m 条件下直角扣件抗滑承载力设计值，kN，单扣件取 8kN，双扣件取 12kN。

螺栓、焊接连墙件与预埋件的设计承载力应按相应规范进行验算。由风荷载产生的连墙件的轴向力设计值应按下式计算：

$$N_{1w} = 1.4\omega_k L_1 H_1$$

式中　$\omega_k$——风荷载标准值；

　　　$L_1$、$H_1$——连墙件水平及竖向间距。

表 4-13　　　　　　　　　　　脚手架立杆计算长度系数

| 类　　别 | 连 墙 件 布 置 | |
| --- | --- | --- |
| | 2步3跨 | 3步3跨 |
| 双排架 | 1.48 | 1.72 |

## 4.1.4　承插型盘扣式钢管支架的构造要求

　　模板支撑架应根据施工方案计算得出的立杆排架尺寸选用水平杆，并根据支撑高度组合套插的立杆段、可调托座和可调底座。搭设高度不超过 8m 的满堂模板支架时，支架架体四周外立面向内的第一跨每层均应设置竖向斜杆，架体整体最底层以及最顶层均应设置竖向斜杆，并在架体内部区域每隔 4～5 跨由底至顶均设置竖向斜杆（图 4-6）或采用扣件钢管搭设的大剪刀撑（图 4-7）。满堂模板支架的架体高度不超过 4m 时可不设置顶层水平斜杆，架体高度超过 4m 时应设置顶层水平斜杆或钢管剪刀撑。

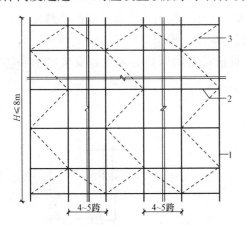

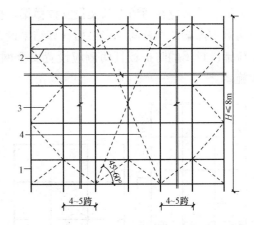

　图 4-6　满堂架高不大于 8m 斜杆设置立面　　　　图 4-7　满堂架高不大于 8m 剪刀撑设置立面
　　1—立杆；2—水平杆；3—斜杆　　　　　　　　1—立杆；2—水平杆；3—斜杆；4—大剪刀撑

　　搭设高度超过 8m 的满堂模板支架时竖向斜杆应满布设置，应控制水平杆的步距不得大于 1.5m，应沿高度每隔 3～4 个标准步距设置水平层斜杆或钢管大剪刀撑（图 4-8）并应与周边结构形成可靠拉结。对长条状的独立高支模架应控制架体总高度与架体的宽度之比 $H/B$ 不大于 5（图 4-9），否则应扩大下部架体宽度，或按有关规定验算并按照验算结果采取设置缆风绳等加固措施。

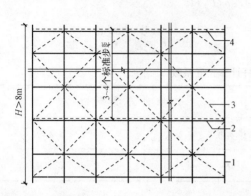

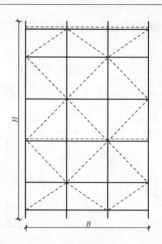

图 4-8　满堂架高度大于 8m 水平斜杆设置立面图
1—立杆；2—水平杆；3—斜杆；4—水平层斜杆或大剪刀撑

图 4-9　条状支模架的高宽比

模板支撑架搭设成独立方塔架时其每个侧面每步均应设竖向斜杆，有防扭转要求时可在顶层及每隔 3～4 步增设水平层斜杆或钢管剪刀撑（图 4-10）。模板支撑架必须严格控制立杆可调托座的伸出顶层水平杆的悬臂长度（图 4-11）、严禁超过 650mm，架体最顶层的水平杆步距应比标准步距缩小一个盘扣间距。模板支撑架应设置扫地水平杆，可调底座调节螺母离地高度不得大于 300mm，作为扫地杆的水平杆离地高度应小于 550mm，架体底部的第一层步距应比标准步距缩小一个盘扣间距并可间隔抽除第一层水平杆形成施工人员进入通道。模板支撑架应与周围已建成的结构进行可靠连接。如图 4-12 所示，模板支撑架体内设置人行通道时应在通道上部架设支撑横梁，横梁截面大小应按跨度以及承受的荷载确定，通道两侧支撑梁的立杆间距应根据计算结果设置，通道周围的模板支撑架应连成整体，洞口顶部应铺设封闭的防护板且两侧应设置安全网，通行机动车的洞口必须设置安全警示和防撞设施。

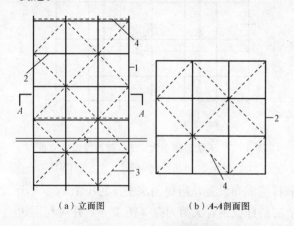

（a）立面图　　　　　（b）A-A 剖面图

图 4-10　独立支模塔架
1—立杆；2—水平杆；3—斜杆；4—水平层斜杆

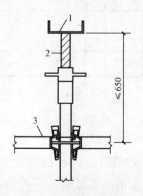

图 4-11　立杆带可调托座伸出
顶层水平杆的悬臂长度
1—可调托座；2—立杆悬臂端；3—顶层水平杆

用承插型盘扣式钢管支架搭设双排脚手架时可根据使用要求选择架体几何尺寸，相邻水平杆步距宜选用 2m，立杆纵距宜选用 1.5m，立杆横距宜选用 0.9m。脚手架首层立杆应采用不同的长度立杆交错布置，应错开不小于 500mm，底部水平杆严禁拆除，需要设置人行通道时应遵守本书前述规定且立杆底部应配置可调底座。承插型盘扣式钢管支架是由塔式单元扩大组合而成的，在拐角为直角部位应设置立杆间的竖向斜杆，作为外脚手架使用时通道内可不设置斜杆。设置双排脚手架人行通道时应在通道上部架设支撑横梁，横梁截面大小应按跨度以及承受的荷载计算确定，通道两侧脚手架应加设斜杆，洞口顶部应铺设封闭的防护板且两侧应设置安全

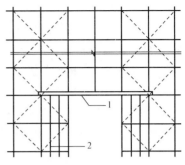

图 4-12　模板支撑架人行通道设置图
1—支撑横梁；2—立杆加密

网，通行机动车的洞口必须设置安全警示和防撞设施。连墙件的设置应符合规定，连墙件必须采用可承受拉压荷载的刚性杆件，连墙件与脚手架立面及墙体应保持垂直，同一层连墙件应在同一平面，水平间距应不大于 3 跨；连墙件应设置在有水平杆的盘扣节点旁，连接点至盘扣节点距离不得大于 300mm；采用钢管扣件作连墙杆时连墙杆应采用直角扣件与立杆连接；当脚手架下部暂不能搭设连墙件时应用扣件钢管搭设抛撑，抛撑杆应与脚手架通长杆件可靠连接，其与地面的倾角应为 45°～60°，抛撑在连墙件搭设后方可拆除。脚手板设置应符合规定，钢脚手板的挂钩必须完全落在水平杆上，挂钩必须处于锁住状态，严禁浮放；作业层脚手板应满铺；作业层的脚手板架体外侧应设挡脚板和防护栏，护栏应设两道横杆并应在脚手架外侧立面满挂密目安全网。人行梯架宜设置在尺寸不小于 0.9m×1.5m 的脚手架框架内，梯子宽度为廊道宽度的 1/2，梯架可在一个框架高度内折线上升，梯架拐弯处应设置脚手板及扶手。

## 4.1.5　承插型盘扣式钢管支架的搭设与拆除要求

模板支撑架及脚手架施工前应根据施工对象、地基承载力、搭设高度编制专项施工方案，应保证架体构造合理、荷载传力路线直接明确、技术可靠和使用安全，应经审核批准后方可实施。搭设操作人员必须经过专业技术培训及专业考试合格并持证上岗，模板支撑架及脚手架搭设前工程技术负责人应按专项施工方案的要求对搭设作业人员进行技术和安全作业交底。应对进入施工现场的钢管支架及构配件进行验收，使用前应对其外观进行检查并核验其检验报告以及出厂合格证，严禁使用不合格产品。经验收合格的构配件应按品种、规格分类码放，宜挂数量规格铭牌备用，构配件堆放场地排水应畅通且无积水。采用预埋方式设置脚手架连墙件时应确保预埋件在混凝土浇筑前埋入。

（1）应做好地基与基础处理工作。模板支撑架及脚手架搭设场地必须平整且必须坚实、排水措施得当，支架地基与基础必须结合搭设场地条件综合考虑支架承担荷载、搭设高度的情况并应按我国现行《建筑地基基础工程施工质量验收规范》（GB 50202—2002）的有关规定进行，同时应满足本书前述承载力验算要求。直接支承在土体上的模板支撑架及脚手架其立杆底部应设置可调底座，土体应采取压实、铺设块石或浇筑混凝土垫层等加固措施来防止不均匀沉陷，也可在立杆底部垫设垫板，垫板宜采用长度不少于两跨、厚度不小于 50mm

的木垫板，也可采用槽钢、工字钢等型钢。地基高低差较大时可利用立杆八角盘盘位差配合可调底座进行调整，应使相邻立杆上安装同一根水平杆的八角盘在同一水平面。模板支撑架及脚手架基础应经验收合格后方可使用。

（2）模板支撑架搭设与拆除应遵守相关规定。模板支撑架立杆搭设位置应按专项施工方案放线确定，不得任意搭设。模板支撑架水平方向搭设首先应根据立杆位置的要求布置可调底座，接着插入 4 根立杆，将水平杆、斜杆通过插销扣接在立杆上形成基本的塔架单元，并以此向外扩展搭设而形成整体支撑体系。铅直方向应搭完一层以后再搭设次层，以此类推。可调底座和垫板应准确地放置在定位线上并保持水平，垫板应平整、无翘曲，不得采用已开裂垫板。

立杆应通过立杆连接套管连接，在同一水平高度内相邻立杆连接套管接头的位置应错开。水平杆扣接头与盘扣通过插销连接，应采用锤子击紧插销，保证水平杆与立杆连接可靠。每搭完一步支模架后应及时校正水平杆步距和立杆的纵、横距以及立杆的竖向偏差与水平杆的水平偏差，控制立杆的铅直度偏差应不大于 $H/500$ 且不得大于 50mm。模板支撑架搭设应与模板施工相配合，应利用可调底座和可调托座调整底模标高。建筑楼板多层连续施工时应保证上下层支撑立杆在同一轴线上。在已施工完成的建筑结构上搭设模板支撑架应对相应的建筑结构进行承载力验算。支架搭设完成后混凝土浇筑前应由项目技术负责人组织相关人员进行验收，符合专项施工方案后方可浇筑混凝土。模板支撑架拆除应符合《混凝土结构工程施工质量验收规范》（GB 50204—2002，2010 版）的有关规定。架体拆除时应按施工方案设计的拆除顺序进行，拆除作业必须按"先搭后拆、后搭先拆"的原则从顶层开始逐层向下进行（严禁上、下层同时拆除），拆除时的构配件应成捆吊运或人工传递至地面（严禁抛掷），分段、分立面拆除时应确定分界处的技术处理方案并应保证分段后临时结构的稳定。

（3）双排外脚手架搭设与拆除应遵守相关规定。脚手架立杆应定位准确，搭设必须配合施工进度，一次搭设高度不应超过相邻连墙件以上两步。连墙件必须随架子高度上升在规定位置处设置，严禁任意拆除。作业层设置应符合相关要求，必须满铺脚手板，脚手架外侧应设挡脚板及护身栏杆；护身栏杆可用水平杆在立杆的 0.5m 和 1.0m 的盘扣接头处搭设两道并在外侧满挂密目安全网；作业层与主体结构间的空隙应设置马槽网。加固件、斜杆必须与脚手架同步搭设，采用扣件钢管作加固件、斜撑时应符合《施工扣件式钢管脚手架安全技术规范》（JGJ 130—2011）的有关规定。架体搭设至顶层时其立杆高出搭设架体平台面或混凝土楼面应不小于 1000mm，以用作顶层的防护立杆。脚手架可分段搭设、分段使用，应由工程项目技术负责人组织相关人员进行验收，符合专项施工方案后方可使用。脚手架应经单位工程负责人确认不再需要并签署拆除许可令后方可拆除。脚手架拆除时必须划出安全区并设置警戒标志且应派专人看管。拆除前应清理脚手架上的器具及多余的材料和杂物。脚手架拆除必须按"后装先拆、先装后拆"的原则进行，严禁上、下同时作业，连墙件必须随脚手架逐层拆除，严禁先将连墙件整层或数层拆除后再拆脚手架，分段拆除高度差应不大于两步，若高度差大于两步则必须增设连墙件加固。拆除的脚手架构件应保证安全地传递至地面，严禁抛掷。

## ▌4.1.6　承插型盘扣式钢管支架的检查与验收

对进入现场的钢管支架构配件的检查与验收应符合相关规定，即应有钢管支架产品标识及产品质量合格证；应有管材、零件、铸件、冲压件等材质质量检验报告，应有配套管材、零件、铸件、冲压件等材质、产品性能检验报告；应有钢管支架产品主要技术参数及产品使用说明书；进入现场的构配件除应按技术参数如管径、构件壁厚等抽样核查外还应进行外观检查，外观质量应符合规定；有必要时可对支架杆件进行质量抽检和试验。模板支撑架应按以下分阶段（即基础完工后及模板支撑架搭设前；超过 8m 的高支模架搭设至一半高度后；达到设计高度后应进行全面的检查和验收；遇 6 级以上大风、大雨、大雪后；停工超过一个月恢复使用前）进行检查和验收。

　　模板支撑架应由工程项目技术负责人组织模板支撑架设计及管理人员进行检查，对模板支撑架应重点检查以下四方面的内容，即模板支撑架应按施工方案及相应的基本构造要求设置斜杆；可调托座及可调底座伸出水平杆的悬臂长度必须符合设计限定要求；水平杆扣接头应销紧；立杆基础应符合要求且立杆与基础间有无松动或悬空现象。对脚手架的检查与验收应重点检查以下六方面内容，即连墙件应设置完善；立杆基础不应有不均匀沉降且立杆可调底座与基础面的接触不应有松动或悬空现象；斜杆和剪刀撑设置应符合要求；外侧安全立网和内侧层间水平网应符合专项施工方案的要求；周转使用的支架构配件使用前复检合格记录；搭设的施工记录和质量检查记录应及时、齐全。模板支架和双排外脚手架验收后应形成记录，记录表形式可参考表 4-14 和表 4-15。

表 4-14　　　　　　　　　　　　模板支架施工验收记录表

| 项目名称 | | | | | | | | |
|---|---|---|---|---|---|---|---|---|
| 搭设部位 | | | 高度 | | 跨度 | | 最大荷载 | |
| 搭设班组 | | | 班组长 | | | | | |
| 操作人员 | | | 证书<br>符合性 | | | | | |
| 持证人数 | | | 技术交底情况 | | | 安全交底情况 | | |
| 专项方案编审程序符合性 | | | | | | | | |
| 钢管<br>支架 | 进场前质量验收情况 | | | | | | | |
| | 材质、规格与方案的符合性 | | | | | | | |
| | 使用前质量检测情况 | | | | | | | |
| | 外观质量检查情况 | | | | | | | |
| 检查内容 | | 允许偏差<br>/mm | 方案要求<br>/mm | 实际情况<br>/mm | | | | 符合性 |
| 立杆垂直度≤L/500 且±50 | | ±5 | | | | | | |
| 水平杆水平度 | | ±5 | | | | | | |
| 可调<br>托座 | 垂直度 | ±5 | | | | | | |
| | 插入立杆深度≥100 | -5 | | | | | | |
| 可调<br>底座 | 垂直度 | ±5 | | | | | | |
| | 插入立杆深度≥150 | -5 | | | | | | |

| 项目名称 | | | | | | | |
|---|---|---|---|---|---|---|---|
| 立杆组合对角线长度 | ±6 | | | | | | |
| 立杆　梁底纵、横向间距 | | | | | | | |
| 立杆　板底纵、横向间距 | | | | | | | |
| 立杆　竖向接长位置 | | | | | | | |
| 立杆　基础承载力 | | | | | | | |
| 水平杆　纵、横向水平杆设置 | | | | | | | |
| 水平杆　梁底纵、横向步距 | | | | | | | |
| 水平杆　板底纵、横向步距 | | | | | | | |
| 水平杆　插销销紧情况 | | | | | | | |
| 竖向斜杆　最底层步距处设置情况 | | | | | | | |
| 竖向斜杆　最顶层步距处设置情况 | | | | | | | |
| 竖向斜杆　其他部位 | | | | | | | |
| 剪刀撑　垂直纵、横向设置 | | | | | | | |
| 剪刀撑　水平向 | | | | | | | |
| 扫地杆设置 | | | | | | | |
| 与已建结构物拉结设置 | | | | | | | |
| 其他 | | | | | | | |

| 施工单位检查结论 | 结论：　　　　　　　　　　　　　　　　　　检查日期：　年　月　日<br><br>检查人员：　　　项目技术负责人：　　　项目经理： |
|---|---|
| 监理单位验收结论 | 结论：　　　　　　　　　　　　　　　　　　验收日期：　年　月　日<br><br>专业监理工程师：　　　　　　　　　　　　　总监理工程师： |

**表 4 - 15**　　　　　　　　　**双排外脚手架施工验收记录表**

| 项目名称 | | | | | | |
|---|---|---|---|---|---|---|
| 搭设部位 | | 高度 | | 跨度 | | 最大荷载 |
| 搭设班组 | | 班组长 | | | | |
| 操作人员 | | 证书<br>符合性 | | | | |
| 持证人数 | | 技术交底情况 | | | 安全交底情况 | |
| 专项方案编审程序符合性 | | | | | | |
| 钢管支架　进场前质量验收情况 | | | | | | |
| 钢管支架　材质、规格与方案的符合性 | | | | | | |
| 钢管支架　使用前质量检测情况 | | | | | | |
| 钢管支架　外观质量检查情况 | | | | | | |

续表

| 项目名称 | | 允许偏差/mm | 方案要求/mm | 实际情况/mm | | | | 符合性 |
|---|---|---|---|---|---|---|---|---|
| 检查内容 | | | | | | | | |
| 立杆垂直度≤L/500且±50 | | ±5 | | | | | | |
| 水平杆水平度 | | ±5 | | | | | | |
| 可调底座 | 垂直度 | ±5 | | | | | | |
| | 插入立杆深度≥150 | −5 | | | | | | |
| 立杆组合对角线长度 | | ±6 | | | | | | |
| 立杆 | 纵向步距 | | | | | | | |
| | 横向间距 | | | | | | | |
| | 竖向接长位置 | | | | | | | |
| | 基础承载力 | | | | | | | |
| 水平杆 | 纵、横向水平杆设置 | | | | | | | |
| | 纵向步距 | | | | | | | |
| | 横向步距 | | | | | | | |
| | 插销销紧情况 | | | | | | | |
| 竖向斜杆 | 拐角处设置情况 | | | | | | | |
| | 其他部位 | | | | | | | |
| 剪刀撑 | 垂直纵、横向设置 | | | | | | | |
| 连墙件设置 | | | | | | | | |
| 扫地杆设置 | | | | | | | | |
| 护栏设置 | | | | | | | | |
| 脚手板设置 | | | | | | | | |
| 挡脚板设置 | | | | | | | | |
| 人行梯架设置 | | | | | | | | |
| 其他 | | | | | | | | |
| 施工单位检查结论 | | 结论：<br>检查人员： 项目技术负责人： 项目经理： | | | | 检查日期： 年 月 日 | | |
| 监理单位验收结论 | | 结论：<br>专业监理工程师： 总监理工程师： | | | | 验收日期：年 月 日 | | |

## 4.1.7 承插型盘扣式钢管支架的安全管理与维护

高大模板支撑架及脚手架搭设和拆除人员必须是经过按我国现行《特种作业人员安全技术考核管理规定》的考核合格的专业架子工，上岗人员应定期体检，上岗人员应体检合格。支架搭设作业人员必须戴安全帽、系安全带、穿防滑鞋。应控制模板支撑架混凝土浇筑作业层上的施工荷载，集中堆载不应超过设计值。混凝土浇筑过程中应派专人观测模板支撑架的工作状态，发生异常时观测人员应及时报告施工负责人，情况紧急时应迅速撤离施工人员并进行相应加固处理。模板支撑架及脚手架使用期间严禁擅自拆除架体结构杆件，如需拆除必须报请工程项目技术负责人以及总监理工程师同意并在确定补救措施后方可实施。严禁在模板支撑架及脚手架基础及邻近处进行挖掘作业。模板支撑架及脚手架应与架空输线电路保持安全距离，工地临时用电线路架设及脚手架接地防雷击措施等应按《施工现场临时用电安全技术规范》（JGJ 46—2005）的有关规定执行。

# §4.2 碗扣式脚手架安全技术

碗扣式脚手架是指采用碗扣方式连接的钢管脚手架，其设计与施工中应贯彻执行国家有关安全生产法规并做到"技术先进、经济合理、安全适用、确保质量"。落地碗扣式脚手架当搭设高度 $H \leqslant 20\text{m}$ 时可按普通脚手架常规搭设；当搭设高度 $H > 20\text{m}$ 及超高、超重、大跨度的模板支撑体系必须制定专项施工设计方案并进行结构分析和计算。碗扣节点是指脚手架碗扣连接的部位。立杆是指碗扣脚手架的竖向支撑杆。上碗扣是指沿立杆滑动起锁紧作用的碗扣节点零件。下碗扣是指焊接于立杆上的碗形节点零件。立杆连接销是指立杆竖向接长连接专用销子。限位销是指焊接在立杆上能锁紧上碗扣的定位销。横杆是指碗扣式脚手架的水平杆件。横杆接头是指焊接于横杆两端的连接件。专用斜杆是指带有旋转横杆接头用以提高框架平面稳定性的斜向拉压杆。水平斜杆是指钢管两端焊有插头的水平连接斜杆。十字撑是指用作双排脚手架竖向加强支撑的构件。八字斜杆是指斜杆八字形设置方式。间横杆是指钢管两端焊有插卡装置的横杆。挑梁是指脚手架作业平台的挑出构件（分宽挑梁和窄挑梁）。连墙杆是指脚手架与建筑物连接的构件。可调底座是指可调节高度的底座。可调托撑是指立杆顶部可调节高度的顶撑。梯架是指脚手架上施工人员上下通行的梯子。脚手板是指施工人员在脚手架上行走及作业用平台板。廊道是指双排脚手架内外立杆间人员上下行走和运输施工材料的通道。几何不变性是指杆系结构构成几何不变的性能。

## 4.2.1 碗扣式脚手架的主要构配件

碗扣节点由上碗扣、下碗扣、立杆、横杆、横杆接头、上碗扣、限位销组成（图 4 - 13），脚手架立杆碗扣节点应按 0.6m 模数设置，立杆上应设有接长用套管及连接销孔，构配件种类、规格及用途可参考表 4 - 16。

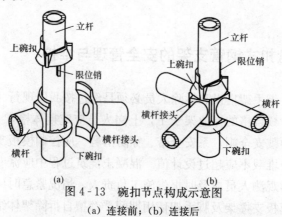

(a)　　　　　　　　　　　(b)

图 4 - 13　碗扣节点构成示意图

(a) 连接前；(b) 连接后

表 4 - 16　　　　　　　　碗扣式脚手架主要构配件种类、规格及用途

| 名称 | 型号 | 规格/mm | 市场质量/kg | 设计质量/kg |
|---|---|---|---|---|
| 立杆 | LG-120 | φ48×3.5×1200 | 7.41 | 7.05 |
| | LG-180 | φ48×3.5×1800 | 10.67 | 10.19 |
| | LG-240 | φ48×3.5×2400 | 14.02 | 13.34 |
| | LG-300 | φ48×3.5×3000 | 17.31 | 16.48 |
| 横杆 | HG-30 | φ48×3.5×300 | 1.67 | 1.32 |
| | HG-60 | φ48×3.5×600 | 2.82 | 2.47 |
| | HG-90 | φ48×3.5×900 | 3.97 | 3.63 |
| | HG-120 | φ48×3.5×1200 | 5.12 | 4.78 |
| | HG-150 | φ48×3.5×1500 | 6.28 | 5.93 |
| | HG-180 | φ48×3.5×1800 | 7.43 | 7.08 |
| 间横杆 | JHG-90 | φ48×3.5×900 | 5.28 | 4.37 |
| | JHG-120 | φ48×3.5×1200 | 6.43 | 5.52 |
| | JHG-120+30 | φ48×3.5×(1200+300) | 7.74 | 6.85 |
| | JHG-120+60 | φ48×3.5×(1200+600) | 9.69 | 8.16 |
| 专用斜杆 | XG-0912 | φ48×3.5×150 | 7.11 | 6.33 |
| | XG-1212 | φ48×3.5×170 | 7.87 | 7.03 |
| | XG-1218 | φ48×3.5×2160 | 9.66 | 8.66 |
| | XG-1518 | φ48×3.5×2340 | 10.34 | 9.30 |
| | XG-1818 | φ48×3.5×2550 | 11.13 | 10.04 |
| 专用斜杆 | ZXG-0912 | φ48×3.5×1270 | | 5.89 |
| | ZXG-1212 | φ48×3.5×1500 | | 6.76 |
| | ZXG-1218 | φ48×3.5×1920 | | 8.73 |
| | XZC-0912 | φ30×2.5×1390 | | 4.72 |
| | XZC-1212 | φ30×2.5×1560 | | 5.31 |
| | XZC-1218 | φ30×2.5×2060 | | 7 |
| 十字撑 | TL-30 | 宽度300 | 1.68 | 1.53 |
| | TL-60 | 宽度600 | 9.30 | 8.60 |
| | LLX | φ12 | | 0.18 |
| | KTZ-45 | 可调范围≤300 | | 5.82 |
| | KTZ-60 | 可调范围≤450 | | 7.12 |
| | KTZ-75 | 可调范围≤600 | | 8.5 |
| | KTC-45 | 可调范围≤300 | | 7.01 |
| | KTC-60 | 可调范围≤450 | | 8.31 |
| | KTC-75 | 可调范围≤600 | | 9.69 |
| | JB-120 | 1200×270 | | 12.8 |
| | JB-150 | 1500×270 | | 15 |
| | JB-180 | 1800×270 | | 17.9 |
| | JT-255 | 2546×530 | | 34.7 |

　　构配件材料制作应遵守相关规定。碗扣式脚手架用钢管应采用符合《直缝电焊钢管》（GB/T 13793—2008）或《低压流体输送用焊接钢管》（GB/T 3091—2008）中规定的 Q235A 级普通钢管，其材质性能应符合《碳素结构钢》（GB/T 700—2006）的规定。碗扣架用钢管的规格为 Φ48×3.5、钢管壁厚不得小于 0.025～3.5mm。上碗扣、可调底座及可调托撑螺母应采用可锻铸铁或铸钢制造，其材料力学性能应符合《可锻铸铁件》（GB/T 9440—2010）中 KTH330 及《一般工程用铸造碳钢件》（GB/T 11352—2009）中 ZG270-500 的规定。下碗扣、横杆接头、斜杆接头应采用碳素铸钢制造，其材料力学性能应符合《一般工程用铸造碳钢件》（GB/T 11352—2009）中 ZG230-450 的规定。采用钢板热冲压整体成形的下碗扣钢板应符合《碳素结构钢》（GB/T 700—2006）标准中 Q235A 级钢的要求，板材厚度不得小于 6mm 并应经 600～650℃ 的时效处理（严禁利用废旧锈蚀钢板改制）。立杆连接外套管壁厚不得小于（3.5±0.025）mm，内径不大于 50mm，外套管长度不得小于 160mm，外伸长度不得小于 110mm。

　　杆件的焊接应在专用工装上进行，各焊接部位应牢固可靠、焊缝高度不小于 3.5mm，其组焊的尺寸公差应符合表 4-17 的要求。立杆上的上碗扣应能上下窜动和灵活转动，不得有卡滞现象，杆件最上端应有防止上碗扣脱落的措施。立杆与立杆连接的连接孔处应能插入 φ12mm 连接销。在碗扣节点上同时安装 1～4 个横杆时上碗扣均应能锁紧。构配件外观质量应符合要求，即钢管应无裂纹、凹陷、锈蚀，不得采用接长钢管；铸造件表面应光整，不得有砂眼、缩孔、裂纹、浇冒口残余等缺陷，表面粘砂应清除干净；冲压件不得有毛刺、裂纹、氧化皮等缺陷；各焊缝应饱满，焊药应清除干净，不得有未焊透、夹砂、咬肉、裂纹等缺陷；构配件防锈漆涂层应均匀、牢固；主要构配件上的生产厂家标识应清晰。可调底座及可调托撑丝杆与螺母捏合长度不得少于 4～5 扣，插入立杆内的长度不得小于 150mm。

表 4-17　　　　　　　　　　　　杆件组焊的尺寸公差要求

| 项　目 | 允许偏差/mm | 项　目 | 允许偏差/mm |
|---|---|---|---|
| 杆件管口平面与钢管轴线垂直度 | 0.5 | 接头的接触弧面与横杆轴心垂直度 | ≤1 |
| 立杆下碗扣间距 | ±1 | 横杆两接头接触弧面的轴心线平行度 | ≤1 |
| 下碗扣碗口平面与钢管轴线垂直度 | ≤1 | | |

## 4.2.2　碗扣式脚手架的荷载安全要求

　　作用于脚手架和模板支架上的荷载可分永久荷载（恒荷载）和可变荷载（活荷载）两类。

　　脚手架的永久荷载一般应包括组成脚手架结构的杆系自重和配件重量，系自重包括立杆、纵向横杆、横向横杆、斜杆、水平斜杆、八字斜杆、十字撑等自重；配件重量包括脚手板、栏杆、挡脚板、安全网等防护设施及附加构件的自重，设计脚手架时其荷载应根据脚手架实际架设情况进行计算。脚手架的可变荷载包括脚手架的施工荷载（即脚手架作业层上的操作人员、器具及材料等的重量）和风荷载。

　　模板支架的永久荷载一般包括作用在模板支架上的结构荷载，即新浇筑混凝土、钢筋、模板、支承梁（楞）等自重；支架结构的杆系自重，包括立杆、纵向及横向水平杆、水平及垂直斜撑等自重；配件自重应根据工程情况确定，一般应包括脚手板、栏杆、挡脚板、安全网等防护设施及附加构件的自重。模板支架的可变荷载包括施工人员及施工设备荷载，振捣混凝土时产生的荷载，风荷载。

（1）荷载标准值应遵守相关规定。脚手架结构杆系自重标准值可按表 4-18 确定。脚手架配件重量标准值可按规定采用，即脚手板自重标准值统一按 0.35kN/m² 取值；操作层的栏杆与挡脚板自重标准值按 0.14kN/m² 取值；脚手架上满挂密目安全网自重标准值按 0.01kN/m² 取值。模板支撑架荷载标准值应遵守相关规定，模板支撑架的自重标准值 $Q_1$ 应根据模板设计图纸确定（一般肋形楼板及无梁楼板模板的自重标准值可按表 4-18 取值），新浇筑混凝土自重（包括钢筋）标准值 $Q_2$ 可按 25kN/m³ 取值、对特殊钢筋混凝土应根据实际情况确定，振捣混凝土时产生的荷载标准值 $Q_3$ 取 2kN/m²。脚手架的施工荷载标准值可按规定确定，即操作层均布施工荷载标准值应根据脚手架用途按表 4-19 取值；脚手架的操作层层数按实际计算。模板支撑架的施工荷载标准值应遵守相关规定，施工人员及设备荷载标准值按均布可变荷载取 1.0kN/m²；振捣混凝土时产生的荷载标准值可取 2.0kN/m²。

作用于脚手架及模板支撑架上的水平风荷载标准值应按下式计算确定

$$W_k = 0.7 \mu_z \mu_s W_0$$

式中　　$W_k$——风荷载标准值，kN/m²；

　　　　$\mu_z$——风压高度变化系数；

　　　　$\mu_s$——风荷载体型系数；

　　　　$W_0$——基本风压，kN/m²。

表 4-18　　　　　　　　　　水平模板自重标准值　　　　　　　　　（单位：kN/m²）

| 模板的构件名称 | 竹、木胶合板及木模板 | 定型钢模板 |
|---|---|---|
| 平面模板及小楞 | 0.30 | 0.50 |
| 楼板模板（其中包括梁模板） | 0.50 | 0.75 |

表 4-19　　　　　　　　　　操作层均布施工荷载标准值

| 脚手架用途 | 结构脚手架 | 装修脚手架 |
|---|---|---|
| 荷载标准值/（kN/m²） | 3.0 | 2.0 |

（2）荷载的分项系数应合理取值。计算脚手架及模板支撑架构件强度时的荷载设计值取其标准值乘以相应的分项系数，永久荷载的分项系数取 1.2（计算结构倾覆稳定时取 0.9）；可变荷载分项系数取 1.4。计算构件变形（挠度）时的荷载设计值的各类荷载分项系数均取 1.0。

（3）荷载效应组合应合理选择。设计脚手架及模板支架时其架体的稳定和连墙件承载力等应按表 4-20 的荷载效应组合要求进行计算。

表 4-20　　　　　　　　　　荷 载 效 应 组 合

| 计 算 项 目 | 荷 载 组 合 |
|---|---|
| 立杆稳定计算 | 永久荷载＋可变荷载 |
| | 永久荷载＋0.9（可变荷载＋风荷载） |
| 连墙件承载力计算 | 风荷载＋3.0kN |
| 斜杆强度和连接扣件（抗滑）强度计算 | 风荷载 |

## 4.2.3　碗扣式脚手架的结构设计安全要求

结构设计应遵守《建筑结构可靠度设计统一标准》（GB 50068—2001）、《建筑结构荷载规范》（GB 5009—2012）、《钢结构设计规范》（GB 50017—2003）及《冷弯薄壁型钢结构技术规范》（GB 50018—2002）等的规定，应采用概率理论为基础的极限状态设计法并以分项系数的设计表达式进行设计。脚手架的结构设计应保证整体结构形成几何不变体系，应以"结构计算简图"为依据进行结构计算，脚手架立杆、横杆、斜杆组成的节点应视为"铰接"。脚手架立杆、横杆构成网格体系几何不变条件应保证（满足）网格的每层有一根斜杆（图 4-14）。模板支撑架（满堂架）几何不变条件应保证（是）沿立杆轴线（包括平面 $x$、$y$ 两个方向）的每行每列网格结构竖向每层有一根斜杆（图 4-15），也可采用侧面增加链杆与结构柱、墙相连（图 4-16）或采用格构柱法（图 4-17）。双排脚手架沿纵轴 $x$ 方向形成两片网格结构的几何不变条件可采用每层设一根斜杆（图 4-18），在 $y$ 轴方向应与连墙件支撑作用共同分析，即当两立杆间无斜杆时［图 4-18（a）］其立杆计算长度 $l_0$ 等于拉墙件间垂直距离；当两立杆间增设斜杆［图 4-18（b）］则其立杆计算长度 $l_0$ 等于立杆节点间的距离；无拉墙件立杆应在拉墙件标高处增设水平斜杆从而使内外大横杆间形成水平桁架［图 4-18（c）］。双排脚手架无风荷载时立杆一般按承受垂直荷载计算，有风荷载时按压弯构件计算。当横杆承受非节点荷载时应进行抗弯强度计算，当风荷载较大时应验算连接斜杆两端扣件的承载力。所有杆件长细比 $\lambda$（$\lambda=l_0/i$）不得大于 250。杆件变形有控制要求时应按正常使用极限状态验算其变形。脚手架不挂密目网时可不进行风荷载计算，脚手架采用密目安全网或其他方法封闭时则应按挡风面积进行计算。

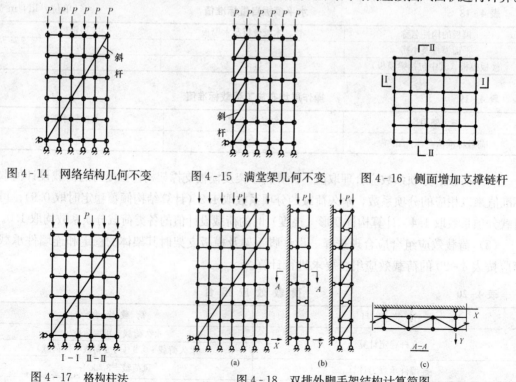

图 4-14　网络结构几何不变　　图 4-15　满堂架几何不变　　图 4-16　侧面增加支撑链杆

图 4-17　格构柱法　　　　图 4-18　双排外脚手架结构计算简图

　　施工设计应包括工程概况（即说明所服务对象的主要情况。外脚手架应说明所建主体结构高度、平面形状及尺寸；模板支撑架应按平面图说明标准楼层的梁板结构）；架体结构设计和计算［制订方案→荷载计算→最不利位置立杆、横杆、斜杆强度验算以及连墙件及基础强度验算→绘制架体结构计算图（平、立、剖）］；确定各个部位斜杆的连接措施及要求（模板支撑架应绘制顶端节点构造图）；说明结构施工流水步骤并编制构配件用料表及供应计划；架体搭设、使用和拆除方法；保证质量安全的技术措施等。架体的构造设计还应符合专门规定。

　　双排外脚手架的搭设高度应遵守相关规定。双排外脚手架的搭设高度主要受以下几方面因素的影响，即最不利立杆的单肢承载力（应为立杆最下段）；施工荷载、层数及脚手板铺设层数；立杆的纵向和横向间距及横杆的步距；拉墙件间距；风荷载等。最不利立杆的单肢承载力的计算应根据两种情况确定最不利单肢立杆的计算长度，进而确定单肢立杆承载能力。应根据施工条件确定荷载等级和层数以及脚手板的层数从而计算立杆的轴向力（图 4 - 19）。

## 4.2.4　碗扣式脚手架的构造安全要求

　　双排外脚手架的构造应符合相关规范规定。双排脚手架应根据使用条件及荷载要求选择结构设计尺寸，横杆步距宜选用 1.8m，廊道宽度（横距）宜选用 1.2m，立杆纵向间距可选择不同规格的系列尺寸。曲线布置的双排外脚手架组架时应按曲率要求使用不同长度的内外横杆组架，曲率半径应大于 2.4m。双排外脚手架拐角为直角时宜采用横杆直接组架［图 4 - 19 (a)］；拐角为非直角时可采用钢管扣件组架［图 4 - 19 (b)］。脚手架首层立杆应采用不同的长度交错布置，底部横杆（扫地杆）严禁拆除，立杆应配置可调底座（图 4 - 20）。脚手架专用斜杆设置应符合规定，斜杆应设置在有纵向及廊道横杆的碗扣节点上；脚手架拐角处及端部必须设置竖向通高斜杆（图 4 - 21）；脚手架高度小于等于20m 时应每隔 5 跨设置一组竖向通高斜杆，脚手架高度大于 20m 时应每隔 3 跨设置一组竖向通高斜杆，斜杆必须对称设置（图 4 - 21）；斜杆临时拆除时应调整斜杆位置并应严格控制同时拆除的根数。

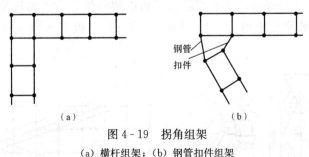

图 4 - 19　拐角组架

(a) 横杆组架；(b) 钢管扣件组架

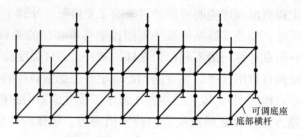

图 4-20　首层立杆布置

采用钢管扣件作斜杆时应遵守相关规定。斜杆应每步与立杆扣接（扣接点距碗扣节点的距离宜不大于 150mm）；当出现不能与立杆扣接的情况时也可采取与横杆扣接（扣接点应牢固）。斜杆宜设置成八字形，斜杆水平倾角宜为 45°～60°，纵向斜杆间距可间隔 1～2 跨（图 4-22）。脚手架高度超过 20m 时斜杆应在内外排对称设置。

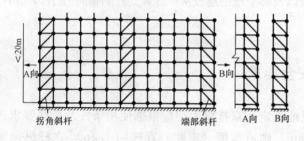

图 4-21　专用斜杆设置　　　　　　　　　图 4-22　钢管扣件斜杆设置

连墙杆的设置应符合规定。连墙杆与脚手架立面及墙体应保持垂直，每层连墙杆应在同一平面，水平间距应不大于 4 跨。连墙杆应设置在有廊道横杆的碗扣节点处，采用钢管扣件作连墙杆时连墙杆应采用直角扣件与立杆连接，连接点距碗扣节点距离应不大于 150mm。连墙杆必须采用可承受拉、压荷载的刚性结构。当连墙件竖向间距大于 4m 时，连墙件内外立杆之间必须设置廊道斜杆或十字撑（图 4-23）。当脚手架高度超过 20m 时其上部 20m 以下的连墙杆水平处必须设置水平斜杆。

脚手板的设置应符合规定。钢脚手板的挂钩必须完全落在廊道横杆上并应带有自锁装置（严禁浮放），平放在横杆上的脚手板必须与脚手架连接牢靠（可适当加设间横杆，脚手板探头长度应小于 150mm），作业层的脚手板框架外侧应设挡脚板及防护栏（护栏应采用二道横杆）。人行坡道坡度可为 1∶3 并应在坡道脚手板下增设横杆，坡道可折线上升（图 4-24）。

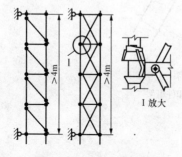

图 4-23　廊道斜杆及十字撑设置示意图

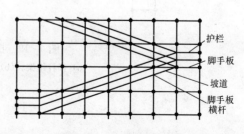

图 4-24　人行坡道设置图

　　人行梯架应设置在尺寸为 1.8m×1.8m 的脚手架框架内，梯子宽度为廊道宽度的
1/2，梯架可在一个框架高度内折线上升，梯架拐弯处应设置脚手板及扶手（图 4 - 25）。
脚手架上的扩展作业平台挑梁宜设置在靠建筑物一侧（应按脚手架离建筑物间距及荷载
选用窄挑梁或宽挑梁），宽挑梁可铺设两块脚手板，宽挑梁上的立杆应通过横杆与脚手架
连接（图 4 - 26）。

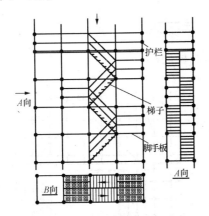

图 4 - 25　人行梯架设置示意图

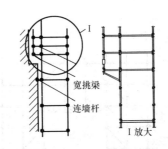

图 4 - 26　扩展作业平台示意图

　　模板支撑架应根据施工荷载组配横杆及选择步距，应根据支撑高度选择组配立杆、可调托
撑及可调底座。模板支撑架高度超过 4m 时应在四周拐角处设置专用斜杆或四面设置八字形斜
杆，并应在每排每列设置一组通高十字撑或专用斜杆（图 4 - 27）。模板支撑架高宽比不得超过
3，否则应扩大下部架体尺寸，如图 4 - 28 所示；或按有关规定验算采取设置缆风绳等加固措
施。房屋建筑模板支撑架可采用立杆支撑楼板、横杆支撑梁的梁板合支方法。当梁的荷载超过
横杆的设计承载力时可采取独立支撑的方法，并应与楼板支撑连成一体，如图 4 - 29 所示。

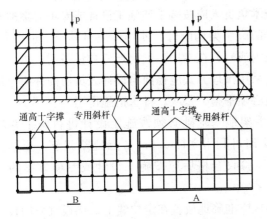

图 4 - 27　模板支撑架斜杆设置示意图

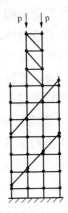

图 4 - 28　扩大下部架体示意图

　　人行通道应符合规定。双排脚手架人行通道设置时应在通道上部架设专用梁，通道两侧
脚手架应加设斜杆（图 4 - 30）。模板支撑架人行通道设置时应在通道上部架设专用横梁，横
梁结构应经过设计计算确定，通道两侧支撑横梁的立杆根据计算应加密，通道周围脚手架应
组成一体，通道宽度应不大于 4.8m（图 4 - 31）。洞口顶部必须设置封闭的覆盖物，两侧设
置安全网，通行机动车的洞口必须设置防撞设施。

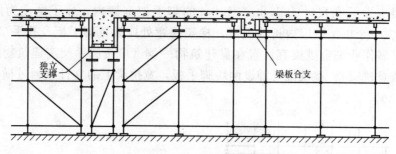

图 4-29　房屋建筑模板支撑架

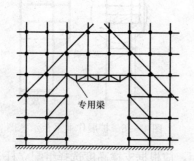

图 4-30　双排外脚手架人行通道设置

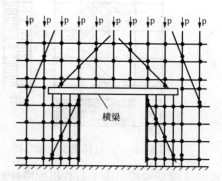

图 4-31　模板支撑架人行洞口设置

## ■ 4.2.5　碗扣式脚手架的搭设与拆除安全要求

脚手架施工前必须制订施工设计或专项方案且应保证其技术可靠和使用安全，应经技术审查批准后方可实施。脚手架搭设前工程技术负责人应按脚手架施工设计或专项方案的要求对搭设和使用人员进行技术交底。进入现场的脚手架构配件在使用前应对其质量进行复检。构、配件应按品种、规格分类放置在堆料区内或码放在专用架上清点好数量备用。脚手架堆放场地排水应畅通，不得有积水。连墙件若采用预埋方式应提前与设计人员协商并应保证预埋件在混凝土浇筑前埋入。脚手架搭设场地必须平整、坚实、排水措施得当。

（1）地基与基础处理应符合要求。脚手架地基基础必须按施工设计进行施工并应按地基承载力要求进行验收。地基高低差较大时可利用立杆 0.6m 节点位差调节。土壤地基上的立杆必须采用可调底座。脚手架基础经验收合格后应按施工设计或专项方案的要求放线定位。

（2）脚手架搭设应符合要求。底座和垫板应准确地放置在定位线上，垫板宜采用长度不少于 2 跨、厚度不小于 50mm 的木垫板，底座的轴心线应与地面垂直。脚手架搭设应按立杆、横杆、斜杆、连墙件的顺序逐层搭设且每次上升高度不大于 3m，底层水平框架的纵向直线度应不大于 $L/200$、横杆间水平度应不大于 $L/400$。脚手架的搭设应分阶段进行，第一阶段的搭底高度一般为 6m，搭设后必须经检查验收后方可正式投入使用。脚手架的搭设应与建筑物的施工同步上升，每次搭设高度必须高于即将施工楼层 1.5m。脚手架全高的铅直度偏差应小于 $L/500$ 且最大应不超过 100mm。脚手架内外侧加挑梁时其挑梁范围内只允许承受人行荷载（严禁堆放物料）。连墙件必须随架子高度上升及时在规定位置处设置（严禁任意拆除）。作业层设置应符合相关要求，必须满铺脚手板且外侧应设挡脚板及护身栏杆；护身栏杆可用横杆在立杆的 0.6m 和 1.2m 的碗扣接头处搭设两道；作业层下的水平安全网应按《建筑施工扣件式钢管脚手架安全技术规范》（JGJ 130—2011）规定设置。采用钢管扣件作加固件、连墙件、斜撑时应符合 JGJ 130—2011 的有关规定。脚手架搭设到顶时应组织技术、安全、施工人员对整个架体结构进行全面的检查和验收，应及时解决存在的结构缺陷。

（3）脚手架拆除应符合要求。应全面检查脚手架的连接、支撑体系等是否符合构造要求，应经技术管理程序批准后方可实施拆除作业。脚手架拆除前现场工程技术人员应对在岗操作工人进行有针对性的安全技术交底。脚手架拆除时必须划出安全区、设置警戒标志并派专人看管。拆除前应清理脚手架上的器具及多余的材料和杂物。拆除作业应从顶层开始逐层向下进行（严禁上下层同时拆除）。连墙件必须拆到该层时方可拆除（严禁提前拆除）。拆除的构、配件应成捆用起重设备吊运或人工传递到地面（严禁抛掷）。脚手架采取分段、分立面拆除时必须事先确定分界处的技术处理方案。拆除的构、配件应分类堆放以便于运输、维护和保管。

（4）模板支撑架的搭设与拆除应符合要求。模板支撑架搭设应与模板施工相配合，应利用可调底座或可调托撑调整底模标高。应按施工方案弹线定位，放置可调底座后应分别按先立杆、后横杆、再斜杆的搭设顺序进行。建筑楼板多层连续施工时应保证上下层支撑立杆在同一轴线上。搭设在结构的楼板、挑台上时应对楼板或挑台等结构承载力进行验算。模板支撑架拆除应符合《混凝土结构工程施工质量验收规范》（GB 50204—2002，2010 版）中混凝土强度的有关规定。架体拆除时应按施工方案设计的拆除顺序进行。

## ■ 4.2.6　碗扣式脚手架的检查、验收以及安全管理

进入现场的碗扣架构配件应具备相应的证明资料，主要构配件应有的产品标识及产品质量合格证；供应商应配套提供管材、零件、铸件、冲压件等材质、产品性能检验报告。构、配件进场质量检查的重点包括钢管管壁厚度、焊接质量、外观质量、可调底座和可调托撑丝杆直径、与螺母配合间隙及材质。脚手架搭设质量应按阶段进行检查与验收，即首段应以高度为 6m 进行第一阶段（摺底阶段）的检查与验收；架体应随施工进度定期进行检查，达到设计高度后进行全面的检查与验收；遇 6 级以上大风、大雨、大雪后特殊情况的检查；停工超过一个月恢复使用前的检查。对整体脚手架应重点检查以下五方面内容，即应保证架体几何不变性的斜杆、连墙件、十字撑等设置完整、完善；基础不应有不均匀沉降，立杆底座与基础面的接触应无松动或悬空情况；立杆上碗扣应可靠锁紧；立杆连接销应按规定安装；斜杆扣接点应符合要求且扣件拧紧程度应符合要求。搭设高度在 20m 以下（含 20m）的脚手架应由项目负责人组织技术、安全及监理人员进行验收；对于高度超过 20m 的脚手架及超高、超重、大跨度的模板支撑架应由其上级安全生产主管部门负责人组织架体设计及监理等人员进行检查和验收。脚手架验收时应具备以下四方面技术文件，即施工组织设计及变更文件；高度超过 20m 的脚手架的专项施工设计方案；周转使用的脚手架构、配件使用前的复

验合格记录；搭设的施工记录和质量检查记录。高度大于 8m 的模板支撑架检查与验收要求与脚手架相同。

作业层上的施工荷载应符合设计要求，不得超载，不得在脚手架上集中堆放模板、钢筋等物料。混凝土输送管、布料杆及塔架拉结缆风绳不得固定在脚手架上。大模板不得直接堆放在脚手架上。遇 6 级及以上大风、雨雪、大雾天气时应停止脚手架的搭设与拆除作业。脚手架使用期间严禁擅自拆除架体结构杆件（若必须拆除必须报请技术主管同意，并在确定补救措施后方可实施）。严禁在脚手架基础及邻近处进行挖掘作业。脚手架应与架空输电线路保持安全距离，工地临时用电线路架设及脚手架接地防雷措施等应按《施工现场临时用电安全技术规范》（JGJ 46—2005）的有关规定执行。使用后的脚手架构、配件应清除表面黏结的灰渣、校正杆件变形且其表面应做防锈处理后待用。

# §4.3　工具式脚手架的安全技术

施工工具式脚手架主要指附着式升降脚手架（单片、整体依靠手动、电动和液压升降的架体）、高处作业吊篮、卸料平台等。组成工具式脚手架的架体结构和构配件为定型化、标准化产品，可多次重复使用，按规定的程序组装后即可使用。

（1）附着式升降脚手架是指仅需搭设一定高度并附着于工程结构上，依靠自身的升降设备和装置可随工程结构施工逐层爬升，具有防倾覆、防坠落装置并能实现下降作业的外脚手架。附着支承结构是指直接附着在工程结构上并与竖向主框架相连接，承受并传递脚手架荷载的支承结构。单片式附着升降脚手架是指仅有两个提升装置并独自升降的附着升降脚手架。整体式附着升降脚手架是指有 3 个以上提升装置的连跨升降的附着式升降脚手架。

附着式升降脚手架的组成结构一般由竖向主框架、水平支撑桁架和架体构架 3 部分组成，竖向主框架是附着式升降脚手架架体结构的主要组成部分（其垂直于建筑物外立面并与附着支承结构连接，是主要承受和传递竖向和水平荷载的竖向框架），水平支承桁架也是附着式升降脚手架架体结构的组成部分（主要承受架体竖向荷载并将竖向荷载传递至竖向主框架的水平结构），架体构架是采用钢管杆件搭设的、位于相邻两竖向主框架之间和水平支撑桁架之上的架体（既是附着式升降脚手架架体结构的组成部分，也是操作人员的作业场所）。

架体高度是指架体最底层杆件轴线至架体最上面操作层横杆轴线间的距离；架体宽度是指架体内、外排立杆轴线之间的水平距离；架体支承跨度是指两相邻竖向主框架中心轴线之间的距离；悬臂高度是指架体的附着支承结构中最高一个支承点以上的架体高度；悬挑长度是指架体竖向主框架中心轴线至边跨架体端部立面之间的水平距离；防倾覆装置是指防止架体在升降和使用过程中发生倾覆的装置；防坠落装置是指架体在升降或使用过程中发生意外坠落时的制动装置；升降机构是指控制架体升降运行的机构（有电动和液压两种）；荷载控制系统是指能够反映、控制升降动力荷载的装置系统；悬臂（吊）梁是指悬挂升降设备或防坠落装置的一端固定在附墙支座上的用型钢制作的梁；导轨是指附着在附墙支承结构或者附着在竖向主框架上引导脚手架上升和下降的轨道；同步控制装置是指在架体升降中控制各升降点的水平荷载的装置。

（2）高处作业吊篮是指悬挑机构架设于建筑物或构筑物上，利用提升机驱动悬吊平台通过钢丝绳沿建筑物或构筑物立面上下运行的非常设施工设备；电动吊篮是指使用电动提升机驱动的吊篮设备，吊篮平台是指四周装有护篮用于搭载施工人员、物料、工具进行高处作业的装置；悬挂机构是指安装在建筑物屋面、楼面用于悬挂吊篮的装置（由钢梁、支架、平衡铁等部件组成）；提升机是指安装在吊篮平台上并使吊篮平台沿钢丝绳上下运行的装置；安全锁扣是指与安全带和安全绳配套使用的防止人员坠落的单向自动锁紧的防护用具；行程限位是指对吊篮平台向上运行距离和位置起限定作用的装置（由行程开关和限位挡板组成）。

（3）工具式平台（转运平台）是指用杆件构件按一定规格一次组拼完成，可多次重复使用的物料转运平台；物料平台是指一端搁置在建筑物另一端，通过悬拉结构形成的空中转运物料平台；搁支点是指平台利用建筑物作受力支座的位置，拉结点是指平台远端利用钢丝绳连接在建筑物上起支座作用的点；吊环是平台上用于连接吊钩及悬吊点的金属环，通常用焊接方法与主梁连接。镶拼是一种用于钢丝绳弯曲形成环状的紧固方法；拉杆是用于悬吊平台的刚性金属型钢；止挡件是位于平台主梁下方紧靠建筑物为防止平台向内滑动而设置的构件，通常采用型钢焊接而成；保险卡子是指为观察绳卡是否滑动而设置在钢丝绳上的附加绳卡。

## ▌ 4.3.1 附着式升降脚手架的安全要求

附着式升降脚手架构配件的材料性能应符合相关规范规定，水平支承桁架、竖向主框架、附墙支座、横吊梁、吊拉圆钢等使用型钢、钢板和圆钢制作时，其材质应符合《碳素结构钢》（GB/T 700—2006）中 Q235A 级钢的规定。当冬季室外温度等于或低于−20℃时宜采用 Q235B、Q235C，承重桁架或承受冲击荷载作用的结构应具有常温冲击韧性，当冬季室外温度等于或低于−20℃时还应具有−20℃冲击韧性。附着式升降脚手架的荷载应按相关规范合理确定。

（1）附着式升降脚手架的设计应符合《钢结构设计规范》（GB 50017—2003）、《冷弯薄壁型钢结构技术规范》（GB 50018—2002）、《混凝土结构设计规范》（GB 50010—2010）以及其他相关规范规定。附着式升降脚手架架体结构、附着支承结构及防倾、防坠装置的承载能力应按概率极限状态设计法的要求采用分项系数设计表达式进行设计，应进行以下六方面的设计计算，即竖向主框架构件强度和压杆的稳定计算；水平支承桁架构件的强度和压杆的稳定计算；脚手架架体构架构件的强度和压杆的稳定计算；附着支承结构构件的强度和压杆的稳定计算；附着支承结构穿墙螺栓以及建筑物混凝土结构螺栓孔处局部承压的计算；防倾、防坠落装置强度和压杆的稳定计算。竖向主框架、水平支承桁架、架体构架应根据正常使用极限状态的要求验算变形。附着升降脚手架的索具、吊具应按有关机械设计规定，按允许应力法进行设计。

计算构件节点的强度，压杆稳定性时应采用荷载效应的基本组合（永久荷载分项系数应取 1.2，可变荷载分项系数应取 1.4），验算变形时应采用荷载的标准值。脚手架结构构件的长细比应符合规定，即桁架压杆 $[\lambda]\leqslant150$、脚手架立杆 $[\lambda]\leqslant210$、横向斜撑和剪刀撑中的压杆 $[\lambda]\leqslant250$、桁架拉杆 $[\lambda]\leqslant300$、其他拉杆 $[\lambda]\leqslant350$。受弯构件的挠度不应超过规范规定。螺栓连接强度设计值应按规定取值，扣件承载力设计值应按规定取值，钢管截面特性及自重标准值应符合规定，栏杆、档脚板线荷载标准值应按规定取值（安全网可取 0.005kN/m²）。构件、结构的设计应按规定进行，包括受弯构件、受拉和受压杆件、水平支承桁架设计（水平支承桁架的外桁架和内桁架应分别计算）、竖向主框架设计、附墙支座设计、导轨（或导向柱）设计、防坠装置设计、主框架底座框和吊拉杆设计、悬臂（吊）梁设计、升降动力设备选择、附着支承结构穿墙螺栓计算、穿墙螺栓孔处混凝土承压强度计算、液压油缸活塞推力计算等。位于建筑物凸出或凹进结构处的附着式升降脚手架应进行专项设计。

（2）附着式升降脚手架结构构造应符合规定。附着式升降脚手架的安全防护措施应满足要求，即架体外侧必须用密目安全网（大于等于2000目/100cm²）围挡（密目安全网必须可靠固定在架体上）；架体底层的脚手板除应铺设严密外还应具有可折起的翻板构造；作业层外侧应设置防护栏杆和180mm高的挡脚板；作业层应设置固定牢靠的脚手板，其与结构之间的间距应满足《建筑施工扣件式钢管脚手架安全技术规范》（JGJ 130—2011）的相关规定。

（3）附着式升降脚手架的安全装置应可靠有效，附着式升降脚手架必须具有防倾覆、防坠落和同步升降控制的安全装置方准使用。防倾覆装置应符合规定，即防倾覆装置中必须包括导轨和两个以上与导轨连接的可滑动的导向件；防倾覆导轨的长度不应小于竖向主框架，且必须与竖向主框架可靠连接；在升降和使用两种工况下其最上和最下两个导向件之间的最小间距不得小于2.8m或架体高度的1/4；应具有防止竖向主框架前、后、左、右倾斜的功能；应用螺栓与附墙支座连接（其装置与导向杆之间的间隙不应大于5mm）。防坠落装置必须符合规定，即防坠落装置应设置在竖向主框架上（每一升降设备处不得少于两个，且在使用和升降工况下都能起作用）；必须是机械式的全自动装置（严禁使用每次升降都需重组的手动装置）；技术性能除应满足承载能力要求外还应满足制动时间、制动距离规定；应具有防尘、防污染的措施并应灵敏可靠和运转自如；防坠落装置与升降设备必须分别独立固定在建筑结构上；钢吊杆式防坠落装置以及钢吊杆规格应由计算确定且不应小于 $\phi25$mm。

（4）同步控制装置应符合规定。附着式升降脚手架升降时必须配备有限制荷载或水平高差的同步控制系统（连续式水平支承桁架应采用限制荷载自控系统；简支静定水平桁架应采用水平高差同步自控系统，若设备受限可选择限制荷载自控系统）。限制荷载自控系统应具有相应的功能，当某一机位的荷载超过设计值的15%时应以声光形式自动报警和显示报警机位（当超过30%时应能使该升降设备自动停机），应具有显示设计提升力和超载提升力以及记忆和储存每个机位实际提升力的功能，除应具有本身故障报警功能外，还应适应现场环境，性能应可靠、稳定且其控制精度应在5%以内。水平高差同步控制系统应具有相应的功能，当水平支承桁架两端高差达到35mm时应能自动停机（待其他机位到达后再自动开机），应具有显示各提升点的实际升高和超高的数据，并有记忆和储存功能。

（5）附着式升降脚手架的安装、升降、使用、拆除应遵守相关规定。附着式升降脚手架的检查与验收应遵守相关规定。

## ▌4.3.2　高处作业吊篮的安全要求

（1）高处作业吊篮的构、配件性能应符合规定。高处作业吊篮所受荷载应按相关规定合理确定，高处作业吊篮的荷载可分为永久荷载和可变荷载两类，永久荷载包括悬挂机构、吊篮（含提升机和电缆）、钢丝绳、配重块；可变荷载包括操作人员、施工工具、施工材料以及风荷载。永久荷载标准值 $G_K$ 应根据生产厂家使用说明书提供的数据选取，施工可变荷载标准值 $Q_K$ 一般按均布荷载考虑（应为 $1kN/m^2$）。吊篮的水平风荷载标准值应按 50 年重现期的基本风压选取。吊篮动力钢丝绳强度应按允许应力方法计算。高处作业吊篮通过悬挂机构支撑在建筑物上，因此应对支撑点的结构强度进行核算，当支撑吊篮悬挂支架前、后支撑点的结构强度不满足使用要求时，应采取加垫板放大受荷面积或下层支顶结构的措施。固定式悬挂支架（后支架拉结型）拉结点处的结构应能承受设计拉力；以锚固钢筋方式的传力点其钢筋直径应为计算拉力的 1.5 倍；在混凝土中的锚固长度应符合该结构混凝土强度等级的要求。应根据高处作业吊篮在各不同工况下，钢丝绳受力最大值选择吊篮及其技术参数。

（2）高处作业吊篮的安装与拆除应遵守相关规定。常用吊篮主要由悬挑装置、吊篮平台、提升机构、防坠落机构、电气控制系统、钢丝绳和配套附件、连接件构成，吊篮平台通过提升机构沿钢丝绳做升降运动，吊篮悬挑装置可随工作面的改变做平行移动。高处作业吊篮安装时应按照专项施工方案在专业人员的指导下实施，作业人员应了解高处作业吊篮设备的特性和安装技术要求，并在专业人员指导下进行安装作业，高处作业吊篮拆除时应按照专项施工方案并在专业人员指导下实施。高处作业吊篮在使用前必须经过施工、安装、监理等单位的验收，未经验收或验收不合格的吊篮不得使用。使用中高处作业吊篮应按规定内容逐台、逐项验收，并经空载运行试验合格后方可作用。

（3）高处作业吊篮必须设置专为作业人员使用的挂设安全带的安全绳及安全锁扣（安全绳不得与吊篮上任何部位有连接），安全绳应符合《安全带》（GB 6095—2009）的标准要求且其直径应与安全锁扣的规格相一致，安全绳不得有松散、断股、打结现象，安全锁扣的部件必须完好、齐全（规格和方向标识应清晰可辨）。吊篮宜安装防护棚以防止高处坠物造成作业人员伤害，吊篮宜安装下限位装置。吊篮安装、拆除和使用前应根据建筑物的结构特点、施工条件和施工要求编制专项施工方案，对吊篮安装、拆除和使用应提出明确的要求，施工方案应由技术人员编制并经企业技术负责人审批以及总监理工程师确认。使用国外吊篮设备应有中文使用说明书。严禁用吊篮运输物料或构、配件等。吊篮产权单位应建立吊篮设备管理制度、维修检验制度和人员培训制度。吊篮产权单位应对每台吊篮建立设备技术档案，其内容应包含机型、编号、出厂日期、验收、检修、试验、检修记录及故障事故情况。吊篮产权单位应按期进行吊篮的整机检测和安全锁的标定，安全锁的标定周期不得超过一年，安全锁受冲击载荷后应进行解体检验、标定。

### 4.3.3 物料平台的安全要求

（1）物料平台的构配件应符合要求，工字钢应符合《热轧型钢》（GB/T 706—2008）中关于热轧工字钢的规定且其型号应由计算确定；槽钢应符合《热轧型钢》（GB/T 706—2008）中关于热轧槽钢的规定且其型号应由设计计算确定；圆钢应符合《热轧钢棒尺寸、外形、重量及允许偏差》（GB/T 702—2008）中关于热轧圆钢的规定且其型号应设计计算确定；钢丝绳应符合《重要用途钢丝绳》（GB/T 8918—2006）中关于圆股纤维芯钢丝绳的规定且其型号应由设计计算确定;绳卡应与钢丝绳的规格相匹配;卡环应与钢丝绳的规格相匹配;钢管应符合《直缝电焊钢管》(GB/T 13793—2008)或《低压流体输送用焊接钢管》(GB/T 3091—2008)中规定的 3 号普通钢管或《碳素结构钢》(GB/T 700—2006)中 Q235-A 级钢的规定;钢管扣件应采用可锻铸铁制造且其标准应符合《钢管脚手架扣件》(GB 15831—2006)的规定;平台板使用木脚手板应符合《本结构设计规范》(GB 50005—2003)2 级材质的规定〔使用钢板应符合《碳素结构钢》(GB/T 700—2006)中 Q235-A 级钢的规定〕;花篮螺栓应配合钢丝绳使用且必须是 OO 型。

(2)物料平台荷载应合理确定。作用于物料平台的荷载可分为永久荷载和可变荷载。永久荷载包括物料平台的主梁、次梁、平台板、钢丝绳、吊环、防护栏杆及安全网等防护设施的自重。可变荷载分为施工荷载(包括平台上的人员、材料和器具的自重)和风荷载。

(3)物料平台荷载标准值应合理确定,永久荷载标准值可按表 4 - 21 确定。其他荷载标准值可查《建筑结构荷载规范》(GB 50009—2012)以及其他相关规范。

表 4 - 21　　　　　　　　　　　　　　　永久荷载标准值

| 材料名称 | 规格 | 型号 | 自重 | 材料名称 | 规格 | 型号 | 自重 |
|---|---|---|---|---|---|---|---|
| 工字钢 | 12 号 | 120×64×4.8 | 115kN/m | 钢管 | | 48×3.5 | 38.4kN/m |
| 工字钢 | 14 号 | 140×73×4.9 | 137kN/m | 扣件 | 直角 | | 132N/个 |
| 槽钢 | 10 号 | 100×48×5.3 | 100kN/m | | 旋转 | | 146N/个 |
| 槽钢 | 12 号 | 120×53×5.5 | 120.6kN/m | | 对接 | | 184N/个 |
| 圆钢 | 6.5 | | 26kN/m | 木材 | 脚手板 | 5cm×20cm×4m | 约 192kN/块 |
| | 8 | | 40kN/m | | 方材 | 5cm×10cm×4m | 约 96kN/块 |
| | 10 | | 62kN/m | | | 10cm×10cm×4m | 约 192kN/块 |

(4)物料平台设计计算应符合规定。次梁计算(图 4 - 32)可按次梁受均布荷载考虑,弯矩 $M=ql_1^2/8$,次梁带悬臂时弯矩 $M=ql_1(1-\lambda^2)^2/8$,次梁抗弯强度应满足 $M/W\leqslant f$(式中,$l_1$ 为次梁两端搁支点间的长度,单位为 m;$\lambda$ 为悬臂比值,$\lambda=m/l_1$,$m$ 为悬臂长度,单位为 m,不得大于 500mm;$W$ 为次梁截面抵抗矩;$f$ 为次梁抗弯强度设计值)。主梁计算应合理(图 4 - 33),将里侧钢丝绳作为保护绳时只有外侧钢丝绳拉结平台(自此吊点将主梁分为两部分,里端为简支梁,吊点外端为悬臂梁),其弯矩为 $M_B=ql_3^2/2$、$M_Z=ql_2^2/8$,主梁轴向力 $N=T\cos\alpha$、$T=R_B/\sin\alpha$、$R_B=q(l_2+l_3)^2/(2l_2)$,主梁按压弯构件考虑且其主梁强度应满足 $[N/A_n+M_x/(\gamma_xW)]\leqslant f$ 的要求(式中,$\alpha$ 为钢丝绳与主梁之间的夹角;$A_n$ 为主梁净截面面积;$M_x$ 应取 $M_B$、$M_Z$ 中的最大值;$\gamma_x$ 为截面塑性发展系数,取 1.05;$W$ 为主梁截面抵抗矩;$f$ 为主梁抗弯强度设计值)。钢丝绳验算应满足 $F/T\leqslant[K]$(式中,$F$ 为钢丝绳破断拉力;$T$ 为物料平台钢丝绳拉力;$[K]$ 为作用于钢索的钢丝绳法定安全系数,取为 10)。平台板可使用 50mm 厚脚手板或 3mm 钢板,两种平台板均应按照连续梁计算。支撑点必须是边梁或全现浇混凝土的窗口位置,其承载力应满足需要,且混凝土强度应达到设计强度的 100%。焊缝强度应按受剪状态设计。

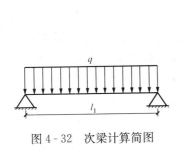

图 4-32　次梁计算简图

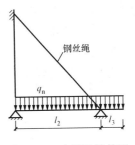

图 4-33　主梁计算简图

（5）物料平台构造应符合规定。物料平台（图 4-34）由次梁、主梁、吊环、平台板、拉索（钢丝绳）、防护栏杆及挡板组成。主梁、次梁应使用工字钢或槽钢制作，节点必须采用焊接。吊环应使用圆钢制作。钢丝绳长度宜一次定型，必须使用 OO 形花篮螺栓调节松紧，钢丝绳与 OO 形花篮螺栓的强度应一致。采用钢板作平台板时应用螺栓或焊接与次梁固定，采用木板时应与次梁绑扎牢固。物料平台前端及两侧伸出拉结点或主梁的长度不得大于 500mm，平台如遇脚手架等障碍物需要加长主梁时其主梁、悬吊钢丝绳以及建筑物锚固点等重要受力部位必须进行设计计算，钢丝绳应与平台边缘垂直，严禁跨越平台垂直上方。物料平台临边应设置不低于 1.5m 的防护栏杆，栏杆内侧设置硬质材料的挡板。物料平台承载面积不宜大于 20m²，长宽比应不大于 1.5∶1。

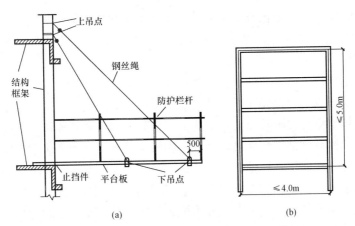

图 4-34　物料平台构造示意

（a）立面；（b）平面

（6）物料平台的安装与拆除应符合规定。平台的搁支点以及上部的拉结点必须位于建筑物上，不得设置在脚手架等临时设施上。主梁在平台搁支点处加设止挡件，止挡件的长度应与主梁宽度相同，主梁搁支长度不应小于 600mm。钢平台安装时钢丝绳应采用专用的挂钩挂牢，钢丝绳应采取镶拼处理，采用钢丝绳卡子固定时受力卡子不得少于 3 个并附一只加设安全弯的保险卡子，与钢丝绳接触的物体尖锐棱角应采取防止钢丝绳受剪的保护措施，钢平台外口应略高于里口。

（7）应重视物料平台的使用和管理工作，平台制作完成后应经过制作单位技术、设计、施工、安全等人员共同验收（合格后方可投入使用）。平台每次投入使用前均应对其杆件、焊缝、防护设施等进行检查，凡杆件变型、焊缝开裂、金属严重锈蚀、台面及防护栏杆不严密时必须停止使用。平台安装、拆除必须使用起重设备，安装、拆除时应将平台上的物料清理干净。平台应在其显著位置标明允许使用荷载及使用规定。平台放置物料时必须轻吊轻放，物料应靠近平台中央均匀堆放。放置长料应堆放整齐，零散物料应使用容器吊运，堆放物料及容器高度不得超过 1.5m，不得将物料堆放在防护栏杆上。平台上的物料不得长时间堆放，必须及时清运，当卸料人员下班时，应将平台上的物料清运干净。

# §4.4　液压升降整体脚手架的安全技术

液压升降整体脚手架是指采用竖向主框架、水平支承结构及附着支承结构，依靠设置于架体上的液压升降动力设备，沿着设置于工程结构上的爬杆，实现升降的外脚手架。液压升降整体脚手架常用于高度小于 210m 的高层、超高层建筑物或高耸构筑物（其不携带施工外模板升降的附着升降脚手架），当其使用高度超过 210m 或携带施工外模板提升的附着升降脚手架时应对风荷载取值、架体构造等方面进行专门的加强设计。

## ▌4.4.1　液压升降整体脚手架的特点与安全运行规则

液压升降整体脚手架一般由竖向主框架、水平支承和架体构架等三部分组成，竖向主框架垂直于建筑物外立面并与附着支承结构连接（主要承受和传递竖向和水平荷载的竖向框架），水平支承是指主要承受架体竖向荷载并将竖向荷载传递至竖向主框架的水平结构，架体构架是指采用钢管杆件搭设的位于相邻两竖向主框架之间和水平支撑桁架之上的架体（既是架体结构的组成部分，也是操作人员的作业场所）。

附着支承结构是指直接附着在工程结构上并与竖向主框架相连接，承受并传递脚手架荷载的支承结构。架体高度是指架体最底层杆件轴线至架体最上面操作层横杆轴线间的距离；架体宽度是指架体内、外排立杆轴线之间的水平距离；架体支承跨度是指两相邻竖向主框架中心轴线之间的距离；悬臂高度是指架体的附着支承结构中最高一个支承点以上的架体高度；悬挑长度是指架体竖向主框架中心轴线至边跨架体端部立面之间的水平距离；防倾覆装置是指防止架体在升降和使用过程中发生倾覆的装置；防坠落装置是指架体在升降过程中发生意外坠落时的制动装置；荷载控制系统是指能够反映、控制升降动力荷载的装置系统；悬臂（吊）梁是指悬挂液压升降动力设备或防坠落装置的一端固定在附墙支座上的用型钢制作的梁；导轨是指附着在附墙支承结构或者附着在竖向主框架上引导脚手架上升和下降的轨道；控制系统是指在架体升降过程中控制同步、超载、失载停机和位移超差停机报警的装置。液压升降动力设备是指设置在竖向主框架上沿着依靠设置于工程结构上的爬杆（爬杆可穿在中空活塞杆中间，中空活塞杆可承载伸、缩，以驱动脚手架升、降的设备）实现架体升降运动的执行机构。

液压升降整体脚手架必须具有足够强度、刚度且构造合理的架体结构，必须具有安全可靠、适用于工程结构特点且满足支承与防倾覆要求的附着支承结构，必须具有可靠的液压升降动力设备和能保证同步性能及限载要求的控制系统或措施，必须具有安全可靠的防坠装置、防倾装置。在液压升降整体脚手架中采用的液压升降动力设备、防坠装置及超载、失载停升装置和位移偏差超限报警装置等定型产品的技术性能与安全度应满足本规程中控制系统与安全装置的一般规定。液压升降整体脚手架在保证安全的前提下应"技术先进、经济合理、方便施工"。液压升降整体脚手架设计时应该明确其技术性能指标和适用范围，使用中不得违反技术性能规定、扩大使用范围。

液压升降整体脚手架的液压系统应遵守《液压系统通用技术条件》（GB/T 3766—2001）、《液压元件通用技术条件》（GB/T 7935—2005）、《液压传动　测量技术通则》（JB/T 7033—2007）的规定。总油管长度应不大于 300m，油管接头应遵守我国现行《液压气动系统用硬管外径和软管内径》（GB/T 2351—2005）、《液压气动管接头及其相关件公称压力系列》（GB/T 7937—2008）的规定。工作压力不大于 12MPa、爬升速度不大于 100mm/min。液压系统应先检验后使用。

## 4.4.2　液压升降整体脚手架的安装调试规定

（1）液压升降整体脚手架液压系统的安装与调试应遵守相关规定，主要工作包括液压系统安装（包括准备工作、液压元件安装、管路安装）、液压系统调试（包括空载调试、负载调试）、液压系统验收（包括密封性检验、性能检验）等。液压系统的使用与维护应遵守相关规定，应采取日常精心维护和强制定期保养检修相结合的使用制度，应借助视觉、听觉、触觉能感知液压系统的信号（主要有污染、泄漏、平衡性、噪声、振动和温升等，它们之间有密切的因果关联关系）。液压系统 80% 左右的故障来源于介质的污染，经常观察介质所处的污染度、及时排除污染源是系统维护保养的首要工作。装配质量不高是产生外泄的根本原因，例如，密封性质量差、接头拧得过紧、连接部位紧、偏心等隐患，在使用过程中会陆续暴露，应发现一个排除一个，绝不能拖延，因为泄漏口在负压瞬间就是空气吸入口，故即使少量不致污染工作地的外泄漏，也应立即修理止泄。

（2）液压升降整体脚手架的液压升降动力设备应遵守《液压缸》（JB/T 10205—2010）、《液压缸试验方法》（GB/T 15622—2005）、《液压缸活塞和活塞杆动密封沟槽尺寸和公差》（GB/T 2879—2005）的规定。液压升降动力设备应按规定的程序批准的图纸及技术文件制造。液压升降动力设备不得有影响其使用可靠性的缺陷，应能在温度 −20～45℃ 的环境中有效工作，其固定密封处不得漏油，其运动密封处只允许有油膜存在。在额定起重量作用下，液压升降动力设备失压状态下不得有滑移现象。在额定起重量作用下，工作液压升降动力设备应运行自如（不得有卡阻现象，不得漏油）。液压升降动力设备应有搬运用手把且手把应能承受其自重的两倍。

（3）液压升降动力设备的技术要求、试验与检验应遵守相关规定，公称压力系列应符合《流体传动系统及元件　公称压力系列》（GB/T 2346—2003）的规定；缸内径及活塞杆外径系列应符合《液压气动系统及元件　缸内径及活塞杆外径》（GB/T 2348—1993）的规定；油口连接螺纹尺寸应符合《液压传动连接　带来制螺纹和 O 形圈密封的油口和螺杆端第 1 部分：油口》（GB/T 2878.1—2011）的规定；活塞杆螺纹连接应符合《液压气动系统及元件　活塞杆螺纹型式和尺寸系列》（GB/T 2350—1980）的规定；密封应符合《液压缸活塞和活塞杆动密封沟槽尺寸和公差》（GB/T 2879—2005）、《液压缸活塞和活塞杆　窄断面动密封沟槽尺寸系统和公差》（GB/T 2880—1981）、《液压缸活塞用带支承环密封沟槽型式、尺寸和公差》（GB/T 6577—1986）、《液压缸活塞杆用防尘圈沟槽型式、尺寸和公差》（GB/T 6578—2008）的规定；其他方面应符合《液压元件通用技术条件》（GB/T 7935—2005）的规定。最低起动力不得大于 0.5MPa；内泄漏不得大于规定；负载效率不得低于 90%；外泄漏应满足要求，除活塞杆（柱塞杆）处外不得渗油；活塞杆（柱塞杆）静止时不得有渗油；活塞全行程换向 5 万次以内活塞杆处外渗漏应不成滴；耐久性应满足要求，累计换向次数 $N \geqslant 20$ 万次；耐压性应满足要求，液压缸的缸体应能承受其最高工作压力的 1.5 倍的压力，不得有外渗漏及零件损坏等现象。

元件装配技术要求应符合《液压元件通用技术条件》（GB/T 7935—2005）的规定。内部清洁度检测方法应遵守《液压元件清洁度评定方法及液压件清洁度指标》（JB／T 7858—2006）的规定。外观应符合《液压元件通用技术条件》（GB/T 7935—2005）的规定。试验方法应执行《液压缸试验方法》（GB/T 15622—2005）的规定。液压升降动力设备检验包括型式检验、出厂检验。应重视液压升降动力设备的使用与维护工作，液压升降动力设备应安装在脚手架的底部、不易碰撞的位置，液压升降动力设备应具有防潮、防尘措施，12 个月或工程使用结束后必须清除液压升降动力设备的尘土、铁锈，并应更换密封件、检验卡齿、重新采取防腐防锈措施。

（4）液压升降整体脚手架的控制系统与安全装置必须符合规定。控制系统必须具有自动检测超载和失载功能，必须具有超载报警停机和失载报警停机功能和位移偏差超限停机报警功能。控制系统必须具有自动闭锁功能。控制系统及其电气设备或电子元器件要满足《国家电气设备安全技术规范》（GB 19517—2009）和《可靠性试验第 1 部分：试验条件和统计检验原理》（GB/T 5080.1—2012）的规定。防坠装置应设置在竖向主框架上，在液压升降动力设备处必须设置并与液压升降动力设备联动用于升降工况，每个机位必须设置防坠装置，防坠装置必须是全自动装置，一个楼层升降到位后，将整体脚手架的垂直荷载传递到建筑物上，防坠装置工作任务才算结束，严禁使用每次升降都需要重新组装的装置。防坠装置应按照规定程序批准的技术文件进行制造和检验，制造防坠装置的材料应符合企业产品标准，防坠装置的有效标定期限为一个单体工程使用周期（最长不超过 24 个月），防坠落杆件应符合要求，材料宜选用 Q235B 或优于 Q235B 的低碳优质钢；防坠落杆件不得裂纹、锈蚀等缺陷；防坠落杆件不得有接头且其直径误差小于 15% 须更换。技术性能和工作性能应满足要求。

防倾装置必须可靠有效。超载、失载停机报警装置必须可靠有效，当某一机位的额定荷载超过时应使该机位的液压升降动力设备自动停止爬升并报警。当某一机位的荷载达不到额定荷载的 20% 时应使该机位的液压升降动力设备自动停止下降并报警。额定荷载为单机位最大重量的 115%。位移偏差超限停机报警装置应可靠有效，当所有机位之间的水平高度偏差超过 80mm 时超差的机位立即停止升降并报警，待其他机位与超差机位经调整至水平时才能重新进行升降工作。

（5）液压升降整体脚手架的架体结构构造应符合规定。架体结构高度应不大于 5 倍楼层高且不大于 16m；架体宽度应不大于 1.2m；直线布置的架体支承跨度应不大于 7m，折线或曲线布置的架体中心线处支承跨度应不大于 5.0m；水平悬挑长度应不大于 2m 且不得大于跨度的 1/2；架体全高与支承跨度的乘积应不大于 110m²；两主框架之间架体的立杆的纵距 $L_a$ 作承重架时应小于 1.5m，纵向水平杆的步距宜为 1.8～1.9m。必须在附着支承结构部位设置与架体高度相等的与墙面垂直的定型的竖向主框架，竖向主框架应采用焊接或螺栓连接的桁架并能与其他杆件、构件共同构成有足够强度支撑刚度的空间几何不变体系的稳定结构，竖向主框架结构构造应符合规定。在竖向主框架的底部应设置水平支承，其宽度与主框架相同，平行于墙面，其高度不宜小于 1.8m，用于支撑架体构架，水平支承结构构造应符合规定。附着支承结构应包括附墙支座、悬臂（吊）梁及斜拉杆且其构造应符合规定。架体构架宜采用扣件式钢管脚手架且其结构构造应符合《建筑施工扣件式钢管脚手架安全技术规范》（JGJ 130—2011）的规定，架体构架应设置在两竖向主框架之间，并以纵向水平杆与之相连，其立杆应设置在水平支撑桁架的节点上。

（6）液压升降整体脚手架的安全防护措施应满足要求。架体外侧必须用密目安全网（大于等于 2000 目/100cm²）围挡；密目安全网必须可靠固定在架体上。架体底层的脚手板除应铺设严密外还应具有可折起的翻板构造。作业层外侧应设置防护栏杆和 180mm 高的挡脚板。作业层应设置固定牢靠的脚手板，其与结构之间的间距应满足《施工扣件式钢管脚手架安全技术规范》（JGJ 130—2011）的相关规定。构配件的制作必须符合要求。每个竖向主框架处必须设置液压升降动力设备（液压升降动力设备必须与竖向主框架有可靠连接；固定液压升降动力设备爬杆的建筑结构必须具有足够的强度且安全可靠）。

### ▌ 4.4.3　液压升降整体脚手架的设计与安装要求

（1）液压升降整体脚手架的设计及计算应合理。作用于液压升降整体脚手架的荷载可分为永久荷载和可变荷载两类。永久荷载标准值 $G_K$ 应包括整个架体结构、围护设施、作业层设施以及固定于架体结构上的升降机构和其他设备、装置的自重，按实际计算，其值可按我国现行的《建筑结构荷载规范》（GB 50009—2012）确定；对木脚手板及竹串片脚手板可取自重标准值为 0.35kN/m²。施工可变荷载 $Q_k$ 应包括施工人员、材料及施工机具（应根据施工具体情况按使用、升降确定控制荷载标准值，但是其值不得小于最低规定值）。

计算结构或构件的强度、稳定性及连接强度时，应采用荷载设计值，荷载标准值乘以荷载分项系数；计算变形时应采用荷载标准值，永久荷载的分项系数 $r_G$ 取 1.2（当对结构进行倾覆计算而对结构有利时分项系数 $r_G$ 应取 0.9），可变荷载的分项系数 $r_q$ 取 1.4，风荷载标准值的分项系数 $r_{QW}$ 取 1.4。液压升降整体脚手架应按最不利荷载组合进行计算。水平支承桁架上部的扣件式钢管脚手架计算立杆稳定时其设计荷载应乘以附加安全系数 $r_1 = 1.43$。液压升降整体脚手架上的升降动力设备、吊具、索具使用工况条件下的设计荷载值应乘以附加荷载不均匀系数 $r_2 = 1.3$，在升降、坠落工况时其设计荷载应乘以附加荷载不均匀系数 $r_2 = 2.0$。

液压升降整体脚手架的设计应符合《钢结构设计规范》（GB 50017—2003）、《冷弯薄壁型钢结构技术规范》（GB 50018—2002）、《混凝土结构设计规范》（GB 50010—2010）以及其他相关的国家与行业标准的规定。液压升降整体脚手架架体结构、附着支承结构及防倾、防坠装置的承载能力应按概率极限状态设计法的要求采用分项系数设计表达式进行设计，应进行以下六方面的设计计算，即竖向主框架构件强度和压杆的稳定计算；水平支承桁架构件的强度和压杆的稳定计算；脚手架架体构架构件的强度和压杆的稳定计算；附着支承结构构件的强度和压杆的稳定计算；附着支承结构穿墙螺栓以及建筑物混凝土结构螺栓孔处局部承压计算；防倾，防坠落装置强度和压杆的稳定计算。

竖向主框架、水平支承桁架、架体构架应根据正常使用极限状态的要求验算变形；液压升降整体脚手架的索具、吊具应按有关机械设计规定并按允许应力法进行设计；脚手架结构构件的长细比应符合规定 [即桁架压杆 [$\lambda$]≤150；脚手架立杆 [$\lambda$]≤150；横向斜撑、剪刀撑中的压杆 [$\lambda$]≤150；桁架拉杆 [$\lambda$]≤210；柔性拉杆（圆钢、钢丝绳）[$\lambda$]≤350）；受弯构件挠度不应超过规定要求；螺栓连接强度设计值应按规定取值；扣件承载力设计值应按规定取值；脚手板自重应按规定取值。栏杆、档脚板线荷载标准值应按规定取值，安全网取 $0.005kN/m^2$。

构件结构计算应按规定进行，包括受弯构件计算、受拉和受压杆件计算、压杆稳定计算、水平支承桁架设计、竖向主框架设计、附墙支座设计、导轨（或导向柱）设计、防坠装置设计、主框架底座框和吊拉杆设计、悬臂（吊）梁设计、升降动力设备选择、附着支承结构穿墙螺栓计算、穿墙螺栓孔处混凝土承压强度计算。位于建筑物凸出或凹进结构处的液压升降整体脚手架应进行专项设计。

（2）液压升降整体脚手架的安装和使用应符合规定。液压升降整体脚手架安装时，每一次升降、移装前均应根据专项施工组织设计要求组织技术人员与操作人员进行技术、安全交底。液压升降整体脚手架安装、使用工况中使用的计量器具应定期进行检定。遇六级以上（包括六级）大风、大雨、大雪、浓雾恶劣天气时禁止登架作业，事先应对架体进行加固措施或其他应急措施，并撤离架体上所有的施工可变荷载。夜间禁止进行升降作业。液压升降整体脚手架施工区域内应有防雷措施。液压升降整体脚手架安装、升降、拆除过程中，在操作区域及可能坠落的范围内均应设置安全警戒。使用液压升降整体脚手架升降时，施工现场应配备必要的通信工具。

在液压升降整体脚手架使用过程中，施工人员应遵守《建筑施工高处作业安全技术规范》（JGJ 80—1991）、《建筑安装工人安全技术操作规程》（[80]建工劳字第 24 号）的有关规定，各工种操作人员应持证上岗且不得更换。液压升降整体脚手架施工用电应符合《施工现场临时用电安全技术规范》（JGJ 46—2005）的要求。在单项工程中使用的液压升降动力设备、同步及限载控制系统、防坠装置等设备应采用同一厂家、同一规格和型号的产品，并应编号使用。液压升降动力设备、控制设备、防坠装置等应有防雨、防尘等措施，对一些防护要求较高的电子设备还应有防晒、防潮、防电磁干扰等方面的措施。液压升降整体脚手架的控制中心应由专人操作并应有保护安全措施，禁止闲杂人员入内。液压升降整体脚手架在空中悬挂 30 个月或连续停用时间超过 10 个月必须予以拆除。液压升降整体脚手架上应设置必要的消防设施。

（3）应重视施工准备工作，应重视对安装操作人员的要求。安装过程应规范，液压升降整体脚手架搭设前应设置可靠的安装平台，安装平台应能承受安装时的竖向荷载并设有安全防护措施，安装平台任意两点高差最大值应小于 20mm；液压升降整体脚手架安装搭设应按施工组织设计规定的程序进行；安装过程中应严格控制附着支承与竖向主框架之间的垂直偏差，将竖向主框架的垂直度调整到小于 0.3%；导轨的垂直度调整到小于 0.2%；安装过程中应严格控制水平支承与竖向主框架的安装偏差，底平面高差不大于 50mm；安装过程中架体与工程结构间应采取可靠的临时水平拉撑措施，确保架体稳定；扣件、钢管搭设的架体构架的搭设质量应符合《建筑施工扣件式钢管脚手架安全技术规范》（JGJ 130—2011）的要求；扣件螺母的预紧力矩应控制在 40~50N·m 范围内；作业层与安全网的搭设应满足设计与使用要求。应重视液压升降整体脚手架的调试验收工作，进行架体提升试验时其升降动力设备应满足升降运行要求；防坠装置的可靠性必须 100%；液压升降整体脚手架的所有机位应进行超载或失载试验，检验同步及限载控制系统的可靠性。

液压升降整体脚手架上升或下降前应按规定进行检查，升降时必须检查或观察以下 3 方面的内容，即注意观察液压控制台的压力表、指示灯、位移超差报系统的工作情况和异常现象；观察各个机位建筑物结构受力点的混凝土墙体或预埋件是否有异常变化；观察各个机位的竖向主框架、水平支承、附着支承、导向系统、受力构件等是否有异常现象），发现异常现象立即停止升降工作，隐患排除后方可继续进行升降工作。

液压升降整体脚手架使用过程应规范，使用过程中脚手架上的施工荷载严禁超载、严禁集中堆载，建筑垃圾应及时清理；不得将脚手架作为施工外模板的支模架或支撑点；在使用过程中禁止违章作业，如利用脚手架吊运物料；在脚手架上推车；在脚手架上拉结吊装线缆；任意拆除架体部件和附着支承结构；任意拆除或移动架体上的安全防护设施；塔式起重机吊构件碰撞或扯动脚手架。使用过程中应以一个月为周期按相关要求进行安全检查，不合格部位立即整改，脚手架在工程上暂停使用时应以一个月为周期按相关要求进行检查，不合格部位应立即整改，脚手架在工程上暂停使用时间超过一个月后或遇到六级以上（含六级）大风后复工时应按相关要求进行检查，检查合格后方能投入使用。

（4）应重视液压升降整体脚手架的监督管理工作。施工单位必须具备附着升降脚手架专业承包资质。液压升降整体脚手架专业承包企业应当建立、健全安全生产管理制度，制定相应的安全操作规程和检验规程，加强对设计、制作、安装、升降、使用、拆卸和日常维护保养等环节的管理。液压升降整体脚手架使用前，应向当地建设行政主管部门办理备案登记手续，并接受其监督管理。工程监理单位应对液压升降整体脚手架专业工程进行安全监理，主要内容应包括按规定对液压升降整体脚手架专项施工组织设计施工方案进行审查；对专业承包单位的资质及有关人员的资格进行审查；参加总承包单位组织的验收和定期检查；在液压升降整体脚手架的安装、升降、拆除等作业时应进行旁站监理；发现存在生产安全事故隐患时应要求安装单位、使用单位限期整改，对安装单位、使用单位拒不整改的及时向建设单位报告。液压升降整体脚手架专业承包单位应接受总包单位的管理，总包单位安全监管主要内容应包括按照规定对液压升降整体脚手架专项施工组织设计进行审查；对液压升降整体脚手架专业承包单位人员配备情况和有关人员的资格进行审查；液压升降整体脚手架安装、升降后组织专业承包单位、监理单位进行验收；定期组织对液压升降整体脚手架的使用情况进行安全检查；安装、升降和拆除作业时应设置安全警示区域并安排专人巡视。液压升降整体脚手架安装、升降、拆除等施工过程中，施工总承包和专业承包单位应配备专职安全管理人员，负责对液压升降整体脚手架的安装、升降、拆除等施工活动的现场进行安全监督检查。

### ▐ 4.4.4　拆除液压升降整体脚手架的安全规定

　　液压升降整体脚手架的拆除工作必须按施工组织设计中有关拆除的规定执行且拆除工作宜在低空进行，脚手架的拆除工作应有安全可靠的防止人员与物料坠落的措施，拆下的材料做到随拆随运、分类堆放（严禁抛掷），脚手架拆除区域标出警戒范围和要求。应重视液压升降整体脚手架的维修保养及报废工作，每浇捣一次工程结构混凝土或完成一层外装饰应及时清理架体、设备、构（配）件上的混凝土、尘土、建筑垃圾；升降动力设备、控制设备应每月进行一次维护保养，升降承力杆件每次升降后均应进行保养维护；螺纹连接副应每月进行一次维护保养；每完成一个单体工程应对脚手架杆件及配件、升降动力设备、控制设备、防坠落安全锁进行一次检查、维修和保养，必要时应送生产厂家检修。液压升降整体脚手架的各部件及专用装置、设备均应制定相应的报废标准，标准不得低于以下规定，焊接结构件严重变形或严重锈蚀时应予以报废；穿墙螺栓副在使用一个单体工程后凡发生严重变形、严重磨损、严重锈蚀时应予以报废；其他螺纹连接副在使用两个单体工程后凡发生严重变形、严重磨损、严重锈蚀时应予以报废；升降动力设备一般部件损坏后允许进行维修，但主要部件损坏后应予以报废；防坠落安全锁的部件发生明显变形时应予以报废，弹簧件使用一个单体工程后应予以更换。

# 第5章
# 起重吊装工程安全技术

## §5.1 施工起重吊装安全管理基本要求

起重吊装作业是指使用起重设备将建筑结构构件或设备提升或移动至设计指定位置和标高并按要求安装固定的施工过程。

起重吊装作业前必须编制吊装作业施工组织设计，并应充分考虑施工现场的环境、道路、架空电线等情况，作业中未经技术负责人批准不得随意更改，作业前应进行技术交底。参加起重吊装的人员应经过严格培训并应取得培训合格证后方可上岗。作业前应检查起重吊装所使用的起重机滑轮、吊索、卡环和地锚等，应确保其完好并符合安全要求。

起重作业人员必须穿防滑鞋、戴安全帽，高处作业应佩挂安全带并应系挂可靠和严格遵守"高挂低用"规则。吊装作业区四周应设置明显标志，严禁非操作人员入内，夜间施工必须有足够的照明。起重设备通行的道路应平整坚实。登高梯子的上端应予固定，高空用的吊篮和临时工作台应绑扎牢靠，吊篮和工作台的脚手板应铺平绑牢，严禁出现探头板，吊移操作平台时平台上面严禁站人。绑扎所用的吊索、卡环、绳扣等的规格应按计算确定。起吊前应对起重机钢丝绳及连接部位和索具设备进行检查。高空吊装屋架、梁和斜吊法吊装柱时应于构件两端绑扎溜绳并应由操作人员控制构件的平衡和稳定性。

构件吊装和翻身扶直时的吊点必须符合设计规定，异型构件或无设计规定时应经计算确定，并应保证使构件起吊平稳。安装所使用的螺栓、钢楔（或木楔）、钢垫板、垫木和电焊条等的材质应符合设计要求的材质标准及国家现行标准的有关规定。吊装大、重、新结构构件或采用新的吊装工艺时应先进行试吊，确认无问题后方可正式起吊。雨、雾、雪及六级以上大风等恶劣天气应停止吊装作业，事后应及时清理冰雪并应采取防滑和防漏电措施。雨雪过后作业前应先试吊，确认制动器灵敏可靠后方可进行作业。

吊起的构件应确保在起重机吊杆顶的正下方，严禁斜拉、斜吊，严禁起吊埋于地下或粘结在地面上的构件。起重机靠近架空输电线路作业或在架空输电线路下行走时必须与架空输电线始终保持不小于《施工现场临时用电安全技术规范》（JGJ 46—2005）规定的安全距离，当需要在小于规定的安全距离范围内进行作业时必须采取严格的安全保护措施并应经供电部门审查批准。

采用双机抬吊时宜选用同类型或性能相近的起重机且负载分配应合理（单机载荷不得超过额定起重量的80%），两机应协调起吊和就位，起吊的速度应平稳缓慢。严禁超载吊装和起吊重量不明的重大构件和设备。起吊过程中，在起重机行走、回转、俯仰吊臂、起落吊钩等动作前起重司机应鸣声示意，一次只宜进行一个动作，待前一动作结束后再进行下一动作。开始起吊时应先将构件吊离地面 200～300mm 后停止起吊并检查起重机的稳定性、制动装置的可靠性、构件的平衡性和绑扎的牢固性等，待确认无误后方可继续起吊。已吊起的构件不得长久停滞在空中。

严禁在吊起的构件上行走或站立，不得用起重机载运人员，不得在构件上堆放或悬挂零星物件。起吊时不得忽快忽慢和突然制动，回转时动作应平稳，当回转未停稳前不得做反向动作。严禁在已吊起的构件下面或起重臂下旋转范围内作业或行走。因故（天气、下班、停电等）对吊装中未形成空间稳定体系的部分应采取有效的加固措施。高处作业所使用的工具和零配件等必须放在工具袋（盒）内，严防掉落并严禁上下抛掷。

吊装中的焊接作业应选择合理的焊接工艺以避免发生过大的变形，冬季焊接应有焊前预热（包括焊条预热）措施，焊接时应有防风、防水措施，焊后应有保温措施。已安装好的结构构件未经有关设计和技术部门批准不得用作受力支承点和在构件上随意凿洞开孔，不得在其上堆放超过设计荷载的施工荷载。永久固定的连接应经过严格检查并确保无误后方可拆除临时固定工具。高处安装中的电、气焊作业应严格采取安全防火措施，在作业处下面周围10m 范围内不得有人。对起吊物进行移动、吊升、停止、安装时的全过程应用旗语或通用手势信号进行指挥，信号不明不得起动，上下相互协调联系应采用对讲机。

## ■ 5.1.1　起重机械和索具设备的安全要求

起重机械和索具设备应符合规定。凡新购、大修、改造以及长时间停用的起重机械均应按有关规定进行技术检验，合格后方可使用。起重机司机应持证上岗，严禁非驾驶人员驾驶、操作起重机。起重机每班开始作业时应先试吊，确认制动器灵敏可靠后方可进行作业，作业时不得擅自离岗和保养机车。

起重机的选择应符合规定，起重机的型号应根据吊物情况及其安装施工要求确定，起重机的主要性能参数应符合规定，起重机的起重量必须大于吊物（构件、设备）的重量与索具的重量之和，起重机的起升高度应符合规定，当起重机臂杆需跨越已安装好的构件（如天窗架、屋架）吊物时其起重机臂杆的最小长度应满足要求。自行式起重机的使用应符合规定。塔式起重机的使用应符合《塔式起重机安全规程》（GB 5144—2006）、《施工塔式起重机安装、使用、拆卸安全技术规程》（JGJ 196—2010）及《施工机械使用安全技术规程》（JGJ 33—2012）的相关规定。

桅杆式起重机的使用应符合规定，安装起重机的地基、基础、缆风绳和地锚等设施必须经计算确定，缆风绳与地面的夹角应为 30°～45°，缆风绳不得与供电线路接触，在靠近电线附近时应装设由绝缘材料制作的护线架，整个吊装过程中应派专人看守地锚，桅杆式起重机移动时其底座应垫以足够的承重枕木排和滚杠，并将起重臂收紧处于移动方向的前方，倾斜不得超过 10°，移动时桅杆不得向后倾斜，收放缆风绳应配合一致，卷扬机的设置与使用应符合规定。

吊装作业中使用的白棕绳应符合规定，白棕绳的堆放和保管应符合规定，吊装作业中钢丝绳的使用、检验和报废等应符合《重要用途钢丝绳》（GB 8918—2006）、《一般用途钢丝绳》（GB/T 20118—2006）和《起重机　钢丝绳　保养、维护、安装、检验和报废》（GB/T 5972—2009）的相关规定。吊索及其附件应符合规定，钢丝绳吊索可采用 6×19 型，但宜用 6×37 型钢丝绳制作成环式或 8 股头式，且其长度和直径应根据吊物的几何尺寸、质量和所用的吊装工具、吊装方法确定，使用时可采用单根、双根、4 根或多根悬吊形式，吊索的绳环或两端的绳套应采用编插接头，编插接头的长度不应小于钢丝绳直径的 20 倍，8 股头吊索两端的绳套可根据工作需要装上桃形环、卡环或吊钩等吊索附件，吊索的安全系数应符合要求，利用吊索上的吊钩、卡环钩挂重物上的起重吊环时应不小于 6；用吊索直接捆绑重物且吊索与重物棱角间采取了妥善的保护措施时应取 6～8；吊重、大或精密的重物时除应采取妥善保护措施外，安全系数应取 10，吊索与所吊构件间的水平夹角应为 45°～60°。吊索附件使用梨形环时应遵守相关规定，吊钩应有制造厂的合格证明书且其表面应光滑，不得有裂纹、刻痕、剥裂、锐角等现象存在，否则严禁使用，吊钩应每年检查一次，不合格者应停止使用。起重、吊装设备应符合规定，应正确使用滑轮和滑轮组，卷扬机的使用应符合规定，手摇卷扬机只可用于小型构件吊装、拖拉吊件或拉紧缆风绳等，钢丝绳牵引速度应为 0.5～3m/min 并严禁超过其额定牵引力。大型构件的吊装必须采用电动卷扬机，钢丝绳的牵引速度应为 7～13m/min，并严禁超过其额定牵引力。卷扬机使用前应对各部分详细检查，确保棘轮装置和制动器完好，变速齿轮沿轴转动，啮合正确，无杂音和润滑良好，如有问题应及时修理解决，否则严禁使用。倒链（手动葫芦）的使用应符合规定，使用前应进行检查，倒链的吊钩、链条、轮轴、链盘等应无锈蚀、裂纹、损伤，传动部分应灵活正常，否则严禁使用，起吊构件至受重链条受力后应仔细检查确保齿轮啮合良好、自锁装置有效后方可继续作业。手动葫芦应符合规定，应只限于吊装中收紧缆风绳和升降吊篮使用。使用前应仔细检查并确保自锁夹钳装置夹紧钢丝绳后能往复做直线运动，否则严禁使用。使用时待其受力后应检查并确保运转自如，确认无问题后方可继续作业。用于吊篮时应于每根钢丝绳处拴一根保险绳并将保险绳的另一端固定于可靠的结构上。使用完毕后应拆卸、洗涤、上油、安装复原，送库房妥善保管。绞磨的使用应符合规定，应只限于在起重量不大、起重速度要求不高和拔杆吊装作业中固定牵引缆风绳等使用。千斤顶的使用应符合规定，使用前后应拆洗干净，损坏和不符合要求的零件应予以更换，千斤顶的额定起重量应大于起重构件的重量且其起升高度应满足要求，其最小高度应与安装净空相适应，采用多台千斤顶联合顶升时应选用同一型号的千斤顶且其每台的额定起重量不得小于所分担构件重量的 1.2 倍，千斤顶应放在平整坚实的地面上，底座下应垫以枕木或钢板以加大承压面积，防止千斤顶下陷或歪斜。与被顶升构件的光滑面接触时应加垫硬木板并应严防滑落。

## ▌5.1.2　地锚的安全要求

地锚的构造与应用应符合规定，立式地锚宜在不坚固的土壤条件下采用且其构造应符合规定，桩式地锚宜在有地面水或地下水位较高的地方采用且其构造应符合规定，卧式地锚宜在永久性地锚或大型吊装作业中采用且其构造应符合规定，岩层地锚宜在不易挖坑和打桩的岩石地带使用且其构造应符合规定，混凝土地锚宜用于永久性或重型地锚且其受力拉杆应焊在混凝土中的型钢梁上。地锚的埋设和使用应符合规定，地锚的设置应按规定的方法进行设计和计算，木质地锚应使用剥皮落叶松、杉木（严禁使用油松、杨木、柳木、桦木、椴木和腐朽、多节的木料），卧木上绑扎生根钢丝绳的绳环应牢固可靠（横卧木四角应扣长 500mm 角钢加固，并于角钢外再扣长 300mm 的半圆钢管保护），生根钢丝绳的方向应与地锚受力方向一致，重要地锚使用前必须进行试拉（合格后方可使用。埋设不明的地锚未经试拉不得使用），地锚使用时应指定专人检查、看守（发现变形应立即处理或加固）。

## 5.1.3　钢筋混凝土结构吊装安全规定

构件的运输和堆放应遵守相关规定，构件的翻身应遵守相关规定，构件拼装应遵守相关规定。吊点设置和构件绑扎应符合规定，当构件无设计吊钩（点）时应通过计算确定绑扎点的位置（绑扎的方法应保证可靠和摘钩简便安全），绑扎竖直吊升构件时应按规定进行，绑扎点位置应稍高于构件重心，有牛腿的柱应绑在牛腿以下，工字形断面应绑在矩形断面处，否则应用方木加固翼缘，双肢柱应绑在平腹杆上；在柱子不翻身或不会产生裂缝时可用斜吊绑扎法，否则应用直吊绑扎法；天窗架宜采用四点绑扎，绑扎水平吊升的构件时应按规定进行，绑扎点应按设计规定设置，无规定时一般应在距构件两端 1/6～1/5 构件全长处进行对称绑扎。各支吊索内力的合力作用点（或称绑扎中心）必须处在构件重心上。屋架绑扎点宜在节点上或靠近节点。预应力混凝土圆孔板用兜索时应对称设置且与板的夹角必须大于 60°；绑扎应平稳、牢固（绑扎钢丝绳与物体的水平夹角构件起吊时不得小于 45°，扶直时不得小于 60°）。

构件起吊前其强度必须符合设计规定，并应将其上的模板、灰浆残渣、垃圾碎块等全部清除干净。楼板、屋面板吊装后对相互间或其上留有的空隙和洞口应按《建筑施工高处作业安全技术规范》（JGJ 80—1991）的规定设置盖板或围护。多跨单层厂房宜"先吊主跨、后吊辅助跨；先吊高跨、后吊低跨"，多层厂房应"先吊中间，后吊两侧，再吊角部"且必须对称进行。作业前应清除吊装范围内的一切障碍物。单层工业厂房结构吊装应遵守相关规定，柱的起吊方法应符合施工组织设计规定，柱就位后必须将柱底落实，每个柱面应用不少于两个钢楔楔紧，但严禁将楔子重叠放置。

校正柱时严禁将楔子拔出，在校正好一个方向后应稍打紧两面相对的 4 个楔子方可校正另一个方向。杯口内应采用强度高一级的细石混凝土浇筑固定，采用木楔或钢楔做临时固定时应分两次浇筑；梁的吊装应符合规定，梁的吊装应在柱永久固定和柱间支撑安装后进行。吊车梁的吊装必须在基础杯口两次浇筑的混凝土达到设计强度 25% 以上后方可进行。重型吊车梁应边吊边校然后再进行统一校正。梁高和底宽之比大于 4 时应采用支撑撑牢或用 8 号铁丝将梁捆于稳定的构件上后方可摘钩。

吊车梁的校正应在梁吊装完后进行，也可在屋面构件校正并最后固定后进行，校正完毕后应立即焊接固定；屋架吊装应符合规定；天窗架与屋面板分别吊装时天窗架应在该榀屋架上的屋面板吊装完毕后进行（并经临时固定和校正后方可脱钩焊接固定）；屋架和天窗架上的屋面板吊装应从两边向屋脊对称进行且不得用撬杠沿板的纵向撬动（就位后应用铁片垫实脱钩并立即电焊固定）；托架吊装就位校正后应立即支模浇灌接头混凝土进行固定；支撑系统应"先安装垂直支撑、后安装水平支撑；先安装中部支撑、后安装两端支撑"并应与屋架、天窗架和屋面板的吊装交替进行。

多层框架结构吊装应遵守相关规定，框架柱中上节柱的安装应在下节柱的梁和柱间支撑安装，下节柱接头混凝土达到设计强度的 75% 以上后方可进行，多机抬吊多层"H"形框架柱时递送作业的起重机必须使用横吊梁起吊，柱就位后应随即进行临时固定和校正，重型或较长柱的临时固定应在柱间加设水平管式支撑或设缆风绳，吊装中用于保护接头钢筋的钢管或垫木应捆扎牢固，严防高空散落，楼层梁的吊装应符合规定，吊装明牛腿式接头的楼层梁时必须在梁端和柱牛腿上预埋的钢板焊接后方可脱钩；吊装齿槽式接头的楼层梁时必须将梁端的上部接头焊好两根后方可脱钩，楼层板的吊装应符合规定吊装两块以上的双 T 形板时应将每块的吊索直接挂在起重机吊钩上。

板重在 5kN 以下的小型空心板或槽形板可采用平吊或兜吊，但板的两端必须保证水平。吊装楼层板时严禁采用叠压式，并严禁在板上站人或放置小车等重物或工具。装配式大板结构吊装应遵守相关规定，吊装大板时宜从中间开始向两端进行并应按"先横墙、后纵墙；先内墙、后外墙、最后隔断墙"的顺序逐间封闭吊装，吊装时必须保证坐浆密实均匀，采用横吊梁或吊索时起吊应垂直平稳，吊索与水平线的夹角不宜小于 60°，大板宜随吊随校正，就位后偏差过大时应将大板重新吊起就位，外墙板应在焊接固定后方可脱钩，内墙和隔墙板可在临时固定可靠后脱钩，校正完后应立即焊接预埋筋，待同一层墙板吊装和校正完后应随即浇筑墙板之间立缝做最后固定，圈梁混凝土强度必须达到 75% 以上方可吊装楼层板。

框架挂板及工业建筑墙板吊装应遵守相关规定，挂板的运输和吊装不得用钢丝绳兜吊并严禁用铁丝捆扎，挂板吊装就位后应与主体结构（如柱、梁或墙等）临时或永久固定后方可脱钩，工业建筑中各种规格墙板均必须具有出厂合格证且吊装时应预埋吊环，立吊时应有预留孔。无吊环和预留孔时吊索捆绑点距板端应不大于 1/5 板长。吊索与水平面夹角应不小于 60°。就位和校正后必须做可靠的临时固定或永久固定后方可脱钩。

## 5.1.4  钢结构吊装安全规定

钢构件必须具有制造厂出厂产品质量检查报告，结构安装单位应根据构件性质分类进行复检，预检钢构件的计量标准、计量工具和质量标准必须统一，钢构件应按照规定的吊装顺序配套供应，装卸时装卸机械不得靠近基坑行走，钢构件的堆放场地应平整干燥，构件应放平、放稳并避免变形，柱底灌浆应在柱校正完或底层第一节钢框架校正完并紧固完地脚螺栓后进行，作业前应检查操作平台、脚手架和防风设施并应确保使用安全，雨雪天和风速超过 5m/s（气保焊为 2m/s）而未采取措施者不得焊接，柱、梁安装完毕后在未设置浇筑楼板用的压型钢板时必须在钢梁上铺设适量吊装和接头连接作业用的带扶手的走道板，钢结构框架吊装时必须设置安全网，吊装程序必须符合施工组织设计的规定，缆风绳或溜绳的设置应明确，不规则构件的吊装其吊点位置以及捆绑、安装、校正和固定方法应明确。

单层钢结构厂房吊装时，天窗架宜采用预先与屋架拼装的方法进行一次吊装。轻型钢结构的组装应在坚实平整的拼装台上进行，组装接头的连接板必须平整，屋盖系统吊装应按屋架→屋架垂直支撑→檩条、檩条拉条→屋架间水平支撑→轻型屋面板的顺序进行，吊装时檩条拉杆应预先张紧，屋架上弦水平支撑应在屋架与檩条安装完毕后拉紧。

钢塔架结构吊装时，采用高空组装法吊装塔架时其爬行桅杆必须经过设计计算确定，采用高空拼装法吊装塔架时必须按节间分散进行，采用整体安装法吊装塔架时应按规定进行，必须保证塔架起扳用的两只扳铰与安装就位的同心度；用人字拔杆起扳时其高度不得小于塔架高度的 1/3；对起重滑轮组和回直滑轮必须设置地锚；起吊时各吊点应保证均匀受力；塔架起扳至 80°左右时应停止起扳，应待起重滑轮组的反向回直滑轮组收紧使起重滑轮组失效后再缓慢放松回直滑轮组将塔架就位。

天线杆整体提升吊装时，天线杆必须在塔身内进行整体组装，塔架中心横隔孔道内每边宜设置一条滑道或设导向滑轮，应使天线杆沿滑道提升，提升吊装前天线杆的底端宜设辅助钢架，辅助钢架四周应各设一提升滑轮组，相对的两滑轮组宜共用一根钢丝绳，利用地面上的两导向轮进行串通，天线设备应事先安装于天线杆上做到一次提升，提升用的卷扬机宜用可控调速卷扬机以保证提升动作的同步。

## 5.1.5 特种结构吊装安全规定

门式刚架吊装中的轻型门架可采用一点绑扎，但吊点必须通过构件重心，中型和重型刚度应采用两点或三点绑扎。预应力 V 形折板吊装前应对支座的位置、尺寸和支承坡度进行严格检查，符合要求后方可吊装，吊装必须采用多点起吊，吊点间距宜为 2.0～2.5m，起吊时应用横吊梁使折板张开不小于 30°，折板就位时折板应均匀向两边张开，否则应吊起重新就位，折板就位后应每隔 2～3m 采用临时拉杆拉住折板上缘，临时拉杆（可采用花篮螺栓）初步受力后方可脱钩。折板跨度过大时应搭设一排脚手架临时支撑。吊装过程中板上作业人员不得超过 5 人且不得集中在一起。

升板法安装应遵守相关规定，提升前应做好相关准备工作，正式提升前应先进行试提升，试提升应遵守相关顺序，即第一步开动四角千斤顶提升 5～8mm 使板开始脱模；第二步开动板四周其余千斤顶提升 5～8mm 使板继续脱模；第三步开动中间全部千斤顶提升 5～8mm 使板全部脱模；第四步同时开动全部千斤顶提升 30mm 后暂停，分别调整各点提升高度至同一水平后方可正式提升，正式提升过程中必须保持板在允许升差范围内均衡上升，板提升到停歇孔后应及时用钢销插入停歇孔，用垫片找平后将板放下做临时搁置，板与柱之间应打入钢楔，下层板提升到设计位置时应及时在板柱间打入钢楔并尽快浇筑板柱接头混凝土。

大跨度屋盖整体提升应遵守相关规定，应对提升设备进行载重调试，确保屋盖各吊点的水平高差不超过 2mm，正式提升前必须进行试提升，开始提升时应用经纬仪观察柱顶摇晃情况和柱子垂直度有无变动，整个提升过程应按规定进行。

网架吊装时，网架采用提升或顶升法吊装必须按施工组织设计的规定执行，吊装方法应根据网架受力和构造特点在保证质量、安全、进度的要求下结合当地施工技术条件综合确定，网架吊装的吊点位置和数量的选择应符合规定，应与网架结构使用时的受力状况一致或经过验算杆件满足受力要求；吊点处的最大反力应小于起重设备的负荷能力；各起重设备的负荷宜接近，吊装方法选定后应分别对网架施工阶段吊点的反力、杆件内力和挠度、支承柱的稳定性和风荷载作用下网架的水平推力等项进行验算（必要时应采取加固措施）。

网架采用高空散装法时，网架采用分条或分块安装时也应遵守相关规定，网架采用高空滑移法安装时应遵守规定，网架的整体吊装法应符合规定要求，网架的整体提升法应符合规定要求，网架的整体顶升法应按规定进行。

## 5.1.6　设备吊装安全规定

安装设备宜优先选用汽车吊或履带吊进行吊装，吊装时起重设备的回转范围内应禁止人员停留，起吊的构件严禁在空中长时间停留，用滚动法装卸安装建筑设备时应符合规定，滚杠的粗细应一致，长度应比托排宽度宽 500mm 以上，严禁戴手套填塞滚杠。滚道的搭设应平整、坚实且应接头错开，装卸车滚道的坡度不得大于 20°。滚动的速度不宜太大，必要时应设溜绳，用拔杆吊装建筑设备时应符合规定，多台卷扬机联合操作时各卷扬机的牵引速度宜相同。建筑设备各吊点的受力宜均匀，采用旋转法或扳倒法安装建筑设备时应符合规定，设备底部应安装具有抵抗起吊过程中水平推力的铰腕，在建筑设备的左右应设溜绳，回转和就位应平缓，在架体或建筑物上安装建筑设备时应符合规定，即强度和稳定性应满足安装和使用要求；设备安装定位后应及时按要求进行连接紧固或焊接，完毕之后方可摘钩。龙门架安装、拆除应按规定进行，基础应高出地面并做好排水措施，应按规定要求安装固定卷扬机，应严格执行拆除方案，采用分节或整体拆除方法进行拆除。

# §5.2　施工升降机安装、拆卸、使用的安全技术

## 5.2.1　施工升降机安装的安全要求

施工升降机安装单位必须具备建设行政主管部门颁发的起重设备安装工程专业承包资质和施工企业安全生产许可证，并在资质许可范围内从事施工升降机的安装拆卸业务。施工升降机安装单位除了应具有资质等级标准规定的专业安装技术人员外，还应有与承担工程相适应的专业安装作业人员，主要负责人、项目经理、专职安全生产管理人员应持有安全生产考核合格证书。施工升降机的安装工、电工、司机等应具有施工特种作业操作资格证书。施工升降机使用单位与安装单位应签订施工升降机安装、拆卸合同，明确双方的安全生产责任，实行施工总承包的其施工总承包单位应与安装单位签订施工升降机安装、拆卸工程安全协议书。

施工升降机应具有特种设备制造许可证、产品合格证、安装使用说明书、制造监督检验证明，并已在建设行政主管部门备案登记。施工升降机应符合《建筑施工升降机安装、使用、拆卸安全技术规程》（JGJ 215—2010）的规定。有异常情况（如属国家明令淘汰或者禁止使用的；超过安全技术标准或制造厂家规定的使用年限的；经检验达不到安全技术标准规定的；没有完整安全技术档案的；没有齐全有效的安全保护装置的）的施工升降机不得安装使用。施工升降机的类型、型号和数量应能满足施工现场货物尺寸、运载重量、运载频率和人员流通等方面的要求。施工升降机必须安装防坠安全器且应在有效标定期内。施工升降机

必须安装超载保护装置，超载保护装置应在载荷达到额定起重量的90％时给出清晰的报警信号，并在载荷达到额定起重量的110％前中止吊笼起动。施工升降机安装前应对各部件进行全面的检查，对有可见裂纹的、严重锈蚀的、整体或局部变形的、连接轴（销）、孔有严重磨损变形的构件应进行修复或更换，直至符合产品标准的有关规定后方可进行安装。施工升降机地基、基础必须满足产品使用说明书的要求，基础设置在地下室顶板上或其他下部悬空位置时若基础承载力不能满足要求则应采取必要的加固措施。施工升降机安装前应对基础进行隐蔽工程验收，合格后方能安装。

施工升降机安装作业前安装单位应编制施工升降机安装工程专项施工方案并由本单位技术负责人签字，还应报送施工总承包单位、使用单位和监理单位审核。施工升降机安装工程专项施工方案应根据产品使用说明书的要求、作业地的实际情况、施工升降机的使用要求等编制，安装过程中安装工程专项施工方案发生变更时应重新对方案进行审批。

除专业技术人员外其他人不得负责编制或修改施工升降机安装工程专项施工方案。施工升降机安装工程专项施工方案必须满足相关法规、规程规定。施工升降机安装工程专项施工方案的主要内容应包括工程概况；编制依据；施工升降机安装位置平面和立面图；施工升降机安装技术参数，有特殊地基基础加固和非标准附墙装置的应有相关计算书和加工制造图纸；辅助起重设备的种类、型号、性能及位置安排；安装步骤与方法；安全技术措施；安全装置的调试程序与方法；应急预案；作业人员组织和职责；其他相关资料。

施工升降机的附墙架形式、附着高度、垂直间距、附着点水平距离、导轨架自由端高度和导轨架与主体结构间水平距离等均应符合产品使用说明书的规定。附墙架不能满足施工现场要求时应对附墙架另行设计计算，附墙架设计与制作应由生产单位或具有相关能力的单位进行。基础预埋件、连接构件应由生产单位或具备相关能力的单位制作。包括计算书和图纸在内的施工升降机安装工程专项施工方案及相关资料在施工升降机使用的整个期限内都应保存在工地。

施工升降机的安装作业应遵守相关规定。施工总承包单位应履行安全职责，应向安装单位提供拟安装设备位置的基础施工资料，应确保施工升降机进场安装、拆卸所需的施工条件，应审核施工升降机的特种设备制造许可证、产品合格证、制造监督检验证明、备案证明等文件，应审核安装单位、使用单位的资质证书、安全生产许可证和特种作业人员的特种作业操作资格证书，应审核安装单位制定的施工升降机安装、拆卸工程专项施工方案和安全生产事故应急救援预案，应审核使用单位制定的施工升降机安全生产事故应急预案，应指定专职安全生产管理人员监督检查施工升降机的安装、拆卸、使用情况。监理单位应履行相应职责，即应审核施工升降机特种设备制造许可证、产品合格证、制造监督检验证明、备案证明等文件，应审核施工升降机安装单位、使用单位的资质证书、安全生产许可证和特种作业人员的特种作业操作资格证书，应审核施工升降机安装工程专项施工方案，应监督安装单位执行施工升降机安装工程专项施工方案情况，应监督检查施工升降机的使用情况，发现存在生产安全事故隐患的应要求安装单位、使用单位限期整改，安装单位、使用单位拒不整改的应及时向建设单位报告。

安装作业前安装单位应根据施工升降机基础验收表、隐蔽工程验收单和混凝土强度报告等相关资料确认所安装的施工升降机和辅助起重设备的基础、地基承载力、预埋件、基础排水措施、作业区域安全措施和警示标志、照明等符合安装工程专项施工方案的要求，并确认防坠安全器在有效的标定期限内。施工升降机安装前安装技术人员应根据安装工程专项施工方案和产品使用说明书的要求对安装作业人员进行安全技术交底（并由安装作业人员在交底书上签字，施工期限内交底书应留存备查）。

所有安装作业人员应严格按施工安全技术交底内容作业，不得违章施工。大雨、大雪、浓雾天和风速大于 13m/s 时应停止安装作业。施工升降机安装作业前应对辅助起重设备和其他安装辅助用具的机械性能和安全性能进行验收，合格后才能投入作业。在安装施工升降机的作业范围内必须设置警戒线，警戒区上空应架设安全网，非作业人员不得进入警戒范围。进入现场的安装作业人员应佩戴必要的防护用品，高处作业人员应系好安全带、穿防滑鞋，所有物件应抓牢放稳，任何人不得站在悬吊物下。

安装作业应统一指挥、分工明确，危险部位的安装应采取可靠的防护措施，指挥信号传递困难时应采用对讲机等有效措施进行指挥。施工升降机地面通道上方应搭设坚固的防护棚，防护棚宽度应不小于施工升降机的宽度，长度应不小于 5m。电气设备安装应按施工升降机产品使用说明书中电气原理图、配线图的规定进行，安装用电设施应符合《施工现场临时用电安全技术规范》（JGJ 46—2005）的规定。安装时必须确保施工升降机运行通道内没有障碍物。严禁安装作业人员酒后作业及进行与安装无关的工作。

施工升降机安装作业时必须将加节按钮盒或操作盒移至吊笼顶部操作，严禁吊笼内的人员操作施工升降机。安装作业时严禁以投掷的方法传递工具和器材。吊笼顶上所有的安装零件和工具必须放置平稳，禁止露出安全栏外。安装作业过程中安装作业人员和工具等总载荷在任何时间都不得超过施工升降机的额定安装载重量。需要安装导轨架加强节时必须确保标准节和加强节的安装部位正确，严禁用标准节替代加强节使用。导轨架安装时应用经纬仪（或电子全站仪）对施工升降机在两个方向进行测量校准，施工升降机导轨架铅直度允许偏差应符合产品使用说明书和表 5 - 1 的规定。

表 5 - 1 安装铅直度允许偏差

| 导轨架架设高度 $h$/m | $h \leqslant 70$ | $70 < h \leqslant 100$ | $100 < h \leqslant 150$ | $150 < h \leqslant 200$ | $h > 200$ |
|---|---|---|---|---|---|
| 允许偏差/mm | 不大于导轨架架设高度的 1/1000 | $\leqslant 70$ | $\leqslant 90$ | $\leqslant 110$ | $\leqslant 130$ |

施工升降机接高导轨架标准节时必须按产品使用说明书的规定进行附墙连接，附墙架垂直间距和导轨架顶部自由端高度在任何时候都不得超过产品使用说明书的规定值。导轨架或附墙架上有人员作业时严禁开动施工升降机。安装吊杆使用时禁止超载，吊杆上有悬挂物时严禁开动施工升降机吊笼。连接件和连接件的保险防松防脱件应符合产品使用说明书的规定（不得代用），有预紧力要求的连接螺栓应使用扭力扳手或专用工具，并按产品使用说明书规定的拧紧次序将螺栓准确地紧固到规定的扭矩值。

施工升降机每次加节完毕应对导轨架的铅直度进行校正，且应按规定重新设置行程限位和极限限位，经试车后方可运行。发现故障或危及安全情况时应立刻停止安装且应报告现场安全负责人，在故障或危险情况未解决前严禁操作施工升降机。安装作业过程中遇意外情况不能继续作业时必须使已安装的部件达到稳定状态并固定牢靠，经检查确认无隐患后方可停止作业，作业人员下班离岗时不应留下任何安全隐患。安装完毕后应拆除为施工升降机安装作业而设置的所有临时设施并应清理施工场地上作业时所用索具、工具、辅助用具、各种零配件和杂物等。

钢丝绳式施工升降机安装还应符合专门规定，即钢丝绳式施工升降机应具有断绳保护装置；卷扬机必须安装在平整、坚实、视野良好的地点，且卷扬筒与导向滑轮中心线应垂直对正；卷扬机必须按产品使用说明书要求固定牢靠，严禁将卷扬机固定在如电线杆、树等物体上；卷扬机需设置地锚时其地锚应牢固可靠，地锚设置地点的受力方向及两侧 2m 的范围内严禁有沟洞、地下管道和地下电缆沟等；卷扬机的传动部位必须安装牢固的防护罩，卷扬机卷筒旋转方向应与操纵开关上的指示方向一致。

施工升降机安装完毕后安装单位应对安装质量进行自检并填写施工升降机安装自检表。安装单位自检合格后应经有相应资质的检验检测机构进行检验检测。施工升降机经检验检测合格后应由施工总承包单位组织安装单位、使用单位、监理单位进行验收，合格后方能使用。安装自检表、检测报告和验收报告应纳入设备档案。

## 5.2.2　施工升降机使用的安全要求

（1）应重视施工升降机使用前的准备工作，使用单位应履行安全职责，应根据不同施工阶段、周围环境以及季节、气候变化对施工升降机采取相应的安全防护措施；应制定施工升降机安全生产事故应急预案；应在施工升降机作业范围内设置明显的安全警示标志并做好集中作业区的安全防护工作；应设置相应的设备管理机构或者配备专职的设备管理人员；应指定专职设备管理人员、专职安全生产管理人员进行现场监督检查。施工升降机出现故障或者发生异常情况的应立即停止使用，消除故障和事故隐患后方可重新投入使用。施工升降机必须由获得上岗许可证的人员操作，严禁无证上岗。施工升降机使用前应由使用单位对施工升降机司机进行安全技术交底，交底资料应在相关单位留存备查。

（2）施工升降机的操作使用应规范。严禁使用带故障的施工升降机，严禁在超过额定载重量的情况下使用施工升降机，严禁使用超过有效标定期的防坠安全器。电源电压值与施工升降机额定电压值允许偏差为±5％，当供电总功率小于产品使用说明书规定值时严禁使用施工升降机。大雨、大雾、六级以上大风及导轨架、电缆表面结有冰层时严禁使用施工升降机。严禁用行程限位开关作为停止运行的控制开关。

施工升降机安装完成后、正式使用前应按照产品使用说明书要求对各部件进行全面润滑，正常工作期间应按产品使用说明书要求对施工升降机定期进行润滑，润滑之前应对润滑部位进行清洗。施工升降机基础周边水平距离 5m 以内不得开挖井沟，不得堆放易燃易爆物品及其他杂物。施工升降机全行程四周不得有障碍物，严禁利用施工升降机的导轨架、横竖支撑和层站等牵拉或悬挂脚手架、施工管道、绳缆标语、旗帜等与施工升降机无关的物件。

施工升降机安装在建筑物内部井道中间时应在全行程范围的井壁四周搭设封闭屏障。安装在阴暗处或夜班作业的施工升降机应在全行程上装设明亮的楼层编号标志灯，夜间施工时应有足够照明且照明应满足《施工现场临时用电安全技术规范》（JGJ 46—2005）要求。施工升降机场地内严禁有脱皮、裸露的电线、电缆。施工升降机吊笼底板、各层站通道区域应保持干燥整洁，严禁有物品长期堆放。

　　吊笼运行时施工升降机司机的身体严禁伸出吊笼。施工升降机司机上岗前严禁喝酒，工作时间不与其他人员闲谈，不得有妨碍施工升降机运行的动作。实行多班作业的施工升降机应执行交接班制度，交班司机应认真填写交接班记录表，接班司机应进行班前检查，确认无误后方可开机作业。施工升降机每天第一次使用前司机应将吊笼升离地面 1～2m 并停车试验制动器可靠性，发现制动器不正常应经修复合格后方可运行。工作时间内升降机司机不得擅自离开施工升降机，必须离开时应将施工升降机开到最底层并关闭电源、锁好吊笼门。

　　驾驶手动开关门的施工升降机时严禁利用机电联锁、急停按钮开动或停止施工升降机。层门门栓宜设置在吊笼门一侧且层门应处于常闭状态，除施工升降机司机外其他人严禁启闭层门。施工升降机专用电闸箱应设置在导轨架附近便于操作的位置，配电容量应满足施工升降机的直接起动要求。施工升降机的防雷装置应符合表 5-2 的规定。施工升降机导轨架外侧边缘与外面架空线路的边线之间必须保持安全操作距离，最小安全操作距离见表 5-3。

表 5-2　　　　　　　　　施工现场内施工升降机需安装防雷装置的规定

| 地区年平均雷暴日/d | ≤15 | >15 且<40 | ≥40 且<90 | ≥90 及雷害特别严重地区 |
|---|---|---|---|---|
| 金属设施高度/m | ≥50 | ≥32 | ≥20 | ≥12 |

表 5-3　　　　　　　　　　最 小 安 全 操 作 距 离

| 外电线电路电压/kV | <1 | 1～10 | 35～110 | 154～220 | 330～500 |
|---|---|---|---|---|---|
| 最小安全操作距离/m | 4 | 6 | 8 | 10 | 12 |

　　施工升降机使用过程中运载物料的尺寸不应超过吊笼的界限。散状物料运载时应装入容器、进行捆绑或使用织物袋包装，堆放时应使荷载分布均匀。运载溶化沥青、强酸、强碱、溶液、易燃物品和其他特殊物料时必须由有关技术部门做好风险评估和采取安全措施且应向现场安全人员交底后方可载运。当需要使用搬运机械向施工升降机吊笼搬运物料时其物料放置速度应缓慢，搬运过程中搬运机械不得碰撞施工升降机。运料小车进入吊笼时必须确保料车轮子处产生的集中荷载满足吊笼底板和层站底板的承载力要求。

　　（3）吊笼上的各类安全装置应保持完好有效，大雨、台风等恶劣天气后应对各安全装置进行全面检查，确认安全有效后方可使用。施工升降机运行中发现异常情况时应立即停机并采取有效措施将吊笼降到底层，排除故障后方可继续运行，未排除故障前不得开启急停按钮。施工升降机运行中由于断电或其他原因而中途停止时可进行手动下降，吊笼手动下降速度不得超过额定运行速度。司机作业后应将施工升降机返回最底层停放并将各控制开关拨到零位，切断电源，锁好开关箱、吊笼门和基础围栏门，然后认真填写运转记录。钢丝绳式施工升降机的使用还应符合专门规定，即钢丝绳存在安全隐患时严禁使用施工升降机；施工升降机吊笼运行时钢丝绳不得与遮掩物或其他物发生接触摩擦；吊笼位于地面时最后缠绕在卷筒上的钢丝绳应至少有 3 圈；卷扬机工作时其上部不得放置任何物件；不得在卷扬机运转时进行清理或加油。

　　（4）应重视施工升降机的检查、保养和维修工作。施工升降机司机应在每天开工前和每次换班前按产品使用说明书及规范对施工升降机进行检查并对检查结果进行记录，检查出的任何问题均应向使用单位报告，问题未解决前严禁使用施工升降机。施工升降机使用期间应每月对施工升降机进行检查并对检查结果进行记录，在没有解决检查中发现的问题之前施工升降机严禁使用。施工升降机使用期间应按施工升降机检测表要求对施工升降机进行定期检测，检测时间间隔应根据施工升降机的使用频率、环境条件、已观察到的损伤现象、记录中重复出现的问题等因素合理确定且不得大于 6 个月。

　　施工升降机遇可能影响安全技术性能的自然灾害、发生设备事故或停工 6 个月以上应重新组织验收。各部件经检测确认状态良好后宜对施工升降机进行载荷试验，施工升降机有特殊情况发生后其载荷试验应在满载情况下进行且应按相关规定进行超载测试。双笼施工升降机应对左、右吊笼分别进行额定载荷试验，试验范围应包括施工升降机正常运行的所有方面。施工升降机每 3 个月应进行不少于一次的额定载荷坠落测试，坠落测试方法、评估标准及时间间隔应符合产品使用说明书要求，严禁测试者擅自改变坠落测试速度，施工升降机在坠落测试中失效的必须停用修复。租赁单位应按产品使用说明书要求对施工升降机进行保养、维修，保养、维修时间间隔应根据使用频率、操作环境及施工升降机曾经发生过的损伤等因素确定，施工现场应在施工升降机使用期间为租赁单位安排足够的设备保养、维修时间。

　　严禁在施工升降机运行中进行保养、维修作业，双笼施工升降机其中一只吊笼的外侧进行保养、维修时另一只笼严禁运行，保养、维修作业需在导轨架上站人时双笼都应禁止运行。施工升降机保养过程中对磨损、破坏程度超出施工升降机产品使用说明书要求的部件应及时进行维修或更换，并由专业技术人员检查验收。检查中发现安全隐患应立刻停机，实施检查的专业技术人员应在检查期间给出设备状况的书面报告并提交使用单位、安装单位和租赁单位。使用单位应负责协调组织各相关单位进行处理。隐患问题未解决前严禁使用施工升降机。施工升降机检修时必须切断电源且挂警示牌，在危险区域内检修或必须通电检修时应做好防护措施。施工升降机转场时应按租赁单位要求做好转场保养并做好转场记录。应将各种与施工升降机使用、维修、拆卸的相关记录建立技术档案并在施工升降机使用期间保存在施工现场。

## ▌5.2.3　施工升降机拆卸的安全要求

　　施工升降机拆卸单位的条件应符合前述安装单位的规定。施工升降机拆卸工程专项施工方案的编制应符合相关规定。施工升降机拆卸工程专项施工方案的内容应包括工程概况；编制依据；施工升降机安装位置平面图和立面图；施工升降机技术参数；拆卸施工步骤与方法；拆卸辅助设备的种类、型号、性能及安排位置；安全技术措施；应急预案；作业人员组织和职责；其他相关资料。辅助起重设备不能设置在地面上的应对拆卸辅助设备的设置位置、锚固方法、承载能力等进行设计和验算。拆卸附墙架时应确保施工升降机导轨架自由端的高度始终满足产品使用说明书的要求。

　　施工升降机拆卸前应对施工升降机的关键部件进行检查，发现存在影响拆卸作业的隐患问题时应及时处理，解决后方可继续拆卸作业。施工升降机拆卸作业必须符合产品使用说明书的要求。使用单位应确保有足够的工作面作为拆卸场地，并应在拆卸场地上方架设安全网。严禁夜间进行拆卸作业。在拆下的部件被吊放到吊笼顶板上之前严禁驱动施工升降机吊笼。所有参加拆卸的作业人员都应了解施工升降机可运载的导轨架标准节数量和其他构件的重量，吊笼运输重量严禁超过产品使用说明书规定的额定拆卸载重量。最后一个附墙架拆除后应确保与基础相连的导轨架仍能保持各个方向的稳定。拆卸施工升降机前必须对吊笼进行一次坠落试验。施工升降机拆卸作业宜连续完成，拆卸作业不能连续完成时应明确允许中断时施工升降机的状态并采取安全防护措施。施工升降机拆卸过程中吊笼处于无对重运行时严格控制吊笼内荷载，严禁吊笼在高速运行时进行急刹车。施工升降机拆卸导轨架作业严禁与拆除各层层站作业同时进行。进行拆卸作业时必须将加节按钮盒的防止误动作开关扳至停机位置或按下操作盒上的紧急停机按钮。吊笼未拆除前严禁任何人靠扶在地面围栏上，且不得在地面围栏内、施工升降机通道内、导轨架内和附墙架上等区域活动。拆卸作业还应符合相关规范规定。施工升降机拆卸作业完毕后应拆除拆卸作业时所使用的所有临时设施，应清理场地上作业时所用的索具、工具、零配件和杂物等。

# §5.3　施工塔式起重机安装、拆卸、使用的安全技术

## 5.3.1　塔式起重机安装的安全要求

塔式起重机安装单位必须具备建设行政主管部门颁发的起重设备安装工程专业承包资质和施工企业安全生产许可证，塔式起重机安装单位必须在资质许可范围内从事塔式起重机的安装业务。塔式起重机安装单位除应具有资质等级标准规定的专业技术人员外还应有与承担工程相适应的专业作业人员（主要负责人、项目经理、专职安全生产管理人员应持有安全生产考核合格证书。塔式起重机安装工、电工、司机、信号司索工等应具有建筑施工特种作业操作资格证书）。施工单位应与安装单位签订安装工程专业承包合同，明确双方安全生产责任。实行施工总承包的应由施工总承包单位与安装单位签订。

塔式起重机应具有特种设备制造许可证、产品合格证、制造监督检验证明，国外制造的塔式起重机应具有产品合格证并已在建设行政主管部门备案登记。塔式起重机应结构完整并符合《塔式起重机安全规程》（GB 5144—2006）的规定。不良塔式起重机（如国家明令淘汰的；超过规定使用年限评估不合格的；安全装置和安全设施达不到国家和行业安全技术标准的；没有完整安全技术档案的）不准使用。塔式起重机安装前必须经维修、保养并进行全面的安全检查，结构件有可见裂纹、严重锈蚀、整体或局部变形、连接轴（销）、孔有严重磨损变形的应修复或更换合格后方可进行安装。塔式起重机基础应符合使用说明书的要求，地基承载能力必须满足塔式起重机设计要求，安装前应对基础进行隐蔽工程验收，合格后方能安装，基础周围应修筑边坡和排水设施。行走式塔式起重机的路轨基础及路轨铺设应按使用说明书要求进行且应符合《塔式起重机安全规程》（GB 5144—2006）的规定。

安装单位应在塔式起重机安装实施前编制塔式起重机安装专项施工方案以指导作业人员实施安装作业，专项施工方案应经企业技术负责人审批同意后交施工（总承包）单位和监理单位审核。塔式起重机安装专项施工方案应根据塔式起重机使用说明书要求、作业地实际情况编制，应满足相关法规、规程规定。塔式起重机安装专项方案内容应包括工程概况；安装位置平面图和立面图；基础和附着装置的设置、安装顺序和质量要求；主要安装部件的重量

和吊点位置；安装辅助设备的型号、性能及位置安排；电源设置；施工人员配置；吊索具和专用工具配备；重大危险源和安全技术措施；应急预案等。塔式起重机位置应满足施工要求并符合使用说明书的规定，场地应平整结实且便于安装拆卸，应满足塔式起重机在非工作状态时能自由回转且对周边其他构筑物的影响最小。塔式起重机基础的设计制作应优先采用塔式起重机使用说明书推荐的方法，地基的承载能力应由施工（总承包）单位确认。

塔式起重机的基础型式包括固定式混凝土基础、桩基承台式混凝土基础、格构柱承台混凝土基础。塔式起重机的基础设计计算应按规定进行。塔式起重机的附着装置应采用使用说明书规定的形式并满足附着高度、垂直间距、水平间距、自由端高度等的规定，附着装置的水平布置的距离、型式或垂直距离不符合使用说明书时应依据使用说明书提供的附着载荷参数设计计算，应绘制制作图和编写相关说明，并经原设计单位书面确认或通过专家评审，附着点的荷载应以书面形式提供给施工（总承包）单位，附着装置的设计计算应符合规定。基础预埋件、附着连接构件和预理构件应由原制造厂家或相应能力企业制作。

塔式起重机安装前应检查相关项目，包括基础位置、尺寸、隐蔽工程验收单和混凝土强度报告等相关资料；安装塔式起重机和安装辅助设备的基础、地基地耐力、预埋件与专项方案的符合情况；基础排水措施；作业区域安全措施和警示标志、照明等。安装前应根据安装方案和使用说明书要求对装拆作业人员进行施工和安全技术交底，使每个装拆人员清楚自己所从事的作业项目、部位、内容及要求以及重大危险源和相应的安全技术措施等，并在交底书上签字，专职安全监督员应监督整个交底过程。

施工（总承包）单位和监理单位应履行相关职责，即审核塔式起重机的特种设备制造许可证、产品合格证、制造监督检验证明、备案登记证明等文件；审核特种作业人员的特种作业操作资格证书；审核专项方案及交底记录；对安装作业实施监督检查，发现隐患及时要求整改。辅助设备就位后、实施作业前应对其力学性能和安全性能进行验收，合格后才能投入作业。应对所使用的钢丝绳、卡环、吊钩和辅助支架等起重用具按方案和有关规程进行检查，合格后方可使用。进入现场的作业人员必须佩戴安全帽、防滑鞋、安全带等防护用品，无关人员严禁进入作业区域内。

安装拆卸作业应统一指挥并明确指挥信号，当视线阻隔和距离过远等至使指挥信号传递困难时应采用对讲机或多级指挥等有效措施进行指挥。吊装物下方不得站人。连接件和其保险防松防脱件必须符合使用说明书规定（严禁代用），有预紧力要求的连接螺栓必须使用扭力扳手或专用工具按说明书规定的拧紧次序将螺栓准确地紧固到规定扭矩值。自升式塔式起重机每次加节（爬升）或下降前应检查顶升系统，确认完好才能使用，附着加节时应确认附着装置的位置和支撑点强度并应先装附着装置后顶升加节，塔式起重机的自由高度应符合使用说明书要求。安装作业时应根据专项方案要求实施，不得擅自改动。雨雪、浓雾天和风速超过 13m/s 时应停止安装作业。安装作业过程中遇意外情况不能继续作业时必须使已安装的部位达到稳定状态并固定牢靠，经检查确认无隐患后方可停止作业。

塔式起重机的安全装置必须设置齐全可靠。安装电气设备应按生产厂提供的电气原理图、配线图的规定进行，安装所用电源线路应符合《施工现场临时用电安全技术规范》（JGJ 46—2005）的要求。塔式起重机安装的技术标准应按规范执行。安装完毕后应拆除为塔式起重机安装作业需要而设置的所有临时设施，应清理施工场地上作业时所用的吊索具、工具、辅助用具等各种零配件和杂物。

起重机安装完毕后安装单位应对安装质量进行自检并填写自检报告书。安装单位自检合格后应委托有相应资质的检验检测单位进行检测，检验检测单位应遵照相关规程和标准对安装质量进行检测和评判，检测结束后应出具检测报告书。安装自检和检测报告应记入设备档案。经自检、检测合格后应由施工（总承包）单位组织安装单位、使用单位、监理单位进行验收（合格后方能使用）。

## ▌5.3.2　塔式起重机使用的安全要求

机械管理人员应在塔式起重机使用前对司机、司索信号工等特种操作人员进行安全技术交底，安全技术交底应有针对性。多台塔式起重机交错作业时应编制专项使用方案，专项方案应包含各台塔式起重机初始安装高度、每次升节高度和升节次序，并应有防碰撞安全措施（以免发生干涉现象）。塔式起重机司机、信号司索工等特种操作人员应符合《塔式起重机操作使用规程》（JG/T 100—1999）的要求，严禁无证上岗。塔式起重机使用时应配备司索信号工（严禁无信号指挥操作），远距离起吊物件或无法直视吊物的起重操作应设多级指挥并配有效通信。塔式起重机操作使用应严格执行相关规定，即斜吊不吊；超载不吊；散装物装得太满或捆扎不牢不吊；指挥信号不明不吊；吊物边缘锋利无防护措施不吊；吊物上站人不吊；埋在地下的构件不吊；安全装置失灵不吊；光线阴暗看不清吊物不吊；六级以上强风不吊。

塔式起重机的力矩限制器、起重量限制器、变幅限位器、行走限位器、吊钩高度限位器等安全保护装置必须齐全完整、灵敏可靠，不得随意调整和拆除，严禁用限位装置代替操纵机构。塔式起重机使用时起重臂和吊物下方严禁有人停留，操作人员在操作回转、变幅、行走、起吊动作前应鸣笛示意，重物吊运时严禁从人上方通过，严禁用塔吊载运人员。严禁起吊重物长时间悬挂在空中，作业中遇突发故障应采取措施将重物降落到安全地方。多台塔式起重机交错作业时应严格按专项使用方案执行并保证安全作业距离，吊钩上悬挂重物之间的安全距离不得小于 5m，高位起重机吊钩、平衡重等部件与低位起重机塔帽、拉杆、起重臂等部件之间在任何情况下的垂直距均不得小于 2m。

塔式起重机在雨雪过后或雨雪中作业时应先经过试吊（确认制动器灵敏可靠后方可进行作业），遇有六级以上大风或大雨、大雪、大雾等恶劣天气时应停止作业，夜间施工应有足够照明且照明应满足《施工现场临时用电安全技术规范》（JGJ 46—2005）的要求。起吊载荷达塔吊额定起重量 90％及以上时应先将重物吊离地面 20～50cm 后停止提升并对机械状况、制动性能、物件绑扎情况进行检查，确认无误后方可起吊，对有可能晃动的重物必须拴拉溜绳使之稳固。起吊重物时应绑扎平稳、牢固，不得在重物上堆放或悬挂零星物件。零星材料和物件必须用吊笼或钢丝绳绑扎牢固后方可起吊。标有绑扎位置或记号的物件应按标明位置绑扎，绑扎钢丝绳与物件的夹角不得小于 30°。作业完毕后应松开回转制动器并使各部件置于非工作状态，控制开关置于零位并切断总电源。行走式塔式起重机停止作业时应锁紧夹轨器。塔式起重机与架空输电线的安全距离应符合《塔式起重机安全规程》（GB 5144—2006）的规定。

应在班前做好塔式起重机的例行保养工作并做好记录，主要内容包括结构件外观、安全装置、传动机构、连接件、制动器、液位、油位、油压、索具、夹具、吊钩、滑轮、钢丝绳、电源、电压。实行多班作业的设备应执行交接班制度并应认真填写交接班记录，接班司机经检查确认无误后方可开机作业。应做好塔式起重机的各级保养工作，转场时应做好转场保养并做好记录。应对塔式起重机的主要部件和安全装置等进行经常性检查（每月不得少于一次），塔式起重机使用周期超过一年时应进行一次全面检查。塔式起重机有故障时应及时报修，维修时应停止工作。塔式起重机应建立技术档案，技术档案应包括购销合同、使用说明书、特种设备制造许可证、验收单、产品合格证明、制造监督检验证明、备案证明、安装技术文件、检验报告、定期自行检查记录、定期维护保养记录、维修和技术改造记录、运行故障和生产安全事故记录、累计运转记录。

### 5.3.3　塔式起重机拆卸的安全要求

塔式起重机拆卸单位的条件应符合前述安装单位要求。塔式起重机拆卸专项施工方案编制应遵守相关规定，拆卸专项方案的内容应包括工程概况；塔式起重机位置的平面图和立面图；拆卸顺序；部件重量和吊点位置；拆卸辅助设备型号、性能及位置安排；电源设置；施工人员配置；吊索具和专用工具配备；重大危险源和安全技术措施；应急预案等。塔式起重机拆卸作业宜连续完成，特殊情况拆卸作业不能连续完成时应明确允许中断时塔式起重机的状态和采取的安全防护措施。塔式起重机有附着的应明确附着装置的拆卸顺序、方法及安全技术措施，应确保塔式起重机自由端高度始终满足说明书要求。拆卸辅助设备不能设置在地面上的应对其设置位置锚固方法、承载能力进行设计验算。塔式起重机拆卸前应检查主要结构件及连接件、电气系统、起升机构、回转机构、顶升机构、作业区域安全措施和警示标志、照明等，发现问题应及时修复后才能进行拆卸作业。拆卸作业应满足规范要求，自升式塔式起重机每次降节前应检查顶升系统、附着装置连接等，确认完好后才能降节。降节时应遵循先降节、后拆除附着装置的原则。塔式起重机的自由端高度应始终符合使用说明书的要求。拆卸完毕后应拆除为塔式起重机拆卸作业需要而设置的所有临时设施，并清理场地上作业时所用的吊索具、工具等各种零配件和杂物等。

## §5.4　龙门架及井架物料提升机安全技术

提升机应在规定条件，环境温度为−20～+40℃；导轨架顶部风速不大于20m/s；电源电压值与额定电压值偏差为±5%，供电总功率不小于产品使用说明书的规定值，下能正常作业，特殊要求时用户应与制造商协商。提升机的可靠性指标应符合《建筑施工升降机安装、使用、拆卸安全技术规程》（JGJ 215—2010）的规定。用于提升机的材料、钢丝绳及配套零部件产品应有出厂合格证，起重量限制器、防坠安全器应是经型式检验合格产品。传动系统应设常闭式制动器且其额定制动力矩应不低于作业时额定力矩的1.5倍，不得采用带式制动器。

具有自升（降）功能的提升机应安装自升平台及直梯并应符合相关规定，即兼作天梁的自升平台在提升机正常工作状态时应与导轨架刚性连接；自升平台的导向滚轮应有足够刚度并应有防止脱轨的防护装置；自升平台的传动系统应具有自锁功能并应有刚性停靠装置；自升平台四周应设置防护栏杆，上栏杆高度宜为 1.0～1.2m，下栏杆高度宜为 0.5～0.6m，栏杆任一点作用 1kN 水平力时不应产生永久变形，挡脚板高度应不小于 180mm；自升平台应安装渐进式防坠安全器；直梯梯级间距应一致，宜为 0.3m，梯级与固定构件的距离应不小于 0.15m。梯级承受 1.2kN 的竖向力时应不产生永久变形；直梯宜设在导轨架结构内，结构内能保证直径为 0.6m 的球体不能通过时可不设直梯护圈。

提升机采用对重时对重应设置滑动导靴或滚轮导向装置并应设有防脱轨保护装置，对重应标明质量并涂成警告色，吊笼不应当作对重使用。各停层台口处应设置能清晰显示楼层的标志。提升机制造商应具有特种设备制造许可资格，制造商应在说明书中对提升机附墙间距、悬臂高度及缆风绳的设置做出明确规定。提升机额定起重量不宜超过 160kN，安装高度不宜超过 30m，安装高度超过 30m 时提升机除应具有起重量限制、防坠保护、停靠及限位功能外还应符合专门规定，即吊笼应有自动停层功能，停层后吊笼底板与停层台口的垂直高度偏差不应超过 30mm。防坠安全器应为渐进式。提升机应具有自升降、安拆功能，应有语音及影像信号。提升机的标志应齐全，其附属设备、备件及专用工具、技术文件均应与制造商的装箱单相符。提升机应设置标牌且应标明产品名称和型号、主要性能参数、出厂编号、制造商名称和产品制造日期。

## 5.4.1　提升机结构设计与制造的安全要求

提升机结构设计应满足制造、运输、安装、使用等各种条件下的强度、刚度和稳定性要求，并应符合《起重机设计规范》（GB/T 3811—2008）的规定。结构设计时应考虑各种载荷情况，常规载荷应包括由重力产生的载荷及由驱动机构、制动器作用在提升机和起升质量上因加速度、减速度引起的载荷；偶然载荷应包括由工作状态的风、雪、冰、温度变化及运行偏斜引起的载荷；特殊载荷应包括由提升机防坠安全器试验引起的冲击载荷；载荷计算应符合《起重机设计规范》（GB/T 3811—2008）的规定。提升机的整机工作级别应为 A4～A5。提升机承重构件的截面尺寸应经计算确定并应符合相关规定，即钢管壁厚应不小 3.5mm，角钢截面应不小于 50mm×5mm，钢板厚应度不小于 8mm。

井架式提升机架体在各停层通道相连接的开口处应采取加强措施。吊笼结构除应满足强度设计要求还应符合相关要求，即吊笼内净高度不小于 2m，吊笼门及两侧立面应全高度封闭，底部挡脚板宜采用厚度不应小于 1.5mm 的冷轧钢板；吊笼门及两侧立面宜采用网板结构，孔径小于 25mm。吊笼门的开启高度应不低于 1.8m。其任意 500mm² 的面积上作用 300N 的力或边框任意一点作用 1kN 力时不应产生永久变形；吊笼顶部宜采用厚度不小于 1.5mm 的冷轧钢板并应设置钢骨架，在任意 0.01m² 面积上作用 1.5kN 力时不应产生永久变形；吊笼底板应有防滑、排水功能，其强度应能承受 125％ 额定载荷而不产生永久变形。底板可采用厚度不小于 50mm 的木板；吊笼应采用滚动导靴；吊笼的结构强度应能满足坠落试验要求。标准节采用螺栓连接时其螺栓直径应不小于 M12，强度等级不宜低于 8.8 级。提升机悬臂高度不宜大于 6m，附墙架间距不宜大于 6m。提升机的导轨架不应兼作导轨。

提升机承重构件应选用 Q235，主要承重构件应选用 Q235B，并应符合《碳素结构钢》（GB/T 700—2006）的规定。焊条、焊丝及焊剂的选用应与主体材料相适应。焊缝应饱满、平整且不应有气孔、夹渣、咬边及未焊透等缺陷。提升机导轨架的底节采用钢管制作时宜采用无缝钢管。提升机的制造精度应满足设计要求并应保证导轨架标准节的互换性。

## 5.4.2　提升机动力与传动装置的安全要求

卷扬机的设计及制造应符合《建筑卷扬机》（GB/T 1955—2008）的规定。卷扬机的牵引力应满足提升机设计要求。卷筒节径与钢丝绳直径的比值不应小于 30。卷筒两端的凸缘至最外层钢丝绳的距离应不小于钢丝绳直径的两倍。钢丝绳在卷筒上应整齐排列，端部应与卷筒压紧装置连接牢固，吊笼处于最低位置时卷筒上的钢丝绳应不少于 3 圈。卷扬机应设置防止钢丝绳脱出卷筒的保护装置（该装置与卷筒外缘间隙应不大于 3mm 并应有足够的强度）。严禁使用摩擦式卷扬机。

曳引机曳引轮直径与钢丝绳直径的比应不小于 40，包角不宜小于 150°。曳引钢丝绳为两根及以上时应设置曳引力自动平衡装置。

滑轮直径与钢丝绳直径的比值应不小于 30。滑轮应设置钢丝绳防脱装置并应符合规定。滑轮与吊笼或导轨架等应采用刚性连接（严禁采用钢丝绳柔性连接和使用开口拉板式滑轮）。

钢丝绳选用应符合《重要用途钢丝绳》（GB/T 8918—2006）的规定，钢丝绳的维护、检验和报废应符合《起重机　钢丝绳　保养、维护、安装、检验和报废》（GB/T 5972—2009）的规定。自升平台钢丝绳安全系数应不小于 12，直径应不小于 8mm；提升吊笼钢丝绳安全系数应不小于 8，直径应不小于 12mm；安装吊杆钢丝绳安全系数应不小于 8，直径应不小于 6mm；缆风绳安全系数应不小于 3.5，直径应不小于 8mm。钢丝绳端部固定采用绳夹时绳夹规格应与绳径匹配且数量应不少于 3 个，间距应不小于绳径的 6 倍，绳夹夹座应安放在长绳一侧，不得正反交错设置。

## 5.4.3　提升机安全装置与防护设施的安全要求

提升机应设置起重量限制器、防坠安全器、安全停靠装置、限位装置、紧急断电开关、缓冲器、信号装置等安全装置并应符合规定。起重量限制器在载荷达额定起重量 90％时应能发出警示信号，载荷达额定起重量 110％时应能切断主电路使吊笼制停起升。防坠安全器在吊笼提升钢丝绳断绳时应能制停带有额定起重量的吊笼且不应造成结构损坏，防坠安全装置可采用瞬时式，自升平台应采用渐进式防坠安全器。安全停靠装置应为刚性机构，吊笼停层时应能可靠承担吊笼自重、额定载荷及运料人员等全部工作载荷，吊笼停靠后底板与停层台口板的垂直偏差应不大于 50mm。限位装置上限位开关在吊笼上升至限定位置时应被触发并制停吊笼，上部越程不应小于 3m，下限位开关在吊笼下降至限定位置时被触发并制停吊笼。紧急断电开关应为非自动复位型，其应在任何情况下均可切断主电路停止吊笼运行，紧急断电开关应设在便于司机操作的位置。缓冲器应承受吊笼及对重下降时相应冲击载荷。当司机对吊笼升降运行、停层台口观察视线不清时必须设置信号通信装置，信号通信装置应同时具备语音和影像显示功能。

提升机应设置防护围栏、停层台口及台口门、进料口防护棚、卷扬机操作棚等防护设施，并应符合规定。提升机地面进料口应设置防护围栏（围栏高度不小于 1.8m，围栏立面可采用网板结构、孔径不大于 25mm，其任意 500mm² 的面积上作用 300N 的力以及在边框任意一点作用 1kN 力时应不产生永久变形），进料口门的开启高度不小于 1.8m（强度应符合规定。进料口门应装有电气安全开关以确保进料口门关闭时吊笼才能起动）。停层台口的搭设应符合《建筑施工扣件式钢管脚手架安全技术规范》（JGJ 130—2011）及其他相关标准的规定并应能承受 3kN/m² 的载荷，停层台口外边缘与吊笼门外缘的水平距离应不大于 100mm，与外脚手架外侧立杆（当无外脚手架时与建筑结构外墙）的水平距离不宜小于 1m，停层台口两侧的防护栏杆、挡脚板应符合规定，台口门应工具式、定型化，强度应符合规定，台口门的高度不宜小于 1.8m，宽度与吊笼门宽度差不应大于 200mm，并应安装在台口外边缘处，与吊笼门的水平距离不应大于 300mm，台口门下边缘以上 180mm 内应采用厚度不小于 1.5mm 的钢板封闭，与台口上表面的垂直距离不宜大于 20mm，台口门应向停层台口内开启并应处于常闭状态。进料口防护棚应设在首层地面进料口上方，其长度应不小于 3m，宽度应大于吊笼宽度，顶部强度应符合规定，可采用厚度不小于 50mm 的木板搭设。卷扬机应安装定型化并装配在操作棚内，且具有防雨功能，卷扬机操作棚应有足够的操作空间且其顶部强度应符合规定。

## 5.4.4  提升机电气系统的安全要求

提升机选用的电气设备及元件应符合提升机工作性能、工作环境等条件要求。提升机的总电源应设置短路保护及漏电保护装置，电动机的主回路应设置失电压及过电流保护装置。提升机电气设备的绝缘电阻值应不小于 0.5MΩ，电气线路的绝缘电阻值应不小于 1MΩ。提升机防雷及接地应符合《施工现场临时用电安全技术规范》（JGJ 46—2005）的规定。携带式控制开关应密封、绝缘，控制线路电压应不大于 36V，其引线长度不宜大于 5m。工作照明的开关应与主电源开关相互独立（主电源被切断时工作照明应不断电）并应有明显标志。禁止用倒顺开关作为动力设备的控制开关。提升机电气设备的制作和组装应符合《施工现场临时用电安全技术规范》（JGJ 46—2005）、《低压成套开关设备和控制设备第 1 部分：型式试验和部分型式试验成套设备》（GB 7251.1—2005）的规定。

## 5.4.5  提升机基础、附墙架、缆风绳及地锚的安全要求

提升机的基础应能承受最不利工作条件下的全部载荷，30m 及以上提升机的基础应进行设计计算。30m 以下提升机的基础无设计要求时应遵守基本规定，即基础土层承载力应不小于 80kPa；浇注 C30 混凝土的厚度应不小于 300mm；基础表面应平整且其水平度应不大于 10mm；基础周边应有排水设施。

导轨架安装高度超过设计最大独立高度时必须安装附墙架。宜采用制造商随机提供的标准附墙架,标准附墙架结构尺寸不能满足要求时可经设计计算采用非标准附墙架并应符合基本规定［即附墙架的材质应与导轨架相一致;附墙架与导轨架及建筑结构应采用刚性连接且不得与脚手架连接;附墙间距、悬臂高度应不大于使用说明书的规定值;附墙架的结构形式酌情确定,用型钢制作的附墙架与建筑结构的连接可预埋专用铁件用螺栓连接,如图5-1和图5-2所示。用脚手架钢管制作的附墙架与建筑结构连接可预埋与附墙架规格相同的短管并用扣件连接,如图5-3所示。墙体有足够的强度时可将扣件钢管伸入墙内并用扣件加横管夹住,如图5-4所示。

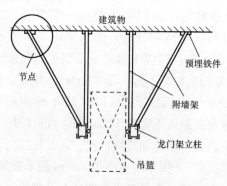

图5-1 型钢附墙架与埋件连接

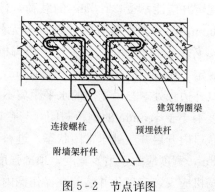

图5-2 节点详图

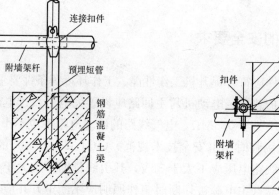

图5-3 钢管与预埋钢管连接

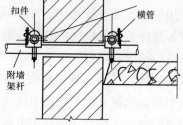

图5-4 架体钢管深入墙内用横管夹住墙体

提升机安装条件受到限制不能使用附墙架时可采用缆风绳,缆风绳设置应符合说明书要求并应符合基本规定,即每一组4根缆风绳与导轨架的连接点应在同一水平高度且应对称设置,缆风绳与导轨架的连接处应采取防止钢丝绳受剪切力破坏的措施。缆风绳宜设在导轨架顶部,中间设置缆风绳时应采取增加导轨架刚度的措施。缆风绳与水平面夹角宜为45°~60°并应采用与缆风绳等强度的花篮螺栓与地锚连接。提升机安装高度大于等于30m时不得使用缆风绳。

提升机地锚应根据导轨架的安装高度及土质情况设计计算确定。30m以下提升机可采用桩式地锚,采用钢管(48mm×3.5mm)或角钢(75mm×6mm)时应不少于两根且应并排设置(间距应不小于0.5m,打入深度应不小于1.7m,顶部应设有防止缆风绳滑脱的装置)。

## 5.4.6　提升机安装（拆除）与验收的安全要求

安装（拆除）单位应具备相应的条件，即安装（拆除）单位应具有起重机械安（拆）资质；安装（拆除）单位技术管理人员数量、机械设备能力应与资质相符；安装（拆除）作业人员必须经专门培训并取得特种作业资格证。提升机安装（拆除）前应根据工程实际情况编制专项安装（拆除）方案且应经安装（拆除）单位技术负责人审批后实施。专项安装（拆除）方案应有针对性、可操作性并应包括工程概况；编制依据；安装位置及示意图；专业安装（拆除）技术人员的分工及职责；辅助安装（拆除）起重设备的型号、性能、参数及位置；安装（拆除）的工艺程序和安全技术措施；主要安全装置的调试及试验程序等内容。

安装作业前的准备工作应充分。提升机安装前安装负责人应依据专项安装方案对安装作业人员进行安全技术交底，应确认提升机的结构、零部件和安全装置经出厂检验并符合要求，应确认提升机的基础经验收并符合要求，应确认辅助安装起重设备及工具经检验检测并符合要求，应明确作业警戒并设专人监护。基础的位置应保证视线良好，提升机任意部位与建筑物或其他施工设备间的安全距离应不小于 0.6m，与外电线路的安全距离应符合《施工现场临时用电安全技术规范》（JGJ 46—2005）的规定。

卷扬机（曳引机）的安装应符合规定。卷扬机安装位置宜远离危险作业区且视线良好，操作棚应符合规定。卷扬机卷筒的轴线应与导轨架底部导向轮的中线垂直（垂直度偏差不宜大于 2°且其垂直距离不宜小于 20 倍卷筒宽度，不能满足以上条件时应设排绳器）。卷扬机（曳引机）宜采用地脚螺栓与基础固定牢固，采用地锚固定时卷扬机前端应设置迎头桩。

导轨架的安装程序应按专项方案要求执行，紧固件的紧固力矩应符合使用说明书要求，安装精度应符合规定，导轨架的轴心线对水平基准面的垂直度偏差应不大于导轨架高度的 1.5‰，标准节安装时导轨结合面对接应平直（错位形成的阶差应符合规定，即吊笼导轨应不大于 1.5mm；对重导轨、防坠器导轨应不大于 0.5mm），标准节截面内两对角线长度偏差应不大于最大边长的 3‰。钢丝绳宜设防护槽，槽内应设滚动托架且用钢板网将槽口封盖，钢丝绳不得拖地或浸泡在水中。拆除作业应先挂吊具，后拆除附墙架或缆风绳及地脚螺栓（拆除作业中不得抛掷构件）。拆除作业宜在白天进行（夜间作业应有良好的照明）。

提升机安装完毕后应由工程负责人组织安装单位、使用单位、租赁单位等对提升机安装质量进行验收并填写验收记录，验收项目应包括基础承载能力及排水设施；吊笼、导轨架结构及安装精度；滑轮、钢丝绳规格及磨损情况；卷扬机安装固定及制动、离合器应动作可靠；电气设施绝缘阻值及防雷接地应符合要求；安全装置应齐全有效；动作试验应可靠且标定期应在有效时间内。提升机验收合格后，应在导轨架明显处悬挂验收合格标志牌。

## 5.4.7　提升机检验规则、试验方法与使用管理

提升机检验应包括出厂检验、型式检验和使用过程检验，检验项目及规则应符合 JGJ 215—2010 的规定。提升机应逐台进行出厂检验，检验合格后应签发合格证。提升机有不良

情况（如新产品或老产品转厂生产；产品在结构、材料、安全装置等方面有改变且产品性能有重大变化；产品停产 3 年及以上后恢复生产；国家质量技术监督机构按法规监管提出要求）时应进行型式检验，检验内容包括结构应力、安全装置可靠性、荷载试验及坠落试验。提升机有特别状态（如正常工作状态下的提升机作业周期超过一年的；提升机闲置时间超过 6 个月恢复作业前；经过大修、技术改进及新安装的提升机交付使用前；经过暴风、地震及机械事故导致提升机结构的刚度、稳定性及安全装置的功能受到损害）时应进行使用过程检验，检验内容应包括结构检验、额定载荷试验和安全装置可靠性试验等。

试验方法应包括性能试验、结构应力试验和可靠性试验，试验条件、试验项目及判别方法应符合 JGJ 215—2010 的规定。

使用单位应建立设备档案的，档案内容至少应包括安装检测及验收记录；大修及更换主要零部件记录；设备安全事故记录；累计运转记录。提升机必须由取得特种作业操作证的人员操作。提升机只允许运送物料，严禁载人。物料应在吊笼内均匀分布，不应过度偏载。禁止装载超出吊笼空间的超长物料，严禁超载运行。任何情况下均禁止使用限位开关代替控制开关运行。提升机每班作业前司机应进行作业前检查（确认无误后方可作业），检查应包括制动器可靠有效；限位器灵敏完好；停靠装置动作可靠；钢丝绳磨损在允许范围内；吊笼及对重导向装置无异常；滑轮、卷筒防钢丝绳脱槽装置可靠有效；吊笼运行通道内无障碍物。发生防坠安全器制停吊笼的情况时应查明制停原因排除故障，并应检查吊笼、导轨架及钢丝绳有无损伤，确认无误重新调整防坠安全器后方能运行。提升机夜间施工应有足够照明，照明应符合《施工现场临时用电安全技术规范》（JGJ 46—2005）的规定。提升机在大雨、大雾、风速在 13m/s 及以上大风等恶劣天气时必须停止运行。

# §5.5　塔式起重机的安全技术要求

塔式起重机的工作条件应符合《塔式起重机》（GB/T 5031—2008）的有关规定。起重机整机的抗倾翻稳定性（包括工作及非工作）应符合《一般工程用铸造碳钢件》（GB/T 11352—2009）的有关规定。起重机应保证在正常工作或开始倾翻时平衡重不位移、不脱落，当使用散粒物料作平衡重时应使用平衡重箱，平衡重箱应能通畅排水且散粒物料应不掉落。起重机出厂时应在明显位置固定产品标牌及生产许可证的标志。起重机出厂时需提供的随机技术文件应符合《塔式起重机》（GB/T 5031—2008）的有关规定。使用单位应为起重机建立设备档案，档案应包括每次启用时间及安装地点；日常使用、保养、维修、变更、检查和试验等记录；设备、人身事故记录；设备存在的问题和评价。

## 5.5.1　塔式起重机应遵守的基本安全原则

（1）起重机结构件所使用的材料应符合《一般工程用铸造碳钢件》（GB/T 11352—2009）的规定。焊接连接时必须对主要受力构件的焊缝进行质量检查以确保其达到设计要求。螺栓、销轴连接时使用的螺栓及销轴材料应符合《一般工程用铸造碳钢件》（GB/T 11352—2009）的规定。采用螺栓及销轴连接时应满足《塔式起重机》（GB/T 5031—2008）

的有关规定及其使用要求。采用高强度螺栓连接时其连接表面应清除灰尘、油漆、油迹和锈蚀，必须使用力矩扳手或专用扳手按装配技术要求拧紧，起重机出厂时必须配备此种扳手。

（2）起重机设置的与水平面呈不大于 65°的梯子称为斜梯，斜梯两边应设置不低于 1m 高的扶手（该扶手应支撑于梯级两边的竖杆上且每侧竖杆中间应用横条连接），斜梯踏板应采用具有防滑性能的金属材料制作（踏板横向宽度应不小于 300mm，梯级间隔应不大于 300mm，斜梯扶手间宽度应不小于 600mm）。起重机设置的与水平面呈 75°～90°的梯子称为直立梯，直立梯应满足相关条件，（即直立梯两撑杆间宽度应不小于 300mm，梯级间隔应为 250～300mm；直立梯踏杆与后面主结构腹杆间的距离应不小于 160mm；踏杆直径应不小于 16mm）。起重机不允许在与水平面呈 65°～75°之间设置梯子。高于地面 2m 以上的直立梯应设置护圈，护圈应满足相关条件，即护圈最小直径为 650mm；护圈间距为 700mm±50mm；护圈侧面应用 3 条沿护圈圆周方向均布的板条连接；护圈任一点均应能承受 1000N 的集中载荷。梯子设于起重机结构内部且梯子与结构间的距离小于 1.2m 时可不设护圈。

（3）起重机操作、维修处应设置平台、走台、挡板和栏杆。离地面 2m 以上的平台和走台应用金属材料制作并具有防滑性能，使用圆孔、格孔或其他不能形成连续平面的材料时其孔或间隙的大小应不使直径为 20mm 的球体通过，且任何情况下的孔或间隙面积均应小于 400mm²。平台、走台宽度应不小于 500mm 且应能承受 3000N 的移动集中载荷，边缘应设置不小于 150mm 高的挡板。离地面 2m 以上的平台及走台应设置防止操作人员有跌落危险的手扶栏杆，手扶栏杆高度应不低于 1m 并应能承受 1000N 的水平移动集中载荷，栏杆一半高度处应设置中间手扶围杆。除快装塔式起重机外当梯子高度超过 10m 时应设置休息小平台，梯子的第一个休息小平台应设置在不超过 10m 的高度处，以后应每隔 6～8m 设置一个。梯子终端与小平台连接时其梯级踏板或踏杆不应超过其平面，护圈和扶手应延伸到小平台栏杆的高度并设置 500mm 宽的走台，在梯子宽度范围内的小平台挡板高度可为 50mm，小平台下面第一个梯级踏板或踏杆的中心线距小平台面应不大于 150mm。梯子在小平台处不中断则护圈也不应中断，但必须在护圈侧面开一个宽 0.5m、高 1.4m 的洞口以便出入小平台。

（4）起重机臂架走台应合理设置。小车变幅的臂架其走台应设置在臂架内，臂架断面高度小于 1.5m 时的走台及扶手设置应符合规定，臂架断面高度在 1.6～1.8m 时其走台及扶手的设置应采用规定的形式，臂架断面高度大于 1.8m 时其走台及扶手设置应满足相关要求。快装塔式起重机或变幅小车上设置与小车一起移动的安全工作平台时可不设臂架走台。

（5）起重机司机室应合理设置。小车变幅起重机起升高度超过 30m（或动臂变幅的起重机臂架铰点高度距轨顶或作业面的高度超过 25m）时应在起重机上部设置一个有座椅并能与起重机一起回转的司机室。司机室不能悬挂在臂架上（可附在回转塔身上）且其位置不应在臂架正下方，应确保正常工作情况下起重机活动部件不会撞击司机室。若司机室安装在回转塔身结构内时应保证司机的视野宽阔。司机室的其他安全要求应符合《塔式起重机司机室技术条件》（JG/T 54—1999）的有关规定。

（6）起重机结构的报废应遵守相关规定。起重机主要结构件会因腐蚀而使结构的计算应力提高，当超过原计算应力的 15% 时应予报废。无计算条件时当腐蚀深度达原厚度的 10% 时应予报废。起重机主要受力构件（如塔身、臂架等）在失稳或损坏后经更换或修复后的结构检测应力不得低于原计算应力，否则应予以报废。起重机结构件及其焊缝出现裂纹时应分析其原因并应根据受力情况和裂纹情况采取加强或重新施焊等措施阻止裂纹发展，若材质不符合要求则应予以报废。

### 5.5.2　塔式起重机构件的安全要求

（1）起重机机构及零部件应符合要求。对正常工作或维修时其运动可能会对人体造成危险的零部件应设置保护装置。应采取有效措施防止起重机上的零件掉落造成危险，可拆卸的零部件（如盖、箱体及外壳等）应牢固地与支座连接并防止掉落。应设置使小车运行不脱轨的装置（确保即使轮轴断裂小车也不会掉落）。

（2）起重机钢丝绳直径的计算与选择应符合《塔式起重机设计规范》（GB/T 13752—1992）的规定，起重机工作时承载钢丝绳的实际直径应不小于 6mm，钢丝绳的型式、规格和长度都应在使用说明书中写明，钢丝绳的安装、维护、保养、检验及报废应符合《起重机　钢丝绳　保养、维护、安装、检验和报废》（GB 5972—2009）的有关规定。钢丝绳端部的固定应符合要求，［即用钢丝绳夹固接时应符合《钢丝绳夹》（GB/T 5976—2006）的规定且其固接强度应不小于钢丝绳破断拉力的 85%。采用编结固接时的编结长度应不小于钢丝绳直径的 20 倍且不小于 300mm，固接强度应不小于钢丝绳破断拉力的 75%。采用楔与楔套固接时其楔与楔套应符合的规定，固接强度应不小于钢丝绳破断拉力的 75%。采用锥形套浇铸法固接时其固接强度应达到钢丝绳的破断拉力。采用铝合金压制法固接时应以可靠的工艺方法使铝合金套与钢丝绳紧密牢固地贴合，固接强度应达到钢丝绳的破断拉力的 90%。采用压板固接时其压板应符合《钢丝绳用压板》（GB/T 5975—2006）的规定，固接强度应达到钢丝绳的破断拉力］。

（3）起重机吊钩的设计、计算与选择应符合《起重吊钩　第 1 部分：力学性能、起重量、应力及材料》（GB/T 10051.1—2010）的规定，其吊钩应设有防脱棘爪。吊钩禁止补焊，有下列情况之一的应予报废，即用 20 倍放大镜观察表面有裂纹及破口；钩尾和螺纹部分等危险断面及钩筋有永久性变形；挂绳处断面磨损量超过原高的 10%；心轴磨损量超过其直径的 5%；开口度比原尺寸增加 15%。

（4）起重机卷筒和滑轮的最小卷绕直径计算应符合《一般工程用铸造碳钢件》（GB/T 11352—2009）的规定。卷筒两侧边缘的高度应超过最外层钢丝绳且其值应不小于钢丝绳直径的两倍。滑轮应设有防钢丝绳跳槽的装置。钢丝绳在卷筒上的固定应安全可靠并符合有关要求，钢丝绳在放出最大工作长度后其卷筒上的钢丝绳应至少保留 3 圈。最大起重量不超过 1t 时小车牵引机构允许采用摩擦牵引方式并应设有钢丝绳固定端点。卷筒和滑轮有下列情况之一的应予报废，即裂纹或轮缘破损；卷筒壁磨损量达原壁厚的 10%；滑轮绳槽壁厚磨损量达原壁厚的 20%；滑轮槽底的磨损量超过相应钢丝绳直径的 25%。

（5）起重机制动器应符合要求。起重机上每一套机构都应配备制动器或具有同等功能的装置（电力驱动起重机在产生大的电压降或在电气保护元件动作时均不允许导致各机构的动作失去控制。若变速机构有中间位置则必须确保换挡时可使用制动器或其他装置自动停住载荷）。各机构制动器的选择应符合《一般工程用铸造碳钢件》（GB/T 11352—2009）的有关规定。制动器零件有下列情况之一的应予报废，即裂纹；制动块摩擦衬垫磨损量达原衬厚度

50%；制动轮表面磨损量达 1.5～2mm，大直径取大值，小直径取小值；弹簧出现塑性变形；电磁铁杠杆系统空行程超过其额定行程的 10%。

（6）起重机车轮的计算选择应符合《一般工程用铸造碳钢件》（GB/T 11352—2009）的规定，车轮的安全要求应符合《塔式起重机车轮技术条件》（JG/T 53—1999）的有关规定。车轮有下列情况之一的应予报废，即裂纹；车轮踏面厚度磨损量达原厚度的 15%；车轮轮缘厚度磨损量达原厚度的 50%。

## 5.5.3　塔式起重机工作系统的安全要求

（1）起重机安全装置应可靠有效。起重机应安装起重量限制器，最大起重量大于 6t 的起重机若设有起重量显示装置则其数值误差不得大于指示值的 5%，当起重量大于相应工况下额定值并小于额定值的 110% 时应切断上升方向的电源（但机构应可做下降方向运动）。起重机必须安装起重力矩限制器，当起重力矩大于相应工况下额定值并小于额定值的 110% 时应切断上升和幅度增大方向的电源，但机构可做下降和减小幅度方向的运动。

轨道式起重机运行机构应在每个运行方向装设行程限位开关，在行程端部应安装限位开关挡铁（挡铁的安装位置应充分考虑起重机的制动行程）以保证起重机在驶入轨道末端时或与同轨道上其他起重机相距在不小于 0.5m 范围内时能自动停车（挡铁安装距离应小于电缆长度）。小车变幅的起重机应安装幅度限位装置，最大变幅速度超过 40m/min 且起重机小车向外运行时若起重力矩达到额定值的 80% 则应自动转换为低速运行。

动臂式起重机应设置臂架低位置和臂架高位置的幅度限位开关以及防止臂架反弹后翻的装置。起重机应安装吊钩上极限位置的起升高度限位器，小车变幅的起重机的起升高度限位器应能保证在吊钩架顶部至小车架下端满足《塔式起重机》（GB/T 5031—2008）的规定距离时可立即切断上升方向电源。吊钩下极限位置的限制器可根据用户要求设置。对回转部分不设集电器的起重机应安装回转限制器，起重机回转部分在非工作状态下必须保证可自由旋转，有自锁作用的回转机构应安装安全极限力矩联轴器。

小车变幅的起重机应设小车断绳保护装置。臂架根部铰点高度大于 50m 的起重机应安装风速仪，当风速大于工作极限风速时应能发出停止作业警报，风速仪应安装在起重机顶部至吊具最高位置间的不挡风处。轨道式起重机必须安装夹轨器，夹轨器应能保证在非工作状态下起重机不能在轨道上移动。大车（小车）轨道末端需安装挡架，缓冲器应安装在挡架或起重机上，当起重机与轨道末端挡架相撞击时缓冲器必须能保证起重机比较平稳的停车且不致产生猛烈冲击，缓冲器设计应符合《一般工程用铸造碳钢件》（GB/T 11352—2009）的规定。在轨道上行驶的起重机其台车架上需安装排障挡板，挡板与轨道间的间隙不得大于 5mm。人手可触及的滑轮组应设置保护装置以防止手挤入钢丝绳和滑轮之间，能变换倍率的起升滑轮组应配置一个不用手接触钢丝绳就能使倍率变换的装置。

（2）起重机操纵系统应符合要求。操纵系统的设计和布置应能避免误操作的发生且能保证正常使用中起重机可安全可靠运行。应按人机工程学有关的功能要求设置所有控制手柄、手轮、按钮和踏板并确保有宽裕的操作空间。控制手柄或轮式控制器一般应选择右手控制起升和行走机构，左手控制回转和小车变幅或动臂变幅机构，采用手柄控制操作时机构运动方向应与规范规定的手柄方向一致。操作应轻便灵活，操作力及操作行程应符合要求，即手操作力应不大于 100N 且操作行程不大于 400mm；脚踏操作力不大于 200N 且脚踏行程不大于 200mm。在所有的手柄、手轮、按钮及踏板的附近处应有表示用途和操作方向的醒目标志。起重机性能标牌应安置在司机室内明显的部位。

（3）起重机电气系统应符合要求。电气设备必须保证传动性能和控制性能准确可靠，在紧急情况下应能切断电源安全停车，在安装、维修、调整和使用中不得任意改变电路。电气元件的选择应考虑起重机工作时振动大、接电频繁、露天作业等特点。起重机金属结构、轨道及所有电气设备的金属外壳、金属线管、安全照明的变压器低压侧等均须可靠接地，接地电阻应不大于 4Ω，接地装置的选择和安装应符合有关电气安全的要求。电气设备安装必须牢固，需要防振的电器应有防振措施。电气连接应当接触良好并防止松脱，导线、线束应用卡子固定以防摆动。电气柜（配电箱）应有门锁，门内应有原理图或布线图、操作指示和警告标志等。

电气控制设备和元件应设置于柜内且应能防雨、防灰尘，电阻器应设于电气室内或设置于工作人员不易接触的地方并应有防护措施。采用有线遥控装置时其地面控制站与司机室内控制必须具有电气联锁，地面控制装置的不带电金属外壳和起重机结构之间必须连接专用接地线且其接地电阻应符合规定要求。采用无线遥控方式操纵的失控时必须能自行停止工作。采用联动控制台操纵时其联动控制台必须具有零位自锁。操纵系统中应设有声响信号，此信号应对工作场地起警报作用。保护中性线和接地线必须分开且不得用作载流回路。起重机应根据《一般工程用铸造碳钢件》（GB/T 11352—2009）的要求设置短路及过流保护，欠电压、过电压及失电压保护，零位保护，电源错相及断相保护，起重机必须设置紧急断电开关，在紧急情况下应能切断起重机总控制电源。紧急断电开关应设在司机操作方便的地方，起重机进线处宜设主隔离开关，或采取其他隔离措施，隔离开关应做明显标记，行程限位开关应能安全可靠地停止机构的运动，但机构可向相反的方向运动。

起重机应有良好的照明，照明应设专用线路并应保证供电不受停机影响，固定式照明装置的电源电压应不超过 220V，严禁用金属结构作照明线路的回路。可携式照明装置的电源电压应不超过 48V，交流供电的严禁使用自耦变压器。起重机司机室内照明照度应不低于 30lx，起重机电气室及机务专用电梯的照明照度应不低于 5lx，塔顶高于 30m 的起重机应在塔顶和两臂端安装红色障碍指示灯并应保证供电不受停机影响，整体拖行的起重机拖行时应装设直流 24V 示宽灯、高度指示灯、长度指示灯、转向指示灯及刹车灯，夜间工作的起重机应在塔身或其他部位设置对着工作面的聚光照明灯，起重机在司机室内明显位置应装有指示总电源开合状况的信号，安全装置的指示信号或声响报警信号应设置在司机和有关人员视力、听力可及的地方。

导线截面面积计算及敷设应符合有关规定，电线敷设于金属管中时金属管应经防腐处理，若用金属线槽或金属软管代替则必须有良好的防雨、防腐措施，起重机电源电缆应选用重型橡套电缆并应备有一根专用芯线或金属外皮做的保护接地线，照明、取暖线宜单独敷设，导线的连接及分支处的室外接线盒必须防水且导线孔应有护套，导线两端应有与原理图一致的永久性标志和供连接用的电线接头，固定敷设的电缆弯曲半径不得小于 5 倍电缆外径，除电缆卷筒外可移动电缆的弯曲半径不得小于 8 倍电缆外径，接地线严禁作载流中性线。

　　轨道式起重机的供电电缆卷筒应具有张紧装置，以防止电缆被搅乱或落于轨道上，电缆收放速度应与起重机运行速度同步，电缆在卷筒上的连接必须牢固以保护电气接点不被拉拽。集电器集电环应满足相应电压等级和电流容量的要求，每个集电环至少应有一对电刷，电刷与环的接触面积应不小于 80% 并应接触平稳，集电环与集电环间的绝缘电阻应不小于 1MΩ，集电环间最小间隔应不小于 6mm 并应经过耐压试验，无击穿、闪烁现象。

　　（4）起重机液压系统应符合要求。液压系统应有防止过载和液压冲击的安全装置。安全溢流阀的调整压力不得大于系统额定工作压力的 110%，系统的额定工作压力不得大于液压泵的额定压力。顶升液压缸必须具有可靠的平衡阀或液压锁，平衡阀或液压锁与液压缸之间不得用软管连接。

　　（5）起重机的安装与试验应符合规定。起重机安装架设时应按使用说明书中的有关规定及注意事项进行，起重机架设前应对架设机构（起重机自身的机构）进行检查并保证机构处于正常状态，安装时风速应符合《塔式起重机》（GB/T 5031—2008）的有关规定（使用说明书中有特殊规定的除外），在有建筑物的场所应确保起重机的尾部与建筑物及建筑物外围施工设施之间的距离不小于 0.5m。有架空输电线的场所，起重机的任何部位与输电线的安全距离应符规定，应避免起重机结构进入输电线的危险区，因条件限制不能保证安全距离的应与有关部门协商并采取安全防护措施后方可架设。两台起重机间的最小架设距离应保证处于低位的起重机的臂架端部与另一台起重机的塔身之间至少有 2m 的距离；处于高位起重机的最低位置的部件（吊钩升至最高点或最高位置的平衡重）与低位起重机中处于最高位置部件之间的垂直距离不得小于 2m。固定式起重机根据设计要求设置混凝土基础时，该基础必须能承受工作状态和非工作状态下的最大载荷并应满足起重机抗倾翻稳定性的要求，混凝土基础的抗倾翻稳定性计算及地面压应力计算应符合《一般工程用铸造碳钢件》（GB/T 11352—2009）的规定。

　　起重机轨道敷设在地下建筑物（如暗沟、防空洞等）上面时必须采取加固措施，敷设碎石前的路面必须按设计要求压实（碎石基础必须整平捣实，轨枕之间应填满碎石），路基两侧或中间应设排水沟并应保证路基没有积水。起重机轨道应通过垫块与轨枕可靠地连接且应每隔 6m 设轨距拉杆一个（应确保使用过程中轨道不移动），钢轨接头处必须有轨枕支承（不得悬空），起重机轨道安装后应满足相关要求，即轨道顶面纵、横方向上的倾斜度不大于 1∶1000。轨距误差不大于公称值的 1/1000，其绝对值不大于 6mm。钢轨接头间隙不大于 4mm，与另一侧钢轨接头错开距离不小于 1.5m，接点处两轨顶高度差不大于 2mm。新设计的起重机各传动机构、液压顶升和各种安全装置必须按有关的专项试验标准进行部件的各项试验，取得试验合格证后方可装机，起重机安装后投入使用前必须起吊最大起重量和最大幅度处的额定起重量，使各机构分别进行一个循环作业的运动并应调试及检验全部安全装置能否正常工作。

　　起重机的操作使用及对司机、拆装工、指挥人员的使用及要求应符合 GB/T 13752—1992 的有关规定。正常工作情况下操纵应按指挥信号进行，特殊情况的紧急停车信号不论何人发出都应立即执行。

# 第6章
# 市政工程安全技术

## §6.1 城市互联互通卡安全技术

### 6.1.1 密钥安全的基本规定

密钥一般采用集中方式生成，即由项目最高管理机构生成相应的各种主密钥组，应保证所生成密钥的机密性、安全性、随机性，密钥生成过程必须确保不可预测，也不可能在密钥空间内确定哪些密钥比其他密钥具有更大的可能性，所生成的密钥不能降低或弱化密码算法强度。不可重复的密钥采用随机方式生成，生成的不可恢复密钥每次的数值都不相同，可重复的密钥生成可采用密钥变换、密钥衍生的方式，其密钥生成是可以重复的，在需要的情况下能够重新得到与原来相同的密钥值。不可重复的密钥应在安全密码设备中产生；可重复的密钥应确保密钥变换或衍生过程中不会导致被分发的密钥泄露、替换和篡改。

应为当前或近期使用的密钥或者备份密钥提供安全存储，根据密钥的重要性可选用以下机制中的一种或几种加以保护，如物理安全方式存储；用密钥加密密钥加密后存储且加密密钥本身采用物理安全保护措施；用口令保护对密钥的访问；可被证明安全的其他有效方式。密钥的存储有三种形式，即明文密钥、密钥组件、加密后的密钥。明文密钥只能保存在安全密码设备内。一个密钥若被分为两个或更多的密钥组件则必须使用双重控制技术进行保护存储，在存储过程中一个人不能接触同一密钥的多个组件。密钥可以以密文形式保存，但其加密/解密过程必须在安全密码设备中进行。可采用以下的一项或多项措施防止存储密钥的篡改和非授权替换，如从物理或逻辑上防止对密钥存储区的非授权访问；根据使用目的的不同将密钥加密后存储，应确保同时知道一个明文数据及其由加密密钥加密后的密文数据是不可能的。对存储的密钥可采用以下的一项或多项方法，例如，根据使用目的不同对密钥进行物理隔离存储；采用密钥加密密钥对该类密钥进行加密存储，在加密存储前应根据使用目的的不同对密钥标识信息进行修改或附加相关信息；用口令保护密钥以限制非授权的访问；可被证明安全的其他有效方式。

密钥分散是采用一个非秘密的可变数据和一个变换过程将一个密钥（即为根密钥）衍生出新的对称密钥的过程，衍生出的新密钥即为分散密钥。密钥分散应满足以下三方面的要求，即密钥变换过程应不可逆；分散密钥的泄露不会导致根密钥和由同一过程分散出的其他分散密钥的泄露；支持密钥分散的安全密码设备分散过程不会泄露、替换和篡改被分散的密钥。密钥分发和注入是将密钥采用安全的方式导入安全密码设备的过程，密钥分发和注入过程应不会导致被分发的密钥泄露、替换和篡改。需要分发和注入的密钥包括明文密钥、密钥组件和密钥加密密钥。

密钥明文的分发和注入应满足以下四方面要求，即密钥分发和注入过程中不得泄露明文密钥的任何组成部分；安全密码设备的接口和传输信道不得导致密钥明文或敏感数据泄露；安全密码设备需鉴别操作人员身份（如通过口令方式）；只有安全密码设备能负责密钥传输，可信网络不能负责根密钥的传输。明文密钥的加密分发和注入应符合前述要求。密钥组件分发和注入应满足以下四方面要求，即密钥组件的分发过程不得泄露密钥组件的任何组成部分；在安全密码设备、接口和传输信道未受到任何可能导致密钥或敏感数据泄露的状况下才可以将密钥组件加载到应用载体或其他安全密码设备中；密钥的分发和注入过程应按照双重控制的原则进行。加密密钥的分发和注入过程应保证密钥免遭替换和篡改。密钥备份是存储一个密钥副本，用于恢复原密钥，备份密钥应具有访问控制权限，禁止通过非授权的方式恢复原密钥。密钥备份过程应不会导致被分发的密钥泄露、替换和篡改。密钥备份可采取以下两种方式，即可用加密密钥对密钥进行加密后备份；密钥拆分成密钥组件后进行备份。密钥应被用于指定目的和限定用途，密钥使用过程中不应泄露任何密钥并应防止被替换和篡改。

密钥的使用应满足以下四方面要求，即密钥只应在指定的安全密码设备中使用且只能用于指定功能；载体中不得存放与其应用无关的任何密钥；已知或怀疑密钥被泄露时应停止该密钥的使用；由密钥组件恢复密钥时应在规定时间内由被授权者完成。密钥更新是指由新的密钥代替现有密钥的过程，密钥更新是不可逆的，被更换的密钥不应被再次使用。确定或怀疑密钥已被泄露（或密钥生命周期已结束时）应对密钥进行更新；在认为可能对该密钥成功实施字典攻击或密钥穷举攻击的时间内应将密钥更新，这一时间依赖于攻击时所用的具体实施方法和技术。若需更新的密钥被用作密钥加密密钥或导出其他密钥的根密钥则被加密的密钥或由该密钥分散的各级密钥也应被更新。密钥更新应在密钥存在的所有位置进行。被更新的密钥必须被归档或销毁且不得再被使用。更新密钥的方法包括更换新密钥（当怀疑或已知密钥被泄露必须采取此种方法）和对当前密钥做不可逆变换。密钥销毁是指安全删除不再使用的密钥的所有记录，密钥销毁之后不应有任何信息可以用来恢复已销毁的密钥。销毁密钥还包括销毁所有已归档和备份的密钥。在销毁密钥前必须进行检查以确保由这些密钥保护的已归档材料不再需要它们。密钥可以通过擦除、以新密钥或非保密数据覆盖原密钥、销毁其存储介质或其他有效方式进行销毁。

## ▍6.1.2　非对称密钥的安全要求

非对称密钥的生成是产生公私钥对的过程，在确保两个密钥之间的关系的同时，密钥生成应采用随机或伪随机过程，密钥生成过程必须确保不可预测，也不可能在密钥空间内确定哪些密钥比其他密钥具有更大的可能性。非对称密钥的生成方式应保证私钥的机密性和公钥的完整性。如果非对称密钥由不使用该密钥的系统生成则在确认传输已经完成后非对称密钥和所有相关的机密种子元素均应被立即删除。

非对称密钥的传输包括私钥的传输与公钥的传输，传输过程中应保证密钥不被泄露、替换和篡改。私钥传输的要求与对称密钥分发与注入的要求相同。公钥可通过手工分发或通过通信信道自动分发，公钥的传输没有机密性要求但应确保其真实性和完整性，可采用以下方法实现，即使用数字签名系统对公钥和相关数据签名、创建公钥证书，使用公钥前接收者通过验证数字签名来检验公钥的真实性。在对公钥来源可信的情况下可通过为公钥和相关数据产生校验码的方式来保证公钥的完整性。在非对称密钥的存储过程中，私钥的存储要求保证机密性和完整性，公钥的存储要求保证真实性和完整性。私钥的存储形式、存储要求及存储方法与对称密钥相同。非对称密钥中对公钥的存储没有机密性的要求但应保证真实性与完整性，公钥应以下列形式存储，即存储在证书中；存储于其他可信环境中。

　　非对称密钥备份的要求与对称密钥相同。在非对称密钥系统中私钥一般用于解密或产生数字签名，公钥一般用于加密或验证签名，应保护私钥的机密性（私钥不应在安全密码设备外使用），使用前以及整个生命周期内应确保公钥的真实性（应通过认证提供相应的保证），私钥的使用应符合对称密钥的使用要求，公钥只有在其真实性和完整性经过验证且正确时才可以使用。应通过以下方式之一防止私钥在怀疑泄露后继续使用，即从所有运行位置清除该密钥；阻断获得密钥的途径（如添加到撤销列表）。非对称密钥更新的要求及方法与对称密钥相同，非对称密钥在更新时公钥与私钥应同时更新。公钥的撤销是由以下原因之一而终止使用公钥的过程，即公钥有效期过期（超出有效期的公钥应不再使用并自动撤销）；发现私钥泄露时相应的公钥应被撤销；出于各种业务原因授权实体可停止非对称密钥的使用（此种情况下公钥应被撤销），且撤销某个公钥时必须向公钥用户公告。非对称密钥销毁的要求与对称密钥相同。

### ▌6.1.3　密钥管理系统的安全要求

　　（1）密钥管理是系统安全的核心，涉及密钥的生成、发行、更新等（用于一种特定功能的加密/解密密钥不能被任何其他功能所使用），应实现以下四方面的功能，即密钥生成功能（根据用户输入采用特定的密钥输入算法产生系统所需要的密钥）；密钥传输功能（将系统密钥安全传输到密钥母卡或安全密码设备中）；密钥备份、恢复功能（提供系统密钥的备份和恢复功能以便在系统崩溃时对系统密钥进行恢复）；密钥更新和销毁功能。密钥管理系统应遵循"统一生成、统一分发、统一管理"的原则，应由上级密钥管理系统和下级密钥管理系统组成，两级密钥系统基于不同的侧重点分别产生不同用途的应用密钥，为 IC 卡提供安全保障。中心级密钥管理系统应符合要求，应生成 IC 卡应用的消费主密钥及下级消费密钥，使密钥按一定方式分散，既提高密钥使用的安全性，又保障 IC 卡应用的一卡多用和互联互通。上级密钥管理系统将生成的密钥通过密钥母卡或安全密码设备的方式分发到各下级。地方级密钥管理系统应符合要求，下级密钥管理系统通过上级密钥管理系统下发的母卡或安全密码设备获得下级消费密钥，生成下级各种应用所需的密钥，满足下级各行业一卡多用和异地互联互通的安全要求。

　　（2）密钥管理系统应安装在专门的电子计算机中并由专人负责管理，除规定的发卡操作人员使用外其他人员不得在未授权的情况下进行使用。安装有"密钥系统"的电子计算机属于单独应用的单机版，任何人员不得将其联入网络或进行复制、下载。电子计算机发生故障时应将装有密钥系统的硬盘卸载后方可送外维修，若是硬盘问题则须有专人在场监督维修以防止密钥系统内容泄露，若硬盘损坏无法修复则应及时通报项目最高管理机构并在项目最高管理机构的指导下进行密钥系统的重新安装及恢复。

（3）涉及密钥系统的相关资料应由专门技术人员掌握，不得将资料扩散到其他非授权人员。掌握技术资料的相关技术人员必须与所在职的发卡机构签署相应的个人保密协议以保证相关资料的保密性。所有技术资料不得进行备份、复制、打印或发送给第三方。

（4）基本的城市公用事业 IC 卡应用系统由用户卡、消费终端、安全模块、密钥管理系统组成。中心级密钥管理系统负责生成系统所需的各类消费根密钥及消费子密钥（同时也负责各实体的密钥分发）；地方级密钥管理系统负责生成系统所需的各类充值类根密钥；安全模块中存储了各类消费根密钥；专用加密机中存储的是各类消费子密钥和充值根密钥；用户卡中装载了各类消费子密钥的子密钥和各类充值类子密钥；用户卡的唯一序列号和地方级城市代码作为非秘密的可变数据用于密钥分散。

中心级密钥管理系统应遵循《建设事业集成电路（IC）卡应用技术》（CJ/T 166—2006）的相关要求；地方级密钥管理系统应遵循《建设事业集成电路（IC）卡应用技术》（CJ/T 166—2006）的相关要求；安全模块应遵循《建设事业集成电路（IC）卡应用技术》（CJ/T 166—2006）的相关要求，同时也应支持对称密码算法 SM1）；专用加密机应遵循《建设事业集成电路（IC）卡应用技术》（CJ/T 166—2006）的相关要求，同时也应支持对称密码算法 SM1，密钥在安全可控的方式下灌输到专用加密机中后只能分散导出；消费终端应遵循《建设事业集成电路（IC）卡应用技术》（CJ/T 166—2006）的相关要求，同时也应支持对称密码算法 SM1 应用；用户卡出厂时都具有一个唯一的安全识别码；用户卡出厂时都具有一个唯一的序列号；用户卡应用应遵循《建设事业 CPU 卡操作系统技术要求》（CJ/T 304—2008）的各种电子钱包应用。

需针对该应用系统建立密钥管理中心（中心级和地方级），密钥在密钥管理中心的密钥生成设备中生成，必须保证密钥管理中心的物理环境安全，在密钥生成、存储时不会泄露密钥，密钥生成场所需符合《电子信息系统机房设计规范》（GB 50174—2008）的相关要求，生成过程需要记录审计信息。需要生成的对称密钥主要包括城市公用事业 IC 卡互联互通消费类密钥和城市公用事业 IC 卡充值类密钥，密钥主要用于计算交易中的 MAC 和 TAC。

城市公用事业 IC 卡互联互通消费密钥由中心级密钥管理中心按可重复密钥生成方式统一生成，消费类密钥主要包括根消费密钥、地方级消费密钥和消费类子密钥，三者应有直接的逻辑关系。城市公用事业 IC 卡互联互通充值类密钥由各地方密钥管理中心按照可重复密钥生成方式统一生成，充值类密钥主要包括根充值密钥和充值子密钥，两者之间的逻辑关系应合理。应采用密钥分散方法产生注入用户卡中的部分密钥和注入专用加密机的部分密钥，这种方法可确保在一个用户卡的密钥丢失后不会对系统安全造成影响。

用户卡中的消费类子密钥需要进行两级分散，第一级分散在中心级密钥管理中心进行，利用地方级的地方级城市代码对根密钥进行分散，派发给地方级密钥管理中心的消费类地方级密钥是经一次分散后的密钥。第二级分散在地方级密钥管理中心在向用户卡内写入密钥时进行，利用用户卡的应用序列号对第一级分散后的密钥再次分散产生并写入用户卡的密钥文件中。用户卡中的充值类子密钥是由地方级密钥管理中心生成，因此在向用户卡内写入密钥时只需要对用户卡的应用序列号进行一次分散即可。密钥的分发和注入包括对安全模块的密钥分发注入、专用加密机的密钥分发注入和对用户卡的分发注入，在分发和注入前应先检验密钥的完整性，在确保密钥未被篡改后直接从安全密码设备中将密钥注入读写器和电子标签中。安全模块的密钥的分发和注入在中心级密钥管理中心进行，根据安全模块的不同应用，向安全模块内注入不同的密钥，密钥的完整性和安全性通过 PKI 方式进行保证。

应依据安全模块的使用功能注入各安全模块的对称密钥。用户卡的密钥由地方级密钥管理中心根据用户卡的应用序列号对专用加密机中的密钥进行分散后注入用户卡内，密钥传输的保密性和完整性通过加密机的传输密钥进行保护。专用加密机的消费类密钥和充值类密钥由地方级密钥管理系统的管理单位负责进行密钥的分发和注入，密钥传输的保密性和完整性通过加密机的传输密钥进行保护。专用加密机中存储分散后的消费类地方级密钥明文和充值类根密钥明文并确保只能分散导出密钥。安全模块中的密钥以明文形式存储并确保不能以任何方式导出。用户卡上存储分散后的密钥明文。

根密钥的副本采用以下两种方式之一脱机保存，即加密保存在光盘、IC 卡或磁带上，密文密钥和其密钥加密密钥由两个人员分别保存，实现双重控制；采用密钥分割方式将密钥分成几个部分，每个有关人员保管一个部分，缺少任何一部分都不能正确恢复出密钥。消费过程中密钥的使用流程如下：安全模块使用安全认证密钥对用户卡进行合法认证→认证通过后安全模块打开消费密钥权限并使用消费根密钥计算 MAC1→用户卡使用消费子密钥验证 MAC1 并产生 MAC2，同时使用 TAC 子密钥生成交易验证码 TAC→安全模块使用消费根密钥验证 MAC2，认证通过后终端记录交易信息。如果根密钥被泄露应重新生成新的根密钥并将所有安全模块的密钥更新（此后的用户卡也应注入更新后的密钥。密钥更新后旧的密钥应被归档以备必要时验证以前交易的合法性）。

## §6.2 城镇供热系统安全技术

新装或移装的锅炉必须向当地主管部门登记并应经检查合格获得使用登记证后方可投入运行，重新启用的锅炉必须按《热水锅炉安全技术监察规程》或《蒸汽锅炉安全技术监察规程》的要求进行定期检验（办理换证手续后方可投入运行）。热源的运行、调节必须严格按调度指令进行。锅炉运行操作人员应经技术培训，司炉工、水质化验工等上岗人员必须具有主管部门颁发的操作证。锅炉运行时操作人员应执行有关锅炉安全运行的各项制度，做好运行值班记录和交接班记录，锅炉应具有完备的安全技术档案和运行记录。锅炉房内应具备热力系统图、供电系统图、设备布置平面图、运行参数调节曲线图表、控制系统图。投入运行的锅炉及辅助设备必须保持完好状态。锅炉燃烧煤质应符合锅炉设计煤种并符合当地相关环保要求，锅炉使用的燃气应符合国家有关规定。

锅炉房应制定相应的突发事故应急处理预案，预案应包括全厂突然发生停电的应急措施；部分突然发生停电的应急措施；全厂突然发生停水事故的应急措施；极端低温气候的应急措施；突然发生天然气外泄和停气的应急措施；外网工况（压力等）突然发生剧烈变化的应急措施。运行人员应掌握热源厂内锅炉和辅助设备可能出现的各种故障的特征、产生原因、预防措施以及处理方法。运行抢修主要常用设备、器材应包括抢修用发电机；电、气焊设备；排水设备；降温设备；照明器材；安全防护器具；必要的起重工具和设备。热源运行抢修备品备件应包括锅炉及辅助设备的零部件，并应有下列三类备品备件，即工作环境恶劣和故障率高的易损零部件；加工周期较长的易损零部件；不易修复和购买的零部件。备品备件管理应严格按有关物资管理规定执行。

## 6.2.1　城镇供热系统安全的基本规定

供热管网运行管理部门应设供热管网平面图和供热管网运行水压图。供热管网的运行、调节应严格按调度指令进行。供热管网运行、维护和管理人员应熟悉管辖范围内管道的分布情况及主要设备和附件的现场位置，应掌握各种管道、设备及附件等的作用、性能、构造及操作方法。供热管网运行人员、维护人员必须经安全技术培训并应经考核合格后方可独立上岗。供热管网检查室及地沟的临时照明用电电压不得超过 36V（严禁使用明火照明），人在检查室内作业时严禁使用电动泵。供热管网设备及附件的保温应完好，检查室内管道上应涂符合规定的标志并应标明供热介质的性质和流动方向。热力管线上严禁被未经批准的施工作业及建筑物占压。供热管网的维护检修部门应备齐维护、检修时常用的设备与器材，且应使用可靠、满足正常使用要求。

泵站、热力站应具备下列图、表和文件，即泵站、热力站设备布置平面图；泵站、热力站的热力、供电和控制图，以及供热管网的平面图和水压图；温度调节曲线图表。泵站、热力站运行、维护和管理人员应进行岗位技能和安全培训，并应经考核合格后方可独立上岗。供热系统的泵站、热力站内的供热管道的保温应完好，保温外宜涂有颜色的标志，并应标明供热介质的性质和流动方向。泵站与热力站内的照明等设施必须应齐全、完好。泵站与热力站的安全保护装置必须灵敏、可靠。

供热单位应加强供暖室内系统的运行、调节、维护、维修工作，并应做到"供暖安全、稳定、节能运行"以提高供暖质量。供热单位应有下列用热户资料，即供热负荷、用热性质、用热方式及用热参数；用热户室内采暖图纸；用热户供热管网图纸。供热单位应按用热户的用热需求制定供暖运行方案、调节方案、事故处理方案、停运方案并应满足用热户的需求。供热单位应根据用热户系统的情况适时进行调节并应满足用热户的用热需求。未经供热单位同意用热户不得自行启、停供热系统，也不得改变用热方式、系统布置、管道管径及散热器数量等。用热户更改供热管道或改变供热负荷必须得到供暖单位同意后方可实施。热水采暖用热户严禁从供热系统中放水或从供热系统中取热用于非采暖用途。在热用户系统的准备、起动、运行、调节、事故抢修、停运及养护、检修工作中应采取安全防护措施，井室、地沟内作业时应在入口处设专人看守并设置围栏及标识，应先进行自然或强制通风，确保安全后方可进入。

## 6.2.2　城镇供热系统监控与运行安全的基本要求

监控与运行调度应遵守相关规定。安装在管道上的检测与控制部件宜采用不停热能检修的产品。供热系统上的自动调节装置应具备信号中断或供电中断时能维持当前值的功能。对供热系统的运行参数应能进行检测、记录和控制。运行参数的检测、控制可手动也可自动，对常规自动监控仪表宜以电动单元组合仪表和基地式仪表为主，条件具备时宜采用计算机自动检测控制。运行参数的监控系统运行前应经调试合格。供热系统运行期间，当用热户无特殊要求时民用住宅室温不应低于 18℃（用热户室温合格率应达到 97％以上）。供热系统运行期间的设备完好率应保持在 98％以上，供热系统运行期间的事故率应低于 2‰，供热系统运行期间用热户报修处理及时率应达到 100％。

# §6.3　城镇供水管网系统安全技术

供水单位应采用先进的科技手段完善管网基础技术资料及管网运行、维护的动态管理。供水单位应建立以下管网管理的相关制度，即管道、阀门、在线仪表的巡线、清洗、检漏、维修、爆管抢修的日常运行维护制度；管道、阀门、阀井等设备与设施的资产管理、维护检修、更新改造制度；管网 GIS 系统、GPS 系统、SCADA 系统、管网数学模型的维护管理制度；管道并网运行管理制度；管网水质管理制度；管网运行的调度管理等相关制度。从事管网运行维护的人员应当经过培训取得相应资格后方能上岗。供水单位应根据所在城镇的具体情况通过技术经济分析论证确定管网最不利点的最低供水压力值，城镇地形变化较大时最低供水压力值可划区域核定。生活饮用水的输配水设备和材料应符合《生活饮用水输配水设备及防护材料的安全性评价标准》（GB/T 17219—1998）的要求。

## ■ 6.3.1　城镇供水管网设计、施工安全规定

（1）管道的设计、施工除应满足《室外给水设计规范》（GB 50013—2006）、《给水排水管道工程施工及验收规范》（GB 50268—2008）、《给水排水构筑物工程施工及验收规范》（GB 50141—2008）的要求外还应满足供水单位的相关技术要求。管道采用的管材、管件、设备、设施等的选用除应满足相应的国家产品标准和工程标准外还应满足供水单位的使用要求。管材、管件、设备的内外防腐及阴极保护措施除应满足国家相关规范、标准要求外，还应满足供水单位的水质等相关要求。闸阀及井室结构应优先选用免维护型（其他各种设备及井室结构应满足不在井室内进行启闭作业及观察启闭度的要求，并应有维护时必要的安全及操作条件）。

消火栓、空气阀及阀井等设备、设施应有防冻及防止管道二次污染的措施。架空管道应有空气阀、不限位伸缩节、支座及防冻、抗风等辅助措施，应有防止攀爬的安全措施并应设置警示标志。倒虹吸穿越河道、沟渠的管道应有防冲刷及抗浮等安全措施。柔性接口的管道在弯管、三通、管端盖堵等易位移处应根据情况分别加设支墩或采取管接口防脱措施。输配水干管高程发生变化时应在两个控制阀门间的高点设置空气阀，在水平管线上也应按一定距离设置空气阀（一般间距以 0.5～1.0km 为宜），空气阀的型式与规格应设计计算确定。

应在输配水干管两个控制阀间低点处和必要处设置排空管及排空阀门，并应在临近河道或沟渠处适当设置冲排管及冲排阀门。用户内部有多种水源连通的管网严禁与城镇供水管网连接。从供水管道上接出用水管道时，在存在倒流污染的用水管道上应设置满足国家标准要

求的防止倒流污染的装置。聚乙烯（PE）等非金属管应在管道上方增设金属标识带或探测导管。设置在市政综合管廊（沟）内的供水管道，其位置与其他管线的距离应满足最小维护检修要求（一般净距应不小于0.5m）并应有监控、防火、排水、通风、照明等措施，严禁与电力、燃气、污水等管道在同一沟内，与热力管道在同一沟内时应有隔热措施。管道并网前应拟定停水并网方案以评估并网施工的停水范围、管网降压范围、影响时段等，应制定应对措施经上级主管部门审查后实施。管道并网前必须进行水压试验且其试验结果应满足规范及设计要求。管道并网前必须进行管道清除渣物及冲洗、消毒，经水质检验合格后方可允许并网通水投入运行。

（2）供水单位应设立运行调度部门，应配备与供水规模相适应的调度人员、相关的监控系统和计算机辅助调度系统。供水单位的调度部门负责日常的管网运行调度工作，范围包括水厂二泵房；输配水管网和附属设施；管网内的控流站、增压泵站、水库泵站、高位水库；重要用户监控等。有条件的供水单位应全面开展优化调度工作，调度部门应配备专业软件和硬件设备，应主要进行以下五方面工作，即建立水量预测系统，进行长期水量预测、短期水量预测和在线水量预测；配备管网数学模型；建立调度指令系统进行日常的调度工作和优化调度工作；建立调度预案库，存放历史上成熟的调度方案，各类优化方案和异常状况下管网的实际运行调度方案，预案库可辅助调度人员进行各类调度，也可以作为调度人员的培训资料；建立调度辅助决策系统，调度辅助决策系统主要由在线调度和离线调度两部分组成，这两部分是实施优化调度的关键模块。有条件的供水单位管网管理部门应建立管网调度机构进行管网运行管理。管网供水压力控制点的设置应按管网运行分析确定。管网运行调度的服务压力指标应符合规定要求。

（3）供水单位应根据《生活饮用水卫生标准》（GB 5749—2006）对供水水质和水质检验的要求结合本地区情况建立管网水质管理制度并对管网水质进行检测。当操作阀门可能影响管网水质时应错过高峰供水时间段且宜安排在夜间进行。供水单位应采取有效措施保证管网末端余氯达标。当城镇有新增水源（或原有水源供水量发生较大变化时）应临时增大管网水质检测点及检测频率，特别是供水分界线附近的水质检测。管网水质出现异常时应增加水质监测频率和相关指标检测，水质检验结果连续超标时应查明原因、采取措施、防止扩散并应及时报告城市供水行政主管部门和卫生监督部门。

## 6.3.2 供水安全规定

（1）供水单位应制定管网巡查、维护、报修等管理制度及操作规程。供水单位应对管网运行参数进行检测与分析，并应做好管网维护记录，对运行工况不良的管道应提出修复、改造计划。维修施工项目应编制施工方案及实施计划并经主管部门批准后实施。管道维修工程（包括维修所用材料、设备）应建立质量管理与监控制度。高危管段的维护应采取相应的措施，应缩短巡检周期并进行重点巡检和观察、建立管理台账；应在日常的管网运行调度中适当降低该管段水压并逐一制定爆管处理应急预案；应尽快制定改造计划，适时进行更新改造。

（2）应使用符合国家相关规范及行业标准的计量器具对管网中的水量进行有效计量。水量计量除应计量售水量外还宜对免收费但属有效的水量进行计量和计算（建立相应的水量管理台账）。有条件的供水单位应逐步建立分区域计量系统并逐步建立完善的三级计量体系。所有计量器具（水表、流量计）入网使用前及使用过程中必须定期检验并应经当地专业认证机构检测合格。

计量器具的选型应根据生产需要结合仪表产品供应的实际情况综合考虑以下 6 方面的因素，即计量器具的流量特性与实际运行流量间的关系、水质因素、环境条件、安装条件、通信方式、经济性。水表的选择应符合要求，普通水表酌情选择（DN15～40mm 水表供水单位应选用 $R80mm$ 水表，有条件的宜选用 $R160mm$ 或 $R200mm$ 水表；DN≥50mm 水表供水单位应选用 $R50mm$ 水表，有条件的宜选用 $R250mm$ 水表），远传水表和预付费水表宜从经济成本、技术状况、管理方式等多方面综合考虑后确定。流量计的选择应符合要求，供水单位选用流量计的基本误差不得大于±1.5%（有条件的不得大于±1%）；供水单位宜选用电磁流量计。

水表的安装应符合规定，即应满足直管段长度的安装要求；应安装在抄读、检修方便且不易受污染和损坏的地方；居住小区宜按单元集中布设；存在冰冻环境的地区应采取保温措施；采用水平安装方式安装后的水表不得倾斜。流量计的安装符合要求，即应满足直管段长度的安装要求；应合理选用直管段管径，需将流量计前后管段改装为变径管的应满足直管段安装要求外变径；流量计不得安装在高于来水方向的管段位置；应有良好的接地和行之有效的电源抗干扰、防雷击等装置。

计量器具的更换应符合要求，必须严格遵照国家强制执行的周期更换标准，定期对计量器具进行周期更换（DN15～25mm 的水表使用期限应不超过 6 年；DN＞25mm 的水表使用期限应不超过 4 年；供水单位的营业管理部门应配备技术管理人员对大用户（特别是趸售用水）计量器具进行管理，供水单位的计量管理部门应随流量特性的变化而调配水表或流量计的规格；应对在线计量器具的精确度进行定期跟踪、分析并建立相应档案，对未到定期更换年限但计量器具已超过标准误差的应及时更换。应对大用户的用水量进行跟踪分析并建立相应的档案，对水量波动幅度较大经对比分析后发现有异常情形的应及时采取措施处理。供水单位应在管网的适当位置安装流量计动态监测区域供水量，5 幢或 200 户以上的小区宜在供水管网接水口后安装水量对照总表，定期对总、分表数据进行统计与分析。

（3）供水管网信息管理指供水管网设计、施工、生产运行中的图纸和数据资料的管理。管网信息资料应包括管网工程规划、设计、竣工验收的纸质档案和电子档案；管网的资产管理信息；管网各管段及相关设备、设施的基础信息；管网流量、流速、压力和水质检测等运行信息；管网维护管理的相关信息等。供水单位应建立管网信息管理部门承担管网信息收集、整理、保存等管理工作。有条件的供水单位应建立供水管网综合信息数据库，包括管网数据采集系统、管网运行调度系统、管网地理信息系统、管网数学模型（管网水力和水质模型）。供水单位应设置专业的信息维护人员岗位。

（4）供水单位应依据《〈中华人民共和国突发事件应对法〉办法》和《国家突发公共事件总体应急预案》的要求建立本单位管网的突发事件应急管理体系。供水单位应依据有关法律、法规、规定等编制本单位的管网安全预警和突发事件应急处置预案，明确不同类别的管网安全和突发事件处置办法及对应的处置流程和责任部门，并将此纳入供水企业的总体应急处置预案。应急处置预案的内容应包括组织指挥机构及职责；预案的适用范围；不同事故的事故等级标准；预测预警与预警响应；应急响应与应急保障系统；信息共享与信息发布；善后处置与调查评估；教育培训与应急演练；专家顾问组的组成与职责。供水单位的管网突发事件主要分为管网水质方面的突发事件；管网破损、爆管的突发事件；管网水压下降的突发事件；其他严重影响供水安全的管网突发事件。供水单位应对管网系统进行安全和风险评估并制定、完善相关保障措施。供水单位应根据管网安全和突发事件可能造成影响的程度建立分级处置制度，管网安全事故和突发事件发生时要在应急处置的同时根据管道安全影响等级所规定的上报制度第一时间内报告上级主管部门和各级政府。

（5）供水单位应定期检查和实时掌握管网的水质、水量和水压的动态变化。供水单位应根据各地区的重大活动、重大工程建设、各种自然灾害等的需要做好重点地区管线的风险源调查和风险评估工作。供水管网管理单位应建立各种管网事故统计、分析制度，建立相关档案且有专人管理，应依据各种管网事故（水质、破损、爆管等）的统计分析数据提出事故分析报告并实时预警。供水单位应通过管网数据采集与监控系统（SCADA）和管网重要节点、重点用户端的测流、测压装置和水质监控点的监测系统及时发现管网运行的异常情况，对可能出现的管网安全事故进行预警。已建立管网模型和供水安全预警系统的供水单位应充分利用计算机管网模型进行管网运行和水质污染源位置、影响区域等的模拟分析以寻求科学、优化的解决方案。

（6）为有效处置管网突发事件，按照管网突发事件的性质、影响范围、事件的严重程度和可控性可将事件分为特别重大（Ⅰ级）、重大（Ⅱ级）、较大（Ⅲ级）和一般（Ⅳ级）4个级别。出现重大级别以上的管网水质突然恶化的突发事件及水源性疾病暴发的突发事件时供水单位应立即采取紧急措施、迅速关阀止水并及时上报当地供水行政主管部门。管网水质突发事件应急处理的责任部门应按"分隔处置、及时告知、查明原因、排除污染、冲洗消毒、恢复供水"的程序及时处理水质突发事故，对短时间不能恢复供水的应迅速起动应急供水方案临时供水。爆管、破损突发事件发生时供水单位接到报警后应在30min内迅速赶到事故现场及时止水、积极抢修并应起动应急供水方案，实施临时供水。供水压力下降的突发事件发生时，供水单位接到报警后应迅速赶到现场了解降压范围、分析降压原因及影响状况并按突发事件标准进行应急处置，应在最短的时间内排除事故、恢复正常供水。有计划停水未能按时完工时供水单位应起动停水区域应急供水方案并应按突发事件标准进行应急处置。各类管网突发事件发生后当地政府或供水单位应做好善后处置工作。各类重大管网突发事件处置完成后供水单位应组织有关人员和专家对事件的发生和处置进行善后评估并提出评估报告。供水单位应组织相关部门依据评估报告分析问题、查找原因、提出整改报告并及时上报。

# §6.4 城镇排水管道维护安全技术

城镇排水管道维护中的检查井是指排水管道中连接上下游管道并供养护人员检查、维护或进入管内的构筑物；集水池是指泵站水泵进口和出口集水的构筑物；闸井是指在管道与管道、泵站、河岸之间设置的闸门井，是用于控制管道排水的构筑物；推杆疏通是指用人力将竹片、钢条等工具推入管道内清除堵塞的疏通方法（按推杆不同又分为竹片疏通或钢条疏通等）；绞车疏通是指采用绞车牵引通沟牛清除管道内积泥的疏通方法；通沟牛是指在绞车疏通中使用的桶形、铲形等式样的铲泥工具；电视检查是指采用闭路电视进行管道检测的方法；井下作业是指在排水管道、检查井、闸井、泵站集水池等市政排水设施内作业；隔离式潜水防护服是指井下作业人员所穿戴的、全身封闭的潜水防护服；隔离式防毒面具是指作业人员所戴的长管式供压缩空气的全封闭防毒面具。空气压缩机是指随时供给隔离式防护装具中所需压缩空气的专用设备；悬挂双背带式安全带是指在作业人员腿部、腰部和肩部都佩有绑带并能将其在悬空中拖起的安全装置。便携式空气呼吸器是指可随身佩戴压缩空气瓶和隔离式面具的防护装置；便携式防爆灯是指可随身携带的符合国家防爆标准的照明工具；路锥是指道路上作业使用的一种带有反光标志的交通警示、隔离专用防护装置。

## ■ 6.4.1　城镇排水管道维护作业安全要求

（1）排水管道维护单位应每年对维护作业人员进行不少于一次的排水管道维护安全教育和专业技术培训并建立安全培训档案；维护单位应对维护作业人员每两年进行一次健康体检并建立健康档案；维护单位应配备与维护作业相应的安全防护设备和用品。维护作业前应对维护作业人员进行安全交底，告知作业内容、安全注意事项及采取的安全措施并履行签认手续。维护作业人员路面作业时应按规定穿戴有反光标志的安全警示服并佩戴劳动防护用品。维护作业人员作业前应对作业工具进行安全检查，发现有安全问题应立即更换，严禁使用不合格工具。维护作业人员作业中有权拒绝违章指挥，发现安全隐患应立即停止作业并向上级报告。维护作业中使用的设备、设施必须符合国家有关安全标准并具有相应的合格证书。维护作业中使用的设备、设施、安全防护用品必须按有关规定进行定期检验和检测并建档管理。维护作业场所必须设置相应的安全警示标志，维护作业场所内严禁吸烟。城镇排水管道维护主管单位应根据相关规定结合本地具体情况制定相应的安全技术操作规程。

（2）维护作业区域应采取防护措施并设置安全警示标志，夜间作业应在作业区域前方明显处设置警示灯，作业完毕应及时清除障碍物。在繁华和车辆过多地区作业时应指派专人维护现场交通秩序、协调车辆安全通行。临时占路疏通作业时应在作业区域来车方向前放置防护栏，一般道路应在 5m 以外且两侧设置带有反光标志的路锥，路锥之间应用连接链连接，间距应在 5m 以内。在快速路上宜采用机械维护作业方法，作业时除需设置一般施工护栏外，还应在作业现场来车方向 100m 处设预警标志告知车辆提前变道并减速。作业现场井盖打开后必须有人看管或设置护栏及警示标志。污泥盛器和运输车辆在道路停放时应设置安全标志，夜间应设置警示灯，疏通作业完毕清理现场后应及时撤离现场。维护作业场所未经许可严禁动用明火。

除工作车辆与人员外，其他车辆行人不准进入作业区。开闭井盖时应使用专用工具，严禁直接用手开闭，井盖打开后应在迎车方向顺行放置平稳，井盖上严禁站人，开启压力井盖应采取相应的防爆措施。检查管道内部情况时宜采用电视检测仪器等工具，应严格控制人员进入管道检查，严禁人员进入直径小于 800mm、流速大于 0.5m/s、水深大于 0.5m 的管道及倒虹管道内检查，采用潜水检查的管道管径不得小于 1200mm、流速不得大于 0.5m/s，从事潜水作业的单位和潜水员必须具备相应的特种作业资质，人员进入管道、检查井、闸井、集水池内检查必须遵守井下作业相关规范规定。

管道疏通宜采用机动绞车、高压射水车等机具，应尽可能采用新技术、新设备以改善劳动条件，采用穿竹片牵引钢丝绳疏通时不宜下井操作，疏通排水管道用钢丝绳的使用安全应符合《起重机械用钢丝绳检验和报废实用规范》（GB/T 5972—2009）的相关规定（钢丝绳规格可参考表 6-1。管内积泥深度超过管半径时应使用大一级的钢丝绳；方砖沟、矩形砖石沟、拱砖石沟等异形沟道可按断面积折算成圆管后参照适用）。

表 6-1　　　　　　　　　　　　　　　疏通排水管道用钢丝绳

| 疏通方法 | 管径/mm | 钢丝绳 | | |
|---|---|---|---|---|
| | | 直径/mm | 允许拉力/kN | 百米质量/kg |
| 人力疏通<br>（手摇绞车） | 150～300 或 550～800 | 9.3 | 44.23～63.13 | 30.5 |
| | 850～1000 | 11 | 60.20～86.00 | 41.4 |
| | 1050～1200 | 12.5 | 78.62～112.33 | 54.1 |
| 机械疏通<br>（机动绞车） | 150～300 或 550～800 | 11 | 60.20～86.00 | 41.4 |
| | 850～1000 | 12.5 | 78.62～112.33 | 54.1 |
| | 1050～1200 | 14 | 99.52～142.08 | 68.5 |
| | 1250～1500 | 15.5 | 122.86～175.52 | 84.6 |

采用竹片疏通时应遵守相关规定，即操作人员应戴好防护手套；竹片应接牢并防止在操作时脱节；打竹片与拔竹片时的竹片尾部应由专人负责看护并应注意来往行人和车辆；竹片必须选用刨平竹心的青竹且其截面尺寸应不小于 4cm×1cm、长度不小于 3m，采用绞车疏通时应遵守相关规定，即绞车移动应注意来往行人和作业人员安全，机动绞车应低速行驶并严格遵守交通法规且严禁载人。绞车稳定好后应设专人看守。使用绞车前应首先检查钢丝绳是否合格，绞动时转速要慢，遇到绞不动时应立即停止并及时查找原因，应防止绞断钢丝发生飞车事故。绞车摇把摇好后应及时取下以免倒回时脱落。作业中应设专人负责指挥、互相呼应，遇有故障应立即停车。作业完绞车应放在不影响交通的地方且用罩盖好并加锁。绞车转动时严禁用手动横牙轮或戴手套摸轴头、钢丝绳，更不能倚靠绞关。

采用高压射水车疏通时应遵守相关规定，即作业机械应专人负责并严格按技术规程操作，气温在 0℃以下不宜使用高压射水车冲洗，冲洗现场必须设置拦护，射水车停放要稳妥且位置要适当，作业前应检查高压泵开关是否灵敏以及高压喷管、高压喷头是否完好。高压喷头严禁对人和在平地加压喷射，移位时必须停止工作以免伤人。应将喷管放入井内，喷头对准管道中心线方向，将喷头送进管内后操作人员方可开启高压开关，启闭高压开关时一定要缓开缓闭并注意安全。高压水管穿越中间检查井时必须将井盖盖好以防伤人，高压射水车工作期间操作人员不得离开现场，射水车严禁超负荷运转。两井间操作时要规定明确的联络信号，当水位指示器降至危险水位时应立即停止作业以避免损坏机件，高压管收放时应安放卡管器以防磨损，夜间冲洗要有足够的照明和标志灯。

（3）清掏作业宜采用真空吸泥车、淤泥抓斗车、联合疏通车等设备。使用真空吸泥车、抓泥车、联合疏通车等设备（以下简称清疏设备）应符合安全规定，清疏设备应由专人操作，操作人员应接受专业培训并持证上岗；应加强对清疏设备的例行保养，清疏设备使用前应对设备进行检查以确保设备状态正常；带有水箱的清疏设备使用前应使用车上附带的加水专用软管为水箱注满水；车载清疏设备路面作业时车辆应顺行车方向停泊并打开警示灯、双跳灯以及做好路面围护警示工作；清疏设备运行出现异常情况应立即停机检查、排除故障，无法查明原因或无法排除故障时应立即停止工作，严禁设备带"病"运行，车载清疏设备移动前工况必须复原，应至第二处地点再行使用以确保安全；重载行驶时速度要慢并应防止急刹车，转弯要减速，应防止惯性和离心力作用造成事故；清疏设备严禁超载。

采用真空吸泥车清掏时还应遵守专门规定，即严禁吸泥车吸入油料等危险品，也不能作为运输车辆使用；卸泥车卸泥操作时必须选择地面坚实且有足够高度空间的倾卸点，操作人员应站在泥缸两侧；需要翻缸进入缸底进行检修时必须用支撑柱或挡扳垫实缸体；污泥胶管销挂要牢固。采用淤泥抓斗车清掏时也应遵守一些专门规定，即泥斗上升时速度要慢，以避免泥斗勾住检查井或集水池边缘并应防止使斗抓崩出伤人；抓泥斗吊臂回转半径内禁止任何人停留或穿行；指挥、联络信号（旗语、口笛或手势）应明确。采用人工清掏时应符合规定，清掏工具应按车辆顺行方向摆放和操作；清淘作业前应打开井盖进行通风放气；操作人员应站在上风口作业，严禁将头探入井内。需下井清掏应按下井作业安全要求执行。

（4）管道维修工程安全应遵守我国现行《给水排水管道工程施工及验收规范》（GB 50268—2008）的相关规定。管道及附属构筑物维修需破路开挖时应提前掌握作业面地下管线分布情况，采用风镐掘路作业时操作人员应注意安全距离并戴好防护眼镜。需要封堵管道进行维护作业时宜采用充气管塞等工具，并应采取支撑等防护措施。加砌检查井或新老管道封堵、拆堵、连接施工时作业人员应遵守井下作业安全规定。河道出水口维修应符合规定，上下河坡时应走梯道；维修前应放下闸门或封堵将水截流或导流；带水作业时不得迎水站立且应侧身站稳；运料时要检查所用工具是否牢固结实，递料时要提醒作业人员注意，禁止向下扔料。检查井、雨水井维修应遵守规定，搬运和安装井盖、井箅、井框时应注意安全并防止受伤；维修井口作业应采取防坠落措施；进入井内维修时应遵守井下作业规定；抢修作业应组织制定专项方案并有效实施。

## 6.4.2　城镇排水管道维护安全防护规定

（1）井下清淤作业宜采用机械作业方法并应严格控制人员进入管道作业。下井作业人员必须经过专业安全技术培训、考核且具备下井作业资格，应掌握人工急救和防护用具、照明、通信设备的使用方法，作业单位应建立个人培训档案。作业单位应每年对井下作业人员进行一次职业健康体检并建立健康档案。作业单位必须制定井下作业安全生产责任制并在作业中严格落实。作业单位必须配备气体检测仪和井下作业专用工具并培训作业人员正确使用。

井下作业必须履行审批手续并执行下井许可制度。下井作业前作业单位必须做好相关工作，即应查清管径、水深、潮汐等；查清附近工厂污水排放情况做好截流工作；检测管道内有害气体；制定井下作业方案，尽量避免潜水作业；对作业人员进行安全交底，告知作业内容和安全防护措施及自救互救的方法；做好管道降水、通风以及照明、通信等工作；检查下井专用设备是否配备齐全且安全有效。

下井作业必须遵守相关规定,应进行全过程气体检测;作业人员应佩戴气体防护装具、安全带、安全帽等防护用品;上、下井须设临时爬梯;井内水泵运行时严禁人员下井;井上应不少于两人监护,进入管道内作业时井室内应设置专人呼应和监护,监护人员不得擅离职守;监护人员应密切观察作业人员情况并随时检查下井设备安全运行情况(空压机、供气管、通信、安全绳)等,发现问题及时采取措施;管径小于 0.8m 的管道严禁作业人员进入;井下明火作业必须办理动火手续;下井人员连续作业时间不得超过 1h;潜水作业应符合《公路工程施工安全技术规程》(JTJ 076—1995)的相关要求;发现中毒危险时必须立即停止作业并让作业人员迅速撤离现场;作业现场应配备抢救器具以便在非常情况下抢救作业人员。

下列人员等不得从事井下作业,如年龄在 18 岁以下和 55 岁以上者;经期、孕期、哺乳期女性;有聋、哑、呆、傻等严重生理缺陷者;患有深度近视、癫痫、高血压、过敏性气管炎、哮喘、心脏病等严重慢性病者;有外伤疮口尚未愈合者。通风措施包括自然通风和机械通风,下井作业前应至少打开作业井盖及上下游井盖进行自然通风放气 30min 以上(排水管道经自然通风后若检测显示井下气体中仍缺氧或所含有毒有害、易燃易爆气体浓度超过容许值应进行机械通风),通风后井下的含氧量及有毒有害、易燃易爆气体浓度必须符合相关规定,见表 6-2,表中时间加权平均容许浓度是指以时间为权数规定的 8h 工作日的平均容许接触水平;最高容许浓度指同一工作地点、在一个工作日内、任何时间均不应超过的有毒化学物质的浓度;短时间接触容许浓度指一个工作日内任何一次接触不得超过的 15min 时间加权平均的容许接触水平。氧的最低含量应符合规定,氢随井盖开启外溢可免测,氧含量符合要求时氮和二氧化碳可免测。经常接触最高容许值采用《工业企业设计卫生标准》(GBZ 1—2010)的规定。短时间接触阈限值指 15min 内有害气体浓度的加权平均值在工作日的任何时间(有害气体浓度不应大于此值,操作人员在此浓度下操作时间不应超过 15min 且每工作日最多重复出现 4 次,其时间间隔至少 60min)。

表 6-2 井下常见有害气体容许浓度和爆炸范围

| 气体名称 | 相对密度(取空气相对密度为1) | 最高容许浓度/(mg/m³) | 时间加权平均容许浓度/(mg/m³) | 短时间接触容许浓度/(mg/m³) | 爆炸范围(容积)(%) | 说明 |
|---|---|---|---|---|---|---|
| 硫化氢 | 1.19 | 10 | | | 4.3~45.5 | |
| 一氧化碳 | 0.97 | | 20 | 30 | 12.5~74.2 | 非高原 |
| | | 20 | | | | 海拔 2000~3000m |
| | | 15 | | | | 海拔大于 3000m |
| 氰化氢 | 0.94 | 1 | | | 5.6~12.8 | |
| 汽油 | 3~4 | | 300 | 450 | 1.4~7.6 | |
| 一氧化氮 | 2.49 | | 15 | 30 | 不燃 | |
| 硝基甲烷 | 0.55 | | 50 | 100 | 5~15 | |
| 苯 | 2.71 | | 6 | 10 | 1.30~2.65 | |

机械通风应按管道内平均风速不小于 0.8m/s 选择通风设备,有毒有害气体浓度变化较

大的作业场所应连续进行机械通风。气体检测主要是测定井下空气含氧量和常见有害气体的浓度和爆炸范围，井下空气含氧量不得少于 19.5％（否则即为缺氧），气体检测人员必须经专项技术培训且应具备检测设备操作能力，宜采用专用气体检测仪检测井下气体，气体检测设备必须按规定定期进行检定，检定合格后方可使用，气体检测时应先搅动井内泥水使气体充分释放出来以测定井内气体实际浓度，检测记录应包括检测时间、检测地点、检测方法和仪器、现场条件（温度、气压）、检测次数、检测结果、检测人员，检测结果应告知现场作业人员并履行签字手续，井下作业时应对气体进行连续检测。井下作业现场照明必须采用防爆型照明设备且应符合《爆炸性气体环境用电气设备》（GB 3836.1～GB 3836.17）的相关规定，井下作业面上的照度不宜小于 50lx。井上和井下人员应事先规定明确的联系信号或方式，现场宜采用专用通信设备。

（2）气体防护装具应使用供压缩空气的全隔离式防护装具作为防毒用具（不应使用过滤式防毒面具和半隔离式防护装具），防护装具必须定期进行维护检查（严禁使用不合格防毒和防护用具）。安全带、安全帽应符合《安全带》（GB 6095—2009）和《安全帽》（GB 2811—2007）的相关规定并定期进行检验。安全带应采用悬挂双背带式安全带，使用频繁的安全带、安全绳应经常进行外观检查，发现异常应立即更换。夏季作业现场应配置防晒及防暑降温药品和物品。配备的皮叉、防护服、防护鞋、手套等必须符合国家标准并定期进行更换。

（3）作业单位必须制定中毒、窒息事故应急救援预案并定期进行演练。发生中毒、窒息事故时监护人员应立即起动救援预案并用作业人员自身佩戴的安全带、安全绳将其迅速救出。下井抢救时的抢救人员必须佩戴好便携式供压缩空气的隔离式呼吸器、悬挂双背带式安全带、系好安全绳等，应在做好个人安全防护和专人监护下进行，切忌盲目施救。中毒、窒息者被救出后应立即送往医院抢救，或先将伤者迅速脱离现场移至通风良好和有新鲜空气的地方，松解中毒、窒息者的领扣和裤带，快速脱去被污染的衣物、鞋袜等防止毒物继续进入体内，应视伤者情况采取心肺复苏法施救同时应立即报警请求救援。

# §6.5 电力系统自动安全技术

安全自动装置是电力系统安全稳定运行的重要保证。电力系统安全自动装置按功能性用途可分为用于自动防止稳定破坏的自动装置、自动消除异步运行的自动装置、自动消除可能造成事故发展及设备损坏的频率或电压偏差的自动装置和恢复正常系统工况的自动装置等。根据安全自动装置在电力系统不同状态起作用以及控制措施对电力系统状态影响的不同，控制措施可分为预防控制、紧急控制、恢复控制。电力系统安全稳定控制系统主要用于在电力系统事故或者异常运行状态下防止电力系统失去稳定性，避免电力系统发生大面积停电的系统事故或对重要用户的供电长时间中断。符合《电力系统技术导则》（SD 131—1984）和《电系统安全稳定导则》（DL 755—2001）标准要求的、合理的电网结构是保证电力系统安全稳定运行的重要物质基础（在一般的电网结构条件下采用常用的提高稳定的措施可保证在单一故障情况下的电网安全稳定运行。但对于可能的多重性故障，为防止发生恶性连锁反应造成全网大事故，则必须有一个合理的电网结构并配合必要而可靠的安全稳定自动控制措施）。

　　特殊情况下（如事故后未及时调整、水电站弃水、风电大发等）电网结构不能满足《电力系统安全自动装置设计规范》（GB/T 50703—2011）和《电系统安全稳定导则》（DL 755—2001）标准要求有必要实施安全稳定自动控制措施。为防止系统崩溃、避免造成长时间的大面积停电和对重要用户（包括发电厂的厂用电）的灾害性停电，使负荷损失尽可能减到最小，并考虑在发生严重事故后能使系统得以尽快恢复正常运行，在对待电力系统安全稳定问题的指导策略上需要做可能出现最坏情况的准备，并尽可能采取预防措施，为终止系统状态的进一步恶化必须采取牺牲局部以换取保全整体等措施以防止对系统的重大破坏。

　　电力系统安全自动装置配置及控制宜优先采用符合国家规定且鉴定合格、成熟、简单、可靠、有效、技术先进的分散式装置，不同控制对象的各类装置应协调工作。电力系统稳定控制装置的硬件应具有一定的通用性，软件应做到模块化并具有可扩展性以适应系统发展变化的需要。继电保护装置的正确动作和快速切除故障是电力系统安全稳定运行的重要保证，应努力改善和提高继电保护动作性能以提高电力系统的稳定水平。电力系统安全自动装置配置以安全稳定计算结论为基础，应依据电网结构、运行特点、通信通道情况等条件合理配置。在选择电力系统安全自动装置的配置方案时，评价所设置并运行的电力系统安全自动装置的经济效益，应着重考虑由于电力系统安全自动装置的正确作用而提高电力系统稳定极限，使输电能力增强及保证向用户不间断供电所创造的经济效益和社会效益，并与设置电力系统安全自动装置所需投资费用相比较。

## 6.5.1　电力系统自动控制系统的安全要求

　　电力系统安全自动装置是指防止电力系统失去稳定性和避免电力系统发生大面积停电事故的自动保护装置，如输电线路自动重合闸装置、电力系统稳定控制装置、电力系统自动解列装置、按频率降低自动减负荷装置和按电压降低自动减负荷装置等。电力系统安全稳定控制装置（系统）是自动防止电力系统稳定破坏的综合自动装置，通常由两个及以上厂站的安全稳定控制装置通过通信设备联络构成电力系统安全稳定控制系统，实现区域或更大范围的电力系统的稳定控制。根据控制站的装置功能以及在控制系统中所起的作用，控制系统结构一般可分为控制主站、子站和执行站。控制站装置决策时可仅采用当地有关信息进行处理与判断实现就地控制，或再辅以通信通道传送命令实现就地或远方控制；或者决策时除采取当地有关信息外还需通过通信通道收集系统中其他控制站有关信息进行综合处理与判断，就地或者通过通信通道向其他控制站发出控制命令。

　　电力系统自动解列装置是指针对电力系统失步振荡、频率崩溃或电压崩溃的情况在预先安排的适当地点有计划地自动将电力系统解开（或将电厂与连带的适当负荷自动与主系统断开）以平息振荡的自动装置，依系统发生的事故性质按不同的使用条件和安装地点，电力系统自动解列装置可分为振荡解列装置、频率解列装置和低电压解列装置。在电力系统发生事故、出现功率缺额引起频率急剧大幅度下降时自动切除部分用电负荷，使频率迅速恢复到允许范围内以避免频率崩溃的自动装置为自动低频减载装置；为防止事故后或负荷上涨超过预测值因无功补偿不足引发电压崩溃事故而自动切除部分负荷，使运行电压恢复到允许范围内的自动装置为自动低压减载装置；同时具有自动低频减载和自动低压减载功能的装置称为低频低压减载装置。在线控制系统是指调度端设置的在线控制系统，是实时采集系统运行方式信息、在线跟踪电网变化进行动态安全分析、实现在线暂态安全一体化定量评估、提高调度运行人员精细化掌握电网运行的安全稳定程度、并制定相应的预防控制措施和紧急控制措施的系统，该系统能解决安全稳定控制系统反应系统运行方式和系统故障的局限性问题，通过调度运行人员调整运行方式或安全稳定控制系统实施紧急控制措施改善电网暂态安全运行水平、防止事故扩大并最大限度地减少事故损失，确保电网安全稳定运行。

自动重合闸是指架空线路或母线因故断开后被断开的断路器经预定短时延迟而自动合闸使断开的电力元件重新带电，若故障未消除则由保护装置动作将断路器再次断开的自动操作循环，主要分为三相重合闸、单相重合闸和综合重合闸。提高电力系统稳定二次系统措施是指在电力系统紧急状态（或事故状态）下，通过自动装置的动作控制与调整电力元件及设备的运行状态，以促进电力系统稳定运行的各种自动化措施的总称，如快速切除故障、切除发电机组、快速减火电机组原动机出力、电气制动、发电机快速励磁、直流紧急调制、可控串补强补和切集中负荷等。事故扰动是指电力系统由于短路或系统元件非计划切除而造成的突然巨大的和实质性的状态变化。连接是指联系电力系统两个部分的电网元件（输电线、变压器等）的组合（中间发电厂和负荷枢纽点也可包括在"连接"概念中）。断面是将一个或数个连接元件断开后把电力系统分为两个独立部分。

## 6.5.2　电力系统故障排除应遵守的安全规定

（1）故障属于电力系统遭受的大扰动，应考虑在最不利地点发生金属性断路故障（按严重程度和出现概率大扰动分为三类。安全稳定分析计算的故障类型一般选择Ⅰ类和Ⅱ类故障，如果电网对稳定要求较高则需要选择Ⅲ类故障进行分析）。Ⅰ类故障（单一轻微故障）表现为任何线路发生单相瞬时接地故障重合闸成功；对同级电压的双回或多回线任一回线发生单相永久接地故障重合不成功或三相短路故障不重合；任一台发电机组跳闸或失磁；任一台变压器故障退出运行；系统中任一大负荷突然变化；任一回交流联络线故障或无故障断开不重合；直流输电线路单极故障。Ⅱ类故障（单一严重故障）表现为单回线路发生单相永久接地故障、重合闸不成功及无故障三相断开不重合；母线故障；两级电压的电磁环网单回高一级电压线路故障或无故障三相断开不重合；同杆并架双回线的异名两相同时发生单相接地故障重合不成功、双回线同时跳开；占系统容量比例过大的发电机组跳闸或失磁；发电厂送出的交流线路发生三相短路或发电厂送出的直流单极故障；直流输电线路双极故障。Ⅲ类故障（多重严重故障）表现为故障时断路器拒动；故障时继电保护及自动装置误动或拒动；多重故障或失去大容量电源；其他偶然因素。

（2）故障切除时间包括断路器全断开和继电保护动作（故障开始到发出跳闸脉冲）的时间。线路故障切除时间要求是500kV线路近故障端为0.09s（远故障端0.1s），220kV线路近故障端和远故障端均为0.12s；主变故障切除时间一般取0.1～0.12s；母线故障切除时间一般取0.08～0.1s，现有母线按实际数据取值。现有线路保护、主变保护或母线保护若由于继电保护动作时间过长引起电力系统稳定问题应采用快速动作的线路保护或母线保护动作时间计算，并更换原有继电保护设备。直流故障切除时间为故障后0.06s闭锁故障极、

0.16s切除滤波器，必要时应考虑直流双极相继闭锁、直流单极闭锁、再起动不成功后双极闭锁等情况，具体间隔时序应参照相应电网要求执行。

（3）电力系统稳定包括功角稳定、电压稳定和频率稳定三个方面，功角稳定是指系统发生故障后在同一交流系统中的任意两台机组相对角度摇摆曲线呈同步减幅振荡；电压稳定是指故障清除后电网枢纽变电站的母线电压能够恢复到0.8pu以上，母线电压持续低于0.75pu的时间不超过1.0s；频率稳定是指在采取切机、切负荷措施后不发生系统频率崩溃且能恢复到正常范围及不影响大机组的正常运行（49.5～50.5Hz）。

（4）安全自动装置的主要控制方式包括快速减火电机组原动机出力、切除发电机、电气制动、切集中负荷、串联补偿装置控制、并联补偿装置控制、电力系统解列、输电线路自动重合闸、发电机强行励磁等。

（5）安全自动装置是由相应的输入/输出硬件设备和具有各种功能的软件构成。根据输入信息及数据进行实时计算、实时决策动作的装置为在线安全自动装置；根据输入信息及数据，按照设定的判据或定值动作的装置为离线安全自动装置，通常称为安全自动装置。安全自动装置包括电力系统稳定控制装置、电力系统自动解列装置、过频率切机装置、低电压控制装置、低频低压减载装置、自动调节励磁装置、备用电源自动投入装置、自动重合闸装置。

（6）应在电力系统安全稳定计算和分析基础上确定安全自动装置的配置及构成，装置配置的基本原则是"简单、可靠、实用"。应以保证电力系统安全稳定控制的可靠性要求为前提确定安全自动装置的配置及构成。可靠性是指装置该动作时动作（依赖性），不该动作时不动作（安全性）。安全自动装置拒动可能造成电力系统失稳等系统事故，误动将导致误减出力及局部负荷损失等，这些都会引起一定的经济损失，需要通过精心设计和装置配置来兼顾这两方面的要求。安全自动装置宜尽量减少与继电保护装置间的联系。

（7）不同控制站安全自动装置之间如果采用通信通道传送信息则应优先采用光纤通信通道，双重化配置两套装置的通信通道应相互独立，两路安全自动装置通道应尽可能采用不同路由的独立通道；站间通信方式宜采用数字报文的形式传递运行信息及控制命令。安全自动装置与调度端主站间的通信可根据主站的监视和控制功能要求，配置专用通道或调度数据网通道。与光纤通信网的数字通信接口应符合ITU-TG.703标式。采用载波通道时宜采用编码方式且发信及收信回路均不应具有时间展宽环节。在通信通道中断（切换、退出、异常）期间系统（装置）不应误动。

（8）接入安全自动装置的电流互感器、电压互感器的二次线圈应满足继电保护的精度和负荷要求，还应满足暂态特性的要求，安全自动装置可与线路保护（或断路器保护）共用同一组电流互感器、电压互感器的二次线圈。断路器应留有足够的反应线路元件投退状态的接点，要求提供两组独立的直流电源供两套安全自动装置使用。

# §6.6 工业企业干式煤气柜安全技术

干式煤气柜（也简称干式柜、干式储气柜、干式储气罐）是相对于采用水为密封介质的湿式煤气柜而言的，其密封型式为非水密封，为具有活塞密封结构和柜顶的煤气柜，其储气压力是由活塞结构和其配重的自重产生的。干式柜主要分为三种柜型，即采用稀油密封的多边形稀油密封型煤气柜、圆筒形稀油密封型煤气柜（本书中统称为稀油柜）和采用橡胶膜密封的膜密封柜。

## 6.6.1　工业企业干式煤气柜建设应遵循的基本安全规则

（1）干式柜工程的建设应做到安全可靠，对笨重体力劳动及危险作业应首先采用机械化、自动化措施。新建、改建或扩建的干式柜工程设计应由持有国家颁发的有效的甲级设计资质许可证的设计单位设计。对储存无毒燃气的干式柜其设计审查应有当地公安消防部门、安全生产监督管理部门和使用单位的安全部门参加；对储存有毒燃气的干式柜其设计审查还应有当地职业卫生管理部门参加。干式柜工程应进行抗震设计，不同地区的干式柜工程抗震设计宜满足表 6-3 的要求。

表 6-3　　　　　　　　　　干式柜的抗震设计要求

| 抗震设防烈度 | | 6 度 | 7 度 | 8 度 | 9 度 |
|---|---|---|---|---|---|
| 干式柜有效容积 /m³ | <100 000 | 可不做抗震计算 | 可不进行抗震验算，但构造措施应满足设防要求 | 应进行抗震设计 | 应进行抗震设计且应适当加强抗震措施 |
| | ≥100 000 | | | 应进行抗震设计且宜提高 1 度采取抗震措施 | |

（2）干式柜工程的建设和管理应符合相关规定。在施工组织设计中应编写安全文明施工章节并应明确在干式柜施工全部过程中的临边、洞口、攀登、悬空、操作平台及交叉等高处作业的安全措施，对整个施工中的安全技术措施发现有缺陷及隐患时应及时解决，危及人身、设备安全时必须停止作业。机械设备应有产品编号、制造单位及合格证书，施工中除按国家相关机械操作规定使用外还应定期进行安检，纳入特种设备目录的机械设备的制造、安装、使用、操作和维护必须符合国家的有关规定。应建立、健全项目安全生产管理和责任制度，应符合其他现行国家法律、法规和地方政府的有关规定。

干式柜区域应以围墙或围栏与外部环境隔离，并配挂安全警示牌（外来人员未经许可不得进入）。当建设场所临近海洋、河流、湖泊、山崖时应在临近侧配挂安全警示牌且采取措施，防止无关人员进入外部电梯或爬上干式柜。干式柜的运行管理部门应建立、健全安全生产责任制和安全生产管理制度，并完善各工种、岗位的安全技术操作规程，应建立、健全干式柜事故应急救援体系。符合《危险化学品重大危险源辨识》（GB 18218—2009）的干式柜应按危险化学品重大危险源进行管理。

干式柜的管理、巡检和维护人员应经安全生产技术培训并经考核合格后方可安排其上岗作业。干式柜的运行与维护值班人员应身体健康（应无恐高症、各种中枢神经和周围神经器质性疾病、器质性心血管疾病等职业禁忌症），有人值班的干式柜运行与维护岗位每班应配备两名以上值班人员，进入稀油柜内部作业时其作业人员应不少于 3 名。干式柜现场应设控制室，室内应设必要的干式柜控制、监视和报警等装置。干式柜运行与维护岗位应配备便携式燃气测定仪、无线对讲机、空气呼吸器、防爆手电筒等设施。

干式柜的外部电梯和内部吊笼应采用防爆型且必须按国家有关特种设备的要求进行制

造、安装、验收、管理和维护,使用单位应按《电梯使用管理与维护保养规则》(TSG-T5001—2009)的要求对外部电梯和内部吊笼进行管理和维护。干式柜活塞上部应按储存气体特性设置固定式 CO 或可燃气体浓度监测装置且其监测信号应送到干式柜的控制室,并设置声、光报警的显示和记录,储存有毒燃气的干式柜当有毒燃气泄漏到活塞上方达到对人体允许的有害浓度时应有报警信号。储存无毒燃气的干式柜在达到爆炸下限的 20% 时应有报警信号。进入投运后的干式柜活塞上部工作的人员应着不产生火花的鞋袜、工作服和安全帽,且不应携带手机和打火机等可能发生火花的物品,在活塞上应使用不发生火花的工具,柜区内严禁吸烟。

干式柜周围 6m 范围内不应有障碍物和腐蚀性物质,柜区内不应有易燃物。运行中的干式柜柜体附近的动火作业应按有关规定严格执行动火审批制度。干式柜检修作业前应制定相应的安全技术措施和应急预案,应经检修单位的安全生产管理机构和干式柜管理单位的煤气防护站审查书面同意后组织实施。进入活塞下部检修前必须安全切断干式柜所有气体进出口管阀门,应在确认活塞下部气体中有害物质浓度满足《工业企业煤气安全规程》(GB 6222—2005)的要求且含氧量达到 19.5% 以上、通风良好的情况下进行,每次进入活塞下部检修的人员和工器具均应登记并确认返回,出入口处应有专人监护。

## ▍6.6.2　工业企业干式煤气柜柜址选择应遵循的安全原则

(1) 干式柜的柜址选择应遵循相关规定,即不应建设在居民稠密区;应远离大型建筑、仓库、通信和交通枢纽等重要设施;应布置在通风良好的地方;宜布置在主要生产车间和职工生活区全年最小频率风向上风侧;宜靠近主管网布置。干式柜与其他建、构筑物的防火间距应符合规定,即干式柜与建筑物、可燃液体储罐、堆场和室外变、配电站等之间的防火间距应不小于表 6-4 的规定,当可燃气体的相对密度比空气大时应按表中规定增加 25%;当可燃气体的相对密度比空气小时应按表 6-4 执行;当一、二级耐火等级的厂区建筑物内无人值守时可仍按表 6-4 执行。干式柜的水封井、油泵站(房)和电梯间等附属设施与干式柜的防火间距可按工艺要求布置。柜区围墙外的电捕焦油器、电除尘器和加压机等露天燃气工艺装置宜视为一、二级耐火等级考虑与干式柜的防火间距。

表 6-4　　　　　　　　　干式柜与建筑物、储罐、堆场的防火间距

| 名称 | 干式柜的有效容积 V/m³ | | | | |
|---|---|---|---|---|---|
| | V<1000 | 1000≤V<10 000 | 10 000≤V<50 000 | 50 000≤V<100 000 | 100 000≤V≤600 000 |
| 甲类物品仓库,明火或散发火花的地点,甲、乙、丙类液体储罐,可燃材料堆场,室外变、配电站 | 20.0 | 25.0 | 30.0 | 35.0 | 40.0 |
| 高层民用建筑 | 25.0 | 30.0 | 35.0 | 40.0 | 45.0 |

| 名称 | | 干式柜的有效容积 V/m³ | | | | |
|---|---|---|---|---|---|---|
| | | $V<1000$ | $1000\leqslant V<10\,000$ | $10\,000\leqslant V<50\,000$ | $50\,000\leqslant V<100\,000$ | $100\,000\leqslant V\leqslant 600\,000$ |
| 裙房，单层或多层民用建筑 | | 18.0 | 20.0 | 25.0 | 30.0 | 35.0 |
| 其他建筑（耐火等级） | 一、二级 | 12.0 | 15.0 | 20.0 | 25.0 | 25.0 |
| | 三级 | 15.0 | 20.0 | 25.0 | 30.0 | 35.0 |
| | 四级 | 20.0 | 25.0 | 30.0 | 35.0 | 40.0 |

（2）干式柜周边附属建筑物的防火设计至少应满足以下两方面的要求，即煤气进出口管水封井房应按干式柜储存介质特性确定火灾危险性类别，油泵站（房）和外部电梯机房分别宜按丙类火灾危险性和丁类火灾危险性设计；柜体周边应按《建筑设计防火规范》（GB 50016—2006）的规定设计消防车道。

（3）干式柜发生事故后的处理方法和步骤应遵守《工业企业煤气安全规程》（GB 6222—2005）的有关规定。干式柜区域发生煤气大量泄漏、人员中毒、着火、爆炸等事故时，值班人员应及时报警并起动干式柜事故处理应急预案。干式柜发生煤气大量泄漏时干式柜岗位值班人员应迅速汇报相关部门同时应根据干式泄漏部位和程度采取应急措施，干式柜岗位值班人员应佩戴空气呼吸器查清现场情况、查清煤气泄漏点。干式柜发生大量煤气泄漏时干式柜岗位值班人员应关闭干式柜进口阀门并向柜内通入大量氮气等惰性气体。当储存介质为高炉煤气、转炉煤气、铁合金煤气等毒性较大的气体时有关部门应及时下达周边单位人员疏散的指令并应及时通知交通管理部门实行交通管制。

干式柜活塞结构件及密封装置发生大量泄漏时严禁操作及点检人员进入干式柜，干式柜应停止运行。干式柜发生煤气泄漏导致人员中毒时干式柜岗位值班人员应立即通知煤气防护站并向相关部门汇报，干式柜岗位值班人员向煤气防护站报警后应佩戴空气呼吸器将中毒人员转移到空气清新的地方。干式柜人孔、管道阀门法兰连接处等密封部位发生煤气着火时可采用干粉灭火器、消火栓和堵泥等方法灭火。稀油密封型干式柜油泵站（房）密封油着火应立即停止油泵起动、切断油泵房电源并采用干粉灭火器或砂子灭火。发生干式柜爆炸后应立即起动应急预案并通知有关用户及时停止用气、切断气源，发生爆炸事故后的干式柜应退出系统并进入检修状态，应查明干式柜及其附属设施爆炸事故原因，未查明原因的干式柜不得投用。稀油柜活塞密封机构帆布发生破损而大量泄漏密封油时干式柜应退出运行并及时进行检修。膜密封柜橡胶密封膜发生撕裂时干式柜应退出运行并及时进行检修。干式柜内冷凝水从煤气柜基础四周向外渗漏时可利用堵漏剂实施临时封堵，干式柜检修时应及时检查煤气柜底板，进行补焊和防腐处理。干式柜基础不均匀沉降影响干式柜运行时应提高运行参数的监控频率，必要时干式柜应退出运行并进行检修。干式柜发生活塞冒顶时应退出系统运行，进行检查确认无故障方可投运。

# §6.7　建筑给水排水系统运行安全技术

工业给水系统的给水水源应安全可靠，其供水保证率应符合工艺系统要求，确定水源、取水量和取水地点时应有有关部门的批复文件，工业企业生活给水应按规定执行。给水系统应持续满足用户对于水质、水量、水压的设计要求（不应因季节变化给水质、水压、水量带来不利影响）。生产用水的水质应根据工艺要求确定并应分质供水，工业用除盐水、纯水、超纯水、蒸馏水等的制备应满足工艺要求并应符合国家现行有关标准、规范的规定，例如，医药工业工艺用热水应满足《医药工业洁净厂房设计规范》（GB 50457—2008）的规定；食品工业生产热水应满足《食品工业洁净用房建筑技术规范》（GB 50687—2011）的规定；猪屠宰工业用生产热水应满足《猪屠宰与分割车间设计规范》（GB 50317—2009）的规定。

工业企业的生活饮用水管道以及与食品接触的水管道不得与非饮用水管道连接（非饮用水管道上接出水嘴或取水短管时应采取防止误饮误用的措施）。特殊情况下必须以生活饮用水作为生产备用水源时其两种管道的连接处应采取有效措施防止污染生活饮用水。当生产用水和生活饮用水采用同一管道且向有毒生产设备供水时必须采取切实有效措施防止有毒物质进入管道。工业企业自备的生活饮用水供水系统不应与城镇供水系统连接，必须连接时应采取有效措施防止交叉污染并应取得当地有关管理部门的同意。直接或间接用于食品加工的蒸汽用水不得含有影响人体健康或污染食品的物质。

食品、制药、试验动物等行业应用的纯水应符合规定要求，纯水制备的原水应满足《生活饮用水卫生标准》（GB 5749—2006）的要求；纯水制备工艺应满足工艺对水质的要求且水质超标的频率应在控制范围之内；有细菌指标要求时其供水管网应采用循环系统；管网不应有旁路，流速应不低于 1.5m/s，管材应为抛光卫生管，所选用的设备、阀门、管件其内壁应光滑、没有死角，调节储存设备的通气管不应直接与大气相通并应有可靠隔断微生物的措施，循环水泵不应备用等。生产热水系统应根据生产用途确定，冲洗用水温度应不低于60℃，医药注射用水循环用水温度不应低于 80℃。地表水取水构筑物应有防止设计洪水位内被淹没的技术措施。

## 6.7.1 建筑给水排水系统运行安全的基本要求

（1）循环冷却水系统的流量、压力、温度和水质应满足使用要求。循环冷却水系统的供电安全要求、供电负荷级别应符合相应工业、民用领域相关标准的规定。生产工艺要求不能中断循环冷却水的装置或单元应有安全供水保障措施。循环冷却水系统的设计水量应为系统最大小时用水量。循环冷却水系统冷却塔下集水池及吸水池不应兼作消防水池及其他用途。工业企业使用综合利用水库或水利工程设施直接冷却时应取得水利工程单位的供水协议且应采取措施防止热污染。

（2）企业严禁向水体排放油类、酸液、碱液和有毒有害废液。工业企业向水体或城市污水管道排放污水时应符合规定，即接收水体应被保护且污染物应限制在规定值；排水污水的水质必须符合国家有关规定和标准以及项目环境影响评价报告的要求。生产、使用能危害水体环境的物质的企业应设置事故池或事故本身及处置过程中受污染排水的收集设施及合理的后处理设施。工业建筑物内排水管道不得布置在遇水会引起燃烧、爆炸的原料、产品和设备的上面。工业建筑物内排水管道不得敷设在有特殊要求的生产厂房、变配电室、控制室或机柜间内。混合时产生化学反应能引起火灾或爆炸的污水不得排入生产污水管道。当输送的污水内含有会污染环境、土壤的物质、重金属或有毒有害等物质时其排水管道应设置独立的系统，且不应有泄漏的潜在危险（或采取措施严禁泄漏），并应在投入使用前进行水密性和气密性试验。

（3）生活给水水质应符合《生活饮用水卫生标准》（GB 5749—2006）的规定。系统的给水流量和压力应能满足系统使用运行要求。生活给水水源水量、水质、水压应安全可靠，不允许中断供水的建筑应采取安全防范措施。自备井等给水水源不应存在被污染的潜在危险因素（如存在污水管、化粪池、化学污染源）。生活饮用水水质不得因管道内产生虹吸、背压回流而受污染。生活给水系统的管道、器材、设备应运行正常并应满足系统所服务的功能要求。自备水源的水处理工艺应使出水水质符合《生活饮用水卫生标准》（GB 5749—2006）的规定。

（4）生活热水给水系统的水质应符合《生活饮用水卫生标准》（GB 5749—2006）的规定，采用温泉水时应按《地热资源地质勘查规范》（GB/T 11615—2010）的规定提供检测报告。生活热水给水系统的流量、压力和供水温度应能满足系统设计和使用舒适性的要求。生活热水给水系统的热源应能满足系统用热需求。集中生活热水给水子系统供水温度应不低于60℃、回水温度应不低于50℃。公共浴池的池水水质允许限制和检验项目应符合《公共浴池水质标准》（CJ/T 325—2010）的规定。

（5）管道直饮水系统的设置应能满足其去除原水中某些物质的目的要求且其水质指标应满足《饮用净水水质标准》（CJ 94—2005）和《生活饮用水卫生标准》（GB 5749—2006）的规定。管道直饮水的管理应满足系统正常运行、维护管理的要求且不应存在被去除物过度积聚的不良现象。管道直饮水系统的消毒剂不应对人造成不合理影响。管道直饮水系统应能有效保证供水水质、水量和水压，并满足直接饮用的功能需求。管道直饮水水系统应采用合理的消毒方式（采用消毒剂消毒时投加量应严格限制在规定值内且不应对设备、管道和使用者造成危险）。

（6）生活排水系统应能有效地满足厕所、厨房、洗衣和洗涤设施的排水能力，以满足正常生活和卫生器具的正常使用功能，必须有防止排水管道内污浊气体窜入室内的技术措施。排水系统应最大可能的减少系统的堵塞并应提供合理清扫的技术措施。必须有可靠的防止污废水的管道系统或污废水处理设备及相关技术措施。医疗机构废水排放水质必须符合《医疗机构水污染物排放标准》（GB 18466—2005）的要求。排水管道不应穿越有精密和贵重设备、食品加工及储藏的房间，必须穿越时应采取有效措施防止潜在的污染风险的发生。室内排水应采用雨污分流制系统，室外采用分流制的场所严禁污水混接入雨水管道内。

（7）雨水及雨水利用系统应满足要求，应确保屋面、下沉式广场、汽车坡道、区域设计重现期内的雨水能迅速排走且不得返溢室内和地面，超重现期雨水应采取有效措施排走。雨水泵站、贵重商品仓库、变电站、贵重仪器室等应有防止被洪水淹没的技术措施，室内地面或挡水门槛的设计标高宜高于城市防洪线0.6m。屋面雨水排水系统不得在室内采用敞开式内排水系统。雨水排水系统不得造成对建筑、设施、交通道路和周围环境产生严重危害的积水，溢流设施排水不得危害建筑、设施和行人安全。

雨水排水与回用管道不得布置在遇水会引起燃烧、爆炸的原料、产品和设备的上面，雨水排水管道不得穿越生活饮用水池的上方。雨水回用管道上应采取防止误接、误用、误饮的措施，其标志应保持明显和视觉连续完整。除雨水排水泵后的压力雨水管道外雨水排水管道不得穿越人防工程。雨水回用系统的水量应满足回用设施全部用水的要求且其水压应满足最不利配水点的水压要求。雨水入渗系统不得对建筑物、构筑物和管道的基础产生不利影响，一些场所不得设置雨水入渗系统，如防止陡坡坍塌、滑坡灾害的危险场所；对居住环境以及自然环境造成危害的场所；自重湿陷性黄土、膨胀土和高含盐土等特殊土壤地质场所。

（8）建筑中水及再生水系统应满足用户对水质、水量、水压的设计要求且其水质标准应不低于国家有关标准的规定。再生水用于工业冷却用水时应依据类似工程经验或研究确定，用于工艺供水时应根据专项研究确定。当建筑中水及再生水同时满足多种用途时其水质应按最高水质标准确定。向服务区域内多用户供水的城市再生水厂可按用水量最大的用户的水质标准确定，个别水质要求更高的用户可自行补充处理直至达到所需水质标准。建筑中水及再生水供水系统必须独立设置。

## 6.7.2 确保特殊地区建筑给水排水系统运行安全的技术措施

（1）湿陷性黄土地区埋地给水排水管道应采取措施把管道漏水塌陷导致管道和周围建筑、道路等损害的风险降至最小。膨胀土地区地基处理应根据土的胀缩等级、地方材料及施工工艺等进行综合技术经济比较，建筑屋面排水宜采用外排水，水落管下端距散水面不应大于 300mm 且不得设在沉降缝处。排水量较大时应采用雨水明沟或管道排水。

（2）抗震设防烈度为 8 度及 8 度以上地区的给排水构筑物及管网必须进行抗震设计。按抗震设计的给水排水构筑物及管网在遭遇低于本地区抗震设防裂度的多遇地震影响时一般应不致损坏或不需修理仍可继续使用；遭遇本地区抗震设防裂度的地震影响时其构筑物应不需修理或经一般修理仍能继续使用，管网震害可控制在局部范围内应避免造成次生灾害；遭遇高于本地区抗震设防烈度预估的罕遇地震影响时其构筑物应不致被严重损坏，或危及生命安全和导致重大经济损失，管网震害应不致引发严重次生灾害且不应抢修和迅速恢复使用。抗震设防裂度应按国家规定权限审批、颁发的文件确定，抗震设防裂度高于 9 度或有特殊抗震要求的工程抗震设计应按专门研究的规定设计。位于设防裂度为 6 度的地区其室外给水排水管网及其构筑物可不做抗震计算，但应按 7 度设防有关要求采取抗震措施。

（3）常年冻土地区建筑物引入管的设计应充分考虑冻土条件和温度状况发生改变的可能性，引入管应优先考虑地上引入或与其他管道共沟敷设，沟内应通风，管道应尽量敷设在建筑物地下室内）。敷设管道时应采取措施保证消除永冻土对管道造成的机械作用和损伤（沉降、膨胀、热融塌陷、泥流解冻、冻裂等。当不能在地面以上敷设管道时地下管道须敷设在管沟或隧道内，为保证敷设在沉降性永冻土内管道的稳定和安全应使基础土壤保持冻结状态，或将基础内可能融化区域的沉陷性土壤用不沉陷性土壤代替。在冻土层厚度超过 3～4m 的地区以及特殊冻土（水饱和且多石的土壤）的季节性冻土区，当在建筑物基础下面敷设管道时应设钢套管并应根据基础变形产生的荷载计算套管的强度。

给水管道与其他工业管道共沟地下敷设时应在沟底做排水小沟，以便当地基土壤受轻微热量作用时排水。非沉陷性土壤地区设置地下管沟或隧道时，若穿越道路、建筑物入口及其他类似地段则其管沟高度和必要的排水、通风应较通常设置条件增大 20%～30%。地下管沟和隧道应安装自然通风系统以确保管沟和隧道内年平均气温为负值。设计和施工给水阀门井和排水检查井时应采取防止土壤冻胀的措施。管道敷设应采用以下措施保持管内液体不冻结，应确保即使在实际使用中超出了设计的热力和水力正常状态，管道仍能正常运营。在管沟内敷设的管道采用隔热保护时应采用合成材料，主要包括玻璃纤维、泡沫塑料及泡沫混凝土等，不允许采用矿物质作隔热材料。为保护环形隔热层应采用钢丝网石棉水泥灰浆和多层卷材包扎，不得采用毡、蔴布和其他织物及油脂涂料。

加热管道应设置在正常和意外情况下因流速降低、温度下降最可能冻结的管段。屋面雨水管道应设计为明排，应确保正常使用或事故时排水管道输送液体均不结冻。排水（以及给水）系统应设置全套的监控仪表和设备并应保证管理的经常化和可靠性，应根据需要对主要管道和构筑物采取相应措施自动调节管道温度、管道水力状况及土壤温度。

（4）软土地基地区给排水管道宜采用柔性接口并应尽量减少入户管和出户管的数量。室内为排水沟时出户宜改为排水管道。给水管道的直线管段上宜设置补偿变形装置且其间距不宜超过 20m。给水入户管的敷设应能适应较大位移而不致损坏。建筑物出户管的敷设应能保证不破损和不拥堵。室外排水管宜采用强度高、韧性好、抗剪能力强的管材并宜采用韧性接口，排水管与检查井的连接处宜采用柔性防水材料填封。室外排水管宜做混凝土带形基础。

# §6.8　民用建筑燃气安全技术

城镇燃气互换性应按保证低压引射型大气式燃气燃烧器具（简称燃具）正常燃烧允许的燃气波动范围确定，燃具允许的燃气波动范围应按检测用界限气的范围确定。易进入爆炸状态、对用具有腐蚀作用、点火温度高且不能采用电点火的燃气不得互换。城镇燃气的燃烧华白数 $W$ 波动范围应控制在 $\pm5\%\sim10\%$，$W$ 值可按《城镇燃气分类和基本特性》（GB/T 13611—2006）的规定计算，燃烧势 CP 值的波动范围应符合《城镇燃气分类和基本特性》（GB/T 13611—2006）的规定，黄焰指数 $I_Y$ 值的波动范围应符合相关规定，即人工煤气 $I_Y\leqslant0.14$ 且应无黄焰（采用韦弗法计算）；天然气 $I_Y=0.8$ 时应无黄焰；$I_Y=0.6$ 时应无析碳，可采用 A. G. A 法（美国燃气协会推荐方法）计算；液化石油气 C4 时无黄焰。城镇燃气基准气、界限气类别和特性可参照表 6-5 的规定确定。燃气压力波动范围应符合规定，燃具前的压力在 0.75~1.5 范围内时燃烧应稳定。额定供气压力 $P_n$ 的调整应合理，当代用燃气的华白数 $W$ 值波动范围为 $\pm20\%$ 时其燃具前的额定供气压力 $P_n$ 应按修正值调整提高；海拔高度大于 600m 时其燃具前的额定供气压力 $P_n$ 应按修正值调整提高。

表 6-5　　　　主要城镇燃气的基准气和界限气

| 基准气（主气源） | | 界限气（辅助气源） | | 控制指数和性能 |
|---|---|---|---|---|
| 代号 | 名称 | 代号 | 名称 | |
| 7R-0 | 焦炉气 | 7R-1 | 丙烷＋水煤气（热值偏高） | $1.1W_n$，无不完全燃烧 |
| | | 7R-2 | 丙烷＋水煤气（热值偏低） | $1.1CP_n$，无回火 |
| | | 7R-3 | 天然气＋空气 | $0.6CP_n$，无脱火 |
| | | 7R-4 | 液化石油气＋空气 | $I_Y=0.14$，无黄焰 |

| 基准气（主气源） | | 界限气（辅助气源） | | 控制指数和性能 |
|---|---|---|---|---|
| 代号 | 名称 | 代号 | 名称 | |
| 12T-0 | 干井天然气 | 12T-1 | 油田伴生气 | $1.1W_n$，无不完全燃烧 |
| | | 12T-2 | 热裂油制气 | $2CP_n$，无回火 |
| | | 12T-3 | 低热值天然气 | $0.9W_n$，无脱火 |
| | | 12T-4 | 液化石油气＋空气 | $I_Y=0.8$，无黄焰 |
| | | 12T-5 | 液化石油气＋空气 | $I_Y=0.6$，无析碳 |
| 20Y-0 | 液化石油气 | 20Y-1 | 商品丁烷 | 无不完全燃烧和黄焰 |
| | | 20Y-2 | 商品丙烷 | 无回火 |
| | | 20Y-3 | 商品丙烷 | 无脱火 |

## 6.8.1　民用建筑燃气系统的基本安全规定

（1）燃气管道应符合要求。焊接钢管和管件的壁厚应不小于 2.0mm；采用螺纹连接的镀锌钢管和管件的壁厚应不小于 3.5mm；铜管的壁厚应不小于 0.8mm；薄壁不锈钢管的壁厚应不小于 0.6mm；不锈钢波纹管的壁厚应不小于 0.2mm；铝塑复合管的壁厚应符合有关标准规定。管材和管件的连接方式应符合规定，暗封和暗埋的燃气管道不宜有接头且不应有机械接头。钢质管材和管件必须进行表面防腐处理，潮湿部位或暗埋时除镀锌层外还应增加喷涂防腐层，铜、不锈钢等管材和管件的防腐应符合有关标准规定。管道性能应满足要求，引入管阀门至燃具前阀门之间的管道应按《城镇燃气室内工程施工与质量验收规范》（CJJ 94—2009）的规定检验气密性，燃具运行工况下大小负荷调节时其压力应在（0.75～1.5）$P_n$ 范围内。耐用性（使用年限）应符合要求，与燃具连接的软管其使用年限应与燃具相同，明设的燃气管道其使用年限应不小于 30 年，暗埋和暗封的燃气管道其使用年限应与建筑物相同。

（2）燃具应符合规定。烹调、洗浴和采暖用具的热负荷调节比应不小于 1∶5。不同工况下采用下列试验气-试验压力检验时其燃具应有良好的燃烧性能，即热工 0-2 气（基准气 $P_n$ 额定压力）；不完全燃烧 1-1 气（不完全燃烧界限气 1.5$P_n$）；回火 2-3 气（回火界限气 0.5$P_n$）；脱火 3-1 气（脱火界限气 1.5$P_n$）；黄焰 4-1 气（黄焰界限气 1.5$P_n$）、5-1 气（析碳界限气 1.5$P_n$）。1 号～5 号气均可作为 0 号气的代用气号（置换气，s 气）；0 号～3 号气可采用《城镇燃气分类和基本特性》（GB/T 13611—2006）规定的试验气；4 号气可采用 $C_3H_8$：AIR＝50∶50 的试验气（$I_Y=0.8$）；45 号气可采用 $C_3H_8$：AIR＝60∶40 的试验气（$I_Y=0.6$）。燃具材料及厚度除应符合有关标准规定外还应符合《家用燃气燃烧器具结构通则》（CJ 131—2001）的规定，燃具整体结构的强度检验除应符合有关标准规定外也应符合《家用燃气燃烧器具结构通则》（CJ 131—2001）的规定。家用燃气灶应符合规定，双眼灶的热负荷应与常用锅匹配，节能型双眼灶的单眼热负荷宜取（3.0～3.5）kW、总热负荷宜取6.0kW，锅底热强度宜取（4～7）W/($cm^2$·h)（双眼灶的热效率及节能等级可参考表 6-6。锅低热强度 $q$ 变化值为 1W/$cm^2$·h 时热效率变化值为 2.4%；不同锅的热效率按标准规定的测试用锅热效率的 55% 折算确定）。热水器及采暖热水炉应符合规定，节能型快速式热水器出水率应与节水型器具匹配，快速式热水器节水指标和节水、节能等级可参考表6-7［我国冷水最低温度为4℃，表6-7中取5℃；淋浴时热水温度取40℃；四季淋浴时的冷热水温差分别取 $\Delta t=35℃$（冬）、$\Delta t=25℃$（春、秋）、$\Delta t=10℃$（夏）；$Q_n$ 为额定热负荷；《节水型生活用水器具》（CJ 164—2002）中规定节水型淋浴器和节水型水龙头的最大流量均不应大于 0.15L/s（9L/min）］，容积式热水器储热量应满足一次淋浴需要且其储热时间应不小于 30min，储水容积应不小于 40L，普通住宅设多个卫生间时其热水流量可只按一个卫生间计算。

表 6-6　　　　　　　　　　家用燃气灶使用 22～32cm 平底锅时的热效率及节能等级

| 热负荷 /kW | 常用锅热效率（%） | | | | | | 热效率范围（%） | 节能等级 |
| --- | --- | --- | --- | --- | --- | --- | --- | --- |
| | $d=22$ $F=380$ | $d=24$ $F=452$ | $d=26$ $F=531$ | $d=28$ $F=615$ | $d=30$ $F=707$ | $d=32$ $F=804$ | | |
| 2.91 | $q=7.7$ | $q=6.4$ | $q=5.5$ | $q=4.7$ | $q=4.1$ | $q=3.6$ | 49.7～59.6 | A |
| | 49.7 | 52.8 | 55.0 | 56.5 | 58.4 | 59.6 | | |
| 3.36 | $q=8.8$ | $q=7.4$ | $q=6.3$ | $q=5.5$ | $q=4.8$ | $q=4.2$ | 47.1～58.1 | B |
| | 47.1 | 50.4 | 53.1 | 55.0 | 56.7 | 58.1 | | |
| 3.86 | $q=10.2$ | $q=8.5$ | $q=7.3$ | $q=6.3$ | $q=5.5$ | $q=4.8$ | 43.7～56.7 | C |
| | 43.7 | 47.8 | 50.7 | 53.1 | 55.0 | 56.7 | | |
| 4.40 | $q=11.6$ | $q=9.7$ | $q=8.3$ | $q=7.2$ | $q=6.2$ | $q=5.5$ | 40.4～55.0 | D |
| | 40.4 | 44.9 | 48.3 | 50.9 | 53.3 | 55.0 | | |
| 4.95 | $q=13.0$ | $q=11.0$ | $q=9.3$ | $q=8.0$ | $q=7.0$ | $q=6.2$ | 37.0～53.3 | E |
| | 37.0 | 41.8 | 45.9 | 49.0 | 51.4 | 53.3 | | |
| 5.56 | $q=14.6$ | $q=12.3$ | $q=10.5$ | $q=9.0$ | $q=7.9$ | $q=6.9$ | 33.2～51.6 | F |
| | 33.2 | 38.7 | 43.0 | 46.6 | 49.2 | 51.6 | | |

表 6-7　　　　　　　　　燃气快速热水器热负荷与节水和节能效果对比

| 热负荷 /kW | 不同冷水温度下的出水率/(L/min) | | | 节水指标 | 节水节能等级 |
| --- | --- | --- | --- | --- | --- |
| | $Q_n$、$\Delta t=35℃$ | $Q_n$、$\Delta t=25℃$ | $0.4Q_n$、$\Delta t=10℃$ | | |
| 16 | 5.7 | 8 | 8 | 四季均小于 9L/$w_{min}$ | A |
| 20 | 7.1 | 10 | 10 | 冬季小于 9L/$w_{min}$ | B |
| 24 | 8.6 | 12 | 12 | 冬季小于 9L/$w_{min}$ | C |

## 6.8.2　民用建筑燃气设备的基本安全要求

（1）换气扇和吸油烟机风压（静压）应不小于 80Pa，风量应根据敞开式（直排式）燃具热负荷确定，采用换气扇时风量应不小于 40m³/kW；采用吸油烟机时风量应不小于（20～30）m³/kW。共用烟道的结构应为主、支并列式，支烟道高度应为高层并应大于 2.0m，且其净截面面积应不小于 0.015m²；主烟道的净截面面积应在满足烟道抽力的前提下通过计算确定。支烟道出口与主烟道交汇处宜设烟气导向装置（同层有两台燃具时应分别设置支烟道和烟气导向装置，且其出口高差应大于 0.25m），支烟道进口与主烟道交汇处在燃具停用时的静压值应小于零。

（2）燃气和烟气监控设施应可靠，应有燃气浓度检测报警器，天然气和液化石油气等无毒燃气应按操作下限的 20％设定报警浓度；人工煤气等有毒燃气和烟气应按空气中一氧化碳浓度含量为 0.01％设定报警浓度和燃气自动切断阀〔自动切断阀应为低压（≤24V——）、脉冲关闭和现场人工开启型，报警器、切断阀和排气扇应联锁〕。燃具配套的水、电设施应符合要求，燃具给水应满足使用要求且其给水压力应为 0.5～0.35MPa，生活热水管表面应采用保温材料保温，保温材料厚度应不小于 20mm，导热系数应不大于 0.045W/（cm·K），燃具供电应符合使用要求并应使用 220V（±10％）/50Hz 单相交流电源。

# 第7章 城市轨道交通工程安全技术

## §7.1 城市轨道交通安全的基本要求

城市轨道交通区域应当规划、设计和建造安全防范系统。新建线路安全防范系统的建设应纳入城市轨道交通工程总体规划，并应与轨道交通土建以及强、弱电系统的设计统一规划、综合设计、独立验收（有条件的应与轨道交通主体工程同步施工、同时交付使用）。城市轨道交通区域安全防范系统的设计、建设应符合我国现行有关强制性标准的规定。城市轨道交通区域内的金融营业场所、文物系统博物馆、大型商场、停车场等与轨道交通运营安全无直接关系的场所的安全防范要求应按各场所安全防范相关标准执行。安全防范系统中使用的产品应符合国家标准、行业标准、地方标准以及公安管理部门的有关规定，且需获得国家法定检验检测机构的认证。

### 7.1.1 城市轨道交通安全应遵循的基本原则

（1）视频监控系统设计应符合《视频安防监控系统工程设计规范》（GB 50395—2007）的相关要求，其中录像设备应符合《视频安防监控数字录像设备》（GB 20815—2006）的相关要求。视频监控系统应满足基本功能要求，即实时监看受监控区域的情况且图像应为彩色；在显示及操控场所可回放一定时间内所拍摄的图像信息；可在显示及操控场所将图像信息输出并可根据需要对图像信息的输出场所进行划分以及对输出权限进行设定和管理除满足以上3项要求外，车站的视频监控系统可根据不同需要在监视器上实时轮巡监看所有或部分摄像机的画面。摄像机工作时监视范围内的平均照度应不低于《地下轨道交通照明》（GB/T 16275—2008）的相关要求。各区域的出入口及其通道、车站检票出口、检票入口的画面中人的脸部特征应清晰可辨，其中检票出口、检票入口的画面人脸应不小于60像素×60像素。

（2）入侵报警系统设计要求应符合《入侵报警系统工程设计规范》（GB 50394—2007）的相关要求。周界防区的划分应有利于报警时快速确定警情发生的区域。系统应对周界、无人值守的场所24h设防。周界围墙等封闭屏障处使用高压电子脉冲围栏式周界入侵探测器的应符合相关要求，即所产生的高压电子脉冲应能有效阻止非法入侵行为，但不会对入侵者直接造成人身伤害；能根据需要调节高压电子脉冲的强度；在遭遇断路或短路的情况下均应报警并显示防区位置；具备高、低电压日夜自动转换功能；围栏上应有明显的警告用安全标志，安全标志的设置应符合《安全标志及其使用导则》（GB 2894—2008）要求。物理条件允许的通风井口应具有非正常情况下的人员、抛物等入侵报警功能。

（3）轨道区域重点要害场所应设有出入口控制系统，可使用正确钥匙的人员顺利进入该受控场所，禁止使用错误钥匙的人员进入受控场所。出入口控制系统设计要求应符合《出入口控制系统工程设计规范》（GB 50396—2007）的相关要求。对非法进入行为或连续 3 次不正确的识读系统应发出报警信号。轨道交通线路的出入口控制系统钥匙的授权应集中管理，钥匙授权工作站宜设置于各线的运营控制中心。出入口控制系统的识读场所有视频监控系统覆盖的，在出入口控制系统报警时应与该场所的视频监控系统联动。出入口控制系统应与火灾报警系统联动，当火灾报警系统发出报警信号时出入口控制系统应按火灾联动工况要求释放锁具。出入口控制系统的时间应与轨道交通时间系统同步，没有时间系统的其出入口控制系统的时间误差应在±30s 以内。系统记录保存时间应不少于 30d，系统的其他技术要求应符合《出入口控制系统技术要求》（GA/T 394—2002）的规定。

（4）轨道交通的车辆段、停车场、综合基地、运营控制中心楼宇应设有电子巡查系统。系统应能准确记录预定区域、路线巡查的详细结果和时间（年、月、日、时、分、秒）、地点、人员信息，在线式电子巡查系统在预定的时间内没有收到预定巡查信息时应能及时警示。采集装置或识读装置在识读时应有声、光或振动等提示（识读响应时间应小于 1s。在线式电子巡查系统采用本地管理模式的响应时间应不大于 5s，采用公共电话网的响应时间应不大于 20s）。采集装置存储巡查信息量应不少于 4000 个点，断电时所存储的巡查信息不应丢失，且保存时间应不少于 30d。系统应有 100% 的扩容余量。电子巡查系统的时间应与轨道交通时间系统同步，没有时间系统的其电子巡查系统的时间误差应在±30s 以内。系统的其他技术要求应符合《电子巡查系统技术要求》（GA/T 644—2006）的规定。

## ▌7.1.2　轨道交通车站安全规定

（1）轨道交通车站宜设置炸药探测系统以对人员进入车站携带炸药的情况进行有效探测。系统应进行 24h 连续探测，便携式炸药探测仪应能连续工作 8h。系统应能同时对 TNT（三硝基甲苯）、RDX（环三亚甲基三硝胺，又名黑索金）、PETN（太安）、奥克托金、硝铵类炸药等主要类别的炸药进行探测。系统应具有自清洁功能（正常情况下无需人工清洁，系统应能连续工作 3000h）。便携式炸药探测仪对外界不得具有放射性。系统的检测下限（灵敏度）应达到 $1 \times 10^{-14}$ g/ml（TNT）。正常环境条件下检测响应时间应小于 5s，固定式炸药探测系统的报警信号应送至车站安防控制室和车站控制室。系统的报警技术要求应符合《入侵报警系统技术要求》（GA/T 368—2001）的规定。系统的误报警率应低于 1 次/10 000h，当炸药分子浓度达到检测下限时系统不允许出现漏报警。系统记录保存时间应不少于 30d。

（2）轨道交通地下车站宜设置毒气探测系统以对车站的空气环境进行有效监测。系统应进行 24h 连续探测，便携式毒气探测仪应能连续工作 8h。系统应能同时探测神经性毒气、糜烂性毒气、血溶性毒气、窒息性毒气。系统应具有自清洁功能，正常情况下无需人工清洁，系统能应连续工作 3000h。系统的探测灵敏度应满足相关要求，即神经性毒气应不低于

0.01mg/m³；糜烂性毒气应不低于 0.5mg/m³；血溶性、窒息性毒气应不低于10mg/m³。正常环境条件下检测响应时间应小于 5s，固定式毒气探测系统应能自动分析毒气散布范围、浓度分布、种类及扩散规律，报警信号应送至车站安防控制室和车站控制室。系统的报警技术要求应符合《入侵报警系统技术要求》（GA/T 368—2001）的规定。系统误报警率应低于 1 次/10 000h，当环境毒气浓度达到探测灵敏度下限时系统不允许出现漏报警。系统记录保存时间应不少于 30d。

（3）轨道交通车站宜设置放射性物质探测系统以对车站的环境放射量进行监测。系统应进行 24h 连续探测，便携式放射性物质探测仪应能连续工作 8h。系统应能同时对 X 射线、γ 射线进行探测。系统灵敏度应不小于 200cps/$\mu S_v$/h；系统对 X 射线、γ 射线的能量响应范围应满足 48k～3MeV；系统报警阈值的设定应符合《电离辐射防护与辐射源安全基本标准》（GB 18871—2002）要求的安全规定。正常环境条件下系统检测响应时间应小于 3s，报警信号应送至车站安防控制室和车站控制室。系统的报警技术要求应符合《入侵报警系统技术要求》（GA/T 368—2001）的规定。系统的误报警率应低于 1 次/10 000h，当探测环境的放射量达到系统灵敏度下限时系统不允许出现漏报警。系统记录保存时间应不少于 30d。

（4）轨道交通车站宜设置易燃液体检测仪以对人员携带液体的情况进行检测。检测仪应能在不开启容器的情况下对容器内的液体进行检测和辨识。应能对汽油、柴油、煤油、甲醇、乙醇、油漆稀释剂和有机溶剂等常见的民用易燃液体进行检测和辨识。应能对侧壁厚度为 2mm 的金属容器、侧壁厚度为 8mm 的玻璃或塑料容器内的液体进行检测。检测仪应具备有线或无线传输功能以将检测数据及报警信息传至车站安防控制室。正常环境条件下检测响应时间应小于 3s，检测仪记录保存时间应不少于 30d。

（5）车站、车辆段、停车场、综合基地、运营控制中心楼宇应建有安防控制室。安防控制室的设置应符合《安全防范工程技术规范》（GB 50348—2004）的相关规定。安防控制室内各类安防系统的控制终端应能准确显示报警区域并能对系统进行操控，安防控制室应能实时查看各安防系统的工作状态。可根据实际管理情况将安防控制室分为安防中心控制室和安防分控制室。多线换乘车站可合并设立安防控制室，且宜实现各安全防范系统资源共享。实体防护的设计要求应符合《地铁设计规范》（GB 50157—2013）的相关要求。防盗安全门的质量应符合《防盗安全门通用技术条件》（GB 17565—2007）的要求。通风井（亭）应采用防止异物丢入的建筑结构或防护装置。实体围墙的上端应高于场界外侧地面 2.8m（墙体顶部应为三角形尖顶，围墙外侧立面应不易被攀爬）。

# §7.2　城市轨道交通安全控制技术

参与城市轨道交通的组织应按规定建立安全组织机构和安全控制体系，并应将其形成文件加以实施和保持（应持续改进其有效性）。组织应当把安全目标作为首要目标并应将安全性目标与可用性、可靠性、可维护性等其他目标结合起来合理分配资源去实现这些目标。组织应确定安全责任并应做好书面记录，组织应确保任何承担安全责任的人理解并接受这些责任。组织应实时记录安全责任的移交并应确保每一个移交安全责任的人将自己所有已知的、决定安全的假设和条件移交给他人。组织应确保其所有的工作人员理解和考虑到与他们工作相关的风险，并应能够实现相互之间以及与其他组织和个人有效地合作来控制风险。组织应确保使工作人员理解风险并实时掌握与影响安全的因素相关的信息；工作人员应随时报告安全事故并做出及时有效的反应；应使工作人员理解什么是可以接受的行为，并谴责其疏忽大意或恶意的行为，鼓励其从错误中吸取教训；应有较强的适应能力去应对异常情况。组织应确保所有对影响安全的活动负责的工作人员有能力满足要求，并赋予其足够的资源和权力使其履行职责（同时应监督其行为）。组织应当保证与安全相关的信息传递的通畅（当获得需要控制风险的信息时应及时传达给有关组织或人员，并采取合理的措施以确保他们理解这些信息）。组织将影响系统安全的任何系统（产品、服务）或过程外包，应确保对这些系统（产品、服务）或过程的安全控制。组织应采取有效措施检查并改进安全控制措施，并应使安全控制体系持续有效。

　　组织应对其所承担工作的安全性做出适当和充分的风险分析，并应能够判断出需要采用何种措施来确保城市轨道交通的安全建设和运营。安全控制的成果、做出的假设及理由必须形成文件。安全控制体系所要求的文件应予以控制，应制定形成文件的程序以规定以下方面所需的控制，即文件发布前得到批准以确保文件是充分与适宜的；必要时对文件进行评审与更新并再次批准；确保文件的更改和现行修订状态得到识别；确保在使用处可获得适用文件的有关版本；确保文件保持清晰、易于识别；确保外来文件得到识别并控制其分发；需要保留作废文件时应对这些文件进行适当的标识，并应防止作废文件的非预期使用。记录是一种特殊类型的文件，应按要求进行控制，应建立并保持记录以提供符合要求和安全控制体系有效运行的证据；记录应保持清晰、易于识别和检索；应编制形成文件的程序以规定记录的标识、储存、保护、检索、保存期限和处置所需的控制。安全控制体系涉及的安全活动应根据需要进行独立的安全评审，独立的安全评审的要求应在安全计划中确定，安全控制由一个阶段进入下一个阶段应进行独立的安全评审。安全评审人员应独立于项目团队（其独立程度应在安全计划中确定。安全评价应当由独立的组织承担）。安全评审应提交安全评审报告且至少应包括对项目与安全计划一致性的判断；对安全计划是否合适的判断；遵循计划或改进计划的建议。安全控制前一阶段的成果应作为后一阶段工作的依据，各阶段的成果应经过安全评审合格才能进入下一阶段的安全控制工作。城市轨道交通的安全评价宜由安全预评价、安全验收评价、运营安全评价和专项安全评价组成，具体的专项安全评价的设置应在安全计划中规定，安全评价的设置、安全评价报告的要求应符合国家有关规定。

　　城市轨道交通生命周期内应建立以过程控制及风险分析为基础的安全控制体系，安全控制应与城市轨道交通生命周期的各个阶段有效结合。城市轨道交通的安全控制应采用风险分析方法，应识别危害、评估危害的影响，并应在系统的生命周期内通过适当措施来控制这些影响系统安全的危害，使城市轨道交通在建设或运营过程的风险始终处于可控状态。风险分析应有规律地贯穿整个城市轨道交通系统的生命周期。

　　风险分析各个步骤的目标和内容应满足相关要求，危害识别应能识别危害并将其分类和排序，风险估计应能确定导致危害发生的原因并确定危害可能产生的影响，应能建立危害与事件的关联关系；应能估计危害发生的频率和可能产生的损失程度；应能确定需要采取降低风险措施的危害项，风险评估应能规定风险的可接受准则并评价风险的可接受程度（风险等级），风险控制应提出降低风险的措施使其满足安全需求，持续的风险监控应评估风险控制的效果并及时发现和评估新的风险，应能监视残留风险的变化情况并在此基础上对风险控制方案进行调整。

# §7.3　城市轨道交通公共安全防范体系

城市轨道交通公共安全防范工程的规划和总体设计的目标是运用全部公共安全资源协调安全政策、防范程序、防范行为构成安防系统，应使威慑、阻止、探测、延迟和反应相协调将轨道交通区域内安全威胁发生的可能性降至最低（同时提升犯罪成本），应在安全威胁发生时最大限度地减少人员和财产损失（实现防控能力的最大化）。城市轨道交通防护对象应是根据中华人民共和国内保条例确定的治安保卫重要部位，防护对象的确定应考虑区域、位置、技术特点和防护规划目标并应能够采用完整的、相对独立的安全技术和措施进行防护。城市轨道交通安全防范工程规划应符合当地经济发展水平、社会和自然环境、防护对象的特点、建设投资及安全防范管理工作的要求，城市轨道交通公共安全防范工程的总体设计应在安防工程规划的基础上进行。

城市轨道交通公共安全防范工程的规划和总体设计应覆盖技术防范、实体防范、人力防范和应急预案等各个领域并能使安全政策、安防程序、安防行为和安防系统协调一致地发挥作用。城市轨道交通公共安全防范工程的规划应确定城市轨道交通系统内各种区域和设施设备的安全风险等级，并应遵循"系统的防护对象的安全风险等级与防护措施相适应"原则，安全风险等级可根据社会环境、运营环境判断，或通过公共安全风险评估确定。城市轨道交通安全防范工程的规划和总体设计采用的安防策略和措施应与防护对象的特点和安全目标相一致，应没有可见的安全缝隙和安全漏洞，应包括各防护对象的安全防范设计，应分别设计相应的安防策略和措施形成纵深防护体系。

## 7.3.1　城市轨道交通公共安全防范体系的特点

技术防范系统设计应符合规划和总体设计要求。城市轨道交通技术防范系统设计应包括视频监控系统、入侵报警系统、便携式安全检查及探测系统、出入口控制系统、电子巡查系统、信息安全系统、安防监控集成平台，宜设置人像识别及图像智能分析系统、固定式安全检查及探测系统，应形成整体的公共安全技术防范体系。

城市轨道交通技术防范系统设计应使防护措施与防护对象的公共安全风险等级相适应。安全防范技术和设备应纳入轨道交通整体系统，公共安全技术防范与生产运营安全系统及设备宜进行统一设计并遵循安全优先原则。安全防范技术设计、应急响应、站外交通组织与管理等应协调一致、相互衔接，并预留数据通信接口。应按防护对象优先性合理使用安全资源、平衡安全投入、设计防护措施。系统应具有使用灵活性并能按现场管理要求灵活制定操作流程以满足用户管理安全要求。系统应采用先进而成熟的技术及可靠和适用的设备。

系统设计应以标准化、集成化、结构化、模块化和网络化方式实现，应适应系统维护、升级、扩容以及技术发展的需要，应具有平滑可扩展性，系统升级扩展时应确保历史记录无障碍地继续使用。关键设备和系统应考虑冗余和备份（技术防范系统中用于数据记录的数据库系统和软件系统应进行异地备份设计）。系统安全性设计应符合《安全防范工程技术规范》（GB 50348—2004）的要求。系统电磁兼容性设计应符合《安全防范工程技术规范》（GB 50348—2004）的要求。系统可靠性设计、环境适应性设计和防雷与接地设计应符合《安全防范工程技术规范》（GB 50348—2004）的要求。技术防范工程设计采用的技术产品应符合《城市轨道交通安全防范系统技术要求》（GB/T 26718—2011）的规定并经法定机构检验或安全认证合格。

## 7.3.2　城市轨道交通公共安全防范体系设计要求

（1）城市轨道交通实体防范系统设计应符合城市轨道交通公共安全防范工程规划，并实现公共安全防范工程总体设计的要求。城市轨道交通实体防范系统设计应满足防护对象的公共安全风险等级防范要求，应与防护对象的公共安全特性和运营特性相协调。城市轨道交通实体防范系统设计应根据不同防范区域和部位采用不同实体防范措施，所有采用实体防范措施的位置均应有相应的技术防范措施配合设置，并应与人力防范措施相配合以增强防护能力。

实体防范应逐层设计，使重点部位分级设防构成纵深防范体系，达到相互协调、逐步增强的防范效果。城市轨道交通实体防范系统设计应综合运用威慑、阻止、延迟、探测、防护、最小化、响应和恢复策略和措施。实体防范系统设计应考虑减少或限制访问点的数量，应在不同的安全区之间划定转换区，应避免或尽量减少乘客行动对运营的影响。实体防范技术和纵深防范措施运用应符合有效和经济的原则，应避免过度防范，在进出车站区域的出入口处不应设置固定栅栏等阻碍物以便于突发事件发生后乘客撤离畅通。实体防范设计应考虑乘客心理、环境和谐和美化的要求。城市轨道交通实体防范系统设计不应妨碍或干扰防火和救援设施设备。在适用环境和兼顾美观的前提下鼓励采用创新应用实体防范技术。城市轨道交通实体防范系统设计应形成独立成果进行审查和验收。

（2）重点区域和部位设计包括开放或可达的重要的部位、关键运营设施、乘客活动区和禁止部位以及国家公共安全规定进行管理的城市轨道交通区域内有关部位。重点部位安全防范设计应包括各防护对象的数量和分布，安防设备和设施的数量、位置和技术要求。应以防护对象为单元根据防范要求和特点综合运用防范技术进行系统的工程设计。

（3）城市轨道交通工程可行性研究阶段应完成相配套的公共安全防范工程规划和总体设计，并纳入城市轨道交通工程可行性研究报告，规划提供的成果应包括（但不限于）规划纲要（包括安全目标、威胁评估、安全策略、安全投入分析）、规划成果［包括安全措施、安防技术、安防规划、安防工程预算等；也应包括防护对象公共安全风险等级，防护对象优先防护目标及其最可能的威胁列表，区域防护（包括周界防护、监视区防护、防护区防护、禁区防护），重点部位防护（包括禁止部位防护、监视部位防护）］、安防规划图（包括周界防护、监视区防护、防护区防护、禁区防护图及重点部位防护图。规划图应表示防护措施及其相互协调配合关系且应用纸质和电子图同时表示，内容应包括安防工程总体规划、技术防范规划、实体防范规划、人力防范规划、重点部位防护规划等）。总体设计提供的成果应包括（但不限于）总体设计方案（图、表、说明书）、安防工程概算。

（4）城市轨道交通工程设计工作的初步设计阶段应根据已批准的公共安全防范工程规划

和总体设计编制初步设计文件，初步设计提供的成果应包括（但不限于）系统构成（包括系统组成、系统功能、系统结构）；主要设备类型选定及配置；相关图、表等。

（5）城市轨道交通工程设计工作的施工图设计阶段应根据已批准的公共安全防范工程初步设计编制技术规格书和详细设计文件，技术规格书提供的成果应包括（但不限于）主要工程数量表；主要设备及材料数量表；相关图、表等。详细设计文件提供的成果应包括（但不限于）详细施工图；施工方案与措施；相关图、表等。

（6）公共安全防范工程规划、总体设计、初步设计文件、技术规格书和详细设计文件均应组织向专业单位进行咨询，并应通过建设主管部门汇同公共安全管理部门组织相关专家审查后实施，同时应报公安业务职能单位（部门）备案。

## §7.4 城市轨道交通隧道结构安全管理

在制定对城市轨道交通既有结构的安全保护方案时应避免外部活动对城市轨道交通既有结构产生直接破坏、变位（变形和位移）和振速（幅）超限、应力过大、结构渗漏水等情况。在制定对城市轨道交通既有结构的安全保护方案时必须遵循"对城市轨道交通既有结构及其装置应以保护为先，修复、加固为后"原则。外部活动对轨道交通既有结构的影响不得降低轨道交通工程作为人防工程使用时应具备的防护能力及防护标准。先期建设的轨道交通宜充分考虑规划的城市轨道交通实施对先期建设的城市轨道交通既有结构及设施的影响，并应保证后期建设的城市轨道交通实施时先期建成的城市轨道交通既有结构及设施安全和正常使用。已纳入规划尚未修建的城市轨道交通在条件允许情况下规划的城市轨道交通可与先期建设的城市轨道交通同步实施或者先行预留节点工程。

### 7.4.1 城市轨道交通隧道结构安全管理控制指标

安全控制标准的指标应从避免城市轨道交通既有结构直接破坏、过度变位、过大振动、过大应力等几方面考虑，可分为外部活动净距控制管理指标和结构安全控制管理指标。安全控制标准的指标中不应包括测量误差、施工误差等因素。城市轨道交通周边（包括既有结构上下）的外部活动与城市轨道交通既有结构外边线之间的水平投影净距应符合表7-1的规定，油气、燃气、天然气等易燃易爆物的净距控制管理指标值应按其防火、防爆的安全保护要求综合考虑后确定。

表7-1 外部活动净距控制管理指标 （单位：m）

| 结 构 类 型 | 地下结构 | 地面结构 | 高架结构 | 水下结构 |
|---|---|---|---|---|
| 钻探、顶管、隧道 | ≥6 | ≥3 | ≥3 | ≥6 |
| 基础 | ≥3 | ≥3 | ≥3 | ≥6 |
| 基坑 | ≥6 | ≥6 | ≥6 | — |
| 锚杆、锚索、土钉 | ≥6 | ≥6 | ≥6 | ≥6 |

| 结　构　类　型 | 地下结构 | 地面结构 | 高架结构 | 水下结构 |
|---|---|---|---|---|
| 起重、吊装设备 | — | ≥6 | ≥6 | — |
| 搭建棚架及宣传标志 | — | ≥6 | ≥6 | — |
| 存放易燃物料（不含油气、燃气、天然气） | — | ≥6 | ≥6 | — |
| 城镇浅孔爆破、拆除爆破 | ≥15 | ≥15 | ≥15 | ≥15 |
| 硐室爆破、深孔爆破、药壶和蛇穴爆破、裸露药包爆破 | ≥50 | ≥30 | ≥30 | ≥50 |
| 水下爆破 | ≥100 | ≥100 | ≥100 | ≥100 |
| 抛锚、拖锚 | — | — | — | >100 |

　　结构安全控制管理指标应经实践证明有效、可靠并满足易监测以及能直接反映城市轨道交通既有结构变化情况等条件。结构安全控制管理指标应包括下列必控指标，即外部活动造成轨道交通既有结构产生的附加变位指标；外部活动造成轨道交通既有结构产生的附加差异变位指标；外部活动造成轨道交通既有结构产生附加的结构裂缝、张开量指标；外部活动造成轨道交通既有结构产生的附加振速（或振幅）指标。结构安全控制管理指标可包括下列辅助指标，即外部活动直接作用于轨道交通既有结构上的附加荷载指标；外部活动造成轨道交通轨道变形指标。

　　外部活动对轨道交通既有结构的安全风险综合评估工作应贯穿外部活动的工前、实施过程中和工后的全过程。外部活动对轨道交通既有结构的附加影响预测，应根据两者之间的空间关系、工程地质和水文地质条件，并结合轨道交通既有结构及设施的现状、外部活动的规模和实施方法等因素采用经验判别（工程类比）方法进行影响程度的初步判定。应对轨道交通既有结构进行现状调查、检测和结构安全性计算分析得出轨道交通既有结构的抗变位能力等结构安全控制指标，指标值不满足安全控制标准的应采用结构安全控制管理指标作为其结构安全控制指标。应根据外部活动的初步安全保护方案采用理论分析或数值计算等方法进行影响程度的详细分析预测，得出外部活动使既有结构产生的附加变位、附加内力等预测值。应根据轨道交通既有结构的抗变位能力指标值、附加变位预测值和运营要求结合已有工程经验、投资控制要求以及专家意见得出外部活动对轨道交通既有结构的安全风险综合评估结论。附加变位预测值不能满足轨道交通既有结构的抗变位能力指标的应重新调整外部活动方案、增加控制保护措施，同时应结合地区工程经验，重新制定满足要求的外部安全保护方案。综合评估应对实施过程中的风险提出具体的控制对策，同时对实施过程中的监控测量提出具体的要求。进行影响等级判定和工前综合评估的单位应具有类似工程经验并具备相关资质。影响等级的最后确定和工前综合评估报告应取得轨道交通产权单位的确认。实施过程中的综合评估应动态评估外部活动对轨道交通既有结构及其装置的实际影响程度和安全状态，为实施过程中施工方案的优化提供参考，并及时反馈信息，遇重大及异常情况及时上报等。实施过程中的评估可采用数值计算反分析、安全巡视和过程监测分析等方法，过程监测分析的详细要求应符合规范规定。

## ▌7.4.2　城市轨道交通隧道结构安全的监控措施

　　（1）监测或观测出现异常情况时应进行工后综合评估。应对外部活动所有监测数据进行深入分析并结合工后轨道交通现状调查成果通过计算分析得出轨道交通结构当前状态的安全系数，通过与原设计安全系数进行比较分析评判轨道交通结构工后修复的必要性。应对工后修复的技术可行性以及经济合理性做出分析和评价，从而提出加固修复范围、内容及措施建议。

（2）新建工程和作业等建筑活动在其勘察、设计、施工等全过程中应满足轨道交通既有结构的安全控制保护要求。车辆和船只行驶、船只抛锚和拖锚、设置跨线架空作业等外部活动时应满足轨道交通既有结构的安全控制保护要求。对影响等级为特级、一级的工程或作业应根据理论分析和数值计算的要求补充相关的地质勘察，补测相应的物理力学参数。基坑支护、隧道初期支护结构超过其安全使用期限的必须重新评定其影响等级并采取相应的措施。城市轨道交通控制保护区内的基坑、基础、隧道等工程在实施过程中严禁出现其自身支护结构破坏、基础桩成孔坍土、土体失稳或变位过大等情况。采用冲孔桩、静压桩等施工工艺的应根据各地区经验综合评估施工时其振动、挤压对轨道交通既有结构的影响。新建工程和作业等建筑活动设计和施工中有关地下水、爆破、监测的控制保护要求应符合规范规定。

（3）应控制轨道交通地下结构上方进行大面积堆载、卸载等外部活动（必须进行时应验算此外部活动使轨道交通地下结构增加的附加荷载和由此产生的附加内力和变位值，并应满足安全控制标准的相应要求）。施工前应在施工方案中确定基础（坑）与轨道交通地下结构之间堆载、大型机械设备的使用布置等改变地面超载的活动，应验算此外部活动使轨道交通地下结构增加的附加荷载和由此产生的附加内力和变位值，并应满足安全控制标准的相应要求。基础（坑）工程设计时应计算基础（坑）开挖卸载引起的周边、基底变形量和基础上部荷载引起的附加沉降对既有轨道交通地下结构的影响。支撑拆除等施工中采用爆破的应符合规范规定，不满足的应采用非爆破方法。

（4）应防止车辆及其他物体坠入轨道交通的轨道或架空电缆上；应防止车辆或船只直接碰撞轨道交通地面结构和高架结构；应防止火灾及水浸等活动直接危害到轨道交通地面结构和高架结构。不得在轨道交通地面和高架结构防护网或栅栏内烧荒、放养牲畜、种植影响轨道交通结构安全和行车瞭望的树木等植物。地下工程作业与既有轨道交通地面结构交叉而且位于轨道交通下方时须组织专家审查论证以确保其满足安全，实施过程中须对地铁轨道采取加固措施并实施轨道和道床的安全监测，监测的技术要求应符合规范规定。轨道交通地面或高架结构位于高边坡高挡墙之上的其外部活动除应保护轨道交通地面或高架结构外还应保证高边坡高挡墙及其基础的安全。设置跨线架空作业与既有轨道交通地面结构交叉时应设置安全防护网。

（5）外部活动中降、排、蓄水等地下水作业时应避免造成轨道交通既有结构渗漏、开裂、上浮、下沉、超限变形和结构荷载及内力改变等对结构正常使用和结构安全产生的不利影响。工程降水过程中应采取相应措施，做到按需降水并应严格控制水位降深，应防范抽水带走土层中的细颗粒，采用套管法成孔应满足标准规范要求，回填砂滤料应认真按级配配制，应适当放缓降水漏斗线的坡度，降水应连续运转并尽量避免间歇和反复抽水，施工过程中应避免产生流砂引起的地面沉陷，降水现场周围有湖、河、浜等导储水体时应考虑在井点与储水体间设置止水帷幕，降水运行应实行不间断的全程跟踪监测，当因降水而危及运营轨道交通地下结构安全时宜采用截水或回灌方法。应进行降水工程效果预报，包括水位降深曲线；达到给定降落曲线所需时间；因降水而引起的运营轨道交通地下结构变形、地面沉降以及降水结束后的回弹。地下水作业设计、施工应满足安全控制标准的相应要求。

（6）降水方案设计时应在场地典型地区进行相应的抽水试验以及降水与沉降观测，并做出沉降预测值及对结构的影响评估，降水造成轨道交通地下结构的最终附加变位值应满足安全控制标准的相应要求，应防止深部承压水压力引起的隆起，结构底板以下的不透水层的孔隙水压力应小于总应力的 70%。当降水影响变形无法满足运营轨道交通地下结构变形要求时应采取可靠措施将降水后变形控制在地下结构允许变形值范围内。降水井滤头深度应不超过隔水帷幕底端，降水井与隔水帷幕的距离不宜小于 3～5m，单井降水面积不宜超过 150～200m²，靠近运营轨道交通地下结构一侧应设置一定数量的观测井。

（7）降水前应调查清楚影响范围内高架线路工程地质情况，包括地层分布、含水层的水位和水量、地下水与地表水体的水力联系、地下水位变化情况、各层土体的物理参数等，应观测降水、抽水引起地面、高架结构基础处地下水位变化，应严防降水、抽水中的含沙量超标而引起的地面不均匀沉降，必要时应设置可靠的隔水帷幕。为减少降水对高架线路基础及地下管线的影响可在保护区边缘设置回灌系统以保持原有地下水位，回灌系统主要适用于粉土和粉砂土层。对降水影响范围的高架线路应进行桩基沉降和地层沉降观测，并对地层沉降引起的桩基负摩擦力进行承载力及强度的复核，沉降观测的基准点应设置在井点影响范围之外，观测次数不少于每天一次，异常情况下须加密观测且每天不少于两次。

（8）爆破作业的设计和施工应确保轨道交通及其设施的结构安全和正常使用。城市轨道交通控制保护区内的爆破作业应按《爆破安全规程》（GB 6722—2003）等规范的要求进行设计和施工，城市轨道交通控制保护区外的爆破作业应执行《爆破安全规程》（GB 6722—2003）的规定。爆破作业的安全风险综合评估除常规评估外还应包括对轨道交通内设备及人员的安全进行专项评估；影响等级为特级、一级的爆破作业施工前应提出专项技术方案及专项安全措施；影响等级为特级、一级、二级的爆破作业施工前应提出应急预案及安全监控方案。

安全监控应包括局部监测和宏观调查，局部监测应包括振动监测和爆破时最近结构薄弱点的应变观测，应变观测结果的安全控制值参照相关技术规范和规程；宏观调查包括对结构物的摄像、摄影以及既有裂纹长度、宽度、延伸方向的详细记录。正在营运的轨道交通结构允许的爆破振动速度应不超过 2.5cm/s（地下车站内安装有重要的精密设备的，在其附近进行爆破作业应满足设备振动速度的安全允许值）。城市轨道交通控制保护区的爆破作业应遵循"多钻孔、分散装药、分段装药、严密防护及控制爆破规模"原则。每次爆破作业时应做好施工记录，包括爆破地点、爆破规模、爆破参数、爆破效果及爆破危害调查资料记录。

在车站附近进行爆破作业前必须做好安全告示张贴宣传、严密警戒，并应做好应急预案的演练和准备工作。爆破前应进行试爆和振动监测，并根据试爆及监测结果选取合适的技术和参数对爆破设计进行修改完善。在控制保护区外 100m 内的爆破作业应做地面震动观测。对经爆破评估或试爆监测发现爆破危害超过振动速度允许值的应按规定调整方案。

复杂地质条件下的爆破设计及施工应采取适当的技术措施以降低爆破危害影响程度及安全允许范围，可酌情采取谨慎爆破技术、微差控制爆破技术、预裂爆破技术、光面爆破技术、不耦合装药技术、减振孔、隔振沟、飞散物防护等技术措施，若采取技术措施后其爆破危害仍不能满足轨道交通结构安全和正常使用，则宜采用静态破碎法或其他方法施工。爆破作业必须采取有效的防护措施以防止飞散物破坏轨道交通地面结构及高架结构，以及避免妨碍轨道交通正常运营。爆破作业不应在地铁运营高峰时间进行。

## §7.5　穿越地铁既有设施工程安全评估与监控

前评估应在新建地下土建工程穿越地铁既有设施前由具有相应资质的检测评估单位对地下工程穿越前的地铁既有设施现状进行检测评估，前评估所需的基础资料应由建设单位提供并经运营单位认可，前评估工作应对地铁既有设施进行综合评价并分析其使用及安全状态，应根据评估结果及分析形成前评估报告对地铁既有设施提出处理建议。前评估完成后其评估报告应报送运营单位批准并根据具体情况决定是否召开前评估专家评审会。在新建工程穿越地铁既有设施前评估单位应进行现场初步调查（混凝土外观、裂缝、变形缝调查）并编制前评估实施方案后报送运营单位批准，原设计单位应出具既有地铁设施安全咨询意见，评估单位依据前评估实施方案进行现状调查及安全检算编制前评估报告，应组织专家评审会对前评估成果进行评审，通过专家评审后应按评估报告及专家意见对地铁既有设施进行相应处理。

新建地下工程穿越地铁既有设施施工前应根据地铁既有设施的结构现状情况确定既有地铁结构的评估等级，新建地下工程穿越地铁既有设施应在识别其对既有结构、轨道等结构的影响程度的基础上对地铁既有设施分级并进行分级管理，地铁既有设施前评估等级可分为三级（渗漏水严重或既有结构裂缝较大、变形缝较大或道床与结构产生剥离的为一级；同时出现既有结构裂缝一般张开及变形缝一般张开的为二级；既有结构仅有少量微小裂缝、无裂缝开展或变形缝无开展则为三级），若业主或管理部门有特殊要求可相应提高评估等级。应对评估范围内的结构裂缝、变形缝以及几何尺寸等进行调查，通过前评估的调查结果评估新建地下工程穿越前既有地铁结构已有的损伤程度。应调查既有结构的裂缝、渗漏等结构损伤，初步预测施工对既有结构的影响程度作为结构安全检算依据。应在分析穿越施工过程中既有地铁结构的基础上选用相应的既有结构受力模型，并通过数值分析方法预测施工引起的地铁既有结构的受力及变形，进而评估新建地下工程穿越施工对结构、轨道等的安全性影响。

评估范围应按施工主要影响区域确定，应根据新建地下工程与地铁既有设施的穿越关系结合既有结构变形缝分布情况确定评估范围。评估调查包括现状调查、结构调查（如混凝土外观检查、混凝土裂缝调查、变形缝调查、结构周边状况检测、混凝土强度检测、钢筋锈蚀检测）、限界调查（分别对线路的建筑限界、设备限界、车辆限界等进行测量）、轨道调查（如轨道几何形位调查、钢轨及零部件调查、道床裂缝调查、道床与结构剥离调查以及其他涉及轨道安全的内容）、线路调查（线路平纵断面调查）、结构安全性评估、既有结构变形及强度验算、既有结构承载力验算、轨道安全性评估（对轨道静、动态几何形位及线路调查可参照相关规范要求的容许偏差管理值进行评估）、道床与结构的连接状况评估。

结构安全性控制要求应按规定给出，首先将结构安全系数按一定标准进行划分（提出分界值，超过此分界值则认为存在风险）；其次进行大量试算（得到分界值对应的既有结构变形值）；最后对施工方案进行合理、可行的优化以保证所提出的既有结构变形值的实现。应给出既有线运营要求，即应根据既有线运营现状首先检验既有结构变形值能否满足结构安全性要求（若满足则直接进行大量试算以对施工方案进行优化；若不满足则提出新的控制值并重新进行验算），最后综合地铁既有设施原设计单位咨询意见确定控制标准。一般情况下，前评估报告应按以下格式顺序编写，即项目背景、前评估依据、前评估范围、现状调查成果、结构安全性评估、轨道安全性评估、前评估结论（含施工控制标准值）、施工建议。

后评估应在新建地下土建工程穿越地铁既有线竣工一年后（或变形稳定后）进行，应由具有相应资质的检测评估单位对地下工程穿越后的地铁既有设施现状进行检测评估并提出处理意见。后评估所需的基础资料应由建设单位提供并经运营单位认可。后评估完成后应报送运营单位认可并根据具体情况决定是否召开后评估专家评审会。后评估工作应对地铁结构、轨道几何形位及限界等进行综合评价并分析其使用及安全状态，应根据评估结果及分析对地铁既有设施提出相应补救措施建议。

评估程序应遵守相关规定，新建工程穿越地铁既有设施完成后评估单位应进行现场初步调查（包括混凝土外观、裂缝、变形缝调查）并编制后评估实施方案报送运营单位认可，评估单位依据后评估实施方案进行现状调查及安全检算编制后评估报告，组织专家评审会对后评估成果进行评审，通过专家评审后必要时对地铁既有设施进行相应处理。

评估等级划分的依据是工前控制目标与工后控制结果的差异，应采用"控制值偏离度 $\delta$"确定结构的变形偏离等级，控制值偏离度 $\delta=$［工中（最终）最大变形值］/［阶段（总体）控制值］，控制值偏离度划分应按规定进行。

新建地下工程穿越地铁既有设施应在识别其对既有结构、轨道等结构的影响程度的基础上对地铁既有设施分级并进行分级管理，地铁既有设施后评估等级可分为三级（即偏离度 $\delta \geq 1.0$；既有结构出现渗漏；既有结构出现新裂缝；既有结构旧裂缝产生较大发展；道床与结构产生剥离为一级。同时偏离度 $0.8 \leq \delta < 1.0$，以及既有结构旧裂缝未发展、无新裂缝、无渗漏、无道床与结构剥离出现的为二级。同时满足偏离度 $\delta < 0.8$，以及既有结构旧裂缝未发展、无新裂缝、无渗漏、无道床与结构剥离出现的为三级），若业主或管理部门有特殊要求可相应调整评估等级。进行控制值偏离度计算时应分别按结构、轨道两方面计算相应的控制值偏离度，即结构控制值偏离度 $\delta_{JG}=$［工中（最终）最大变形值］/［阶段（总体）控制值］；轨道控制值偏离度 $\delta_{GD}=$［工中（最终）最大变形值］/［阶段（总体）控制值］，$\delta_{JG}$、$\delta_{GD}$ 均不小于 1.0 时既有设施轨道、结构均应进行一级评估；$\delta_{JG} \geq 1.0$、$\delta_{GD} < 1.0$ 时既有设施结构部分进行一级评估（轨道部分按照相应级别评估）；$\delta_{JG} < 1.0$、$\delta_{GD} \geq 1.0$ 时既有设施轨道部分进行一级评估（结构部分按照相应级别评估）。

各等级具体评估项目及方法应按规定进行。评估调查应对前评估现场调查过的结构裂缝、变形缝以及几何尺寸等进行工后复核调查（通过与前评估的调查结果对比评估施工对既有结构原有损伤的恶化程度），应调查是否出现新的裂缝、渗漏等结构损伤以初步评估施工对既有结构的影响程度并作为结构安全检算依据。

安全检算应按规定进行，应在分析穿越施工过程中既有地铁结构监测资料的基础上选用相应的既有结构受力过程模式（如"持续加载、持续卸载"或动态加～卸载模式）通过数值分析方法进行结构安全性检算。后评估范围应按施工主要影响区域确定，应在前评估的基础上根据施工期间既有设施结构变形监测数据绘制结构纵断面变形曲线，并结合既有结构变形缝分布情况确定评估范围。

　　后评估检查包括现状调查、结构调查［如混凝土外观检查（含渗漏水）、混凝土裂缝调查、变形缝调查、结构周边状况检测、必要的混凝土强度检测、必要的钢筋锈蚀检测）］、限界调查（分别对线路的建筑限界、设备限界、车辆限界等进行测量）、轨道调查（如轨道几何形位调查，钢轨及零部件调查，道床裂缝调查，道床、结构剥离调查，其他涉及轨道安全的内容）、线路调查（线路平、纵断面调查）、结构安全性评估、既有结构变形及强度检算、既有结构承载力检算。结构耐久性的评估限于施工阶段对结构耐久性和安全耐久性的影响程度，应采用"混凝土保护层开裂极限值"和"使用上需要控制的变形值"两个指标进行结构耐久性评估，应对材料腐蚀等原因引起的各种受力构件承载力下降情况进行安全耐久性评估，应评估防水状况对结构耐久性影响。

　　轨道安全性应根据对轨道静、动态几何形位及线路调查参照相关规范要求的容许偏差管理值进行评估，还应对道床与结构的连接状况进行评估。后评估报告应包括项目背景（工程概况；工前现状调查及评估结果；施工控制标准；施工过程；监测成果分析）、后评估依据、后评估范围、后评估等级、现状调查成果、结构安全性评估（根据评估等级选择）、结构耐久性评估（根据评估等级选择）、轨道安全性评估（根据评估等级选择）、后评估结论、工后处理建议（应提出原则性处理意见）。

## §7.6　地铁工程施工安全评价

　　地铁工程施工安全评价对象应为一个车站或一个区间（若需对整个地铁线路网或一条线路的施工安全进行评价则应采用抽样方式，抽样数量可参考表7-2，抽样时应注意兼顾采用不同类型施工方法的车站或区间）。表7-2中 N 为总样本数量、n 为抽样数。

表7-2　　　　　　　　　　　　　　　抽 样 数 量 表

| N | 1 | 2 | 3～6 | 7～12 | 13～20 | 21以上 |
|---|---|---|---|---|---|---|
| n | 1 | 2 | 3 | 4 | 5 | 6 |

　　地铁工程施工安全评价体系应由地铁工程施工安全组织管理评价、地铁工程施工安全技术管理评价、地铁工程施工环境安全管理评价、地铁工程施工安全监控预警管理评价等4大部分组成。地铁工程施工安全组织管理评价应基于"以人为本"的指导思想重点评价建设单位、勘察设计单位、施工单位、监理单位履行各自施工安全管理职责的状况和水平。地铁工程施工安全技术管理评价应针对地铁区间和车站采用的主要施工方法及安装工程中与安全相关的技术要求进行评价，应评价地铁施工的安全技术管理水平。地铁工程施工环境安全管理评价应包括地铁工程施工周边环境和现场环境两个方面的内容，应评价其环境安全维护措施的有效性和环境状况的安全水平。地铁工程施工安全监控预警管理评价应体现"安全第一、预防为主"的指导思想，应评价其安全监控的全面性和预警措施的有效性。地铁工程施工安全总体评价应在施工安全组织管理、施工安全技术管理、施工环境安全管理、施工安全监控预警管理评价基础上进行安全评分汇总和安全管理水平定级，并进而做出安全评价结论、编制地铁工程施工安全评价报告。

　　地铁工程施工安全评价分准备工作、实施评价和编制评价报告三个阶段。准备工作应包括以下四方面的内容，即确定本次评价的对象和范围、编制施工安全评价计划；准备有关地铁工程施工安全评价所需的国内外相关的法律法规、标准、规章、规范等资料；评价组织方应提交的相关材料［应说明评价目的、评价内容、评价方式、所需资料（包括图纸、文件、资料、档案、数据）的清单、拟开展现场检查的计划及其他需要各参建单位配合的事项］；被评价方应提前准备好评价组织方需要的资料。实施评价应包括以下四方面的内容，即对相关单位提供的地铁工程施工技术和管理资料进行审查；按事先拟定的现场检查计划查看地铁工程施工各参建单位的安全管理、施工技术的安全实施、施工环境的安全管理，以及监控预警的安全控制工作是否到位，是否符合相关法规、规范的要求，并按本标准的相关规定进行评价和打分；进行安全评价总分计算和安全水平划分；在上述工作的基础上评价组织方提出的安全评价结论、编制安全评价报告。

编制评价报告应符合规定。评价报告内容应全面、条理清楚、数据完整，提出的建议应可行，评价结论应客观公正，文字应简洁与准确，论点应明确并应利于阅读和审查。评价报告主要内容应包括评价对象的基本情况、评价范围和评价重点、安全评价结果及安全管理水平、安全对策意见和建议。地铁工程施工安全评价报告宜采用纸质载体并辅助采用电子载体。

各评价项目满分分值为 100 分，各评价项目的实得分应为相应评价分项实得分之和。各评价分项的打分采用扣分法（应得分减去扣分即为该项实得分，实得分不得为负，扣减分数总和不得超过该评价分项应得分值）。各评价分项评分应遵守相关规定，即评价内容符合要求时不扣分；评价内容部分符合要求（或评价内容不符合要求但有补救措施）时酌情扣分；扣分标准参考规范。评分项目有缺项的其有缺项评价项目的实得分应按有缺项评价项目实得分＝［(可评项目的实得分之和)/(可评项目的应得分之和)］×100 换算。

# 第8章
## 特种施工工艺安全技术

## §8.1 爆破工程安全技术

　　各种爆破作业必须使用符合国家标准或部颁标准的爆破器材。在爆破工程中推广应用爆破新技术、新工艺、新器材和仪表必须经国务院主管爆破作业的部门（或相关的全国性行业协会）鉴定批准。进行爆破工作的企业必须设有爆破工作领导人、爆破工程技术人员、爆破段（班）长、爆破员和爆破器材库主任。凡从事爆破工作的人员都必须经过培训考试合格并持有合格证，爆破工作领导人、爆破工程技术人员应经过爆破安全技术培训且考试合格的工程师、技术员担任；爆破器材库主任和爆破段（班）长应由爆破技术人员或经验丰富的爆破员担任。

　　爆破员应符合条件，即年满18周岁且从事过一年以上与爆破作业有关的工作；工作认真负责；具有初中以上文化程度；体检合格；按爆破员培训大纲要求进行过培训并考试合格。取得"爆破员作业证"的新爆破员应在有经验的爆破员指导下实习3个月后方准独立进行爆破工作，在高温、有沼气或粉尘等爆炸危险场所进行的爆破工作必须由经验丰富的爆破员实施，爆破员从事新的爆破工作必须经过专门训练。

　　爆破工作领导人的职责是主持制订爆破工程的全面工作计划并负责实施；组织爆破业务及爆破安全培训工作；审查、考核爆破工作人员与爆破器材库管理人员；监督本单位爆破工作人员执行安全规章制度并组织领导安全检查以确保工程质量；组织领导重大爆破工程的设计、施工和总结工作；主持制定重大或特殊爆破工程的安全操作细则及相应的管理条例；参加本单位爆破事故的调查和处理。

　　爆破工程技术人员的职责是负责爆破工程的设计和总结、指导施工、检查质量；制定爆破安全技术措施，检查实施情况；负责制定盲炮处理技术措施并进行盲炮处理技术指导；参加爆破事故的调查和处理。

　　爆破器材库主任的职责是负责制订仓库管理细则；督促检查爆破器材保管员（发放员）的工作；及时上报质量可疑及过期的爆破器材；组织或参加爆破器材的销毁工作；督促检查库区安全情况、消防设施和防雷装置（发现问题及时处理）。爆破器材保管员（发放员）负责验收、发放、统计和保管爆破器材，对无"爆破员作业证"的人员有权拒绝发给爆破器材。

　　爆破器材试验员负责进行爆破器材的检验工作。爆破段（班）长的职责是领导爆破员进行爆破工作；监督爆破员切实遵守爆破安全细则和爆破器材的保管、使用、搬运制度；有权制止无"爆破员作业证"的人员进行爆破工作；检查爆破器材的现场使用情况和剩余爆破器材的及时退库情况。爆破员的职责是保管所领取的爆破器材，不得遗失或转交他人，不准擅自销毁和挪作他用；按照爆破指令单和爆破设计规定进行爆破作业；严格遵守规程和安全操作细则；爆破后检查工作面，发现盲炮和其他不安全因素应及时上报或处理；爆破结束后，将剩余的爆破器材如数及时交回爆破器材库。

## ▌8.1.1　爆破工程安全的基本规定

（1）露天、地下、水下和其他爆破必须按审批的爆破设计书或爆破说明书进行，硐室爆破、蛇穴爆破、深孔爆破、金属爆破、拆除爆破以及在特殊环境下的爆破工作都必须编制爆破设计书，裸露药包爆破和浅眼爆破应编制爆破说明书。爆破设计书应由单位的主要负责人批准，爆破说明书应由单位的总工程师或爆破工作领导人批准。在城镇居民区、风景名胜区、重点文物保护区和重要设施附近进行爆破须经主管部门批准并应与当地有关主管部门协商且应征得当地县（市）以上公安部门同意。大爆破应有现场指挥，大爆破设计书的审批权限由国务院各主管部门（或相关的全国性行业协会）规定，大爆破作业除应报主管部门批准外还应征得当地县（市）以上公安部门同意。

爆破作业地点有下列情形之一时禁止进行爆破工作，如有冒顶或边坡滑落危险；支护规格与支护说明书的规定有较大出入或工作面支护损坏；通道不安全或通道阻塞；爆破参数或施工质量不符合设计要求；距工作面 20m 内风流中沼气含量达到或超过 1% 或有沼气突出征兆；工作面有涌水危险或炮眼温度异常；危及设备或建筑物安全且无有效防护措施；危险区边界上未设警戒；光线不足或无照明；未严格按本规程要求做好准备工作。

禁止进行爆破器材加工和爆破作业的人员穿化纤衣服。在大雾天、黄昏和夜晚禁止进行地面和水下爆破，需在夜间进行爆破时必须采取有效安全措施并经主管部门批准，遇雷雨时应停止爆破作业并迅速撤离危险区。装药工作必须遵守规定，即装药前应对硐室、药壶和炮孔进行清理和验收；大爆破装药量应根据实测资料校核修正并应经爆破工作领导人批准；应使用木质炮棍装药；装起爆药包、起爆药柱和硝酸甘油炸药时严禁投掷或冲击；深孔装药出现堵塞应在未装入雷管、起爆药柱等敏感爆破器材前采用铜或木制长杆处理；禁止烟火；禁止用明火照明；禁止使用冻结的或解冻不完全的硝酸甘油炸药。堵塞工作必须遵守规定，即装药后必须保证堵塞质量，硐室、深孔或浅眼爆破禁止使用无填塞爆破（扩壶爆破除外）；禁止使用石块和易燃材料填塞炮孔；填塞要十分小心且不得破坏起爆线路；禁止捣固直接接触药包的填塞材料或用填塞材料冲击起爆药包；禁止在深孔装入起爆药包后直接用木楔填塞。

禁止拔出或硬拉起爆药包或药柱中的导火索、导爆索、导爆管或电雷管脚线。炮响完后露天爆破不少于 5min（不包括硐室爆破）、地下爆破不少于 15min（经过通风吹散炮烟后）才准爆破工作人员进入爆破作业地点。地下爆破作业点的有毒气体浓度不得超过表 8-1 的标准，爆破工作面的有毒气体含量应每月测定一次，爆破炸药量增加或更换炸药品种应在爆破前后进行有毒气体测定，地下各爆破作业点的通风要求与安全措施应由单位总工程师批准。严禁在残眼上打孔。

表 8 - 1                                          地下爆破作业点有毒气体允许浓度

| 名称 | | 一氧化碳 | 氮氧化物（换算成二氧化氮） | 二氧化硫 | 硫化氢 | 氨 |
|---|---|---|---|---|---|---|
| 符号 | | CO | $NO_2$ | $SO_2$ | $H_2S$ | $NH_3$ |
| 最大允许浓度 | 按体积（%） | 0.002 40 | 0.000 25 | 0.000 50 | 0.000 66 | 0.004 00 |
| | 按质量/(mg/m³) | 30 | 5 | 15 | 10 | 30 |

（2）爆破工作开始前必须确定危险区边界并设置明显标志。地面爆破应在危险区的边界设置岗哨并使所有通路经常处于监视之下，每个岗哨应处于相邻岗哨视线范围之内。地下爆破应在有关通道上设置岗哨，回风巷应使用木板交叉钉封或设支架路障并挂上"爆破危险区，不准入内"的标志，爆破结束巷道经过充分通风后方可拆除回风巷木板及标志。煤矿在爆破空气冲击波危险范围外的回风巷道设置岗哨必须经矿山总工程师批准且岗哨应配戴自救器。爆破前必须同时发出音响和视觉信号使危险区内的人员都能清楚地听到和看到，应使全体职工和附近居民事先知道警戒范围、警戒标志和声响信号的意义以及发出信号的方法和时间（第一次信号是预告信号，所有与爆破无关人员应立即撤到危险区以外或撤至指定安全地点，同时应向危险区边界派出警戒人员。第二次信号是起爆信号，应确认人员、设备全部撤离危险区并具备安全起爆条件时方准发出起爆信号，根据这个信号准许爆破员起爆。第三次信号是解除警戒信号，未发出解除警戒信号前岗哨应坚守岗位，除爆破工作领导人批准的检查人员外不准任何人进入危险区，经检查确认安全后方准发出解除警戒信号）。

（3）爆破后爆破员必须按规定的等待时间进入爆破地点检查有无冒顶、危石、支护破坏和盲炮等现象。爆破员发现冒顶、危石、支护破坏和盲炮等现象应及时处理（未处理前应在现场设立危险警戒或标志）。只有确认爆破地点安全后并经当班爆破班长同意方准人员进入爆破地点。每次爆破后爆破员应认真填写爆破记录。

## 8.1.2　处理盲炮的安全要求

（1）处理盲炮必须遵守规定。发现盲炮或怀疑有盲炮时应立即报告并及时处理，若不能及时处理则应在附近设明显标志并采取相应的安全措施；难处理的盲炮应请示爆破工作领导人后派有经验的爆破员处理，大爆破的盲炮处理方法和工作组织应由单位总工程师批准；处理盲炮时无关人员不准在场并应在危险区边界设警戒，危险区内禁止进行其他作业；禁止拉出或掏出起爆药包；电力起爆发生盲炮时须立即切断电源并及时将爆破网路短路；盲炮处理后应仔细检查爆堆并将残余的爆破器材收集起来，未判明爆堆有无残留的爆破器材前应采取预防措施；每次处理盲炮必须由处理者填写登记卡片。

处理裸露爆破的盲炮允许用手小心地去掉部分封泥，在原有的起爆药包上重新安置新的起爆药包加上封泥起爆。处理浅眼爆破的盲炮应采用适宜的方法，如检查确认炮孔起爆线路完好的重新起爆；打平行眼装药爆破，平行眼距盲炮孔口不得小于 0.3m，浅眼药壶法其平行眼距盲炮药壶边缘不得小于 0.5m。为确定平行炮眼的方向允许从盲炮孔口起取出长度不超过 20cm 的填塞物；用木制、竹制或其他不发生火星的材料制成的工具轻轻地将炮眼内大部分填塞物掏出后用聚能药包诱爆；在安全距离外用远距离操纵的风水喷管吹出盲炮填塞物及炸药，但必须采取措施回收雷管；盲炮应在当班处理，当班不能处理或未处理完毕应将盲炮情况（盲炮数目、炮眼方向、装药数量、起爆药包位置、处理方法和处理意见）在现场交接清楚，由下一班继续处理。

处理深孔盲炮应采用适宜的方法，比如对爆破网路未受破坏且最小抵抗线无变化者可重新联线起爆，最小抵抗线有变化者应验算安全距离并加大警戒范围后再联线起爆；在距盲炮孔口不小于 10 倍炮孔直径处另打平行孔装药起爆（爆破参数由爆破工作领导人确定）；所用炸药为非抗水硝铵类炸药且孔壁完好的可取出部分填塞物向孔内灌水使之失效，然后做进一步处理。处理硐室爆破盲炮应采用适宜的方法，如能找出起爆网路的电线、导爆索或导爆管后经检查正常仍能起爆者可重新测量最小抵抗线、重划警戒范围联线起爆；沿竖井或平硐清除填塞物重新敷设网路联线起爆或取出炸药和起爆体。

处理水下裸露爆破盲炮应采用适宜的方法，如在盲炮附近另行投放裸露药包使之殉爆；小心地将药包提出水面用爆炸法销毁。处理水下炮孔盲炮应采用适宜的方法，如造成盲炮的因素消除后可重新起爆；填塞长度小于炸药的殉爆距离或全部用水填塞者可另装入起爆药包起爆；在盲炮附近投放裸露药包爆破。

破冰爆破发生盲炮可在盲炮包处投放新起爆药包诱爆。处理地震勘探爆破的盲炮应采用适宜的方法，如从炮孔中小心地取出药包用爆炸法销毁；不可能从炮孔或炮井中取出药包时可装填新起爆药包进行诱爆。处理金属、金属结构物和热凝物爆破的盲炮应吹出部分填塞物，重新装起爆药包诱爆（处理热凝物爆破的盲炮必须使孔壁温度冷却到 40℃ 以下才准重新装药爆破）。

（2）粒状炸药露天装药车必须符合规定，车厢应用耐腐蚀的金属材料制造且厢体必须有良好的接地；输药管必须使用专用半导体管且钢丝与厢体的连接应牢固；装药车系统的接地电阻值不得大于 100kΩ；输药螺旋与管道之间必须有足够的间隙；发动机废气排出管应安装消焰装置；排气管与油箱和轮胎应保持适当距离；装药车上应配备适量的灭火器。井下装药器必须符合规定，装药器的壳体应用耐腐蚀的导电材料制作；输药管必须采用专用半导体管；装药器应接地良好且整个系统的接地电阻值不得大于 100kΩ。

采用上述装药车（器）装药时必须遵守规定，即输药风压不得超过额定风压上限值；不准用不良导体垫在装药车（器）下面；返粉药再使用时必须过筛，严禁石块和其他杂物混入药粉室；电力起爆和导爆管起爆的起爆药包必须在装药结束后方准装入炮孔。

# §8.2　盾构法施工安全技术

安全工作必须实行群众监督以充分发挥群众的安全监督作用，每一职工都有权制止任何人员违章作业并拒绝任何人员违章指挥，对威胁生命安全和有毒有害工作地点的职工有权立即停止工作并撤到安全地点，危险地点没有得到处理不能保证人员安全时职工有权拒绝工作。所有现场施工人员必须戴安全帽，进入隧道作业人员严禁喝酒、吸烟。隧道施工必须具备相应资料，即隧道工程设计的全套图纸资料和工程技术要求文件；隧道沿线详细的工程地质和水文地质勘察报告；施工沿线地表环境调查报告；地下各种障碍物调查报告。隧道工程所使用的材料或制品等应符合设计要求。施工前必须针对盾构法施工在特定的地质条件和作业条件下可能遇到的风险问题仔细研究并制定防止发生灾害的安全措施，应特别注意如果防止的灾害是瓦斯爆炸、火灾、缺氧、有害气体中毒和潜涵病等，必须预先制定和落实发生紧急事故时的应急对策和措施。

应根据隧道功能、隧道内径和勘探获得的穿越地层、地面建筑物、地下构筑物等条件进行盾构机造型设计。应做好环境调查，关键性环境条件调查必须实地勘察核实，例如，土地使用情况，应根据报告和附图实地勘察调查土地及江河湖海底部利用情况，以及各种建筑物和构筑物的使用功能、结构形式、基础类型与隧道的相对位置等；道路种类及路面交通情况；工程用地情况，主要是对施工场地及材料堆放场地、弃土场、运土路线等做必要的调查；河流底下或河流附近建造隧道的周边情况，必须调查河流断面、水文条件、航运、堤坝结构、地质条件、有无水底电缆及沉埋障碍物等；施工用电和给排水设施条件。地下障碍物调查报告中对隧道经过地区有无相遇阻碍物或位于施工范围内的各种设施必须进行详细调查，其内容应包括地下构筑物的结构形式、基础形式及其埋深以及与隧道的相对位置等；煤气管道、上下水池电力和通信电缆等位置、管道材质及接头形式被侵蚀程度及其与隧道的相对位置等；地下废弃构筑物、管道及临时工程残留物等。

在饱和含水地层进行地下隧道施工时因其特有的复杂性必须进行详细的施工勘察，应为制定基本施工方法和应变措施提供足够资料。盾构施工前应编制施工组织设计，其主要内容应包括工程及地质概况；盾构掘进施工方法和程序；进出洞等特殊段的技术措施；工程主要质量指标及保证措施；施工安全和文明施工要求；施工进度网络计划；主要施工设备和材料使用计划等。盾构施工前应由工程技术负责人和生产负责人向施工管理人员、作业班长、盾构司机等做全面的安全技术交底，作业班长应向作业人员进行操作交底。

始发井的平面尺寸应满足盾构安装、施工、竖向运输、洞口封门、拆除等施工要求。接收井的平面尺寸应满足盾构拆卸工作需要。始发（接收）井的预留洞口底标高应高于井底底板，须采用衬砌背后压装工艺时现场必须设拌浆站。变、配电间应设有两路电源且相互切换应迅速、方便、安全，若施工地区无两路电源，则必须设有适当容量的自备电源以供井下照明及连续使用的施工设备用电。

充电间面积应满足牵引车用电瓶充电周转的需要，并设有电瓶箱的吊装设备，且地面应做防酸处理。应按施工需要布设料具间及机修间。竖向运输设施的运输能力应与盾构施工所需的材料、设备供应量相适应，所有的起重机械、索具要按安全规程要求定期检查、维修与保养。地面运输设施应有合理布局，应保证砌块、浆液、轨道、轨枕、各种管材、电瓶等安全、快速地运至井下，并能使井下土方等物料及时外运。为确保盾构施工安全，必须在各作业点之间设置便捷可靠的通信设备。

盾构工作井应符合安全要求，盾构安装就位与支撑应遵守相关规定，施工排、降水应遵守相关规定，盾构出井、推进、注浆应符合安全要求，砌块运输与拼装应遵守相关安全规定，拆移盾构设备应遵守相关操作规定，砌块连接与防水应遵守相关规定，通风防毒应符合要求。

# §8.3　土石方工程安全技术

施工土石方工程的设计、施工应由具有相应资质及安全作业许可证的企业承担。工程土石方施工前应做好设计方案及施工组织设计，并严格按照施工组织设计中的安全保证措施进行施工作业。工程土石方施工项目安全员必须持证上岗，无专职安全员禁止进行施工作业。应建立、健全安全责任制，施工前应逐级进行安全技术教育及交底，落实所有安全技术措施和人身防护用品，未落实时不得进行施工。土石方施工的机械设备应有产品编号、制造单位及合格证书，设备施工前必须加以检查，确认完好方能投入使用，并应定期进行安检，施工中发现有问题或隐患时必须及时解决，危及人身安全时必须停止作业，经排除确认安全后方可恢复生产。土石方施工作业人员应进行专业技术培训，特殊工种人员必须经过专业技术培训，考试合格后方能持证上岗。土石方施工中遇有地下文物时应做好保护并立即上报有关部门。

（1）土石方施工前应做好有安全保障的通电、通水、通路和平整场地工作。土石方施工区域应在行车、行人可能经过的路线点处设置明显的警示标牌，在可能发生爆破、塌方、滑坡、深坑、触电等危险区域应设置能有效防止人畜进入的施工防护栏栅或隔离带并设置明显标志。在野外或市区大规模土石方施工现场应设置简易外伤紧急医疗处置点。机械操作人员必须经过专业安全技术培训且应考核合格后持证上岗（严禁酒后作业）。操作人员作业过程中不得擅自离开岗位或将机械交给其他无证人员操作，严禁疲劳作业，严禁机械带故障作业，严禁无关人员进入作业区和操作室。操作人员必须认真执行机械有关保养规定，机械连续作业时应建立交接班制度，接班人员经检查确认无误后方可进行工作。

机械进入现场前必须查明行使路线上空有无障碍及其高度，应查明行使路线上的桥梁、涵洞的通行高度和承载能力，确认安全后应低速通过，严禁在桥面上急转向和紧急刹车。作业前应按施工组织设计和安全技术交底检查施工现场，不宜在距现场电力和通信电缆、煤气管道等周围 2m 以内进行机械作业，必须作业时应探明其准确位置并采取措施保证其安全。机械严禁超载作业或任意扩大使用范围，安全防护装置不完整或已失效的机械不得使用。配合机械作业人员必须在机械回转半径以外作业，必须在回转半径内作业时，机上和机下人员应随时取得有效联系。

在机械产生对人体有害的气体、液体、尘埃、渣滓、放射性射线、振动、噪声等场所必须配置相应的安全保护设备和三废处理装置，在暗道、沉井基础施工中应采取措施使有害物限制在规定限度内。作业遇到下列情况应立即停止作业，如填挖区土体不稳定有坍塌可能；发生暴雨、雷电、水位暴涨及山洪暴发等情况；施工标记及防护设施被损坏；地面涌水冒泥出现陷车或因雨发生坡道打滑；工作面净空不足以保证安全作业；地下设施未探明；出现其他不能保证作业和运行安全的情况等。

新购、经过大修或技术改造的机械应按有关规定要求进行测试和试运转，机械在寒冷季节使用应遵守有关规定。机械运行时严禁接触转动部位和进行检修，修理装置时应使其降到最低位置并应在悬空部位进行安全支撑。机械发生重大事故时企业领导必须及时上报、组织抢救、保护现场、查明原因、分清责任、落实及完善安全措施，并按事故性质严肃处理。汽车及自行轮胎式机械设备在进入市区或公路行驶时必须遵守有关交通规定。机械发动前应对各部位进行检查（确认完好方可起动），工作结束后应将机械停到安全地带。夜间工作时现场必须有足够照明且机械照明装置应齐全完好。

（2）土石方爆破应遵守爆破规定。基坑工程应建立现场安全管理制度，开工前进行安全交底并留有书面记录，施工现场应设置专职安全员。土方开挖前应查清周边环境（如建筑物、市政管线、道路、地下水等情况），应将开挖范围内的各种管线迁移、拆除，或采取可靠保护措施。基坑土方开挖应按设计和施工方案要求分层、分段、均衡开挖，应贯彻"先锚固（支撑）后开挖、边开挖边监测、边开挖边防护"原则，严禁超深挖土。基坑土方开挖应按要求设置变形观测点并按规定进行观测，发现异常情况要及时处理并做到信息化施工）。土石方作业应贯彻"先设计后施工、边施工边治理、边施工边监测"原则。边坡开挖施工区应有临时性排水及防暴雨措施且宜与永久性排水措施结合实施。边坡较高时坡顶应设置临时性的护栏及安全措施。边坡开挖前应将边坡上方已松动的滚石及可能崩塌的土方清除。边坡土石方工程开挖应遵守相关作业规范。土方开挖和回填前应查清场地的周边环境、地下设施、地质资料和地下水情况等。

# §8.4 隧道钻爆法掘进施工安全技术

施工场地应做出详细的部署和安置，出碴、进料及材料堆放场地应妥善布置，弃碴场地应设置在不堵塞河流、不污染环境、不毁坏农田的地段，对风、水、电等设施应做出统一安排并在进洞前基本完成。进洞前应先做好洞口工程并稳定好洞口的边坡和仰坡，应做出天沟、边沟等排水设施，应确保地表水不致危及隧道的施工安全。隧道施工的各班组间应建立完善的交接班制度，并将施工、安全等情况记载于交接班的记录簿内（工地值班负责人应认真检查交接班情况）。所有进入隧道工地的人员必须按规定佩戴安全防护用品、遵章守纪、听从指挥。遇有不良地质地段施工时应按"先治水、短开挖、弱爆破、强支护、早衬砌"原则稳步前进，设计文件中指明有不良地质情况时应进行必要的超前钻孔探明情况并采取预防措施。水底公路隧道应遵守专门规定。

## ■ 8.4.1 隧道钻爆法掘进施工应遵守的基本安全规则

开挖人员到达工作地点时应首先检查工作面是否处于安全状态，并检查支护是否牢固以及顶板和两帮是否稳定，有松动的石、土块或裂缝应先予以清除或支护。人工开挖土质隧道时操作人员必须互相配合并保持必要的安全操作距离。机械凿岩时宜采用湿式凿岩机或带有捕尘器的凿岩机。站在碴堆上作业时应注意碴堆的稳定并防止滑坍伤人。风钻钻眼时应先检查（如机身、螺栓、卡套、弹簧和支架是否正常完好；管子接头是否牢固，有无漏风；钻杆有无不直、带伤以及钻孔堵塞现象；湿式凿岩机的供水是否正常；干式凿岩机的捕尘设施是否良好等），不合要求的应予修理或更换。带支架的风钻钻眼时必须将支架安置稳妥，风钻卡钻时应用扳钳松动拔出，不可敲打，未关风前不得拆除钻杆。在工作面内不得拆卸和修理风、电钻。严禁在残眼中继续钻眼。隧道爆破应遵守相关爆破规程。

各类进洞车辆必须处于完好状态、制动有效，严禁人料混载。进洞的各类机械与车辆宜选用带净化装置的柴油机动力，燃烧汽油的车辆和机械不得进洞，通风良好可以满足通风及防尘要求的除外。所有运载车辆均不准超载、超宽、超高运输，运装大体积或超长料具时应有专人指挥、专车运输并设置显示界限的红灯。进出隧道的人员应走人行道，不得与机械或车辆抢道，严禁扒车、追车或强行搭车。人工装碴应将车辆停稳制动，漏斗装碴时应有联络信号，装满时应发出停漏信号并及时盖好漏碴口，接碴时漏斗口下不得有人通过。人工卸碴应将车辆停稳制动，严禁站在斗车内扒碴。机械装碴时坑道断面应能满足装载机械的安全运转，装碴机上的电缆或高压胶管应有专人收放，装碴机械操作时其回转范围内不得有人通过。

洞内有轨运输应遵守相关规定，洞内平曲线半径不应小于车轴距的 7 倍，洞外应不小于 10 倍；双线运输时其车辆错车净距应大于 0.4m 且车辆距坑壁或支撑边缘的净距应不小于 0.2m，单线运输时在一侧应设宽度不小于 0.7m 的人行道并在适当地点设错车道（其长度应能满足最长列车运行的要求）；洞内轨道坡度宜与隧道纵坡一致且卸碴地段应设不小于 1‰ 的上坡道；在线路尽头应设置挡车装置和标志以及足够宽的卸车平台；运输线路应有专人维修、养护，线路两侧的废碴和余料应随时清理。动力牵引的有轨运输作业可参照《煤矿安全规程》的有关规定办理。无轨运输应遵守相关规定，洞内运输不得速超（人力车 5km/h；机动车在施工作业地段单车 10km/h、有牵引时 15km/h；机动车在非作业地段单车 20km/h、有牵引车时 15km/h、会车时 10km/h）；车辆行驶中严禁超车；在洞口、平交道口及施工狭窄地段应设置"缓行"标志，必要时应设专人指挥交通；凡停放在接近车辆运行界限处的施工设备与机械应在起外缘设低压红色闪光灯组成显示界限以防运输车辆碰撞；在洞内倒车与转向时必须开灯鸣号或有专人指挥；洞外卸碴地段应保持一段的上坡段并在堆碴边缘内 0.8m 处设置挡木；路面应有一定的平整度并设专人养护；洞内车辆相遇或有行人通行时应关闭大灯光，改为近光或小灯光。

## ▌8.4.2  隧道钻爆法掘进施工过程的安全控制

在隧道工程外部运输爆破器材时应遵守《中华人民共和国民用爆炸物品管理条例》。任何情况下雷管与炸药必须放置在带盖的容器内分别运送，人力运送时雷管与炸药不得由一人同时运送；汽车运输时雷管与炸药必须分别装在两辆车内运送且其间距应在 50m 以上；有轨机动车运输时雷管与炸药不宜在同一列车上运送，必须用同一列车运送时装雷管与炸药的车辆必须用 3 个空车厢隔开。人力运送爆破器材时必须有专人护送并应直接送到工地（不得在中途停留），一人一次运送的炸药数量不得超过 20kg 或原包装一箱。汽车运送爆破器材时汽车排气口应加装防火罩，运行中应显示红灯，器材必须由爆破工专人护送（其他人员严禁搭乘），爆破器材的装载高度不得超过车厢边缘，雷管或硝酸甘油类炸药的装载不得超过两层。有轨机动车运送爆破器材时其行驶速度不得超过 2m/s（护送人员与装卸人员只准在尾车内乘坐，其他人员严禁乘车），硝酸甘油类炸药或雷管必须放在专用带盖的木质车厢内，车内应铺有胶皮或麻袋并只准堆放一层。严禁用翻斗车、自卸汽车、拖车、拖拉机、机动三轮车、人力三轮车、自行车、摩托车和带运输机运送爆破器材。

（1）隧道各部（包括竖井、斜井、横洞及平行导洞）开挖后除围岩完整坚硬以及设计文件中规定的不需支护者外都必须根据围岩情况、施工方法采取有效支护。施工期间现场施工负责人应会同有关人员对支护各部定期进行检查，在不良地质地段每段每班应设专人随时检查，发现支护变形或损坏时应立即整修和加固；变形或损坏情况严重时应先将施工人员撤离现场再行加固。洞口地段和洞内水平坑道与辅助坑道（横洞、平行导坑等）连接处应加强支护或及早进行永久衬砌，洞口地段的支撑宜向洞外多架5～8m明廊并在其顶部压土以稳定支撑，待洞口建筑全部完工后方可拆除。

洞内支护宜随挖随支护，支护至开挖面的距离一般不得超过4m，遇石质破碎、风化严重和土质隧道时应尽量缩小支护工作面，短期停工时应将支撑直抵工作面。不得将支撑立柱置于废碴或活动的石头上，软弱围岩地段的立柱应加设垫板或垫梁并加木楔塞紧。漏斗孔开挖时应加强支护并加设盖板，供人上下的孔道应设置牢固的扶梯。采用木支撑时应选用松、柏衫等坚硬且富有弹性的木材其梁、柱的梢径不得小于20cm，跨度大于4m时不得小于25cm。其他连接杆件梢径不得小于15cm，木板厚度不得小于5cm。木支撑宜采用简单、直立、易于拆立的框架结构并应保证坑道的运输净空。

钢支架安装宜选用小型机具进行吊装并应遵守规定。喷锚支护时危石应清除，脚手架应牢固可靠，喷射手应佩戴防护用品，机械各部应完好正常，压力应保持在0.2MPa左右，注浆管喷嘴严禁对人放置。当发现已喷锚区段的围岩有较大变形或锚杆失效时应立即在该区段增设加强锚杆（其长度应不小于原锚杆长度的1.5倍）。

若喷锚后发现围岩突变或围岩变形量超过设计允许值则宜用钢支架支护）。发现测量数据有不正常变化或突变（洞内或地表位移值大于允许位移值；洞内或地面出现裂缝以及喷层以及喷层出现异常裂缝）时均应视为危险信号，必须立即通知作业人员撤离现场，待制定处理措施后才能继续施工。

（2）隧道作业通风及防尘应符合要求，粉尘允许浓度每立方米空气中含有10%以上游离二氧化硅的粉尘必须在2mg以下；氧气不得低于20%（按体积计，下同）；瓦斯（沼气）或二氧化碳不得超过0.5%；一氧化碳浓度不得超过30mg/m³；氮氧化物（换算成二氧化氮）浓度应在5mg/m³以下；二氧化硫浓度不得超过15mg/m³；硫化氢浓度不得超过10mg/m³；氨的浓度不得超过30mg/m³。隧道内的气温不宜超过28℃。

隧道内空气成分每月应至少取样分析一次，风速、含尘量应每月至少检测一次。隧道施工时的通风应设专人管理，应保证每人每分钟供给新鲜空气1.5～3m³。无论通风机运转与否均严禁人员在风管的进出口附近停留，通风机停止运转进任何人员不得靠近通风软管行走和在软管旁停留，不得将任何物品放在通风管或管口上。施工时宜采用湿式凿岩机钻孔用水炮泥进行水封爆破以及湿喷混凝土喷射等有利于减少粉尘浓度的施工工艺。在凿岩和装碴工作面上应做好防尘工作，即放炮前后应进行喷雾与洒水；出碴前应用水淋透渣堆和喷湿岩壁；在吹入式出风口宜放喷雾器。防尘用水的固体含量不应超过50mg/L，大肠杆菌不得超标，水池应保持清洁并有沉淀或过滤设施。

（3）隧道内的照明灯光应保持亮度充足、均匀及不闪烁，应根据开挖断面大小、施工工作面位置选用不同的高度。隧道内用电线路均应使用防潮绝缘导线并按规定高度用瓷绝缘子悬挂牢固，不得将电线挂在铁钉和其他铁件上或捆扎在一起，开关外应加木箱盖并采用封闭式保险盒，使用电缆亦应牢固地悬挂在高处不得放在地上。隧道内各部的照明电压应符合规定，即开挖、支撑及衬砌作业地段为12~36V；成洞地段为110~220V；手提作业灯为12~36V。隧道内的用电线路和照明设备必须设专人负责检修管理，检修电路与照明设备时应切断电源。在潮湿及漏水隧道中的电灯应使用防水灯口。

（4）在有地下水排出的隧道必须挖凿排水沟，下坡开挖时应根据涌水量的大小设置大于20%涌水量的抽水机具予以排出，抽水机械的安装地点应在导坑的一侧或另开偏洞安装，并用栅栏与隧道隔离。抽水设备宜采用电力机械，不得在隧道内使用内燃抽水机，抽水机械应有一定的备用台数。若隧道开挖中预计要穿过涌水地层则宜采用超前钻孔探水以查清含水层厚度、岩性、水量、水压等（为防治涌水提供依据）。发现工作面有大量涌水时应立即命令工人停止工作撤至安全地点。

（5）各洞、井口施工区以及洞内机电硐室、料库、带运输机等处均应设置有效且数量足够的消防器材并设明显标志，应定期检查、补充和更换，不得挪作他用。洞口20m范围内的杂草必须清除，火源应距洞口至少30m以外，库房20m范围内严禁烟火，洞内严禁明火作业与取暖。洞内及各硐室不得存放汽油、煤油、变压器油和其他易燃物品，清洗风动工具应在专用硐室内并设置外开防火门。

（6）隧道施工发现瓦斯时应加强通风并采取防范措施，当隧道内的瓦斯浓度经通风后仍超过规定时应遵守相应规定。瓦斯防治主要是消除瓦斯超限和积存及断绝一切可能引燃瓦斯爆炸的火源。隧道内严禁使用油灯、电石灯、汽灯等有火焰的灯火照明，任何人员进入隧道必须接受检查，严禁将火柴、打火机及其他可能自燃的物品带入洞内。电压不得超过110V；输电线路必须使用密闭电缆；灯头、开关、灯泡等照明器材必须采用防爆型且其开关必须设置在送风道或洞口。

每个洞口常备的完好矿灯总数应大于经常用灯总人数的10%；矿灯均需编号且常用矿灯的人员应固定灯号；矿灯如有电池漏液、亮度不足、电线破损、灯锁不良、灯头密封不严、灯头圈松动、玻璃和胶壳破裂等情况严禁发出，发出的矿灯最低限度应能连续正常使用11h；使用矿灯人员应严禁拆开敲打和撞击矿灯，出洞或下班时应立即将矿灯交回灯房。掘进工作面风流中的瓦斯浓度达到1%时必须停止电钻打眼，达到1.5%时必须停止工作、撤出人员、切断电源、进行处理，放炮地点附近20m以内风流中瓦斯浓度达到1%时严禁装药放炮，电动机附近20m以内风流中的瓦斯浓度达到1.5%时必须切断电源停止运行，掘进工作面的局部瓦斯积聚浓度达到2%时其附近20m内必须停止工作切断电源。因超过瓦斯浓度规定而切端电源的电气设备必须在瓦斯浓度降低到1%以下时方可开动，使用瓦斯自动检测报警断电装置的掘进工作面只准人工复电。

（7）隧道爆破作业严禁用火花起爆和裸露爆破。爆破时宜使用瞬发电雷管，若采用毫秒雷管则其总的延时时间不得超过130ms，严禁使用秒和半秒延时电雷管，应使用煤矿安全炸药。短隧道放炮时所有人员必须撤出隧道洞外，长隧道单线应撤出300m以外，双车道上半断面开挖撤至400m以外，双车道全断面开挖应撤至500m以外。瓦斯隧道中的机具（如电瓶车、通风机、电话机、放炮器等）必须采用防爆型。必须严格采用湿式凿岩，洞内使用的金属锤头必须镶有不产生火花的合金，装碴使用的金属器械不得猛力与石碴碰击，铲装前必须将石碴浇湿。

洞内装设及检修各种电气设备时必须先切断电源，电缆互接或分路进必须在洞外进行锡焊和绝缘包扎并热补，严禁在洞内电缆上临时接装电灯或其他设备，电缆在洞内接头时应在特制的防爆接线盒内或有防爆接线盒内进行连接。有瓦斯的隧道其每个洞口必须设专职瓦斯检查员，一般情况下每小时检测一次并将结果记入记录簿。检测瓦斯的检定器应每季校对一次。通风必须采用吹入式，通风主机应有一台备用机，并应用两路电源供电。通风机停止时洞内全体人员必须撤至洞外。隧道内严禁一切可以导致高温与发生火花的作业。隧道施工时必须配合必要的急救和抢救的设备和人员，施工人员必须具有防止瓦斯爆炸方面的安全知识。

# §8.5　液压滑动模板施工安全技术

采用滑动模板（以下简称滑模）进行施工必须编制滑模专项施工方案（其主要内容包括滑模施工技术设计、滑模装置设计、滑模装置计算和滑模安全施工技术措施），该专项施工方案必须进行专家论证。滑模专项施工方案应包括工程概况和编制依据；滑模施工部署［含管理目标；施工组织；统一指挥及总、分包协调；劳动组织、岗位责任与培训计划；滑模施工程序；滑模施工进度计划；施工总平面布置（包括操作平面布置）；材料、预埋件、机具和设备计划］；滑模施工技术设计［含滑模装置设计；滑模装置计算；混凝土配合比设计（应确定浇灌顺序、浇灌速度、出模强度）；制定滑升制度、滑升速度和停滑措施；施工精度控制与防偏、纠偏、纠扭技术措施；特殊部位及变截面施工技术措施；滑模装置安装；滑模装置拆除］；施工安全保证措施（含安全生产管理人员职责；安全管理措施；安全施工技术措施；监测监控；季节性施工措施；滑模装置维护、保养及检验制度；消防设施与管理；现场文明施工；应急预案）。施工单位应根据专家论证报告修改完善滑模专项施工方案并经施工企业技术负责人、项目总监理工程师和建设单位项目负责人签字，施工单位必须按照审批后的滑模专项方案组织施工，不得擅自修改、调整专项方案。

滑模工程施工前项目技术负责人应按滑模专项施工方案的要求向参加滑模工程施工的现场管理人员和操作人员进行安全技术交底，参加滑模工程施工的人员必须通过考核合格后方能上岗工作且主要施工人员应相对固定。滑模施工中必须配备熟悉我国现行《滑动模板工程技术规范》（GB 50113—2005）的具有安全资格 C 证的专职安全员（安全员负责滑模施工现场的安全检查和监督工作，对违章作业有权制止，发现重大安全隐患时有权指令先行停工并立即报告项目负责人）。滑模施工中应经常与当地气象台、气象站取得联系，遇雷雨、大雾、六级和六级以上大风时必须停止施工，停工前应先采取停滑措施，对设备、工具、零散材料、可移动的铺板等进行整理、固定并做好防护，切断操作平台电源。滑模操作平台上的施工人员应定期体检（经医生诊断凡患有高血压、心脏病、贫血、癫痫病及其他不适应高空作业疾病的不得上操作平台工作）。当工程需要在冬期采用滑模施工时其冬期施工安全技术措施应纳入滑模专项施工方案中并应按我国现行《建筑工程冬期施工规程》（JGT/T 104—2011）的有关规定执行。

## 8.5.1　液压滑动模板施工安全的基本要求

滑模施工现场必须具备场地平整、道路通畅、通电、通水及排水顺畅的条件，施工现场必须采用封闭围挡（高度不小于 1800mm），现场布置应按滑模专项施工方案总平面图进行。在施工的建（构）筑物周围必须划出施工危险警戒区，警戒线至建（构）筑物的距离不应小于施工对象高度的 1/10 且不小于 10m，烟囱类变截面结构警戒线距离应增大至其高度的 1/5 且不小于 25m，不能满足要求时应采取有效的安全防护措施。施工现场进出口应设门卫并制定门卫制度，警戒线应设置围栏和明显的安全标志。

施工作业区与办公区、生活区应划分清晰并采取相应隔离措施，临建设施距在建工程的防火间距应符合规定，建筑材料、构件、料具应按总平面布局堆放，料堆应挂名称、品种、规格等标牌且应堆放整齐，易燃易爆物品应分类存放保管。警戒区内的建筑物出入口、地面通道及机械操作场所应搭设高度不低于 2.5m 的安全防护棚，滑模工程进行立体交叉作业时其上、下工作面之间应搭设隔离防护棚，防护棚应定期清理坠落物。

防护棚构造应满足要求，防护棚结构应通过力学计算确定，棚顶一般可采用不少于两层纵横交错的木板（木板厚度不小于 30mm）或竹夹板组成（重要场所增加一层 2~3mm 厚的钢板），建（构）筑物的内部防护棚应从中间向四周留坡且其外（四周）防护棚应做成向内留坡（即外高内低，其坡度均不小于 1:5），竖向运输设备穿过防护棚时防护棚所留洞口周围应设置围栏和挡板（其高度应不小于 1200mm，烟囱类构筑物 ±0.00 防护棚（包括利用灰斗平台）洞口全高应增加密目网封闭），烟囱类构筑物利用平台、灰斗底板代替防护棚时在其板面上应采取缓冲措施。

操作平台上的洞口、楼板洞口、漏斗口及内外墙门窗洞口处必须按下列规定设置防护设施，板与墙的洞口必须设置牢固的盖板、防护栏杆、安全网或其他防坠落的防护设施；电梯井口必须设防护栏杆或固定栅门（滑模装置在电梯井内的吊架应连成整体，其底部应满挂一道安全兜网）；施工现场通道附近的各类洞口与坑槽等处除设置防护设施与安全标志外夜间还应设红灯示警；临边与洞口作业的防护栏杆应通过力学计算确定。

楼梯、爬梯等处应设扶手或安全栏杆，脚手架的上人斜道和连墙件应符合《建筑施工扣件式钢管脚手架安全技术规范》（JGJ 130—2004）的规定，独立施工电梯通道口及地面落罐处等施工人员上、下处应设围栏。各种牵拉钢丝绳、滑轮装置、管道、电缆及设备等均应采取防护措施。现场竖向运输机械的布置应符合要求，竖向运输用的卷扬机应布置在危险警戒区以外并尽量设在能与塔架上、下通视的地方，采用多台塔吊同场作业时应有防止互相碰撞的措施。地面施工作业人员在警戒区内、防护棚外进行短时间工作时应与操作平台上作业人员取得联系并指定专人负责警戒。

## 8.5.2　滑模装置的安全要求

滑模装置的设计应具有完整的加工图、施工图、设计计算书及技术说明，并必须经过审核报企业技术负责人批准。滑模装置的制作必须按设计图纸加工,有变动必须经企业技术负责人同意并应有相应的设计变更文件。制作滑模装置的材料应有质量证明文件且其品种、牌号、规格等应符合设计要求,材料的代用必须经设计人员和企业技术负责人同意,机具、器具应有产品合格证。滑模装置各部件的制作、焊接及安装质量必须经检验合格并进行荷载试验,其结果必须符合设计要求,滑模装置经改装后的安装质量经验收必须符合设计要求。

液压系统的千斤顶、油路、液压控制台和支承杆的规格应根据计算确定,千斤顶额定荷载必须大于或等于两倍工作荷载。操作平台及吊脚手架上的铺板必须严密、平整、防滑、固定可靠,操作平台上的孔洞(如上、下层操作平台的通道孔、爬梯孔、梁模滑空部位等)应设盖板封严,操作平台宽度不宜小于 800mm。外操作平台应设钢制防护栏杆且其高度应不小于 1800mm;内操作平台及内外吊脚手架周边的防护栏杆高度应不小于 1200mm,栏杆水平杆间距应不大于 400mm 且其底部应设高度大于 180mm 的挡板,在防护栏杆外侧应满挂铁丝网或安全网封闭并应与防护栏杆绑扎牢固,在扒杆部位下方的栏杆应用管钢或角钢加固,内外吊脚手架操作面一侧的栏杆与操作面的距离应不大于 100mm。

操作平台的底部及内外吊脚手应兜底满挂安全网并应符合要求,不得使用无安全生产许可证厂家生产的及过期变质的安全网,且使用前必须经荷载试验合格,安全网与吊脚手骨架应用铁丝或尼龙绳与网纲等强连接,其连接点间距应不大于 500mm;在离周围建筑物较近及行人较多的地段施工时操作平台的外侧吊脚手应加强防护措施;安全网片之间应满足等强连接且其连接点间距应与网结间距相同;吊脚手架的吊杆与横杆采用钢管扣件连接时应在扣件下部的吊杆上打孔穿螺栓防滑落或焊接防滑挡;采用滑框倒模工艺或电动提升翻模工艺施工的内外吊架应在靠结构面一侧的底部应设置翻板,以防止模板坠落。

当滑模操作平台上设有随升井架时应在人、料道口设防护门,在其他侧面栏杆上应用铁丝网封闭,防护门、防护栏杆和封闭用的铁丝网高度应不低于 1200mm。滑模装置结构平面或截面变化时与其相连的外挑操作平台应按专项施工方案要求及时变更,并应拆除外挑多余部分。滑模托带钢结构施工时应充分考虑到钢结构在托带滑升时产生的应力变化和对滑模装置产生的附加荷载,滑模托带施工的千斤顶和支承杆的承载能力应有较大的安全储备,滑模托带钢结构施工过程中应有确保同步上升的措施,支承点之间的高差应不大于钢结构设计要求。滑模装置设置随升井架时其顶部应设两道防止吊笼冒顶的限位开关。

## 8.5.3 液压滑模施工过程的安全控制

(1) 滑模施工中所使用的竖向运输设备应根据滑模施工特点、建筑物的形状和高度、周边地形与环境等条件,在保证施工安全的前提下宜优先选择标准的竖向运输设备通用产品。竖向运输设备的设置、安装、检查及操作等除应遵守国家现行有关的安全技术规程外还应符合设备出厂说明书中安全技术文件的各项要求,没有上述文件时应编制该设备安装及操作的安全技术规定。竖向运输设备应有完善可靠的安全保护装置,如起重量及提升高度的限制、制动、防滑、信号等装置及紧急安全开关等,严禁使用安全保护装置不完善的竖向运输设备。滑模施工使用非标准竖向运输设备时,其设计、制作应符合相应的技术标准规范,应有完整的设计图纸、计算书、工艺文件、质量安全保证措施、设备使用说明书及检验检测项目与检验条件，设计方案必须由设计人员、设计单位技术负责人签名并加盖设计单位公章备案。

非标准竖向运输设备使用前应经设计、制作、安装、使用、监理等单位共同检测验收，安全检测验收应包括金属结构件安全技术性能；各机构及主要零部件安全技术性能；电气及控制系统安全技术性能；安全保护装置；操作人员的安全防护设施；空载和载荷的运行试验结果。非标准竖向运输设备应由制作单位根据检测验收所确认的各技术性能参数设置设备标牌，标明额定起重量、最大提升速度、最大架设高度、制作单位、制作日期及设备编号等，设备标牌永久性地固定在设备的显眼处。竖向运输设备的安装单位必须取得相应资质和安全生产许可证方可承担安装拆卸任务，安装（拆卸）作业人员应当持有效的特种作业操作证上岗，安装（拆卸）作业前安装单位必须明确现场负责人并统一指挥信号，应对作业人员进行安全作业技术交底。

竖向运输设备安装完毕后应按出厂说明书要求进行无负荷、静负荷、动负荷试验及安全保护装置的可靠性试验。对竖向运输设备应建立定期检修和保养的责任制。操作竖向运输设备的司机必须通过专业培训、考核合格后持证上岗，禁止无证人员操作竖向运输设备。竖向运输设备司机在有下列情况之一时不得操作设备并有权拒绝任何人指使起动设备，如司机与起重物之间视线不清、夜间照明不足，无可靠的信号和自动停车、限位等安全装置；设备的传动机构、制动机构、安全保护装置有故障；电气设备无接地或接地不良，以及电气线路有漏电；超负荷或超定员；无明确统一信号和操作规程。

塔式起重机安装、使用及拆卸应符合相关规定。各类井架的缆风绳、固定卷扬用的锚索、装拆塔式起重机等的地锚按定值设计法设计时的经验安全系数应符合要求，即在垂直分力作用下的安全系数不小于 3；水平分力作用下的安全系数不小于 4；缆风绳和锚索所用钢丝绳安全系数不小于 3.5。与井架配套使用的卷扬机应符合《建筑卷扬机》（GB/T 1955—2008）的有关规定，卷扬机的设置地点与卷扬机前第一个导向轮之间的距离不得小于卷筒长度的 20 倍。高耸构筑物滑模施工中采用随升井架平台、柔性滑道与罐笼运送，竖向运输时宜采用双绳双筒同步卷扬机并应做详细的安全及防坠落设计（物料和人员不得同时运送）。采用柔性滑道导向的罐笼两侧必须设有安全卡钳，安全卡钳应结构合理、工作可靠且其设计和验算应符合要求。

（2）动力及照明用电必须符合规定。施工现场应按《施工现场临时用电安全技术规范》（JGJ 46—2005）的规定编制施工现场临时用电组织设计。临时用电组织设计经审核和企业级技术负责人批准后实施，临电工程施工完毕后由编制、审核、批准部门人员会同使用单位共同验收，合格后方可投入使用。在编制滑模专项施工方案时应严格按临时用电组织设计并应按相关规定在施工中执行。

（3）通信与信号必须符合规定。在滑模专项施工方案中应根据施工的要求对滑模操作平台、工地办公室、垂直及水平运输的控制室和供电、供水、供料等部位的通信联络做出相应的技术设计和有关规定，其主要内容包括对通信联络方式、通信联络装置的技术要求及联络信号等做出明确规定；制定相应的通信联络制度；确定在滑模施工过程中通信联络设备的使用人；各类信号应设专人管理、使用和维护并制定岗位责任制；制定各类通信联络信号装置的应急抢修和正常维修制度。在施工中所采用的通信联络方式应简单直接、指挥方便。通信联络装置安装好后应在试滑前进行检验和试用（合格后方可正式使用）。

（4）滑模施工中的防雷装置应符合《施工现场临时用电安全技术规范》（JGJ 46—2005）和《建筑物防雷设计规范》（GB 50057—2010）的规定。滑模操作平台的最高点在邻近防雷装置接闪器的保护范围内可不安装临时接闪器，否则必须安装临时接闪器。临时接闪器的设置高度应使整个滑模操作平台在其保护范围内。施工现场的井架、脚手架、升降机械、钢索、塔式起重机的钢轨、管道等大型金属物体应与防雷装置的引下线相连。防雷装置必须具有良好的电气通路并与接地体相连。接闪器的引下线和接地体应设置在人不去或很少去的地方，接地电阻应与所施工的建（构）筑物防雷设计类别相同。滑模操作平台上的防雷装置应设专用的引下线，也可利用工程正式引下线，采用结构钢筋作引下线时其钢筋接头必须焊接成电气通路，结构钢筋底部应与接地体连接。

防雷装置的引下线在整个施工中应保证其电气通路。安装避雷针（接闪器）的机械设备，所有固定的动力、控制、照明、信号及通信线路宜采用钢管敷设，钢管与该机械设备的金属结构体应做电气连接。做防雷接地机械上的电气设备所连接的 PE 线必须同时做重复接地，同一台机械电气设备的重复接地和机械的防雷接地可共用同一接地体，但接地电阻应符合重复接地电阻值的要求。雷雨时所有高处作业人员应下至地面且人体不得接触防雷装置。因天气等原因停工后，下次开工前和雷雨季节到来之前应对防雷装置进行全面检查，检查合格后方可继续施工，施工期间应经常对防雷装置进行检查，发现问题应及时维修并向有关负责人报告。

（5）消防设施应符合规定。滑模施工前应对施工现场的消防设施和消防布置进行设计并纳入滑模专项施工方案内。滑模施工现场和操作平台上应根据消防工作的要求配置适当种类和数量的消防器材设备，并应布置在明显和便于取用的地点，消防器材设备附近不得堆放其他物品。在操作平台上进行电（气）焊时应履行审批手续并采取可靠的防火措施，且应经专职安全人员确认安全后再进行工作。消防设施及疏散通道的设置宜与在建工程结构施工保持同步以供消防及人员疏散使用。消防器材设备应有专人负责管理、定期检查维修并保持其完整好用，寒冷季节应对消防栓、灭火器等采取防冻措施。在建工程结构的保湿养护材料和冬期施工的保温材料不得采用易燃品，操作平台上禁止存放易燃物品，使用过的油布、棉纱等应及时回收、妥善保管。施工现场应有专人负责消防工作并贯彻执行消防法规。

# §8.6　建筑深基坑工程施工安全技术

建筑深基坑工程施工安全等级划分应按《建筑地基基础设计规范》（GB 50007—2011）规定的地基基础设计等级结合基坑本体安全、工程桩基与地基施工安全、基坑侧壁土层与荷载条件、环境安全等划分。施工安全等级为一级的基坑有 10 类，即复杂地质条件及软土地区的二层及二层以上地下室的基坑工程；开挖深度大于 15m 的基坑工程；周边环境条件复杂的基坑工程；基坑采用支护结构与主体结构相结合的基坑工程；基坑工程设计使用年限超过两年；侧壁为填土或软土场地，因开挖施工可能引起工程桩基发生倾斜、地基隆起等改变桩基、地铁隧道设计性能的工程；基坑侧壁受水浸湿可能性大，或基坑工程降水深度大于 6m，或降水对周边环境有较大影响的工程；地基施工对基坑侧壁土体状态及地基产生挤土效应或超孔隙水压力较严重的工程；具有振动荷载作用且超载大于 50kPa 的工程；对支护结构变形控制要求严格的工程。

施工安全等级为二级的基坑则指《建筑地基基础设计规范》（GB 50007—2011）规定的地基基础设计等级为乙级及设计等级为丙级的工程。建设单位应进行基坑环境调查，内容包括周边市政管线现状、渗漏情况；邻近建筑物基础形式、埋深、结构类型、使用状况；相邻区域内正在施工和使用的基坑工程情况；相邻建筑工程打桩振动及重载车辆通行、地铁运行情况等。

施工安全等级为一级的基坑工程设计应按有关国家技术规范要求经过必要的设计计算提出基坑变形与相关管线和建筑物沉降等控制指标，施工安全等级为二级的基坑工程可按《建筑地基基础工程施工质量验收规范》（GB 50202—2002）中二、三级基坑对变形规定的要求执行。深基坑工程设计与施工组织设计时应将开挖影响范围内的塔吊荷载等纳入设计计算范围，并应满足现行行业标准有关塔吊安全技术规定的要求。施工安全等级为一级的基坑工程应进行基坑安全监测方案的评审，对特别需要或特殊条件下的施工安全等级为一级的基坑工程宜进行基坑安全风险评估，对设计文件中明确提出变形控制要求的基坑工程监测单位应将编制的监测方案经过基坑工程设计单位审查后实施。

建设单位应组织土建设计、基坑工程设计、工程总承包及基坑工程施工与基坑安全监测单位进行图纸会审和技术交底并应留存记录。施工单位在基坑工程实施前应做好相关准备工作，应组织所有施工技术人员熟悉设计文件、工程地质与水文地质情况、安全监测方案和相关技术标准，并参与基坑工程图纸会审和技术交底；应进行施工现场勘查和环境调查进一步了解施工现场、基坑影响范围内地下管线、建筑物地基基础情况，必要时制定预先加固方案；应掌握支护结构施工与地下水控制、土方开挖、安全监测的重点与难点，并明确施工与设计和监测进行配合的义务与责任；应按评审通过的基坑工程设计施工图、基坑工程安全监测方案、施工勘查与环境调查报告等文件编制基坑工程施工组织设计并应按有关规定组织施工开挖方案的专家论证，施工安全等级为一级的基坑工程还应编制施工安全专项方案。

基坑工程施工组织设计应包含支护结构施工对环境的影响预测及控制措施；降水与排水系统设计；土石方开挖与支护结构、降水配合施工的流程、技术与要求；雨季和冬季期间开挖施工、地下管线渗漏等极端条件下的施工安全专项方案；基坑工程安全应急预案；基坑安全使用与维护要求与技术措施。基坑开挖过程中发现地质条件或环境条件与原地质报告、环境调查报告不相符合时应停止施工，并及时会同相关设计、勘察单位进行设计验算或设计修改后方可恢复施工。

支护结构施工应采取可靠技术手段减少对主体工程桩、周边保护建筑物、地下设施的影响，支护结构的拆除应符合相关规定。基坑工程的降水与排水应按有关设计要求严格控制降水深度、出水含砂量，对可能产生管涌和突涌、流土、潜蚀的工程应考虑技术措施和预案，截水帷幕、降排水、封井处置与维护的具体技术选型和施工安全要求应符合规范规定。土石方开挖前应制定详细的安全措施并应对支护结构施工质量进行检验，合格后方可进行。检验要求应符合规范规定。支护结构施工与基坑开挖期间在支护结构达到设计强度要求前严禁在设计预计的滑裂面范围内堆载，临时土石方的堆放应进行包括自身稳定性、邻近建筑物地基和基坑稳定性的验算。

膨胀土、可能发生冻胀的土、高灵敏度土等场地深基坑工程的施工安全应符合规范规定要求，湿陷性黄土基坑工程应满足《湿陷性黄土地区建筑基坑工程安全技术规程》（JGJ 167—2009）的要求。基坑工程施工过程中应全面落实信息化施工技术，当安全监测结果达到报警值后应起动应急预案并组织专家会同基坑设计、监测、监理等单位进行专门论证查明原因，采取妥善措施后方可恢复施工。当施工过程中发生安全事故时必须采取有效措施首先确保施工人员及保护建筑物内人员的生命安全、保护好事故现场并按规定程序立即上报，且应及时分析原因、采取有效措施避免再次发生事故。

## ■ 8.6.1　深基坑工程施工应遵守的基本安全规则

（1）基坑工程现场勘查与环境调查应在已有勘察报告和基坑设计文件的基础上根据工程条件及可能采用的施工方法、工艺初步判定需要补充的岩土工程参数及周边条件。现场勘察与环境调查前应取得相关资料，如工程勘察报告和基坑工程设计文件；附有坐标和周边已有建（构）筑物的总平面布置图；基坑及周边地下管线、人防工程及其他地下构筑物和障碍物分布图；拟建建（构）筑物相对应的±0.000绝对标高、结构类型、荷载情况、基础埋深和地基基础型式及地下结构平面布置图；基坑平面尺寸及场地自然地面标高、坑底标高及其变化情况；当地常用的降水方法和施工资料等。

施工单位应根据环境条件、地质条件、设计文件等基础性资料和相关工程建设标准，结合自身施工经验针对各级风险工程编制施工安全专项方案，方案应经施工单位技术负责人签认后报监理审查。施工单位应组织对施工安全专项方案的审查，并填报施工方案安全性评估表和施工组织合理性评估表，对施工安全专项方案的审查应邀请专家、相关单位和人员参加。

基坑工程施工安全专项方案设计应满足相关要求，应有针对危险源及其特征和安全等级的具体安全技术应对措施；应按消除、隔离、减弱危险源的顺序选择基坑工程安全技术措施；应采用有可靠依据和科学的分析方法确定安全技术方案的可靠性和可行性；应根据工程施工特点提出安全技术方案实施过程中的控制原则，明确重点监控部位和最低监控指标要求。应根据施工图设计文件、风险评估结果、周边环境与地质条件、施工工艺设备、施工经验等选择相应的安全分析、安全控制、监测预警、应急处理技术并进行应急准备。应根据事故发生的可能性设定报警指标并提出可行的抢险方案和加固措施，对施工现场的临时堆土、塔吊设置应进行包括稳定性在内的计算复核。

安全专项方案应包括工程概况；工程地质与水文地质条件；基坑与周边环境安全保护要求；施工方法和主要施工工艺；风险因素分析；工程危险控制重点与难点；监测实施要求；变形控制指标与报警值；施工安全技术措施；应急预案；组织管理措施。施工单位应根据审查意见修改完善施工安全专项方案并报监理单位审批后方可正式施工（同时应报建设单位备案）。

（2）基坑工程施工前应根据设计文件结合现场条件和周边环境保护要求、气候等情况编制支护结构施工方案。基坑支护结构施工应与降水、开挖相互协调且各工况和工序应符合设计要求。基坑支护结构施工与拆除不应影响邻近市政管线、地下设施与周围建（构）筑物等的正常使用，必要时应采取减少环境影响的措施。

　　支护结构施工应对支护结构自身、已施工的主体结构和邻近道路、市政管线、地下设施、周围建（构）筑物等进行监测，并应根据监测结果及时调整施工方案，应采取有效措施减少支护结构施工对基坑及周边环境安全的影响。施工现场道路布置、材料堆放、车辆行走路线等应符合荷载设计控制要求，当采用设置施工栈桥措施时应进行施工栈桥的专项设计。基坑工程施工中若遇邻近工程进行桩基施工、基坑开挖、边坡工程、盾构顶进、爆破等施工作业应根据实际情况协商确定相互间合理的施工顺序和方法，必要时应采取措施减少相互影响。

　　支护结构施工前应进行试验性施工以评估施工工艺和各项参数对基坑及周边环境的影响程度，必要时应调整参数、工作方法或反馈修改设计，选择合适的方案以减少对周边环境的影响。基坑开挖支护施工导致邻近建筑物不均匀沉降过大时应采取调整支护体系或施工工艺、施工速度，或设置隔离桩、加固既有建筑地基基础、反压与降水纠偏等措施。

## 8.6.2　深基坑工程施工过程的安全控制

　　（1）基坑工程地下水控制应根据场地工程地质与水文地质条件、基坑挖深、地下水降深以及环境条件综合确定，宜按工程要求、含水土层性质、周边环境条件等选择明排、真空井点、喷射井点、管井、渗井和辐射井等方法，并可与隔水帷幕和回灌等方法组合使用，且应优先选择对地下水资源影响小的隔水帷幕、自渗降水、回灌等方法。基坑穿过相对不透水层且不透水层顶板以上一定深度范围内的地下水通过井点降水不能彻底解决时应根据需要采取必要的排水、处理等措施。管井降水、集水明排应采取措施严格控制出水含砂量，在降水水位稳定后降水后其含砂率（砂的体积：水的体积）粗砂地层应小于 1/50 000、细砂和中砂地层应小于 1/20 000。抽排出的水应进行处理后妥善排出场外（防止倒灌流入基坑）。

　　采用不同地下水控制方式时的可行性或风险性评价应符合规定，采用集水明排方法时应评价产生流砂、流土、潜蚀、管涌、淘空、塌陷等的风险性；采用隔水帷幕方法时应评价隔水帷幕的深度和可能存在的风险；采用回灌方法时应评价同层回灌或异层回灌的可能性，采用同层回灌时回灌井与抽水井的距离可根据含水层的渗透性计算确定；采用降水方法时应对引起环境不利影响进行评价，必要时应采取有效措施确保不致因降水引起的沉降对邻近建筑和地下设施造成危害；采用自渗降水方法时应评价上层水导入下层水对下层水环境的影响并按评价结果考虑方法的取舍。

　　对地下水采取施工降水措施时应符合规定，降水过程中应采取有效措施防止土颗粒的流失；应防止深层承压水引起的流土、管涌和突涌，必要时应降低基坑下含水层中的承压水头；应评价抽水造成的地下水资源损失量并结合场地条件提出地下水综合利用方案建议。应编制晴雨表并安排专人负责收听中长期天气预报的工作，并应根据天气预报实时调整施工进度。雨前要对已挖开未进行支护的侧壁边坡采用防雨布进行覆盖并配备足够多的抽水设备，雨后应及时排走基坑内积水。

　　坑外地面沉降、建筑物与地下管线不均匀沉降值（或沉降速率）超过设计允许值时应分析查找原因提出对策。深基坑土石方开挖宜根据支护形式分别采用无围护结构的放坡开挖、有围护结构无内支撑的基坑开挖以及有围护结构有内支撑的基坑开挖等开挖方式。深基坑土石方开挖前应根据该工程基础结构形式、基坑支护形式、基坑深度、地质条件、气候条件、周边环境、施工方法、施工周期和地面荷载等相关资料确定深基坑土石方开挖安全施工方案。深基坑土石方开挖的安全施工方案应综合考虑工程地质与水文地质条件、环境保护要求、场地条件、基坑平面尺寸、开挖深度、支护结构形式、施工方法等因素（临水基坑还应考虑最高水位和潮位等因素）。基坑开挖必须遵循先设计后施工的原则，应按"分层、分段、分块、对称、均衡、限时"方法确定开挖顺序，土石方开挖应防止碰撞支护结构，基坑开挖前支护结构、基坑土体加固、降水等应达到设计和施工要求。

（2）施工道路布置、材料堆放、挖土顺序、挖土方法等应减少对周边环境、支护结构、工程桩等的不利影响。挖土机械、运输车辆等直接进入基坑进行施工作业时应采取保证坡道稳定的措施（坡道坡度不宜大于1∶8，坡道宽度应满足车辆行驶的安全要求）。位于市中心等施工场地极为紧张的情况下可根据施工需要设置施工栈桥，施工栈桥应根据周边场地条件、基坑形状、支撑布置、施工方法等进行专项设计，施工过程中应按照设计要求对施工栈桥的荷载进行控制。

基坑开挖应符合安全要求，基坑周边、放坡平台的施工荷载应按照设计要求进行控制；基坑开挖的土方不应在邻近建筑及基坑周边影响范围内堆放并应及时外运；基坑开挖应采用全面分层开挖或台阶式分层开挖的方式，分层厚度按土层确定，开挖过程中的临时边坡坡度按计算确定；机械挖土时坑底以上200~300mm范围内的土方应采用人工修底的方法挖除，放坡开挖的基坑边坡应采用人工修坡方法挖除，严禁超挖。

基坑开挖至坑底标高应及时进行垫层施工，垫层应浇筑到基坑围护墙边或放坡开挖的基坑坡脚；邻近基坑边的局部深坑宜在大面积垫层完成后开挖；机械挖土应避免对工程桩产生不利影响（挖土机械不得直接在工程桩顶部行走；挖土机械严禁碰撞工程桩、围护墙、支撑、立柱和立柱桩、降水井管、监测点等，其周边200~300mm范围内的土方应采用人工挖除）；基坑开挖深度范围内有地下水时应采取有效的降水与排水措施（应确保地下水在每层土方开挖面以下50cm，严禁进行有水挖土作业）；基坑周边必须安装防护栏杆，防护栏杆高度应不低于1.2m，防护栏杆应安装牢固，材料应有足够的强度。基坑内应设置供施工人员上下的专用梯道。

基坑开挖应采用信息化施工和动态控制方法，应根据基坑支护体系和周边环境的监测数据，适时调整基坑开挖的施工顺序和施工方法。基坑开挖的安全施工应符合《建筑基坑支护技术规程》（JGJ 120—2012）、《建筑施工土石方工程安全技术规范》（JGJ 180—2009）和《建筑边坡工程技术规范》（GB 50330—2013）的相关要求。

## 8.6.3　特殊性土深基坑工程的安全控制技术

（1）特殊性土深基坑工程施工应根据气候条件、地基的胀缩等级、场地的工程地质及水文地质情况和支护结构类型，结合建筑经验和施工条件因地制宜采取安全技术措施。土方开挖前应完成地表水系导引措施并按设计要求完成基坑四周坡顶防渗层、截流沟施工。开挖应尽量避开雨天施工并应根据作业面周边的地形条件采取地表水截排措施，应避免施工期间各类地表水进入工作面。开挖施工过程中应对设计开挖面进行保护，应防止雨淋冲刷或坡面土体失水。基坑周边必须进行有效防护并设置明显的警示标志，基坑周边要设置堆放物料的限重牌且严禁堆放大量的物料。对土石方开挖后不稳定或欠稳定的边坡应根据边坡地质特征和可能发生的破坏等情况采取"自上而下、分段跳槽、及时支护"的逆做法或部分逆做法施工，严禁进行无序大开挖、大爆破作业。土石方施工过程中发现不能辨认的液体、气体及弃物时应立即停止作业，做好现场保护并报有关部门处理后方可继续施工。

边坡施工过程中现场发现危及人身安全和公共安全的隐患时必须立即停止作业，排除隐患后方可恢复施工。场地排水应符合要求，施工前及施工过程中应及时合理地布置好排水系统，应使场地及其附近无积水，排水困难场地或基坑有被水淹没可能时应在场地外设置排水系统、护坡或挡土墙，地下水位较高场地除应挡导表面水外还应在坑底设置集水井、排水沟以降低场地的地下水位。

基坑开挖和施工应符合规定，基坑开挖时应及时采取措施防止坑壁坍塌，基坑挖土接近基底设计标高时宜在其上部预留 150～300mm 土层，待下一工序开始前进行挖除，当基坑挖至设计规定的深度或标高时应进行验槽，验槽后应及时浇混凝土垫层或采取封闭坑底措施。封闭方法可选用喷（抹）1∶3 水泥砂浆或用土工塑料膜覆盖。基坑工程完成使用或达到使用寿命后应及时回填。地下工程施工超出设计地坪后应进行回填，并宜将散水和室内地面施工完毕后再进行地上工程的施工。基坑使用单位必须对排水和防护措施进行有效的定期检查和记录以保证各种措施和发挥正常作用。

各种地面排水、防水设施的检查和维护应符合规定，每年雨季或山洪到来前应对山前防洪截水沟、缓洪调节池、排水沟、集水井等进行检查，清除淤积物，保证排水畅通，应对建筑物防护范围内的防水地面、排水沟、散水的伸缩缝和散水与外墙的交接处以及室内生产、生活用水多的室内地面及水池、水槽等进行定期检查，有缝隙应及时修补，应注意保持建筑物室外地面原设计的排水坡度（有积水应及时疏导、填平），建筑物周围 6m 以内不得堆放阻碍排水的物品或垃圾以保持排水畅通，每年冬季前均应对有可能冻裂的水管采取保温措施。

开挖过程中若出现特殊地段（包括软弱层、多岩隙层、涌水段、有管网段、附近有建筑物或构筑物段）应立即停止施工，应根据现场实际情况会同建设单位、监理单位、设计单位进行专题研究、制定相应的施工措施后按制定的措施组织实施。特殊性土深基坑工程应按信息反馈法要求进行监测和施工。湿陷性黄土场地和具有湿陷性的盐渍土的基坑工程还应符合《湿陷性黄土地区建筑基坑工程安全技术规程》（JGJ 167—2009）的相关规定。

（2）围护结构施工过程应对原材料质量、施工机械、施工工艺、施工参数等进行检验。基坑土方开挖前应复核设计条件，应对已经施工的围护结构质量进行检验，检验合格后方可进行土方开挖。基坑土方开挖及地下结构施工过程中，每个工序施工结束后均应对该工序的施工质量进行检验，检验发现的质量问题应进行整改，整改合格后方可进入下道施工工序。施工现场平面、竖向布置应与支护设计要求一致（布置的变更应经设计认可）。

基坑施工过程除应按《建筑基坑工程监测技术规范》（GB 50497—2009）的规定进行第三方专业监测外，施工方还应同时编制并实施施工监测，监测方案应包括工程概况；监测依据和项目；监测人员配备；监测方法、精度和主要仪器设备；测点布置与保护；监测频率、监测报警值；异常情况下的处理措施；数据处理和信息反馈。应根据环境调查结果分析评估基坑周边环境的变形敏感度，应结合第三方监测确定的变形报警值由基坑支护设计单位提出各个施工阶段施工监测的变形报警值，必要时在基坑施工前应对周边敏感的建筑物及管线设施预先采取加固措施。施工过程中应根据专业监测和施工监测结果及时分析评估基坑的安全状况、改进施工方案。监测标志应稳固、明显，位置应避开障碍物并便于观测，监测点应有专人负责保护，监测过程应有工作人员的安全保护措施。遇到连续降雨等不利天气状况时应加强基坑监测，监测工作不得中断并应同时采取措施确保监测工作的安全进行。

（3）施工单位应根据施工现场安全管理、工程特点、环境特征和危险等级制定施工安全专项应急预案并报监理审核和建设单位批准、备案，出现基坑坍塌或人身伤亡事故时应急响应必须由建设单位或工程总承包单位牵头组织实施。应根据施工安全专项应急预案演练和实战的结果对应急预案的适用性和可操作性组织评价并进行修改和完善。

基坑工程安全应急预案编制应包括编制目的和依据；施工项目危险源与风险分析（含围护结构变形过大或基坑失稳；围护结构渗漏水；坑底承压水突涌；相邻建筑物倾斜或沉降过大；地下管线爆裂）；预测与控制技术及措施（含事故特征分析、结果预测；报警及指挥系统设计；控制技术手段；安全技术措施的选择和采用）；应急组织机构及人员组成与职责；应急响应（应包括信息发布时间、范围与方式；应急人员来源及数量、联系方法；工种、班组的划分及班组长岗位的确定；队伍的集合、调度与指挥；应急物资、材料、设备的采购、存放、调度与使用；应急救援设备、物资、器材的维护和定期检测的要求；交通管制与保通，水平与竖向运输的保障；专家决策与支持系统）；培训与演练的计划与实施。

## 8.6.4 深基坑工程安全监测与应急预案的设计要求

（1）基坑工程安全应急预案应当针对以下情况做出响应，即基坑支护结构水平位移或周围建（构）筑物、地下管线不均匀沉降或支护结构构件内力超过限值时；建筑物裂缝超过限值或土体分层竖向位移或地表裂缝宽度突然超过报警值时；施工过程出现大量涌水、涌砂时；基坑底部隆起变形超过报警值时；基坑施工过程遭遇大雨或暴雨天气及出现大量积水时；基坑施工过程因各种原因导致人身伤亡事故发生时。应急响应应包括以下过程与反应，即应急实施主体及应急响应的指挥网络系统；应急响应的决策、报告流程；应急响应的物质、设备、材料的就位；应急响应实施；根据工程危险源的发生情况提出的对危险源的处理技术与方法。运行维护过程出现险情应根据预测和监测资料判断危险程度并适时起动应急预案、采取防治措施，停电、降水设备损坏等造成地下水位升高应及时起动应急预案并明确应急生效时间。

（2）基坑变形超过报警值时应调整分层、分段土方开挖施工方案或加大预留土墩或坑内堆砂袋、回填土及增设锚杆、支撑等。围护结构刚度不足、变形过大时可增加临时支撑（斜撑、角撑）；支撑加设预应力；调整支撑的竖向间距；基坑周边卸载或坑内压载。围护结构、支撑、周围地表、坑底土体隆起变形速率急剧加大使基坑有失稳趋势时可进行局部或全部回填，待结构稳定后进行地基或支护加固处理。开挖土方不均衡、支撑延时导致围护墙和支撑变形速率过大以及基坑回弹和周围土体变位过大时可调整开挖及支护部位的施工工序及参数。

坑底隆起变形过大时应在基坑外加设沉降监测点并应采取合理方法进行处置,如采取坑内加载反压或坑内沿周边插入板桩防止坑外土向坑内挤压,坑底被动区采取注浆加固;采取分区、分步开挖并及时浇筑快硬混凝土垫层;采取中心岛法开挖施工。围护结构严重渗水、漏泥或开挖面以下冒水时的处置应符合规定,渗漏点位于基坑开挖面以上时可采用坑内引流、封堵或坑外快速注浆的方式进行堵漏;渗漏点位于基坑开挖面以下时应分析坑内观察井的水位情况,采用加大坑内降水及坑内、坑外快速封堵的方法进行处理。边壁出现流砂时应立即停止基坑开挖并回填土方反压流砂,再将板桩紧贴围护结构打入坑底,并在流砂层采取注浆加固处理。坑底出现流砂时应采取坑内降水补救措施降低地下水位,或将板桩紧贴围护结构打入坑底增大围护结构入土深度、减小动水压力。暴雨来临前降水施工用配电盘、箱应置于高处并做防雨处理以防止暴雨淹没引发安全事故。

坑外地下水位下降速率过快引起周边建筑与地下管线沉降速率超过警戒值时应调整抽水速度减缓地下水位下降速度,有回灌条件时应起动回灌井工作或施工回灌井进行回灌。出现管涌时可采取合理方式进行处理,例如,采用坑周降水法降低水头差;设置反滤层封堵流土点。坑底突涌时的处置应符合规定,应查明突涌原因,对因勘察孔、监测孔封孔不当引起的单点突涌,采用坑内围堵平衡水位后再利用施工降水井降低水位并进行快速注浆处理;对不明原因的坑底突涌应结合坑外水位孔的水位监测数据判断是否属围护体系渗漏引起(对围护渗漏引起的坑底突涌应采用坑内回填平衡、坑底加固、坑外快速注浆或冰冻法的方法进行处理)。

基坑工程施工引起邻近建筑物开裂及倾斜事故应采取合理措施处置,如立即停止基坑开挖、回填反压、基坑侧壁卸载;增设锚杆或支撑;采取回灌、降水等措施调整降深;在建筑物基础周围采用注浆进行加固土体;邀请专家和设计单位制定建筑物的纠偏方案并组织实施等,必要时应及时疏散人员。邻近地下管线破裂应采取应急措施处置,即应立即关闭危险管道阀门以防止产生火灾、爆炸等安全事故;停止基坑开挖、回填反压、基坑侧壁卸载;及时加固、修复或更换破裂管线。

(3) 基坑工程安全分析与风险评估应在施工组织设计完成后、施工开展前阶段完成,基坑工程安全技术分析应符合规定,应通过作用效应分析确定临时结构或构件的作用效应,应通过结构抗力及其他性能分析确定结构或构件的抗力及其他性能,材料及相关地基岩土材料的强度、弹性模量、变形模量等物理力学性能指标应根据有关的试验方法标准经试验确定,多次周转使用的材料应考虑多次重复使用对其性能的影响,分析可采用计算、模型试验或原型试验等方法进行。

基坑工程在出现下列情况时应进行基坑安全风险评估,如存在影响基坑工程安全性的材料低劣、质量缺陷、构件损伤或其他不利状态;对邻近建(构)筑物或设施造成安全影响和破坏的基坑;达到设计使用年限拟继续使用的基坑;改变现行设计方案(进行加深、扩大及使用条件改变)的基坑;遭受自然灾害、事故或其他突发事件影响的基坑;其他有特殊使用要求和规定的基坑。

基坑施工时和使用中应采取多种方式进行安全监测,有特殊要求的、安全等级为一级的基坑工程宜结合监测数据建立基坑安全风险动态预警系统。周边环境安全分析与评估应遵循不影响建（构）筑物及设施等的正常使用、不破坏景观、不造成环境污染的基本原则，安全分析应包括施工危险源辨识、施工安全风险评价和施工技术方案对基坑工程的安全分析，危险源辨识应包含所有和基坑工程施工相关的场所、环境、设备、车辆、施工工艺及人员、活动中存在的危险源，并应确定危险源可能产生的严重性及其后果。

基坑周边变形控制应符合规定，基坑周边地面沉降不得影响相邻建（构）筑物的正常使用，所产生的差异沉降不得大于建（构）筑物地基变形的允许值；基坑周边土体沉降和侧向变形不得影响邻近各类管线的正常使用，不得超过管线变形允许值；基坑周边土体沉降应不造成周边既有城市道路、地铁、隧道及储油和储气等重要设施发生结构破坏、渗漏或影响其正常运行。基坑侧壁与地面变形控制应按设计要求进行，设计无具体要求时宜根据基坑安全等级和对应条件按表 8-2、表 8-3 规定的限值控制。

表 8-2　　　　　　　　　　　　　　基坑侧壁最大变形限值

| 基坑安全等级 | 基坑侧壁水平位移 | 基坑支护结构沉降 |
|---|---|---|
| 一级 | 30mm 或 $3H/1000$ | $10\sim20$mm |
| 二级 | 50mm 或 $5H/1000$ | $20\sim50$mm |

表 8-3　　　　　　　　　　　　　　基坑侧壁地面最大沉降限值

| 基坑安全等级 | 地面最大沉降量控制要求 | 对　应　条　件 |
|---|---|---|
| 一级 | $1H/1000$ | 基坑周围 $H$ 范围内设有地铁、共同沟、煤气管、大型压力总水管等重要建筑物及设施 |
| 二级 | $1.5H/1000$ | 距基坑周围 $H$ 范围内设有重要干线水管，对沉降敏感的大型构筑物、建筑物 |

注：$H$—基坑开挖深度。

（4）基坑开挖导致邻近建（构）筑物的允许变形应按设计要求控制，无具体指标时可按《建筑地基基础设计规范》（GB 50007—2011）中的要求进行控制，应综合建（构）筑物的修建年代、维修改造加固等因素考虑已发生的沉降量初始值对控制指标进行修正，并应注意地基产生不均匀沉降对建筑结构造成的不利影响。基坑邻近管线采用承插式接头的铸铁水管、钢筋混凝土水管两个接头之间的局部倾斜度值应不大于 2.5/1000；采用焊接接头的水管两个接头之间的局部倾斜值应不大于 6/1000；采用焊接接头的煤气管两个接头之间的局部倾斜值应不大于 2/1000。应根据基坑现场施工作业特点对施工时和使用中中可能存在的风险制定风险控制措施和基坑事故应急救援专项预案。

（5）基坑工程施工完毕应在按规定的程序和内容组织验收合格后方可使用，基坑工程的安全管理与维护工作应由下道工序施工单位承担。基坑使用单位应明确负责人和岗位职责，并进行基坑安全使用与维护技术安全交底和培训，应制定必要的应急处置、监测异常时的处理程序，应检查作业安全交底与应急处置演练，且应制定检查、维护等制度。基坑开挖（支护）单位在将工程移交下一道作业工序的接收单位时应同时将相关的水文、工程地质、支护、环境状况分析等安全技术资料和各种评估报告同时移交并应办理移交签字手续，移交手续应由工程监理单位组织，移交和接收单位共同参加。

# §8.7　湿陷性黄土地区基坑工程安全技术

根据黄土地区基坑工程的开挖深度、邻近建（构）筑物、地下历史文物、重要地下管线与基坑侧壁的相对距离，以及坑壁土受水浸湿可能性、基坑周边环境条件、工程地质和水文地质条件，按破坏后果的严重性可将基坑侧壁分为三个安全等级，见表 8-4。支护结构设计中应根据不同的安全等级选用相应的重要性系数（破坏后果很严重的一级取 $\gamma_0 = 1.10$；破坏后果严重的二级取 $\gamma_0 = 1.00$；破坏后果不严重的三级取 $\gamma_0 = 0.90$），有特殊要求的基坑工程可依据具体情况适当提高重要性系数（永久性基坑工程重要性系数取 $\gamma_0$ 应提高 0.10）。基坑侧壁受水浸湿可能性大；基坑工程降水深度大于 6m 且降水对周边环境有较大影响；坑壁土多为填土或软弱黄土层为Ⅰ类（复杂）。

表 8-4　　　　　　　　　　　　基坑侧壁安全等级划分

| 开挖深度 $h/m$ | 环境条件与工程地质、水文地质条件 | | | | | | | | |
| --- | --- | --- | --- | --- | --- | --- | --- | --- | --- |
| | $a<0.5$ | | | $0.5{\leqslant}a{\leqslant}1.0$ | | | $a>1.0$ | | |
| | Ⅰ | Ⅱ | Ⅲ | Ⅰ | Ⅱ | Ⅲ | Ⅰ | Ⅱ | Ⅲ |
| $h>12$ | 一级 | | | 一级 | | | 一级 | | |
| $6<h{\leqslant}12$ | 一级 | | | 一级 | | 二级 | 一级 | | 二级 |
| $h{\leqslant}6$ | 一级 | 二级 | | | 二级 | | 二级 | | 三级 |

注：$h$—基坑开挖深度，m；$a$—相对距离比，$a=x/h$—邻近建（构）筑物基础外边缘（或管线最外边缘）距基坑侧壁的水平距离与基础（管线）底面距基坑底垂直距离的比值。

基坑侧壁受水浸湿可能性较大；基坑工程降水深度介于 3～6m 且降水对周边环境有一定的影响；坑壁土局部为填土层或软弱黄土层为Ⅱ类（较复杂）。基坑侧壁受水浸湿可能性不大且基坑工程降水深度小于 3m；降水对周边环境影响轻微；坑壁土很少有填土层或软弱黄土层为Ⅲ类（简单）。具体可依被保护的周边建（构）筑物及地下管线重要性、环境条件、工程地质、水文地质条件分类，可依具体情况做合理调整。同一基坑依周边条件不同可划分为不同的侧壁安全等级。

对重要性等级为一级且易于受水浸湿的坑壁以及永久性坑壁设计中宜采用天然状态下的土性参数进行稳定和变形计算，然后采用饱和（$s_r = 85\%$）条件下的参数进行校核（在进行该校核时可采用较低的重要性系数和安全系数）。基坑支护结构设计时应进行计算和验算，包括支护结构的强度计算，涉及桩（立柱）、面板、挡墙，以及其基础的抗压、抗弯、抗剪、抗冲切承载力和局部受压承载力计算，锚杆、土钉杆体的抗拉承载力计算等；锚杆及土钉锚固体的抗拔承载力以及桩（立柱）的承载力和挡墙基础的地基承载力计算；支护结构整体和局部稳定性计算；变形验算；地下水控制计算和验算；施工期间可能出现的不利工况验算。基坑支护结构设计应考虑结构变形、地下水位升降对周边环境变形的影响并应符合规定。基坑支护结构型式应依据场地工程地质与水文地质条件、场地湿陷类型及地基湿陷等级、开挖深度、周边环境、当地施工条件及施工经验等选用，同一基坑既可采用一种支护结构型式也可因地制宜采用几种支护结构型式或组合，同一坡体水平向宜采用相同的支护型式。

## 8.7.1　湿陷性黄土地区基坑工程安全规则

（1）湿陷性黄土地区常用的支护结构型式可根据具体情况选择。锚、撑式排桩适用于以下 3 种情况，即基坑侧壁安全等级为一、二、三级；当地下水位高于基坑底面时应采取降水或排桩加截水帷幕措施；基坑外地下空间允许占用时可采用锚拉式支护（基坑边土体为软弱黄土且坑外空间不允许占用时可采用内撑式支护）。

悬臂式排桩适用于以下三种情况，即基坑侧壁安全等级为二、三级；基坑采取降水或采取截水帷幕措施时；基坑外地下空间不允许占用时。土钉墙适用于以下两种情况，即基坑侧壁安全等级一般为二、三级且基坑坡体为非饱和黄土；单一土钉墙支护深度不宜超过 12m（当与预应力锚杆、排桩等组合使用时可超过此限制），当地下水位高于基坑底面时应采取排水措施，不适于淤泥、淤泥质土、饱和软黄土。水泥土墙适用于以下两种情况，即基坑侧壁安全等级宜为三级；一般支护深度不宜大于 6m。水泥土桩施工范围内地基承载力不宜大于 150kPa。放坡适用于以下两种情况，即基坑侧壁安全等级宜为二、三级；场地应满足放坡条件。地下水位高于坡脚时应采取降水措施，可独立或与上述其他结构结合使用。基坑上部采用放坡或土钉墙、下部采用排桩的组合支护型式，其上部放坡或土钉墙高度不宜大于基坑总深度的 1/2 且应严格控制排桩顶部水平位移。

（2）基坑工程的岩土工程勘察宜与拟建工程勘察同步进行，初步勘察阶段应根据岩土工程条件初步判定基坑开挖可能发生的工程问题和需要采取的支护措施，详细勘察阶段应针对基坑工程的设计、施工要求进行勘察。一级基坑或当勘察资料不能满足基坑工程设计和施工要求时应进行专门勘察。

基坑的岩土工程勘察内容应包括基坑和其周围岩土的成因类型、岩性、分布规律及其物理与力学性质，应重点查明湿陷性土和填土的分布情况；地层软弱结构面（带）的分布特征、力学性质及与基坑开挖临空面的组合关系等；地下含水层和隔水层的厚度、埋藏及分布特征（横向分布是否稳定，隔水层是否有天窗等）、与基坑工程有关的地下水（包括上层滞水、潜水和承压水）的补给、排泄及各层地下水之间的水力联系等；支护结构设计、地下水控制设计及基坑开挖、降水对周围环境影响评价所需的计算参数。岩土工程勘察的方法和工作量宜按基坑侧壁安全等级合理选择和确定，一、二级基坑工程宜采用多种勘探测试方法并应综合分析评价岩土的特性参数，当场地有可能为自重湿陷性黄土场地时应布置适量探井。

勘探范围宜根据拟建（构）筑物的范围、基坑拟开挖的深度和场地岩土工程条件确定，应在基坑周围相当于基坑开挖深度的 1~2 倍范围内布置勘探点，对饱和软黄土分布较厚的区域宜适当扩大勘探范围。

## 8.7.2　湿陷性黄土地区基坑工程施工过程安全控制技术

（1）当场地开阔、坑壁土质较好、地下水位较深及基坑开挖深度较浅时可优先采用坡率法，同一工程可视场地具体条件采用局部放坡或全深度、全范围放坡开挖。对开挖深度不大于 5m、完全采用自然放坡开挖、不需支护及降水的基坑工程可不进行专门设计，应由基坑土方开挖单位对其施工的可行性进行评价并采取相应的措施。采用坡率法时其基坑侧壁坡度

（高宽比）应符合规范规定，当坡率法与其他基坑支护方法结合使用时应按相关规定进行设计。

存在下列情况之一时不应采用坡率法，如放坡开挖对拟建或相邻建（构）筑物及重要管线等有不利影响；地下水发育强烈不能有效降低地下水位和保持基坑内干作业；填土较厚或土质松软、饱和，稳定性差；场地不能满足放坡要求。

（2）土钉墙适用于地下水位以上或经人工降水后具有一定临时自稳能力土体的基坑支护，不适用于对变形有严格要求的基坑支护。土钉墙设计、施工及使用期间应充分考虑和防止外来水体浸入基坑边坡土体。土钉墙用于杂填土层、湿软黄土层及砂土、碎石土层时应考虑成孔的可行性和成孔坍塌对周边的安全影响。基坑开挖应配合土钉墙施工自上而下分段分层施工（严禁超前超深开挖），各层土方开挖后应及时进行土钉墙施工。应做好土钉墙施工中的安全技术工作，土钉墙试用期间应按设计要求做好安全防范工作。

（3）用于基坑支护工程的水泥土墙一般有两种类型，一是单独使用，用于挡土或同时兼作隔水；二是与钢筋混凝土排桩等联合使用，水泥土墙（桩）主要起隔水作用。水泥土墙适用于淤泥、淤泥质土、黏土、粉质黏土、粉土、砂类土、素填土及黄土类土等。单独采用水泥土墙进行基坑支护时适用于基坑周边无重要建筑物且开挖深度一般不大于 6m 的基坑（当采用加筋水泥土墙或与锚杆、钢筋混凝土排桩等联合使用时其支护深度可大于 6m）。水泥土墙断面宜采用连续型或格栅型。

水泥土墙施工可采用深层搅拌法或高压喷射注浆法，深层搅拌法宜优先采用喷浆法施工，若土含水量较大（饱和度大于 80%）、基坑较浅且无严格防渗要求也可采用喷粉法。水泥土的抗压、抗剪、抗拉强度应通过试验确定，当仅有立方体抗压强度 $f_{cu,28}$ 时可换算获得 $\tau_f$、$\sigma_f$（$\tau_f = f_{cu,28}/3$、$\sigma_f = f_{cu,28}/10$）。水泥土的渗透系数 $k$ 宜通过现场渗透试验确定，无试验数据时可按经验值选取 $k = 10^{-6} \sim 10^{-8}$ cm/s。对基坑变形限制较严格的水泥土墙工程可采用在水泥土墙中插入加劲性钢筋或同时在墙顶加设低标号的钢筋混凝土压顶冠梁（板）等辅助性增强措施。

（4）采用悬臂式排桩桩径不宜小于 600mm；采用排桩-锚杆结构桩径不宜小于 400mm；采用人工挖孔工艺时排桩桩径不宜小于 800mm。当排桩相邻建（构）筑物等较近时不宜采用冲击成孔工艺进行灌注桩施工；采用钻孔灌注桩时应注意塌孔对相邻（构）建筑物的影响。排桩与冠梁的混凝土强度等级不宜低于 C20；当桩孔内有水或干作业浇筑难以保证振捣质量时应采用水下混凝土浇筑方法，混凝土各项指标应符合《建筑桩基技术规范》（JGJ 94—2008）关于水下混凝土浇筑的相关规定。

排桩的纵向受力钢筋应采用 HRB335 或 HRB400 级钢筋且其数量不宜少于 8 根，箍筋宜采用 HRB235 级钢筋并宜采用螺旋筋，纵向受力钢筋的保护层厚度应不小于 35mm（水下灌筑混凝土时不宜小于 50mm），冠梁纵向受力钢筋的保护层厚度应不小于 25mm。排桩桩顶宜设置钢筋混凝土冠梁与桩身连接，当冠梁仅起连系梁作用时可按构造配筋，冠梁宽度（水平方向）不宜小于桩径，冠梁高度（竖直方向）不宜小于 400mm；当冠梁作为内支撑、锚杆的传力构件或作为空间结构构件时应按计算内力确定冠梁的尺寸和配筋。基坑开挖后应及时对桩间土采取防护措施以维护其稳定（可采用内置钢丝网或钢筋网的喷射混凝土护面等处理方法），当桩间渗水时应在护面设泄水孔，当土质较好不会从桩间空隙坠落且暴露时间较短时可不对桩间土进行防护处理。

锚杆尺寸和构造应符合要求，土层锚杆自由段长度应满足规范要求且不宜小于 5m；锚杆杆体外露长度应满足锚杆底座、腰梁尺寸及张拉作业要求；锚杆直径宜为 120~150mm；锚杆杆体安装时应设置定位支架且其定位支架间距宜为 1.5~2.0m。锚杆布置应符合要求，即锚杆上下排垂直间距不宜小于 2.0m，水平间距不宜小于 1.5m；锚杆锚固体上覆土层厚度不宜小于 4.0m；锚杆倾角宜为 15°~25°且不应大于 45°。锚杆注浆体宜采用水泥浆或水泥砂浆且其强度等级不宜低于 M15。

（5）基坑降水的设计和施工应根据场地及周边工程地质条件、水文地质条件和环境条件并结合基坑支护和基础施工方案综合分析、确定。湿陷性黄土地区基坑降水方法可采用管井降水（有条件时也可采用集水明排）。土方工程施工前应进行挖、填方的平衡计算，应综合考虑土方运距最短、运程合理和各个工程项目的合理施工程序等，条件许可情况下应尽可能做到土方平衡调配以减少重复挖运（土方平衡调配应尽可能与城市规划和农田水利相结合并将余土一次性运到指定弃土场，做到文明施工）。

挖方前应做好地面排水，必要时应做好降低地下水位工作。土方工程挖方较深时应采取基坑支护措施以防止基坑底部土的隆起并避免危害周边环境。平整场地的表面坡度应符合设计要求（设计无要求时其排水沟方向的坡度应不小于 0.2%），平整后的场地表面应逐点检查（检查点为每 100~400m² 取一点且不应少于 10 点；长度、宽度和边坡均为每 20m 取一点且每边不应少于一点）。土方工程施工应经常测量和校核其平面位置、水平标高和边坡坡度，平面控制桩和水准控制点应采取可靠的保护措施并定期复测和检查，土方堆置应满足规范规定。雨季和冬季施工应采取防水、排水、防冻等措施并确保基坑及坑壁不受水浸泡、冲刷、受冻。

（6）基槽工程通常分建（构）筑物基槽和市政工程各种管线基槽。基槽开挖前应查明基槽影响范围内建（构）筑物的结构类型、层数、基础类型、埋深、基础荷载大小及上部结构现状。基槽开挖前必须查明基槽开挖影响范围内的各类地下设施（包括上水、下水、电缆、光缆、消防管道、煤气、天然气、热力等管线和管道的分布、使用状况及对变形的要求等）。应查明基槽影响范围内的道路及车辆载重情况。基槽开挖必须保证基槽及临近的建（构）筑物、地下各类管线和道路的安全。基槽工程一般可采用垂直开挖、放坡开挖及内支撑方式开挖。

（7）基坑工程设计前应调查清楚基坑周边的地下管线和相邻建（构）筑物的位置、现状及地基基础条件，应预估基坑工程对周边环境可能产生的各种不良后果并提出相应的防治措施。基坑工程方案设计应严格把关并保证有必要的安全储备，实施阶段则必须严格按设计要求进行施工，确保工程质量（遇现场情况与原勘察、设计不符时应立即反馈，必要时应对原设计进行必要地补充或修改，对可能发生的险情进行及时处理）。

基坑周边环境的变形控制应符合要求，基坑周边地面沉降不得影响相邻建（构）筑物的正常使用且其所产生的差异沉降不得大于建（构）筑物地基变形的允许值；基坑周边土体变形不得影响各类管线的正常使用且不得超过管线变形的允许值；基坑周边有城市供水、雨污水管道或城市道路、地铁、隧道等重要设施时其基坑周边土体位移不得造成其结构破坏、发生渗漏或影响其正常运行。基坑工程设计中应明确提出监测项目和具体要求（包括监测点布置、观测精度、监测频度及监控报警值等），在选择设计安全系数和其他参数时应考虑现场监测的水平和可靠性（凡受实际监测值影响的设计内容均应在设计文件中明确给出）。

（8）基坑工程的验收应根据支护的结构型式、开挖深度、地层岩性结构、施工方法、周围环境、工期、气候和地面荷载等资料制定的施工组织设计、环境保护措施、检测方案及监测方案等进行，并应按规定的程序审批。参加基坑工程勘察、设计、施工、监理、检测、监测的单位和个人必须具备相应的资质和资格。基坑工程中的隐蔽部位（环节）在隐蔽前应进行中间质量验收。基坑工程的质量验收应在施工单位自检合格的基础上进行，基坑变形监控值或警示值应以设计指标为依据。

# 第 9 章

# 特种行业施工安全技术

## §9.1 公路工程施工安全技术要点

公路工程施工必须坚持"安全第一、预防为主"的方针。生产班组（队）接受生产任务时应同时组织班组（队）全体人员听取安全技术措施交底讲解，凡没有进行安全技术措施交底或未向全体作业人员讲解班组（队）有权拒绝接受任务并提出意见。作业人员必须经过安全教育培训并掌握本工种安全生产知识和技能。新工人或转岗工人必须经入场或转岗培训考核合格后方可上岗，实习期间必须在有经验的工人带领下进行作业且带领时间不少于三个月。特种作业人员必须经过专门培训并取得主管单位颁发的资质证后持证上岗。汽车驾驶员必须取得交通管理部门颁发的驾驶证后方可上岗。应服从领导和安全检查人员的指挥，工作时应思想集中、坚守作业岗位，未经许可不得从事非本工种作业且严禁酒后作业。施工工人必须熟知本工种的安全操作规程和施工现场的安全生产制度，不违章作业，对违章作业的指令有权拒绝并有责任制止他人违章作业。进入施工现场的人员必须正确戴好安全帽、系好下颌带，应按照作业要求正确穿戴个人防护用品且应着装整齐；在没有可靠安全防护设施的高处〔2m（含）以上〕悬崖和陡坡施工时必须系好安全带；高处作业不得穿硬底和带钉易滑的鞋，不得从高处向下方抛扔或者从低处向高处投掷物料、工具。严禁赤脚及穿拖鞋、高跟鞋进入施工现场。施工现场行走要注意安全，不得攀登脚手架、龙门架、外用电梯等，禁止乘坐非乘人的竖向运输设备上下。施工现场的各种安全设施、设备和警告、安全标志等未经领导同意不得任意拆除和随意挪动。

电动机械应采取防雨、防潮措施。脚手架未经验收合格前严禁上架作业。严禁在禁止烟火的地方吸烟动火。作业前必须检查工具、设备、现场环境等，确认安全后方可作业，应认真检查施工洞口、临边安全防护和脚手架护身栏、挡脚板、立网是否齐全、牢固，以及脚手板是否按要求间距放正、绑牢，有无探头板和空隙。作业时应保持作业道路通畅、作业环境整洁，在雨、雪后及露天作业时必须先清除水、雪、霜、冰并采取防滑措施。严禁在高压线下堆土、堆料、支搭临时设施和进行机械吊装作业。高处作业时上下必须走马道（坡道）或安全梯。下沟槽（坑）作业前及作业过程中必须检查槽（坑）壁的稳定状况和环境并确认安全后开始工作，上下沟槽（坑）必须走马道或安全梯，通过沟槽必须走便桥，严禁在沟槽（坑）内休息。夜间作业场所必须配备足够的照明设施。雨期或春融季节深槽（坑）作业时必须经常检查槽（坑）壁的稳定状况并确认安全。大雨、大雪、大雾及风力达 6 级以上（含

6级）等恶劣天气时应停止露天的起重、打桩、高处等作业。水中筑围堰时作业人员必须视水深、流速情况穿水上作业防护用品。作业中出现危险征兆时作业人员应暂停作业、撤至安全区域并立即向上级报告（未经施工技术管理人员批准严禁恢复作业。紧急处理时必须在施工技术管理人员的指挥下进行作业）。作业中发生事故必须及时抢救人员、迅速报告上级、保护事故现场并采取措施控制事故（抢救工作可能造成事故扩大或人员伤害时必须在施工技术管理人员的指导下进行抢救）。

## §9.2　石油工程建设施工安全技术要点

1. 石油工程建设施工过程中常见危险因素和有害因素

（1）物理性常见危险因素和有害因素包括作业场地狭窄或地面不平、不坚实、通道不畅、湿滑；运动的施工机械、机械外露运动部分以及移动的产品、材料；设备超速、超压、超负荷；电器绝缘不良、漏电、雷电、静电、接地不良；安全距离不够、明火；高处作业；气温、气压、湿度过高或过低，风速过大；噪声级、振动级超标；通风不良；粉尘、烟尘浓度超标；光线过强或照度不足；放射性同位素和射线装置放射强度或剂量过高；防护用品不符合要求；其他物理性危险因素和有害因素。

（2）化学性常见危险因素和有害因素包括易燃易爆物质，如原油、天然气、液化石油气、氢气、丙烷气、乙炔气、汽油、丙酮、火药、雷管、油漆等；有毒物质，如锰、铅、汞、苯、甲苯、硫化氢等；强氧化物质，如瓶装氧气等；腐蚀性物质，如酸、碱等；其他化学性危险因素和有害因素。

（3）生物性危险因素和有害因素包括细菌、病毒；传染病、地方病。

（4）生理、心理性危险因素和有害因素包括体力、体质不适应；心理负担过重；其他生理、心理性危险因素和有害因素。

（5）行为性危险因素和有害因素包括违章指挥、指挥失误、违章作业、操作失误；监护失误；防护用品使用不当；其他行为性危险因素和有害因素。

由此可见，石油工程建设施工安全管理任务艰巨、丝毫马虎不得。

2. 施工企业安全技术要求

（1）施工企业应按规定实行安全资格认证，应取得政府或行业主管部门颁发的安全资格合格证书并具备其他相应资质。施工企业厂长、经理应按国家规定经过安全卫生管理资格培训合格。专职管理人员应培训合格并取得上岗资格。特种作业人员必须经培训考核取得特种作业人员操作证后持证上岗。

（2）施工企业的行政正职为本单位安全生产第一责任者并对企业的安全生产工作全面负责，项目经理是该项目的安全生产第一责任者。企业应建立安全生产委员会。企业应设置各级安全管理机构并配备专（兼）职安全管理人员。企业应根据有关规定成立有关安全生产的培训、检验机构。

（3）施工企业应根据国家有关规定结合本单位实际情况建立安全生产制度，主要包括安全生产委员会、各级职能部门、各级领导、各级安全技术负责人、安全管理人员、岗位作业人员的安全生产责任制度；安全教育、培训制度；安全检查制度；安全技术措施计划编制、实施制度；劳动保护用品采购、配备、使用、管理制度；特种设备的采购、登记、维修、使用、管理制度；机动车辆、驾驶员及交通安全管理制度；特种作业管理制度；施工人员安全技术操作规程；施工设备安全技术操作规程；工业卫生与环境保护管理制度；职工伤亡事故与职业病管理制度；安全生产考核与奖惩制度；消防安全管理制度；其他安全生产管理制度。

（4）施工企业应按《企业职工劳动安全卫生教育管理规定》的要求通过各种途径对全体人员进行安全教育，包括经理、厂长的教育；特种作业人员的教育；新入厂人员的三级（厂级、车间级、班组级）安全教育；调换工作岗位人员以及使用新设备、新材料和采用新工艺、新技术人员的教育；安全卫生管理人员和其他管理人员的教育；班组长和安全员的教育；临时工、民工、劳务工等的教育；企业经常性的教育。这些教育除按规定应由国家指定部门进行外，其余人员的教育应由企业职工教育培训部门组织实施。

（5）施工企业应积极采取安全技术措施改善职工施工安全卫生条件、保证职工健康与安全。施工企业应按要求编制安全技术措施计划，应落实项目、落实经费并认真组织实施。编制施工组织设计时应根据工程特点、施工方法、劳动组织和作业环境制定有针对性的安全技术措施，实施前应向施工人员进行安全技术交底。参加施工人员应认真执行安全技术措施。

（6）施工企业应根据安全生产和预防职业危害的需要按《建筑施工作业劳动防护用品配备及使用标准》（JGJ 184—2009）的规定为施工人员配备防护用品。防护用品的性能应符合有关产品标准的规定。施工人员应按规定正确使用防护用品。施工企业安全生产管理部门应对施工人员使用防护用品的情况进行检查监督。

（7）施工企业应采取措施，预防、控制或消除施工过程中的噪声、污水、粉尘、有毒物质、射线、高温等有毒、有害因素的影响，应防止职业中毒、职业病和职业伤害的发生，应避免对居民和环境的危害和影响。

（8）施工企业对本单位的安全管理和施工现场安全生产情况进行监督检查。施工企业对生产过程中发生的伤亡事故、交通事故、火灾事故、爆炸事故和职业病状况应按有关规定进行调查、登记、统计、报告和处理。

## §9.3　铁路工程施工安全基本要求

铁路工程施工内容广泛，涉及新建、改建标准轨距铁路通信、信号、电力及电力牵引供电工程的施工。铁路工程施工应贯彻执行"安全第一、预防为主"的安全生产方针，应保障铁路工程施工中的人身安全及行车安全，并预防各种事故发生。客运专线和高速铁路的施工还应遵守一些专门的规定。

施工单位必须建立安全生产责任制并组织实施和监督，参加施工的人员必须熟悉及遵守本规程的有关规定并经安全考试合格后方准上岗。施工单位应根据相关规范规定结合现场施工具体情况编制实施细则（经批准后贯彻实施）。既有线施工必须严格执行有关的既有线施工确保行车安全的规定。同一工地有几个单位同时施工或不同专业交叉施工时应共同拟定现场的安全技术管理办法并做好协调、共同执行。施工中采用新技术、新工艺、新设备、新材料时必须制定相应的安全技术措施。

国家规定的特种作业人员以及在劳动过程中容易发生伤亡事故的有关作业人员必须经专业培训和考核合格取得特种作业操作证后方准上岗。施工人员身体应健康并定期进行身体检查，凡患有不宜从事某项施工作业的疾病人员，不得从事该项工作。施工现场应设置安全防护设施，进入施工现场的人员应按规定使用合格的劳动保护和防护用品。施工所用各种机具设备应定期进行安全检查（不合格者严禁使用）。铁路工程施工中的劳动安全卫生措施应在施工组织设计中确定。铁路通信、信号、电力和电力牵引供电工程施工中的安全技术工作内容繁杂，必须严格执行相关规定，应强化班前安全交底工作、安全培训工作、安全检查工作。

# §9.4　施工现场临时用电安全基本要求

施工现场临时用电应贯彻国家安全生产的法律和法规，施工现场用电应防止触电和电气火灾事故发生。新建、改建和扩建的工业与民用建筑和市政基础设施施工现场的临时用电工程中的电源中性点直接接地的 220/380V 三相四线制低压电力系统的设计、安装、使用、维修和拆除应遵守相关规定。施工现场临时用电工程专用的电源中性点直接接地的 220/380V 三相四线制低压电力系统应符合要求，即应采用三级配电系统、TN-S 接零保护系统、二级漏电保护系统。

## ▌9.4.1　临时用电安全技术的基本规定

（1）施工现场临时用电设备在 5 台及以上或设备总容量在 50kW 及以上者应编制用电组织设计。施工现场临时用电组织设计应包括以下八方面内容，即①现场勘测情况；②确定电源进线、变电所或配电室、配电装置、用电设备位置及线路走向；③用电负荷计算；④变压器选择；⑤配电系统设计，设计配电线路、选择导线或电缆，设计配电装置、选择电器，设计接地装置，绘制临时用电工程图纸，用电工程图纸主要包括用电工程总平面图、配电装置布置图、配电系统接线图、接地装置设计图等；⑥设计防雷装置；⑦确定防护措施；⑧制定安全用电措施和电气防火措施。

临时用电工程图纸应单独绘制，临时用电工程应按图施工。临时用电组织设计及变更必须履行"编制、审核、批准"程序并应由电气工程技术人员组织编制，且应经相关部门审核及具有法人资格企业的技术负责人批准后实施，变更用电组织设计时应补充有关图纸资料。临时用电工程必须经编制、审核、批准部门和使用单位共同验收，合格后方可投入使用。施工现场临时用电设备在 5 台以下和设备总容量在 50kW 以下者应制定安全用电和电气防火措施并应符合前述相关规定。

（2）电工及用电人员应遵守相关制度。电工必须在按国家现行标准考核合格后持证上岗工作，其他用电人员必须通过相关安全教育培训和技术交底且应考核合格后方可上岗工作。安装、巡检、维修或拆除临时用电设备和线路必须由电工完成并应有专人监护，电工等级应同工程的难易程度和技术复杂性相适应。各类用电人员应掌握安全用电基本知识和所用设备的性能并应遵守相关规定，使用电气设备前必须按规定穿戴和配备好相应的劳动防护用品并应检查电气装置和保护设施（严禁设备带"缺陷"运转），应保管和维护所用设备（发现问题及时报告解决），暂时停用设备的开关箱必须分断电源隔离开关并应关门上锁，移动电气设备时必须经电工切断电源并做妥善处理后进行。

（3）应建立健全安全技术档案。施工现场临时用电必须建立安全技术档案，安全技术档案主要应包括：用电组织设计的全部资料；修改用电组织设计的资料；用电技术交底资料；用电工程检查验收表；电气设备的试、检验凭单和调试记录；接地电阻、绝缘电阻和漏电保护器漏电动作参数测定记录；定期检（复）查表；电工安装、巡检、维修、拆除工作记录等。

安全技术档案应由主管该现场的电气技术人员负责建立与管理，其中"电工安装、巡检、维修、拆除工作记录"可指定电工代管，每周应由项目经理审核认可并应在临时用电工程拆除后统一归档。临时用电工程应定期检查，定期检查时应复查接地电阻值和绝缘电阻值。临时用电工程定期检查应按分部、分项工程进行，对安全隐患必须及时处理并应履行复查验收手续。

## 9.4.2 外电线路及电气设备防护要求

（1）应重视外电线路防护工作。在建工程不得在外电架空线路正下方施工、搭设作业棚、建造生活设施或堆放构件、架具、材料及其他杂物等。在建工程（含脚手架）的周边与外电架空线路的边线之间的最小安全操作距离应符合表9-1规定且上、下脚手架的通道不宜设在有外电线路的一侧；施工现场的机动车道与外电架空线路交叉时的最低点与路面的最小垂直距离应符合表9-2规定；起重机严禁越过无防护设施的外电架空线路作业，在外电架空线路附近吊装时起重机的任何部位或被吊物边缘在最大偏斜时与架空线路边线的最小安全距离应符合表9-3规定；施工现场开挖沟槽边缘与外电埋地电缆沟槽边缘之间的距离不得小于0.5m。达到不到前述规定时必须采取绝缘隔离防护措施并应悬挂醒目的警告标志。

表9-1 在建工程（含脚手架）的周边与架空线路的边线之间的量小安全操作距离

| 外电线路电压等级/kV | <1 | 1~10 | 35~110 | 220 | 330~500 |
|---|---|---|---|---|---|
| 最小安全操作距离/m | 4.0 | 6.0 | 8.0 | 10 | 15 |

表9-2 施工现场的机动车道与架空线路交叉时的最小铅直距离

| 外电线路电压等级/kV | <1 | 1~10 | 35 |
|---|---|---|---|
| 最小铅直距离/m | 6.0 | 7.0 | 7.0 |

表9-3 起重机与架空线路边缘的最小安全距离

| 电压/kV | | <1 | 10 | 35 | 110 | 220 | 330 | 500 |
|---|---|---|---|---|---|---|---|---|
| 安全距离/m | 沿铅直方向 | 1.5 | 3.0 | 4.0 | 5.0 | 6.0 | 7.0 | 8.5 |
| | 沿水平方向 | 1.5 | 2.0 | 3.5 | 4.0 | 6.0 | 7.0 | 8.5 |

（2）架设防护设施时必须经有关部门批准并应采用线路暂时停电或其他可靠的安全技术

措施，还应有电气工程技术人员和专职安全人员监护。防护设施与外电线路之间的安全距离不应小于表9-4所列数值。防护设施应坚固、稳定且对外电线路的隔离防护应达到IP30级，当上述防护措施无法实现时必须与有关部门协商采取停电、迁移外电线路或改变工程位置等措施，未采取上述措施的严禁施工。在外电架空线路附近开挖沟槽时必须会同有关部门采取加固措施，应防止外电架空线路电杆倾斜、悬倒。

表9-4　　　　　　　　　　　防护设施与外电线路之间的最小安全距离

| 外电线路电压等级/kV | ≤10 | 35 | 110 | 220 | 330 | 500 |
|---|---|---|---|---|---|---|
| 最小安全距离/m | 1.7 | 2.0 | 2.5 | 4.0 | 5.0 | 6.0 |

（3）应重视电气设备防护工作。电气设备现场周围不得存放易燃易爆物、污源和腐蚀介质，若有则应予清除或进行防护处置且其防护等级必须与环境条件相适应。电气设备设置场所应能避免物体打击和机械损伤，否则应做防护处置。

## ▌9.4.3　接地与防雷要求

在施工现场专用变压器的供电的TN-S接零保护系统中，电气设备的金属外壳必须与保护零线连接，保护零线应由工作接地线、配电室（总配电箱）电源侧零线或总漏电保护器电源侧零线处引出。施工现场与外电线路共用同一供电系统时，其电气设备的接地、接零保护应与原系统保持一致，不得一部分设备做保护接零，另一部分设备做保护接地。采用TN系统做保护接零时，其工作零线（N线）必须通过总漏电保护器，其保护零线（PE线）必须由电源进线零线重复接地处或总漏电保护器电源侧零线处引出以形成局部TN-S接零保护系统。

在TN接零保护系统中通过总漏电保护器的工作零线与保护零线之间不得再做电气连接。在9N接零保护系统中PE零线应单独敷设，重复接地线必须与相线相连接，严禁与N线相连接。使用一次侧由50V以上电压的接零保护系统供电，其二次侧为50V及以下电压的安全隔离变压器时的二次侧不得接地并应将二次线路用绝缘管保护或采用橡皮护套软线。采用普通隔离变压器时其二次侧一端应接地，且变压器正常不带电的外露可导电部分应与一次回路保护零线相连接。以上变压器还应采取防直接接触带电体的保护措施。

施工现场的临时用电电力系统严禁利用大地做相线或零线。接地装置的设置应考虑土壤干燥或冻结等季节变化的影响并应符合表9-5的规定，大地比较干燥时取表中较小值；比较潮湿时取表中较大值，接地电阻值在四季中均应符合前述要求，但防雷装置的冲击接地电阻值只考虑在雷雨季节中土壤干燥状态的影响。

表9-5　　　　　　　　　　　接地装置的季节系数 $\varphi$ 值

| 埋深/m | 水平接地体 | 长2~3m的铅直接地体 |
|---|---|---|
| 0.5 | 1.4~1.8 | 1.2~1.4 |
| 0.8~1.0 | 1.25~1.45 | 1.15~1.3 |
| 2.5~3.0 | 1.0~1.1 | 1.0~1.1 |

PE 线所用材质与相线、工作零线（N）线相同时其最小截面应符合表 9-6 的规定。保护必须采用绝缘导线，配电装置和电动机械相连接的 PE 线应为截面不小于 2.5mm² 的绝缘多股铜线，手持式电动工具的 PE 线应为截面不小于 1.5mm² 的绝缘多股铜线。PE 线上严禁装设开关或熔断器，严禁通过工作电流且严禁断线。相线、N 线、PE 线的颜色标记必须符合规定，即相线 L1（A）、L2（B）、L3（C）相序的绝缘颜色依次为黄、绿、红色；N 线的绝缘颜色为淡蓝色；PE 线的绝缘颜色为绿/黄双色，任何情况下上述颜色标记严禁混用和互相代用。

**表 9-6**                          **PE 线截面与相线截面的关系**

| 相线芯线截面 $S$/mm² | $S \leqslant 16$ | $16 < S \leqslant 35$ | $S > 35$ |
|---|---|---|---|
| PE 线最小截面/mm² | 5 | 16 | $S/2$ |

### 1. 保护接零

在 TN 系统中下列电气设备不带电的外露可导电部分应做保护接零：电机、变压器、电器、照明器具、手持式电动工具的金属外壳；电气设备传动装置的金属部件；配电柜与控制柜的金属框架；配电装置的金属箱体、框架及靠近带电部分的金属围栏和金属门；电力线路的金属保护管、敷线的钢索、起重机的底座和轨道、滑升模板金属操作平台等；安装在电力线路杆（塔）上的开关、电容器等电气装置的金属外壳及支架等。

城防、人防、隧道等潮湿或条件特别恶劣施工现场的电气设备必须采用保护接零。TN 系统中下列电气设备不带电的外露可导电部分可不做保护接零，这些设备是在木质、沥青等不良导电地坪的干燥房间内交流电压 380V 及以下的电气装置金属外壳（维修人员可能同时触及电气设备金属外壳和接地金属物件时除外）；安装在配电柜、控制柜金属框架和配电箱的金属箱体上且与其可靠电气连接的电气测量仪表、电流互感器、电器的金属外壳等。

### 2. 接地与接地电阻

单台容量超过 100kVA 或使用同一接地装置并联运行且总容量超过 100kVA 的电力变压器或发电机的工作接地电阻值不得大于 4Ω。单台容量不超过 100kVA 或使用同一接地装置并联运行且总容量不超过 100kVA 的电力变压器或发电机的工作接地电阻值不得大于 1Ω。在土壤电阻率大于 1Ω·m 的地区当达到上述接地电阻值有困难时其工作接地电阻值可提高到 30Ω。TN 系统中的保护零线除必须在配电室或总配电箱处做重复接地外，还必须在配电系统的中间处和末端处做重复接地。

在 TN 系统中保护零线每一处重复接地装置的接地电阻值不应大于 10Ω，在工作接地电阻值允许达到 10Ω 的电力系统中所有重复接地的等效电阻值不应大于 10Ω。在 TN 系统中严禁将单独敷设的工作零线再做重复接地。每一接地装置的接地线应采用 1 根及以上导体且应在不同点与接地体做电气连接。不得采用铝导体做接地体或地下接地线。铅直接地体宜采用角钢、钢管或光面圆钢，不得采用螺纹钢。

接地可利用自然接地体但应保证其电气连接和热稳定。移动式发电机供电的用电设备的金属外壳或底座应与发电机电源的接地装置有可靠的电气连接。移动式发电机系统接地应符合电力变压器系统接地的要求，下列情况可不另做保护接零，即移动式发电机和用电设备固定在同一金属支架上供给其他设备用电；不超过 2 台的用电设备由专用的移动式发电机供电（供、用电设备间距不超过 50m）且供、用电设备的金属外壳之间有可靠的电气连接时。在有静电的施工现场内对集聚在机械设备上的静电应采取接地泄漏措施，每组专设的静电接地体的接地电阻值不应大于 100Ω，高土壤电阻率地区不应大于 1000Ω。

3. 防雷

在土壤电阻率低于 200Ω·m 区域的电杆可不另设防雷接地装置，但在配电室的架空进线或出线处应将绝缘子铁脚与配电室的接地装置相连接。对施工现场内的起重机、井字架、龙门架等机械设备以及钢脚手架和正在施工的在建工程等的金属结构，若其在相邻建筑物、构筑物等设施的防雷装置接闪器的保护范围以外时应按表 9-7 中地区年均雷暴日（d）布置防雷设施，当最高机械设备上避雷针（接闪器）的保护范围能覆盖其他设备且又最后退出现场时则其他设备可不设防雷装置，确定防雷装置接闪器的保护范围可采用滚球法。

表 9-7　　　　　　　　施工现场内机械设备及高架设施需安装防雷装置的规定

| 地区年平均雷暴日/d | ≤15 | 15<d<40 | 40≤d<90 | ≥90 及雷害特别严重地区 |
|---|---|---|---|---|
| 机械设备高度/m | ≥50 | ≥32 | ≥20 | ≥12 |

机械设备或设施的防雷引下线可利用该设备或设施的金属结构体，但应保证电气连接。机械化设备上的避雷针（接闪器）长度应为 1~2m。塔式起重机可不另设避雷针（接闪器）。安装避雷针（接闪器）的机械设备，其所有固定的动力、控制、照明、信号及通信线路宜采用铜管敷设，钢管与该机械设备的金属结构体应做电气连接。施工现场内所有防雷装置的冲击接地电阻值不得大于 30Ω。做防雷接地机械上的电气设备所连接的 PE 线必须同时做重复接地，同一台机械电气设备的重复接地和机械的防雷接地可共用同一接地体，但接地电阻应符合重复接地电阻值的要求。

按照滚球法，单支避雷针（按闪器）的保护范围应按下列方法确定：

（1）当避雷针高度（h）小于或等于滚球半径（$h_r$）时，避雷针在被保护物高度的 $XX$ 平面上的保护半径和在地面上的保护半径可按图解法确定，[《建筑物防雷设计规范》（GB 50057—2010）对第一、二、三类防雷建筑物的滚球半径分别确定为 30m、45m、60m。对一般施工现场，在年平均雷暴日大于 15d/a 的地区，高度在 15m 及以上的高耸建构筑物和高大施工机械；或在年平均雷暴日小于或等于 15d/a 的地区，高度在 20m 及以上的高耸建构筑物和高大施工机械可参照第三类防雷建筑物]。

（2）当避雷针高度 h 大于滚球半径 $h_r$ 时避雷针在被保护物高度的 $XX'$ 平面上的保护半径和在地面上的保护半径可按图解法确定。按照滚球法，单根避雷线（接闪器）的保护范围应按下列方法确定，即当避雷线的高度大于或等于 2 倍滚球半径时滚球半径的 2 圆弧线（柱面）与地面之间的空间即是保护范围；当避雷线的高度小于 2 倍滚球半径时避雷线两端的保护范围按单支避雷针的方法确定；多支避雷针和多根避雷线的保护范围可按 GB 50057—2010 规定执行。

## 9.4.4　配电室及自备电源安全要求

配电室应靠近电源并应设在灰尘少、潮气少、振动小、无腐蚀介质、无易燃易爆物及道路畅通的地方。成列的配电柜和控制柜两端应与重复接地线及保护零线做电气连接。配电室和控制室应能自然通风和动物进入的措施并应采取防止雨雪侵入和动物侵入的措施。

配电室布置应符合下列要求：

（1）配电柜正面的操作通道宽度对单列布置或双列背对背布置应不小于 1.5m（双列面对面布置应不小于 2m）。

（2）配电柜后面的维护通道宽度对单列布置或双列面对面布置应不小于 0.8m（双列背对背布置应不小于 1.5m，个别地点有建筑物结构凸出的地方则此点通道宽度可减少 0.2m）。

（3）配电柜侧面的维护通道宽度不小于 1m。

（4）配电室的顶棚与地面的距离不低于 3m。

（5）配电室内设置值班或检修室时该室边缘距配电柜的水平距离大于 1m 并应采取屏障隔离。

（6）配电室内的裸母线与地面铅直距离小于 2.5m 时应采用遮栏隔离（遮栏下面通道的高度应不小于 1.9m）。

（7）配电室围栏顶端与其正上方带电部分的净距应不小 0.075m。

（8）配电装置的上端距顶棚应不小于 0.5m。

（9）配电室内的母线应涂刷有色油漆并以标志相序方向为基准（其涂色应符合表 9 - 8 规定）。

（10）配电室的建筑物和构筑物的耐火等级应不低于 3 级且室内应配电砂箱和可用于扑灭电气火灾的灭火器；配电室的门向外开并配锁；配电室的照明应分别设置正常照明和事故照明。

**表 9 - 8**　　　　　　　　　　　　　　　　母　线　涂　色

| 相别 | 颜色 | 竖向排列 | 水平排列 | 引下排列 |
|------|------|----------|----------|----------|
| L1（A） | 黄 | 上 | 后 | 左 |
| L2（B） | 绿 | 中 | 中 | 中 |
| L3（C） | 红 | 下 | 前 | 右 |
| N | 淡蓝 | — | — | — |

配电柜应装设电度表并应装设电流、电压表，电流表与计费电度表不得共用一组电流互感器。配电柜应设电源隔离开关及短路、过载、漏电保护电器，电源隔离开关分断时应有明显可见分断点。配电柜应编号并应有用途标记。配电柜或配电线路停电维修时应挂接地线并应悬挂"禁止合闸、有人工作"停电标志牌（停送电必须由专人负责）。配电室应保持整洁，不得堆放任何妨碍操作、维修的杂物。

230/400V 自备发电机组应符合要求。发电机组及其控制、配电、修理室等可分开设置，在保证电气安全距离和满足防火要求情况下可合并设置。发电机组的排烟管道必须伸出室外。发电机组及其控制、配电室内必须配置可用于扑灭电气火灾的灭火器，严禁存放贮油桶。发电机组电源必须与外电线路电源连锁（严禁并列运行）。发电机组应采用电源中性点直接接地的三相四线制供电系统和独立设置 TN-S 接零保护系统，其工作接地电阻值应符合前述相关要求。发电机控制屏宜装设下列仪表，即交流电压表、交流电流表、有功功率表、电度表、功率因数表、频率表、直流电流表、等。发电机供电系统应设置电源隔离开关及短路电路保护电器，电源隔离开关分断时应有明显可见分断。发电机组并列运行时必须装设同期装置，并应在机组同步运行后再向负载供电。

## 9.4.5　配电线路安全要求

1. 架空线路

架空线必须采用绝缘导线。架空线必须架设在专用电杆上（严禁架设在树木架及其他设施上）。架空线导线截面的选择应符合下列要求：

（1）导线中的计算负荷电流不大于其长期连续负荷允许载流量。

（2）线路末端电压偏移不大于其额定电压的 5%。

（3）三相四线制线路的 N 线和 PE 线截面不小于相线截面的 50%（单相线路的零线截面与相线截面相同）。

（4）按机械强度要求绝缘铜线截面不小于 $10mm^2$、绝缘铝线截面不小于 $16mm^2$。

（5）在跨越铁路、公路、河流、电力线路档距内其绝缘铜线截面不小于 $16\sim12mm^2$、绝缘铝线截面不小于 $25mm^2$。

架空线在一个档距内，每层导线的接头数不得超过该层导线条数的 50% 且一条导线应只有一个接头，在跨越铁路、公路、河流、电力线路档距内架空线不得有接头。架空线路相序排列应符合下列规定：

（1）动力、照明线在同一横担上架设时面向负荷从左侧起依次为 L1、N、L2、L3、PE；动力、照明线在二层横担上分别架设时导线相序排列应有序，即上层横担面向负荷从左侧起依次为 L1、L2、L3。

（2）下层横担面向负荷从左侧起依次为 L1（L2、L3）、N、PE。

架空线路的档距不得大于 35m。架空线路的线间距不得小于 0.3m，靠近电杆的两导线的间距不得小于 0.5m。架空线路横担间的最小竖向距离不得小于表 9-9 所列数值；横担宜采用角钢或方木，低压铁横担角钢应按表 9-10 选用，方木横扫截面应按 $80mm\times80mm$ 选用；横担长度应按表 9-11 选用。架空线路与邻近线路或固定物的距离应符合规定。架空线路宜采用钢筋混凝土杆或木杆，钢筋混凝土杆不得有露筋以及宽度大于 0.4mm 的裂纹和扭曲；木杆不得腐朽且其梢径应不小于 140mm。电杆埋设深度宜为杆长的 1/10 加 0.6m，回填土应分层夯实，在松软土质处酌加大埋入深度或采用卡盘等加固。直线杆和 $15'$ 以下的转角杆可采用单横担单绝缘子（但跨越机动车道时应采用单横担双绝缘子）；$15'\sim45'$ 的转角杆应采用双横担双绝缘于；$45'$ 以上的转角杆应采用十字横担。

表 9-9　　　　　　　横担间的最小垂直距离　　　　　　（单位：m）

| 排列方式 | 直线杆 | 分支或转角杆 |
| --- | --- | --- |
| 高压与低压 | 1.2 | 1.0 |
| 低压与低压 | 0.6 | 0.3 |

表 9-10　　　　　　　　　　　　低压铁横担角钢选用

| 导线截面/m² | | 直线杆 | 分支或转角杆 |
|---|---|---|---|
| 二线及三线 | 16、25、35、50 | L50×52 | L50×52、L63×35 |
| 四线及以上 | 70、95、120 | L63×52 | L63×35、L70×35 |

表 9-11　　　　　　　　　　　横 担 长 度 选 用　　　　　　　　　（单位：m）

| 横担长度 | 二线三线 | 四线五线 |
|---|---|---|
| 0.7 | 1.5 | 1.8 |

　　架空线路绝缘子应按下列原则选择，即直线杆应采用针式绝缘子；耐张杆应采用蝶式绝缘子。电杆的拉线宜采用不少于 3 根 D4.0mm 的镀锌钢丝，拉线与电杆的夹角应在 30°～45°之间，拉线埋设深度不得小于 1m，电杆拉线如从导线之间穿过应在高于地面 2.5m 处装设拉线绝缘子。因受地形环境限制不能装设拉线时可采用撑杆代替拉线，撑杆埋设深度不得小于 0.8m 且其底部应垫底盘或石块，撑杆与电杆的夹角宜为 30°。接户线在档距内不得有接头，进线处离地高度不得小于 2.5m，接户线最小截面应符合表 9-12 规定，接户线线间及与邻近线路间的距离应符合表 9-13 的要求。架空接户线与广瓣电话线交叉时的距离接户线在上部 600mm、户线在下部 300mm；架空或沿墙敷设的接户线军线和相线文叉时的距离 100mm。架空线路必须有短路保护，采用熔断器做短路保护时其熔体额定电流不应大于明敷绝缘导线长期连续负荷允许载流量的 1.5 倍；采用断路器做短路保护时其瞬动过流脱扣器脱扣电流整定值应小于线路末端单相短路电流。架空线路必须有过载保护，采用熔断器或断路器做过载保护时其绝缘导线长期连续负荷允许载流量不应小于熔断器熔体额定电流或断路长延时过流脱扣器脱扣电流整定值的 1.25 倍。

表 9-12　　　　　　　　　　　接 户 线 的 最 小 截 面

| 接户线架设方式 | 接户续长度/m | 接户线截面/mm² | 架空或沿墙敷设 |
|---|---|---|---|
| 铜线 | 10～25 | 6.0 | 10.0 |
| 铝线 | ≤10 | 4.0 | 6.0 |

表 9-13　　　　　　　　　　接户线间及邻近线路间的距离

| 接户线架设方式 | 接户线档距/m | 接户线线间距离/mm |
|---|---|---|
| 架空敷设 | ≤25 | 150 |
| | >25 | 200 |
| 沿墙敷设 | ≤6 | 100 |
| | >6 | 150 |

　　2. 电缆线路

　　电缆中必须包含全部工作芯线和用作保护零线或保护线的芯线，需要三相四线制配电的电缆线路必须采用五芯电缆，五芯电缆必须包含淡蓝、绿/黄二种颜色绝缘芯线。淡蓝色芯线必须用作 N 线；绿/黄双色芯线必须用作 PE 线，严禁混用。电缆截面的选择应符合前述规定并应根据其长期连续负荷允许载流量和允许电压偏移确定。电缆线路应采用埋地或架空敷设方式（严禁沿地面明设）并应避免机械损伤和介质腐蚀，埋地电缆路径应设方位标志。电缆类型应根据敷设方式、环境条件选择，埋地敷设宜选用铠装电缆，选用无铠装电缆时应能防水、防腐。架空敷设宜选用无铠装电缆。

电缆直接埋地敷设的深度不应小于 0.7m 并应在电缆紧邻上、下、左、右侧均匀敷设不小于 50mm 厚的细砂，然后覆盖砖或混凝土板等硬质保护层。埋地电缆在穿越建筑物、构筑物、道路、易受机械损伤、介质腐蚀场所及引出地面从 2.0m 高到地下 0.2m 处必须加设防护套管，防护套管内径不应小于电缆外径的 1.5 倍。埋地电缆与其附近外电电缆和管沟的平行间距不得小于 2m，交叉间距不得小于 1m。埋地电缆的接头应设在地面上的接线盒内，接线盒应能防水、防尘、防机械损伤，并应远离易燃、易爆、易腐蚀场所。

架空电缆应沿电杆、支架或墙壁敷设并采用绝缘子固定，绑扎线必须采用绝缘线，固定点间距应保证电缆能承受自重所带来的荷载，敷设高度应符合架空线路敷设高度的要求，沿墙壁敷设时最大弧垂距地不得小于 2.0m。架空电缆严禁沿脚手架、树木或其他设施敷设。

在建工程内的电缆线路必须采用电缆埋地引入，严禁穿越脚手架引入，电缆竖向敷设应充分利用在建工程的竖井、垂直孔洞等并宜靠近用电负荷中心，固定点每楼层不得少于一处，电缆水平敷设宜沿墙或门口刚性固定，最大弧垂距地不得小于 2.0m。装饰装修工程或其他特殊阶段应补充编制单项施工用电方案，电源线可沿墙角、地面敷设，但应采取防机械损伤和电火措施。电缆线路必须有短路保护和过载保护，保护电器与电缆的选配应符合前述要求。

### 3. 室内配线

室内配线必须采用绝缘导线或电缆。室内配线应根据配线类型采用瓷瓶绝缘槽、穿管或钢索敷设。短路保护和过载保护应合格，潮湿场所或埋地非电缆配线必须穿管敷设，管口和管接头应密封；采用金属管敷设时金属管必须做等电位连接且必须与 PE 线相连接。室内非埋地明敷主干线距地面高度不得小于 2.5m。架空进户线的室外端应采用绝缘子固定，过墙处应穿管保护，距地面高度不得小于 2.5m 并应采取防雨措施。室内配线所用导线或电缆的截面应根据用电设备或线路的计算负荷确定，铜线截面不应小于 1.5mm²，铝线截面不应小于 2.5mm²。

钢索配线的吊架间距不宜大于 12m，采用瓷夹固定导线时导线间距不应小于 35mm，瓷夹间距不应大于 800mm。采用瓷瓶固定导线时导线间距不应小于 100mm、瓷瓶间距不应大于 1.5m；采用护套绝缘导线或电缆时可直接敷设于钢索上。室内配线必须有短路保护和过载保护，短路保护和过载保护电器与绝缘导线、电缆的选配应符合前述相关要求，对穿管敷设的绝缘导线线路，其短路保护熔断器的熔体额定电流不应大于穿管绝缘导线长期连续负荷允许载流量的 2.5 倍。

## 9.4.6 配电箱及开关箱安全要求

配电箱及开关箱的设置应符合要求。配电系统应设置配电柜或总配电箱、分配电箱、开关箱，实行三级配电。配电系统宜使三相负荷平衡，220V 或 380V 单相用电设备宜接入 220/380V 三相四线系统；当单相照明线路电流大于 30A 时宜采用 220/380 三相四线制供电。室内配电柜的设置应符合前述相关规定。总配电箱以下可设若干分配电箱；分配电箱以下可设若干开关箱，总配电箱应设在靠近电源的区域，分配电箱应设在用电设备或负荷相对集中的区域，分配电箱与开关箱的距离不得超过 30m，开关箱与其控制的固定式用电设备的水平距离不宜超过 3m。

每台用电设备必须有各自专用的开关箱，严禁用同一个开关箱直接控制 1 台及 1 台以上用电设备（含插座）。动力配电箱与照明配电箱宜分别设置，合并设置为同一配电箱时，动力和照明应分路配电；动力开关箱与照明开关箱必须分设。配电箱、开关箱应装设在干燥、通风及常温场所，不得装设在有严重损伤作用的瓦斯、烟气、潮气及其他有害介质中，亦不得装设在易受外来固体物撞击、强烈振动、液体浸溅及热源烘烤场所。否则，应予清除或做防护处理。配电箱、开关箱周围应有足够 2 人同时工作的空间和通道，不得堆放任何妨碍操作、维修的物品，不得有灌木、杂草。

配电箱、开关箱应采用冷轧钢板或阻燃绝缘材料制作，钢板厚度应为 1.2~2.0mm，其中开关箱箱体钢板厚度不得小于 1.2mm，配电箱箱体钢板厚度不得小于 1.5mm，箱体表面应做防腐处理。配电箱、开关箱应装设端正、牢固，固定式配电箱、开关箱的中心点与地面的垂直距离应为 1.4~1.6m；移动式配电箱、开关箱应装没在坚固、稳定的支架上，其中心点与地面的垂直距离宜为 0.8~1.6m。

配电箱、开关箱内的电器（含插座）应先安装在金属或非木质阻燃绝缘电器安装板上，然后方可整体紧固在配电箱、开关箱箱体内，金属电器安装板与金属箱体应做电气连接。配电箱、开关箱内的电器（含插座）应按其规定位置紧固在电器安装板上，不得歪斜和松动。配电箱的电器安装板上必须分设 N 线端子板和 PE 线端子板，N 线端子板必须与金属电器安装板绝缘；PE 线端子板必须与金属电器安装板懂电气连接，进出线中的 N 线必须通过 N 线端子板连接 PE 线端子板连接。

配电箱、开关箱内的连接线必须采用铜芯绝缘导线，导线绝缘的颜色标志应按前述要求配置并排列整齐；导线分支接头不得采用螺栓压接（应采用焊接并做绝缘包扎）且不得有外露带电部分。配电箱、开关箱的金属箱体、金属电器安装板以及电器正常不带电的金属底座、外壳等必须通过 PE 线端子板与 PE 线做电气连接，金属箱门与金属箱体必须通过采用编织软铜线做电气连接。配电箱、开关箱的箱体尺寸应与箱内电器的数量和尺寸相适应，箱内电器安装板板面电器安装尺寸可按表 9-14 确定。配电箱、开关箱中导线的进线口和出线口应设在箱体的下底面。配电箱、开关箱的进、出线口应配置固定线卡，进出线应加绝缘护套并成束卡固在箱体上，不得与箱体直接接触。移动式配电箱、开关箱的进、出线应采用橡皮护套绝缘电缆，不得有接头。配电箱、开关箱外形结构应能防雨、防尘。

表 9-14　　　　　　　　　　配电箱、开关箱内电器安装尺寸选择值

| 间 距 名 称 | | 最小净距/mm |
|---|---|---|
| 并列电器（含单极熔断器）间 | | 30 |
| 电器进、出绕瓷蕾（塑胶管）孔与电器边沿间 | 15A | 30 |
| | 20~30A | 50 |
| | 60A 及以上 | 80 |

| 间 距 名 称 | 最小净距/mm |
|---|---|
| 上、下排电 10 进出线瓷管（塑腔管）孔间 | 25 |
| 电器进、出线瓷蕾（塑胶臂）孔至扳边 | 40 |
| 电器至板边 | 40 |

1. 电器装置的选择

配电箱、开关箱内的电器必须可靠、完好，严禁使用破损、不合格的电器。总配电箱的电器应具备电源隔离，正常接通与分断电路以及短路、过载、漏电保护功能。

2. 电器设置

当总路设置总漏电保护器时还应装设总隔离开关、分路隔离开关以及总断路器、分路断路器或总熔断器、分路熔断器。当所设总漏电保护器是同时具备短路、过载、漏电保护功能的漏电断路器时，可不设总断路器或总熔断器。当各分路设置分路漏电保护器时还应装设总隔离开关、分路隔离开关以及总断路器、分路断路器或总熔断器、分路熔断器。当分路所设漏电保护器是同时具备短路、过载、漏电保护功能的漏电断路器时可不设分路断路器或分路熔断器。隔离开关应设置于电源进线端，应采用分断时具有可见分断点并能同时断开电源所有极的隔离电器，采用分断时具有可见分断点的断路器可不另设隔离开关。熔断器应选用具有可靠灭弧分断功能的产品。总开关电器的额定值、动作整定值应与分路开关电器的额定值、动作整定值相适应。

总配电箱应装设电压表、总电流表、电度表及其他需要的仪表，专用电能计量仪表的装设应符合当地供用电管理部门的要求，装设电流互感器时其二次回路必须与保护零线有一个连接点，严禁断开电路。分配电箱应装设总隔离开关、分路隔离开关以及总断路器、分路断路器或总熔断器、分路熔断器（其设置和选择应符合前述要求）。开关箱必须装设隔离开关、断路器或熔断器，以及漏电保护器，当漏电保护器是同时具有短路、过载、漏电保护功能的漏电断路器时，可不装设断路器或熔断器。隔离开关应采用分断时具有可见分断点，能同时断开电源所有极的隔离电器，并应设置于电源进线端。

当断路器是具有可见分断点时，可不另设隔离开关。开关箱中的隔离开关只可直接控制照明电路和容量不大于 3.0kW 的动力电路（但不应频繁操作）；容量大于 3.0kW 的动力电路应采用断路器控制，操作频繁时还应附设接触器或其他起动控制装置。开关箱中各种开关电器的额定值和动作整定值应与其控制用电设备的额定值和特性相适应，通用电动机开关箱中电器的规格可按相关要求选配。漏电保护器应装设在总配电箱、开关箱靠近负荷的一侧（且不得用于起动电气设备的操作）。

漏电保护器的选择应符合《剩余电流动作保护电器的一般要求》（GB/Z 6829—2008）和《剩余电流动作保护装置安装和运行》（GB 13955—2005）的规定。开关箱中漏电保护器的额定漏电动作电流不应大于 30mA、额定漏电动作时间不应大于 0.1s，使用于潮湿或有腐蚀介质场所的漏电保护器应采用防溅型产品其额定漏电动作电流不应大于 15mA、额定漏电动作时间不应大于 0.1s。总配电箱中漏电保护器的额定漏电动作电流应大于 30mA、额定漏电动作时间应大于 0.1s（但其额定漏电动作电流与额定漏电动作时间的乘积不应大于

30mA·s）。

总配电箱和开关箱中漏电保护器的极数和线数必须与其负荷侧负荷的相数和线数一致。配电箱、开关箱中的漏电保护器宜选用无辅助电源型（电磁式）产品或选用辅助电源故障时能自动断开的辅助电源型（电子式）产品，当选用辅助电源故障时不能自动断开的辅助电源型（电子式）产品时应同时设置缺相保护。漏电保护器应按产品说明书安装、使用，对搁置已久重新使用或连续使用的漏电保护器应逐月检测其特性，发现问题应及时修理或更换。漏电保护器应正确使用接线方法。配电箱、开关箱的电源进线端严禁采用插头和插座做活动连接。

3. 配电箱、开关箱使用、维护

配电箱、开关箱应有名称、用途、分路标记及系统接线图。配电箱、开关箱箱门应配锁并应由专人负责。配电箱、开关箱应定期检查、维修，检查、维修人员必须是专业电工。检查、维修时必须按规定穿、戴绝缘鞋、手套，必须使用电工绝缘工具并应做检查、维修工作记录。对配电箱、开关箱进行定期维修、检查时必须将其前一级相应的电源隔离开关分闸断电并悬挂"禁止合闸、有人工作"停电标志牌，严禁带电作业。配电箱、开关箱必须按照下列顺序操作，即送电操作顺序为总配电箱→分配电箱→开关箱；停电操作顺序为开关箱→分配电箱→总配电箱，出现电气故障的紧急情况可除外。施工现场停止作业 1h 以上时应将动力开关箱断电上锁。开关箱的操作人员必须符合前述相关规定要求。配电箱、开关箱内不得放置任何杂物并应保持整洁。配电箱、开关箱内不得随意挂接其他用电设备。配电箱、开关箱内的电器配置和接线严禁随意改动。熔断器的熔体更换时严禁采用不符合原规格的熔体代替，漏电保护器每天使用前应起动漏电试验按钮试跳一次，试跳不正常时严禁继续使用。配电箱、开关箱的进线和出线严禁承受外力和出现尖锐断口，不得与强腐蚀介质和易燃易爆物接触。

## 9.4.7 电动施工机械和手持式电动工具安全要求

施工现场中电动施工机械和手持式电动工具的选购、使用、检查和维修应遵守下列规定。选购的电动施工机械、手持式电动工具及其用电安全装置应符合相应的国家现行有关强制性标准的规定且应具有产品合格证和使用说明书；应建立和执行专人专机负责制并定期检查和维修保养；接地应符合前述相关规定要求，运行时产生振动的设备的金属基座、外壳与PE 线的连接点不少于 2 处；漏电保护应符合前述相关规定要求；应按使用说明书使用、检查、维修。

塔式起重机、外用电梯、滑升模板的金属操作平台及需要设置避雷装置的物料提升机除应连接 PE 线外还应做重复接地，设备的金属结构构件之间应保证电气连接。手持式电动工具中的塑料外壳Ⅱ类工具和手持式电动工具中的Ⅲ类工具可不连接 PE 线。电动施工机械和手持式电动工具的负荷线应按其计算负荷选用无接头的橡皮护套铜芯软电缆，其性能应符合《额定电压 450/750V 及以下橡皮绝缘电缆》（GB 5013.1～5013.8—2008）中对软线和软电缆的要求，其截面应按实际情况选配。电缆芯线数应根据负荷及其控制电器的相数和线数确定，三相四线时应选用五芯电缆；三相三线时应选用四芯电缆；三相用电设备中配置有单相用电器具时应选用五芯电缆；单相二线时应选用三芯电缆。电缆芯线应符合前述相关规定，其中 PL 线应采用绿/黄双色绝缘导线。每一台电动施工机械或手持式电动工具的开关箱内除应装设过载、短路、漏电保护电器外，还应按要求装设隔离开关或具有可见分断点的断路器、装设控制装置。正、反向运转控制装置中的控制电器应采用接触器、继电器等自动控制电器，不得采用手动双向转换开关作为控制电器，电器规格可按相关要求选配。

1. 起重机械电气设备

塔式起重机的电气设备应符合《塔式起重机安全规程》（GB 5144—2006）中的要求。塔式起重机应按规定做重复接地和防雷接地。轨道式塔式起重机接地装置的设置应符合下列要求，即轨道两端应各设一组接地装置；轨道的接头处应作电气连接，两条轨道端部做环形电气连接；较长轨道应每隔不大于 30m 设置一组接地装置。塔式起重机与外电线路的安全距离应符合前述相关规定要求。轨道式塔式起重机的电缆不得拖地行走。需要夜间工作的塔式起重机应设置正对工作面的投光灯。塔身高于 30m 的塔式起重机应在塔顶和臂架端部设红色信号灯。在强电磁波源附近工作的塔式起重机，操作人员应戴绝缘手套和穿绝缘鞋，应在吊钩与机体间采取绝缘隔离措施，或在吊钩吊装地面物体时在吊钩上挂接临时接地装置。外用电梯梯笼内、外均应安装紧急停止开关。外用电梯和物料提升机的上、下极限位置应设置限位开关。外用电梯和物料提升机每日工作前必须对行程开关、限位开关、紧急停止开关、驱动机构和制动器等进行空载检查，正常后方可使用。检查时必须有防坠落措施。

2. 桩工机械电气设备

潜水式钻孔机电机的密封性能应符合《外壳防护等级（IP 代码）》（GB 4208—2008）中的 IP68 级的规定。潜水电机的负荷线应采用防水橡皮护套铜芯软电缆，长度不应小于 15m 且不得承受外力。潜水式钻孔机开关箱中的漏电保护器必须符合前述对潮湿场所选用漏电保护器的要求。

3. 夯土机械电气设备

夯土机械开关箱中的漏电保护器必须符合前述对潮湿场所选用漏电保护器的要求。夯土机械 PE 线的连接点不得少于 2 处。夯土机械的负荷线应采用耐气候型橡皮护套铜芯软电缆。使用夯土机械必须按规定穿戴绝缘用品，使用过程应有专人调整电缆，电缆长度不应大于 50m，电缆严禁缠绕、扭结和被夯土机械跨越。多台夯土机械并列工作时其间距不得小于 5m，其他工作时间距不得小于 10m。夯土机械的操作扶手必须绝缘。

4. 焊接机械电气设备

电焊机械应放置在防雨、干燥和通风良好的地方。焊接现场不得有易燃、易爆物品。交流弧焊机变压器的一次侧电源线长度不应大于 5m，其电源进线处必须设置防护罩。发电机式直流电焊机的换向器应经常检查和维护并应消除可能产生的异常电火花。电焊机械开关箱中的漏电保护器必须符合前述相关规定要求，交流电焊机械应配装防二次侧触电保护器。电焊机械的二次线应采用防水橡皮护套铜芯软电缆，电缆长度不应大于 30n，不得采用金属构件或结构钢筋代替二次线的地线。使用电焊机械焊接时必须穿戴防护用品。严禁露天冒雨从事电焊作业。

5. 手持式电动工具电气设备

空气湿度小于 75% 的一般场所可选用 Ⅰ 类或 Ⅱ 类手持式电动工具，其金属外壳与 PE 线的连接点不得少于 2 处；除塑料外壳Ⅱ类工具外，相关开关箱中漏电保护器的额定漏电动作电流不应大于 15mA、额定漏电动作时间不应大于 0.1s，其负荷线插头应具备专用的保护触头。所用插座和插头在结构上应保持一致，避免导电触头和保护触头混用。在潮湿场所或金属构架上操作时必须选用Ⅱ类或由安全隔离变压器供电的Ⅲ类手持式电动工具。金属外壳Ⅱ类手持式电动工具使用时必须符合前述相关规定要求，其开关箱和控制箱应设置在作业场所外面。

在潮湿场所或金属构架上严禁使用Ⅰ类手持式电动工具。狭窄场所必须选用由安全隔离变压器供电的Ⅲ类手持式电动工具，其开关箱和安全隔离变压器均应设置在狭窄场所外面并连接 PE 线，漏电保护器的选择应符合前述使用于潮湿或有腐蚀介质场所漏电保护器的要求，操作过程中应有人在外面监护。手持式电动工具的负荷线应采用耐气候型的橡皮护套铜芯软电缆且不得有接头。手持式电动工具的外壳、手柄、插头、开关、负荷线等必须完好无损，使用前必须做绝缘检查和空载柱查，在绝缘合格、空载运转正常后方可使用，绝缘电阻不应小于表 9-15 规定的数值。使用手持式电动工具时必须按规定穿、戴绝缘防护用品。

表 9-15            手持式电动工具绝缘电阻限值

| 带电零件与外壳之间 | Ⅰ类 | Ⅱ类 | Ⅲ类 |
|---|---|---|---|
| 测量部位绝缘电阻/MΩ | 2 | 7 | 1 |

6. 其他电动施工机械电气设备

混凝土搅拌机、插入式振动器、平板振动器、机、水磨石机、钢筋加工机械、木工机械、盾构机械设备的漏电保护应符合前述要求。混凝土搅拌机、插入式振动器、平板振动器、地面抹光机、水磨石机、钢筋加工机械、木工机械、盾构机械的负荷线必须采用耐气候型橡皮护套铜芯软电缆，且不得有任何破损和接头。水泵的负荷线必须采用防水橡皮护套铜芯软电缆，严禁有任何破损和接头且不得承受任何外力。盾构机械的负荷线必须固定牢固，距地高度不得小于 2.5m。对混凝土搅拌机、钢筋加工机械、木工机桩、盾构机械等设备进行清理、检查、维修时必须首先将其开关箱分闸断电、呈现可见电源分断点并关门上锁。

## ▌9.4.8  照明安全要求

在坑、洞、井内作业、夜间施工或厂房、道路、仓库、办公室、食堂、宿舍、料具堆放场及自然采光差等场所应设一般照明、局部照明或混合照明。在一个工作场所内不得只设局部照明。停电后操作人员需及时撤离的施工现场的必须装设自备电源的应急照明。现场照明应采用高光效、长寿命的照明光源，需大面积照明的场所应采用高压汞灯、高压钠灯或混光用的卤钨灯等。照明器的选择必须按下列环境条件确定，即正常湿度一般场所应选用开启式照明器；潮湿或特别潮湿场所应选用密闭型防水照明器或配有防灯头的开启式照明器；含有大量尘埃但无爆炸和火灾危险的场所应选用防尘型照明器；有爆炸和火灾危险的场所应按危险场所等级选用防爆型照明器；存在较强振动的场所应选用防振型照明器；有酸碱等强腐蚀介质场所应选用耐酸碱型照明器。照明器具和器材的质量应符合国家现行有关强制性标准的规定，不得使用绝缘老化或破损的器具和器材。无自然采光的地下大空间施工场所应编制单项照明用电方案。

1. 应重视照明供电安全问题

一般场所宜选用额定电压为 220V 的照明器。下列特殊场所应使用安全特低电压照明器，隧道、人防工程、高温、有导电灰尘、比较潮湿或灯具离地面高度低于 2.5m 等场所的照明的电源电压应不大于 36V；潮湿和易触及带电体场所的照明的电源电压不得大于 24V；特别潮湿场所、导电良好的地面照明其电源电压不得大于 12V。

使用行灯应符合要求，即电源电压不大于 36V；灯体与手柄应坚固、绝缘良好并耐热耐潮湿；灯头与灯体应结合牢固、灯头应无开关；灯泡外部应有金属保护网；金属网、反光罩、悬吊挂钩应固定在灯具的绝缘部位上。远离电源的小面积工作场地、道路照明、警卫照明或额定电压为 12～36V 照明的场所，其电压允许偏移值为额定电压值的 10%～15%；其余场所电压允许偏移值为额定电压值的 ±5%。照明变压器必须使用双绕组型安全隔离变压器，严禁使用自耦变压器。照明系统宜使三相负荷平衡，其中每一单相回路上灯具和插座数量不宜超过 25 个、负荷电流不宜超过 15A。携带式变压器的一次侧电源线应采用橡皮护套或塑料护套铜芯软电缆，中间不得有接头，长度不宜超过 3m，其中绿/黄双色线只可作 PE 线使用，电源插销应有保护触头。工作零线截面应按规定选择，单相二线及二相二线线路中零线截面与相线截面相同；三相四线制线路中照明器为白炽灯时其零线截面不小于相线截面的 50%，照明器为气体放电灯时其零线截面按最大负载相的电流选择；在逐相切断的三相照明电路中的零线截面与最大负载相相线截面相同。室内、室外照明线路的敷设应符合前述相关规定要求。

2. 应重视照明装置安全问题

照明灯具的金属外壳必须与 PE 线相连接，照明开关箱内必须装设隔离开关、短路与过载保护电器和漏电保护器并应符合前述相关规定。室外 220V 灯具距地面不得低于 3m，室内 220V 灯具距地面不得低于 2.5m。普通灯具与易燃物距离不宜小于 3m；聚光灯、碘钨灯等高热灯具与易燃物距离不宜小于 5m 且不得直接照射易燃物；达不到规定安全距离时应采取隔热措施。路灯的每个灯具应单独装设熔断器保护，灯头线应做防水弯。荧光灯管应采用管座固定或用吊链悬挂，荧光灯的镇流器不得安装在易燃的结构物上。碘钨灯及钠、铊、铟等金属卤化物灯具的安装高度宜在 3m 以上，灯线应固定在接线柱上，不得靠近灯具表面。投光灯的底座应安装牢固，应按需要的光轴方向将枢轴拧紧固定。

螺口灯头及其接线应符合下列要求，即灯头的绝缘外壳无损伤、无漏电；相线接在与中心触头相连的一端，零线接在与螺纹口相连的一端。灯具内的接线必须牢固，灯具外的接线必须做可靠的防水绝缘包扎。暂设工程的照明灯具宜采用拉线开关控制，开关安装位置宜符合下列要求，即拉线开关距地面高度为 0.15～0.2m、拉线的出口向下；其他开关距地面高度为 0.15～0.2m。与出入口的水平距离为 0.2m。灯具的相线必须经开关控制，不得将相线直接引入灯具。对夜间影响飞机或车辆通行的在建工程及机械设备必须设置醒目的红色信号灯，其电源应设在施工现场总电源开关的前侧并应设置外电线路停止供电时的应急自备电源。

# 第 10 章
# 建设工程安全监理与监督

## §10.1　建设工程安全监理的基本要求

安全监理工作的性质是发现安全问题、督促施工单位消除安全事故隐患。建设单位在与工程监理单位签订的委托监理合同中应明确安全监理的范围、内容、职责及安全监理费用。建设单位应将安全监理的委托范围、内容及对工程监理单位的授权书面告知施工单位。工程监理单位应建立安全监理管理体系，监理单位的行政负责人应对本单位的安全生产监理工作全面负责，项目监理部的安全生产监理工作实行总监理工程师负责制。监理单位、总监理工程师、专业监理工程师和安全监理人员应依据《建设工程安全生产管理条例》承担相应的监理责任。安全监理不得替代施工单位的安全管理。

监理单位应建立安全监理管理体系，制定安全监理规章制度，检查指导项目监理部工作。项目监理部应依据监理合同的约定和监理项目的特点设立相应的专职或兼职安全监理人员。总监理工程师应对所监理工程项目的安全监理工作全面负责；应确定项目监理部的安全监理人员并明确其工作职责；应主持编写监理规划中的安全监理方案并负责审批安全监理的审核，并签发有关安全监理的《监理通知》以及审批施工组织设计和专项施工方案；应组织审查和批准施工单位提出的安全技术措施及工程项目生产安全事故应急预案；应审批《施工现场起重机械拆装报审表》和《施工现场起重机械验收核查表》；应负责签署《安全防护、文明施工措施费用支付证书》；应负责签发《工程暂停令》（必要时向有关部门报告）；应负责检查安全监理工作的落实情况。

总监理工程师代表根据总监理工程师的授权行使总监理工程师的部分职责和权力，总监理工程师不得将下列工作委托总监理工程师代表，如对所监理工程项目的安全监理工作全面负责权；主持编写监理规划中的安全监理方案以及审批安全监理实施细则；签署《安全防护、文明施工措施费用支付证书》；签发安全监理专题报告；签发《工程暂停令》（必要时向有关部门报告）等。

安全监理人员的职责是编写安全监理方案和安全监理实施细则；审查施工单位的营业执照、企业资质和安全生产许可证；审查施工单位安全生产管理的组织机构；查验安全生产管理人员的安全生产考核合格证书、各级管理人员和特种作业人员上岗资格证书；审核施工组织设计中的安全技术措施和专项施工方案；核查施工单位安全培训教育记录和安全技术措施的交底；检查施工单位制定的安全生产责任制度、安全检查制度和事故报告制度的执行情况；核查施工起重机械拆卸、安装和验收手续并签署相应表格；检查定期检测情况；核查中小型机械设备的进场验收手续并签署相应表格；对施工现场进行安全巡视检查并填写监理日记（发现问题及时向专业监理工程师通报并向总监理工程师或总监代表报告）；主持召开安全生产专题监理会议；起草并经总监授权签发有关安全监理的《监理通知》；编写监理月报中的安全监理工作内容。

专业监理工程师的职责是参与编写安全监理实施细则；审核施工组织设计或施工方案中本专业的安全技术措施；审核本专业的危险性较大的分部分项工程的专项施工方案；检查本专业施工安全状况并对安全事故隐患按规定的方法处理，必要时向安全监理人员通报或向总监理工程师报告；参加本专业安全防护设施检查、验收并在相应表格上签署意见。监理员的职责是检查施工现场的安全状况，发现问题予以纠正并及时向专业监理工程师或安全监理人员报告。

监理规划中应包括安全监理方案。安全监理方案应根据法律法规要求、工程项目特点以及施工现场实际情况确定安全监理工作的目标、重点、制度、方法和措施，并明确给出应编制安全监理实施细则的分部分项工程或施工部位，安全监理方案应具有针对性。安全监理方案的编制应由总监理工程师主持、专职（兼职）安全监理人员和专业监理工程师参加，安全监理方案由监理单位技术负责人审批后实施。安全监理方案应根据工程的变化予以补充、修改和完善，并按规定程序报批。

项目监理部应按安全监理方案的要求编制安全监理实施细则，安全监理实施细则应具有可操作性。危险性较大的分部分项工程施工前必须编制安全监理实施细则。安全监理实施细则应针对施工单位编制的专项施工方案和现场实际情况依据安全监理方案提出的工作目标和管理要求明确监理人员的分工和职责、安全监理工作的方法和手段及安全监理检查重点、检查频率和检查记录的要求。安全监理实施细则的编制应由总监理工程师主持、专职（兼职）安全监理人员和专业监理工程师参加，安全监理实施细则由总监理工程师审批后实施。安全监理实施细则应根据工程的变化予以补充、修改和完善，并按规定程序报批。

监理单位应制订监理人员培训计划并按计划对监理人员进行安全监理业务培训，并保留培训记录。总监理工程师应及时组织项目监理人员学习有关安全生产的法律、法规、标准、规范和规程等。

## §10.2　建设工程施工安全监理的主要方法

安全监理工作应从施工准备阶段开始，该阶段应调查了解施工现场及周边环境情况；告知建设单位的安全责任并协助其及时办理工程项目安全监督手续；审查施工总承包、专业分包、劳务分包单位的安全生产许可证以及相互间的安全协议；审查施工单位的主要负责人、项目负责人、专职安全生产管理人员、特种作业人员的数量与资格；检查施工单位施工现场安全生产保证体系；审核施工单位提出的危险性较大的分部分项工程一览表（包括须经专家论证、审查的项目）和须经监理复核安全许可验收手续的大中型施工机械和安全设施一览表；审查施工组织设计中的安全技术措施或安全专项（重点是危险性较大的分部分项工程）施工方案；编制监理规划中的安全监理方案及安全监理实施细则；对监理人员进行岗前安全教育并配备必要的安全防护用品；在第一次工地会议上介绍安全监理目标、工作要求及安全监理人员等。

（1）施工（含缺陷责任期）阶段的安全监理工作应常抓不懈，应监督施工单位施工现场安全生产保证体系的运行及其专职安全生产管理人员的到岗与工作情况；监督以危险性较大的分部分项工程为重点的安全专项施工方案或安全技术措施的实施；复核施工单位大中型施工机械、安全设施的安全许可验收手续；核查施工单位安全生产事故应急救援预案；参与施工单位组织的专项安全检查（包括异常气候和节假日施工的安全检查）；参加安全监督部门对项目安全检查后的项目安全生产状况讲评会；配合工程安全事故调查、分析和处理；对施工现场存在的安全事故隐患以及安全设施不符合安全标准强制性条文要求的情况应书面通知施工单位及时予以整改。

（2）安全监理工作应按规定进行。应检查施工单位总、分包现场专职安全生产管理人员的配备是否符合规定；应检查施工单位的安全生产责任制、安全生产教育培训制度、安全生产规章制度和操作规程、消防安全责任制度、安全生产事故应急救援预案、安全施工技术交底制度以及设备的租赁、安装拆卸、运行维护保养、验收管理制度等；应检查特种作业人员资格（包括电工、焊工、架子工、起重机械工、塔吊司机及指挥、竖向运输机械操作工、安装拆卸工、爆破工等特种作业人员的名册、岗位证书和身份证复印件）；应检查（或协助签订）建设单位与施工单位以及施工总、分包单位间的施工安全生产协议书。对施工单位安全生产保证体系的检查项目由项目监理机构在第一次工地会议上书面向施工单位告知，由施工单位报检、总监理工程师主持检查，凡有不符合要求的应开具限期整改书面通知，拒不整改的应向建设单位及安全监督部门报告。

（3）应严密审查危险性较大的分部分项工程安全专项施工方案。施工单位应分别编写各危险性较大的分部分项工程的安全专项施工方案，并在施工前办理监理报审。总监理工程师应按规定主持审查，应对安全专项施工方案按规定须经专家认证、审查的情况进行程序性审查，看其是否执行；安全专项施工方案是否经施工单位技术负责人签认。不符合程序的应退回，应按规定进行符合性审查，要求安全专项施工方案必须符合强制性标准的规定并附有安全验算的结果。须经专家论证、审查的项目应附有专家审查的书面报告，安全专项施工方案应有紧急救护措施等应急救援预案，应按规定进行针对性审查，安全专项施工方案应针对本工程特点以及所处环境、管理模式且具有可操作性。安全专项施工方案经专职安全监理人员、专业监理工程师进行审查后应在报审表上填写监理意见并由总监理工程师签认。对特别复杂的安全专项施工方案，项目监理机构应报请工程监理单位技术负责人主持审查。

（4）应监督危险性较大的分部分项工程安全专项施工方案的实施。安全专项施工方案实施时首先应查清施工单位专职安全生产管理人员是否到岗。对安全专项施工方案的执行情况应每天至少监督检查一次，对安全监理的监督检查控制点应实施必要的监视和测量。发现不符合安全专项施工方案要求或发现安全事故隐患的应向总监理工程师报告，应采取发监理通知单、暂停施工令或向建设单位及有关主管部门报告的手段及时处理并首先从施工单位安全生产保证体系上查找原因。

（5）监理人员在巡视检查中发现安全事故隐患或有违反施工方案、法规和工程建设强制性标准的应立即开具监理通知单要求限时整改。监理人员在巡视检查中发现有严重安全事故隐患或有严重违反施工方案、法规和工程建设强制性标准的应立即要求施工单位暂停施工并及时报告建设单位。项目监理机构应根据情况将月度安全监理工作情况在监理月报中或单独向建设单位和有关安全监督部门报告。针对某项具体安全生产问题总监理工程师认为有必要可做专题报告。建设单位安全生产方面的义务和责任及相关事宜项目监理机构宜以书面形式告知。凡在安全监理工作中需施工单位配合的应将安全监理工作的内容、方式及其他具体要求及时以书面形式告知。

（6）安全监理人员应参加第一次工地会议，总监理工程师应在会议上介绍安全监理的有关要求及具体内容，并向建设单位、施工单位递交书面告知，项目监理机构应接受施工单位有关安全监理工作的询问。

（7）安全监理工作需要工程建设各方参与协调的事项应通过工地例会及时解决，会上专职安全监理人员对施工现场安全生产工作情况进行分析并提出当前存在的问题，且应要求施工单位及有关各方予以改进。对危险性较大的分部分项工程的全部作业面每天应巡视到位，发现问题要求改正的应跟踪到改正为止，对暂停施工的应注意施工方的动向。应根据现场施工作业情况确立巡视部位，巡视检查应按专项安全监理实施细则的要求进行并做好相应的记录。

## §10.3　工程安全监督的基本要求

工程监理单位派驻工程项目负责履行委托监理合同的项目监理机构负责工程施工安全监理。工程监理单位履行委托安全监理约定，必须在项目监理机构中设置安全监理岗位并配备持证上岗的专职安全监理人员，三等及以下工程可指定相关专业监理工程师兼任，一等工程宜成立安全监理组。

总监理工程师应确定项目监理机构安全监理岗位的设置和专职安全监理人员的配备并明确其工作任务；应主持编写监理规划中的安全监理方案、审批安全监理实施细则、审核签发安全监理通知单以后（安全）监理月报和安全专题报告；审查施工单位的安全生产许可证；组织审查施工组织设计中的安全技术措施或者危险性较大的分部分项工程（包括须经专家论证、审查的项目）的安全专项施工方案并签认；发现严重的安全事故隐患及施工单位拒不整改时应签发暂停施工令并报告建设单位、有关主管部门。

专职安全监理人员具体协助建设单位与施工单位签订安全生产协议书和安全抵押金合同并监督实施；负责编写监理规划中安全监理方案和安全监理实施细则；参加对施工组织设计中的安全技术措施或者危险性较大的分部分项工程（包括须经专家论证、审查的项目）安全专项施工方案的审查；对危险性较大的分部分项工程安全专项施工方案或施工单位提出的安全技术措施的实施进行监督；审查施工总承包单位推荐的分包单位的安全资质及主要负责人、项目负责人、专职安全生产管理人员、特种作业人员的资格；巡视检查及处理日常事务；发现安全事故隐患，及时向总监理工程师报告；填写安全监理日记和编写安全监理月报或监理月报中的安全监理内容；负责安全监理资料的收集和安全监理台账管理；参与工程预算和对安全及文明施工措施费实施监督等其他与工程安全有关的工作。

专业监理工程师参与编写安全监理实施细则；参与危险性较大的分部分项工程（包括须

经专家论证、审查的项目）的安全专项施工方案或施工单位提出的安全技术措施的审查并配合对其实施进行监督；结合本专业及业务范围关注施工安全状况（发现安全事故隐患及时向总监理工程师报告）。

监理员应结合专业及业务范围关注施工安全状况，在监理工作中发现安全事故隐患及时向专职安全监理人员或总监理工程师报告。

设置总监理工程师代表的项目监理机构，总监理工程师不得将下列工作委托总监理工程师代表，如主持编写监理规划中的安全监理方案、审批安全监理实施细则；组织审查施工组织设计中的安全技术措施或者危险性较大的分部分项工程（包括须经专家论证、审查的项目）的安全专项施工方案并签认；确定安全监理岗位和人员配备。专职安全监理人员离岗时总监理工程师应立即另行安排人员到岗。凡有危险性较大的分部分项工程施工及节假日施工，总监理工程师均应对安全监理岗位做出妥善的人员安排。

# §10.4　施工安全检查的主要内容和基本要求

安全生产管理检查评定应符合《建设工程安全生产管理条例》的规定。检查评定保证项目包括安全生产责任制、施工组织设计、安全技术交底、安全检查、安全教育、应急预案，一般项目包括分包单位安全管理、特种作业持证上岗、生产安全事故处理、安全标志。

1. 保证项目的检查评定

安全生产责任制必须得到切实履行，工程项目部应建立以项目经理为第一责任人的各级管理人员安全生产责任制；安全生产责任制应经责任人员签字确认；工程项目部应制定各工种安全技术操作规程；工程项目部应按《建筑施工企业安全生产管理机构设置及专职安全生产管理人员配备办法》的规定配备专职安全员；实行工程项目经济承包的其承包合同中应有安全生产考核指标；工程项目部应制定安全生产资金保障制度；应按照安全生产资金保障制度并编制安全资金使用计划且按计划实施；工程项目部应制定以伤亡事故控制、现场安全达标、文明施工为主要内容的安全生产管理目标；应按照安全生产管理目标和项目管理人员的安全生产责任制进行安全生产责任目标分解；应建立安全生产责任制、责任目标考核制度；应按考核制度对项目管理人员定期进行考核。

施工组织设计应明确相关安全内容，工程项目部施工前应编制施工组织设计，施工组织设计应针对工程特点、施工工艺制定安全技术措施；危险性较大的分部分项工程应按《危险性较大的分部分项工程安全管理办法》的规定编制安全专项施工方案；超过一定规模的、危险性较大的分部分项工程施工单位应组织专家对专项方案进行论证；施工组织设计、安全专项施工方案应由有关部门或专业技术人员审核并报施工单位技术负责人、监理单位项目总监批准；工程项目部应按施工组织设计、安全专项施工方案组织实施。

安全技术交底应认真落实，施工负责人分派生产任务时应对施工作业人员（相关管理人员）进行书面安全技术交底；安全技术交底应按施工工序、施工部位、施工栋号分部分项进行；安全技术交底应结合施工作业特点、危险因素、施工方案、规范标准、操作规程等内容制定；安全技术交底应由交底人、被交底人、安全员进行签字确认。

安全检查应常抓不懈，工程项目部应建立安全检查（定期、季节性）制度；安全检查应由项目负责人组织（相关专业人员及安全员参加），并应定期进行且填写检查记录；雨季、冬季应组织季节性专项检查；对检查中发现的事故隐患应明确责任，定人、定时间、定措施限期整改完成。重大事故隐患应填写隐患整改通知单按期整改落实。工地或相关部门应组织复查验证。安全教育应警钟长鸣，施工单位应建立安全培训、教育制度；施工人员入场时工程项目部应组织进行以国家安全法律法规、企业安全制度、施工现场安全管理规定及各工种安全技术操作规程为主要内容的三级安全培训、教育和考核；施工作业人员变换工种应进行变换后工种的安全操作规程教育和考核；施工管理人员、专职安全员每年应进行安全培训和考核。应急救援预案应常备不懈，工程项目部应针对工程特点进行重大危险源的辨识并制定防触电、防坍塌、防高空坠落、防物体打击、防火灾、防起重及机械伤害等为主要内容的应急救援预案；施工现场应成立应急救援组织并培训、配备应急救援人员；应按照应急救援预案要求备齐应急救援器材；应组织员工进行应急救援演练。

2. 一般项目的检查评定

应重视分包单位的安全管理工作，总包单位应对承揽分包工程的分包单位进行资质、安全资格的审查评价；总包单位与分包单位签订分包合同时应签订安全生产协议书并明确双方的安全责任；分包单位应按规定建立安全组织并配备安全员。应密切关注特种作业持证上岗问题，施工特种作业人员须经行业主管部门培训考核合格取得特种作业人员操作资格证书后方可上岗从事相应作业；特种作业人员应按规定进行延期审核；特种作业人员在进行施工作业时应持证上岗。应迅速、科学做好生产安全事故处理工作，施工现场发生生产安全事故应按规定及时报告；生产安全事故应按规定进行调查、分析、处理并制定防范措施；应为施工作业人员办理工伤保险。安全标志应规范、醒目，施工现场主要施工区域、危险部位、加工区、材料区、生活区、办公区应按不同区域设置相应的安全警示标志牌；施工现场应绘制安全标志布置的总平面图；应根据工程部位和现场设施的改变调整安全标志牌设置。应重视文明施工管理工作。施工安全检查的关键环节主要有扣件式钢管脚手架、悬挑式脚手架、门型钢管脚手架、碗扣式脚手架、附着式升降脚手架、承插型盘扣式钢管支架、高处作业吊篮、满堂脚手架、基坑支护及土方作业、模板支架、"三宝、四口"及临边防护、施工用电、物料提升机、施工升降机、塔式起重机、起重吊装、施工机具，检查要求可参考本书前述相关内容并应遵守我国现行的相关规范、规程、标准、规定。

# 参 考 文 献

[1] 陈宝智. 危险源辨识、评价及控制 [M]. 成都：四川科学技术出版社，1996.

[2] 方东平，黄新宇，Jimmei Hinze. 工程建设安全管理 [M]. 北京：中国水利水电出版社，2003.

[3] 李世蓉，等. 建设工程施工安全控制 [M]. 北京：中国建筑工业出版社，2004.

[4] 廖品槐. 建筑工程质量与安全管理 [M]. 北京：中国建筑工业出版社，2005.

[5] 罗福午. 建筑工程质量缺陷事故分析及处理 [M]. 武汉：武汉工业大学出版社，1999.

[6] 杨文柱. 建筑安全工程 [M]. 北京：机械工业出版社，2004.

[7] 叶刚. 建筑施工安全手册 [M]. 北京：金盾出版社，2005.

[8] 杜荣军. 建筑施工安全手册 [M]. 北京：中国建筑工业出版社，2007.

[9] 李世辉. 隧道围岩稳定系统分析 [M]. 北京：中国铁道出版社，1992.

[10] 林在贯，高大钊. 岩土工程手册 [M]. 北京：中国建筑工业出版社，1994.

[11] 林宗元. 岩土工程治理手册 [M]. 沈阳：辽宁科学技术出版社，1993.

[12] 刘建航，侯学渊. 基坑工程手册 [M]. 北京：中国建筑工业出版社，1997.

[13] 刘金砺. 桩基础设计与计算 [M]. 北京：中国建筑工业出版社，1991.

[14] 刘祖典. 黄土力学与工程 [M]. 西安：陕西科学技术出版社，1997.

[15] 钱鸿缙，王继唐，罗宇生. 湿陷性黄土地基 [M]. 北京：中国建筑工业出版社，1985.

[16] 史佩栋，高大钊，钱力航. 21世纪高层建筑基础工程 [M]. 北京：中国建筑工业出版社，2000.

[17] 孙更生，郑大同. 软土地基与地下工程 [M]. 北京：中国建筑工业出版社，1984.

[18] 孙钧. 地下工程设计理论与实践 [M]. 上海：上海科学技术出版社，1996.

[19] 曾宪明. 岩土深基坑喷锚网支护法原理、设计、施工指南 [M]. 上海：同济大学出版社，1997.

[20] 张诚厚. 高速公路软基处理 [M]. 北京. 中国建筑工业出版社，1997.

[21] 周思孟. 复杂岩体若干岩石力学问题 [M]. 北京：中国水利水电出版社，1998.

[22] 朱百里，沈珠江. 计算土力学 [M]. 上海：上海科学技术出版社，1990.

[23] 朱维申，何满潮. 复杂条件下围岩稳定性和岩体动态施工力学 [M]. 北京：科学出版社，1995.

[24] 邹成杰. 典型层状岩体高边坡稳定分析与工程治理 [M]. 北京：中国水利水电出版社，1995.